Rolf UNBEHAUEN

Synthese elektrischer Netzwerke

Synthese elektrischer Netzwerke

von

Prof. Dr.-Ing. Rolf Unbehauen
Universität Erlangen-Nürnberg

MIT 209 BILDERN

R. OLDENBOURG VERLAG MÜNCHEN WIEN 1972

Gesamtherstellung: Les Presses Saint-Augustin s.a.

ISBN: **3-486-39121-6**

INHALT

VORWORT

Die Netzwerksynthese hat sich in den vergangenen fünfzig Jahren zu einem selbständigen Teilgebiet der Elektrotechnik entwickelt. Über ihre große Bedeutung für die Praxis kann heute kein Zweifel mehr bestehen, nachdem vor allem in der Nachrichtentechnik Probleme gelöst wurden, die ohne die Ergebnisse der Netzwerksynthese nicht lösbar gewesen wären. Darüber hinaus darf dieses Gebiet wohl als eine der schönsten Errungenschaften ingenieurwissenschaftlichen Forschens in diesem Jahrhundert betrachtet werden. Die deduktive Methode wurde hier zu einer prinzipiellen Vorgehensweise entwickelt, die dazu geeignet ist, auch in anderen Fällen die für die Technik spezifische Aufgabe der Synthese einer Lösung zuzuführen.

Die Netzwerksynthese ist aus dem Bedürfnis entstanden, elektrische Schaltungen mit vorgeschriebenen Eigenschaften zu ermitteln, zu *erfinden*. Ihr liegt also eine Problemstellung zugrunde, die als Umkehrung der Aufgabe der Netzwerkanalyse aufgefaßt werden kann. In der Netzwerkanalyse ist bekanntlich die grundsätzlich einfachere und auch für die Naturwissenschaften typische Aufgabe gestellt, ein *bekanntes* Objekt, hier eine elektrische Schaltung, zu *untersuchen*.

Der junge Forschungszweig erhielt in seinen Anfängen nur in bescheidenem Maße Unterstützung von den Nachbardisziplinen Mathematik und Physik. Aus diesem Grunde dauerte es verhältnismäßig lange, bis die Umrisse einer Theorie des Schaltungsentwurfs erkennbar wurden. Auf diesem mühevollen Weg haben sich viele Pioniere, unter ihnen namentlich Wilhelm Cauer, große Verdienste erworben. Einer allgemeinen Verbreitung der Netzwerksynthese war zunächst hinderlich, daß für das Verständnis der gewonnenen Ergebnisse mathematische Kenntnisse erforderlich waren, die damals beim Elektroingenieur in der Regel nicht vorausgesetzt werden konnten. Hinzu kam noch der Umstand, daß die Anwendung der Ergebnisse meistens einen großen numerischen Aufwand erforderte. So kam es, daß erst der Computer der Netzwerksynthsese die ihr gebührende Geltung verschaffte. Zu dieser Zeit war die erste Pionierarbeit bereits abgeschlossen.

Das vorliegende Buch basiert auf einer Beschäftigung mit der Netzwerksynthese über einen Zeitraum von mehr als fünfzehn Jahren. Es wurde versucht, einen Ausschnitt aus jenem Teil dieses Gebietes darzustellen, welcher für praktische Anwendungen von Bedeutung ist und darüber hinaus als Grundlage für eine weitergehende wissenschaftliche Beschäftigung mit Problemen der Synthese elektrischer Netzwerke dienen kann. Es war ein besonderes Anliegen zu versuchen, die verschiedenen Ergebnisse, soweit möglich, einheitlich und geschlossen darzustellen sowie durch eine erschöpfende Begründung die wesentlichen Zusammenhänge aufzuzeigen. Der Kenner wird beim Studium des Buches eine Reihe von Ergebnissen vorfinden, die bisher noch nicht veröffentlicht wurden. In einem weiteren Band soll der gesamte Stoff anhand von Beispielen und Aufgaben erläutert und vertieft und an manchen Stellen auch noch etwas erweitert werden.

Das Buch gliedert sich in drei Teile.

Der erste Teil ist der Charakterisierung von Zweipolen und Zweitoren, die aus Ohmwiderständen (*R*), Induktivitäten (*L*), Kapazitäten (*C*) und Übertragern (*Ü*) aufgebaut sind, sowie der Realisierung von Netzwerkcharakteristiken (Zweipolfunktionen, Übertragungsfunktionen, Netzwerkmatrizen) durch *RLCÜ*-Netzwerke gewidmet. Die Realisierung von Zweipolfunktionen erfuhr vor allem wegen ihrer Bedeutung für die Zweitor-Synthese eine verhältnismäßig ausführliche Behandlung. Es gelang, die verschiedenen für die Synthese von Reaktanzzweitoren entwickelten Verfahren dadurch einheitlich darzustellen, daß die Realisierung jeweils von der Eingangsbetriebsimpedanz ausgehend durchgeführt wurde. Dabei konnte mit Vorteil auf die Ergebnisse der Arbeiten [105] und [106] zurückgegriffen werden. Auch die Synthese von *RC*-Zweitoren wurde recht ausführlich behandelt, nicht zuletzt wegen ihrer großen Bedeutung für die aktive *RC*-Synthese. Für die Verwirklichung allgemeiner Übertragungsfunktionen wurde im letzten Abschnitt des ersten Teiles eine Reihe von Verfahren zur Synthese von *RLCÜ*-Zweitoren behandelt.

Der zweite Teil beschäftigt sich mit der Synthese von aktiven *RC*-Netzwerken. Als aktive Elemente dienen Negativ-Impedanz-Konverter, Gyratoren und Verstärker.

Der dritte Teil ist der bei der Synthese von Netzwerken meist erforderlichen approximativen Ermittlung von Netzwerkcharakteristiken aufgrund bestimmter Forderungen im Frequenzbereich oder Zeitbereich gewidmet. Die verschiedenen Verfahren wurden in erster Linie nach der Art der zugrundegelegten Vorschrift geordnet.

Zum Verständnis des Stoffes sollte der Leser über Kenntnisse in Elektrotechnik und Mathematik im Umfang der üblichen Ingenieur-Grundausbildung an wissenschaftlichen Hochschulen bis zum Vorexamen verfügen. Als recht nützlich erweisen sich vor allem Kenntnisse in der Funktionentheorie. Das Studium der Abschnitte 2.5 und 5.1 aus Teil I und des Abschnitts 3.3 aus Teil III wird dem Leser vielleicht etwas Mühe bereiten. Für ein erstes Studium des Buches empfiehlt es sich daher, zunächst nur die Ergebnisse dieser Abschnitte ohne deren genaue Begründung zu lesen. Auch an einigen anderen Stellen kann ein Anfänger Einzelheiten der Beweisführung zunächst übergehen.

Es ist mir ein besonderes Bedürfnis, meinem Mitarbeiter, Herrn Dipl.-Ing. A. Mayer, an dieser Stelle herzlichen Dank auszusprechen. Herr Mayer hat mich in allen Phasen der Entstehung dieses Buches durch zahlreiche Vorschläge, kritische Hinweise und aufopfernde Mithilfe bis zum Abschluß der Arbeiten unterstützt. Dem R. Oldenbourg Verlag danke ich für die gute Zusammenarbeit.

Erlangen, Herbst 1971 *R. Unbehauen*

TEIL I: SYNTHESE PASSIVER NETZWERKE

1. Einführung

Das Ziel von Teil I dieses Buches ist eine Einführung in die Verfahren zur Synthese von *RLCÜ*-Netzwerken. Bevor Möglichkeiten zur Lösung der hierbei auftretenden Probleme behandelt werden, soll zunächst die Aufgabe der Netzwerksynthese allgemein formuliert werden. Weiterhin sollen noch einige Grundtatsachen aus der Netzwerkanalyse mitgeteilt werden, welche für die späteren Betrachtungen von großer Wichtigkeit sind.

1.1. DIE AUFGABE DER NETZWERKSYNTHESE

In der *Netzwerksynthese* beschäftigt man sich mit der Ermittlung elektrischer Netzwerke, deren Eigenschaften vorgeschrieben sind. Während die Methoden der *Netzwerkanalyse* dazu dienen, das Verhalten und die Eigenschaften *gegebener* Netzwerke anzugeben, besteht die Aufgabe der Netzwerksynthese umgekehrt darin, bei Vorschrift des Verhaltens bzw. der Eigenschaften eines Netzwerks dessen Struktur und dessen Elemente zu bestimmen. Dies soll an einigen Beispielen erläutert werden, wobei nur Netzwerke mit linearen, zeitunabhängigen und konzentrierten Elementen betrachtet werden.

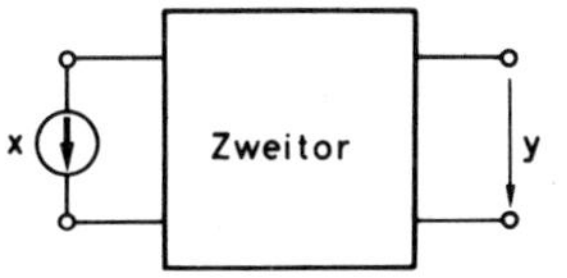

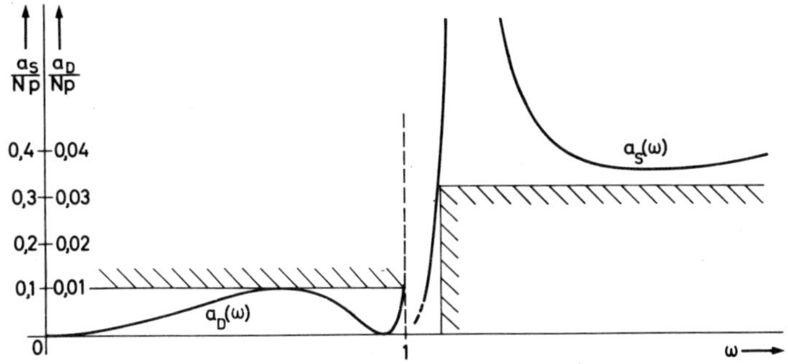

Bild 1: Gleichmäßige Annäherung einer Schranke durch die Dämpfung (a_D Durchlaßdämpfung, a_S Sperrdämpfung) eines Zweitors. Dabei bedeutet *Np* die Einheit »Neper«

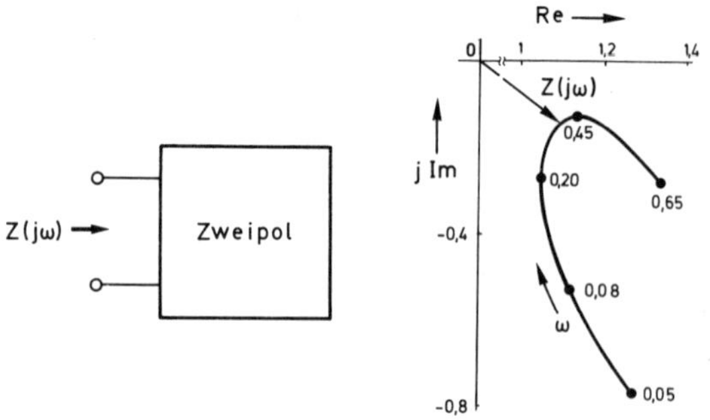

Bild 2: Ortskurvenvorschrift für die Impedanz eines Zweipols. Die Zahlenwerte beziehen sich auf normierte Größen

In der Nachrichtentechnik ergibt sich im Zusammenhang mit verschiedenen Anwendungen die Aufgabe, ein elektrisches Zweitor zu ermitteln, dessen Dämpfung $a(\omega)$ in Abhängigkeit von der Kreisfrequenz ω einen vorgeschriebenen Verlauf annähert. Im Bild 1 ist ein derartiges Problem angedeutet, wobei die Eingangsspannung $x(t)$ die Erregung und die Ausgangsspannung $y(t)$ die Reaktion bedeutet. Die Aufgabe besteht dann darin, die Struktur und die Elemente des im Bild 1 durch ein Kästchen gekennzeichneten Zweitors aufzufinden, so daß bei der Erregung $x(t) = X e^{j\omega t}$ im stationären Zustand $\ln|x(t)/y(t)| \equiv a(\omega)$ die vorgeschriebene Schranke gleichmäßig annähert. Ein weiteres, ebenfalls im Zusammenhang mit nachrichtentechnischen Anwendungen vorkommendes Problem der Netzwerksynthese besteht darin, ein zweipoliges Netzwerk zu ermitteln, dessen Impedanz in einem bestimmten Frequenzintervall eine vorgeschriebene bezifferte Ortskurve wenigstens näherungsweise aufweist. Eine derartige Aufgabe ist im Bild 2 skizziert. Schließlich sei noch auf ein Beispiel aus der Regelungstechnik hingewiesen. Man kann eine Regelstrecke gemäß Bild 3 unter Verwendung eines elektrischen Zweitors zu einem Regelkreis ergänzen und wird dabei auf die Aufgabe geführt, dieses Zweitor etwa derart zu gestalten, daß die Reaktion $y(t)$ des Regelkreises auf eine vorgeschriebene Erregung $x(t)$ ein bestimmtes Verhalten zeigt. Wenn die Übertragungseigenschaften der Regelstrecke bekannt sind, erhält man damit unmittelbar eine (Zeit-) Vorschrift für das zu ermittelnde Zweitor.

Seitdem sich in der Netzwerksynthese die deduktive Vorgehensweise durchgesetzt hat, wird die Synthese elektrischer Netzwerke in folgenden Schritten durchgeführt.

a) Netzwerkcharakterisierung

Das zu ermittelnde Netzwerk wird durch eine oder mehrere Funktionen gekennzeichnet, deren Eigenschaften wesentlich von der Betriebsweise des Netzwerks (z. B. als Zweipol oder als Zweitor) und von der Art der zugelassenen Netzwerkelemente abhängen.

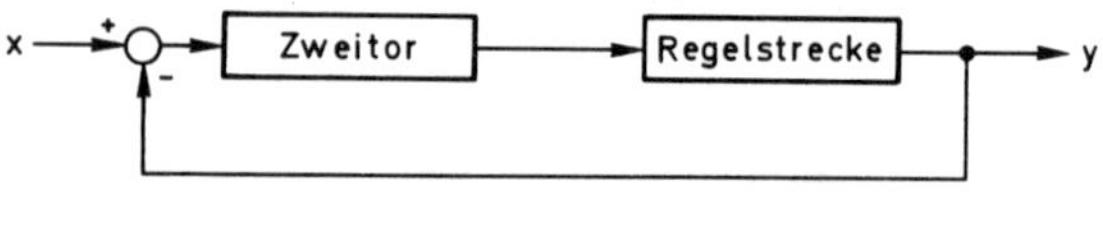

Bild 3: Regelkreis

So kann ein nur aus linearen, zeitunabhängigen und konzentrierten Elementen aufzubauendes zweipoliges Netzwerk durch seine Impedanz, welche eine skalare rationale Funktion des komplexwertigen Frequenzparameters p ist, charakterisiert werden. Für die genannten Funktionen, die das gesuchte Netzwerk kennzeichnen und im allgemeinen zunächst numerisch nicht bekannt sein werden, müssen notwendige und hinreichende Bedingungen aufgestellt werden, welche die Realisierbarkeit im Rahmen der für das Netzwerk getroffenen Voraussetzungen sicherstellen. So müssen einer rationalen Funktion $Z(p)$ bestimmte notwendige und hinreichende Bedingungen auferlegt werden, damit $Z(p)$ die Impedanz eines Zweipols mit ausschließlich linearen, zeitunabhängigen und konzentrierten Elementen ist.

Die Charakterisierung von Netzwerken in der beschriebenen Weise ist meistens mit dem Lösungsschritt *c* verbunden, weil der Beweis, daß die betreffenden Bedingungen hinreichend sind, gewöhnlich durch Auffindung einer Realisierungsvorschrift am einfachsten erbracht wird.

b) Funktionsbestimmung

Unter Berücksichtigung der im Schritt *a* ermittelten notwendigen und hinreichenden Bedingungen müssen Funktionen, die das zu bestimmende Netzwerk charakterisieren, derart gewonnen werden, daß die gewünschten (Betriebs-) Eigenschaften des Netzwerks garantiert werden. Diese Eigenschaften werden meistens in einer Form gefordert, die in Strenge nicht erfüllbar ist. Aus diesem Grund müssen die kennzeichnenden Funktionen durch *Approximation* bestimmt werden. Beispielsweise läßt sich eine Ortskurvenvorschrift gemäß Bild 2 im allgemeinen nur näherungsweise durch eine Impedanz erfüllen.

c) Verwirklichung

Die im vorausgegangenen Schritt gefundenen Funktionen sind nun durch ein Netzwerk der betrachteten Klasse zu realisieren. Es muß also ein Netzwerk vollständig angegeben werden, dessen kennzeichnende Funktionen mit den im Schritt *b* gefundenen Funktionen identisch sind. Die Realisierungsverfahren stellen mathematische Prozesse dar, in deren Verlauf sich auf rein deduktivem Wege die Struktur (Topologie) *und* die Elemente des Netzwerks einschließlich ihrer numerischen Werte ergeben. Die Verfahren liefern meistens mehrere Lösungen. Aus den so gewonnenen *äquivalenten* Netzwerken kann man bei praktischen Anwendungen die Lösung entnehmen, welche nach bestimmten Gesichtspunkten (beispielsweise im Hinblick auf die minimale Zahl der erforderlichen Übertrager) die günstigste ist.

Im vorliegenden Buch wird die Synthese elektrischer Netzwerke unter dem Gesichtspunkt der aufgezeigten drei Lösungsschritte studiert. Dabei werden nur Netzwerke zugelassen, die aus linearen, zeitunabhängigen und konzentrierten Elementen aufgebaut sind. Zunächst werden nur Ohmwiderstände (R), Induktivitäten (L), Kapazitäten (C) und Übertrager ($\ddot{U}$) zugelassen. Später werden noch weitere Arten von Netzwerkelementen, z.B. gesteuerte Quellen, zugelassen. Eingeprägte Quellen dienen nur als äußere Erregungen. Die Definition der genannten Netzwerkelemente als Idealisierungen von realen Schaltungsbausteinen wird als bekannt vorausgesetzt. Einzelheiten finden sich im Schrifttum über Netzwerkanalyse (z.B. [29]).

1.2. BESCHREIBUNG VON NETZWERKEN

Die Beschäftigung mit der Netzwerksynthese erfordert eine gewisse Kenntnis der Verfahren der Netzwerkanalyse. Diese Verfahren erlauben die Bestimmung der Ströme und Spannungen in einem *gegebenen* Netzwerk (mit Elementen der im letzten Abschnitt genannten Art). Die äußeren Erregungen werden dabei als bekannt vorausgesetzt. Bei einem der Analyseverfahren, dem Maschenstromverfahren, werden als Netzwerk-Variablen ein vollständiger Satz von Maschenströmen und die Spannungen an den Kapazitäten im betreffenden Netzwerk betrachtet. Bezeichnet man diese Größen einheitlich mit $z_1(t)$, $z_2(t)$, ..., $z_n(t)$, dann erhält man aufgrund des Spannungsgleichgewichts in den gewählten Maschen und aufgrund der Strom-Spannungs-Beziehungen für die Kapazitäten ein System von linearen Differentialgleichungen zur Bestimmung der $z_\kappa(t)(\kappa = 1, ..., n)$. Diese Differentialgleichungen haben die Form [29]

$$\sum_{\kappa=1}^{n} \left[a_{\iota\kappa} z_\kappa(t) + \beta_{\iota\kappa} \frac{\mathrm{d}z_\kappa(t)}{\mathrm{d}t} \right] = x_\iota(t) \qquad (\iota = 1,2, ..., n). \tag{1}$$

Die Größen $a_{\iota\kappa}$ und $\beta_{\iota\kappa}$ sind reelle Konstanten, welche aus den Netzwerkelementen berechnet werden können. Die Funktionen $x_1(t), ..., x_n(t)$ enthalten die bekannten Erregungen. Soweit mehrere Erregungen in einer der Funktionen $x_\iota(t)$ enthalten sind, treten sie in Form einer Linearkombination auf. Sobald man die $z_\kappa(t)$ durch Lösung der Differentialgleichungen (1) bestimmt hat, sind alle Ströme und Spannungen im Netzwerk bekannt. Zur Lösung der Differentialgleichungen werden noch Anfangsbedingungen benötigt, die man aus den Anfangswerten der Induktivitätsströme und der Kapazitätsspannungen gewinnt.

Die Eigenwerte p_μ des betrachteten Netzwerks erhält man als Lösungen der charakteristischen Gleichung

$$\begin{vmatrix} a_{11} + \beta_{11}p & a_{12} + \beta_{12}p & \dots & a_{1n} + \beta_{1n}p \\ a_{21} + \beta_{21}p & a_{22} + \beta_{22}p & \dots & a_{2n} + \beta_{2n}p \\ \vdots & & & \\ a_{n1} + \beta_{n1}p & a_{n2} + \beta_{n2}p & \dots & a_{nn} + \beta_{nn}p \end{vmatrix} = 0.$$

Diese Gleichung entsteht dadurch, daß man das Netzwerk im erregungsfreien Zustand betrachtet [$x_\iota(t) \equiv 0$; $\iota = 1, ..., n$], dann in den Gln. (1) für die $z_\kappa(t)$ den Ansatz $K_\kappa \mathrm{e}^{pt}$ wählt und zur Bestimmung der Lösungen K_κ des auf diese Weise entstehenden homogenen, linearen, algebraischen Gleichungssystems die Koeffizientendeterminante (Systemdeterminante) gleich Null setzt. Mit Hilfe der Eigenwerte lassen sich die Lösungen $z_\kappa(t)$ der Gln. (1) für den erregungsfreien Zustand angeben.

Wird ein Netzwerk nur durch *eine* Quelle erregt, wobei die Quellfunktion die Form

$$x(t) = X\mathrm{e}^{pt} \qquad (t \geqq 0) \tag{2}$$

(X, p komplexe Konstanten) haben möge, und wird als Netzwerkreaktion $y(t)$ irgendein Strom oder eine Spannung im Netzwerk betrachtet, dann erhält man als stationäre Lösung [$y(t)$ für $t \to \infty$]

$$y(t) = H(p)Xe^{pt}, \tag{3}$$

sofern der Realteil der *komplexen Frequenz p* größer ist als alle Realteile der Eigenwerte. Die von p abhängige Größe $H(p)$ ist die *Übertragungsfunktion* des Netzwerks in bezug auf die Erregung $x(t)$ und die Reaktion $y(t)$. Die Übertragungsfunktion läßt sich aus den Gln. (1) mit Gl. (2) und dem Ansatz Gl. (3) bestimmen. Wie man hierbei feststellt, wird $H(p)$ eine rationale Funktion mit reellen Koeffizienten. Die Pole von $H(p)$ (Nullstellen des Nennerpolynoms) stellen Eigenwerte des Netzwerks dar. Bei einem stabilen Netzwerk (hierunter fallen jedenfalls sämtliche *RLCÜ*-Netzwerke) haben alle Eigenwerte keinen positiven Realteil.

Es soll jetzt noch ein wichtiges Ergebnis der Netzwerkanalyse mitgeteilt werden.

Satz 1

(Satz von Tellegen): Ein Netzwerk sei ausschließlich aus zweipoligen Elementen aufgebaut, denen gemäß Bild 4 jeweils ein Strom i_μ und eine Spannung u_μ zugewiesen ist. Es wird nur gefordert, daß in jedem Knoten des Netzwerks die Knotenregel (1. Kirchhoffsches Gesetz) und in sämtlichen Maschen des Netzwerks die Maschenregel (2. Kirchhoffsches Gesetz) erfüllt wird. Dann gilt

$$\sum_{\mu} u_\mu i_\mu = 0,$$

wobei über alle Elemente des Netzwerks zu summieren ist.

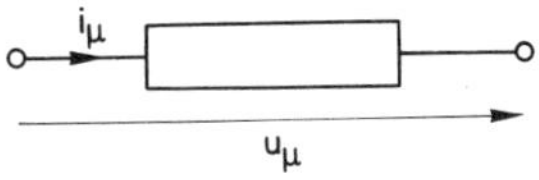

Bild 4: Zweipoliges Element mit Strom i_μ und Spannung u_μ

Man beachte, daß zwischen u_μ und i_μ keine Verknüpfung zu bestehen braucht. Weiterhin möge beachtet werden, daß man sich in diesem Zusammenhang ein zweitoriges Netzwerkelement durch zwei zweipolige Elemente mit entsprechenden Strömen und Spannungen ersetzt denken kann, wodurch sich die Ströme und Spannungen im Netzwerk nicht ändern. Auf diese Weise läßt sich Satz 1 auch auf Netzwerke anwenden, welche zweitorige Elemente enthalten. – Was den Beweis von Satz 1 betrifft, so wird auf das Schrifttum verwiesen (z.B. [29]).

1.3. NORMIERUNG

Die eingeführte Übertragungsfunktion $H(p)$ kann man mit Hilfe der bekannten Wechselstrom-Rechnung [29] ermitteln, indem man zunächst allen Strömen und Spannungen, die im betreffenden Netzwerk auftreten, Zeigergrößen und allen Netzwerkelementen Impedanzen zuordnet, und zwar einem Ohmwiderstand R die Impedanz R, einer Induktivität L die Impedanz $j\omega L$ und einer Kapazität C die Impedanz $1/j\omega C$. Dabei bedeutet ω die Kreisfrequenz der harmonisch gewählten Erregung $x(t)$ und $j=\sqrt{-1}$. Die Erregung selbst wird durch die komplexe Zeigergröße X, die Reaktion durch Y gekennzeichnet. Mit Hilfe der eingeführten komplexen Größen lassen sich dann alle Ströme und Spannungen auf rein algebraische Weise berechnen, wobei die Rechnung im wesentlichen wie im Fall von Gleichstromnetzwerken erfolgt. Auf diese Weise wird insbesondere Y durch X ausgedrückt, und man erhält daraus $H(j\omega)=Y/X$. Ersetzt man in diesem Quotienten $j\omega$ durch p, dann ergibt sich die Übertragungsfunktion $H(p)$.

Es empfiehlt sich nun, sowohl die Frequenz ω als auch die Impedanzen der Netzwerkelemente zu normieren. Zunächst wird mit einer beliebigen, positiv reellen Konstante ω_0 die Impedanz jeder Induktivität in der Form

$$Z_L=j\frac{\omega}{\omega_0}\cdot\omega_0 L,$$

die einer jeden Kapazität in der Form

$$Z_C=\frac{1}{j\dfrac{\omega}{\omega_0}}\cdot\frac{1}{\omega_0 C}$$

geschrieben. Dann werden alle Impedanzen auf einen beliebigen reellen Widerstand $R_0>0$ bezogen, und man erhält so die normierten Impedanzen, welche für die Ohmwiderstände die Form

$$Z_{RN}=\frac{R}{R_0},$$

für die Induktivitäten die Form

$$Z_{LN}=j\frac{\omega}{\omega_0}\cdot\frac{\omega_0 L}{R_0}$$

und für die Kapazitäten die Form

$$Z_{CN}=\frac{1}{j\dfrac{\omega}{\omega_0}}\cdot\frac{1}{\omega_0 C R_0}$$

haben. Auf diese Weise entstehen normierte Ohmwiderstände

$$R_N=R/R_0, \tag{4a}$$

normierte Induktivitäten

$$L_N=\frac{\omega_0 L}{R_0}, \tag{4b}$$

normierte Kapazitäten

$$C_N=\omega_0 C R_0 \tag{4c}$$

und die normierte Kreisfrequenz

$$\omega_N = \frac{\omega}{\omega_0} \quad . \tag{4d}$$

Nun soll die Übertragungsfunktion des betrachteten Netzwerks auf die eingangs genannte Art unter Verwendung der gemäß den Gln. (4a,b,c,d) normierten Werte bestimmt werden. Dabei sind sämtliche im Netzwerk vorkommenden Spannungen mit einer willkürlich wählbaren positiven Bezugsspannung U_0 zu normieren. Alle Ströme werden mit dem Bezugsstrom $I_0 = U_0/R_0$ normiert, damit bei der Verwendung von normierten Größen die gleichen Gesetzmäßigkeiten gelten wie bei der Verwendung von nicht-normierten Größen. Es zeigt sich nun das Folgende. Bedeutet Y einen normierten Spannungszeiger, X einen normierten Stromzeiger, dann wird

$$\frac{Y}{X} \equiv H_N(\mathrm{j}\omega_N) = \frac{1}{R_0} H(\mathrm{j}\omega_N\omega_0).$$

Dabei ist $H(p)$ die entsprechende Übertragungsfunktion bei Verwendung nicht-normierter Größen. Bedeutet Y einen normierten Stromzeiger, X einen normierten Spannungszeiger, dann erhält man

$$\frac{Y}{X} \equiv H_N(\mathrm{j}\omega_N) = R_0 H(\mathrm{j}\omega_N\omega_0).$$

Sind Y und X gleichzeitig entweder normierte Spannungszeiger oder normierte Stromzeiger, dann wird

$$\frac{Y}{X} \equiv H_N(\mathrm{j}\omega_N) = H(\mathrm{j}\omega_N\omega_0).$$

Die Normierung bewirkt also in den beiden ersten Fällen neben einer Änderung des Frequenzmaßstabes eine Änderung des Impedanz-Niveaus. Im letzten Fall erfolgt nur eine Änderung des Frequenzmaßstabes. Diese Aussage über die Übertragungsfunktion gilt nicht nur, wenn man von einem gegebenen Netzwerk ausgeht, sondern auch, wenn man von einer Übertragungsfunktion ausgeht und diese dann erst durch ein Netzwerk realisiert. Der Übergang zur komplexen Variablen bedeutet bei der Normierung, daß $\mathrm{j}\omega_N$ durch $p_N = p/\omega_0$ zu ersetzen ist. Aus den Gln. (4a,b,c,d) ist zu erkennen, wie aus den normierten Größen die nicht-normierten Größen gewonnen werden können.

In der Netzwerksynthese geht man gewöhnlich von normierten Übertragungsfunktionen aus. Die Freiheit in den Normierungskonstanten ω_0 und R_0 wird man beispielsweise dazu benützen, die in der Übertragungsfunktion auftretenden Zahlenwerte in einen vernünftigen Bereich zu transformieren, so daß in der Regel auch die Werte der Netzwerkelemente nicht zu große Unterschiede aufweisen. Der Übergang zu den nicht-normierten Größen erfolgt erst nach Beendigung der eigentlichen Netzwerkberechnung. Die nicht-normierten Größen können unter Umständen recht unterschiedliche Werte aufweisen.

Die Werte der Netzwerkelemente sollen im folgenden stets normiert aufgefaßt werden. Bei der Angabe von numerischen Werten für Netzwerkelemente und für die Kreisfrequenz treten daher keine Dimensionen auf. Zur Vereinfachung der Schreibweise wird künftig der Index N weggelassen.

2. Die Charakterisierung von Zweipolen

Im Sinne von Abschnitt 1.1 soll im folgenden eine Netzwerkcharakterisierung für Zweipole durchgeführt werden.

2.1. DIE ZWEIPOLFUNKTION

Es wird ein Zweipol betrachtet, der aus Ohmwiderständen, Induktivitäten, Kapazitäten und idealen Übertragern in beliebiger Weise aufgebaut sein darf[1]). Der Zweipol werde nach Bild 5 vom Zeitpunkt $t = t_0$ an durch eine Stromquelle $i_0(t)$ erregt. Die im Zweipol auftretenden Spannungen und Ströme sind gemäß Abschnitt 1.2 durch ein System von linearen Differentialgleichungen mit reellen konstanten Koeffizienten bestimmt. Von besonderer Bedeutung ist die spezielle Erregung

$$i_0(t) = I_0 e^{pt} \quad (t \geqq t_0). \tag{5}$$

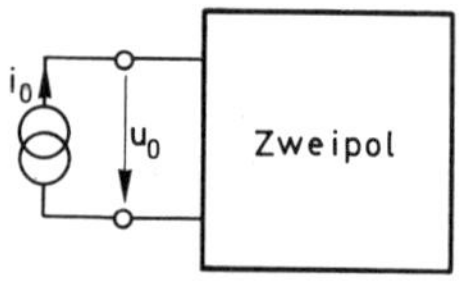

Bild 5: Erregung eines *RLCÜ*-Zweipols durch die Stromquelle $i_0(t)$

Dabei bedeuten $I_0 (I_0 \neq 0)$ und p beliebig wählbare komplexe Konstanten; die Konstante p darf allerdings mit keinem der Eigenwerte $p_\mu (\mu = 1, 2, \ldots, m)$ des stromerregten Zweipols zusammenfallen. Durch die Lösung des genannten Differentialgleichungssystems erhält man bei Erregung mit der Quellfunktion Gl. (5) an den Klemmenpaaren der Elemente im Zweipol Spannungen der Form

$$u_\nu(t) = \sum_{\mu=1}^{m} A_{\nu\mu} e^{p_\mu t} + U_\nu(p) e^{pt} \quad (t \geqq t_0). \tag{6}$$

Der in Gl. (6) durch das Summenzeichen gegebene Teil stellt den Lösungsbeitrag dar, der von den Eigenwerten herrührt. Die hierbei vorkommenden Größen $A_{\nu\mu}$ sind im allgemeinen Polynome in t. Bei einem einfachen Eigenwert p_μ sind die zugehörigen $A_{\nu\mu}$ konstant. Der Lösungsanteil $U_\nu(p)e^{pt}$ rührt von der Erregung Gl. (5) her. Betrachtet man einen beliebigen geschlossenen Weg (Masche) im Netzwerk und setzt man voraus, daß sämtliche in dieser Masche auftretenden Spannungen $u_\nu(t)$ im gleichen Maschen-Umlaufsinn orientiert sind [dies erreicht man notfalls durch eine Vorzeichenänderung der betreffenden $u_\nu(t)$], dann muß die Summe der in der Masche auftretenden Spannungen $u_\nu(t)$ verschwinden (Maschenregel), und man erhält auf diese Weise mit Gl. (6)

[1]) Es sei daran erinnert, daß allgemeine Übertrager durch Ersatznetzwerke beschrieben werden können, die aus Elementen der hier zugelassenen Art (*R*, *L*, *C*, *Ü*) aufgebaut sind [29].

$$e^{p_1 t}\sum_\nu A_{\nu 1} + e^{p_2 t}\sum_\nu A_{\nu 2} + \ldots + e^{p_m t}\sum_\nu A_{\nu m} + e^{pt}\sum_\nu U_\nu(p) = 0 \tag{7}$$
$$(t \geqq t_0).$$

Die auftretenden Summationsindizes ν hängen von der Wahl der Masche im Netzwerk ab. Da p eine beliebige Konstante in der *gesamten* Ebene der komplexen Zahlen sein darf, wobei allerdings die Stellen der Eigenwerte $p_1, \ldots, p_m$ auszuschließen sind, und da somit die in Gl. (7) vorkommenden Exponentialfunktionen linear unabhängig sind, müssen sämtliche Summenausdrücke in Gl. (7) verschwinden, damit diese Gleichung für alle $t \geqq t_0$ besteht. Insbesondere muß

$$\sum_\nu U_\nu(p) = 0 \tag{8}$$

gelten. Die Gl. (8) besagt, daß für die »komplexen Spannungen« $U_\nu(p)$ in jeder Masche des Netzwerks die Maschenregel erfüllt sein muß.

In Analogie zu den vorausgegangenen Betrachtungen kann man aufgrund einer der Gl. (6) entsprechenden Darstellung für die Ströme im betrachteten Netzwerk »komplexe Ströme« $I_\nu(p)$ einführen, für welche die Knotenregel in jedem Knoten des Netzwerks erfüllt sein muß; bei geeigneter Orientierung der Ströme muß also in jedem Knoten

$$\sum_\nu I_\nu(p) = 0 \tag{9}$$

gelten. Die auftretenden Summationsindizes ν hängen von der Wahl des Knotens ab.

Die Größen $U_\nu(p)/I_0$ und $I_\nu(p)/I_0$ sind *rationale* Funktionen in der Veränderlichen p mit *reellen* Koeffizienten. Die Funktionen $U_\nu(p)e^{pt}$ und $I_\nu(p)e^{pt}$ sind nämlich Teillösungen der Netzwerkgleichungen für $t \geqq t_0$ bei Erregung gemäß Gl. (5). Bei der Berechnung dieser Teillösungen ergibt sich für die Funktionen $U_\nu(p)$ und $I_\nu(p)$ ein System linearer algebraischer Gleichungen, aus denen die genannten Eigenschaften dieser Funktionen direkt abgelesen werden können. Für $\mathrm{Re}\, p > \mathrm{Re}\, p_\mu$ $(\mu = 1, 2, \ldots, m)$ stellen diese Teillösungen die stationären Lösungen der Spannungen $u_\nu(t)$ bzw. Ströme $i_\nu(t)$ dar, d. h. sie liefern das Verhalten dieser Größen für $t \to \infty$. Unter der genannten Einschränkung für p ist nämlich der durch das Summenzeichen in Gl. (6) gekennzeichnete Term der Spannung $u_\nu(t)$ gegenüber dem restlichen Teil $U_\nu(p)e^{pt}$ für $t \to \infty$ vernachlässigbar. Entsprechendes gilt bei den Strömen. Im Sinne von Abschnitt 1.2 sind die Funktionen $U_\nu(p)$ und $I_\nu(p)$ Übertragungsfunktionen, die in $\mathrm{Re}\, p > 0$ keine Pole haben.

Zusammenfassend darf man also feststellen, daß die komplexen Spannungen $U_\nu(p)$ und die komplexen Ströme $I_\nu(p)$ reelle, d. h. für reelle p reellwertige, rationale und in der Halbebene $\mathrm{Re}\, p > 0$ analytische Funktionen von p sind. Dabei sei I_0 reell.

Im folgenden sollen die Ströme und Spannungen der einzelnen Elemente des betrachteten Netzwerks gemäß Bild 6 durch die Funktionspaare $\{u_1(t), i_1(t)\}$, $\{u_2(t), i_2(t)\}, \ldots$ beschrieben werden. Bei einem idealen Übertrager treten zwei derartige Paare $\{u_\mu(t), i_\mu(t)\}$ und $\{u_{\mu+1}(t), i_{\mu+1}(t)\} = \{\ddot{u}_\mu u_\mu(t), -i_\mu(t)/\ddot{u}_\mu\}$ auf der Primär- bzw. Sekundärseite auf. Dabei ist $\ddot{u}_\mu$ das Übersetzungsverhältnis des Übertragers. Je nach Art des Netzwerkelements gilt für die den eingeführten Funktionspaaren entsprechenden komplexen Größen $U_\nu(p)$, $I_\nu(p)$:

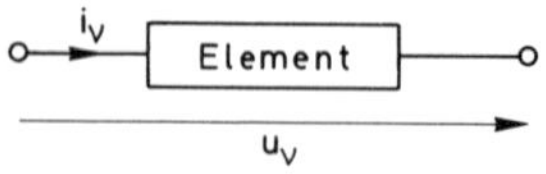

Bild 6: Element eines Netzwerks

a) Für einen Ohmwiderstand R_ρ

$$U_\rho(p) = R_\rho I_\rho(p), \tag{10a}$$

b) Für eine Induktivität L_ι

$$U_\iota(p) = pL_\iota I_\iota(p), \tag{10b}$$

c) Für eine Kapazität C_κ

$$U_\kappa(p) = \frac{1}{pC_\kappa} I_\kappa(p), \tag{10c}$$

d) Für einen idealen Übertrager mit dem Übersetzungsverhältnis $\ddot{u}_\mu$

$$\begin{aligned} U_{\mu+1}(p) &= \ddot{u}_\mu U_\mu(p), \\ I_{\mu+1}(p) &= -\frac{1}{\ddot{u}_\mu} I_\mu(p). \end{aligned} \tag{10d}$$

Auf den betrachteten Zweipol soll jetzt Satz 1 angewendet werden. Hierbei werden als Spannungen die im vorstehenden eingeführten komplexen Spannungen der Netzwerkelemente $U_\rho(p)$, $U_\iota(p)$, $U_\kappa(p)$, $U_\mu(p)$ $[U_{\mu+1}(p)]$ sowie die komplexe Eingangsspannung $U_0(p)$ betrachtet. Als Ströme werden die konjugiert komplexen Ströme der Netzwerkelemente $I_\rho^*(p)$, $I_\iota^*(p)$, $I_\kappa^*(p)$, $I_\mu^*(p)$ $[I_{\mu+1}^*(p)]$ und der Strom I_0^* gewählt, der den konjugiert komplexen Wert des erregenden Eingangsstroms I_0 bedeutet. Man beachte, daß angesichts der Gln. (8) und (9) die Voraussetzungen zur Anwendung von Satz 1 gegeben sind. Somit erhält man

$$\begin{aligned} &\sum_\rho U_\rho(p) I_\rho^*(p) + \sum_\iota U_\iota(p) I_\iota^*(p) + \sum_\kappa U_\kappa(p) I_\kappa^*(p) + \\ &+ \sum_\mu [U_\mu(p) I_\mu^*(p) + U_{\mu+1}(p) I_{\mu+1}^*(p)] - U_0(p) I_0^* = 0. \end{aligned} \tag{11}$$

Die erste Summe in Gl. (11) ist über alle Ohmwiderstände zu erstrecken, die zweite Summe über alle Induktivitäten usw. Der letzte Term $-U_0(p)I_0^*$ rührt von der Quelle her, wobei das Minuszeichen darauf zurückzuführen ist, daß die entgegengesetzte Orientierung von Spannung und Strom bei der Quelle nicht im Einklang mit Bild 4 steht. Berücksichtigt man die Verknüpfungen zwischen den komplexen Spannungen und Strömen gemäß den Gln. (10a,b,c,d), dann läßt sich aus Gl. (11) die folgende Darstellung der Impedanz $Z(p) = U_0(p)/I_0$ des Zweipols gewinnen:

$$Z(p) = \sum_\rho R_\rho \cdot \frac{I_\rho(p) I_\rho^*(p)}{I_0 I_0^*} + p \sum_\iota L_\iota \cdot \frac{I_\iota(p) I_\iota^*(p)}{I_0 I_0^*} + \frac{1}{p} \sum_\kappa \frac{1}{C_\kappa} \cdot \frac{I_\kappa(p) I_\kappa^*(p)}{I_0 I_0^*} \quad . \tag{12}$$

Die Beiträge der idealen Übertrager heben sich heraus und sind daher in Gl. (12) nicht mehr enthalten. Mit den Abkürzungen

$$F=\sum_{\rho} R_{\rho}\cdot\frac{I_{\rho}(p)I_{\rho}^{*}(p)}{I_0 I_0^{*}}\quad, \tag{13a}$$

$$T=\sum_{\iota} L_{\iota}\cdot\frac{I_{\iota}(p)I_{\iota}^{*}(p)}{I_0 I_0^{*}}\quad, \tag{13b}$$

$$V=\sum_{\kappa}\frac{1}{C_{\kappa}}\cdot\frac{I_{\kappa}(p)I_{\kappa}^{*}(p)}{I_0 I_0^{*}} \tag{13c}$$

läßt sich die Gl. (12) in der Form

$$Z(p)=F+pT+\frac{1}{p}V \tag{14}$$

schreiben. Aus den Gln. (13a,b,c) ist zu erkennen, daß die Funktionen F, T und V stets *reell* und *nicht-negativ* sind. Die Funktion F wird dann und nur dann Null, wenn entweder keine Ohmwiderstände im Zweipol vorhanden sind (alle $R_{\rho}=0$) oder alle komplexen Ströme $I_{\rho}(p)$ in den Ohmwiderständen verschwinden. Entsprechendes gilt für die Funktionen T und V. Da I_0 konstant und $U_0(p)$, wie bereits früher festgestellt wurde, eine rationale Funktion in der Veränderlichen p ist, muß auch $Z(p)=U_0(p)/I_0$ rational sein. Die Variable p wird in der komplexen p-Ebene betrachtet (Bild 7). Der Realteil von p wird mit σ, der Imaginärteil mit ω bezeichnet:

$$p=\sigma+\mathrm{j}\omega.$$

Dann kann die Gl. (14) in der Form

$$Z(p)=F+\sigma T+\frac{\sigma}{\sigma^2+\omega^2}V+\mathrm{j}\omega\left[T-\frac{V}{\sigma^2+\omega^2}\right] \tag{15}$$

dargestellt werden. Da nicht alle Ströme $I_{\nu}(p)\,(\nu=\rho,\iota,\kappa)$ für einen bestimmten Wert von p verschwinden, können offensichtlich auch nicht alle Größen F,T,V zugleich Null sein (der triviale Fall, daß im Zweipol überhaupt kein Netzwerkelement vorhanden ist, wird natürlich ausgeschlossen). Damit erlaubt die Gl. (15) die wichtige Feststellung, daß die Summe $F+\sigma T+\sigma V/(\sigma^2+\omega^2)$, d. h. der Realteil von $Z(p)$ für $\sigma>0$ positiv ist:

$$\operatorname{Re} Z(p)>0 \quad \text{für } \operatorname{Re} p>0. \tag{16}$$

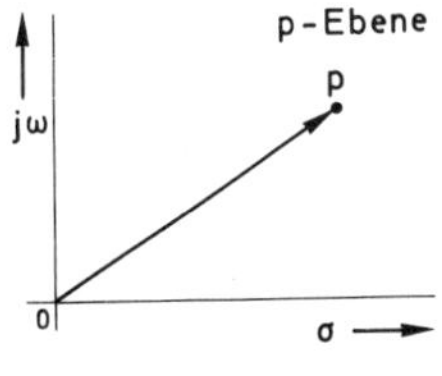

Bild 7: Ebene der komplexen Zahlen

Infolge der Stetigkeit von $Z(p)$ und wegen der Bedingung (16) muß Re $Z(j\omega) \geqq 0$ für alle ω-Werte gelten, für die $Z(j\omega)$ endlich ist. Dies entspricht der aus der Netzwerkanalyse bekannten Tatsache, daß die Wirkleistung eines *RLCÜ*-Zweipols nicht negativ sein kann.

Die Impedanz eines jeden nur aus Ohmwiderständen, Induktivitäten, Kapazitäten und idealen Übertragern bestehenden Zweipols ist also aufgrund der vorausgegangenen Betrachtungen eine rationale Funktion $Z(p)$, die für reelle p-Werte reell ist und deren Realteil in der offenen rechten Halbebene Re $p > 0$ nur positiver Werte fähig ist. Eine derartige Funktion bezeichnet man als *positive, reelle, rationale Funktion.*

Wird der Zweipol im Bild 5 durch eine Spannungsquelle erregt, so kann man eine der Gl. (14) analoge Darstellung für die Admittanz $Y(p) = 1/Z(p)$ des Zweipols angeben. Es zeigt sich wie bei der Untersuchung der Impedanz, daß auch $Y(p)$ eine rationale, reelle und positive Funktion ist. Wie noch gezeigt wird, ist die Eigenschaft einer Funktion, rational, reell und positiv zu sein, nicht nur notwendig, sondern auch hinreichend dafür, daß sie als Impedanz oder Admittanz eines *RLCÜ*-Zweipols aufgefaßt werden kann. Deshalb soll eine derartige Funktion künftig als *Zweipolfunktion* bezeichnet werden.

Die Ergebnisse der vorausgegangenen Betrachtungen ändern sich nicht, wenn man neben den bisher verwendeten Netzwerkelementen auch noch Gyratoren zuläßt. Die Definition des Gyrators als Netzwerkelement findet man im Teil II des Buches. In der durch die Einführung von Gyratoren ergänzten Gleichung (11) ist der zusätzliche Beitrag, der von diesen Elementen herrührt, imaginär, so daß die Impedanz $Z(p)$ die durch Ungleichung (16) ausgedrückte Eigenschaft nach wie vor besitzt.

2.2. EIGENSCHAFTEN VON ZWEIPOLFUNKTIONEN

Aus der Positivitätsbedingung (16) folgt unmittelbar, daß jede Zweipolfunktion $Z(p)$ in der offenen rechten Halbebene Re $p > 0$ keine Nullstellen hat. Die Zweipolfunktion $Z(p)$ kann in Re $p > 0$ aber auch keine Pole aufweisen. Solche Pole wären nämlich Nullstellen der reziproken Funktion $1/Z(p)$, die ebenfalls Zweipolfunktion sein muß, da sie offensichtlich rational und reell ist und die Eigenschaft Re $[1/Z(p)] > 0$ für Re $p > 0$ hat. Eine jede Zweipolfunktion kann dann weder Nullstellen noch Pole in der offenen rechten Halbebene Re $p > 0$ haben.

Es soll nun folgendes gezeigt werden: Hat eine beliebige Zweipolfunktion $Z(p)$ auf der imaginären Achse Nullstellen oder Pole, so sind diese *einfach*. Zunächst gelte $Z(j\omega_0) = 0$. Dann muß eine Reihenentwicklung der Form

$$Z(p) = a_q(p - j\omega_0)^q + a_{q+1}(p - j\omega_0)^{q+1} + \dots \tag{17}$$

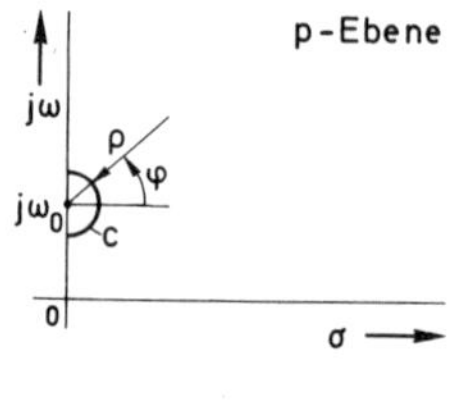

Bild 8: Kleiner Halbkreis C um den Punkt $j\omega_0$ in der rechten Halbebene

mit $a_q \neq 0$ in der Umgebung der imaginären Nullstelle $p = j\omega_0$ bestehen. Die Zahl q gibt die Vielfachheit der Nullstelle an. Die Variable p soll in Gl. (17) jetzt nur die Punkte auf einem in $\text{Re}\, p \geqq 0$ verlaufenden kleinen Halbkreis C vom Radius ρ und mit dem Mittelpunkt $j\omega_0$ durchlaufen (Bild 8). Dann erhält man mit

$$a_q = |a_q| \, e^{j\alpha_q}$$

und

$$p - j\omega_0 = \rho e^{j\varphi}$$

für den Realteil von $Z(p)$ aufgrund von Gl. (17) bei Wahl eines hinreichend kleinen Radius ρ

$$[\text{Re}\, Z(p)]_{p \in C} = |a_q| \rho^q \cos(\alpha_q + q\varphi) + \rho^{q+1} R(\varphi, \rho). \tag{18}$$

Der zweite Summand auf der rechten Seite von Gl. (18) umfaßt den Realteil der rechten Seite von Gl. (17) vom zweiten Summanden an für p-Werte auf C. Dabei ist die Größe $R(\varphi, \rho)$ beschränkt, falls die Ungleichung $0 < \rho < \rho_0$ für hinreichend kleines ρ_0 erfüllt ist. Es gilt hierfür also

$$|R(\varphi, \rho)| < \text{const}\,.$$

Nun wird der auf $|a_q| \rho^q$ normierte Realteil gemäß Gl. (18) betrachtet:

$$\frac{[\text{Re}\, Z(p)]_{p \in C}}{|a_q| \rho^q} = \cos(\alpha_q + q\varphi) + \rho \frac{R(\varphi, \rho)}{|a_q|} \quad . \tag{19}$$

Diese Größe ist im Bild 9 als Funktion von φ im Intervall $-\pi/2 \leqq \varphi \leqq \pi/2$ für den Fall einer doppelten Nullstelle ($q = 2$) dargestellt. Dabei wurde ρ so klein gewählt, daß der erste Term auf der rechten Seite von Gl. (19) den Kurvenverlauf im wesentlichen bestimmt. Die Funktion Gl. (19) muß innerhalb des Schlauches um die Kurve $\cos(\alpha_2 + 2\varphi)$ verlaufen (Bild 9). Dieser Schlauch kann durch die Wahl eines hinreichend kleinen Wertes von ρ beliebig eng gemacht werden. Damit ist zu erkennen, daß im betrachteten Fall $q = 2$ der Realteil von $Z(p)$ für gewisse Punkte auf C, d.h. für gewisse Punkte in $\text{Re}\, p > 0$, negativ würde. Dies steht im Widerspruch zur Voraussetzung, daß $Z(p)$ eine Zweipolfunktion ist. Auf einen entsprechenden Widerspruch wird man auch in den Fällen $q = 3, 4, \ldots$ geführt. Damit ist gezeigt, daß jede Zweipolfunktion auf der imaginären Achse jedenfalls keine mehrfache Nullstelle haben kann.

Es soll jetzt noch der Fall einer einfachen Nullstelle ($q = 1$) von $Z(p)$ untersucht werden. In diesem Fall verläuft die Funktion Gl. (19) in Abhängigkeit von φ im Intervall $-\pi/2 \leqq \varphi \leqq \pi/2$ gemäß Bild 10 innerhalb des Schlauches um die Kurve $\cos(\alpha_1 + \varphi)$.

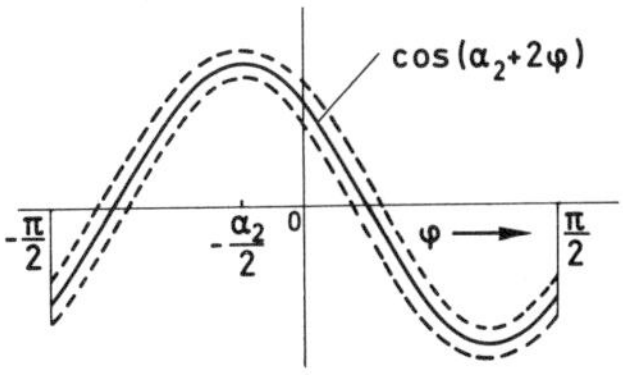

Bild 9: Toleranzschlauch für die durch Gl. (19) gegebene Größe im Intervall $-\pi/2 \leqq \varphi \leqq \pi/2$ für $q = 2$

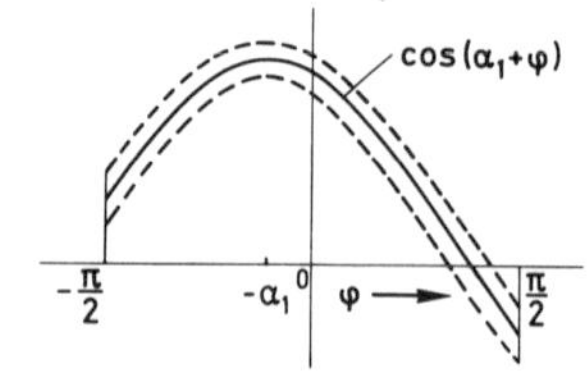

Bild 10: Toleranzschlauch für die durch Gl. (19) gegebene Größe im Intervall $-\pi/2 \leqq \varphi \leqq \pi/2$ für $q = 1$

Dieser Schlauch kann durch die Wahl eines hinreichend kleinen Wertes von ρ beliebig eng gemacht werden. Wie man dem Bild 10 entnimmt, wird für $\alpha_1 \neq 0$ der Realteil von $Z(p)$ für gewisse Punkte auf C bei hinreichend kleinem ρ negativ. Für $\alpha_1 \neq 0$ könnte $Z(p)$ also keine Zweipolfunktion sein. Damit ist das Ergebnis gefunden, daß eine Zweipolfunktion $Z(p)$ auf der imaginären Achse nur einfache Nullstellen ($q = 1$) mit jeweils *positivem Entwicklungskoeffizienten* a_1 ($\alpha_1 = 0$) aufweist, sofern $Z(p)$ überhaupt auf der imaginären Achse Nullstellen hat. Schon anhand einfacher Beispiele läßt sich zeigen, daß derartige Nullstellen bei Impedanzen oder Admittanzen tatsächlich vorkommen.

Nach dem Vorbild der vorausgegangenen Überlegungen läßt sich zeigen, daß eine Zweipolfunktion $Z(p)$ auch im Punkt $p = \infty$ allenfalls eine einfache Nullstelle mit positivem Entwicklungskoeffizienten haben kann.

Zum Beweis dieser Aussage wird angenommen, daß $Z(p)$ in $p = \infty$ eine q-fache Nullstelle besitzt. Dann existiert die Reihenentwicklung

$$Z(p) = \frac{a_{-q}}{p^q} + \frac{a_{-q-1}}{p^{q+1}} + \frac{a_{-q-2}}{p^{q+2}} + \dots \tag{20}$$

in der Umgebung von $p = \infty$ mit $a_{-q} \neq 0$. Sie entspricht der Entwicklung von $Z(p)$ nach Gl. (17) um die endliche Nullstelle $p = j\omega_0$. Die Variable p in Gl. (20) soll jetzt nur die Punkte auf dem Halbkreis C in $\operatorname{Re} p \geqq 0$ mit dem Mittelpunkt $p = 0$ und mit hinreichend großem Radius ρ durchlaufen (Bild 11). Mit

$$a_{-q} = |a_{-q}| \, e^{j\alpha_{-q}}$$

und

$$p = \rho e^{j\varphi}$$

erhält man bei hinreichend großem ρ aus Gl. (20) für den Realteil von $Z(p)$ längs C

$$[\operatorname{Re} Z(p)]_{p\in C} = |a_{-q}| \rho^{-q} \cos(q\varphi - \alpha_{-q}) + \rho^{-q-1} R(\varphi, \rho). \tag{21}$$

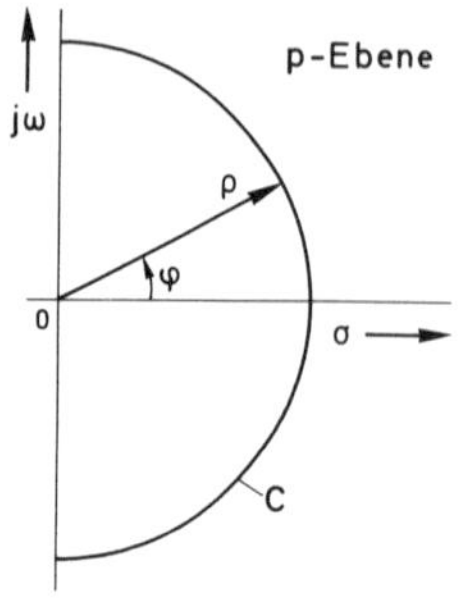

Bild 11: Halbkreis um den Punkt $p = 0$ in der rechten Halbebene

Der zweite Summand auf der rechten Seite von Gl. (21) umfaßt den Realteil der rechten Seite von Gl. (20) vom zweiten Summanden an für p-Werte auf C, wobei die Größe $R(\varphi, \rho)$ beschränkt ist. Es gilt also

$$|R(\varphi, \rho)| < \text{const}$$

für $\rho > \rho_0$ bei Wahl eines hinreichend großen Wertes von ρ_0. Aufgrund der Gl. (21) kann bei Beachtung der Positivitätseigenschaft von $Z(p)$ wie bei der Untersuchung endlicher Nullstellen auf der imaginären Achse gezeigt werden, daß die Fälle $q = 2, 3, \ldots$ nicht möglich sind. Außerdem kann gezeigt werden, daß im Fall $q = 1$ der Winkel α_{-q} nicht von Null verschieden sein darf. Eine Zweipolfunktion $Z(p)$ besitzt also im Punkt $p = \infty$ nur eine einfache Nullstelle mit positivem Entwicklungskoeffizienten a_{-1}, sofern $Z(\infty) = 0$ gilt. Dies ist genau dann der Fall, wenn das Zählerpolynom von $Z(p)$ einen um Eins niedrigeren Grad als das Nennerpolynom aufweist. Ein derartiger Gradunterschied kommt bei Impedanzen und Admittanzen tatsächlich vor, wie bereits anhand einfacher Beispiele zu erkennen ist.

Neben der Zweipolfunktion $Z(p)$ stellt auch die reziproke Funktion $1/Z(p)$ eine solche Funktion dar. Hierauf wurde bereits hingewiesen. Deshalb kann auch $1/Z(p)$ auf der imaginären Achse (einschließlich $p = \infty$) nur einfache Nullstellen mit positiven Entwicklungskoeffizienten haben. Dies bedeutet aber für die Zweipolfunktion $Z(p)$, daß sie auf der imaginären Achse (einschließlich $p = \infty$) nur *einfache Pole mit positiven Entwicklungskoeffizienten* besitzt, sofern dort überhaupt Pole vorkommen. Unter dem Entwicklungskoeffizienten in einem Pol wird folgendes verstanden: Ist $p = p_0 \neq \infty$ ein einfacher Pol von $Z(p)$, dann existiert in der Umgebung von p_0 die Reihenentwicklung

$$Z(p) = \frac{b_{-1}}{p - p_0} + b_0 + b_1(p - p_0) + b_2(p - p_0)^2 + \ldots \quad . \tag{22}$$

Die Größe b_{-1} wird als Entwicklungskoeffizient von $Z(p)$ im Pol p_0 bezeichnet. Liegt der einfache Pol im Unendlichen, dann lautet die der Gl. (22) entsprechende Reihenentwicklung in der Umgebung von $p = \infty$

$$Z(p) = b_1 p + b_0 + \frac{b_{-1}}{p} + \ldots \quad . \tag{23}$$

Hier ist b_1 der Entwicklungskoeffizient.

Die Aussage über die Vielfachheit und die Entwicklungskoeffizienten von Polen einer Zweipolfunktion $Z(p)$ auf der imaginären Achse einschließlich $p = \infty$ läßt sich auch auf direktem Wege ohne Verwendung der reziproken Funktion erhalten. Mit Hilfe von Reihenentwicklungen gemäß den Gln. (22) und (23) um die Polstellen lassen sich nämlich analoge Ergebnisse wie bei der Untersuchung der Nullstellen gewinnen. – Da eine Zweipolfunktion $Z(p)$ im Unendlichen nur eine einfache Nullstelle oder einen einfachen Pol hat, sofern nicht $Z(\infty) \neq 0, \infty$ gilt, kann sich der Grad des Zählerpolynoms vom Grad des Nennerpolynoms von $Z(p)$ höchstens um Eins unterscheiden.

Die in den vorausgegangenen Betrachtungen gewonnenen Ergebnisse werden zusammengefaßt im

Satz 2:

Die Impedanz oder Admittanz eines jeden *RLCÜ*-Zweipols ist eine Zweipolfunktion, d.h. eine *rationale, reelle* (für reelle p reellwertige) und *positive* (für $\operatorname{Re} p > 0$ einen positiven Realteil aufweisende) Funktion. Solche Funktionen $Z(p)$ besitzen die folgenden Eigenschaften:

a) Es gilt $\operatorname{Re} Z(\mathrm{j}\omega) \geqq 0$ für alle ω-Werte, für die $Z(\mathrm{j}\omega)$ endlich ist.

b) Die Funktion $Z(p)$ hat in der offenen rechten Halbebene $\operatorname{Re} p > 0$ *weder Nullstellen noch Pole.*

c) Die Funktion $Z(p)$ hat auf der imaginären Achse (einschließlich $p = \infty$) nur *einfache Nullstellen* und *einfache Pole* mit positiv reellen Entwicklungskoeffizienten, sofern dort überhaupt Nullstellen bzw. Pole auftreten.

Es sei noch einmal darauf hingewiesen, daß jeder Zweipolfunktion $Z(p)$ mindestens ein *RLCÜ*-Zweipol zugeordnet werden kann, dessen Impedanz bzw. Admittanz mit $Z(p)$ identisch ist. Die Richtigkeit dieser fundamentalen Aussage wird an späterer Stelle auf verschiedene Weise nachgewiesen. Die Eigenschaft einer Funktion $Z(p)$, rational, reell und positiv (d.h. eine Zweipolfunktion) zu sein, ist also notwendig und hinreichend dafür, daß $Z(p)$ die Impedanz oder Admittanz eines *RLCÜ*-Zweipols darstellt. Hieraus folgt unter anderem, daß jede Zweipolfunktion in Form von Gl. (14) dargestellt werden kann.

Es ist meist recht umständlich, mit Hilfe der Bedingung (16) zu prüfen, ob eine rationale und reelle Funktion positiv ist. Im Abschnitt 2.4 werden mehrere Sätze über Zweipolfunktionen ausgesprochen, von denen einige zur praktischen Prüfung der Positivität verwendet werden können.

2.3. WICHTIGE SONDERFÄLLE VON ZWEIPOLFUNKTIONEN

In diesem Abschnitt soll untersucht werden, welche speziellen Einschränkungen für Zweipolfunktionen gelten, wenn im betrachteten Zweipol eine Elementeart fehlt.

2.3.1. LC-Zweipolfunktionen

Zunächst soll untersucht werden, wie sich das Fehlen von Ohmwiderständen auf die Eigenschaften der Impedanz bzw. Admittanz $Z(p)$ auswirkt. Enthält ein Zweipol außer idealen Übertragern nur Induktivitäten und Kapazitäten, so verschwindet gemäß Gl. (13a) die Funktion F für alle p-Werte, und die Impedanz erhält dann gemäß Gl. (14) die Form

$$Z(p) = pT + \frac{1}{p} V.$$

Die Admittanz des Zweipols hat dieselbe Form. Mit $p = \sigma + \mathrm{j}\omega$ folgt hieraus

$$Z(p) = \sigma T + \frac{\sigma}{\sigma^2+\omega^2} V + j\omega \left[T - \frac{V}{\sigma^2+\omega^2} \right]. \tag{24a}$$

Wie man aus dieser Darstellung sieht, gelten an einer Nullstelle von $Z(p)$, wenn man die reelle Achse der p-Ebene ausschließt, also $\omega \neq 0$ voraussetzt, die Beziehungen

$$T = \frac{V}{\sigma^2+\omega^2}$$

und

$$\frac{2\sigma V}{\sigma^2+\omega^2} = 0.$$

Sie zeigen, daß in einer außerhalb der reellen Achse und der imaginären Achse liegenden endlichen Nullstelle ($\omega \neq 0$, $\sigma \neq 0$) von $Z(p)$ die Funktion V und damit auch die Funktion T verschwinden müßten. Dieser Fall ist aber nicht möglich, da sonst alle (komplexen) Ströme in den Induktivitäten und Kapazitäten für das betreffende p verschwinden würden. Da bei $\omega = 0$ und $\sigma \neq 0$ für den Realteil von $Z(p)$ nach Gl. (24a)

$$\sigma T + \frac{V}{\sigma} \neq 0$$

gilt, kann $Z(p)$ auch auf der reellen Achse, abgesehen von $\sigma = 0$, keine Nullstellen haben. Somit können die Nullstellen von $Z(p)$ nur auf der imaginären Achse einschließlich $p = \infty$ liegen. Nach Satz 2 müssen diese Nullstellen einfach sein und positive Entwicklungskoeffizienten aufweisen. Da auch die reziproke Funktion $1/Z(p)$, wie man in derselben Weise zeigt, Nullstellen nur auf der imaginären Achse hat, wobei die Entwicklungskoeffizienten positiv reell sein müssen, besitzt $Z(p)$ Pole ausschließlich auf der imaginären Achse. Die Entwicklungskoeffizienten in den Polen müssen positiv reell sein. Die Impedanz oder Admittanz eines verlustlosen Zweipols (Reaktanzzweipols) ist somit eine Zweipolfunktion, die in der Form

$$Z(p) = \frac{A_0}{p} + \sum_{\nu=1}^{r} \frac{2A_\nu p}{p^2+\omega_\nu^2} + A_\infty p \tag{24b}$$

dargestellt werden kann. Die Größen $A_\nu (\nu = 0, 1, \ldots, r, \infty)$ sind die Entwicklungskoeffizienten in den Polen. Eine additive Konstante kann in Gl. (24b) nicht vorhanden sein, da gemäß Gl. (24a) $\operatorname{Re} Z(j\omega) = 0$ für alle ω-Werte gilt, für die $Z(j\omega)$ endlich ist[2]). Der erste Term auf der rechten Seite von Gl. (24b) entspricht einem möglichen Pol von $Z(p)$ in $p = 0$. Falls $Z(p)$ im Nullpunkt keinen Pol hat, ist $A_0 = 0$. Der letzte Term auf der rechten Seite der Gl. (24b) trägt einem möglichen Pol in $p = \infty$ Rechnung. Die mittleren, durch die Summation über den Index ν zusammengefaßten Terme entsprechen den übrigen, in konjugiert komplexen Paaren auftretenden Polen von $Z(p)$. Angesichts der Tatsache, daß die Zweipolfunktion $Z(p)$ für reelle p-Werte reell ist, hat $Z(p)$ in den zueinander konjugierten Polen $p = j\omega_\nu$ und $p = -j\omega_\nu$ dieselben reellen Entwicklungs-

---

[2]) Die Aussage $\operatorname{Re} Z(j\omega) = 0$ entspricht der Tatsache, daß ein verlustloser Zweipol bei harmonischer Erregung im stationären Zustand keine Wirkleistung verbraucht.

koeffizienten. Aus diesem Grund erhält man in Gl. (24b) die diesen Polen entsprechenden Summanden

$$\frac{A_\nu}{p-\mathrm{j}\omega_\nu}+\frac{A_\nu}{p+\mathrm{j}\omega_\nu}=\frac{2A_\nu p}{p^2+\omega_\nu^2} \quad .$$

Der Gl. (24b) kann man entnehmen, daß die Impedanz und Admittanz eines Reaktanzzweipols eine *ungerade* Funktion ist. Es gilt also

$$Z(p) = -Z(-p).$$

Für $p=\mathrm{j}\omega$ ist $Z(p)$, wie bereits festgestellt wurde, rein imaginär. Die Funktion $Z(\mathrm{j}\omega)/\mathrm{j}$ setzt sich aus Funktionen der Art $-A_0/\omega$, $2A_\nu\omega/(\omega_\nu{}^2-\omega^2)$ und $A_\infty\omega$ zusammen. Im Bild 12 ist der Verlauf dieser Funktionen dargestellt. Alle Kurven verlaufen monoton steigend. Deshalb muß auch $Z(\mathrm{j}\omega)/\mathrm{j}$ einen monoton ansteigenden Verlauf zeigen. Der grundsätzliche Verlauf von $Z(\mathrm{j}\omega)/\mathrm{j}$ ist im Bild 13 für den Fall abgebildet, daß $Z(p)$ neben Polen in $p=0$ und $p=\infty$ Polstellen in $p=\mathrm{j}\omega_1$ und $p=\mathrm{j}\omega_2\,(\omega_1,\,\omega_2 \neq 0,\,\infty)$ hat. Angesichts der in den vorausgegangenen Untersuchungen erkannten Eigenschaften, welche die Impedanz bzw. Admittanz $Z(p)$ eines Reaktanzzweipols hat, ist jetzt zu erkennen, daß sich auf der imaginären Achse stets zwischen zwei Polen genau eine einfache Nullstelle befinden muß. Die Pole und Nullstellen von $Z(p)$ wechseln sich also gegenseitig auf der imaginären Achse ab. Der Punkt $p=0$ ist entweder ein Pol oder eine Nullstelle von $Z(p)$; dasselbe gilt auch für den Punkt $p=\infty$. Die gewonnenen Ergebnisse werden zusammengefaßt im

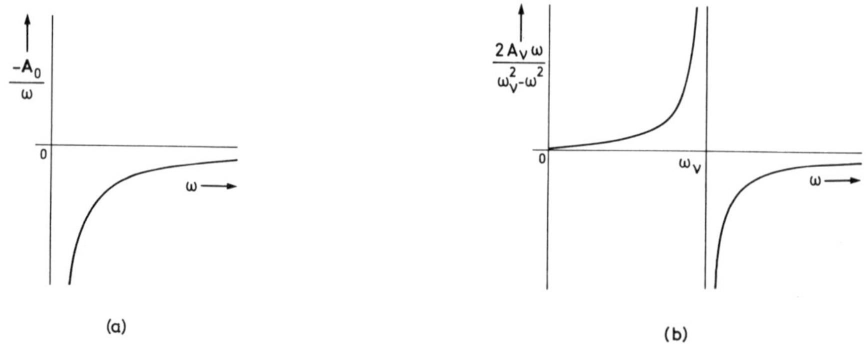

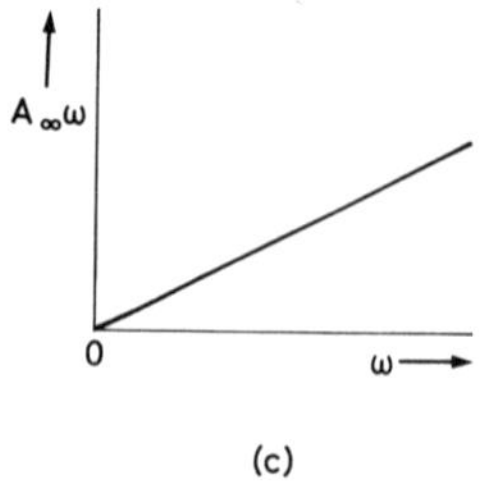

Bild 12: Verlauf der Teilfunktionen von $Z(\mathrm{j}\omega)/\mathrm{j}$, wobei $Z(p)$ durch Gl. (24b) gegeben ist

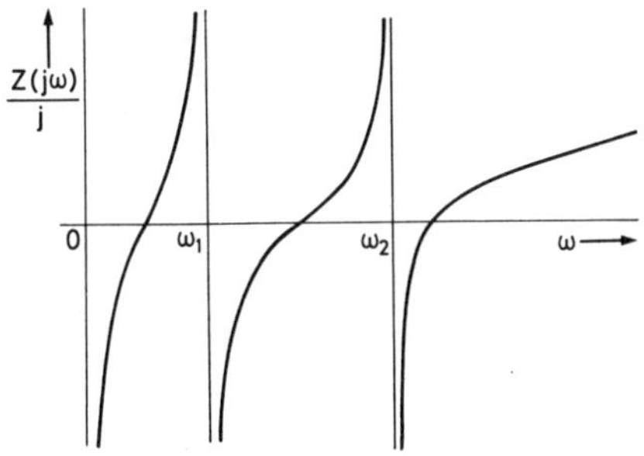

Bild 13: Verlauf von $Z(j\omega)/\mathrm{j}$, wobei $Z(p)$ durch Gl. (24b) für $r = 2$ gegeben ist

Satz 3:

Die Impedanz und Admittanz $Z(p)$ eines jeden Reaktanzzweipols läßt sich in der Form der Gl. (24b) darstellen und besitzt die folgenden Eigenschaften.

a) $Z(p)$ ist eine ungerade, rationale und reelle Funktion.

b) Die Pole von $Z(p)$ sind einfach; sie müssen auf der imaginären Achse (einschließlich $p = \infty$) liegen und positiv reelle Entwicklungskoeffizienten aufweisen.

c) Die Nullstellen von $Z(p)$ sind einfach; sie müssen auf der imaginären Achse (einschließlich $p = \infty$) liegen und positiv reelle Entwicklungskoeffizienten aufweisen.

d) Nullstellen und Pole wechseln sich gegenseitig auf der imaginären Achse ab. Der Punkt $p = 0$ ist ebenso wie der Punkt $p = \infty$ Nullstelle oder Polstelle von $Z(p)$.

e) $Z(\mathrm{j}\omega)$ ist für alle ω-Werte, für welche die Funktion endlich ist, rein imaginär. Außerdem gilt

$$\mathrm{d}[Z(\mathrm{j}\omega)/\mathrm{j}]/\mathrm{d}\omega > 0$$

für alle ω-Werte, für welche $Z(\mathrm{j}\omega)/\mathrm{j}$ endlich ist.

In einem späteren Abschnitt wird gezeigt, daß jede Funktion $Z(p)$, welche die Eigenschaften *a* und *b* von Satz 3 erfüllt, als Admittanz oder Impedanz durch einen *LC*-Zweipol verwirklicht werden kann. Deshalb sind die Eigenschaften *a* und *b* nicht nur notwendige, sondern auch hinreichende Bedingungen dafür, daß $Z(p)$ die Impedanz oder Admittanz eines Reaktanzzweipols ist.

2.3.2. RL-Zweipolfunktionen

Enthält ein Zweipol keine Kapazitäten, dann verschwindet die Funktion V Gl. (13c) für alle p-Werte, und die Impedanz erhält gemäß Gl. (14) die Form

$$Z(p) = F + pT. \tag{25}$$

Hieraus folgt für $p = \sigma + \mathrm{j}\omega$

$$Z(p) = F + \sigma T + \mathrm{j}\omega T. \tag{26}$$

In einer Nullstelle von $Z(p)$ muß, wie man aus dieser Darstellung sieht,

$$F + \sigma T = 0 \tag{27a}$$

und

$$\omega T = 0 \tag{27b}$$

gelten. Offensichtlich darf in einer Nullstelle von $Z(p)$ die Funktion T nicht verschwinden. Denn sonst müßte auch F Null werden. Damit folgt aus Gl. (27b), daß Nullstellen von $Z(p)$ nur für $\omega = 0$ auftreten können, d.h. auf der reellen Achse der p-Ebene. Dabei ist der Punkt $p = 0$ eingeschlossen. Die Impedanz $Z(p)$ eines jeden kapazitätsfreien Zweipols besitzt also nur Nullstellen auf der nicht-positiv reellen Achse $\sigma \leqq 0$, $\omega = 0$. Im Nullpunkt darf $Z(p)$ verschwinden. Dagegen kann $p = \infty$ keine Nullstelle von $Z(p)$ sein, da $Z(\sigma)$ für $\sigma > 0$ beständig positiv ist und monoton ansteigt, wie im folgenden gezeigt wird.

Da der Realteil und der Imaginärteil von $Z(p)$ in jedem Punkt p, abgesehen von den Polen von $Z(p)$, die Cauchy-Riemannschen Differentialgleichungen erfüllen müssen, stimmt der Differentialquotient des Realteils von $Z(p)$ bezüglich σ mit dem Differentialquotienten des Imaginärteils von $Z(p)$ bezüglich ω überein. Auf diese Weise erhält man mit Hilfe der Gl. (26) die Beziehung

$$\frac{\partial \mathrm{Re} Z(p)}{\partial \sigma} = \frac{\partial(\omega T)}{\partial \omega} \equiv T + \omega \frac{\partial T}{\partial \omega} \quad .$$

Für $\omega \to 0$ folgt hieraus[3])

$$\frac{\partial \mathrm{Re} Z}{\partial \sigma} = T \geqq 0. \tag{28}$$

Dieser Differentialquotient stimmt mit $\mathrm{d}Z(\sigma + \mathrm{j} \cdot 0)/\mathrm{d}\sigma$ überein, da $\partial \,\mathrm{Im} Z/\partial \sigma$ für $\omega = 0$, abgesehen von den Polen von $Z(p)$, verschwindet. Wie bereits gezeigt wurde, ist in jeder Nullstelle von $Z(p)$ die Funktion T von Null verschieden. Deshalb gilt in jeder der Nullstellen von $Z(p)$

$$\frac{\mathrm{d}Z(\sigma)}{\mathrm{d}\sigma} > 0.$$

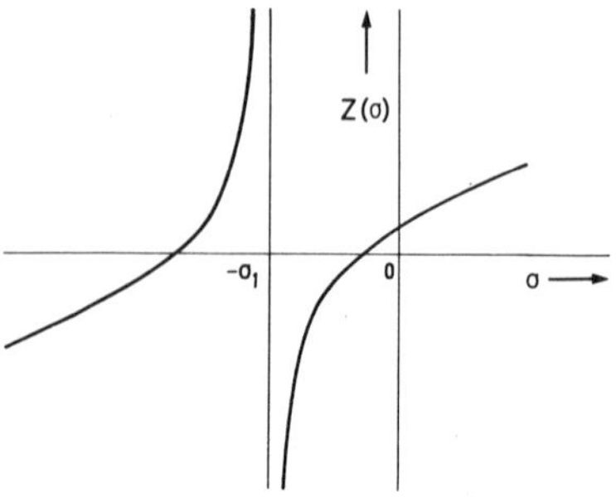

Bild 14: Grundsätzlicher Verlauf einer *RL*-Impedanz für reelle *p*-Werte

[3]) Man beachte, daß die Funktion T und damit auch die Ableitung $\partial T/\partial \omega$ nirgends, abgesehen von den Polen der Zweipolfunktion $Z(p)$, Unendlich werden darf. Dies gilt insbesondere auf der reellen Achse $\omega = 0$, weil $\omega T = \mathrm{Im}\, Z(p)$ für $\omega \to 0$ verschwinden muß.

Dies besagt, daß alle Nullstellen von $Z(p)$ einfach sind und positive Entwicklungskoeffizienten haben. Man beachte, daß allgemein der Entwicklungskoeffizient einer Funktion in einer einfachen Nullstelle mit dem Differentialquotienten der Funktion in diesem Punkt übereinstimmt. Da gemäß Ungleichung (28) für alle σ-Werte, für welche $Z(\sigma)$ endlich ist, $\mathrm{d}Z(\sigma)/\mathrm{d}\sigma \geqq 0$ gilt, steigt $Z(\sigma)$ monoton an, und zwischen zwei Nullstellen muß $Z(p)$ auf der negativ reellen Achse jeweils einen Pol haben. Da jede rationale Funktion in der p-Ebene einschließlich $p = \infty$ gleich viele Nullstellen wie Pole besitzt[4]), können die Pole von $Z(p)$ nur auf der negativ reellen Achse liegen, und sie müssen einfach sein. Nach Gl. (25) kann $Z(p)$ in $p = \infty$ einen einfachen Pol haben. Bild 14 zeigt den grundsätzlichen Verlauf von $Z(\sigma)$ für den Fall, daß die Impedanz $Z(p)$ in $p = \infty$ und in einem Punkt der negativ reellen Achse einen Pol hat.

Es soll jetzt die Funktion $W(p) = Z(p)/p$ betrachtet werden. Sie hat dieselben Pole wie $Z(p)$ mit Ausnahme der Stellen $p = 0$ und $p = \infty$. In $p = 0$ weist $W(p)$ genau dann einen einfachen Pol auf, wenn $Z(0) \neq 0$ ist. In diesem Fall ist der Entwicklungskoeffizient von $W(p)$ in $p = 0$ positiv [man beachte, daß hier $Z(\sigma)$ in einer Umgebung von $\sigma = 0$ positiv ist]. In $p = \infty$ besitzt $W(p)$ keinen Pol. Sofern $Z(\infty) = \infty$ ist, wird $W(\infty) > 0$, da $Z(p)$ im Pol $p = \infty$ einen positiven Entwicklungskoeffizienten hat. Die Entwicklungskoeffizienten von $W(p)$ in den Polen auf der negativ reellen Achse müssen wegen der Eigenschaften von $Z(\sigma)$ (man vergleiche Bild 14) positiv sein. Damit muß die Partialbruchdarstellung

$$W(p) \equiv \frac{Z(p)}{p} = B_\infty + \frac{B_0}{p} + \sum_{\nu=1}^{r} \frac{B_\nu}{p + \sigma_\nu}$$

mit $B_0 \geqq 0$, $B_\nu > 0$ $(\nu = 1, 2, \ldots, r)$, $B_\infty \geqq 0$ existieren. In den Punkten $p_\nu = -\sigma_\nu < 0$ und gegebenenfalls in $p = 0$ befinden sich die Pole von $W(p)$. Für die Impedanz eines jeden *RL*-Zweipols existiert somit die Darstellung

$$Z(p) = B_0 + \sum_{\nu=1}^{r} \frac{B_\nu p}{p + \sigma_\nu} + B_\infty p \tag{29}$$

$(\sigma_\nu > 0;\ B_\nu > 0$ für $\nu = 1, 2, \ldots, r;\ B_0, B_\infty \geqq 0)$.

Die gewonnenen Ergebnisse werden zusammengefaßt im

---

[4]) Dies ist eine allgemeine Eigenschaft jeder rationalen Funktion $F(p) = P_1(p)/P_2(p)$. Dabei bedeuten $P_1(p)$ und $P_2(p)$ Polynome, die keinen gemeinsamen Polynomfaktor besitzen. Die Nullstellen und Pole von $F(p)$ werden stets ihrer Vielfachheit entsprechend gezählt. Der Grad m von $P_1(p)$ ist gleich der Zahl der endlichen Nullstellen von $F(p)$ und der Grad n von $P_2(p)$ gleich der Zahl der endlichen Pole von $F(p)$. Ist $m > n$, so hat $F(p)$ in $p = \infty$ genau $(m - n)$ Pole, also $(m - n) + n = m$ Pole in der gesamten p-Ebene, d.h. die Zahl der Nullstellen und Pole von $F(p)$ ist gleich. Ist $m < n$, so hat $F(p)$ in $p = \infty$ genau $(n - m)$ Nullstellen, also $(n - m) + m = n$ Nullstellen in der gesamten p-Ebene, d.h. auch in diesem Fall ist die Zahl der Nullstellen und Pole von $F(p)$ gleich. Im Fall $m = n$ ist die Gültigkeit dieser Aussage unmittelbar einzusehen, da hier $F(p)$ in $p = \infty$ weder Null noch Unendlich ist. Die Gesamtzahl der Nullstellen oder Pole von $F(p)$ heißt *Grad* von $F(p)$. Hierauf wird noch einmal im Abschnitt 3.1.1 eingegangen.

Satz 4:

Die Impedanz $Z(p)$ eines jeden Zweipols, der keine Kapazitäten enthält, läßt sich stets in Form der Gl. (29) darstellen. Die Nullstellen und Pole von $Z(p)$ sind einfach und alternieren auf der negativ reellen Achse. Der Nullpunkt kann Nullstelle, der Punkt Unendlich kann Polstelle von $Z(p)$ sein. Für $p=\sigma$ ist $Z(p)$ eine monoton ansteigende Funktion.

Im Abschnitt 3.2 wird gezeigt, daß jeder Funktion $Z(p)$, welche sich in der Form der Gl. (29) darstellen läßt, mindestens ein *RL*-Zweipol zugeordnet werden kann, dessen Impedanz mit $Z(p)$ identisch ist. Deshalb ist die Darstellbarkeit gemäß Gl. (29) nicht nur eine notwendige, sondern auch eine hinreichende Bedingung für die Impedanz eines kapazitätsfreien Zweipols.

2.3.3. RC-Zweipolfunktionen

Enthält ein Zweipol keine Induktivitäten, dann verschwindet die Funktion T Gl. (13b) für alle p-Werte, und die Impedanz erhält gemäß Gl. (14) die Form

$$Z(p)=F+\frac{1}{p}V. \tag{30}$$

Hieraus folgt für $p=\sigma+\mathrm{j}\omega$

$$Z(p)=F+\frac{\sigma}{\sigma^2+\omega^2}V-\mathrm{j}\omega\frac{V}{\sigma^2+\omega^2}\,. \tag{31}$$

In einer Nullstelle von $Z(p)$ muß, wie man aus dieser Darstellung sieht,

$$F+\frac{\sigma}{\sigma^2+\omega^2}V=0 \tag{32a}$$

und

$$\frac{\omega}{\sigma^2+\omega^2}V=0 \tag{32b}$$

gelten. Offensichtlich darf in einer Nullstelle von $Z(p)$ die Funktion V nicht verschwinden. Denn sonst müßte auch F Null werden. Damit folgt aus Gl. (32b), daß Nullstellen von $Z(p)$ nur für $\omega=0$ auftreten können, d.h. auf der reellen Achse. Dabei ist $\sigma=0$ (der Nullpunkt der p-Ebene) ausgeschlossen, da für $p\to 0$ nicht gleichzeitig F und V verschwinden können, was für das Auftreten einer Nullstelle von $Z(p)$ im Nullpunkt gemäß Gl. (30) notwendig wäre. Für eine Nullstelle von $Z(p)$ muß also nach Gl. (32a)

$$F+\frac{1}{\sigma}V=0$$

gelten. Es ist nur $\sigma<0$ möglich, $\sigma=-\infty$ eingeschlossen.

Da der Realteil und der Imaginärteil von $Z(p)$ in jedem Punkt p, abgesehen von den Polen von $Z(p)$, die Cauchy-Riemannschen Differentialgleichungen erfüllen müssen,

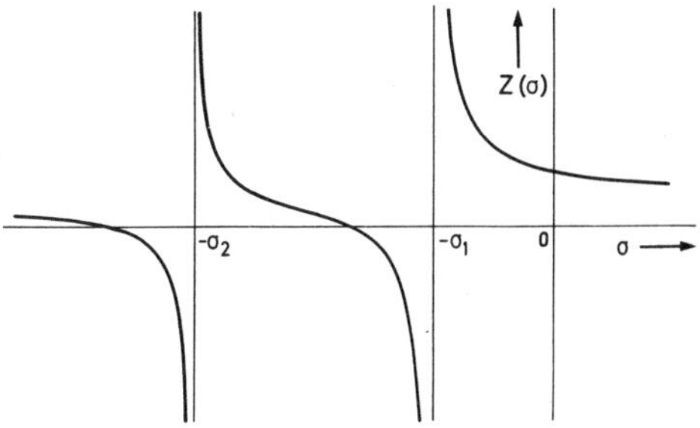

Bild 15: Grundsätzlicher Verlauf einer RC-Impedanz für reelle p-Werte

erhält man für den Differentialquotienten $\mathrm{d}Z(\sigma+\mathrm{j}\cdot 0)/\mathrm{d}\sigma$ in einem Punkt $p=\sigma$, in welchem $Z(p)$ endlich ist, mit Hilfe der Gl. (31)

$$\frac{\mathrm{d}Z(\sigma+\mathrm{j}\cdot 0)}{\mathrm{d}\sigma} \equiv \frac{\partial \operatorname{Re} Z(p)}{\partial \sigma}\bigg|_{\omega=0} = \frac{\partial}{\partial \omega}\left[\frac{-\omega}{\sigma^2+\omega^2} V\right]\bigg|_{\omega=0},$$

also

$$\frac{\mathrm{d}Z(\sigma)}{\mathrm{d}\sigma} = -\frac{V}{\sigma^2} \leqq 0. \tag{33}$$

(Hierbei gilt eine der Fußnote 3 entsprechende Aussage über die Funktion V.) Wie bereits gezeigt wurde, ist in jeder Nullstelle von $Z(p)$ die Funktion V von Null verschieden. Deshalb muß in den Nullstellen von $Z(p)$, zu denen jedenfalls $p=0$ nicht gehört, angesichts der Ungleichung (33)

$$\frac{\mathrm{d}Z(\sigma)}{\mathrm{d}\sigma} < 0$$

gelten. Dies besagt, daß sämtliche Nullstellen von $Z(p)$ einfach sind und negative Entwicklungskoeffizienten haben. Aus der Ungleichung (33) ersieht man weiterhin, daß $Z(\sigma)$ monoton fällt. Deshalb muß zwischen jeweils zwei Nullstellen auf der negativ reellen Achse ein Pol von $Z(p)$ liegen. Da jede rationale Funktion in der p-Ebene einschließlich $p=\infty$ gleich viele Nullstellen wie Pole hat, können die Pole von $Z(p)$ nur auf der reellen Achse liegen, und sie müssen einfach sein. Der Nullpunkt kann Pol von $Z(p)$ sein. Im Unendlichen kann sich kein Pol befinden, da $Z(\sigma)$ für $\sigma > 0$ monoton fällt und nur positive Werte aufweist. Bild 15 zeigt den grundsätzlichen Verlauf von $Z(\sigma)$.

Aufgrund der gefundenen Eigenschaften von $Z(p)$ erhält man die folgende Partialbruchdarstellung:

$$Z(p) = D_\infty + \frac{D_0}{p} + \sum_{\nu=1}^{r} \frac{D_\nu}{p+\sigma_\nu} \tag{34}$$

$(\sigma_\nu > 0;\ D_\nu > 0$ für $\nu = 1, 2, \ldots, r;\ D_0, D_\infty \geqq 0)$.

Die gewonnenen Ergebnisse werden zusammengefaßt im

Satz 5:

Die Impedanz $Z(p)$ eines jeden Zweipols, der keine Induktivitäten enthält, läßt sich stets in Form der Gl. (34) darstellen. Die Nullstellen und Pole von $Z(p)$ sind einfach und alternieren auf der negativ reellen Achse. Der Nullpunkt kann Pol, der Punkt Unendlich kann Nullstelle von $Z(p)$ sein. Für $p=\sigma$ ist $Z(p)$ eine monoton fallende Funktion.

Im Abschnitt 3.3 wird gezeigt, daß jeder Funktion $Z(p)$, welche sich in Form der Gl. (34) darstellen läßt, mindestens ein *RC*-Zweipol zugeordnet werden kann, dessen Impedanz mit $Z(p)$ identisch ist. Deshalb ist die Darstellbarkeit gemäß Gl. (34) nicht nur eine notwendige, sondern auch eine hinreichende Bedingung für die Impedanz eines induktivitätsfreien Zweipols.

2.4. SÄTZE ÜBER ZWEIPOLFUNKTIONEN

Im folgenden werden Sätze ausgesprochen und bewiesen, die für die späteren Untersuchungen von großer Wichtigkeit sind. Einige dieser Sätze erlauben es, in einfacher Weise zu entscheiden, ob eine rationale und reelle Funktion positiv, d.h. eine Zweipolfunktion ist. Die direkte Prüfung der Positivität anhand der Bedingung (16) ist im allgemeinen zu umständlich.

Satz 6:

Notwendig und hinreichend dafür, daß eine rationale reelle Funktion $Z(p)$ positiv, also eine Zweipolfunktion ist, sind die folgenden Bedingungen:

a) Es gilt $\operatorname{Re} Z(\mathrm{j}\omega) \geqq 0$ für alle ω-Werte, für welche $Z(\mathrm{j}\omega)$ endlich ist.

b) $Z(p)$ hat in der offenen rechten Halbebene $\operatorname{Re} p > 0$ keine Pole.

c) Alle Pole von $Z(p)$ auf der imaginären Achse (einschließlich $p=\infty$) sind einfach und weisen positive Entwicklungskoeffizienten auf.

Beweis: Die Notwendigkeit der aufgestellten Bedingungen folgt direkt aus Satz 2. Zum Beweis, daß die Bedingungen auch hinreichend sind, werden zunächst die den einfachen Polen auf der imaginären Achse entsprechenden Partialbrüche aus $Z(p)$ entfernt. Auf diese Weise erhält man die Funktion

$$Z_0(p) = Z(p) - \frac{A_0}{p} - \sum_{\nu=1}^{r} \left[\frac{A_\nu}{p - \mathrm{j}\omega_\nu} + \frac{A_\nu}{p + \mathrm{j}\omega_\nu} \right] - A_\infty p. \tag{35a}$$

Der Partialbruchanteil A_0/p entspricht dem möglichen Pol von $Z(p)$ in $p=0$; dabei ist A_0 der Entwicklungskoeffizient. Falls $Z(p)$ in $p=0$ keinen Pol hat, verschwindet A_0. Die Größen $A_\nu(\nu=1, 2, \ldots, r)$ stellen die notwendigerweise positiven Entwicklungskoeffizienten von $Z(p)$ in den Polen $p=\mathrm{j}\omega_\nu$ dar. Zu jedem derartigen Pol gehört ein konjugiert komplexer Pol $p=-\mathrm{j}\omega_\nu$ mit dem gleichen Entwicklungskoeffizienten, da $Z(p)$ eine reelle Funktion ist. Die Größe A_∞ bedeutet den Entwicklungskoeffizienten im Pol $p=\infty$ von $Z(p)$. Es ist $A_\infty=0$, falls $Z(p)$ im Unendlichen polfrei ist. Durch Zusammenfassung der in eckigen Klammern stehenden Terme in Gl. (35a) erhält man

$$Z_0(p) = Z(p) - \frac{A_0}{p} - \sum_{\nu=1}^{r} \frac{2A_\nu p}{p^2 + \omega_\nu^2} - A_\infty p. \tag{35b}$$

Die Funktion $Z_0(p)$ hat, wie die Gl. (35a) erkennen läßt, die gleichen Pole wie $Z(p)$ mit Ausnahme aller Polstellen von $Z(p)$, die auf der imaginären Achse (einschließlich $p = \infty$) liegen. An diesen Stellen bleibt $Z_0(p)$ endlich. Daher hat $Z_0(p)$ in der *abgeschlossenen* rechten Halbebene $\text{Re}\, p \geqq 0$ keine Pole. Außerdem stimmen gemäß Gl. (35b) die Realteile von $Z_0(\text{j}\omega)$ und $Z(\text{j}\omega)$ für alle ω-Werte, für die $Z(\text{j}\omega)$ endlich ist, überein. Daher gilt

$$\text{Re}\, Z_0(\text{j}\omega) \geqq 0$$

für sämtliche ω-Werte.

Nun wird die Funktion

$$f(p) = \text{e}^{-Z_0(p)} \tag{36}$$

betrachtet. Da $Z_0(p)$ in der abgeschlossenen rechten Halbebene $\text{Re}\, p \geqq 0$ analytisch ist (d.h. keine Pole hat), stellt dort auch $f(p)$ eine analytische Funktion dar. Es läßt sich zeigen, daß der Betrag der Funktion $f(p)$, die nur in der Halbebene $\text{Re}\, p \geqq 0$ betrachtet wird, sein Maximum auf dem Rand $\text{Re}\, p = 0$ und nicht im Innern $\text{Re}\; p > 0$ annimmt. Zum Nachweis dieser Behauptung nimmt man zunächst an, daß $|f(p)|$ in $p = p_0$ mit $\text{Re}\; p_0 > 0$ sein Maximum erreicht, und zeigt dann, daß diese Annahme zu einem Widerspruch führt.

Mit Hilfe der Cauchyschen Integralformel der Funktionentheorie erhält man

$$f(p_0) = \frac{1}{2\pi \text{j}} \oint \frac{f(p)}{p - p_0} \text{d}p, \tag{37a}$$

wobei die Integration z. B. entlang eines Kreises um p_0 geführt wird, der ganz in $\text{Re}\, p > 0$ verläuft (Bild 16). Mit

$$p = p_0 + \rho \text{e}^{\text{j}\vartheta}$$

folgt aus Gl. (37a) wegen $\rho = \text{const}$ die Darstellung

$$f(p_0) = \frac{1}{2\pi} \int_0^{2\pi} f(p_0 + \rho \text{e}^{\text{j}\vartheta}) \text{d}\vartheta,$$

und hieraus erhält man die Abschätzung

$$|f(p_0)| \leqq \frac{1}{2\pi} \int_0^{2\pi} |f(p_0 + \rho \text{e}^{\text{j}\vartheta})| \,\text{d}\vartheta. \tag{37b}$$

Die rechte Seite der Ungleichung (37b) stellt eine Mittelwertbildung der Betragsfunktion $|f(p)|$ über den Kreis um p_0 dar (Bild 16). Sieht man vom trivialen Fall $f(p) = \text{const}$ ab, so ist aus der Ungleichung (37b) zu erkennen, daß $|f(p)|$ in $p = p_0$, also innerhalb der rechten p-Halbebene, *nicht* maximal werden kann. Aus diesem Grund muß $|f(p)|$ in der Halbebene $\text{Re}\, p \geqq 0$ seinen Maximalwert auf dem Rand $\text{Re}\, p = 0$ annehmen (Prinzip vom Maximum). Wegen Gl. (36) bedeutet die Aussage über das Maximum von $|f(p)|$, daß das Minimum des Realteils von $Z_0(p)$ in $\text{Re}\, p \geqq 0$ nur auf dem Rand auftreten kann. Denn das Maximum von $|f(p)| =$

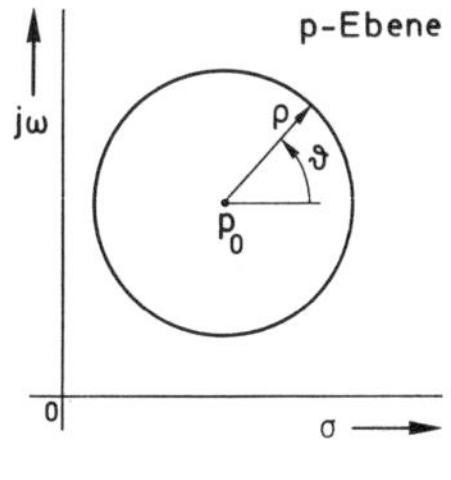

Bild 16: Kreisförmiger Integrationsweg im Innern der rechten Halbebene

$\exp\{-\operatorname{Re} Z_0(p)\}$ entspricht dem Minimum von $\operatorname{Re} Z_0(p)$. Wie bereits festgestellt wurde, gilt $\operatorname{Re} Z_0(j\omega) \geqq 0$ für alle ω-Werte. Deshalb muß angesichts der gefundenen Tatsachen $\operatorname{Re} Z_0(p) > 0$ für $\operatorname{Re} p > 0$ sein. Der triviale Fall $Z_0(p) \equiv 0$ sei ausgeschlossen. Es ist somit gezeigt, daß die durch die Gln. (35a, b) eingeführte Funktion $Z_0(p)$ eine positive, reelle, rationale Funktion, d.h. eine Zweipolfunktion ist. Da sich nach Gl. (35b) die Funktion $Z(p)$ als Summe der Zweipolfunktion $Z_0(p)$ und einer LC-Zweipolfunktion [man vergleiche Abschnitt 2.3.1, insbesondere Gl. (24b)] ausdrücken läßt, erfüllt auch $Z(p)$ die Positivitätsbedingung (16), und somit ist $Z(p)$ eine Zweipolfunktion. Der Satz 6 ist damit vollständig bewiesen.

Satz 7:

Notwendig und hinreichend dafür, daß eine rationale reelle Funktion $Z(p)$ positiv, also eine Zweipolfunktion ist, sind die folgenden Bedingungen:

a) Es gilt $\operatorname{Re} Z(j\omega) \geqq 0$ für alle ω-Werte, für welche $Z(j\omega)$ endlich ist.

b) $Z(p)$ hat in der offenen rechten Halbebene $\operatorname{Re} p > 0$ keine Nullstellen.

c) Alle Nullstellen von $Z(p)$ auf der imaginären Achse (einschließlich $p = \infty$) sind einfach und weisen positive Entwicklungskoeffizienten auf.

Beweis: Die Notwendigkeit der aufgestellten Bedingungen folgt direkt aus Satz 2. Zum Beweis, daß die Bedingungen auch hinreichend sind, wird die reziproke Funktion $1/Z(p)$ betrachtet. Beim Übergang von $Z(p)$ zu $1/Z(p)$ gehen die Bedingungen b und c von Satz 7 für $Z(p)$ in die Bedingungen b und c von Satz 6 für $1/Z(p)$ über. Deshalb ist $1/Z(p)$ Zweipolfunktion. Somit muß auch $Z(p)$ Zweipolfunktion sein. Satz 7 ist damit vollständig bewiesen.

Die Sätze 6 und 7 bieten Möglichkeiten, auf verhältnismäßig einfache Weise festzustellen, ob eine rationale reelle Funktion eine Zweipolfunktion ist. Der folgende Satz liefert eine zusätzliche Erleichterung zur Prüfung der Positivität.

Satz 8:

Es sei $Z(p) = P_1(p)/P_2(p)$ eine rationale reelle Funktion, wobei $P_1(p)$ und $P_2(p)$ Polynome sind, die keine gemeinsamen Nullstellen haben. Notwendig und hinreichend dafür, daß $Z(p)$ positiv, also eine Zweipolfunktion ist, sind die folgenden Bedingungen:

a) Es gilt $\operatorname{Re} Z(j\omega) \geqq 0$ für alle ω-Werte, für die $Z(j\omega)$ endlich ist.

b) Das Polynom $P_1(p) + P_2(p)$ ist ein Hurwitz-Polynom und somit in der abgeschlossenen Halbebene $\operatorname{Re} p \geqq 0$ nullstellenfrei.

Beweis: Es wird die Funktion

$$W(p) = \frac{Z(p) - 1}{Z(p) + 1} = \frac{P_1(p) - P_2(p)}{P_1(p) + P_2(p)} \tag{38}$$

betrachtet. Aufgrund des durch die Gl. (38) gegebenen Zusammenhangs zwischen W und Z wird gemäß Bild 17 die rechte Halbebene $\operatorname{Re} Z \geqq 0$ in den Einheitskreis $|W| \leqq 1$ abgebildet. Die Bedingung $\operatorname{Re} Z(j\omega) \geqq 0$ geht dadurch in die Forderung $|W(j\omega)| \leqq 1$ über. Ist die rationale reelle Funktion $Z(p)$ positiv, dann wird die Bedingung a von Satz 8 sicher erfüllt. Für einen Punkt p mit $\operatorname{Re} p > 0$ ist $\operatorname{Re} Z > 0$ und daher $|W| < 1$. Es gilt also für p-Werte mit $\operatorname{Re} p > 0$ stets $|W| < 1$ und für p-Werte mit $\operatorname{Re} p = 0$ sicher $|W| \leqq 1$. Die rationale Funktion $W(p)$ ist deshalb in

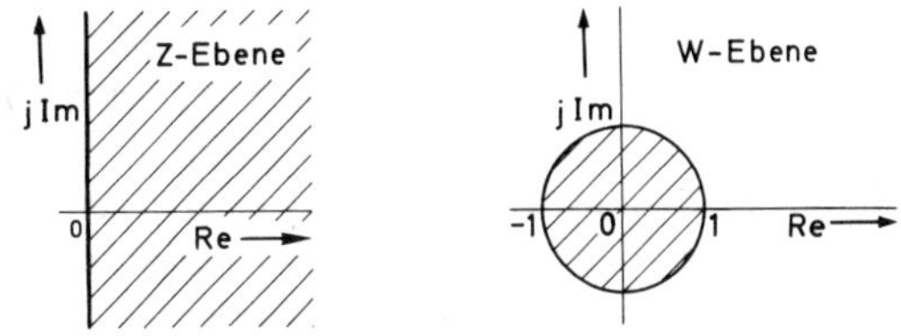

Bild 17: Abbildung der Z-Ebene in die *W*-Ebene gemäß Gl. 38)

Re $p \geqq 0$ frei von Polen, d. h. das Nennerpolynom $P_1(p) + P_2(p)$ kann nur in der linken Halbebene Re $p < 0$ Nullstellen haben. Damit wird auch die Bedingung *b* von Satz 8 erfüllt.

Falls umgekehrt die Bedingungen *a* und *b* erfüllt sind, gilt $|W(j\omega)| \leqq 1$, und es ist $W(p)$ in Re $p \geqq 0$ eine analytische Funktion. Angesichts des Prinzips vom Maximum muß damit $|W| < 1$ in Re $p > 0$ sein. Dies bedeutet aber, daß Re $Z(p) > 0$ für alle p-Werte mit Re $p > 0$ gilt, die Funktion $Z(p)$ also positiv ist. Der Satz 8 ist damit vollständig bewiesen.

Im Vergleich mit den Sätzen 6 und 7 hat der Satz 8 seine Bedeutung darin, daß bei der Nachprüfung, ob eine rationale reelle Funktion positiv ist, neben der Bedingung *a* nur die Bedingung *b* geprüft zu werden braucht. Die Prüfung einer der Bedingung *c* aus Satz 6 bzw. Satz 7 entsprechenden Forderung entfällt bei Anwendung von Satz 8.

Satz 9:

Sind $Y(p)$ und $Z(p)$ positive Funktionen, dann ist auch $Z[Y(p)]$ eine positive Funktion.

Die Richtigkeit dieser Aussage folgt direkt aus der Positivitätsbedingung. Satz 9 findet vor allem Anwendung für den Fall, daß $Y(p)$ oder $Z(p)$ gleich $1/p$ gewählt wird.

2.5. WEITERE SÄTZE ÜBER RATIONALE FUNKTIONEN

Im folgenden werden einige wichtige Sätze über rationale Funktionen formuliert und bewiesen. Die Sätze werden bei späteren Untersuchungen benötigt. Dabei sind hauptsächlich die Aussagen dieser Sätze, weniger ihre Beweise erforderlich. Die Beweise erlauben jedoch einen tieferen Einblick in diese Aussagen. Man kann diesen Abschnitt zunächst übergehen und zu gegebener Zeit dann die Sätze heranziehen.

Zum Beweis der folgenden Sätze spielt unter anderem der aus der Funktionentheorie bekannte *Satz vom logarithmischen Residuum* eine wichtige Rolle. Er wird in der folgenden Form verwendet: Es sei G ein einfach-zusammenhängendes, nicht notwendig endliches

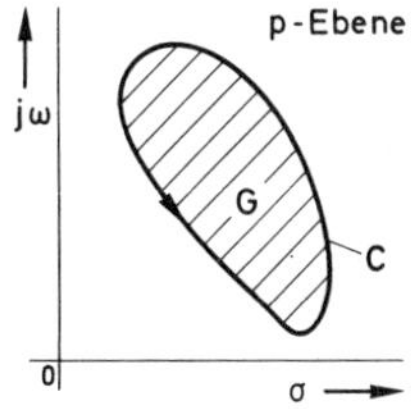

Bild 18: Einfach-zusammenhängendes Gebiet G mit Rand C in der p-Ebene

Gebiet, dessen Rand C ein einfach geschlossener Weg ist (Bild 18)[5]). Die rationale Funktion $f(p)$ besitze auf C weder Nullstellen noch Pole. Innerhalb von G befinden sich M Nullstellen und N Pole von $f(p)$, die ihrer Vielfachheit entsprechend gezählt werden. – Dann gilt für die Umlaufszahl Z von $f(p)$ um den Ursprung beim einmaligen Durchlaufen von C im mathematisch positiven Sinn $Z = M - N$. Der Winkel von $f(p)$ ändert sich also längs C um $2\pi(M-N)$.

Satz 10:

Es sei $W(p)$ eine rationale Funktion, die nicht identisch verschwinden soll, mit der Eigenschaft Re $W(\mathrm{j}\omega) \geqq 0$ für alle ω-Werte, für die $W(\mathrm{j}\omega)$ endlich ist. Auf der imaginären Achse der p-Ebene (einschließlich $p = \infty$) habe $W(p)$ außer n einfachen Polen mit negativen Entwicklungskoeffizienten beliebig viele einfache Pole mit positiven Entwicklungskoeffizienten. Darüber hinaus besitze $W(p)$ in der abgeschlossenen rechten p-Halbebene keine Pole. Unter den genannten Voraussetzungen läßt sich folgendes aussagen:

a) Die Funktion $W(p)$ hat im Innern der rechten p-Halbebene höchstens n Nullstellen[6]).

b) Hat die Funktion $W(p)$ im Innern der rechten p-Halbebene genau n Nullstellen[6]), so sind alle Nullstellen der Funktion auf der imaginären Achse einfach und weisen positive Entwicklungskoeffizienten auf.

c) Falls die Funktion $W(p)$ im Innern der rechten Halbebene mindestens $(n-1)$ Nullstellen[6]) hat, so ist nur einer der folgenden Fälle möglich.

Fall 1. Die Funktion $W(p)$ hat im Innern der rechten Halbebene genau n Nullstellen[6]). Dann sind alle Nullstellen von $W(p)$ auf der imaginären Achse einfach und weisen positive Entwicklungskoeffizienten auf.

Fall 2. Die Funktion $W(p)$ hat im Innern der rechten Halbebene genau $(n-1)$ Nullstellen[6]). Dann besitzt $W(p)$ auf der imaginären Achse außer beliebig vielen Nullstellen erster Ordnung mit positiven Entwicklungskoeffizienten nur noch eine einzige Nullstelle der folgenden Art. Sie ist entweder doppelt, oder sie ist einfach bzw. dreifach und weist dann einen negativen Entwicklungskoeffizienten auf.

Anmerkung: Falls $W(p)$ im Innern der rechten Halbebene mindestens $(n-s)$ Nullstellen[6]) hat $(s \geqq 2)$, so können über die Nullstellen von $W(p)$ in der abgeschlossenen rechten Halbebene Aussagen gemacht werden, die dem Satz 10 für $s = 1$ (man vergleiche die Aussage *c*) entsprechen. Dabei müssen mit zunehmendem s immer mehr Fälle unterschieden werden (dazu Gl. (39)).

Beweis: Die Voraussetzung Re $W(\mathrm{j}\omega) \geq 0$ (ω beliebig) bedingt, daß auf der imaginären Achse Nullstellen und Pole ungeradzahliger Vielfachheit von $W(p)$ nur reelle Entwicklungskoeffizienten aufweisen können. Für den Fall einer Nullstelle erster Ordnung wird dies ausführlich gezeigt. Zunächst soll von der rationalen Funktion $W(p)$ nur Re $W(\mathrm{j}\omega) \geq 0$ gefordert werden;

[5]) Im ausgearteten Fall, daß auf C der Punkt Unendlich liegt, muß der Weg C gegen Unendlich schließlich geradlinig verlaufen.

[6]) Nullstellen und Pole sind jeweils ihrer Vielfachheit entsprechend zu zählen.

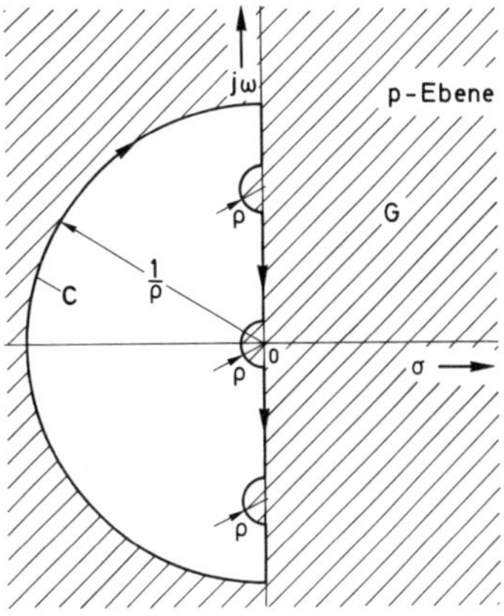

Bild 19: Gebiet G zum Beweis von Satz 10

eine Spezialisierung auf die im Satz 10 vorausgesetzten Pole erfolgt erst später. Dann läßt sich die Gesamtheit der Nullstellen und Pole in der abgeschlossenen rechten Halbebene folgendermaßen klassifizieren:

Im Innern der rechten Halbebene liegen genau m_0 Nullstellen und n_0 Pole[6]).
Auf der imaginären Achse liegen genau m_1 Nullstellen ungeradzahliger Vielfachheit q'_ν ($\nu = 1, 2, \ldots, m_1$) mit positiven Entwicklungskoeffizienten, m_2 Nullstellen ungeradzahliger Vielfachheit q''_ν ($\nu = 1, 2, \ldots, m_2$) mit negativen Entwicklungskoeffizienten und m_3 Nullstellen geradzahliger Vielfachheit q'''_ν ($\nu = 1, 2, \ldots, m_3$). Weiterhin liegen auf der imaginären Achse genau n_1 Pole ungeradzahliger Vielfachheit r'_ν ($\nu = 1, 2, \ldots, n_1$) mit positiven Entwicklungskoeffizienten, n_2 Pole ungeradzahliger Vielfachheit r''_ν ($\nu = 1, 2, \ldots, n_2$) mit negativen Entwicklungskoeffizienten und n_3 Pole geradzahliger Vielfachheit r'''_ν ($\nu = 1, 2, \ldots, n_3$).

Im folgenden soll ein Zusammenhang zwischen den eingeführten Größen m_0, n_0, m_1, q'_ν, m_2, q''_ν, m_3, q'''_ν, n_1, r'_ν, n_2, r''_ν, n_3, r'''_ν ermittelt werden, indem ein geeignetes Gebiet G betrachtet wird, das alle entsprechenden Nullstellen und Pole enthält. Durch Untersuchung des Verhaltens von $W(p)$ längs des Randes von G erhält man dann mit Hilfe des Satzes vom logarithmischen Residuum einen Zusammenhang der gewünschten Art. Man wählt zweckmäßigerweise als Gebiet G die rechte p-Halbebene, in welche die auf der imaginären Achse liegenden Nullstellen und Pole von $W(p)$ durch Halbkreisumgebungen vom Radius ρ einbezogen sind. Im Bild 19 ist ein derartiges Gebiet G angegeben, das zu einer Funktion $W(p)$ gehört, welche auf der imaginären Achse Nullstellen bzw. Pole, namentlich bei $p = 0$ und $p = \infty$, besitzt. Der Radius ρ ist so klein zu wählen, daß das Verhalten von $W(p)$ auf den Halbkreisbögen im wesentlichen vom ersten Glied der Laurent-Entwicklung von $W(p)$ im Mittelpunkt des betreffenden Halbkreises bestimmt wird. Dieses Verhalten wird zunächst auf den Halbkreisbögen untersucht, welche die *Nullstellen* auf der imaginären Achse in G einbeziehen. Der Punkt $p_0 = j\omega_0$ (Bild 20) sei Nullstelle von $W(p)$. Entsprechend der Ordnung dieser Nullstelle werden folgende Fälle unterschieden:

1. Nullstelle erster Ordnung: Für das Verhalten von $W(p)$ auf dem Halbkreisbogen um p_0 gilt bei der Wahl eines hinreichend kleinen ρ

$$W(p) = a(p - p_0) + (p - p_0)^2 R_1(p)$$

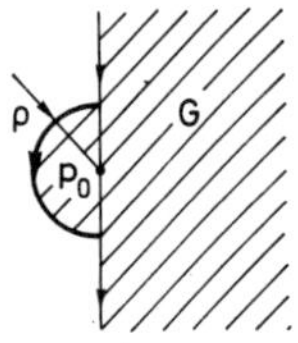

Bild 20: Halbkreisbogen zur Einbeziehung einer Nullstelle von $W(p)$ auf der imaginären Achse in das Gebiet G

[Entwicklungskoeffizient $a \neq 0$, $|R_1(p)| < K_1$ auf dem Kreisbogen]. Damit erhält man als Abbildung des Randstücks von G aus Bild 20 eine der im Bild 21 skizzierten Kurven. Es ist hierbei sofort ersichtlich, daß a wegen der Forderung $\operatorname{Re} W(j\omega) \geqq 0$ notwendigerweise reell sein muß.

2. Nullstelle zweiter Ordnung: Für das Verhalten von $W(p)$ auf dem Halbkreisbogen um p_0 gilt bei hinreichend kleinem ρ im vorliegenden Fall

$$W(p) = \beta(p - p_0)^2 + (p - p_0)^3\, R_2(p)$$

[Entwicklungskoeffizient $\beta \neq 0$, $|R_2(p)| < K_2$ längs des Kreisbogens]. Damit erhält man als Abbildung des Randstücks von G aus Bild 20 durch $W(p)$ die im Bild 22 skizzierte Kurve. Wegen $\operatorname{Re} W(j\omega) \geqq 0$ gilt notwendigerweise $\pi/2 \leqq \arg \beta \leqq 3\pi/2$.

Bild 21: Abbildung des Randstücks von G aus Bild 20 im Fall einer einfachen Nullstelle p_0 von $W(p)$

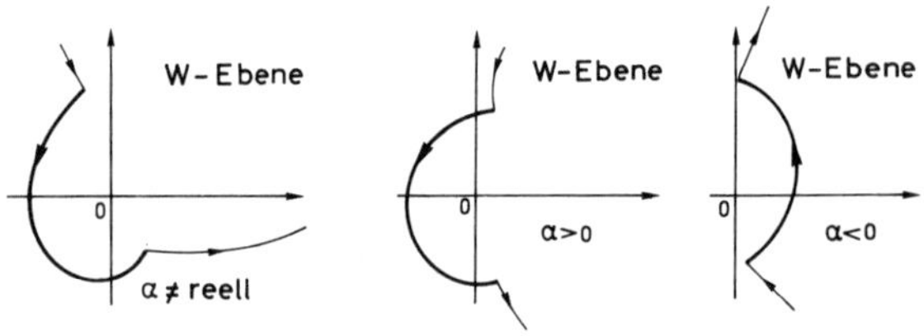

3. Nullstelle dritter Ordnung: Hier gilt auf dem Halbkreisbogen um p_0 mit hinreichend kleinem ρ

$$W(p) = \gamma(p - p_0)^3 + (p - p_0)^4\, R_3(p)$$

[Entwicklungskoeffizient $\gamma \neq 0$, $|R_3(p)| < K_3$ auf dem Kreisbogen]. Als Abbildung des Randstückes von G aus Bild 20 durch $W(p)$ erhält man damit die im Bild 23 skizzierten Kurven ($\gamma > 0$, $\gamma < 0$; der Fall $\gamma \neq$ reell muß wegen $\operatorname{Re} W(j\omega) \geqq 0$ ausgeschlossen werden).

Entsprechende Ergebnisse erhält man, wenn p_0 eine Nullstelle von höherer als dritter Ordnung ist. Der Fall $p_0 = \infty$ bringt keine Besonderheiten.

Betrachtet man p_0 als Pol von $W(p)$, dann wird man auf entsprechende Resultate geführt. Der Ordnung des Poles entsprechend hat man wie beim Studium der Nullstellen verschiedene

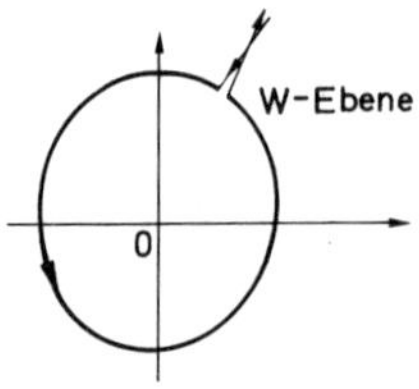

Bild 22: Abbildung des Randstücks von G aus Bild 20 im Fall einer doppelten Nullstelle p_0 von $W(p)$

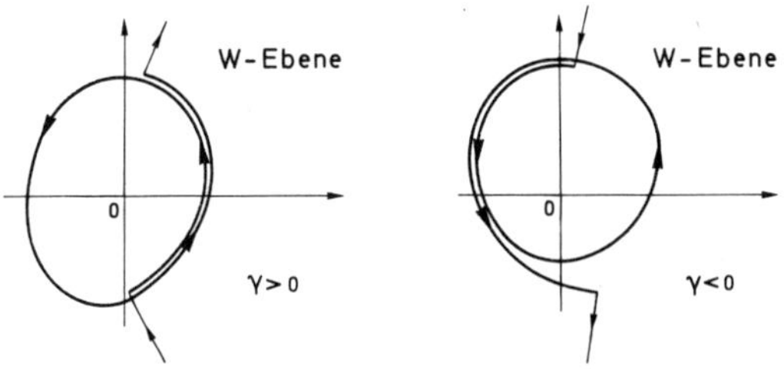

Bild 23: Abbildung des Randstücks von G aus Bild 20 im Fall einer dreifachen Nullstelle p_0 von $W(p)$

Fälle zu unterscheiden. Die Orientierung der Bildkurven ist entgegengesetzt zu der bei den Nullstellen.

Es wird jetzt der gesamte Rand des eingeführten Gebietes G betrachtet und festgestellt, wie oft das Bild dieses Randes den Ursprung der W-Ebene umschlingt, d.h. wie groß die Umlaufszahl Z ist. Dabei liefert jedes Bildkurvenstück, das in der linken W-Halbebene verläuft und die negativ reelle Achse einmal schneidet, zur Umlaufszahl den Beitrag $+1$ oder -1 je nach seiner Orientierung. Die von den geradlinigen Wegstücken zwischen den Nullstellen und Polen herrührenden Beiträge sind durch diese Zählung zwangsläufig berücksichtigt, da die Bilder dieser Wegstrecken ganz in der abgeschlossenen rechten p-Halbebene verlaufen. Die Vorschrift zur Konstruktion von G stellt sicher, daß die Randkurve des Bildgebietes nicht durch den Ursprung geht. Die gewonnenen Ergebnisse über das Verhalten von $W(p)$ auf den die Nullstellen und Pole in das Gebiet G einschließenden Halbkreisen zeigen, daß sich Z aus folgenden sechs Teilen zusammensetzt:

$$Z = \sum_{\nu=1}^{6} Z_\nu \quad ,$$

$$Z_1 = \frac{1}{2}\sum_{\nu=1}^{m_1} [q'_\nu - (-1)^{(q'_\nu+1)/2}], \qquad Z_4 = -\frac{1}{2}\sum_{\nu=1}^{n_1} [r'_\nu - (-1)^{(r'_\nu+1)/2}],$$

$$Z_2 = \frac{1}{2}\sum_{\nu=1}^{m_2} [q''_\nu + (-1)^{(q''_\nu+1)/2}], \qquad Z_5 = -\frac{1}{2}\sum_{\nu=1}^{n_2} [r''_\nu + (-1)^{(r''_\nu+1)/2}],$$

$$Z_3 = \frac{1}{2}\sum_{\nu=1}^{m_3} q'''_\nu \quad , \qquad Z_6 = -\frac{1}{2}\sum_{\nu=1}^{n_3} r'''_\nu \quad .$$

Die Größen Z_1, Z_2, Z_3 sind die Beiträge, die von den $(m_1 + m_2 + m_3)$ imaginären Nullstellen von $W(p)$ herrühren. Die beiden ersten Beiträge werden von den m_1 bzw. m_2 Nullstellen ungeradzahliger Vielfachheit mit positiven bzw. negativen Entwicklungskoeffizienten geliefert, der dritte Beitrag stammt von den m_3 Nullstellen geradzahliger Vielfachheit. Entsprechend sind Z_4, Z_5, Z_6 die Beiträge der $(n_1 + n_2 + n_3)$ imaginären Pole. Für die Zahl der Nullstellen und Pole von $W(p)$ in G gilt:

$$M = m_0 + \sum_{\nu=1}^{m_1} q'_\nu + \sum_{\nu=1}^{m_2} q''_\nu + \sum_{\nu=1}^{m_3} q'''_\nu \quad ,$$

$$N = n_0 + \sum_{\nu=1}^{n_1} r'_\nu + \sum_{\nu=1}^{n_2} r''_\nu + \sum_{\nu=1}^{n_3} r'''_\nu \quad .$$

Die Forderung $Z = M - N$, welche man bei Anwendung des Satzes vom logarithmischen Residuum auf $W(p)$ in G erhält, liefert den Zusammenhang

$$2m_0 + \sum_{\nu=1}^{m_1} [q'_\nu + (-1)^{(q'_\nu+1)/2}] + \sum_{\nu=1}^{m_2} [q''_\nu - (-1)^{(q''_\nu+1)/2}] + \sum_{\nu=1}^{m_3} q'''_\nu =$$

$$= 2n_0 + \sum_{\nu=1}^{n_1} [r'_\nu + (-1)^{(r'_\nu+1)/2}] + \sum_{\nu=1}^{n_2} [r''_\nu - (-1)^{(r''_\nu+1)/2}] + \sum_{\nu=1}^{n_3} r'''_\nu \quad . \tag{39}$$

Mit Hilfe der Gl. (39) lassen sich jetzt sofort die einzelnen Aussagen von Satz 10 beweisen.

Aufgrund der getroffenen Voraussetzungen gilt $n_0 = 0$, $r'_\nu = 1$ ($\nu = 1, 2, \ldots, n_1$), $r''_\nu = 1$ ($\nu = 1, 2, \ldots, n_2 = n$), $n_3 = 0$. Damit erhält die rechte Seite der Gl. (39) den Wert $2n$. Da alle in Gl. (39) vorkommenden Summanden nicht negativ sein können, muß notwendigerweise $2m_0 \leqq 2n$, also $m_0 \leqq n$ sein. Damit ist Teil *a* von Satz 10 bewiesen.

Gilt $m_0 = n$, so muß zwangsläufig $q'_\nu = 1$ ($\nu = 1, 2, \ldots, m_1$), $m_2 = 0$ und $m_3 = 0$ sein. Damit ist Teil *b* des Satzes bewiesen.

Gilt $m_0 \geqq n - 1$, so muß wegen $m_0 \leqq n$ entweder $m_0 = n$ oder $m_0 = n - 1$ sein. Im Fall $m_0 = n - 1$ muß nach Gl. (39) $q'_\nu = 1$ ($\nu = 1, 2, \ldots, m_1$) und entweder $m_2 = 1$, $q''_1 = 1$, $m_3 = 0$ oder $m_2 = 1$, $q''_1 = 3$, $m_3 = 0$ oder $m_2 = 0$, $m_3 = 1$, $q'''_1 = 2$ sein. Somit ist auch Teil *c* von Satz 10 bewiesen.

Satz 11:

Es sei $W(p)$ eine rationale Funktion, die nicht identisch verschwinden soll, mit der Eigenschaft Re $W(\mathrm{j}\omega) \geqq 0$ für alle ω-Werte, für die $W(\mathrm{j}\omega)$ endlich ist. Im Innern der rechten Halbebene besitze $W(p)$ genau n Pole[6]), auf der imaginären Achse, sofern dort überhaupt Pole auftreten, dann nur einfache mit positiven Entwicklungskoeffizienten. Ferner seien auf der imaginären Achse n einfache Nullstellen p_ν ($\nu = 1, 2, \ldots, n$) von $W(p)$ mit ausschließlich negativen Entwicklungskoeffizienten bekannt. Unter den genannten Voraussetzungen läßt sich folgendes aussagen:

a) Die Funktion $W(p)$ hat im Innern der rechten Halbebene keine Nullstellen. Falls $W(p)$ außer den bereits bekannten Nullstellen p_ν auf der imaginären Achse noch weitere hat, müssen diese einfach sein und positive Entwicklungskoeffizienten aufweisen.

b) Vorstehende Behauptung ändert sich nicht, wenn einer der im Innern der rechten Halbebene gelegenen einfachen Pole durch einen Pol auf der imaginären Achse ersetzt wird, der entweder doppelt ist oder einfach bzw. dreifach ist und dann einen negativen Entwicklungskoeffizienten aufweist.

Beweis: Mit Hilfe von Gl. (39) kann die Gültigkeit der Behauptungen leicht gezeigt werden. Es ist $n_0 = n$, $r'_\nu = 1$ ($\nu = 1, 2, \ldots, n_1$), $n_2 = 0$, $n_3 = 0$. Die rechte Seite von Gl. (39) erhält damit den Wert $2n$. Da die n einfachen Nullstellen $p_\nu = \mathrm{j}\omega_\nu$ mit negativen Entwicklungskoeffizienten den Beitrag $2n$ zur linken Seite von Gl. (39) liefern, muß notwendig $m_0 = 0$, $q'_\nu = 1$ ($\nu = 1, 2, \ldots, m_1$), $m_2 = n$, $m_3 = 0$ gelten. Damit ist Teil *a* von Satz 11 bewiesen. Auch die im Teil *b* ausgesprochene Behauptung folgt direkt aus Gl. (39). Es gilt nämlich dann $n_0 = n - 1$, $r'_\nu = 1$ ($\nu = 1, 2, \ldots, n_1$) und entweder $n_2 = 1$, $r''_1 = 1$, $n_3 = 0$ oder $n_2 = 1$, $r''_1 = 3$, $n_3 = 0$ oder $n_2 = 0$, $n_3 = 1$, $r'''_1 = 2$. Genau in diesen Fällen behält die rechte Seite von Gl. (39) den Wert $2n$.

Satz 12:

Ist $Z(p)$ eine rationale, reelle und positive Funktion (Zweipolfunktion) und hat $Z(p)$ weder die Form ap noch a/p ($a = \mathrm{const} > 0$), so gilt

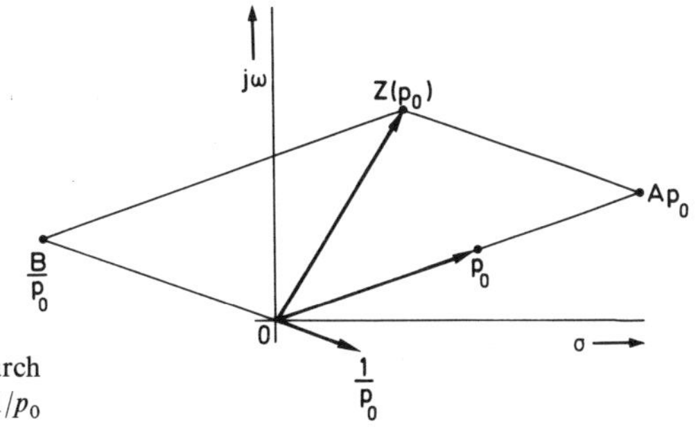

Bild 24: Erzeugung des Wertes $Z(p_0)$ durch Linearkombination von p_0 und $1/p_0$

$$|\arg Z(p)| < |\arg p|$$

für (40)

$$0 < |\arg p| < \frac{\pi}{2}$$

Beweis: Zunächst sei angenommen, daß für einen Punkt $p = p_0$ mit $0 < |\arg p_0| < \pi/2$ eine Zweipolfunktion $Z(p)$ die Eigenschaft $|\arg Z(p_0)| \geqq |\arg p_0|$ habe. Dann wird die reelle Funktion $W(p) = Z(p) - Ap - B/p$ betrachtet, und die Konstanten A und B sollen so gewählt werden, daß $W(p)$ in $p = p_0$ und $p = p_0^*$ verschwindet, wobei $Z(p_0)$ die genannte Eigenschaft besitzen soll. Wie man anhand von Bild 24 sofort sieht, sind die reellen Konstanten A und B eindeutig bestimmt, und es gilt entweder $A > 0$, $B \leqq 0$ oder $A \leqq 0$, $B > 0$. Die Funktion $W(p)$ erfüllt die Voraussetzung von Satz 10 für $n = 0$ oder $n = 1$. Aufgrund der Wahl von A und B hat $W(p)$ in $\operatorname{Re} p > 0$ mindestens zwei Nullstellen. Dies steht im Widerspruch zur Aussage *a* von Satz 10. Die getroffene Annahme $|\arg Z(p_0)| \geqq |\arg p_0|$ ist also nicht möglich. Angesichts der im Satz 12 gemachten Voraussetzung $Z(p) \not\equiv ap$, $Z(p) \not\equiv a/p$ $(a > 0)$ kann $W(p)$ nicht identisch Null sein; damit ist die Anwendung von Satz 10 immer zulässig. Der triviale Fall $Z(p) = a \geqq 0$ ist auszuschließen.

Satz 13:

Es sei $Z(p)$ eine Zweipolfunktion. Weiterhin sei L eine reelle positive Konstante, die größer als der Entwicklungskoeffizient von $Z(p)$ in $p = \infty$ sein möge, und $W(p) = Z(p) - Lp$.

Dann ist nur einer von zwei Fällen möglich.

Fall 1. Es existiert eine endliche reelle Stelle $p = \sigma_0 > 0$, die eine einfache Nullstelle von $W(p)$ mit negativem Entwicklungskoeffizienten ist. Außer in $p = \sigma_0$ hat $W(p)$ in der offenen rechten Halbebene $\operatorname{Re} p > 0$ keine Nullstellen. Wenn $W(p)$ auf der imaginären Achse Nullstellen hat, müssen diese einfach sein und positive Entwicklungskoeffizienten aufweisen.

Fall 2. Der Punkt $p = 0$ ist eine doppelte Nullstelle, oder er ist eine einfache bzw. dreifache Nullstelle von $W(p)$ mit jeweils negativem Entwicklungskoeffizienten. Falls $W(p)$ außer im Punkt $p = 0$ noch weitere Nullstellen in der abgeschlossenen rechten Halbebene hat, müssen diese auf der imaginären Achse liegen, einfach sein und positive Entwicklungskoeffizienten aufweisen.

Beweis: Die Funktion $W(p)$ erfüllt die Voraussetzungen von Satz 10 für $n = 1$. Demzufolge kann $W(p)$ nach Aussage a dieses Satzes im Innern der rechten p-Halbebene höchstens eine einfache Nullstelle haben, die zwangsläufig auf der reellen Achse liegen muß. Besitzt $W(p)$ eine derartige Nullstelle $p = \sigma_0$, dann müssen nach Aussage b von Satz 10 alle Nullstellen von $W(p)$ auf der imaginären Achse einfach sein und positive Entwicklungskoeffizienten aufweisen. In einer gewissen Umgebung der Nullstelle $p = \sigma_0$ von $W(p)$ erhält man dann die Darstellung

$$Z(p) = Lp + a(p - \sigma_0)[1 + (p - \sigma_0)\, R(p - \sigma_0)]. \tag{41}$$

Dabei bedeutet $a \neq 0$ den reellen Entwicklungskoeffizienten von $W(p)$ in $p = \sigma_0$, und $R(p - \sigma_0)$ bedeutet eine Potenzreihe in $(p - \sigma_0)$. Durch geeignete Wahl von $r = |p - \sigma_0|$ kann erreicht werden, daß $|p - \sigma_0| \cdot |R(p - \sigma_0)| < 1$ gilt. Unter dieser Bedingung wird ein Punkt p betrachtet, dessen Winkel sich gegenüber dem von $p - \sigma_0$ um $\pi/2$ unterscheidet (Bild 25). Es muß offensichtlich $a < 0$ gelten, da sonst die Bedingung von Satz 12 $|\arg Z(p)| < |\arg p|$ in diesem Punkt nicht erfüllt wäre. Dabei möge $Z(p)$ aufgrund von Gl. (41) erzeugt werden, und es ist zu beachten, daß der Winkel des in eckigen Klammern stehenden Ausdrucks zwischen $-\pi/2$ und $\pi/2$ liegt. Man beachte noch, daß in den Fällen $Z(p) = ap$ und $Z(p) = a/p$ der Fall 1 trivialerweise vorliegt. Damit ist der Fall 1 des Satzes vollständig bewiesen.

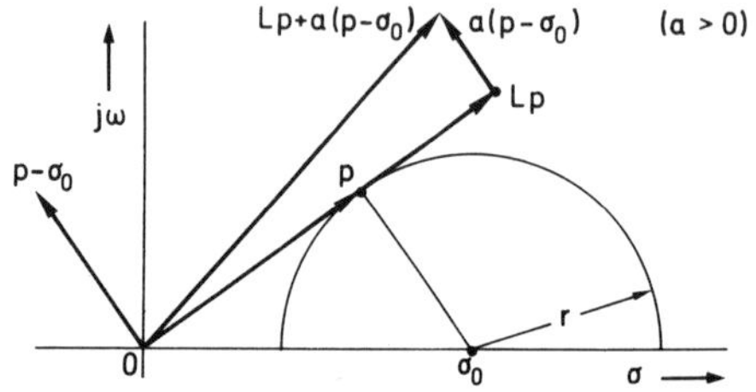

Bild 25: Zum Beweis von Satz 13

Hat $W(p)$ in der offenen rechten Halbebene keine Nullstellen, dann besitzt $W(p)$ nach Aussage c von Satz 10 auf der imaginären Achse außer beliebig vielen Nullstellen erster Ordnung mit positiven Entwicklungskoeffizienten nur eine einzige Nullstelle der folgenden Art. Sie ist entweder doppelt, oder sie ist einfach oder dreifach und weist dann einen negativen Entwicklungskoeffizienten auf. Da $W(p)$ eine reelle Funktion ist und in $p = \infty$ einen Pol hat, kann diese zusätzliche Nullstelle nur in $p = 0$ liegen. Somit ist Satz 13 vollständig bewiesen.

Anmerkung: Falls im Satz 13 die Funktion $W(p) = Z(p) - D/p$ $(D > 0)$ gewählt wird, erhält man entsprechende Aussagen über die Nullstellen von $W(p)$ in Re $p \geqq 0$. Die Punkte $p = 0$ und $p = \infty$ vertauschen ihre Rollen. Der Entwicklungskoeffizient der möglichen Nullstelle erster Ordnung auf der positiv reellen Achse muß hierbei positiv sein.

3. Realisierung von Zweipolfunktionen

In den vorausgegangenen Abschnitten konnten kennzeichnende Eigenschaften von Zweipolfunktionen angegeben werden. Im folgenden sollen Verfahren zur Verwirklichung von Zweipolfunktionen entwickelt werden. Dabei werden Beweise von Aussagen nachgetragen, die bereits an früherer Stelle gemacht wurden. Es wird gezeigt, daß jede rationale, reelle und positive Funktion, d.h. jede Zweipolfunktion, als Impedanz oder Admittanz eines *RLCÜ*-Zweipols realisiert werden kann. Weiterhin wird gezeigt, daß jede spezielle Zweipolfunktion, die als kennzeichnend für einen Zweipol ohne Ohmwiderstände, ohne Kapazitäten bzw. ohne Induktivitäten erkannt wurde, durch einen *LC*-, *RL*- bzw. *RC*-Zweipol verwirklicht werden kann. Zunächst wird die Verwirklichung derartiger spezieller Zweipolfunktionen behandelt.

3.1. DIE SYNTHESE VERLUSTFREIER ZWEIPOLE

Im Abschnitt 2.3 wurde gezeigt, daß die Impedanz oder Admittanz eines jeden Zweipols, der keine Ohmwiderstände enthält, in Form von Gl. (24b) dargestellt werden kann. Umgekehrt läßt sich aus dieser Darstellung unmittelbar ein *LC*-Zweipol angeben, der die betrachtete Zweipolfunktion realisiert. Bevor hierauf eingegangen wird, soll gezeigt werden, wie man die in Gl. (24b) vorkommenden Konstanten A_0, A_ν $(\nu = 1, 2, \ldots, r)$ und A_∞ aus $Z(p)$ bestimmen kann, wenn $Z(p)$ als Quotient zweier Polynome vorliegt.

Die Größen $-\omega_\nu^2$ erhält man als Nullstellen z_ν des Nennerpolynoms von $Z(p)$ nach Durchführung der Substitution $z = p^2$. Weiterhin ergibt sich, wie man aus Gl. (24b) erkennt,

$$A_0 = \lim_{p \to 0} pZ(p) \tag{42a}$$

und

$$A_\infty = \lim_{p \to \infty} \frac{Z(p)}{p} \tag{42b}$$

und für $\nu = 1, 2, \ldots, r$

$$A_\nu = \frac{1}{2} \lim_{p^2 \to -\omega_\nu^2} \left[\frac{Z(p)}{p} (p^2 + \omega_\nu^2) \right]. \tag{42c}$$

Die Konstanten A_0, A_ν $(\nu = 1, 2, \ldots, r)$ und A_∞ lassen sich also aus $Z(p)$ ohne Verwendung komplexer Zahlen berechnen.

3.1.1. Partialbruchnetzwerke

Es sei nun $Z(p)$ eine *Impedanz*. Dann kann man die rechte Seite der Gl. (24b) als Summe von Teil-Impedanzen auffassen. Der erste Summand A_0/p entspricht der Impedanz einer Kapazität mit dem Wert

$$C_0 = \frac{1}{A_0}, \tag{43a}$$

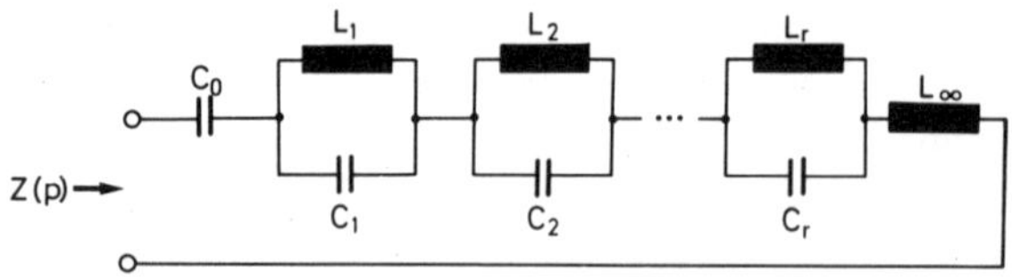

Bild 26: Partialbruch-Realisierung einer LC-Impedanz aufgrund von Gl. (24b)

der letzte Summand $A_\infty p$ der Impedanz einer Induktivität mit dem Wert

$$L_\infty = A_\infty . \tag{43b}$$

Die mittleren, durch das Summenzeichen zusammengefaßten Summanden entsprechen Impedanzen von ungedämpften Parallelschwingkreisen mit den Elementen

$$L_\nu = \frac{2A_\nu}{\omega_\nu^2} \quad C_\nu = \frac{1}{2A_\nu} \quad (\nu = 1, 2, \ldots, r). \tag{43c}$$

Da die Summe von Impedanzen durch die Reihenanordnung der zugehörigen Zweipole verwirklicht wird, erhält man aus Gl. (24b) den Zweipol nach Bild 26, dessen Impedanz mit $Z(p)$ nach Gl. (24b) identisch ist. Die Werte der Netzwerkelemente werden aus der Zweipolfunktion mit Hilfe der Gln. (42a, b, c) und (43a, b, c) numerisch ermittelt.

Jetzt wird $Z(p)$ als *Admittanz* aufgefaßt. Dann kann man die rechte Seite der Gl. (24b) als Summe von Teil-Admittanzen deuten. Der erste Summand A_0/p entspricht der Admittanz einer Induktivität mit dem Wert

$$L_0 = \frac{1}{A_0} , \tag{44a}$$

der letzte Summand $A_\infty p$ der Admittanz einer Kapazität mit dem Wert

$$C_\infty = A_\infty . \tag{44b}$$

Die mittleren, durch das Summenzeichen zusammengefaßten Summanden sind Admittanzen von ungedämpften Reihenschwingkreisen mit den Elementen

$$L_\nu = \frac{1}{2A_\nu} , \; C_\nu = \frac{2A_\nu}{\omega_\nu^2} \quad (\nu = 1, 2, \ldots, r). \tag{44c}$$

Da die Summe von Admittanzen durch die Parallelanordnung der zugehörigen Zweipole verwirklicht wird, erhält man aus Gl. (24b) den Zweipol nach Bild 27, dessen Admittanz mit $Z(p)$ nach Gl. (24b) identisch ist. Die Werte der Netzwerkelemente werden aus der Zweipolfunktion mit Hilfe der Gln. (42a, b, c) und (44a, b, c) ermittelt.

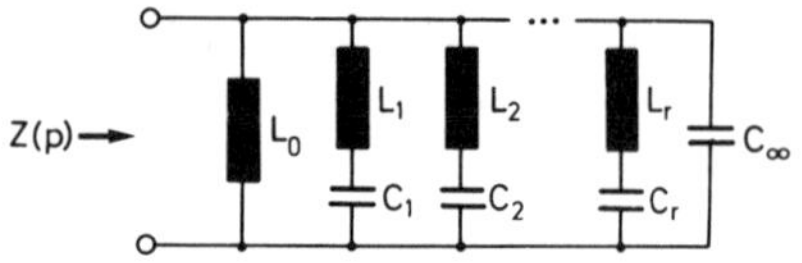

Bild 27: Partialbruch-Realisierung einer LC-Admittanz aufgrund von Gl. (24b)

Unter dem Grad einer rationalen Funktion soll stets die Zahl der Pole oder die Zahl der Nullstellen dieser Funktion in der gesamten komplexen Ebene einschließlich des Punktes Unendlich verstanden werden. Dabei sind die Pole und Nullstellen jeweils ihrer Vielfachheit entsprechend zu zählen. Man kann sich leicht davon überzeugen[4]), daß damit die Gesamtzahl der Pole und die Gesamtzahl der Nullstellen einer rationalen Funktion identisch sind. Nun läßt sich folgendes feststellen: Die Zahl der Netzwerkelemente (Reaktanzelemente) in den Netzwerken der Bilder 26 und 27 stimmt mit dem Grad der Zweipolfunktion überein. Wie man sich überlegen kann, läßt sich eine Zweipolfunktion n-ten Grades sicher nicht durch einen Zweipol mit weniger als n Reaktanzelementen verwirklichen. Die Netzwerke in den Bildern 26 und 27 sind daher Realisierungen, die ein Minimum an Reaktanzelementen erfordern und durch welche sämtliche Reaktanzzweipolfunktionen verwirklicht werden können. Man spricht daher von *kanonischen* Netzwerken. Wegen ihrer Entstehung aufgrund von Partialbruchentwicklungen der Zweipolfunktion werden die Netzwerke auch als *Partialbruchnetzwerke* bezeichnet. Sie wurden zuerst von R. M. Foster im Jahre 1924 angegeben.

Man beachte, daß bei Vorgabe einer Reaktanzzweipolfunktion $Z(p)$ sowohl $Z(p)$ als auch $1/Z(p)$ nach Bild 26 bzw. Bild 27 verwirklicht werden können. Man erhält deshalb stets zwei äquivalente Partialbruchnetzwerke, welche die Funktion $Z(p)$ realisieren. Falls $Z(p)$ den Grad Eins oder Zwei hat, sind die beiden Partialbruchnetzwerke identisch, wovon man sich leicht überzeugen kann.

3.1.2. Kettennetzwerke

Es besteht die Möglichkeit, eine Reaktanzzweipolfunktion außer durch die beiden Partialbruchnetzwerke noch durch weitere Zweipole zu verwirklichen. Man kann nämlich von der in der Form Gl. (24b) dargestellten Zweipolfunktion zunächst nur einen beliebigen Teil der Partialbruchsummanden

$$\frac{A_0}{p}\,,\ \frac{2A_1 p}{p^2+\omega_1^2}\,,\ldots,\ \frac{2A_r p}{p^2+\omega_r^2}\,,\ A_\infty p \tag{45}$$

entfernen. Die verbleibende Funktion

$$Z(p)-z_1(p)=\frac{1}{Z_1(p)}\,, \tag{46}$$

in der $z_1(p)$ die aus dem genannten Teil der Summanden (45) gebildete Summe bedeutet, ist offensichtlich ebenfalls eine Reaktanzzweipolfunktion. Damit muß auch die durch Gl. (46) definierte Funktion $Z_1(p)$ eine Reaktanzzweipolfunktion sein; sie hat die Partialbruchdarstellung

$$Z_1(p)=\frac{B_0}{p}+\sum_{\nu=1}^{s}\frac{2B_\nu p}{p^2+\tilde{\omega}_\nu^2}+B_\infty p, \tag{47}$$

$(B_0,\ B_\infty \geqq 0;\ B_\nu,\ \tilde{\omega}_\nu > 0$ für $\nu = 1, 2, \ldots, s)$.

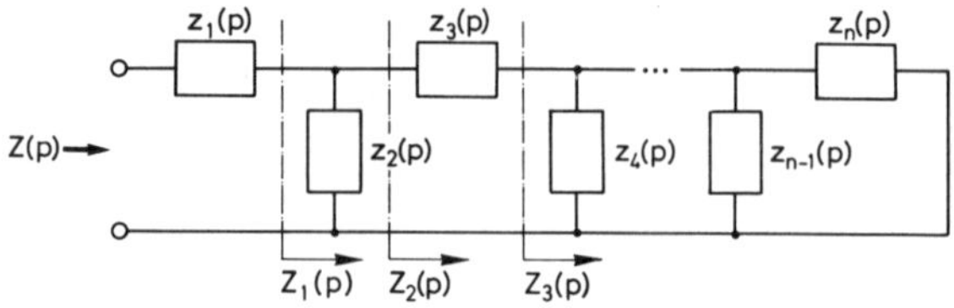

Bild 28: Ketten-Realisierung einer LC-Impedanz $Z(p)$ aufgrund von Gl. (49)

Jetzt wird von der Funktion $Z_1(p)$ ein beliebiger Teil $z_2(p)$ ihrer auf der rechten Seite der Gl. (47) auftretenden Partialbruchsumme subtrahiert, wie es in Gl. (46) bei $Z(p)$ gemacht wurde. Auf diese Weise entsteht eine weitere Reaktanzzweipolfunktion

$$Z_1(p) - z_2(p) = \frac{1}{Z_2(p)} \;. \tag{48}$$

Nun wird die Reaktanzzweipolfunktion $Z_2(p)$ durch ihre Partialbruchsumme dargestellt, und hiervon wird eine beliebige Teilsumme abgebaut, wie es in den Gln. (46) und (48) bei $Z(p)$ bzw. $Z_1(p)$ gemacht wurde. In dieser Weise fährt man fort, bis kein Abbau mehr möglich ist, die Restzweipolfunktion also Null ist. Aus den Gln. (46) und (48) und den weiteren entsprechenden Beziehungen erhält man für die Ausgangsfunktion $Z(p)$ die Darstellung

$$Z(p) = z_1(p) + \cfrac{1}{z_2(p) + \cfrac{1}{z_3(p) + \cfrac{1}{\ddots + z_{n-1}(p) + \cfrac{1}{z_n(p)}}}} \;. \tag{49}$$

Dies ist eine Kettenbruchentwicklung der Reaktanzzweipolfunktion $Z(p)$. Die hierbei vorkommenden Funktionen $z_1(p)$, $z_2(p)$, ..., $z_n(p)$ sind Reaktanzzweipolfunktionen. Die Kettenbruchentwicklung hat endlich viele Glieder, d.h. es treten nur endlich viele Reaktanzzweipolfunktionen $z_1(p)$, $z_2(p)$, ..., $z_n(p)$ auf. Denn bei jedem Abbauschritt gemäß Gl. (46) bzw. Gl. (48) nimmt der Grad der jeweiligen Reaktanzzweipolfunktion ab.

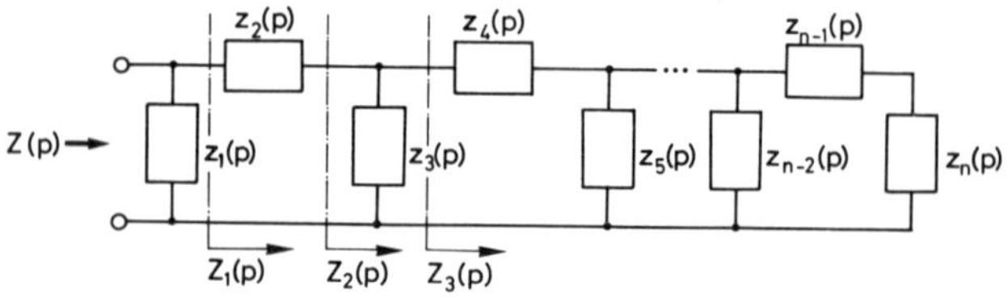

Bild 29: Ketten-Realisierung einer LC-Admittanz $Z(p)$ aufgrund von Gl. (49)

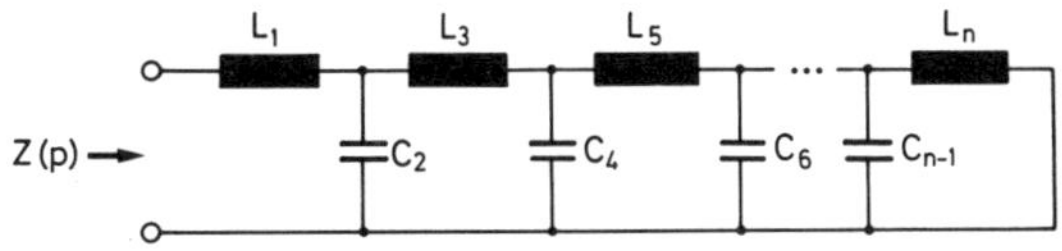

Bild 30: Ketten-Realisierung einer *LC*-Impedanz $Z(p)$ durch beständigen Polabbau in $p = \infty$

Übersetzt man die Kettenbruchentwicklung Gl. (49) in eine Netzwerkdarstellung, so erhält man den Zweipol nach Bild 28 oder Bild 29, je nachdem ob $Z(p)$ eine Impedanz oder Admittanz bedeutet. Ist $Z(p)$ eine Impedanz, dann sind auch $Z_2(p)$, $Z_4(p)$, ... und die Funktionen $z_1(p)$, $z_3(p)$, ... Impedanzen, die Funktionen $Z_1(p)$, $Z_3(p)$, ... und die Funktionen $z_2(p)$, $z_4(p)$, ... sind Admittanzen (Bild 28). Der Zweipol $z_n(p)$ kann dabei ein Leerlauf sein. Falls $Z(p)$ eine Admittanz ist, bedeuten auch die Funktionen $Z_2(p)$, $Z_4(p)$, ... und die Funktionen $z_1(p)$, $z_3(p)$, ... Admittanzen, die Funktionen $Z_1(p)$, $Z_3(p)$, ... und die Funktionen $z_2(p)$, $z_4(p)$, ... sind Impedanzen (Bild 29). Der Zweipol $z_n(p)$ kann ein Kurzschluß sein. Die in den Bildern 28 und 29 vorkommenden Zweipole $z_1(p)$, $z_2(p)$, ... lassen sich als Partialbruchnetzwerke (Bilder 26 und 27) verwirklichen. Die in den Bildern 28 und 29 dargestellten Netzwerke werden als *Kettennetzwerke* bezeichnet. Nimmt man in $z_1(p)$ sämtliche Summanden der Partialbruchentwicklung von $Z(p)$ auf, dann geht das Kettennetzwerk in das Partialbruchnetzwerk von Bild 26 bzw. Bild 27 über.

Ein erster interessanter Sonderfall für ein Reaktanz-Kettennetzwerk ergibt sich, wenn durch die Reaktanzzweipolfunktionen $z_1(p)$, $z_2(p)$, ... nur jeweils der Pol bei $p = \infty$ abgebaut wird. Dies bedeutet die Wahl

$$z_1(p) = A_\infty p,\ z_2(p) = B_\infty p,\ \ldots .$$

Auf diese Weise erhält man das Netzwerk nach Bild 30, falls $Z(p)$ eine Impedanz ist. Hierbei kann $L_1 = 0$ werden, und weiterhin ist $L_n = \infty$ möglich. Die übrigen Elemente müssen endliche positive Zahlenwerte aufweisen. Falls $Z(p)$ eine Admittanz ist, erhält man das Netzwerk nach Bild 31. Hierbei kann $C_1 = 0$ werden, und weiterhin ist $C_n = \infty$ möglich. Die übrigen Elemente müssen auch hier endliche positive Zahlenwerte haben.

Ein zweiter interessanter Sonderfall für ein Reaktanz-Kettennetzwerk ergibt sich, wenn durch die Reaktanzzweipolfunktionen $z_1(p)$, $z_2(p)$, ... nur jeweils der Pol in $p = 0$ abgebaut wird. Dies bedeutet die Wahl

$$z_1(p) = A_0/p,\ z_2(p) = B_0/p,\ \ldots .$$

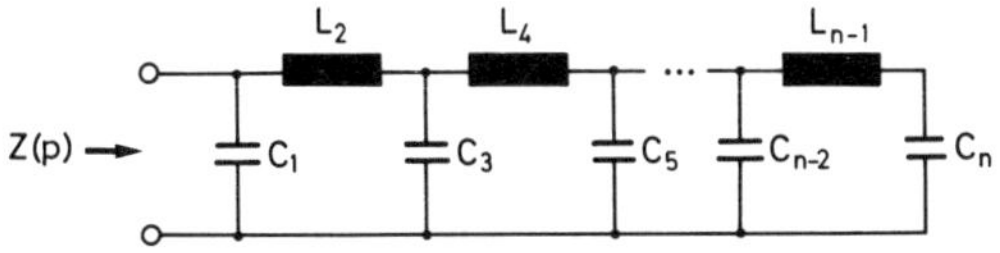

Bild 31: Ketten-Realisierung einer *LC*-Admittanz $Z(p)$ durch beständigen Polabbau in $p = \infty$

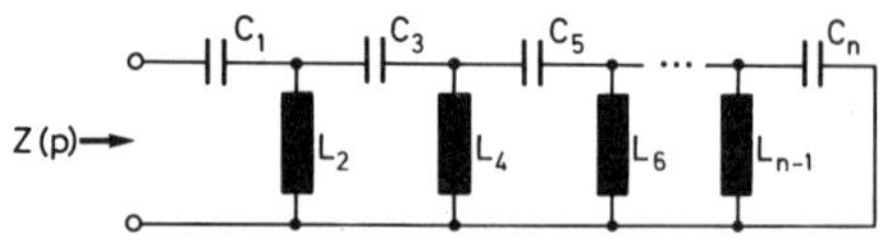

Bild 32: Ketten-Realisierung einer LC-Impedanz $Z(p)$ durch beständigen Polabbau in $p=0$

Auf diese Weise erhält man das Netzwerk nach Bild 32, falls $Z(p)$ eine Impedanz ist. Hierbei kann $C_1=\infty$ werden, und weiterhin ist $C_n=0$ möglich. Die übrigen Elemente müssen endliche positive Zahlenwerte haben. Falls $Z(p)$ eine Admittanz ist, erhält man das Netzwerk nach Bild 33. Hierbei kann $L_1=\infty$ werden, und weiterhin ist $L_n=0$ möglich. Die übrigen Elemente müssen auch hier endliche positive Zahlenwerte aufweisen.

Die in den Bildern 30, 31, 32, 33 dargestellten Kettennetzwerke gehen auf W. CAUER zurück. Jede Reaktanzzweipolfunktion läßt sich stets durch zwei Kettennetzwerke nach CAUER realisieren. Diese beiden Netzwerke sind allerdings erst dann voneinander verschieden, wenn die betrachtete Reaktanzzweipolfunktion mindestens den Grad Drei hat. Falls die Reaktanzzweipolfunktion genau den Grad Drei hat, sind die beiden Cauerschen Kettennetzwerke mit den Fosterschen Partialbruchnetzwerken identisch. Die Cauerschen Kettennetzwerke sind im Vergleich zu den Fosterschen Partialbruchnetzwerken im allgemeinen numerisch bequemer zu ermitteln, weil die für die Berechnung der Kettennetzwerke erforderlichen Kettenbruchentwicklungen die Bestimmung von Polynom-Nullstellen nicht erfordern. Die Cauerschen Kettennetzwerke sind *kanonische* Zweipole, weil durch sie wie durch die Partialbruchnetzwerke jede Reaktanzzweipolfunktion mit dem Minimum an Energiespeichern (Reaktanzelementen) verwirklicht werden kann.

Im Bild 34 ist ein nicht-kanonischer Reaktanzzweipol dargestellt, für den im folgenden äquivalente kanonische Zweipole ermittelt werden sollen. Wandelt man das in diesem Zweipol vorkommende Kapazitätsdreieck in einen äquivalenten Kapazitätsstern um, so gelangt man zum äquivalenten Zweipol nach Bild 35. Man erhält als Impedanz dieses Zweipols

$$Z(p)=\frac{1}{C_1 p}+\left[\frac{C_2 p}{1+L_2C_2p^2}+\frac{C_3 p}{1+L_3C_3p^2}\right]^{-1},$$

also

$$Z(p)=\frac{1}{C_1 p}+\frac{(1+L_2C_2p^2)(1+L_3C_3p^2)}{p[C_2+C_3+C_2C_3(L_2+L_3)p^2]}\,. \tag{50}$$

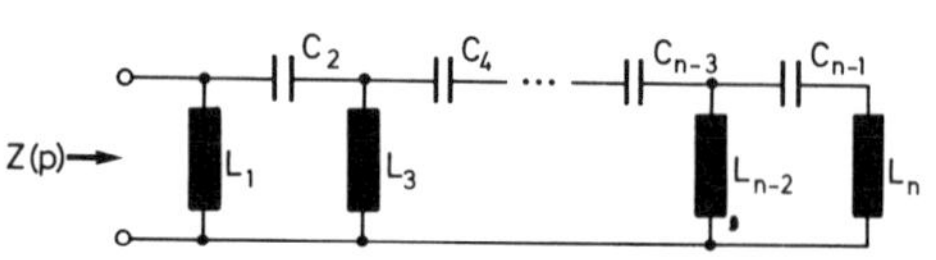

Bild 33: Ketten-Realisierung einer LC-Admittanz $Z(p)$ durch beständigen Polabbau in $p=0$

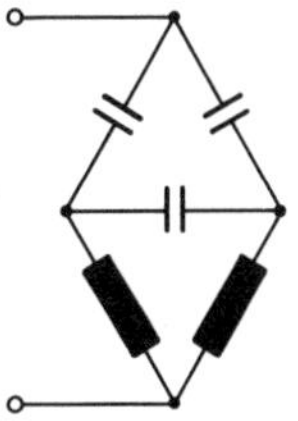

Bild 34: Nicht-kanonischer Reaktanzzweipol

Wie man hieraus sieht, hat $Z(p)$ in $p=0$, in $p=\infty$ und in zwei weiteren Punkten $p=\mathrm{j}\omega_1$, $p=-\mathrm{j}\omega_1$ ($\omega_1 \neq 0, \infty$) Pole. Deshalb besteht die Partialbruchentwicklung

$$Z(p)=\frac{A_0}{p}+\frac{2A_1 p}{p^2+\omega_1^2}+A_\infty p.$$

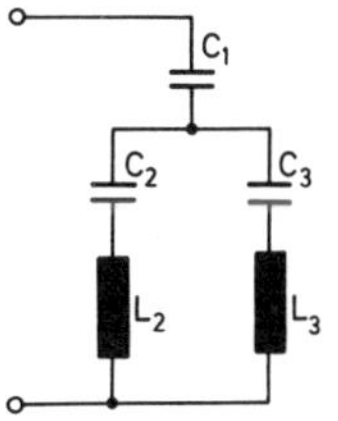

Bild 35: Umwandlung des im Bild 34 dargestellten nicht-kanonischen Reaktanzzweipols in einen äquivalenten Zweipol

Die Konstanten A_0, A_1 und A_∞ lassen sich aus Gl. (50) in bekannter Weise bestimmen. Ausgehend von der Partialbruchdarstellung für $Z(p)$ kann man mit Hilfe von Kettenbruchentwicklungen gemäß Gl. (49) zum Zweipol aus Bild 34 vier äquivalente kanonische Kettennetzwerke angeben (Bild 36). Die zwei ersten Zweipole sind Fostersche Netzwerke, die beiden anderen Zweipole stellen Cauersche Netzwerke dar. Auf die Herleitung von Formeln zur Berechnung der Werte der Elemente in den Netzwerken aus Bild 36 wird verzichtet. Alle diese Netzwerke enthalten eine Kapazität weniger als der äquivalente Zweipol aus Bild 34. Die Zahl der Kapazitäten ist ebenso wie die Zahl der Induktivitäten bei allen kanonischen Zweipolen aus Bild 36 gleich. Dies ist eine allgemeine Eigenschaft kanonischer Zweipole.

3.1.3. Nicht-kanonische Realisierungen

Man erhält weitere, jedoch nicht-kanonische Reaktanzzweipole, die eine gegebene Reaktanzzweipolfunktion $Z(p)$ verwirklichen, wenn man in der Kettenbruch-Darstellung von $Z(p)$ nach Gl. (49) die Funktionen $z_1(p)$, $z_2(p)$, ... so wählt, daß nur Teile der bisher verwendeten Pol-Entwicklungskoeffizienten auftreten. Hat $Z(p)$ einen Pol in $p=\infty$, dann kann man in Gl. (49) etwa

$$z_1(p)=\gamma A_\infty p$$

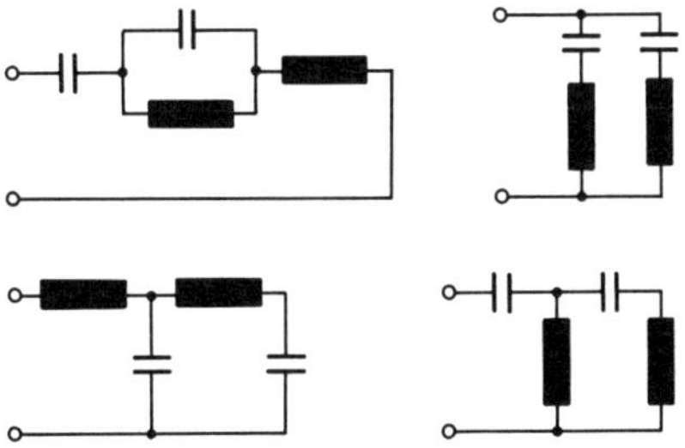

Bild 36: Zum Zweipol von Bild 34 äquivalente kanonische Reaktanzzweipole

mit $0 < \gamma \leqq 1$ wählen, wobei A_∞ den Entwicklungskoeffizienten von $Z(p)$ in $p = \infty$ bedeutet. Die Wahl $\gamma = 1$ entspricht einem der bisher betrachteten Fälle. Es wird dabei durch Anwendung der Gl. (46) der Pol von $Z(p)$ in $p = \infty$ *voll* abgebaut. Im Gegensatz hierzu findet für $0 < \gamma < 1$ nur ein *Teilabbau* des Poles in $p = \infty$ statt. Bei Anwendung der Gl. (46) hat nämlich hier die Restfunktion $1/Z_1(p)$ einen Pol in $p = \infty$, der im zuerst betrachteten Fall $\gamma = 1$ verschwunden war. Der Grad von $Z_1(p)$ ist für $0 < \gamma < 1$ gleich dem von $Z(p)$.

In dieser Weise kann man bei der Kettenbruchentwicklung von $Z(p)$ Teilabbauten in beliebigen Polstellen durchführen. Im Verlauf der Kettenbruchentwicklung müssen jedoch auch Vollabbauten angewendet werden, damit überhaupt eine Gradreduktion der Zweipolfunktion erreicht wird. Dies ist notwendig, damit die Entwicklung nach endlich vielen Abbauten endet.

Verfährt man bei der Kettenbruchdarstellung von $Z(p)$ gemäß Gl. (49) in der vorstehenden Weise, dann erhält man neben den kanonischen Zweipolen weitere äquivalente Zweipole, die mehr Elemente als die kanonischen Netzwerke enthalten. Die Bedeutung derartiger nicht-kanonischer Reaktanzzweipole liegt vor allem im folgenden: Die Zweipole können durch geeignete Anwendung der Kettenbruchentwicklung in bestimmter Weise gestaltet werden, so daß nach einer Erweiterung der Zweipole zu Zweitoren gewisse Zweitor-Eigenschaften erzielt werden.

3.1.4. Stabilitätsprüfung durch Reaktanzzweipol-Synthese

Abschließend sei noch auf eine Verbindung der Reaktanzzweipol-Synthese zur Stabilitätsprüfung hingewiesen. Für die asymptotische Stabilität linearer Systeme mit konstanten und konzentrierten Parametern ist notwendig und hinreichend, daß das charakteristische Polynom [28]

$$P(p) = a_0 + a_1 p + \ldots + a_n p^n \quad (a_\nu > 0,\ \nu = 0, 1, \ldots, n) \tag{51}$$

ein Hurwitz-Polynom ist, d.h. nur Nullstellen in der offenen linken Halbebene $\operatorname{Re} p < 0$ hat. Man kann jetzt einfach zeigen, daß $P(p)$ Gl. (51) genau dann ein Hurwitz-Polynom ist, wenn der Quotient aus dem geraden Teil $P_g(p)$ und dem ungeraden Teil $P_u(p)$ des Polynoms $P(p)$, also die Funktion

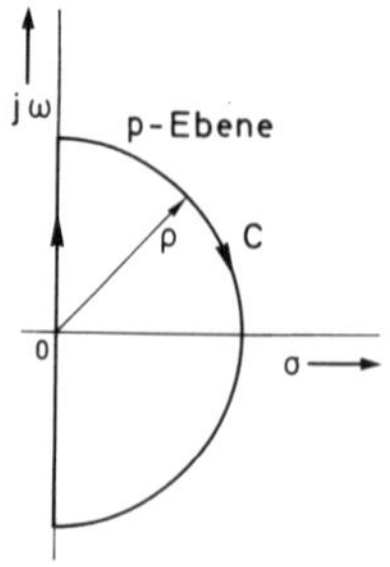

Bild 37: Weg C, bestehend aus dem Halbkreisbogen mit Radius ρ und einem Geradenstück der imaginären Achse

$$Z(p) = \frac{P_g(p)}{P_u(p)} = \frac{a_0 + a_2 p^2 + \dots}{a_1 p + a_3 p^3 + \dots} \tag{52}$$

oder die reziproke Funktion eine Reaktanzzweipolfunktion ist.

Zum Beweis dieser Behauptung wird der Verlauf der Ortskurve $P(j\omega)$ für $-\infty \leqq \omega \leqq \infty$ in der komplexen Ebene untersucht. Hierfür empfiehlt es sich, die Bildkurve $P(p)$ des im Bild 37 dargestellten, aus einem Halbkreisbogen mit dem Radius ρ und einem Geradenstück auf der imaginären Achse bestehenden Wegs C zu betrachten. Dabei soll ρ so groß gewählt sein, daß die Abbildung des Halbkreisbogens von C im wesentlichen durch $a_n p^n$ bestimmt wird. Aufgrund des Satzes vom logarithmischen Residuum (Abschnitt 2.5) muß die Umlaufszahl des Hurwitz-Polynoms $P(p)$ um den Ursprung beim einmaligen Durchlaufen von C gleich Null sein. Betrachtet man nun den Grenzübergang $\rho \to \infty$, so erhält man beim Durchlaufen des Halbkreisbogens von C in der im Bild 37 angegebenen Orientierung für die Funktion $P(p)$ einen Drehwinkel von $-n\pi$. Beim Durchlaufen der imaginären Achse in der im Bild 37 angegebenen Orientierung $(-\infty \leqq \omega \leqq \infty)$ muß somit die Ortskurve $P(j\omega)$ einen Drehwinkel von $n\pi$ aufweisen, da die gesamte Winkeländerung von $P(p)$ längs C stets Null sein muß. Aufgrund dieser Erkenntnis ist einzusehen, daß der Realteil und der Imaginärteil von $P(j\omega)$, das sind die Funktionen $P_g(j\omega)$ und $P_u(j\omega)/j$, zusammen mindestens $2n-1$ Nullstellen für verschiedene ω-Werte besitzen müssen. Da eines der beiden Polynome $P_g(p)$ und $P_u(p)$ den Grad n, das andere den Grad $n-1$ besitzt, können außer den genannten Nullstellen keine weiteren auftreten. Diese Funktionen haben daher nur Nullstellen für $p = j\omega$, die sich außerdem gegenseitig trennen. Deshalb muß die reelle ungerade Funktion $Z(p)$ Gl. (52) nach Abschnitt 2.3.1 eine Reaktanzzweipolfunktion sein. – Ist umgekehrt $Z(p)$ Gl. (52) eine Reaktanzzweipolfunktion, so ist das durch Addition des Zähler- und Nennerpolynoms von $Z(p)$ entstehende Polynom $P(p)$ ein Hurwitz-Polynom. Dies wurde bereits beim Beweis von Satz 8 für eine allgemeine Zweipolfunktion gezeigt. Somit ist obige Behauptung vollständig bewiesen.

Man kann jetzt mit Hilfe der gefundenen Ergebnisse die Prüfung, ob ein Polynom $P(p)$ Gl. (51) nur in der Halbebene $\operatorname{Re} p < 0$ Nullstellen hat, so durchführen, daß man zunächst die Funktion $Z(p)$ nach Gl. (52) bildet und sodann $Z(p)$ durch ein Kettennetzwerk gemäß Bild 30 bzw. Bild 31 (oder Bild 32 bzw. Bild 33) zu verwirklichen versucht. Ergeben sich hierbei ausschließlich positive Netzwerkelemente, dann ist $Z(p)$ eine Reaktanzzweipolfunktion und $P(p)$ Hurwitz-Polynom. Diese Stabilitätsprüfung entspricht dem Routhschen Verfahren [28].

3.2. DIE SYNTHESE KAPAZITÄTSFREIER ZWEIPOLE

3.2.1. Partialbruchnetzwerke

Die Synthese von Zweipolen, die keine Kapazitäten enthalten, kann nach dem Vorbild der im letzten Abschnitt beschriebenen Reaktanzzweipol-Synthese durchgeführt werden.

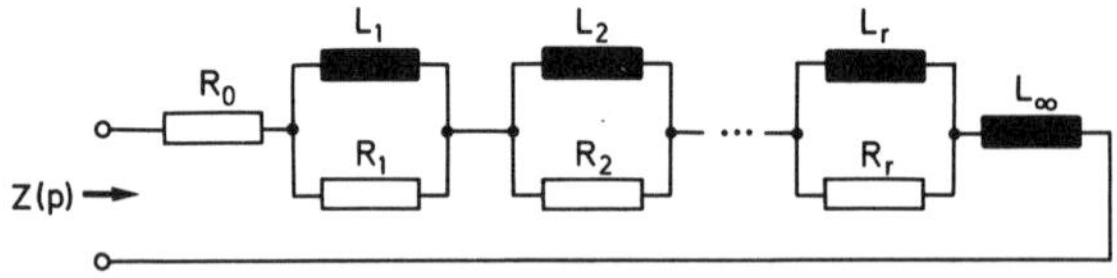

Bild 38: Partialbruch-Realisierung einer RL-Impedanz $Z(p)$

Man geht aus von einer Zweipolfunktion $Z(p)$, die als Impedanz realisiert werden soll und die in der Form der für kapazitätsfreie Zweipole charakteristischen Gl. (29) darstellbar sein möge. Diese Darstellung von $Z(p)$ gewinnt man, indem man die rationale Funktion $Z(p)/p$ in eine Partialbruchsumme entwickelt. Durch Multiplikation mit p entsteht dann hieraus die Gl. (29). Aufgrund dieser Darstellung kann $Z(p)$ als Summe der Teilimpedanzen

$$B_0\,;\quad \frac{B_\nu p}{p+\sigma_\nu}\quad (\nu=1,2,\ldots,r);\ B_\infty p$$

aufgefaßt werden. Es entsteht auf diese Weise eine erste Realisierung von $Z(p)$ in Form eines Partialbruchnetzwerks nach Bild 38. Für die Elemente dieses Netzwerks gilt

$$\begin{aligned} R_0 &= B_0, \\ R_\nu &= B_\nu \qquad (\nu=1,2,\ldots,r), \\ L_\nu &= \frac{B_\nu}{\sigma_\nu} \qquad (\nu=1,2,\ldots,r), \\ L_\infty &= B_\infty . \end{aligned}$$

Statt von der Zweipolfunktion $Z(p)$ kann man auch von der Zweipolfunktion $Y(p)=1/Z(p)$ ausgehen, die als Admittanz eines kapazitätsfreien Zweipols realisiert werden soll. Eine solche Admittanz hat, wie man den im Abschnitt 2.3.2 gewonnenen Ergebnissen unmittelbar entnimmt, die Eigenschaften der Impedanz eines induktivitätsfreien Zweipols [$Y(p)=1/Z(p)$ kann wegen seiner Eigenschaften, insbesondere wegen seines Verlaufs auf der reellen p-Achse in der Form von Gl. (34) dargestellt werden]. Deshalb muß die Darstellung

$$\frac{1}{Z(p)} \equiv Y(p) = \frac{D'_0}{p} + \sum_{\nu=1}^{r'} \frac{D'_\nu}{p+\sigma'_\nu} + D'_\infty \tag{53}$$

$(D'_0,\ D'_\infty \geqq 0;\ D'_\nu,\ \sigma'_\nu > 0$ für $\nu=1,2,\ldots,r')$

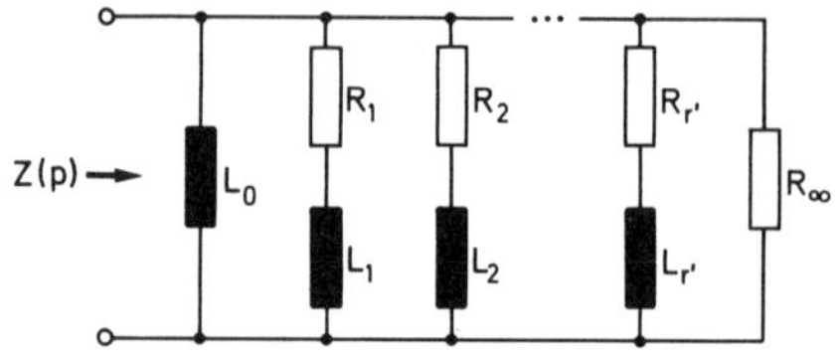

Bild 39: Realisierung einer RL-Impedanz $Z(p)$ durch Partialbruchentwicklung der Admittanz $1/Z(p)$

bestehen. Der Gl. (53) läßt sich sofort eine zweite Verwirklichung von $Z(p)$ in Form eines Partialbruchnetzwerks nach Bild 39 entnehmen. Für die Elemente dieses Netzwerks gilt offensichtlich

$$L_0 = \frac{1}{D'_0},$$

$$L_\nu = \frac{1}{D'_\nu} \qquad (\nu = 1, 2, \ldots, r'),$$

$$R_\nu = \frac{\sigma'_\nu}{D'_\nu} \qquad (\nu = 1, 2, \ldots, r'),$$

$$R_\infty = \frac{1}{D'_\infty}.$$

Die beiden in den Bildern 38 und 39 dargestellten Netzwerke sind kanonische Realisierungen der Impedanz $Z(p)$. Neben diesen Partialbruchnetzwerken gibt es Kettennetzwerke, durch die $Z(p)$ verwirklicht werden kann und auf die im folgenden eingegangen wird.

3.2.2. Kettennetzwerke

Ausgehend von der im Abschnitt 3.2.1 eingeführten Zweipolfunktion $Z(p)$, die als Impedanz eines kapazitätsfreien Zweipols realisiert werden soll, wird mit

$$z_1(p) = B_0 \tag{54}$$

die Funktion

$$Z(p) - z_1(p) = \frac{1}{Z_1(p)}$$

gebildet. Nach Gl. (29) erfüllt $1/Z_1(p)$ die notwendigen Bedingungen für die Impedanz eines kapazitätsfreien Zweipols, welche in $p = 0$ verschwindet. Daher hat die Funktion $Z_1(p)$ einen Pol in $p = 0$. Der Entwicklungskoeffizient von $Z_1(p)$ in $p = 0$ sei mit D bezeichnet. Mit

$$z_2(p) = \frac{D}{p} \tag{55}$$

wird weiterhin die Funktion

$$Z_1(p) - z_2(p) = \frac{1}{Z_2(p)}$$

gebildet. Gemäß Gl. (53) erfüllt $1/Z_2(p)$ die notwendigen Bedingungen für die Admittanz eines kapazitätsfreien Zweipols, welche in $p = 0$ einen endlichen, im allgemeinen von Null verschiedenen Wert besitzt. Mit

$$z_3(p) = Z_2(0) \tag{56}$$

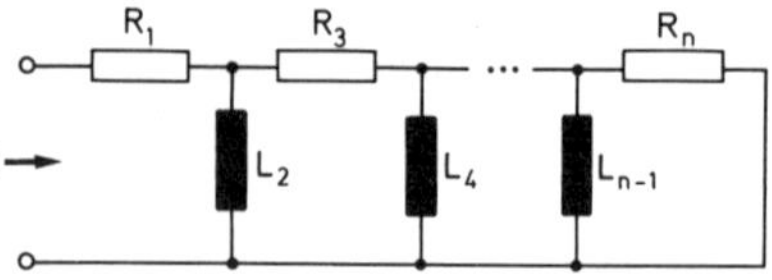

Bild 40: Ketten-Realisierung einer *RL*-Impedanz $Z(p)$ durch beständigen Polabbau in $p = 0$

wird die Funktion

$$Z_2(p) - z_3(p) = \frac{1}{Z_3(p)}$$

gebildet. In dieser Weise fährt man mit dem sukzessiven Polabbau in $p = 0$ fort, bis die Restfunktion den Grad Null erreicht hat. Dadurch erhält man für die Zweipolfunktion $Z(p)$ eine Kettenbruchentwicklung gemäß Gl. (49), welcher das Netzwerk von Bild 28 entspricht. Da die Zweipolfunktion $Z(p)$ als Impedanz realisiert werden soll, müssen die Zweipolfunktionen $z_1(p)$, $z_3(p)$, ... als Impedanzen und die Zweipolfunktionen $z_2(p)$, ... als Admittanzen aufgefaßt werden. Damit entsteht bei Beachtung der Gln. (54), (55) und (56) das kanonische Netzwerk nach Bild 40. Dabei kann $R_1 = 0$ werden, weiterhin kann $R_n = \infty$ werden.

Wird im Gegensatz zum vorausgegangenen Vorgehen jetzt $z_1(p) = B_\infty p$, $z_2(p) = Z_1(\infty)$ usw. gewählt, so erhält man das Netzwerk nach Bild 41, welches die Impedanz $Z(p)$ kanonisch verwirklicht. Hierbei wurde ein sukzessiver Polabbau in $p = \infty$ durchgeführt. Dabei kann $L_1 = 0$ werden, weiterhin kann $L_n = \infty$ werden.

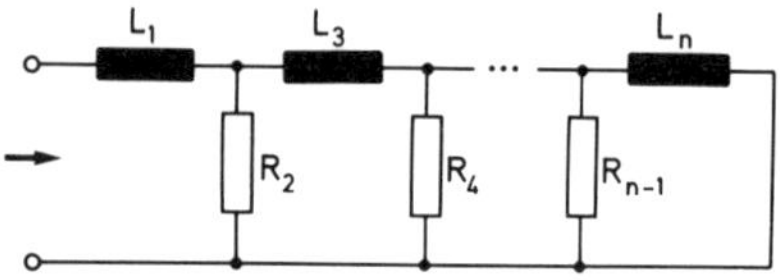

Bild 41: Ketten-Realisierung einer *RL*-Impedanz $Z(p)$ durch beständigen Polabbau in $p = \infty$

3.3. DIE SYNTHESE INDUKTIVITÄTSFREIER ZWEIPOLE

3.3.1. Partialbruchnetzwerke

Die Synthese von Zweipolen, die keine Induktivitäten enthalten, läßt sich ganz entsprechend wie die im letzten Abschnitt beschriebene Synthese von *RL*-Zweipolen durchführen. Es wird ausgegangen von der Zweipolfunktion $Z(p)$, die als Impedanz eines *RC*-Zweipols verwirklicht werden soll. Durch Partialbruchentwicklung von $Z(p)$ erhält man die Darstellung nach Gl. (34). Ihr kann direkt das im Bild 42 dargestellte Partialbruchnetzwerk entnommen werden. Für die Elemente dieses Netzwerks gilt mit den Bezeichnungen aus Gl. (34)

$$C_0 = 1/D_0;\ C_\nu = 1/D_\nu;\ R_\nu = D_\nu/\sigma_\nu\ (\nu = 1, 2, ..., r);\ R_\infty = D_\infty .$$

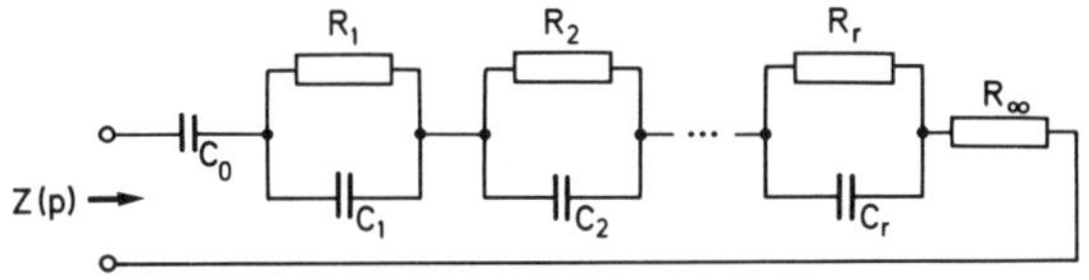

Bild 42: Partialbruch-Realisierung einer *RC*-Impedanz $Z(p)$

Die Admittanz eines *RC*-Zweipols hat die gleichen Eigenschaften wie die Impedanz eines *RL*-Zweipols. Deshalb muß gemäß Gl. (29) die Darstellung

$$\frac{1}{Z(p)} \equiv Y(p) = B'_0 + \sum_{\nu=1}^{r'} \frac{B'_\nu p}{p + \sigma'_\nu} + B'_\infty p$$

$$(\sigma'_\nu > 0;\ B'_\nu > 0 \text{ für } \nu = 1, 2, \ldots, r';\ B'_0,\ B'_\infty \geqq 0)$$

Bild 43: Realisierung einer *RC*-Impedanz $Z(p)$ durch Partialbruchentwicklung der Admittanz $1/Z(p)$

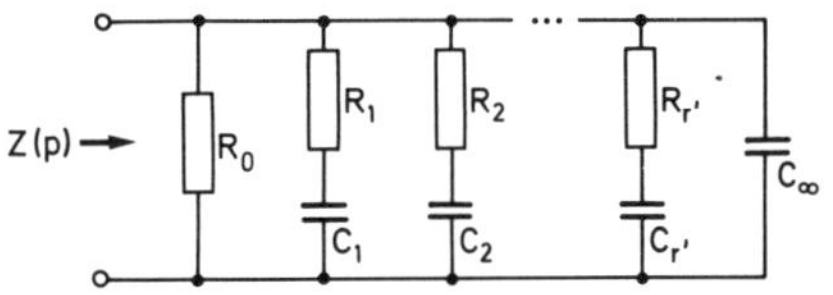

bestehen. Hieraus läßt sich das Partialbruchnetzwerk nach Bild 43 entnehmen, welches die Zweipolfunktion $Z(p)$ als *RC*-Impedanz kanonisch verwirklicht. Es gilt für die Elemente dieses Netzwerks

$$R_0 = 1/B'_0;\ R_\nu = 1/B'_\nu;\ C_\nu = B'_\nu/\sigma'_\nu\ (\nu = 1, 2, \ldots, r');\ C_\infty = B'_\infty\,.$$

3.3.2. Kettennetzwerke

Man kann die im Abschnitt 3.3.1 eingeführte Zweipolfunktion $Z(p)$ jetzt noch durch zwei Kettennetzwerke verwirklichen. Diese Netzwerke sind im Bild 44 und im Bild 45 dargestellt. Das erste entsteht dadurch, daß man $Z(p)$ gemäß Gl. (49) entwickelt. Dabei

Bild 44: Ketten-Realisierung einer *RC*-Impedanz $Z(p)$ durch beständigen Polabbau in $p = \infty$

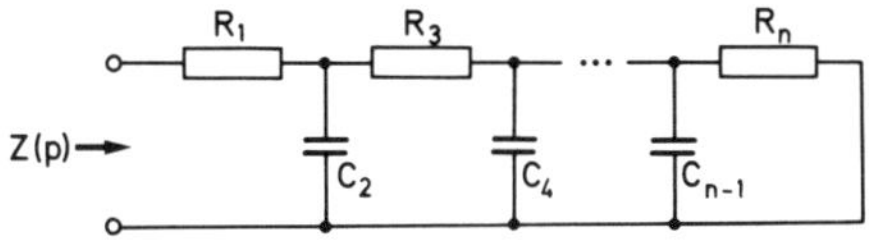

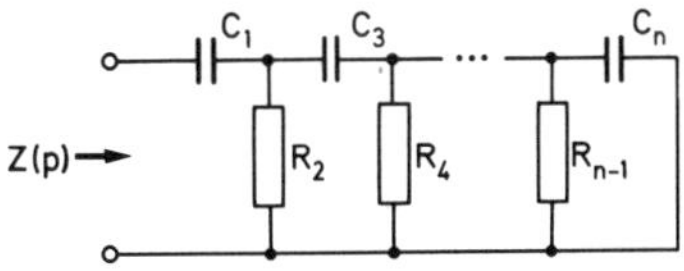

Bild 45: Ketten-Realisierung einer *RC*-Impedanz $Z(p)$ durch beständigen Polabbau in $p = 0$

sind die Funktionen $z_1(p)$, $z_3(p)$, ... als Konstanten mit dem Wert der entsprechenden Funktionen $Z(p)$, $Z_2(p)$, ... in $p = \infty$ und die Funktionen $z_2(p)$, $z_4(p)$, ... gleich dem mit p multiplizierten Entwicklungskoeffizienten der entsprechenden Funktionen $Z_1(p)$, $Z_3(p)$, ... in $p = \infty$ zu wählen (man vergleiche Bild 28). Auch bei der Ermittlung des Netzwerks nach Bild 45 wird $Z(p)$ in Form eines Kettenbruchs gemäß Gl. (49) entwickelt. Dabei werden die Funktionen $z_1(p)$, $z_3(p)$, ... gleich dem durch p dividierten Entwicklungskoeffizienten der entsprechenden Funktionen $Z(p)$, $Z_2(p)$, ... in $p = 0$ und die Funktionen $z_2(p)$, $z_4(p)$, ... als Konstanten mit dem Wert der entsprechenden Funktionen $Z_1(p)$, $Z_3(p)$, ... in $p = 0$ gewählt. Die gefundenen *RC*-Kettennetzwerke sind kanonische Realisierungen der Zweipolfunktion $Z(p)$.

3.4. VORBEMERKUNGEN ZUR SYNTHESE ALLGEMEINER ZWEIPOLE

Bei der Verwirklichung einer allgemeinen Zweipolfunktion wird man wie in den vorausgegangenen Sonderfällen zunächst versuchen, durch eine Partialbruchdarstellung der Zweipolfunktion ein Netzwerk zu ermitteln. Anhand von Beispielen läßt sich leicht zeigen, daß auf diese Weise eine Zweipolfunktion im allgemeinen nicht realisiert werden kann. Nur in Sonderfällen gelingt eine Verwirklichung auf diesem Wege.

Es besteht nun die Möglichkeit, eine Zweipolfunktion so zu verändern, daß wenigstens eine teilweise Realisierung möglich ist und die Aufgabe auf die Verwirklichung einer anderen (gradniedrigeren oder einfacher zu realisierenden) Zweipolfunktion zurückgeführt ist. Man kann beispielsweise die zu realisierende Zweipolfunktion $Z(p)$ als Summe

$$Z(p) = Z_1(p) + Z_2(p) \tag{57}$$

zweier Zweipolfunktionen darstellen, wobei $Z_1(p)$ gleich der Summe aller Partialbrüche von $Z(p)$ ist, welche zu den Polen auf der imaginären Achse einschließlich $p = \infty$ gehören. Die Funktion $Z_1(p)$ muß daher eine Reaktanzzweipolfunktion und in Form von Gl. (24b) darstellbar sein. Die Funktion $Z_2(p)$ hat angesichts der Wahl von $Z_1(p)$ und der Eigenschaften von $Z(p)$ als Zweipolfunktion keine Pole in der abgeschlossenen rechten Halbebene Re $p \geqq 0$, und ihr Realteil stimmt mit jenem von $Z(j\omega)$ für alle Werte $p = j\omega$ $(-\infty \leqq \omega \leqq \infty)$ überein, für welche $Z(p)$ endlich ist. Nach Satz 6 ist deshalb $Z_2(p)$ eine Zweipolfunktion. Entsprechend der Darstellung von $Z(p)$ gemäß Gl. (57) erhält man das im Bild 46 dargestellte Netzwerk, wenn $Z(p)$ als Impedanz verwirklicht werden soll. Man kann jetzt die Funktion $Y_2(p) = 1/Z_2(p)$ betrachten. Sie läßt sich wie die Funktion $Z(p)$ als Summe zweier Zweipolfunktionen schreiben:

$$Y_2(p) = Y_3(p) + Y_4(p). \tag{58}$$

Dabei wird die Teilfunktion $Y_3(p)$ aus allen in $Y_2(p)$ vorhandenen Partialbruchanteilen aufgebaut, welche zu den auf der imaginären Achse einschließlich $p = \infty$ gelegenen Polen von $Y_2(p)$ gehören. Daher muß $Y_3(p)$ eine Reaktanzzweipolfunktion sein und als Partialbruchsumme gemäß Gl. (24b) geschrieben werden können. Die Funktion $Y_4(p)$

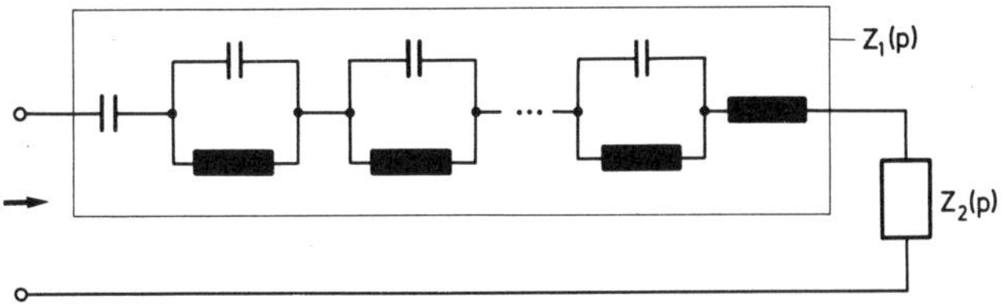

Bild 46: Teilweise Realisierung einer Zweipolfunktion $Z(p)$ als Impedanz gemäß Gl. (57)

ist Zweipolfunktion (Satz 6). Aufgrund der Gln. (57) und (58) erhält man die Verwirklichung von $Z(p)$ nach Bild 47. Hierbei tritt der Restzweipol mit der Admittanz $Y_4(p)$ auf.

Besitzt $Z(p)$ keine Pole auf der imaginären Achse, so ist $Z_1(p) \equiv 0$, und die im Netzwerk von Bild 46 dargestellten Reaktanzen sind durch einen Kurzschluß zu ersetzen. Weiterhin ist $Y_3(p) \equiv 0$, wenn $Y_2(p)$ auf der imaginären Achse keine Pole hat, und im Bild 47 sind dann die entsprechenden Reaktanzen durch einen Leerlauf zu ersetzen. Man kann jetzt die Impedanz $1/Y_4(p)$ wie $Z(p)$ bzw. $Y_2(p)$ als Summe zweier Zweipolfunktionen darstellen, wobei einer der Summanden durch einen Reaktanzzweipol realisiert wird. Fährt man in dieser Weise fort, so entsteht schließlich eine Restzweipolfunktion $Z_0(p)$, die weder Pole noch Nullstellen auf der imaginären Achse hat. Bei den vorausgegangenen Umformungen wurde der Grad der Zweipolfunktion $Z(p)$ sukzessive reduziert, so daß der Grad von $Z_0(p)$ um die Zahl der bei der Realisierung erforderlichen Reaktanzelemente kleiner ist als jener von $Z(p)$. Stellt $Z_0(p)$ keine Konstante dar, läßt sich diese Funktion also nicht durch einen Ohmwiderstand verwirklichen, dann müssen zur Realisierung dieser Restfunktion neue Überlegungen angestellt werden. – Soll $Z(p)$ als eine Admittanz verwirklicht werden, dann erfolgt die Realisierung dual zu jener nach Bild 47.

Der Abbau von Reaktanzzweipolfunktionen von $Z(p)$, der solange durchgeführt wird, bis die Restzweipolfunktion weder Pole noch Nullstellen auf der imaginären Achse hat, wird als *Reaktanzreduktion* bezeichnet. Die dadurch gewonnene Zweipolfunktion $Z_0(p)$ hat für $p = j\omega$ nicht-negativen Realteil. Wird $\operatorname{Re} Z_0(j\omega)$ in $-\infty \leqq \omega \leqq \infty$ nicht Null, dann kann man mit einem positiven R die Funktion

$$\widehat{Z}(p) = Z_0(p) - R \tag{59}$$

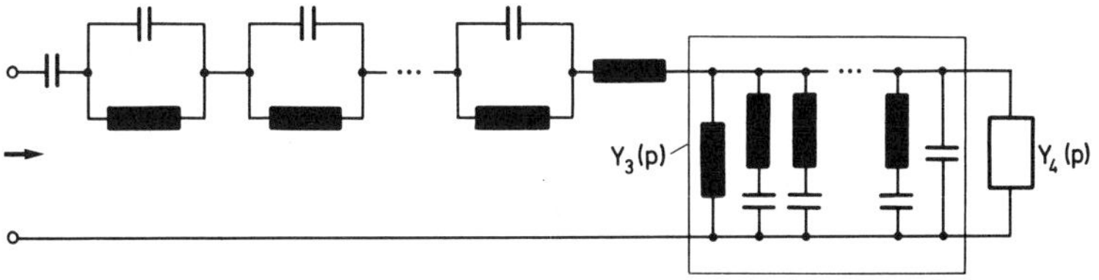

Bild 47: Teilweise Realisierung einer Zweipolfunktion $Z(p)$ als Impedanz gemäß den Gln. (57) und (58)

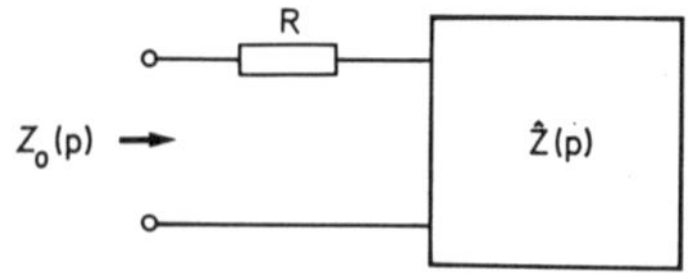

Bild 48: Teilweise Realisierung der Zweipolfunktion $Z_0(p)$ aufgrund von Widerstandreduktion

bilden, welche eine Zweipolfunktion ist, solange R das absolute Minimum R_m von Re $Z_0(j\omega)$ für $-\infty \leqq \omega \leqq \infty$ nicht überschreitet. Dann gilt nämlich Re $\widehat{Z}(j\omega) \geqq 0$ $(-\infty \leqq \omega \leqq \infty)$, und im übrigen hat $\widehat{Z}(p)$ dieselben Pole einschließlich der zugehörigen Entwicklungskoeffizienten wie die Zweipolfunktion $Z_0(p)$. Wählt man $R = R_m$, so erhält man eine Restzweipolfunktion $\widehat{Z}(p)$, die in bestimmten Fällen teilweise oder vollständig durch Reaktanzabbauten verwirklicht werden kann. Dies ist sicher dann der Fall, wenn das absolute Minimum von Re $Z_0(j\omega)$ in $\omega = 0$ oder $\omega = \infty$ aufgetreten ist. Da der Imaginärteil von $Z_0(p)$ in $p = 0$ und in $p = \infty$ verschwindet, hat die Restfunktion $\widehat{Z}(p)$ in einem solchen Fall in $p = 0$ bzw. $p = \infty$ eine Nullstelle, so daß von der Funktion $1/\widehat{Z}(p)$ eine Reaktanz abgespalten werden kann.

Entsprechend der Gl. (59) läßt sich die Zweipolfunktion $Z_0(p)$, als Impedanz aufgefaßt, durch eine Reihenanordnung aus dem Ohmwiderstand R und einem Zweipol mit der Impedanz $\widehat{Z}(p)$ realisieren (Bild 48). Bedeutet $Z_0(p)$ eine Admittanz, dann erfolgt die Verwirklichung durch Parallelanordnung eines Ohmwiderstands mit einem Zweipol, dessen Admittanz $\widehat{Z}(p)$ ist. Die durch Gl. (59) ausgedrückte *Widerstandsreduktion* kann auch auf Zweipolfunktionen angewendet werden, die Pole auf der imaginären Achse aufweisen.

3.5. ZWEIPOLFUNKTIONEN ERSTEN UND ZWEITEN GRADES

3.5.1. Realisierung von Zweipolfunktionen ersten Grades

Mit Hilfe der im letzten Abschnitt entwickelten Möglichkeiten zum Abbau von Zweipolfunktionen lassen sich beliebige Zweipolfunktionen vom Grad Eins verwirklichen. Dies soll im folgenden gezeigt werden. Dabei sollen solche Zweipolfunktionen ersten Grades außer acht gelassen werden, welche im Nullpunkt oder im Punkt Unendlich verschwinden oder einen Pol haben. Diese lassen sich nämlich durch eine Reaktanzreduktion stets auf eine konstante Zweipolfunktion zurückführen, so daß in einem solchen Fall die Zweipolfunktion mit *einem* Reaktanzelement und *einem* Ohmwiderstand gemäß Bild 47 realisiert werden kann. Es werden daher im weiteren nur Zweipolfunktionen der Art

$$Z(p) = K\frac{p+a}{p+b} \tag{60}$$

mit K, a, $b > 0$ $(a \neq b)$ betrachtet. Es handelt sich hierbei tatsächlich um Zweipolfunktionen, weil die rechte Halbebene Re $p > 0$ durch Gl. (60) in einen vollständig

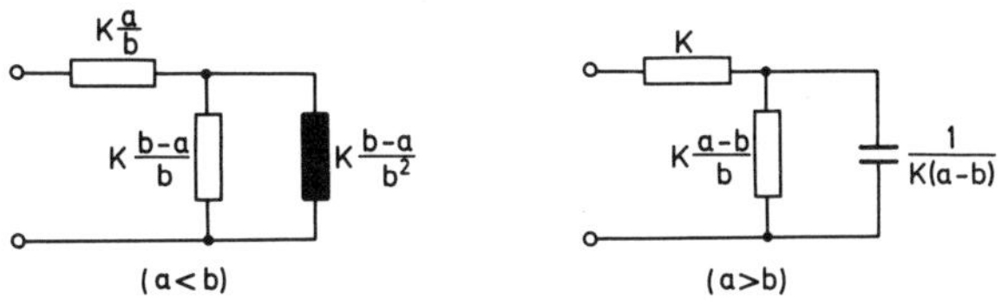

Bild 49: Realisierung der Zweipolfunktion $Z(p)$ Gl. (60) als Impedanz aufgrund der Gln. (61a, b)

in der Halbebene Re $Z>0$ gelegenen Kreis abgebildet wird. Die Ortskurve $Z(j\omega)$ stellt für $0 \leqq \omega \leqq \infty$ einen Halbkreis dar, so daß man das Minimum des Realteils von $Z(j\omega)$ für $\omega=0$ oder für $\omega=\infty$ erhält, je nachdem ob $a<b$ oder $a>b$ ist. Deshalb wird durch eine Widerstandsreduktion die Zweipolfunktion

$$\hat{Z}(p)=Z(p)-\begin{cases} K\dfrac{a}{b} \text{für } a<b \\ K \quad \text{für } a>b, \end{cases} \tag{61a}$$

mit Gl. (60) also

$$\hat{Z}(p)=\begin{cases} K\dfrac{p\left(1-\dfrac{a}{b}\right)}{p+b} & \text{für } a<b \\ K\dfrac{a-b}{p+b} & \text{für } a>b \end{cases} \tag{61b}$$

gebildet. Aufgrund der Gln. (61a,b) kann man die Zweipolfunktion $Z(p)$ unmittelbar realisieren. Soll $Z(p)$ als Impedanz realisiert werden, dann erhält man eines der Netzwerke, die im Bild 49 dargestellt sind.

Man kann auch von der Admittanz $Y(p)=1/Z(p)$ ausgehen. Nach Durchführung der Widerstandsreduktion erhält man die Darstellung

$$Y(p)=\begin{cases} \dfrac{1}{K}+\dfrac{b-a}{K(p+a)} & \text{für } a<b \\ \dfrac{b}{Ka}+\dfrac{p\left(1-\dfrac{b}{a}\right)}{K(p+a)} & \text{für } a>b. \end{cases} \tag{62}$$

Hieraus resultiert eine weitere Verwirklichung der Zweipolfunktion (Bild 50). Damit ist zu erkennen, daß die Zweipolfunktion $Z(p)$ Gl. (60) stets durch zwei verschiedene äqui-

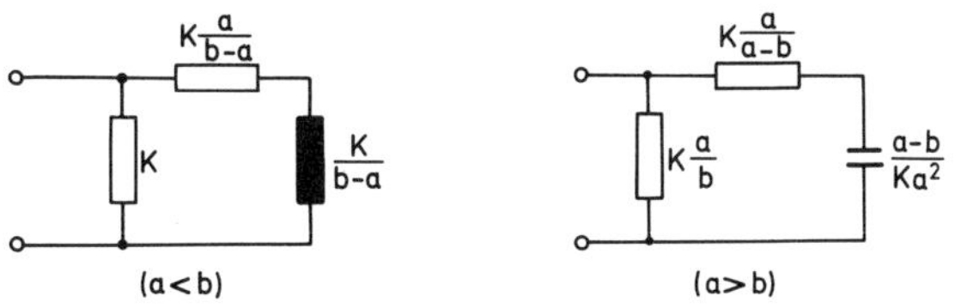

Bild 50: Realisierung der Zweipolfunktion $1/Z(p)$ mit $Z(p)$ Gl. (60) als Admittanz aufgrund der Gln. (62)

valente Zweipole, bestehend aus einem Reaktanzelement und zwei Ohmwiderständen, realisiert werden kann. – Soll $Z(p)$ Gl. (60) als Admittanz realisiert werden, dann kann man in analoger Weise verfahren. Die Realisierungen verlaufen völlig dual.

3.5.2. Realisierung von Zweipolfunktionen zweiten Grades durch Reaktanz- und Widerstandsreduktion

Mit Hilfe von Reaktanz- und Widerstandsreduktion kann man jede Zweipolfunktion $Z(p)$ *zweiten* Grades realisieren, sofern sie auf der imaginären Achse wenigstens einen Pol oder eine Nullstelle besitzt.

Hat $Z(p)$ in $p=0$ einen Pol, so gilt

$$Z(p)=K\frac{p^2+a_1p+a_0}{p^2+b_1p} \quad (a_0,\ a_1,\ b_1,\ K>0), \tag{63}$$

wenn man eine Nullstelle und einen Pol in $p=\infty$ ausschließt. Dann läßt sich $Z(p)$ in der Form

$$Z(p)=\frac{Ka_0/b_1}{p}+K\frac{p+\left(a_1-\dfrac{a_0}{b_1}\right)}{p+b_1} \tag{64}$$

schreiben. Hieraus ersieht man, daß die Bedingung

$$a_1b_1 \geqq a_0>0 \tag{65}$$

erfüllt sein muß, damit $Z(p)$ Gl. (63) Zweipolfunktion ist. Aus Gl. (64) folgt direkt die Verwirklichung der Zweipolfunktion nach Bild 51. Dabei wurde $Z(p)$ als Impedanz aufgefaßt. Soll $Z(p)$ als Admittanz verwirklicht werden, so wird die Realisierung in dualer Weise durchgeführt. Der zweite Summand auf der rechten Seite von Gl. (64) wird in bekannter Weise durch einen Zweipol ersten Grades gemäß Bild 49 oder Bild 50 verwirklicht. – Besitzt die betrachtete Zweipolfunktion neben dem Pol in $p=0$ eine Nullstelle in $p=\infty$, dann entfällt der Term p^2 im Zähler des Quotienten in Gl. (63). Dies hat zur Folge, daß im Zähler des zweiten Quotienten auf der rechten Seite von Gl. (64) der Term p nicht auftritt. Die Zweipolfunktion $Z(p)$ wird somit als Impedanz durch einen RC-Zweipol und als Admittanz durch einen RL-Zweipol realisiert. Hat $Z(p)$ neben dem Pol in $p=0$ noch einen Pol in $p=\infty$, dann entfällt der Term p^2 im Nenner des Quotienten in Gl. (63) und damit läßt sich $Z(p)$ als Impedanz durch die Reihenanordnung eines Ohmwiderstands, einer Induktivität und einer Kapazität verwirklichen.

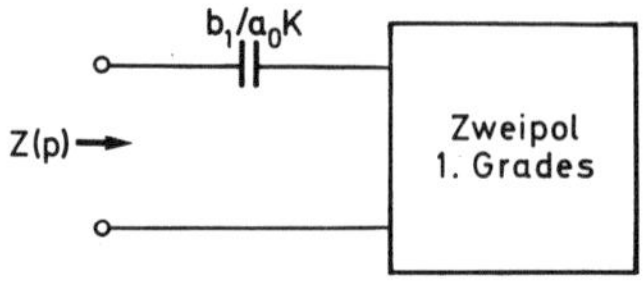

Bild 51: Realisierung der Zweipolfunktion $Z(p)$ Gl. (63) als Impedanz aufgrund von Gl. (64)

Hat die betrachtete Zweipolfunktion $Z(p)$ vom Grad Zwei in $p=\infty$ einen Pol, so gilt

$$Z(p)=K\frac{p^2+a_1p+a_0}{p+b_0} \quad (a_0, a_1, b_0 \geqq 0, K>0). \tag{66}$$

Hieraus folgt die Darstellung

$$Z(p)=Kp+K\frac{(a_1-b_0)p+a_0}{p+b_0} \quad . \tag{67}$$

Wie man sieht, muß die Bedingung

$$a_1 \geqq b_0 \tag{68}$$

erfüllt sein, damit $Z(p)$ Gl. (66) Zweipolfunktion ist. Der Gl. (67) läßt sich direkt eine Realisierung von $Z(p)$ entnehmen, und zwar, falls $Z(p)$ als Impedanz betrachtet wird, in Form der Reihenanordnung einer Induktivität $L=K$ mit einem Zweipol ersten Grades. Soll $Z(p)$ als Admittanz verwirklicht werden, so erhält man nach Gl. (67) als Zweipol eine Parallelanordnung einer Kapazität mit einem Zweipol ersten Grades.

Hat die betrachtete Zweipolfunktion $Z(p)$ in $p=\mathrm{j}\omega_0$ $(0<\omega_0<\infty)$ und damit auch in $p=-\mathrm{j}\omega_0$ einen Pol, so gilt

$$Z(p)=K\frac{p^2+a_1p+a_0}{p^2+\omega_0^2} \quad (a_0,\ a_1,\ \omega_0>0), \tag{69}$$

wenn man eine Nullstelle in $p=\infty$ ausschließt. Der Entwicklungskoeffizient von $Z(p)$ im Pol $p=\mathrm{j}\omega_0$ lautet, wie aus Gl. (69) direkt zu erkennen ist, $K(a_0-\omega_0^2+a_1\omega_0\mathrm{j})/2\mathrm{j}\omega_0$. Diese Größe muß rein reell werden. Daher müssen die Koeffizienten der Zweipolfunktion $Z(p)$ Gl. (69) die Bedingung

$$a_0=\omega_0^2 \tag{70}$$

erfüllen. Es ergibt sich somit die Darstellung

$$Z(p)=K+\frac{a_1Kp}{p^2+\omega_0^2} \quad ,$$

aus der sich sofort eine Verwirklichung der Zweipolfunktion $Z(p)$ entnehmen läßt. Will man $Z(p)$ als Impedanz realisieren, so erhält man als Zweipol die Reihenanordnung eines Ohmwiderstands $(R=K)$ mit einem ungedämpften Parallelschwingkreis $(L=a_1K/\omega_0^2$ und $C=1/a_1K)$. Falls $Z(p)$ als eine Admittanz verwirklicht werden soll, ergibt sich als Zweipol die Parallelanordnung eines Ohmwiderstands mit einem ungedämpften Reihenschwingkreis. – Besitzt die Zweipolfunktion neben dem Polpaar $p=\pm\mathrm{j}\omega_0$ eine Nullstelle im Unendlichen, dann entfällt der Term p^2 im Zähler des Quotienten von Gl. (69). Außerdem muß dann $a_0=0$ werden. Damit ist $Z(p)$ offensichtlich eine Reaktanzzweipolfunktion.

Hat eine Zweipolfunktion zweiten Grades Nullstellen auf der imaginären Achse (einschließlich $p=\infty$), so kann die Funktion in gleicher Weise wie beim Auftreten von Polen durch Anwendung von Reaktanz- und Widerstandsreduktion verwirklicht werden. Dabei wird man von der Funktion $1/Z(p)$ ausgehen.

3.5.3. Allgemeine Zweipolfunktionen zweiten Grades

Bereits bei Zweipolfunktionen zweiten Grades kann es vorkommen, daß Reaktanz- und Widerstandsreduktionen allein eine Verwirklichung nicht ermöglichen. Hat man eine Funktion

$$Z(p) = K\frac{p^2 + a_1 p + a_0}{p^2 + b_1 p + b_0} \quad (a_0, a_1, b_0, b_1, K > 0), \tag{71}$$

so liegen alle Nullstellen und Pole von $Z(p)$ wegen der Positivität der Koeffizienten in der offenen linken Halbebene Re $p < 0$. Für $p = j\omega$ wird

$$Z(j\omega) = K\frac{a_0 - \omega^2 + j\omega a_1}{b_0 - \omega^2 + j\omega b_1}.$$

Die Realteilfunktion von $Z(j\omega)$ wird, wie man hieraus sieht, genau dann nicht negativ in $-\infty \leqq \omega \leqq \infty$, wenn die Ungleichung

$$(a_0 - \omega^2)(b_0 - \omega^2) + a_1 b_1 \omega^2 \geqq 0$$

oder

$$\omega^4 + (a_1 b_1 - a_0 - b_0)\omega^2 + a_0 b_0 \geqq 0 \tag{72}$$

für alle ω-Werte besteht. Die linke Seite dieser Ungleichung läßt sich als Funktion von ω^2 geometrisch durch eine Parabel deuten, die für alle ω-Werte (d. h. für alle nicht-negativen ω^2-Werte) keine negativen Ordinatenwerte haben darf. Deshalb muß gefordert werden, daß die Bedingung

$$4a_0 b_0 - (a_1 b_1 - a_0 - b_0)^2 \geqq 0 \text{ für } a_1 b_1 - a_0 - b_0 < 0$$

erfüllt wird. Im Fall $a_1 b_1 - a_0 - b_0 \geqq 0$ ist die Bedingung (72) zwangsläufig erfüllt. Obige Koeffizientenforderung läßt sich auch in der Form

$$a_1 b_1 - a_0 - b_0 \geqq -2\sqrt{a_0 b_0} \tag{73a}$$

oder

$$a_1 b_1 \geqq (\sqrt{a_0} - \sqrt{b_0})^2 \tag{73b}$$

ausdrücken. Wird eine der Ungleichungen (73a) und (73b) von den Koeffizienten der Funktion $Z(p)$ Gl. (71) befriedigt, so ist $Z(p)$ eine Zweipolfunktion (Satz 6). Aufgrund der früheren Untersuchungen [man beachte die Ungleichung (65) und Gl. (70)] ist zu erkennen, daß die Bedingung (73a, b) auch dann notwendig und hinreichend für die Positivität der Funktion $Z(p)$ ist, wenn nur $a_0, a_1, b_0, b_1 \geqq 0$ verlangt wird. Fehlt im Nenner von $Z(p)$ Gl. (71) der Term p^2, dann braucht nur die Ungleichung (68) erfüllt zu sein. Fehlt dagegen der Term p^2 im Zähler von $Z(p)$, so lautet die Bedingung $b_1 \geqq a_0$.

Gilt nun für positive Werte von a_0, a_1, b_0, b_1 in Ungleichung (73a) das Gleichheitszeichen, so stellt $Z(p)$ Gl. (71) eine Zweipolfunktion dar, auf die offensichtlich weder eine Reaktanz- noch eine Widerstandsreduktion angewendet werden kann. Eine derartige Zweipolfunktion, welche nach den bisher behandelten Methoden nicht realisierbar ist, liegt z.B. bei Wahl der Werte $K > 0$; $a_0 = 2$; $a_1 = 1$; $b_0 = 0{,}5$; $b_1 = 0{,}5$ vor.

Im nächsten Abschnitt wird ein erstes Verfahren beschrieben, das die Verwirklichung beliebiger Zweipolfunktionen erlaubt. Es geht auf O. Brune zurück, der mit diesem

Verfahren im Jahre 1931 als erster die Aufgabe der Verwirklichung allgemeiner Zweipolfunktionen gelöst hat [44].

3.6. DAS VERFAHREN VON O. BRUNE

Ist eine beliebige Zweipolfunktion zu realisieren, dann kann man, soweit dies möglich ist, durch sukzessive Reaktanzreduktionen (nach Abschnitt 3.4) eine teilweise Verwirklichung erzielen. Die Aufgabe besteht dann noch in der Realisierung einer Restzweipolfunktion, die weder Nullstellen noch Pole auf der imaginären Achse (einschließlich $p = \infty$) aufweist. Sodann wird das Minimum des Realteils der Restfunktion auf der imaginären Achse bestimmt. Mit diesem Realteilminimum führt man eine Widerstandsreduktion durch, der sich Reaktanzreduktionen anschließen, soweit dies möglich ist. In diesem Sinne fährt man fort, bis nur noch eine Restzweipolfunktion $Z(p)$ zu verwirklichen ist, auf die keine weitere Reduktion der bisher betrachteten Art angewendet werden kann. Ist $Z(p) \equiv 0$, dann liegt eine vollständige Realisierung der Ausgangsfunktion vor. Andernfalls muß $Z(p)$ mindestens vom Grad Zwei sein und die Eigenschaft haben, daß in einer von Null und Unendlich verschiedenen Stelle $\omega = \omega_0$ die Realteilfunktion Re $Z(j\omega)$ eine Nullstelle gerader Ordnung hat (Bild 52). Würde das Minimum des Realteils in $\omega = 0$ oder $\omega = \infty$ auftreten, so hätte dort $Z(p)$ zwangsläufig eine Nullstelle, und man könnte auf $Z(p)$ eine Reaktanzreduktion anwenden. Dies ist jedoch nach Voraussetzung nicht mehr möglich. Wegen der genannten Realteileigenschaft ist $Z(p)$ für $p = j\omega_0$ rein imaginär:

$$Z(j\omega_0) = jX. \tag{74}$$

Der Imaginärteil X darf voraussetzungsgemäß nicht verschwinden, da sonst $Z(p)$ in $p = j\omega_0$ eine Nullstelle hätte, und damit könnte man auf $Z(p)$ eine Reaktanzreduktion anwenden. Jedoch ist $X > 0$ oder $X < 0$ möglich.

Ein erster wichtiger Realisierungsschritt besteht darin, mit Hilfe der Größe

$$L_1 = \frac{X}{\omega_0} \tag{75}$$

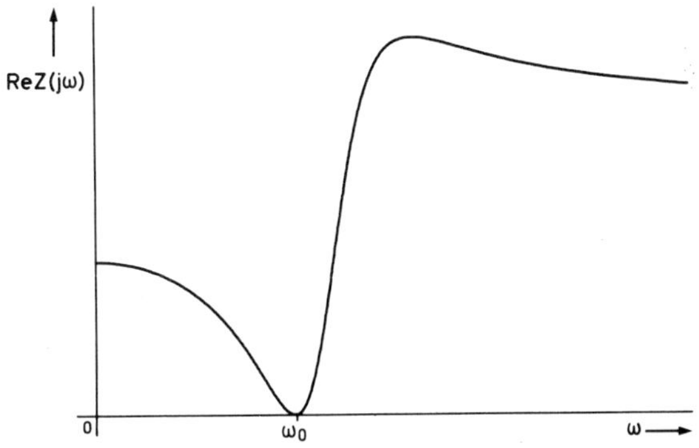

Bild 52: Verlauf der Realteilfunktion Re $Z(j\omega)$

die Funktion

$$Z_1(p) = Z(p) - L_1 p \tag{76}$$

zu bilden. Dies hat wegen Gl. (74) und Gl. (75) zur Folge, daß

$$Z_1(\mathrm{j}\omega_0) = 0$$

gilt. Da $Z_1(p)$ eine reelle und rationale Funktion ist, verschwindet die Funktion auch in $p = -\mathrm{j}\omega_0$. Im folgenden werden zwei Fälle unterschieden.

a) Der Fall $X < 0$

Wegen Gl. (75) ist $L_1 < 0$; die Funktion $Z_1(p)$ ist somit nach Gl. (76) eine Zweipolfunktion, und ihre Nullstellen in $p = \pm \mathrm{j}\omega_0$ müssen daher einfach sein und einen positiven Entwicklungskoeffizienten aufweisen. Damit kann man die Funktion

$$\frac{1}{Z_2(p)} = \frac{1}{Z_1(p)} - \frac{p/L_2}{p^2 + \omega_0^2} \tag{77}$$

bilden, indem man von der Zweipolfunktion $1/Z_1(p)$ die Partialbrüche mit den Polen $p = \pm \mathrm{j}\omega_0$ vollständig abspaltet (Reaktanzreduktion). Dabei ist $L_2 > 0$, und $1/Z_2(p)$ muß Zweipolfunktion sein.

Da die Funktion $1/Z_1(p)$ gemäß Gl. (76) im Punkt $p = \infty$ verschwindet, muß $1/Z_2(p)$ im Punkt $p = \infty$ Null werden, wie aus Gl. (77) zu ersehen ist. Gemäß den Gln. (76) und (77) gilt

$$\frac{1}{Z_2(p)} = -\frac{1}{L_1 p} \cdot \frac{1}{1 - \dfrac{Z(p)}{L_1 p}} - \frac{1}{L_2 p} \cdot \frac{1}{1 + \dfrac{\omega_0^2}{p^2}} .$$

Hieraus ergibt sich in der Umgebung des Punktes $p = \infty$ die Darstellung

$$\frac{1}{Z_2(p)} = -\frac{L_1 + L_2}{L_1 L_2} \cdot \frac{1}{p} + \frac{1}{p^2} P\left(\frac{1}{p}\right). \tag{78}$$

Dabei bedeutet $P(1/p)$ eine Potenzreihe in der Veränderlichen $1/p$. Da $1/Z_2(p)$ eine Zweipolfunktion ist, muß die Nullstelle dieser Funktion in $p = \infty$ einfach sein und einen positiven Entwicklungskoeffizienten $1/L_3 = -(L_1 + L_2)/(L_1 L_2)$ aufweisen. Schließlich bildet man durch Abspaltung des Pols von $Z_2(p)$ in $p = \infty$ die Zweipolfunktion

$$Z_3(p) = Z_2(p) - L_3 p \tag{79}$$

mit

$$L_3 = -\frac{L_1 L_2}{L_1 + L_2} . \tag{80}$$

b) Der Fall $X > 0$

Der Entwicklungsprozeß verläuft auch hier gemäß den Gln. (76), (77) und (79). Wegen $X > 0$ folgt jedoch aus Gl. (75) $L_1 > 0$. Die Funktion $Z_1(p)$ Gl. (76) besitzt daher in $p = \infty$ einen einfachen Pol mit negativem Entwicklungskoeffizienten und ist im Gegensatz zu Fall *a* keine Zweipolfunktion. Nach Satz 13 muß sie jedoch in $p = \pm \mathrm{j}\omega_0$

einfache Nullstellen mit einem positiven Entwicklungskoeffizienten haben. Aus diesem Grund ist auch hier die beim Abbau der Pole von $1/Z_1(p)$ in $p = \pm j\omega_0$ auftretende Größe L_2 positiv. Die in $p = \infty$ auftretende Nullstelle von $1/Z_2(p)$ muß wegen $L_1 > 0$ und $L_2 > 0$ gemäß Gl. (78) einfach sein und einen negativen Entwicklungskoeffizienten haben. Nun besitzt die Funktion $Z_1(p)$ Gl. (76) nach Satz 13, Fall 1 (Fall 2 scheidet aus wegen $Z(0) \neq 0$) im Innern der rechten p-Halbebene nur eine einfache reelle Nullstelle in einem Punkt $p = \sigma_0$ und auf der imaginären Achse nur einfache Nullstellen mit positiven Entwicklungskoeffizienten, sofern dort überhaupt Nullstellen auftreten. Für die Pole der Funktion $1/Z_2(p)$ gilt nach Gl. (77) das über die Nullstellen von $Z_1(p)$ Gesagte, abgesehen von den Punkten $p = \pm j\omega_0$, in denen $1/Z_2(p)$ keine Pole hat. Außerdem gilt $\text{Re}\,[1/Z_2(j\omega)] \geqq 0$ für alle ω-Werte, wie aus den Gln. (76) und (77) folgt. Mit Satz 11 läßt sich aus dem Vorausgegangenen schließen, daß die Funktion $1/Z_2(p)$ in der Halbebene $\text{Re}\, p > 0$ keine Nullstellen und auf der imaginären Achse $\text{Re}\, p = 0$, abgesehen von $p = \infty$, nur einfache Nullstellen mit positiven Entwicklungskoeffizienten hat, sofern dort überhaupt Nullstellen auftreten.

Baut man schließlich den Pol von $Z_2(p)$ in $p = \infty$ mit dem Entwicklungskoeffizienten $L_3 < 0$ ab, so erhält man die Zweipolfunktion $Z_3(p)$. Diese Funktion besitzt nämlich neben der Eigenschaft $\text{Re}\, Z_3(j\omega) \geqq 0$ $(-\infty \leqq \omega \leqq \infty)$ wegen der genannten Nullstelleneigenschaften von $1/Z_2(p)$ keine Pole in der Halbebene $\text{Re}\, p > 0$; außerdem sind alle auf der imaginären Achse $\text{Re}\, p = 0$ auftretenden Pole einfach und weisen positive Entwicklungskoeffizienten auf. Nach Satz 6 ist damit einzusehen, daß auch im Fall $L_1 > 0$ die Funktion $Z_3(p)$ Zweipolfunktion ist.

Die Gln. (76), (77) und (79) sind für die weiteren Überlegungen von besonderer Wichtigkeit. Zunächst erlauben sie die folgende Aussage über den Grad von $Z_3(p)$. Da gemäß Gl. (76) die Funktion $Z_1(p)$ genau einen Pol mehr als die Funktion $Z(p)$ hat, nämlich jenen in $p = \infty$, besitzt $Z_1(p)$ einen um Eins größeren Grad als $Z(p)$. Gemäß Gl. (77) hat $Z_2(p)$ einen um Zwei kleineren Grad als $Z_1(p)$. Schließlich ist aus Gl. (79) zu erkennen, daß die Funktion $Z_3(p)$ einen um Eins kleineren Grad als $Z_2(p)$ hat. Zusammenfassend kann man also sagen, daß der Grad der Restzweipolfunktion $Z_3(p)$ um Zwei kleiner ist als jener der Ausgangsfunktion $Z(p)$.

Den Gln. (76), (77) und (79) läßt sich weiterhin direkt eine Realisierung gemäß Bild 53 entnehmen. Dabei wurde angenommen, daß $Z(p)$ eine Impedanz ist. Wie aus den vorausgegangenen Überlegungen hervorgeht, ist $L_2 > 0$ und $C_2 = 1/(L_2\omega_0^2) > 0$. Falls $L_1 < 0$ gilt, ist $L_3 > 0$; für $L_1 > 0$ muß $L_3 < 0$ sein. Es ist also stets eine der Induktivitäten L_1 und L_3 negativ. Die dadurch entstehende Realisierungsschwierigkeit kann durch

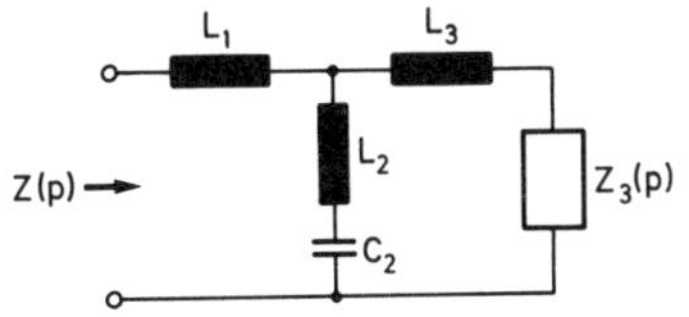

Bild 53: Realisierung der Zweipolfunktion $Z(p)$ als Impedanz aufgrund der Gln. (76), (77) und (79). Eine der Induktivitäten L_1 und L_3 ist negativ

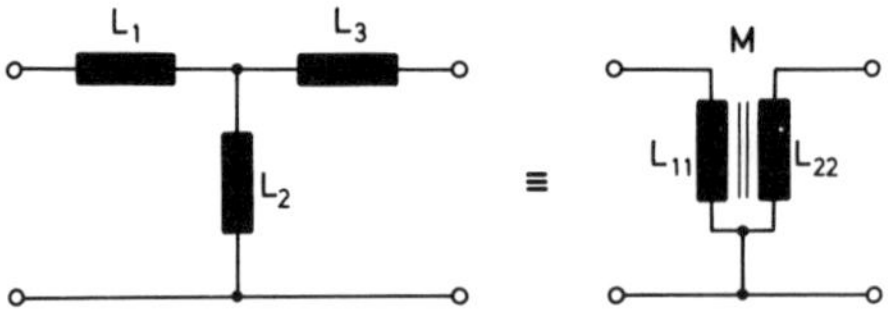

Bild 54: Umwandlung des Induktivitätssternes in einen Übertrager. Für die Gegeninduktivität gilt $M = L_2$

Einführung eines Übertragers beseitigt werden. Bekanntlich stellt der aus den Induktivitäten L_1, L_2, L_3 gebildete Stern mit der aus Gl. (80) folgenden Eigenschaft

$$L_1 L_2 + L_2 L_3 + L_3 L_1 = 0 \tag{81}$$

ein Ersatznetzwerk für einen festgekoppelten Übertrager mit den positiven Hauptinduktivitäten

$$L_{11} = L_1 + L_2 (= -L_1 L_2 / L_3 > 0); \; L_{22} = L_2 + L_3 (= -L_2 L_3 / L_1 > 0)$$

dar (Bild 54). Dadurch erhält man schließlich das realisierbare Netzwerk nach Bild 55.

Man beachte, daß der Grad der Restzweipolfunktion $Z_3(p)$ um Zwei kleiner ist als jener von $Z(p)$. Jetzt kann die Zweipolfunktion $Z_3(p)$ in gleicher Weise wie $Z(p)$ behandelt werden, wobei zunächst versucht wird, Reaktanz- und Widerstandsreduktionen auf $Z_3(p)$ anzuwenden. In dieser Weise fährt man fort, bis sich als Restzweipolfunktion eine (positive) Konstante ergibt, die durch einen Ohmwiderstand verwirklicht werden kann.

Das beschriebene Brune-Verfahren ermöglicht nicht nur die Realisierung beliebiger Zweipolfunktionen, es liefert auch einen Beweis dafür, daß jede rationale, reelle und positive Funktion, also jede Zweipolfunktion, als Impedanz oder Admittanz eines Zweipols verwirklicht werden kann, der aus Ohmwiderständen, Induktivitäten, Kapazitäten und Übertragern aufgebaut ist. Dieser Beweis wurde damit geführt.

Ist $Z(p)$ eine Admittanz, so erhält man statt des Netzwerks von Bild 53 das im Bild 56 dargestellte duale Netzwerk. Die Rechnung erfolgt genauso wie bei der Verwirklichung von $Z(p)$ als Impedanz. In den Gln. (75) bis (81) sind lediglich die Konstanten L_1, L_2, L_3, C_2 mit C_1, C_2, C_3 bzw. L_2 zu bezeichnen. Dabei bedeutet $Z_3(p)$ die Restadmittanz. Weiterhin ist $C_1 > 0$ und $C_3 < 0$ oder $C_1 < 0$ und $C_3 > 0$. Der Gl. (81) entsprechend besteht hier die Relation

$$C_1 C_2 + C_2 C_3 + C_3 C_1 = 0. \tag{82}$$

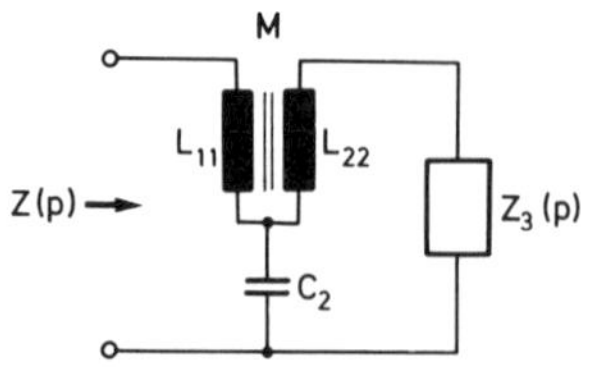

Bild 55: Ausführbare Form des Zweipols von Bild 53

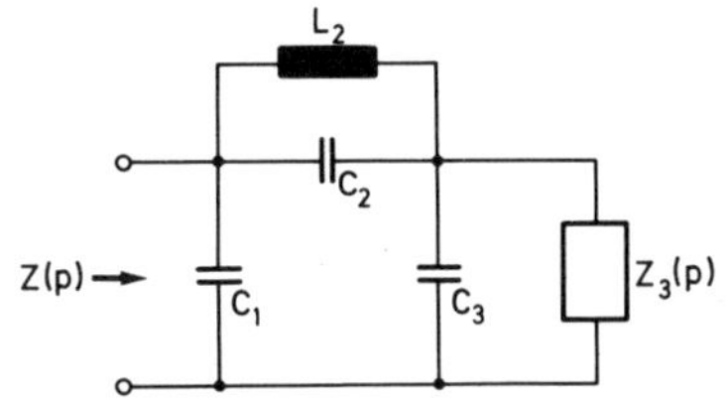

Bild 56: Realisierung der Zweipolfunktion $Z(p)$ als Admittanz entsprechend der Verwirklichung nach Bild 53. Eine der Kapazitäten C_1 und C_3 ist negativ

Zur Realisierung des aus den drei Kapazitäten C_1, C_2, C_3 und der Induktivität L_2 bestehenden Reaktanzzweitors aus Bild 56 wird dieses zunächst durch seine Admittanzmatrix dargestellt:

$$\boldsymbol{Y} = \begin{bmatrix} (C_1 + C_2)p + \dfrac{1}{L_2 p} & -(C_2 p + \dfrac{1}{L_2 p}) \\ -(C_2 p + \dfrac{1}{L_2 p}) & (C_2 + C_3)p + \dfrac{1}{L_2 p} \end{bmatrix}. \tag{83}$$

Diese Matrix läßt sich unmittelbar dem Netzwerk entnehmen. Sie hat die Determinante $|\boldsymbol{Y}| = (C_1 + C_3)/L_2$, wie man durch direkte Ausrechnung bei Beachtung der Gl. (82) feststellen kann. Damit erhält man durch Bildung der Kehrmatrix von $\boldsymbol{Y}$ Gl. (83) die Impedanzmatrix

$$\boldsymbol{Z} = \begin{bmatrix} \dfrac{C_2 + C_3}{C_1 + C_3} L_2 p + \dfrac{1}{(C_1 + C_3)p} & \dfrac{C_2}{C_1 + C_3} L_2 p + \dfrac{1}{(C_1 + C_3)p} \\ \dfrac{C_2}{C_1 + C_3} L_2 p + \dfrac{1}{(C_1 + C_3)p} & \dfrac{C_1 + C_2}{C_1 + C_3} L_2 p + \dfrac{1}{(C_1 + C_3)p} \end{bmatrix}.$$

Mit Hilfe dieser Matrix ergibt sich sofort die im Bild 57 dargestellte Äquivalenz. Dabei bestehen die Relationen

$$L_1' = \frac{C_3}{C_1 + C_3} L_2,$$

$$L_2' = \frac{C_2}{C_1 + C_3} L_2, \; C_2' = C_1 + C_3,$$

$$L_3' = \frac{C_1}{C_1 + C_3} L_2.$$

Weiterhin gilt $L_1' L_2' + L_2' L_3' + L_3' L_1' = 0$, was man leicht durch Einsetzen der obigen Formeln für die L_μ' ($\mu = 1, 2, 3$) in die linke Seite dieser Gleichung bestätigt, wenn man noch Gl. (82) berücksichtigt.

Ersetzt man jetzt im Bild 56 das Reaktanzzweitor durch das T-Netzwerk gemäß Bild 57, so erhält man ein Netzwerk der Art nach Bild 53, welches in einer realisierbaren

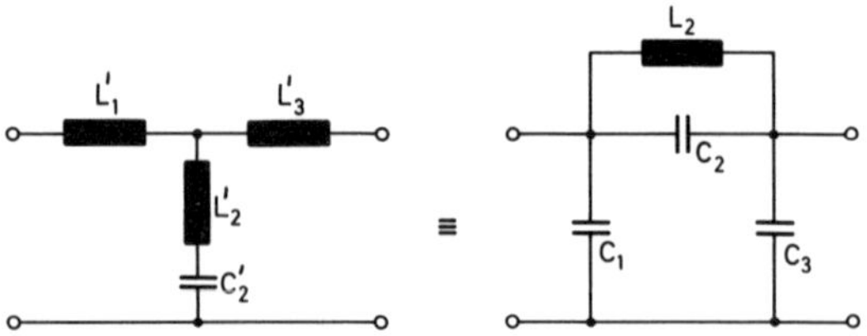

Bild 57: Äquivalenz zweier Zweitore

Form im Bild 55 dargestellt ist. Man kann sich den Umweg über das Netzwerk im Bild 56 sparen, wenn man statt $Z(p)$ die Zweipolfunktion $1/Z(p)$ als Impedanz direkt in Form von Bild 53 entwickelt. – Beweistechnisch ist interessant, daß man im Falle $X>0$ [man vergleiche die Gl. (74)] statt $Z(p)$ die reziproke Zweipolfunktion $1/Z(p)$ entwickeln kann, so daß mit $1/Z(\mathrm{j}\omega_0)=\mathrm{j}X'$ nun $X'<0$ wird. Diese Maßnahme vereinfacht den Beweis für die Positivität der Restfunktion.

Zählt man den festgekoppelten Übertrager als *einen* Energiespeicher, dann erfordert die beim Brune-Verfahren entstehende Gradreduktion der Zweipolfunktion um Zwei genau zwei Energiespeicher. Die durch das Brune-Verfahren entstehenden Netzwerke enthalten also die Minimalzahl an Energiespeichern. Die Brune-Netzwerke sind daher hinsichtlich der Zahl der Energiespeicher kanonisch.

Zur Veranschaulichung des Brune-Verfahrens soll die am Ende des letzten Abschnitts genannte Zweipolfunktion zweiten Grades

$$Z(p)=\frac{p^2+p+2}{p^2+0,5p+0,5} \tag{84}$$

als Impedanz verwirklicht werden. Die Ungleichung (72) ist eine Bedingung für die Positivität des Realteils von $Z(\mathrm{j}\omega)$ im betrachteten Fall. Sie lautet

$$\omega^4-2\omega^2+1\geqq 0.$$

Wie man sieht, gilt hier das Gleichheitszeichen für $\omega=1$. Deshalb verschwindet der Realteil von $Z(\mathrm{j}\omega)$ für $\omega=\omega_0=1$. Man erhält aus Gl. (84)

$$Z(\mathrm{j})=-2\mathrm{j}.$$

Mit $X=-2$ ergibt sich nach Gl. (75)

$$L_1=-2$$

und nach Gl. (76)

$$Z_1(p)=\frac{p^2+p+2}{p^2+0,5p+0,5}+2p=\frac{2(p^2+1)(p+1)}{p^2+0,5p+0,5}.$$

Entsprechend der Gl. (77) läßt sich mit

$$L_2=4$$

die Funktion

$$\frac{1}{Z_2(p)}=\frac{p^2+0,5p+0,5}{2(p^2+1)(p+1)}-\frac{p/4}{p^2+1}=\frac{1}{4(p+1)}$$

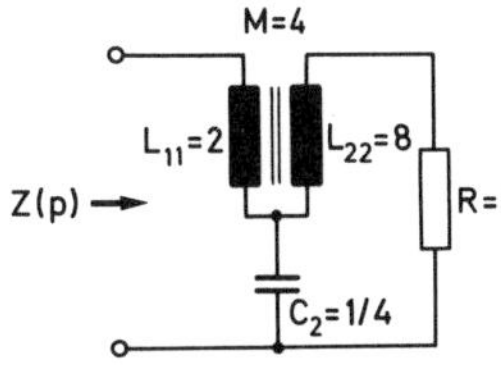

Bild 58: Realisierung der Zweipolfunktion $Z(p)$ Gl. (84) als Impedanz

bilden. Schließlich entsteht gemäß Gl. (79) mit

$$L_3 = 4$$

die konstante Restfunktion

$$Z_3(p) = 4(p + 1) - 4p = 4.$$

Die Bedingung (81), welche man als Rechenkontrolle verwenden kann, ist im vorliegenden Fall erfüllt. Mit den gewonnenen Zahlenwerten erhält man entsprechend den vorausgegangenen allgemeinen Überlegungen den Zweipol nach Bild 58 als Realisierung der Impedanz $Z(p)$ Gl. (84). Die Kapazität $C_2 = 1/4$ folgt aus $C_2 = 1/(\omega_0^2 L_2)$.

3.7. ERWEITERUNGEN DES BRUNE-VERFAHRENS

3.7.1. Die Entwicklungsstellen

Das im letzten Abschnitt beschriebene Brune-Verfahren zur Verwirklichung von Zweipolfunktionen durch Netzwerke mit der minimalen Zahl von Energiespeichern läßt sich erweitern. Dadurch entstehen zusätzliche äquivalente Netzwerke. Diese Erweiterungen des Brune-Verfahrens sollen im folgenden behandelt werden.

Es sei $Z_0(p)$ eine beliebige Zweipolfunktion, die jedoch in $p=0$ und in $p=\infty$ keine Pole habe. Zunächst in diesen Punkten vorhandene Pole können in bekannter Weise abgebaut und durch Reaktanzen realisiert werden. Die Zweipolfunktion $Z_0(p)$ wird als Summe aus ihrem geraden und ungeraden Teil dargestellt:

$$Z_0(p) = G_0(p) + U_0(p). \tag{85}$$

Dabei gilt

$$G_0(p) = \frac{1}{2}\left[Z_0(p) + Z_0(-p)\right] \tag{86a}$$

und

$$U_0(p) = \frac{1}{2}\left[Z_0(p) - Z_0(-p)\right]. \tag{86b}$$

Die Gültigkeit der Gl. (85) ist mit Hilfe der Gln. (86a, b) zu ersehen. Da für $p = j\omega$ der Wert $-p$ konjugiert komplex zu p ist, stimmt $G_0(j\omega)$ mit dem Realteil und $U_0(j\omega)/j$

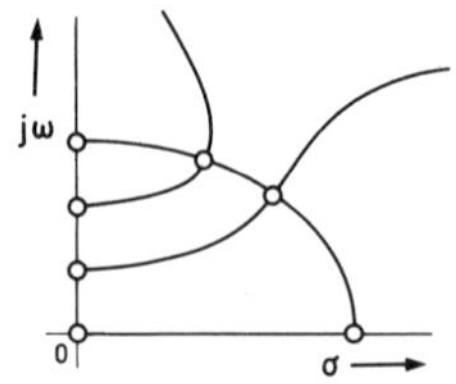

Bild 59: Kurven G_ν im ersten Quadranten. Die kleinen Kreise bedeuten stationäre Stellen

mit dem Imaginärteil von $Z_0(\mathrm{j}\omega)$ überein. Dies geht aus den Gln. (86a, b) unmittelbar hervor.

Zunächst wird der gerade Teil $G_0(p)$ näher betrachtet. Dabei soll vorausgesetzt werden, daß $G_0(p)$ keine Konstante bedeutet. Falls nämlich $G_0(p) \equiv \text{const}$ ist, muß $Z_0(p) - G_0(p) = U_0(p)$ gemäß Satz 6 eine Zweipolfunktion sein, deren Realteil für $p = \mathrm{j}\omega$ identisch verschwindet; dann ist $U_0(p)$ eine Reaktanzzweipolfunktion, und $Z_0(p)$ läßt sich durch einen Ohmwiderstand und einen Reaktanzzweipol nach Abschnitt 3.1 verwirklichen.

Die Funktion $G_0(p)$ vermittelt eine im allgemeinen nicht-schlichte Abbildung der p-Ebene auf die (komplexe) G_0-Ebene. Aus Symmetriegründen kann man sich beim Studium dieser Abbildung auf den abgeschlossenen ersten Quadranten der p-Ebene beschränken. Von besonderer Bedeutung für das folgende Verfahren sind diejenigen Kurven G_ν im abgeschlossenen ersten Quadranten der p-Ebene, die durch $G_0(p)$ auf die reelle Achse der G_0-Ebene abgebildet werden, längs denen also $G_0(p)$ *reell* ist. Die Kurven G_ν sind somit auch Träger der Nullstellen und Pole von $G_0(p)$ im ersten Quadranten. Zu den Kurven G_ν gehören die positiv reelle und die positiv imaginäre Achse einschließlich $p = 0$. Außer diesen Achsen gibt es im allgemeinen noch weitere Kurven G_ν, die im Innern des ersten Quadranten verlaufen (Bild 59). Auf den Kurven G_ν werden die *stationären Stellen* p_ν von $G_0(p)$ gesucht, das sind alle Stellen, in denen $\mathrm{d}G_0(p)/\mathrm{d}p = 0$ gilt. Wie eine nähere Untersuchung zeigt, müssen sich in jedem dieser Punkte p_ν mindestens zwei der Kurven G_ν schneiden, und zwar notwendig orthogonal, falls $\mathrm{d}^2G_0(p)/\mathrm{d}p^2$ im Schnittpunkt nicht verschwindet[7]). Stationäre Stellen sind damit stets die Punkte $p = 0$ und $p = \infty$. Im Bild 59 ist der Verlauf möglicher Kurven G_ν und die Entstehung von stationären Stellen p_ν veranschaulicht.

Von den Punkten p_ν interessieren im weiteren nur noch solche, welche die folgende Ungleichung erfüllen:

$$0 \leqq G_0(p_\nu) \leqq \operatorname{Min} G_0(\mathrm{j}\omega) \qquad (0 \leqq \omega \leqq \infty). \tag{87}$$

Es werden also nur noch die stationären Stellen p_ν berücksichtigt, in denen der Funktionswert

$$R_\nu = G_0(p_\nu)$$

[7]) Gilt $\mathrm{d}^2 G_0(p)/\mathrm{d}p^2 \neq 0$ in einer stationären Stelle $p = p_\nu$, so erhält man für geringe Abweichungen der Variablen p von p_ν in erster Näherung die Beziehung $\Delta G_0 = a_2(\Delta p)^2$. Dabei bedeuten $\Delta G_0 = G_0(p) - G_0(p_\nu)$, $\Delta p = p - p_\nu$ und a_2 eine Konstante. Hieraus folgt $\Delta p = \sqrt{\Delta G_0/a_2}$. Durchläuft ΔG_0 rein reelle Werte, dann beschreibt $p_\nu + \Delta p$ zwei zueinander orthogonale Geraden, welche die Tangenten an die zwei Kurven G_ν im Schnittpunkt p_ν sind.

nicht negativ ist und das Minimum von $G_0(j\omega) = \text{Re}\, Z_0(j\omega)$ für $0 \leqq \omega \leqq \infty$ nicht übersteigt. Auf der imaginären Achse befindet sich stets eine derartige Stelle, nämlich dort, wo der Realteil von $Z_0(j\omega)$ sein absolutes Minimum erreicht. Jedes im Sinne der Ungleichung (87) zulässige p_ν wird als *Entwicklungsstelle* der gegebenen Zweipolfunktion bezeichnet. Für jede Entwicklungsstelle erhält man eine Entwicklungsmöglichkeit für $Z_0(p)$ und schließlich ein kanonisches Netzwerk, das diese Zweipolfunktion verwirklicht, sofern nach jedem Entwicklungsschritt auf die dem Grade nach kleinere Restzweipolfunktion das gleiche Verfahren wie auf $Z_0(p)$ angewendet und dieses Vorgehen solange wiederholt wird, bis die Restzweipolfunktion schließlich den Grad Null hat, also konstant ist.

Hat man sich für eine Entwicklungsstelle p_ν entschieden, dann ist zunächst die Funktion

$$Z(p) = Z_0(p) - R_\nu \tag{88}$$

zu bilden. Sie stellt nach Satz 6 eine Zweipolfunktion dar, weil $Z(p)$ die gleichen Pole einschließlich der zugehörigen Hauptteile wie $Z_0(p)$ hat und weil $\text{Re}\, Z(j\omega) = \text{Re}\, Z_0(j\omega) - R_\nu \geqq 0$ wegen der Bedingung (87) gilt. Der gerade Teil der Zweipolfunktion $Z(p)$ ist $G_0(p) - R_\nu$. Er besitzt in p_ν, $-p_\nu$ und, sofern p_ν im Innern des ersten Quadranten liegt, auch in p_ν^* und $-p_\nu^*$ Nullstellen von mindestens *zweiter* Ordnung. Nach Gl. (88) genügt es im weiteren, die Zweipolfunktion $Z(p)$ zu realisieren. Der Zweipolfunktion $Z_0(p)$ entspricht nämlich nach Gl. (88) die Reihen- bzw. Parallelschaltung aus dem Ohmwiderstand R_ν bzw. $1/R_\nu$ und einem Zweipol, der $Z(p)$ realisiert. Entscheidend ist nun die Lage der gewählten Entwicklungsstelle p_ν im ersten Quadranten der p-Ebene. Je nachdem, ob p_ν auf dem Rand oder im Innern des ersten Quadranten liegt, ergeben sich verschiedene Entwicklungen von $Z(p)$.

3.7.2. Entwicklungsstelle auf dem Rand des ersten Quadranten

Die gewählte Entwicklungsstelle p_ν befinde sich auf der positiv reellen oder der positiv imaginären Achse einschließlich $p = 0, \infty$. Ist p_ν ein Pol oder eine Nullstelle von $Z(p)$, so muß die Entwicklungsstelle p_ν notwendig auf der imaginären Achse liegen. Dann soll der erste Entwicklungsschritt des Verfahrens nach Abspaltung eines Partialbruchs von $Z(p)$ bzw. $1/Z(p)$ in p_ν und, sofern $p_\nu \neq 0, \infty$ gilt, in $-p_\nu$ beendet sein. Dieser Fall liegt sicher immer dann vor, wenn $p_\nu = 0$ oder $p_\nu = \infty$ ist. Im folgenden wird $Z(p_\nu) \neq 0, \infty$ angenommen.

Die Entwicklung von $Z(p)$ wird jetzt wie im Abschnitt 3.6 durchgeführt. Dabei übernimmt p_ν die Rolle von $j\omega_0$. Bei imaginärer Entwicklungsstelle p_ν ergibt sich der im Abschnitt 3.6 behandelte Fall. Die in Gl. (76) auftretende Größe L_1 ist jetzt allgemein gegeben durch

$$L_1 = \frac{Z(p_\nu)}{p_\nu} . \tag{89a}$$

Hieraus ist zu erkennen, daß im Fall $p_\nu = \sigma_\nu > 0$ die Konstante L_1 stets positiv sein muß. Der Grad von $Z(p)$ ist mindestens Zwei, da der gerade Teil $G_0(p) - R_\nu$ dieser Funktion wegen der zwei in $\pm p_\nu$ gelegenen, mindestens doppelten Nullstellen wenigstens den Grad Vier hat.

Die Funktion

$$Z_1(p) = Z(p) - L_1 p \tag{89b}$$

ist reell und rational, jedoch für $L_1 > 0$ nicht positiv. Da der gerade Teil von $Z_1(p)$ in $p = \pm p_\nu$ verschwindet und auch der ungerade Teil wegen der Wahl von L_1 gemäß Gl. (89a) dort Null ist, gilt $Z_1(p_\nu) = Z_1(-p_\nu) = 0$. Man kann über die Funktion $Z_1(p)$ die folgenden Aussagen machen.

(A1) Es gilt Re $Z_1(j\omega) \geqq 0$ für alle ω-Werte, da der Realteil von $Z_1(p)$ mit jenem der Zweipolfunktion $Z(p)$ für $p = j\omega$ übereinstimmt.

(A2) Die Funktion $Z_1(p)$ hat in $p = \infty$ einen einfachen Pol mit dem Entwicklungskoeffizienten $-L_1 \gtrless 0$. In der offenen Halbebene Re $p > 0$ besitzt $Z_1(p)$ keine Pole, auf der imaginären Achse sind außer dem bereits genannten Pol in $p = \infty$ alle Pole von $Z_1(p)$ einfach und weisen positive Entwicklungskoeffizienten auf.

(A3) Für die Nullstellen von $Z_1(p)$ gelten im Fall $L_1 < 0$ die für Zweipolfunktionen bestehenden Einschränkungen. Falls $L_1 > 0$ ist, kann der Satz 13 herangezogen werden. Es ergeben sich zwei Fälle.
Fall 1. Es existiert ein endlicher Punkt auf der positiv reellen Achse, der eine einfache Nullstelle von $Z_1(p)$ mit negativem Entwicklungskoeffizienten ist. Darüber hinaus hat $Z_1(p)$ in der offenen rechten Halbebene keine Nullstellen. Alle Nullstellen auf der imaginären Achse müssen einfach sein und positive Entwicklungskoeffizienten aufweisen.
Fall 2. Der Punkt $p = 0$ ist eine doppelte Nullstelle von $Z_1(p)$, oder er ist eine einfache bzw. dreifache Nullstelle von $Z_1(p)$ mit jeweils negativem Entwicklungskoeffizienten. Falls $Z_1(p)$ weitere Nullstellen in der abgeschlossenen rechten Halbebene hat, müssen diese auf der imaginären Achse liegen, einfach sein und positive Entwicklungskoeffizienten aufweisen.
Wegen der Gln. (89a, b) befindet sich p_ν unter den genannten Nullstellen, und zwar entweder $p_\nu = j\omega_\nu$ mit positivem Entwicklungskoeffizienten oder $p_\nu = \sigma_\nu$ mit negativem Entwicklungskoeffizienten (ω_ν, $\sigma_\nu > 0$).

(A4) Nach Gl. (89b) und Aussage (A3) ist $p = p_\nu$ eine einfache Nullstelle. Da der gerade Teil der Funktion $Z_1(p)$ für $p = \pm p_\nu$ eine mindestens doppelte Nullstelle hat, muß die Darstellung

$$Z_1(p) = (p^2 - p_\nu^2)[(p^2 - p_\nu^2)g(p) + u(p)]$$

mit $u(p_\nu) \neq 0$ bestehen. Dabei ist $g(p)$ eine gerade und $u(p)$ eine ungerade Funktion.

Aufgrund der Eigenschaften der Funktion $Z_1(p)$ gemäß (A1) bis (A4) lassen sich jetzt für die rationale, reelle Funktion $1/Z_1(p)$ die folgenden Aussagen machen:

(B1) Es gilt $\mathrm{Re}[1/Z_1(j\omega)] \geqq 0$ für alle ω-Werte, für welche $1/Z_1(j\omega)$ endlich ist.

(B2) Die Aussage (A2) über die Pole von $Z_1(p)$ in der Halbebene $\mathrm{Re}\, p \geqq 0$ geht direkt in eine entsprechende Aussage über die Nullstellen von $1/Z_1(p)$ über.

(B3) Die Aussage (A3) über die Nullstellen von $Z_1(p)$ liefert eine entsprechende Aussage über die Pole von $1/Z_1(p)$ in $\mathrm{Re}\, p \geqq 0$.

(B4) Aufgrund der Aussagen (A4) und (B3) erhält man als Entwicklungskoeffizienten von $1/Z_1(p)$ in den Polen p_ν und $-p_\nu$

$$\lim_{p \to p_\nu} \left[\frac{p-p_\nu}{Z_1(p)}\right] = \frac{1}{2p_\nu u(p_\nu)}$$

bzw.

$$\lim_{p \to -p_\nu} \left[\frac{p+p_\nu}{Z_1(p)}\right] = \frac{1}{-2p_\nu u(-p_\nu)} \quad ,$$

d.h. einen gemeinsamen reellen Wert, der mit $1/(2L_2)$ bezeichnet werden soll. Nach der Aussage (B3) ist $L_2 > 0$ für $p_\nu = j\omega_\nu$ und $L_2 < 0$ für $p_\nu = \sigma_\nu$.

Die Funktion

$$\frac{1}{Z_2(p)} = \frac{1}{Z_1(p)} - \frac{p/L_2}{p^2 - p_\nu^2}$$

ist rational und reell; sie besitzt die folgenden Eigenschaften.

(C1) Es gilt $\mathrm{Re}\,[1/Z_2(j\omega)] \geqq 0$ für alle ω-Werte, für die $1/Z_2(j\omega)$ endlich ist.

(C2) Über die Pole von $1/Z_2(p)$ läßt sich aufgrund der Aussage (B3) folgendes feststellen. Im Fall $L_1 < 0$ ist $1/Z_1(p)$ und damit auch $1/Z_2(p)$ Zweipolfunktion. Dadurch sind die zulässige Lage und die Eigenschaften der Pole bekannt.
Im Fall $L_1 > 0$ und $p_\nu = \sigma_\nu$ ist $1/Z_2(p)$ für $\mathrm{Re}\, p > 0$ polfrei, und alle Pole auf der imaginären Achse einschließlich $p = 0$ sind nach Aussage (B3) einfach und weisen positive Entwicklungskoeffizienten auf. Deshalb muß diese Funktion wegen Aussage (C1) und Satz 6 ebenfalls Zweipolfunktion sein.
Falls $L_1 > 0$ und $p_\nu = j\omega_\nu$ gilt, sind alle Pole auf der positiv imaginären Achse einfach und weisen positive Entwicklungskoeffizienten auf. Im weiteren muß man zwei Fälle unterscheiden.

Fall 1: In Re $p>0$ befindet sich ein einziger Pol der Funktion $1/Z_2(p)$. Dieser ist einfach und weist einen negativen Entwicklungskoeffizienten auf. Dann hat die Funktion $1/Z_2(p)$ im Punkt $p=0$ höchstens einen einfachen Pol mit positivem Entwicklungskoeffizienten.

Fall 2: In Re $p>0$ ist $1/Z_2(p)$ polfrei. Dann ist der Punkt $p=0$ entweder ein doppelter Pol von $1/Z_2(p)$ oder ein einfacher bzw. dreifacher Pol von $1/Z_2(p)$ mit negativem Entwicklungskoeffizienten.

(C3) In $p=\infty$ befindet sich eine einfache Nullstelle von $1/Z_2(p)$ mit dem Entwicklungskoeffizienten

$$\frac{1}{L_3}=-\frac{1}{L_1}-\frac{1}{L_2}=-\frac{L_1+L_2}{L_1L_2}\,.$$

Nach Aussage (C2) ist $1/Z_2(p)$ für $L_1<0$ bzw. für $L_1>0$ und $p_\nu=\sigma_\nu$ eine Zweipolfunktion; in diesen beiden Fällen sind also die Eigenschaften der Nullstellen von $1/Z_2(p)$ in Re $p\geqq 0$ bekannt.

Im Fall $L_1>0, p_\nu=\mathrm{j}\omega_\nu$ ist $1/L_3<0$; es kann Satz 11 herangezogen werden, der mit der Aussage (C2) zu dem folgenden Ergebnis führt: Die Funktion $1/Z_2(p)$ hat im Innern der rechten Halbebene keine Nullstellen. Falls $1/Z_2(p)$ außer in $p=\infty$ weitere Nullstellen auf der imaginären Achse hat, müssen diese einfach sein und positive Entwicklungskoeffizienten aufweisen.

Die rationale, reelle Funktion $Z_2(p)$ besitzt die folgenden Eigenschaften.

(D1) Es gilt Re $Z_2(\mathrm{j}\omega)\geqq 0$ für alle ω-Werte, für die $Z_2(\mathrm{j}\omega)$ endlich ist.

(D2) Nach Aussage (C3) hat $Z_2(p)$ in der offenen Halbebene Re $p>0$ keine Pole. Falls sich auf der imaginären Achse, abgesehen von $p=\infty$, Pole von $Z_2(p)$ befinden, müssen sie einfach sein und positive Entwicklungskoeffizienten aufweisen. Der Punkt $p=\infty$ ist einfacher Pol von $Z_2(p)$ mit dem Entwicklungskoeffizienten $L_3\gtrless 0$.

Die Restfunktion

$$Z_3(p)=Z_2(p)-L_3p$$

ist eine Zweipolfunktion, da für alle ω-Werte, für die $Z_3(\mathrm{j}\omega)$ endlich ist, die Relation Re $Z_3(\mathrm{j}\omega)\geqq 0$ gilt, $Z_3(p)$ nach Aussage (D2) in Re $p>0$ frei von Polen ist und auf der imaginären Achse nur einfache Pole mit positiven Entwicklungskoeffizienten aufweist, sofern überhaupt Pole von $Z_3(p)$ auftreten.

Die Aussage (C3) enthält eine Bindung zwischen den Konstanten L_1, L_2, L_3 in Form der Gl. (81). Man kann zwischen drei wesentlichen Fällen unterscheiden:

$p_\nu=\mathrm{j}\omega_\nu,\ L_1>0,\ L_2>0,\ L_3<0,$
$p_\nu=\mathrm{j}\omega_\nu,\ L_1<0,\ L_2>0,\ L_3>0,$
$p_\nu=\sigma_\nu,\ L_1>0,\ L_2<0,\ L_3>0.$

Die Realisierung erfolgt nun gemäß Bild 53 bzw. Bild 56, je nachdem ob $Z(p)$ als Impedanz oder als Admittanz verwirklicht werden soll. Die hierbei auftretende Größe $C = -1/p_v^2 L_2$ ist stets positiv. Die vorkommenden negativen Elemente lassen sich wie im Abschnitt 3.6 durch Einführung eines festgekoppelten Übertragers beseitigen. Der Grad der Restzweipolfunktion $Z_3(p)$ ist auch hier um Zwei kleiner als der von $Z(p)$. Dies kann man wie im Abschnitt 3.6 zeigen. Die gewonnene Verwirklichung darf damit als kanonisch bezeichnet werden, da die erzielte Gradabnahme mit der Zahl der zur Verwirklichung erforderlichen Energiespeicher (Reaktanzen) identisch ist.

Bereits BRUNE hat das im Abschnitt 3.6 beschriebene Verfahren auf die Einbeziehung von reellen Entwicklungsstellen erweitert. Im folgenden wird gezeigt, wie auch Entwicklungsstellen im Innern des ersten Quadranten zur Verwirklichung von $Z(p)$ herangezogen werden können. Dabei ergeben sich gegenüber den bisherigen Realisierungen neuartige Netzwerke [104].

3.7.3. Entwicklungsstelle im Innern des ersten Quadranten

Für die Entwicklungsstelle soll jetzt

$$p_v = \rho e^{j\varphi} (\rho > 0, 0 < \varphi < \frac{\pi}{2})$$

gelten. Da $Z(p)$ eine Zweipolfunktion ist, verschwindet diese Funktion in $p = p_v$ nicht. Mit Hilfe reeller Konstanten L_1 und C_1 läßt sich nach Bild 60 die Darstellung

$$Z(p_v) = L_1 p_v + \frac{1}{C_1 p_v} \tag{90}$$

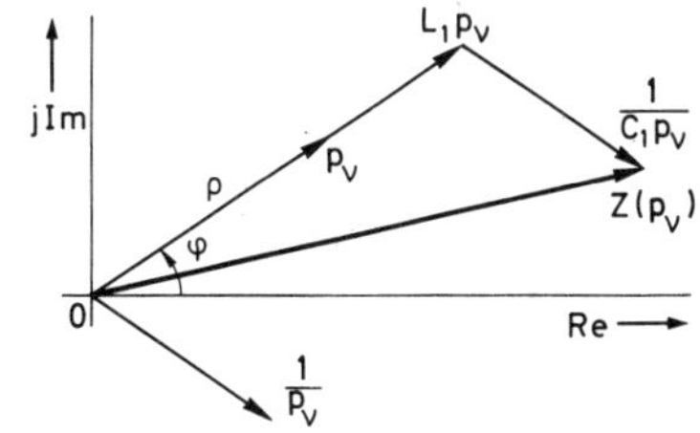

Bild 60: Geometrische Veranschaulichung der Größe $Z(p_v)$ gemäß Gl. (90) mit positiven Werten L_1 und C_1

angeben. Da nach Satz 12 $|\arg Z(p_v)| < \varphi = \arg p_v$ ist, müssen die Konstanten L_1 und C_1 notwendig positiv sein. Unter Verwendung dieser Konstanten, die bei bekanntem p_v aus $Z(p)$ gemäß Gl. (90) leicht bestimmt werden können, wird die Funktion

$$Z_1(p) = Z(p) - L_1 p - \frac{1}{C_1 p} \tag{91}$$

gebildet. Sie ist reell und rational, jedoch nicht positiv. Im einzelnen hat $Z_1(p)$ die folgenden Eigenschaften.

(A1) Es gilt $\operatorname{Re} Z_1(j\omega) \equiv \operatorname{Re} Z(j\omega) \geqq 0$ für alle ω-Werte, für die $Z_1(j\omega)$ endlich ist.

(A2) Die Funktion $Z_1(p)$ hat in $p=0$ und $p=\infty$ einfache Pole mit den negativen Entwicklungskoeffizienten $-1/C_1$ bzw. $-L_1$. Falls sich neben diesen Polen noch weitere Polstellen von $Z_1(p)$ auf der imaginären Achse befinden, müssen sie gemäß Gl. (91) einfach sein und positive Entwicklungskoeffizienten aufweisen. Im Innern der rechten Halbebene liegen keine Pole von $Z_1(p)$.

(A3) Wegen der Gln. (90) und (91) sowie Satz 10 hat $Z_1(p)$ im Innern der rechten Halbebene nur Nullstellen in $p=p_\nu$ und $p=p_\nu^*$. Die Ordnung dieser Nullstellen ist Eins. Alle Nullstellen auf der imaginären Achse sind einfach und weisen positive Entwicklungskoeffizienten auf. In der linken Halbebene Re $p<0$ sind jedenfalls $p=-p_\nu$ und $p=-p_\nu^*$ Nullstellen von $Z_1(p)$.

(A4) Nach Gl. (91) ist der gerade Teil der Funktion $Z_1(p)$ identisch mit dem der Funktion $Z(p)$. Bereits früher wurde festgestellt, daß der gerade Teil von $Z(p)$ in p_ν, $-p_\nu$, p_ν^*, $-p_\nu^*$ Nullstellen von mindestens zweiter Ordnung hat. Damit hat auch der gerade Teil von $Z_1(p)$ dort Nullstellen derselben Ordnung wie der gerade Teil von $Z(p)$, und es gilt die Darstellung

$$Z_1(p)=(p^2-p_\nu^2)(p^2-p_\nu^{*2})\,[(p^2-p_\nu^2)(p^2-p_\nu^{*2})\,g(p)+u(p)].$$

Dabei bedeutet $g(p)$ eine gerade Funktion und $u(p)$ eine ungerade Funktion, die wegen der Aussage (A3) in $p=p_\nu$ und $p=p_\nu^*$ nicht verschwindet.

Nun wird die reziproke Funktion $1/Z_1(p)$ betrachtet. Sie hat entsprechend den Aussagen (A1) bis (A4) die folgenden Eigenschaften.

(B1) Es gilt Re $[1/Z_1(\mathrm{j}\omega)]\geqq 0$ für alle ω-Werte, für welche $1/Z_1(\mathrm{j}\omega)$ endlich ist.

(B2) Die Funktion $1/Z_1(p)$ hat einfache Nullstellen in $p=0$ und in $p=\infty$ mit den negativen Entwicklungskoeffizienten $-C_1$ bzw. $-1/L_1$. Sofern sich in Re $p\geqq 0$ neben diesen beiden Nullstellen von $1/Z_1(p)$ noch weitere befinden, müssen sie auf der imaginären Achse liegen, einfach sein und positive Entwicklungskoeffizienten aufweisen.

(B3) Alle Pole der Funktion $1/Z_1(p)$ auf der imaginären Achse sind einfach und weisen positive Entwicklungskoeffizienten auf. Im Innern der rechten Halbebene treten nur einfache Pole von $1/Z_1(p)$ auf, die in den Punkten $p=p_\nu$ und $p=p_\nu^*$ liegen. Auch in den Punkten $p=-p_\nu$ und $p=-p_\nu^*$ hat $1/Z_1(p)$ einfache Pole.

(B4) Nach Aussage (A4) erhält man als Entwicklungskoeffizienten von $1/Z_1(p)$ in den Polen p_ν, $-p_\nu$, p_ν^*, $-p_\nu^*$ die folgenden Größen in der Reihenfolge der genannten Pole:

$$\lim_{p\to p_\nu}\left[\frac{p-p_\nu}{Z_1(p)}\right]=\frac{1}{2p_\nu(p_\nu^2-p_\nu^{*2})}\cdot\frac{1}{u(p_\nu)}=\frac{1}{2L}\ ,$$

$$\lim_{p\to -p_\nu}\left[\frac{p+p_\nu}{Z_1(p)}\right]=\frac{1}{-2p_\nu(p_\nu^2-p_\nu^{*2})}\cdot\frac{1}{u(-p_\nu)}=\frac{1}{2L} \;,$$

$$\lim_{p\to p_\nu^*}\left[\frac{p-p_\nu^*}{Z_1(p)}\right]=\frac{1}{(p_\nu^{*2}-p_\nu^2)2p_\nu^*}\cdot\frac{1}{u(p_\nu^*)}=\frac{1}{2L^*} \;,$$

$$\lim_{p\to -p_\nu^*}\left[\frac{p+p_\nu^*}{Z_1(p)}\right]=\frac{1}{-(p_\nu^{*2}-p_\nu^2)2p_\nu^*}\cdot\frac{1}{u(-p_\nu^*)}=\frac{1}{2L^*} \;.$$

Die Pole p_ν, $-p_\nu$ von $1/Z_1(p)$ mit dem Entwicklungskoeffizienten $1/(2L)$ und die Pole p_ν^*, $-p_\nu^*$ von $1/Z_1(p)$ mit dem Entwicklungskoeffizienten $1/(2L^*)$ sollen jetzt vollständig abgebaut werden. Dadurch entsteht die Funktion

$$\frac{1}{Z_2(p)}=\frac{1}{Z_1(p)}-\frac{1}{L}\cdot\frac{p}{p^2-p_\nu^2}-\frac{1}{L^*}\cdot\frac{p}{p^2-p_\nu^{*2}} \;. \tag{92}$$

Sie ist reell und rational und besitzt die folgenden Eigenschaften.

(C1) Es gilt $\mathrm{Re}\,[1/Z_2(\mathrm{j}\omega)] \equiv \mathrm{Re}\,[1/Z_1(\mathrm{j}\omega)] \geqq 0$ für alle ω-Werte, für die $1/Z_1(\mathrm{j}\omega)$ endlich ist.

(C2) Falls auf der imaginären Achse Pole von $1/Z_2(p)$ liegen, müssen sie einfach sein und positive Entwicklungskoeffizienten aufweisen. Im Innern der rechten p-Halbebene befinden sich keine Pole von $1/Z_2(p)$. Nach Satz 6 ist daher $1/Z_2(p)$, und damit auch $Z_2(p)$, eine Zweipolfunktion.

(C3) In $p=0$ und $p=\infty$ hat $1/Z_2(p)$ einfache Nullstellen mit positiven Entwicklungskoeffizienten. Dies ergibt sich aus Gl. (92) und der Tatsache, daß $Z_2(p)$ Zweipolfunktion ist.

(C4) Aus der Gl. (92) entnimmt man die von $1/Z_1(p)$ abgespaltene Funktion

$$\frac{1}{z(p)}=\frac{1}{L}\cdot\frac{p}{p^2-p_\nu^2}+\frac{1}{L^*}\cdot\frac{p}{p^2-p_\nu^{*2}}=\frac{p[(L+L^*)p^2-(L^*p_\nu^{*2}+Lp_\nu^2)]}{LL^*(p^2-p_\nu^2)(p^2-p_\nu^{*2})} \;. \tag{93}$$

Im Hinblick auf die spätere Realisierung soll die reziproke Funktion $z(p)$ durch ihre Partialbruchentwicklung mit reellen Koeffizienten dargestellt werden. Die Funktion $z(p)$ hat offensichtlich in $p=0$ und in $p=\infty$ einfache Pole, außerdem einfache Pole in den beiden Punkten

$$p=\pm p_4=\pm\mathrm{j}\sqrt{\frac{-L^*p_\nu^{*2}-Lp_\nu^2}{L+L^*}} \;.$$

Damit erhält man die Partialbruchdarstellung

$$z(p)=L_2p+\frac{1}{C_2p}+\frac{1}{C_4}\cdot\frac{p}{p^2-p_4^2} \;. \tag{94}$$

Bild 61: Zwei äquivalente Zweipole mit der Impedanz $z(p)$ Gl. (94)

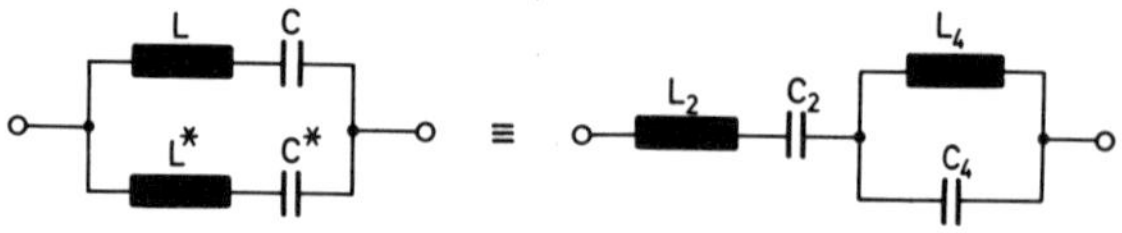

Zwischen den Gln. (93) und (94) wird nun mit den Abkürzungen $1/C = -Lp_\nu^2$ und $L_2C_2 = -1/p_2^2$ ein Koeffizientenvergleich durchgeführt. Auf diese Weise ergibt sich

$$\frac{1}{L_2} = \frac{1}{L} + \frac{1}{L^*}, \tag{95a}$$

$$C_2 = C + C^* = -\left(\frac{1}{Lp_\nu^2} + \frac{1}{L^* p_\nu^{*2}}\right), \tag{95b}$$

$$C_4 = -C_2 \frac{p_4^2 p_2^2}{(p_4^2 - p_\nu^2)(p_4^2 - p_\nu^{*2})}, \tag{96}$$

$$p_2^2 = \frac{-1}{C_2L_2} = -\frac{L+L^*}{LL^*} \cdot \frac{1}{C+C^*}, \tag{97}$$

$$p_4^2 = \frac{-1}{C_4L_4} = -\frac{C+C^*}{L+L^*} \cdot \frac{1}{CC^*} = \frac{1}{p_2^2} \cdot \frac{1}{LL^*CC^*}. \tag{98}$$

Es wird weiter unten gezeigt, daß die Größen C_2 und L_2 negativ sind. Damit muß nach Gl. (97) $p_2 = j\omega_2$ und nach Gl. (98) somit auch $p_4 = j\omega_4$ mit reellen Werten ω_2, ω_4 gelten. Außerdem muß hiermit nach Gl. (96) C_4 und nach Gl. (98) L_4 positiv reell werden. Im Bild 61 sind zwei äquivalente Netzwerke dargestellt, deren »Impedanz« mit der Funktion $z(p)$ gemäß den Gln. (93) und (94) übereinstimmt. Beide in diesem Bild dargestellten Zweipole sind nicht realisierbar. Während der linke Zweipol komplexe Netzwerkelemente hat, besitzt der rechte zwar nur noch reelle Elemente, von denen allerdings zwei negativ sind.

Es wird nun die Funktion $Z_2(p)$ betrachtet. Sie ist eine Zweipolfunktion und hat in $p=0$ und in $p=\infty$ einfache Pole mit den Entwicklungskoeffizienten

$$\frac{1}{C_3} = \frac{-1}{C_1+C_2} > 0 \text{ bzw. } L_3 = \frac{-L_1L_2}{L_1+L_2} > 0. \tag{99}$$

Man erhält diese Beziehungen durch Untersuchung der Funktion $1/Z_2(p)$ Gl. (92) in den Punkten $p=0$ und $p=\infty$ bei Berücksichtigung der Gln. (91) und (95a, b). Die Pole $p=0$ und $p=\infty$ werden vollständig abgebaut. Auf diese Weise erhält man die Restzweipolfunktion

$$Z_3(p) = Z_2(p) - L_3p - \frac{1}{C_3p} \tag{100}$$

Die Funktion $Z_3(p)$ ist in $p=0$ und in $p=\infty$ polfrei. Aus den Gln. (99) entnimmt man die beiden Beziehungen

$$L_1L_2 + L_2L_3 + L_3L_1 = 0 \tag{101a}$$

und

$$C_1 + C_2 + C_3 = 0. \tag{101b}$$

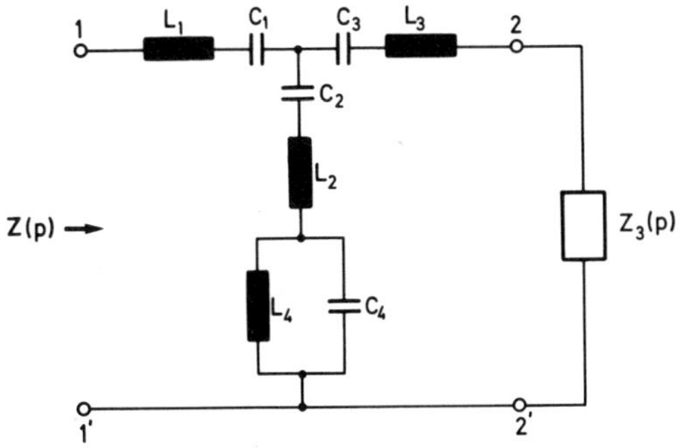

Bild 62: Realisierung der Zweipolfunktion $Z(p)$ als Impedanz bei Verwendung einer Entwicklungsstelle im Innern des ersten Quadranten

Da L_1, $L_3 > 0$ und C_1, $C_3 > 0$ gilt, müssen die Konstanten L_2 und C_2 aufgrund der Gln. (101a, b) negativ sein. Diese Tatsache wurde an früherer Stelle zum Beweis dafür herangezogen, daß ω_2, ω_4 reell und C_4, L_4 positiv sind.

Mit den Gln. (91), (92), (94) und (100) ist eine Entwicklungsmöglichkeit für die Zweipolfunktion $Z(p)$ geschaffen, welche direkt das Netzwerk von Bild 62 liefert, wenn man $Z(p)$ als eine Impedanz auffaßt. Dieses Netzwerk enthält acht Reaktanzelemente und einen Restzweipol mit der Impedanz $Z_3(p)$. Es ist jedoch wegen der negativen Reaktanzen C_2 und L_2 in der vorliegenden Form nicht realisierbar. Diese Schwierigkeit läßt sich durch die folgende Zweitor-Äquivalenzbetrachtung beseitigen.

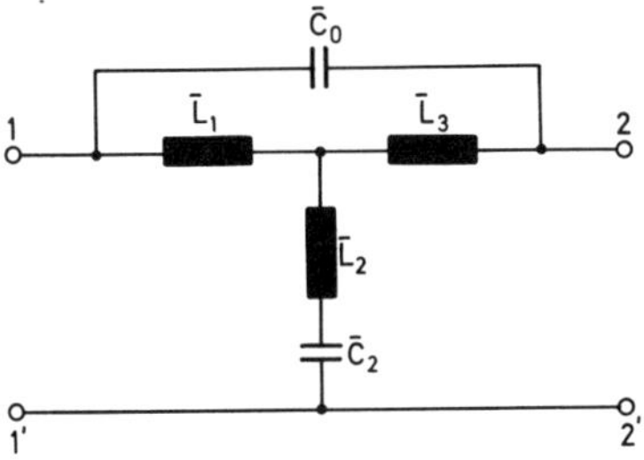

Bild 63: Reaktanzzweitor mit festgekoppeltem Übertrager

Zunächst wird das im Bild 63 dargestellte Reaktanzzweitor betrachtet. Der in diesem Zweitor auftretende Induktivitätsstern möge einen festgekoppelten Übertrager darstellen. Daher muß $\bar{L}_1\bar{L}_2 + \bar{L}_2\bar{L}_3 + \bar{L}_3\bar{L}_1 = 0$ gelten. Aufgrund einer Analyse des Zweitors erhält man für die Elemente der Impedanzmatrix $\boldsymbol{Z}_1(p)$

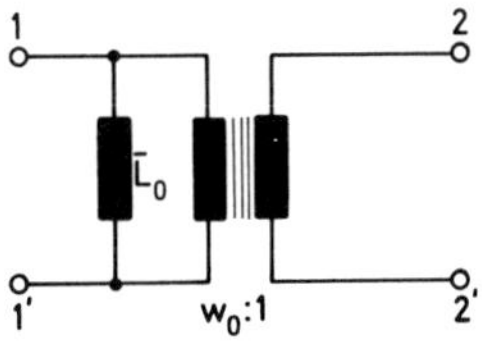

Bild 64: Festgekoppelter Übertrager

$$Z_{11}^{(1)}(p) = \frac{1}{\overline{C}_2 p} + \frac{p \dfrac{\overline{L}_1^2}{\overline{C}_0(\overline{L}_1 + \overline{L}_3)^2}}{p^2 + \dfrac{1}{\overline{C}_0(\overline{L}_1 + \overline{L}_3)}} ,$$

$$Z_{22}^{(1)}(p) = \frac{1}{\overline{C}_2 p} + \frac{p \dfrac{\overline{L}_3^2}{\overline{C}_0(\overline{L}_1 + \overline{L}_3)^2}}{p^2 + \dfrac{1}{\overline{C}_0(\overline{L}_1 + \overline{L}_3)}} ,$$

$$Z_{12}^{(1)}(p) = \frac{1}{\overline{C}_2 p} + \frac{p \dfrac{-\overline{L}_1\overline{L}_3}{\overline{C}_0(\overline{L}_1 + \overline{L}_3)^2}}{p^2 + \dfrac{1}{\overline{C}_0(\overline{L}_1 + \overline{L}_3)}} .$$

Weiterhin wird der im Bild 64 dargestellte festgekoppelte Übertrager betrachtet. Er besitzt, wie man direkt sieht, die Impedanzmatrix

$$\boldsymbol{Z}_0(p) = \begin{bmatrix} \overline{L}_0 p & \dfrac{\overline{L}_0}{w_0} p \\ \dfrac{\overline{L}_0}{w_0} p & \dfrac{\overline{L}_0}{w_0^2} p \end{bmatrix} .$$

Verbindet man die Klemme 1′ des Übertragers aus Bild 64 mit der Klemme 1 des Zweitors aus Bild 63 und verbindet man außerdem die Klemme 2′ des Übertragers mit der Klemme 2 des Reaktanzzweitors, dann sind beide Zweitore in Reihe geschaltet, und das resultierende Gesamtzweitor hat die Impedanzmatrix

$$\boldsymbol{Z}_2(p) = \boldsymbol{Z}_1(p) + \boldsymbol{Z}_0(p).$$

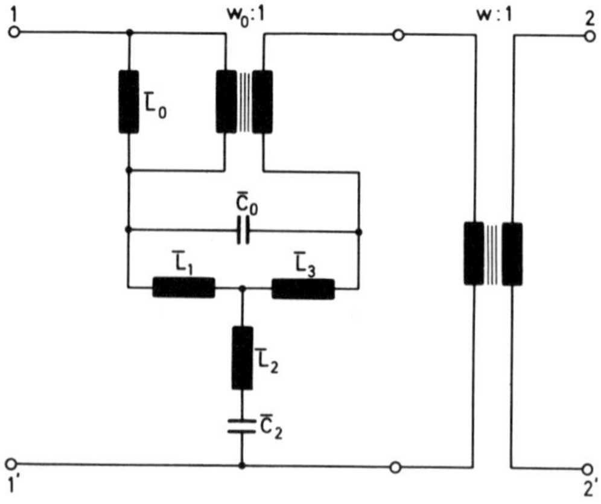

Bild 65: Parallelanordnung der Zweitore von Bild 63 und Bild 64 und Nachschaltung eines idealen Übertragers

Zu dieser Reihenanordnung wird nun noch auf der Sekundärseite ein idealer Übertrager mit dem Übersetzungsverhältnis $w:1$ in Kette geschaltet. Auf diese Weise erhält man schließlich das Reaktanzzweitor nach Bild 65, dessen Impedanzmatrix die folgenden Elemente besitzt:

$$Z_{11}(p) = \bar{L}_0 p + \frac{1}{\bar{C}_2 p} + \frac{p \dfrac{\bar{L}_1^2}{\bar{C}_0(\bar{L}_1 + \bar{L}_3)^2}}{p^2 + \dfrac{1}{\bar{C}_0(\bar{L}_1 + \bar{L}_3)}}, \tag{102a}$$

$$Z_{22}(p) = \frac{1}{w^2}\left[\frac{\bar{L}_0}{w_0^2} p + \frac{1}{\bar{C}_2 p} + \frac{p \dfrac{\bar{L}_3^2}{\bar{C}_0(\bar{L}_1 + \bar{L}_3)^2}}{p^2 + \dfrac{1}{\bar{C}_0(\bar{L}_1 + \bar{L}_3)}}\right], \tag{102b}$$

$$Z_{12}(p) = \frac{1}{w}\left[\frac{\bar{L}_0}{w_0} p + \frac{1}{\bar{C}_2 p} + \frac{p \dfrac{-\bar{L}_1 \bar{L}_3}{\bar{C}_0(\bar{L}_1 + \bar{L}_3)^2}}{p^2 + \dfrac{1}{\bar{C}_0(\bar{L}_1 + \bar{L}_3)}}\right]. \tag{102c}$$

Die Impedanzmatrix des Reaktanzzweitors aus Bild 62 hat die folgenden Elemente:

$$Z_{11}(p) = (L_1 + L_2)p + \frac{C_1 + C_2}{C_1 C_2} \cdot \frac{1}{p} + \frac{p/C_4}{p^2 + \omega_4^2}, \tag{103a}$$

$$Z_{22}(p) = (L_2 + L_3)p + \frac{C_2 + C_3}{C_2 C_3} \cdot \frac{1}{p} + \frac{p/C_4}{p^2 + \omega_4^2} \tag{103b}$$

$$Z_{12}(p) = L_2 p + \frac{1}{C_2} \cdot \frac{1}{p} + \frac{p/C_4}{p^2 + \omega_4^2}. \tag{103c}$$

Da die beiden Reaktanzzweitore nach Bild 62 und Bild 65 äquivalent sein sollen, müssen die Elemente ihrer Impedanzmatrizen für alle p-Werte übereinstimmen. Dies läßt sich, wie ein Vergleich zwischen den Gln. (102a, b, c) und den Gln. (103a, b, c) zeigt, dadurch erreichen, daß man die Parameter des Reaktanzzweitors aus Bild 65 in der folgenden Weise wählt:

$$\bar{L}_0 = L_1 + L_2 = -\frac{L_1 L_2}{L_3} > 0,$$

$$\bar{C}_2 = \frac{C_1 C_2}{C_1 + C_2} = -\frac{C_1 C_2}{C_3} > 0,$$

$$w = \frac{C_1 + C_2}{C_1} = -\frac{C_3}{C_1} < 0,$$

$$w_0 = -\frac{C_1}{C_3} \cdot \frac{L_1 + L_2}{L_2} > 0,$$

$$\bar{L}_1 = -\frac{C_2}{C_1} \cdot \frac{1}{\omega_4^2 C_4} > 0,$$

$$\bar{L}_2 = -\frac{C_3}{C_1} \cdot \frac{1}{\omega_4^2 C_4} < 0,$$

$$\bar{L}_3 = -\frac{C_2 C_3}{C_1^2} \cdot \frac{1}{\omega_4^2 C_4} > 0,$$

$$\bar{C}_0 = C_4 \left(\frac{C_1}{C_2}\right)^2 > 0.$$

Das im Bild 65 dargestellte Zweitor ist bei dieser Wahl der Parameter äquivalent zum Zweitor aus Bild 62 und, was nun wichtig ist, im Gegensatz zu diesem ausführbar, wenn man den Induktivitätsstern $\bar{L}_1$, $\bar{L}_2$, $\bar{L}_3$ durch einen festgekoppelten Übertrager verwirklicht. Ersetzt man jetzt das nicht-realisierbare Reaktanzzweitor im Bild 62 durch das realisierbare Reaktanzzweitor von Bild 65 und vereinigt man den idealen Übertrager mit dem Restzweipol, dann erhält man die im Bild 66 dargestellte Verwirklichung. Dabei gilt $\bar{Z}_3(p) = w^2 Z_3(p)$. Die modifizierte Restfunktion $\bar{Z}_3(p)$ unterscheidet sich also nur um den positiven Faktor w^2 von der ursprünglichen Restfunktion $Z_3(p)$. Im endgültigen Netzwerk nach Bild 66 treten also, soweit die Elemente explizit angegeben sind, Übertrager nur in festgekoppelter Form auf.

Der Grad der Restzweipolfunktion $\bar{Z}_3(p)$ ist, wie man anhand der einzelnen Entwicklungsschritte erkennen kann, um Vier kleiner als jener der Ausgangsfunktion $Z_0(p)$. Diese Gradabnahme stimmt mit der Zahl der für das Netzwerk von Bild 66 erforderlichen Energiespeicher überein. Deshalb kann auch hier von einer kanonischen Realisierung gesprochen werden, falls man die Restzweipolfunktion $\bar{Z}_3(p)$ in gleicher Weise behandelt und den Entwicklungsprozeß so lange wiederholt, bis als Restzweipol ein Ohmwiderstand verbleibt.

Soll die Ausgangszweipolfunktion $Z_0(p)$ als eine Admittanz verwirklicht werden, so erfolgt die Entwicklung der Funktion wie bisher. Die Realisierung erfolgt gegenüber der bisherigen Verwirklichung in dualer Weise. Die Umwandlung des dabei auftretenden, zunächst nicht realisierbaren Zweitors in ein ausführbares Netzwerk läßt sich wie

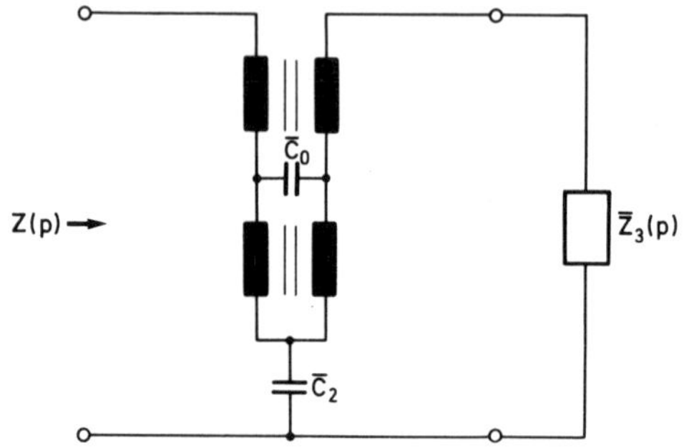

Bild 66: Ausführbare Realisierung der Zweipolfunktion $Z(p)$ als Impedanz bei Verwendung einer Entwicklungsstelle im Innern des ersten Quadranten

im Falle der Impedanz durchführen. Man kann bei der Realisierung einer Admittanz auch folgendermaßen vorgehen. Zunächst wird $Z_0(p)$ wie bisher untersucht und eine Entwicklungsstelle ausgewählt. Sodann bildet man gemäß Gl. (88) die Funktion $Z(p)$, deren gerader Teil in der Entwicklungsstelle eine mindestens doppelte Nullstelle hat. Bei der weiteren Entwicklung wird nun aber die Impedanz

$$\overline{Z}(p) = 1/Z(p)$$

verwendet. Ihr gerader Teil hat in der gewählten Entwicklungsstelle ebenfalls eine mindestens doppelte Nullstelle. Diese Tatsache folgt unmittelbar aus der Darstellung des geraden Teils $\overline{G}(p)$ der Zweipolfunktion $\overline{Z}(p)$ mit Hilfe des geraden Teils $G(p)$ und des ungeraden Teils $U(p)$ der Zweipolfunktion $Z(p)$. Man erhält nach kurzer Rechnung die Beziehung

$$\overline{G}(p) = \frac{G(p)}{G^2(p) - U^2(p)} \quad ,$$

der die Behauptung sofort entnommen werden kann. Das weitere Vorgehen und die hieraus folgende Realisierung unterscheiden sich gegenüber der bisherigen Behandlungsweise nicht. Gegebenenfalls muß allerdings durch einen Vorabbau dafür gesorgt werden, daß die Funktion $\overline{Z}(p)$ in $p = 0$ und in $p = \infty$ polfrei ist. Die Realteilabspaltung gemäß Gl. (88) wird hier natürlich durch einen Querwiderstand verwirklicht.

3.7.4. Schlußbemerkung

In den vorausgegangenen Abschnitten wurde ein Verfahren zur Verwirklichung einer beliebigen Zweipolfunktion durch *RLCÜ*-Zweipole entwickelt. Das Verfahren besteht in der fortgesetzten Abspaltung von Teilfunktionen, die für jeden Entwicklungsschritt durch einen Ohmwiderstand und ein Reaktanzzweitor verwirklicht werden. Maßgebend für die Struktur des jeweiligen Zweitors und für die Werte der Netzwerkelemente ist die Wahl der Entwicklungsstelle. Weiterhin ist bei jedem Entwicklungsschritt entscheidend, ob die betreffende Impedanz oder die Admittanz entwickelt wird. Je nach der Lage der Entwicklungsstelle wird der Grad der betreffenden Zweipolfunktion bei Durchführung des Entwicklungsschrittes um Eins, Zwei oder Vier reduziert. Die Gradreduktion wiederholt sich so lange, bis schließlich eine nicht-negative reelle Konstante übrig ist, die als Ohmwiderstand realisiert wird.

Unter Ausnützung sämtlicher Entwicklungsstellen und der Möglichkeiten, bei jedem Entwicklungsschritt sowohl für die jeweilige Zweipolfunktion als auch für ihre Reziproke Entwicklungsstellen bestimmen zu können, entsteht eine *Klasse äquivalenter kanonischer Zweipole*, welche die vorgelegte Zweipolfunktion verwirklichen und aus denen in einem praktischen Fall das am günstigsten erscheinende Netzwerk (etwa im Hinblick auf die Zahlenwerte der auftretenden Netzwerkelemente oder im Hinblick auf eine möglichst geringe Zahl an Übertragern) entnommen werden kann. Alle Zweipole haben den Charakter von kanonischen Kettennetzwerken. Übertrager treten nur in festgekoppelter Form auf.

3.8. REALISIERUNG EINER ZWEIPOLFUNKTION DURCH EIN REAKTANZZWEITOR UND EINEN OHMWIDERSTAND

Im folgenden soll gezeigt werden, wie eine beliebige Zweipolfunktion $Z(p)$ als Impedanz (und in dualer Weise als Admittanz) gemäß Bild 67 durch ein mit einem Ohmwiderstand abgeschlossenes Reaktanzzweitor realisiert werden kann. Auch dieser Prozeß besteht in einer sukzessiven Abspaltung von Teilfunktionen, die durch Reaktanzzweitore verwirklicht werden. Diese Abspaltung wiederholt sich so lange, bis die Restzweipolfunktion den Grad Null erreicht hat. Der Unterschied zum bisherigen Vorgehen liegt darin, daß keine Abspaltungen auftreten, die durch Ohmwiderstände realisiert werden müssen. Dadurch ergibt sich erst am Ende des Prozesses eine konstante Restfunktion, die als Ohmwiderstand verwirklicht wird. Die resultierenden Zweipole enthalten im allgemeinen nicht die Minimalzahl an Energiespeichern. Es handelt sich also im allgemeinen um nicht-kanonische Realisierungen. Vom numerischen Standpunkt aus ist der folgende Prozeß einfacher als das bisherige Vorgehen. Die Bedeutung des Prozesses liegt jedoch vor allem darin, daß er bei der Synthese von Reaktanzzweitoren grundlegende Anwendung findet.

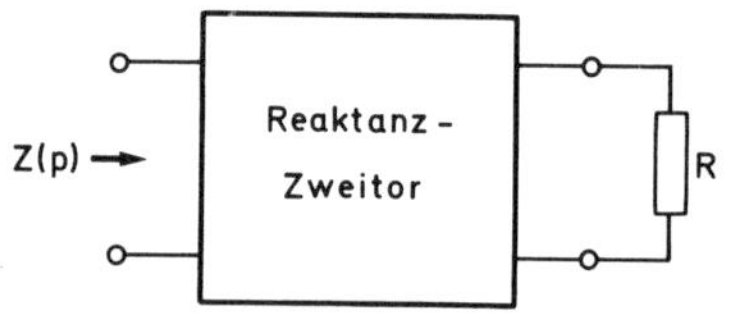

Bild 67: Realisierung einer Zweipolfunktion als Eingangsimpedanz oder Eingangsadmittanz eines mit einem Ohmwiderstand abgeschlossenen Reaktanzzweitors

Im weiteren spielt neben der zu realisierenden Zweipolfunktion $Z(p)$ ihr gerader Teil

$$G(p) = \frac{1}{2}[Z(p) + Z(-p)]$$

und ihr ungerader Teil

$$U(p) = \frac{1}{2}[Z(p) - Z(-p)]$$

eine Rolle. Es gilt

$$Z(p) = G(p) + U(p).$$

Zur Verwirklichung der Zweipolfunktion werden auch hier bestimmte *Entwicklungsstellen* eingeführt. Ausgehend von irgendeiner dieser Entwicklungsstellen kann $Z(p)$ durch ein Reaktanzzweitor realisiert werden, das auf seiner Sekundärseite mit einem Restzweipol abgeschlossen ist. Diese Teilrealisierung von $Z(p)$ hängt von der Art der gewählten Entwicklungsstelle ab. Hierauf wird im folgenden näher eingegangen. Durch wiederholte Anwendung dieser Teilrealisierung auf die jeweilige Restzweipolfunktion ergibt sich schließlich die gewünschte Verwirklichung.

3.8.1. Entwicklungsstellen erster Art

Unter einer Entwicklungsstelle *erster* Art versteht man jeden Pol p_μ von $Z(p)$, welcher auf der oberen Hälfte der imaginären Achse ($\sigma = 0$; $\omega \geqq 0$) liegt. Nach Wahl einer derartigen Stelle p_μ bildet man die Funktion

$$q(p) = \begin{cases} D/p & \text{für } p_\mu = 0, \\ Lp & \text{für } p_\mu = \infty, \\ \dfrac{p/C}{p^2 - p_\mu^2} & \text{für } p_\mu \neq 0, \infty, \end{cases} \tag{105}$$

welche von $Z(p)$ abgespalten werden soll. Dabei ist D, L bzw. $1/2C$ der notwendig positiv reelle Entwicklungskoeffizient von $Z(p)$ im Punkt p_μ.

Man erhält nun als Restfunktion

$$Z_3(p) = Z(p) - q(p). \tag{106}$$

Die Funktion $Z_3(p)$ ist eine Zweipolfunktion, deren Grad in den Fällen $p_\mu = 0$ und $p_\mu = \infty$ um Eins, im Fall $p_\mu \neq 0$, ∞ um Zwei kleiner ist als derjenige von $Z(p)$. Die Bedeutung der Gln. (105) und (106) für die Realisierung der Zweipolfunktion $Z(p)$ wird später erörtert.

3.8.2. Entwicklungsstellen zweiter Art

Jede Nullstelle $p_\nu = \sigma_\nu + j\omega_\nu$ der Funktion $G(p)$ mit $\sigma_\nu \geqq 0$, $\omega_\nu \geqq 0$, die keine Entwicklungsstelle erster Art von $Z(p)$ ist, wird Entwicklungsstelle *zweiter* Art von $Z(p)$ genannt.

Nach Wahl irgendeiner der Stellen p_ν wird nun die ungerade, reelle Funktion

$$r(p) = L_1 p + \frac{1}{C_1 p} \tag{107}$$

gebildet. Die Koeffizienten L_1 und C_1 werden aufgrund der Forderung bestimmt, daß $r(p)$ mit $Z(p)$ für das gewählte p_ν übereinstimmt. Dabei sind die folgenden Fälle zu unterscheiden.

a) Es ist p_ν Nullstelle von $Z(p)$. Dies ist nur möglich, wenn die Entwicklungsstelle p_ν auf der imaginären Achse liegt. Im Fall $p_\nu = 0$ oder $p_\nu = \infty$ ist die Entwicklungsstelle stets Nullstelle von $Z(p)$. Es wird $r(p) \equiv 0$, d.h. $L_1 = 0$ und $1/C_1 = 0$ gewählt.

Der Einfachheit wegen wird für die weiteren Fälle zunächst vorausgesetzt, daß $Z(p)$ in $p = 0$ und in $p = \infty$ keine Pole hat. Mögliche Pole an diesen Stellen lassen sich nach Abschnitt 3.8.1 stets beseitigen. Außerdem wird im weiteren angenommen, daß das gewählte p_ν keine Nullstelle von $Z(p)$ ist.

b) Es ist $p_\nu = \sigma_\nu$ ($\sigma_\nu > 0$) oder $p_\nu = \mathrm{j}\omega_\nu$ ($\omega_\nu > 0$). Dann wird

$$L_1 = \frac{Z(p_\nu)}{p_\nu} \lesseqgtr 0 \text{ und } 1/C_1 = 0 \qquad \text{gewählt.} \tag{108}$$

c) Es ist $p_\nu = \sigma_\nu + \mathrm{j}\omega_\nu$ mit $\sigma_\nu > 0$ und $\omega_\nu > 0$. Die Koeffizienten L_1 und C_1 sind durch die Forderung $r(p_\nu) = Z(p_\nu)$ eindeutig als reelle Konstanten bestimmt. Man vergleiche hierzu Abschnitt 3.7.3, insbesondere Bild 60.

Mit Hilfe der nunmehr eindeutig festgelegten Funktion $r(p)$ Gl. (107) wird die rationale, reelle, jedoch nicht notwendig positive Funktion

$$Z_1(p) = Z(p) - r(p) \tag{109}$$

gebildet. Sie besitzt die Eigenschaft $\mathrm{Re}\, Z_1(\mathrm{j}\omega) \geqq 0$ für alle ω-Werte, für die $Z_1(\mathrm{j}\omega)$ endlich ist. Da die Funktion $r(p)$ so bestimmt wurde, daß sie in $p = p_\nu$ mit $Z(p)$ übereinstimmt, muß die Funktion $Z_1(p)$ für $p = p_\nu$ verschwinden und außerdem auch für $p = -p_\nu$, weil dort $G(p)$ Null ist und daher $r(-p_\nu) = U(-p_\nu) = Z(-p_\nu)$ gilt. Im Fall $p_\nu = \sigma_\nu + \mathrm{j}\omega_\nu$ ($\sigma_\nu, \omega_\nu > 0$) verschwindet $Z_1(p)$ auch in den Punkten $\pm p_\nu^*$. Die genannten Nullstellen von $Z_1(p)$ sind Pole von $1/Z_1(p)$. Diese Funktion hat die Eigenschaft $\mathrm{Re}[1/Z_1(\mathrm{j}\omega)] \geqq 0$ für alle ω-Werte, für welche die Funktion $1/Z_1(\mathrm{j}\omega)$ endlich ist.

Es wird jetzt die einfachste, rationale, reelle und ungerade Funktion $s(p)$ eingeführt, welche in $p = p_\nu$ einen Pol hat und deren Entwicklungskoeffizient in diesem Pol mit jenem der Funktion $1/Z_1(p)$ übereinstimmt. Man erhält

$$s(p) = \begin{cases} \dfrac{1}{L_{20}p} & \text{für } p_\nu = 0, \quad (110\text{a}) \\[2ex] C_{2\infty}p & \text{für } p_\nu = \infty, \quad (110\text{b}) \\[2ex] \dfrac{p/L_2}{p^2 - p_\nu^2} & \text{für } p_\nu = \sigma_\nu \text{ oder } p_\nu = \mathrm{j}\omega_\nu \\ & (0 < \sigma_\nu < \infty,\ 0 < \omega_\nu < \infty), \quad (110\text{c}) \\[2ex] \dfrac{p/L}{p^2 - p_\nu^2} + \dfrac{p/L^*}{p^2 - p_\nu^{*2}} & \text{für } p_\nu = \sigma_\nu + \mathrm{j}\omega_\nu \ \ (\sigma_\nu, \omega_\nu > 0). \quad (110\text{d}) \end{cases}$$

Dabei muß L_{20}, $1/C_{2\infty}$, $2L_2$ bzw. $2L$ jeweils mit dem Differentialquotienten $\mathrm{d}Z_1(p)/\mathrm{d}p$ in der betreffenden Entwicklungsstelle $p = p_\nu$ identisch sein.

Mit Hilfe der Funktion $s(p)$ wird jetzt der Pol der Funktion $1/Z_1(p)$ in $p = p_\nu$ abgebaut. Sofern p_ν nicht reell und nicht Unendlich ist, wird gleichzeitig auch der Pol p_ν^* entfernt. Es ergibt sich auf diese Weise die rationale und reelle Funktion

$$\frac{1}{Z_2(p)} = \frac{1}{Z_1(p)} - s(p). \tag{111}$$

Sie erfüllt die Bedingung $\mathrm{Re}\,[1/Z_2(\mathrm{j}\omega)] \geqq 0$ für alle ω-Werte, für die $1/Z_2(\mathrm{j}\omega)$ endlich ist. Falls die gewählte Entwicklungsstelle p_ν im Innern der rechten Halbebene liegt, wird der Pol $p = -p_\nu$ (und $p = -p_\nu^*$ bei $\omega_\nu > 0$) der Funktion $1/Z_1(p)$ beim Übergang zur Funktion $1/Z_2(p)$ gemäß Gl. (111) im allgemeinen nicht abgebaut, es wird nur der

Entwicklungskoeffizient in dieser Polstelle geändert. Dies hat zur Folge, daß der Grad von $1/Z_2(p)$ gewöhnlich nur um Eins ($p_\nu = \sigma_\nu > 0$) oder um Zwei ($p_\nu = \sigma_\nu + j\omega_\nu$; $\omega_\nu > 0$) kleiner ist als derjenige von $1/Z_1(p)$. In dieser Tatsache zeigt sich der Unterschied zu dem im Abschnitt 3.7 behandelten Realisierungsverfahren. Dort gelang ein vollständiger Polabbau auch in $p = -p_\nu$ (und in $p = -p_\nu^*$ bei $\omega_\nu > 0$), weil der gerade Teil $G(p)$ der zu realisierenden Zweipolfunktion $Z(p)$ in der Entwicklungsstelle eine Nullstelle von mindestens zweiter Ordnung hatte. In dem hier erörterten Verfahren dagegen ist die Entwicklungsstelle p_ν mit Re $p_\nu > 0$ gewöhnlich eine *einfache* Nullstelle von $G(p)$.

Im Fall $r(p) \equiv 0$ ist die Entwicklung beendet und die Restfunktion $Z_3(p) \equiv Z_2(p)$. In den übrigen Fällen wird durch Vollabbau der Pole in $p = 0$ und $p = \infty$

$$Z_3(p) = Z_2(p) - L_3 p - \frac{1}{C_3 p} \tag{112}$$

gebildet. Dabei können die Konstanten L_3 und $1/C_3$ je nach der Lage der Entwicklungsstelle positiv, negativ oder Null sein. Man kann jetzt aufgrund der gleichen Überlegungen wie im Abschnitt 3.7 sofort zeigen, daß $Z_3(p)$ stets eine Zweipolfunktion ist. Ist die Entwicklungsstelle p_ν Nullstelle von $Z(p)$, dann ist der Grad von $Z_3(p)$ um Eins oder Zwei kleiner als jener von $Z(p)$, je nachdem ob $p_\nu = 0, \infty$ oder $p_\nu = j\omega_\nu$ ($\omega_\nu \neq 0, \infty$) ist. Ist $p_\nu = j\omega_\nu$ keine Nullstelle von $Z(p)$, dann ist der Grad von $Z_3(p)$ um Zwei kleiner als jener von $Z(p)$. Ist $p_\nu = \sigma_\nu$ reell, dann ist gewöhnlich der Grad von $Z_3(p)$ um Eins kleiner als jener von $Z(p)$. In diesem Fall findet nur ausnahmsweise eine Gradabnahme um Zwei statt, wenn nämlich $G(p)$ in $p = p_\nu$ eine mehrfache Nullstelle hat. Liegt $p_\nu = \sigma_\nu + j\omega_\nu$ weder auf der reellen noch auf der imaginären Achse, dann hat $Z_3(p)$ gewöhnlich einen um Zwei kleineren Grad als $Z(p)$. In diesem Fall findet nur ausnahmsweise eine Gradabnahme um Vier statt, wenn nämlich $G(p)$ in $p = p_\nu$ eine mehrfache Nullstelle hat.

Die Bedeutung der Gln. (109), (111) und (112) für die Realisierung der Zweipolfunktion $Z(p)$ wird erst später erörtert.

3.8.3. Entwicklungsstellen dritter Art

Alle Punkte $p_\iota = \sigma_\iota + j\omega_\iota$ mit $\sigma_\iota > 0$, $\omega_\iota \geqq 0$ und $G(p_\iota) \neq 0$ werden als Entwicklungsstellen *dritter* Art von $Z(p)$ bezeichnet.

Auch hier wird zunächst nach Wahl einer derartigen Entwicklungsstelle gemäß Gl. (107) eine Funktion $r(p)$ eingeführt, deren Koeffizienten L_1 und C_1 reell seien und aus der Forderung $r(p_\iota) = Z(p_\iota)$ bestimmt werden sollen. Dabei sind die beiden folgenden Fälle zu unterscheiden.

a) Es ist $p_\iota = \sigma_\iota$ reell. Dann werden die Konstanten L_1 und C_1 nach Gl. (108) gewählt.

b) Es ist $p_\iota = \sigma_\iota + j\omega_\iota$ mit $\omega_\iota > 0$. Die Koeffizienten L_1 und C_1 sind dann durch die Forderung $r(p_\iota) = Z(p_\iota)$ eindeutig als reelle Konstanten bestimmt. Man vergleiche hierzu Abschnitt 3.7.3, insbesondere Bild 60.

Nach Bestimmung der Funktion $r(p)$ wird die rationale und reelle Funktion $Z_1(p)$ nach Gl. (109) gebildet. Sodann wird für $Z_1(p)$ gemäß Gl. (110c) bzw. Gl. (110d) die Funktion $s(p)$ bestimmt. Nach Gl. (111) erhält man damit die Funktion $Z_2(p)$. Sie ist, wie man aufgrund bekannter Überlegungen (Abschnitt 3.7) zeigen kann, eine Zweipolfunktion, die im Fall $p_\iota = \sigma_\iota$ einen Pol in $p = \infty$ und im Fall $p_\iota = \sigma_\iota + j\omega_\iota$ $(\omega_\iota > 0)$ Pole in $p = 0$ und $p = \infty$ hat. Die Restzweipolfunktion $Z_3(p)$ wird gemäß Gl. (112) durch den vollständigen Abbau der genannten Pole von $Z_2(p)$ gebildet. Die Funktion $Z_3(p)$ hat den gleichen Grad wie die Ausgangsfunktion $Z(p)$. Dies liegt daran, daß die Funktion $1/Z_1(p)$ zwar in $p = p_\iota$ (und in $p = p_\iota^*$ bei $\omega_\iota > 0$) einen Pol hat, in $p = -p_\iota$ (und in $p = -p_\iota^*$ bei $\omega_\iota > 0$) jedoch einen endlichen Wert aufweist. Deshalb findet beim Übergang von der Funktion $1/Z_1(p)$ zur Funktion $1/Z_2(p)$ gemäß Gl. (111) keine Gradänderung statt. Die Verwendung von Entwicklungsstellen dritter Art ist für eine reine Zweipolsynthese damit unwirtschaftlich. Diese Entwicklungsstellen haben jedoch Bedeutung bei der Synthese von Reaktanzzweitoren.

3.8.4. Realisierungen

Den in den vorausgegangenen Abschnitten beschriebenen Entwicklungsmöglichkeiten der Zweipolfunktion $Z(p)$ entsprechen in allen Fällen Realisierungen von $Z(p)$ in Form eines Zweipols, der aus einem Reaktanzzweitor besteht, dessen Ausgang mit einem durch die Restzweipolfunktion $Z_3(p)$ bestimmten Zweipol abgeschlossen ist (Bild 68). Für das Reaktanzzweitor kann man in allen Fällen ausführbare Netzwerke angeben, wie im folgenden gezeigt werden soll.

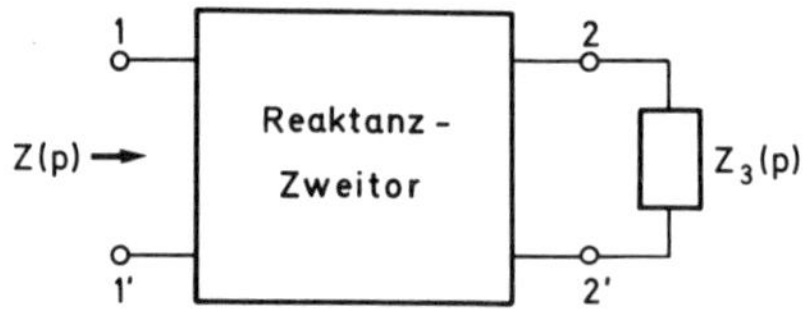

Bild 68: Teilweise Realisierung einer Zweipolfunktion $Z(p)$ durch ein Reaktanzzweitor, das durch einen Zweipol mit der Restzweipolfunktion $Z_3(p)$ abgeschlossen ist

Im Falle einer Entwicklungsstelle erster Art erhält man eines der im Bild 69 dargestellten Reaktanzzweitore. Der Grad von $Z_3(p)$ nimmt gegenüber $Z(p)$ um Eins oder Zwei ab. Die Gradabnahme stimmt mit der Zahl der Energiespeicher des jeweiligen Reaktanzzweitors überein.

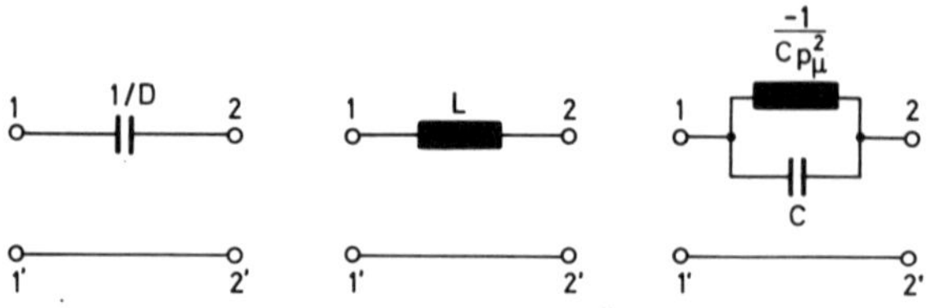

Bild 69: Mögliche Reaktanzzweitore bei Verwendung einer Entwicklungsstelle erster Art der Impedanz $Z(p)$

Wird eine Entwicklungsstelle zweiter Art gewählt, welche Nullstelle von $Z(p)$ ist, dann erhält man eines der im Bild 70 dargestellten Reaktanzzweitore. Auch hier stimmt die Gradabnahme, die sich beim Übergang von $Z(p)$ zu $Z_3(p)$ ergibt, mit der Zahl der Energiespeicher des betreffenden Reaktanzzweitors überein. Dasselbe gilt bei $Z(p_\nu) \neq 0$, $p_\nu = j\omega_\nu$ $(\omega_\nu > 0)$; hierbei erfolgt die Realisierung nach Abschnitt 3.6.

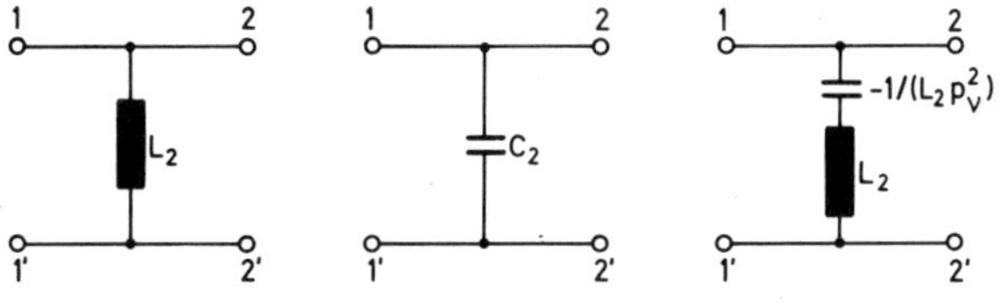

Bild 70: Mögliche Reaktanzzweitore bei Verwendung einer Entwicklungsstelle zweiter Art, welche Nullstelle der Impedanz $Z(p)$ ist

Bei Wahl einer Entwicklungsstelle zweiter Art $p_\nu = \sigma_\nu > 0$ und bei Wahl einer Entwicklungsstelle dritter Art $p_\iota = \sigma_\iota > 0$ erhält man zunächst das im Bild 53 dargestellte, aus drei Induktivitäten und einer Kapazität bestehende Reaktanzzweitor. Es ist in dieser Form nicht ausführbar, da $L_2 < 0$ gilt. Dagegen sind die Werte der übrigen Netzwerkelemente positiv, und es besteht die Gl. (81). Der Induktivitätsstern (L_1, L_2, L_3) läßt sich somit in bekannter Weise (man vergleiche auch Abschnitt 3.7.2) durch einen festgekoppelten Übertrager ersetzen. Der Grad von $Z_3(p)$ ist um Null, Eins oder Zwei kleiner als jener von $Z(p)$, je nachdem ob die gewählte Entwicklungsstelle eine Nullstelle von $G(p)$ der Ordnung Null (Fall einer Entwicklungsstelle dritter Art), Eins oder größer als Eins ist. Die Zahl der Energiespeicher im Reaktanzzweitor ist Zwei.

Bei Wahl einer Entwicklungsstelle zweiter Art $p_\nu = \sigma_\nu + j\omega_\nu$ $(\sigma_\nu > 0, \omega_\nu > 0)$ und bei Wahl einer Entwicklungsstelle dritter Art $p_\iota = \sigma_\iota + j\omega_\iota$ $(\sigma_\iota > 0, \omega_\iota > 0)$ erhält man gemäß Abschnitt 3.7.3 zunächst das im Bild 62 dargestellte Reaktanzzweitor, welches in dieser Form noch nicht ausführbar ist, da L_2 und C_2 negativ sind. Alle übrigen Elemente sind positiv, und es bestehen auch hier die Gln. (101a, b). Eine ausführbare Form des Reaktanzzweitors ergibt sich nach Bild 65, wenn der dort auftretende Induktivitätsstern durch einen festgekoppelten Übertrager ersetzt wird. Die Netzwerkelemente lassen sich explizit nach den im Abschnitt 3.7.3 entwickelten Beziehungen bestimmen. Der im Bild 65 auf der Sekundärseite auftretende ideale Übertrager kann in den Restzweipol $Z_3(p)$ in bekannter Weise einbezogen werden. Dadurch wird die Restzweipolfunktion mit dem konstanten Faktor w^2 multipliziert, und das genannte Reaktanzzweitor enthält neben zwei Kapazitäten nur zwei festgekoppelte Übertrager, insgesamt also vier Energiespeicher. Diese Anzahl von Energiespeichern erzielt eine Gradabnahme von $Z_3(p)$ gegenüber $Z(p)$ um Null, Zwei oder Vier, je nachdem ob die gewählte Entwicklungsstelle eine Nullstelle von $G(p)$ der Ordnung Null (Fall einer Entwicklungsstelle dritter Art), Eins oder größer als Eins ist.

Zu bemerken ist noch, daß eine Zweipolfunktion, die mindestens den Grad Eins hat, wenigstens *eine* Entwicklungsstelle erster oder zweiter Art besitzt.

Wenn man die Restzweipolfunktion $Z_3(p)$ [bzw. w^2 $Z_3(p)$] ebenso wie die Ausgangsfunktion $Z(p)$ behandelt und dieser Prozeß hinreichend oft wiederholt wird, entsteht ein Zweipol, der $Z(p)$ in der gewünschten Weise realisiert. Das Verfahren ist genau dann beendet, wenn die Restfunktion eine Konstante R ist und keine Entwicklungsstelle dritter Art für eine mögliche Weiterentwicklung von R benützt wird.

An früherer Stelle wurde bei der Verwendung einer Entwicklungsstelle zweiter Art mit der Eigenschaft $Z(p_\nu) \neq 0$ und bei der Verwendung einer Entwicklungsstelle dritter Art vorausgesetzt, daß zunächst immer $Z(p)$ in $p=0$ und in $p=\infty$ frei von Polen sein soll. Auf diese Voraussetzung kann verzichtet werden. Hierauf soll im folgenden kurz eingegangen werden. Die Entwicklungskoeffizienten von $Z(p)$ in $p=0$ und $p=\infty$ werden mit $1/C_0 \geqq 0$ bzw. $L_0 \geqq 0$ bezeichnet. In der gleichen Weise wie früher $Z(p)$ wird jetzt $Z(p)-q(p)$ entwickelt; dadurch ergeben sich die Größen L_κ, C_κ ($\kappa=1, 2, 3$) und die Restfunktion $Z_3(p)$, wenn man $q(p)=L_0 p$ oder $q(p)=L_0 p+1/(C_0 p)$ wählt, je nachdem ob $L_1 \neq 0$ und $1/C_1=0$ oder $L_1 C_1 \neq 0$ gilt. Im Fall $L_1 \neq 0$, $1/C_1=0$ wird

$$L_1' = L_0 + L_1 \text{ und } L_3' = L_3 - L_0'$$

mit

$$L_0' = L_0 \frac{L_2 + L_3}{L_0 + L_1 + L_2} \geqq 0$$

gesetzt, so daß wegen $L_1 L_2 + L_2 L_3 + L_3 L_1 = 0$ die Beziehung

$$L_1' L_2 + L_2 L_3' + L_3' L_1' = 0$$

besteht. Bei der Realisierung werden statt L_1 und L_3 die Konstanten L_1' und L_3' verwendet, und an die Stelle der Restfunktion $Z_3(p)$ tritt die Zweipolfunktion $Z_3(p)+L_0' p$. Ist $L_1'=0$, dann muß auch $L_3'=0$ sein, und man erhält als Reaktanzzweitor das im Bild 70 dargestellte Zweitor mit zwei Energiespeichern. – Entsprechend dem Fall $L_1 \neq 0$, $1/C_1=0$ ist der Fall $L_1 C_1 \neq 0$ zu behandeln.

3.8.5. Zusätzliche Bemerkungen

Bei Verwendung einer Entwicklungsstelle zweiter Art $p_\nu=\sigma_\nu$ oder $p_\nu=j\omega_\nu$, die keine Nullstelle von $Z(p)$ ist, oder bei Verwendung einer Entwicklungsstelle dritter Art $p_\iota=\sigma_\iota>0$ kann man die Funktion $r(p)$ Gl. (107) auch dadurch festlegen, daß man $L_1=0$ und $C_1=1/[p_\nu Z(p_\nu)]$ bzw. $C_1=1/[p_\iota Z(p_\iota)]$ wählt. Das weitere Vorgehen unterscheidet sich nicht von der bisherigen Verfahrensweise. Allerdings muß in Gl. (112) jetzt $L_3=0$ gewählt werden. Die Größe C_3 ergibt sich aufgrund der Forderung, daß beim Übergang von $Z_2(p)$ zu $Z_3(p)$ der Pol im Nullpunkt vollständig abgebaut werden soll. Es gilt $C_1+C_2+C_3=0$. Das hierbei entstehende Reaktanzzweitor ist zunächst wegen des Auftretens einer negativen Kapazität nicht ausführbar. Man kann jedoch dieses Zweitor leicht in ein ausführbares äquivalentes Netzwerk überführen, das einen festgekoppelten Übertrager enthält. Auf die Voraussetzung, daß $Z(p)$ in $p=0$ keinen Pol hat, kann auch hier verzichtet werden. Die Vorgehensweise muß dazu ähnlich abgeändert werden, wie dies früher in entsprechenden Fällen geschah.

Es besteht die Möglichkeit, in einem Entwicklungsschritt gleichzeitig zwei Entwicklungsstellen zweiter oder dritter Art, die auf den Koordinatenachsen der p-Ebene liegen, abzubauen. Dadurch erhält man zusätzliche Realisierungsmöglichkeiten, die unter Umständen Vorteile gegenüber den im vorausgegangenen gewonnenen Netzwerken bieten. Diesbezügliche Einzelheiten können der Arbeit [105] entnommen werden.

3.8.6. Verhalten der Entwicklungsstellen bei der Durchführung eines Entwicklungsschrittes

Für die praktische Anwendung des in den vorausgegangenen Abschnitten beschriebenen Realisierungsverfahrens ist es wichtig zu wissen, wie sich die Entwicklungsstellen erster und zweiter Art der Funktion $Z(p)$ beim Übergang zur Zweipolfunktion $Z_3(p)$ verhalten. Diese Frage wird im folgenden in Form einiger Sätze beantwortet. Die Beweise werden nur angedeutet. Eine ausführliche Beweisführung findet man in der Arbeit [105].

Es sei p_1 eine in der offenen Halbebene $\operatorname{Re} p > 0$ gelegene Entwicklungsstelle zweiter Art von $Z(p)$ und q_1 die Ordnung der Nullstelle p_1 von $G(p)$. Mit $G_3(p)$ wird künftig stets der gerade Teil von $Z_3(p)$ bezeichnet.

Satz 14a:

Wird p_1 beim ersten Zyklus der Entwicklung von $Z(p)$ als Entwicklungsstelle verwendet, dann ist p_1 im Falle $q_1 > 2$ Nullstelle von $G_3(p)$ der Ordnung $q_1 - 2$; andernfalls gilt $G_3(p_1) \neq 0$. Falls p_1 nicht als Entwicklungsstelle verwendet wird, ist p_1 Nullstelle von $G_3(p)$ der Ordnung q_1.

Zum Beweis dieses Satzes muß man untersuchen, wie sich die geraden und die ungeraden Teile der Funktionen $Z_1(p)$, $Z_2(p)$, $Z_3(p)$ in $p = p_1$ verhalten. Erfolgt ein direkter Übergang von $Z(p)$ zu $Z_3(p)$ nach Abschnitt 3.8.1, dann gilt $G_3(p) \equiv G(p)$, und die Richtigkeit der Aussage von Satz 14a ist offenkundig.

Es sei $p_2 \neq 0, \infty$ eine auf der imaginären Achse gelegene Entwicklungsstelle zweiter Art von $Z(p)$ und q_2 die (notwendig geradzahlige) Ordnung der Nullstelle p_2 von $G(p)$.

Satz 14b:

Für das Verhalten der Entwicklungsstelle p_2 beim Übergang zur Zweipolfunktion $Z_3(p)$ gibt es genau zwei Möglichkeiten.

1. Der Punkt p_2 wird Entwicklungsstelle erster Art von $Z_3(p)$. Weiterhin wird der Punkt p_2 Nullstelle von $G_3(p)$ der Ordnung $q_2 - 4 \geqq 0$ oder $q_2 - 2 \geqq 0$, je nachdem ob p_2 zur Bildung von $Z_3(p)$ verwendet wurde oder nicht.

2. Der Punkt p_2 wird nicht Entwicklungsstelle erster Art von $Z_3(p)$, jedoch Nullstelle von $G_3(p)$ der Ordnung $q_2 - 2 \geqq 0$ oder q_2, je nachdem ob p_2 zur Bildung von $Z_3(p)$ verwendet wurde oder nicht.

Der Beweis von Satz 14b erfolgt in ähnlicher Weise wie der von Satz 14a.

Es sei $p_3 = 0$ oder $p_3 = \infty$ eine Entwicklungsstelle zweiter Art von $Z(p)$ und q_3 die Ordnung der Nullstelle p_3 von $G(p)$.

Satz 14c:

Wird der Punkt p_3 beim ersten Zyklus der Entwicklung von $Z(p)$ als Entwicklungsstelle verwendet, dann ist dieser Punkt für $q_3 \geqq 4$ Entwicklungsstelle erster Art von $Z_3(p)$ und Nullstelle von $G_3(p)$ der Ordnung $q_3 - 4$, oder der Punkt p_3 ist keine Entwicklungsstelle von $Z_3(p)$, falls $q_3 = 2$ gilt. – Wird dagegen der Punkt p_3 nicht als Entwicklungsstelle benützt, so ist er eine Nullstelle von $G_3(p)$ der Ordnung q_3 und somit Entwicklungsstelle zweiter Art von $Z_3(p)$.

Es sei $p_4 \neq 0, \infty$ eine auf der imaginären Achse gelegene Entwicklungsstelle erster Art von $Z(p)$ und q_4 bzw. r_4 die Ordnung der Nullstelle p_4 von $G(p)$ und $G_3(p)$.

Satz 14d:

Wird der Punkt p_4 beim ersten Zyklus der Entwicklung von $Z(p)$ nicht als Entwicklungsstelle verwendet, dann ist dieser Punkt entweder Entwicklungsstelle erster Art von $Z_3(p)$, und es gilt $r_4 = q_4$, oder p_4 ist Entwicklungsstelle zweiter Art von $Z_3(p)$, und es gilt $r_4 = q_4 + 2$. – Wird dagegen der Punkt p_4 als Entwicklungsstelle benützt, dann ist er nicht Entwicklungsstelle erster Art von $Z_3(p)$, und es gilt $G_3(p) \equiv G(p)$.

Es sei $p_5 = 0$ oder $p_5 = \infty$ eine Entwicklungsstelle erster Art von $Z(p)$ und q_5 die Ordnung der Nullstelle p_5 von $G(p)$.

Satz 14e:

Wird der Punkt p_5 beim ersten Zyklus der Entwicklung von $Z(p)$ nicht als Entwicklungsstelle verwendet, dann ist dieser Punkt auch Entwicklungsstelle erster Art von $Z_3(p)$, und die Ordnung der Nullstelle p_5 von $G_3(p)$ ist q_5. – Wird dagegen der Punkt p_5 als Entwicklungsstelle benützt, dann ist er keine Entwicklungsstelle erster Art von $Z_3(p)$, und es gilt $G_3(p) \equiv G(p)$.

Auch die Sätze 14c, 14d und 14e werden in ähnlicher Weise wie der Satz 14a bewiesen.

Zusammenfassend kann man feststellen, daß die Restzweipolfunktion $Z_3(p)$ nur solche Entwicklungsstellen erster und zweiter Art besitzen kann, die Entwicklungsstellen erster oder zweiter Art der Zweipolfunktion $Z(p)$ waren.

3.9. DAS VERFAHREN VON R. BOTT UND R. J. DUFFIN

3.9.1. Vorbemerkungen

Die in den Abschnitten 3.6, 3.7 und 3.8 behandelten Verfahren zur Realisierung einer beliebigen Zweipolfunktion führen zu Netzwerken, die im allgemeinen Übertrager enthalten. R. Bott und R. J. Duffin haben im Jahre 1949 gezeigt, daß jede Zweipolfunktion durch einen reinen *RLC*-Zweipol, also ohne Verwendung von Übertragern, verwirklicht werden kann [42]. Hierauf soll im folgenden eingegangen werden. Der Bott-Duffin-Prozeß liefert allerdings keine kanonischen Netzwerke.

Ausgehend von der zu realisierenden Zweipolfunktion werden zunächst Reaktanz- und Widerstandsreduktionen sukzessive so lange angewendet, bis sich eine Restzweipolfunktion $Z(p)$ ergibt, auf die keine derartigen Reduktionen mehr anwendbar sind. Diese Präambel wurde im Abschnitt 3.6 auch dem Brune-Prozeß vorangestellt. Ihr entspricht eine Verwirklichung der Ausgangsfunktion in Form eines Netzwerks, das außer Ohmwiderständen, Induktivitäten und Kapazitäten nur noch einen Restzweipol enthält, dessen Impedanz bzw. Admittanz mit $Z(p)$ bezeichnet wurde. Für eine übertragerfreie Realisierung der Ausgangsfunktion genügt es also, diese Zweipolfunktion $Z(p)$ durch einen *RLC*-Zweipol zu verwirklichen.

Wie im Abschnitt 3.6 bereits gezeigt wurde, muß ein Punkt $p = j\omega_0$ mit $\omega_0 \neq 0, \infty$ existieren, für den die Zweipolfunktion $Z(p)$ rein imaginär ist:

$$Z(j\omega_0) = jX. \tag{113}$$

Hierbei gilt $X \lessgtr 0$.

Im folgenden soll $Z(p)$ als Impedanz verwirklicht werden. Die entsprechende Realisierung von $Z(p)$ als Admittanz läßt sich in dualer Weise erreichen.

3.9.2. Der Entwicklungsprozeß

Bei den folgenden Betrachtungen empfiehlt es sich, die Fälle $X > 0$ und $X < 0$ zu unterscheiden.

a) Der Fall $X > 0$

Ausgehend von der Zweipolfunktion $Z(p)$ wird die Funktion

$$W_{1a}(p) = Z(p) - L_a p \tag{114}$$

mit

$$L_a = X/\omega_0 \tag{115}$$

eingeführt. Diese Funktion hat dieselben Eigenschaften wie die Funktion $Z_1(p)$ Gl. (76), die im Abschnitt 3.6 ausführlich diskutiert wurde. Demnach existiert eine einfache Nullstelle $p = \sigma_a > 0$ von $W_{1a}(p)$. Hierbei wurde $Z(0) \neq 0$ berücksichtigt. Außer der Nullstelle $p = \sigma_a$ hat $W_{1a}(p)$ keine Nullstellen in der Halbebene Re $p > 0$. Alle Nullstellen von $W_{1a}(p)$ auf der imaginären Achse sind einfach und weisen positive Entwicklungskoeffizienten auf. Zu diesen Nullstellen gehören die Punkte $p = \pm j\omega_0$. Als weitere Funktion wird

$$W_{2a}(p) = 1 - k_a L_a p Z(p) \tag{116}$$

eingeführt. Dabei wird

$$k_a = 1/Z^2(\sigma_a) \tag{117}$$

gewählt. Da $W_{1a}(\sigma_a) = 0$ gilt, folgt aus Gl. (114)

$$Z(\sigma_a) - L_a\sigma_a = 0. \tag{118}$$

Damit muß aber nach Gl. (116) und Gl. (117) auch $W_{2a}(\sigma_a) = 0$ gelten. Der Punkt $p = \sigma_a$ ist sicher eine einfache Nullstelle von $W_{2a}(p)$. Diese Tatsache sieht man leicht ein, wenn man die Funktion $W_{2a}(p)/Z(p) = 1/Z(p) - k_a L_a p$ betrachtet, die offensichtlich die grundsätzliche Form der Funktion $W_{1a}(p)$ hat und daher ganz entsprechende Nullstellen-Eigenschaften wie diese Funktion besitzt. Bildet man nun den Quotienten

$$Z_a(p) = \frac{W_{1a}(p)}{W_{2a}(p)}, \tag{119}$$

so entsteht die rationale, reelle Funktion $Z_a(p)$, die in der Halbebene $\operatorname{Re} p > 0$ weder Nullstellen noch Pole hat, da sich der Faktor $(p - \sigma_a)$ im Zähler und Nenner kürzen läßt. Ist $p_1 = \mathrm{j}\omega_1$ irgendeine imaginäre Nullstelle von $W_{1a}(p)$, dann kann p_1 wegen der Beziehung $W_{2a}(p_1) = 1 + k_a L_a^2 \omega_1^2 > 0$ keine Nullstelle von $W_{2a}(p)$ sein. Dieser Punkt muß daher gemäß Gl. (119) eine einfache Nullstelle von $Z_a(p)$ sein. Es gilt nun

$$\left[\frac{\mathrm{d}Z_a(p)}{\mathrm{d}p}\right]_{p=p_1} = \left[\frac{\mathrm{d}W_{1a}(p)}{\mathrm{d}p}\right]_{p=p_1} \cdot \frac{1}{1 - k_a L_a^2 p_1^2} > 0,$$

da $\mathrm{d}W_{1a}(p)/\mathrm{d}p > 0$ für $p = p_1$ ist. Daher ist jede Nullstelle von $Z_a(p)$, die sich auf der imaginären Achse befindet, einfach und weist einen positiven Entwicklungskoeffizienten auf. Zu diesen Nullstellen gehören die Punkte $p = \pm\mathrm{j}\omega_0$. Im Unendlichen befindet sich keine Nullstelle von $Z_a(p)$. Weiterhin erhält man nach kurzer Zwischenrechnung

$$\operatorname{Re} Z_a(\mathrm{j}\omega) = \frac{(1 + k_a L_a^2 \omega^2) \operatorname{Re} Z(\mathrm{j}\omega)}{[1 + k_a L_a \omega \operatorname{Im} Z(\mathrm{j}\omega)]^2 + [k_a L_a \omega \operatorname{Re} Z(\mathrm{j}\omega)]^2} \geqq 0.$$

Damit kann aufgrund von Satz 7 gefolgert werden, daß $Z_a(p)$ eine Zweipolfunktion ist. Sie hat das Nullstellenpaar $p = \pm\mathrm{j}\omega_0$. Der Grad von $Z_a(p)$ ist nicht größer als jener von $Z(p)$. Dies folgt aus den Gln. (114), (116) und (119) bei Berücksichtigung der Tatsache, daß $W_{1a}(p)$ und $W_{2a}(p)$ den gemeinsamen Faktor $(p - \sigma_a)$ haben.

Die praktische Bestimmung der Funktion $Z_a(p)$ erfolgt dadurch, daß man zunächst die Konstante L_a nach Gl. (115) mit Gl. (113) ermittelt, die Konstante $\sigma_a > 0$ durch Lösung der Gl. (118) und dann die Größe k_a nach Gl. (117) berechnet. Gemäß Gl. (119) in Verbindung mit den Gln. (114) und (116) erhält man danach die Zweipolfunktion $Z_a(p)$.

b) Der Fall $X < 0$

In Analogie zum Fall $X > 0$ werden auch hier zwei Funktionen

$$W_{1b}(p) = Z(p) - L_b p \tag{120}$$

und

$$W_{2b}(p) = 1 - k_b L_b p Z(p) \tag{121}$$

mit positiven Konstanten k_b und L_b eingeführt, deren genaue Wahl noch zu treffen ist. Zunächst stellt man fest, daß die Funktion $W_{1b}(p)$ Gl. (120) die gleichen Nullstellen- und Pol-Eigenschaften wie die Funktion $W_{1a}(p)$ Gl. (114) hat. Es muß insbesondere eine Stelle $p = \sigma_b > 0$ existieren, die eine einfache Nullstelle von $W_{1b}(p)$ ist. Entsprechend Gl. (117) wird durch die Wahl

$$k_b = 1/Z^2(\sigma_b) \tag{122}$$

erreicht, daß $p = \sigma_b$ auch eine einfache Nullstelle der Funktion $W_{2b}(p)$ ist. Schließlich bewirkt die Wahl

$$L_b = -1/(k_b\omega_0 X) > 0, \tag{123}$$

daß die Punkte $p = \pm j\omega_0$ Nullstellen der Funktion $W_{2b}(p)$ Gl. (121) werden. Diese Funktion hat die gleichen Nullstellen- und Pol-Eigenschaften wie die Funktion $W_{2a}(p)$ Gl. (116). Für die Nullstelle $p = \sigma_b$ gilt gemäß Gl. (120) die Beziehung $Z(\sigma_b) = L_b\sigma_b$. Ersetzt man hier die Konstante L_b gemäß Gl. (123) und anschließend die Konstante k_b durch die rechte Seite der Gl. (122), dann erhält man als Bestimmungsgleichung für σ_b

$$\frac{\omega_0 X}{\sigma_b} + Z(\sigma_b) = 0. \tag{124}$$

Der nunmehr gebildete Quotient

$$Z_b(p) = \frac{W_{1b}(p)}{W_{2b}(p)} \tag{125}$$

ist eine Zweipolfunktion. Die Begründung ist dieselbe wie für die Funktion $Z_a(p)$ Gl. (119). Die Funktion $Z_b(p)$ hat das Polpaar $p = \pm j\omega_0$. Der Grad von $Z_b(p)$ ist nicht größer als jener von $Z(p)$. Dies folgt aus den Gln. (120), (121) und (125) bei Berücksichtigung der Tatsache, daß $W_{1b}(p)$ und $W_{2b}(p)$ den gemeinsamen Faktor $(p - \sigma_b)$ haben.

Die praktische Bestimmung der Funktion $Z_b(p)$ erfolgt dadurch, daß man zunächst unter Verwendung der Gl. (113) die positiv reelle Lösung σ_b der Gl. (124) ermittelt, die Konstante k_b nach Gl. (122) und dann die Größe L_b nach Gl. (123) berechnet. Gemäß Gl. (125) in Verbindung mit den Gln. (120) und (121) erhält man danach dic Zweipolfunktion $Z_b(p)$.

3.9.3. Die Verwirklichung

Mit Hilfe der im letzten Abschnitt eingeführten Zweipolfunktion $Z_a(p)$ bzw. $Z_b(p)$ kann jetzt der erste Zyklus zur übertragerfreien Realisierung der Zweipolfunktion $Z(p)$ durchgeführt werden. Im Falle $X > 0$ läßt sich $Z(p)$ mit den Gln. (119), (114) und (116) folgendermaßen darstellen:

$$Z(p) = \frac{Z_a(p) + L_a p}{1 + k_a L_a p Z_a(p)} \quad .$$

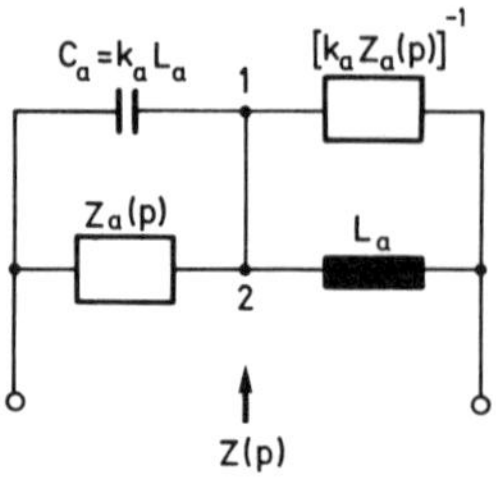

Bild 71: Verwirklichung der Zweipolfunktion $Z(p)$ aufgrund der Gl. (126)

Hieraus folgt die weitere Darstellung

$$Z(p) = \frac{1}{\dfrac{1}{Z_a(p)} + k_a L_a p} + \frac{1}{\dfrac{1}{L_a p} + k_a Z_a(p)} . \tag{126}$$

Sie erlaubt unmittelbar eine Verwirklichung von $Z(p)$ nach Bild 71. Beachtet man, daß die Zweipolfunktion $Z_a(p)$ in $p = \pm j\omega_0$ Nullstellen hat, die von $1/Z_a(p)$ abgespalten werden können, dann erhält man das im Bild 72 dargestellte Netzwerk.

Im Falle $X < 0$ läßt sich $Z(p)$ mit den Gln. (125), (120) und (121) wie im Falle $X > 0$ nach Gl. (126) darstellen. Dabei brauchen nur alle Indizes a durch b ersetzt zu werden. Damit erhält man zunächst eine Realisierung von $Z(p)$ gemäß Bild 71, wobei wieder alle Indizes a durch b zu ersetzen sind. Beachtet man, daß die Zweipolfunktion $Z_b(p)$ in $p = \pm j\omega_0$ Pole hat, die von $Z_b(p)$ abgespalten werden können, dann ergibt sich das im Bild 73 dargestellte Netzwerk.

Die Restzweipolfunktionen $Z_{a1}(p)$, $Z_{a2}(p)$ und $Z_{b1}(p)$, $Z_{b2}(p)$, die in den Realisierungen nach Bild 72 bzw. Bild 73 vorkommen, haben einen Grad, der mindestens um Zwei (in der Regel genau um Zwei) kleiner ist als jener von $Z(p)$. Diese Gradabnahme mußte allerdings durch sechs Energiespeicher und vor allem dadurch erkauft werden, daß jeweils *zwei* Restzweipolfunktionen auftreten. Wendet man auf beide Restzweipolfunktionen $Z_{a1}(p)$, $Z_{a2}(p)$ bzw. $Z_{b1}(p)$, $Z_{b2}(p)$, gegebenenfalls nach der Durchführung von Widerstands- und Reaktanzreduktionen, das gleiche Vorgehen wie auf $Z(p)$ an und fährt man in dieser Weise fort, dann gelangt man schließlich zu einer übertragerfreien

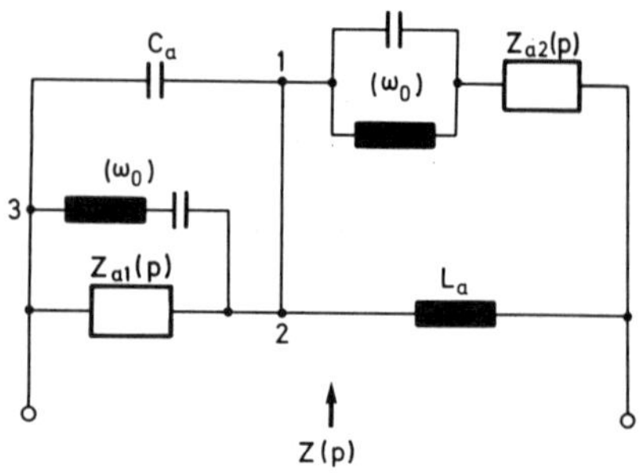

Bild 72: Verwirklichung der Zweipolfunktion $Z(p)$ im Fall $X > 0$ aufgrund der Gl. (126) bei Ausnützung der Nullstellen $\pm j\omega_0$ von $Z_a(p)$

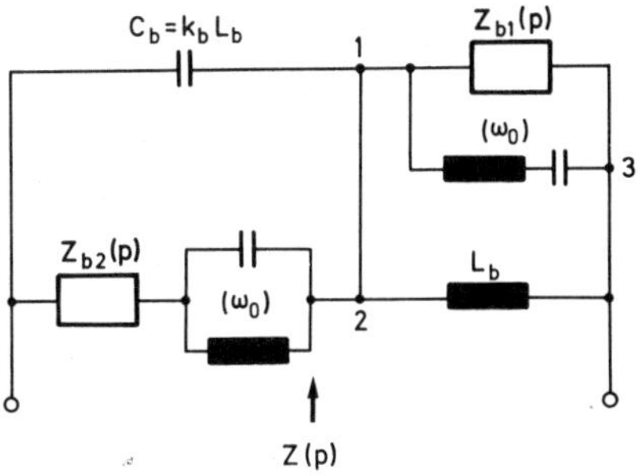

Bild 73: Verwirklichung der Zweipolfunktion $Z(p)$ im Fall $X < 0$ aufgrund der Gl. (126) bei Ausnützung der Pole $\pm j\omega_0$ von $Z_b(p)$

Realisierung der Zweipolfunktion $Z(p)$. Es sind allerdings wesentlich mehr Reaktanzelemente als bei den früheren kanonischen Realisierungen erforderlich. Schuld daran ist vor allem die Tatsache, daß sich die Zahl der Restzweipolfunktionen bei jedem Entwicklungszyklus verdoppelt. Im folgenden Abschnitt soll gezeigt werden, wie man in den Netzwerken von Bild 72 und Bild 73 noch einen Energiespeicher einsparen kann.

Da man das geschilderte Verfahren zur Entwicklung einer beliebigen Zweipolfunktion auch auf ihre Reziproke anwenden kann, liefert bereits der erste Entwicklungszyklus stets zwei in der Regel verschiedene, kopplungsfreie Realisierungen dieser Funktion. Einzelheiten möge sich der Leser selbst überlegen.

3.9.4. Verbesserungen der Netzwerke

Wie man unmittelbar sieht, ist das Netzwerk im Bild 71 eine abgeglichene Brücke. Daher darf man die Kurzschlußverbindung zwischen den Knoten 1 und 2 durch einen beliebigen Zweipol ersetzen. Diese Möglichkeit wird zunächst dazu benützt, im Bild 72 den Kurzschluß zwischen den Knoten 1 und 2 durch eine Induktivität $L_0 = 1/(C_a \omega_0^2)$ zu ersetzen. Dann läßt sich der Teil des modifizierten Netzwerkes, der aus dieser Induktivität L_0, der Kapazität C_a und dem Reihenschwingkreis mit der Resonanzkreisfrequenz ω_0 besteht, nach der bekannten Dreieck-Stern-Transformation in einen äquivalenten Stern umwandeln (Bild 74). Dieser Stern enthält zwischen den Knoten 0 und 1 einen Parallelschwingkreis, dessen Resonanzkreisfrequenz wegen der speziellen

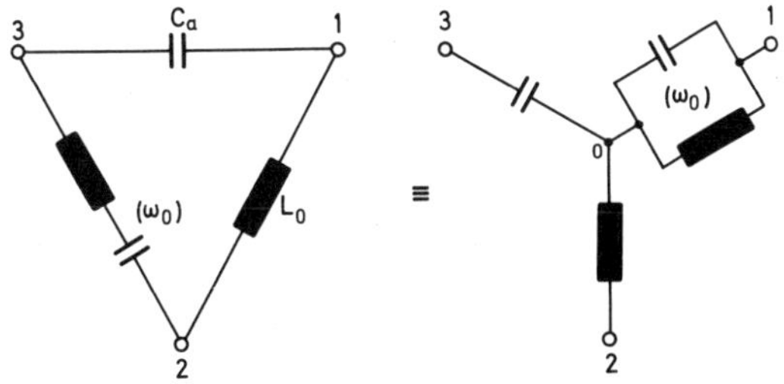

Bild 74: Dreieck-Stern-Umwandlung

Wahl von L_0 gleich ω_0 ist. Ersetzt man nun das genannte Dreieck im abgeänderten Netzwerk von Bild 72 durch den äquivalenten Stern nach Bild 74, so erhält man ein Netzwerk, in dem zwei Parallelschwingkreise mit derselben Resonanzkreisfrequenz in Reihe liegen. Beide Schwingkreise werden zu *einem* Schwingkreis vereinigt. Auf diese Weise ergibt sich eine Realisierung von $Z(p)$, die außer den beiden Restzweipolen mit den Impedanzen $Z_{a1}(p)$ und $Z_{a2}(p)$ nur noch fünf Reaktanzen, nämlich drei Induktivitäten und zwei Kapazitäten enthält.

Im Bild 73 ersetzt man die Kurzschlußverbindung zwischen den Knoten 1 und 2 durch eine Kapazität $C_0 = 1/(L_b\omega_0^2)$. Dann wird der Teil des modifizierten Netzwerks, der aus dieser Kapazität C_0, der Induktivität L_b und dem Reihenschwingkreis mit der Resonanzkreisfrequenz ω_0 besteht, ähnlich wie im Bild 74 in einen äquivalenten Stern umgewandelt. Diesen Stern führt man im modifizierten Netzwerk von Bild 73 anstelle des genannten, äquivalenten Dreiecks ein und erhält wieder ein Netzwerk, in dem zwei Parallelschwingkreise mit derselben Resonanzkreisfrequenz in Reihe liegen. Beide Schwingkreise werden zu *einem* Schwingkreis vereinigt. Auf diese Weise ergibt sich eine Realisierung von $Z(p)$, die außer den beiden Restzweipolen mit den Impedanzen $Z_{b1}(p)$ und $Z_{b2}(p)$ nur noch fünf Reaktanzen, nämlich zwei Induktivitäten und drei Kapazitäten enthält. Wird statt der Impedanz $Z(p)$ die Admittanz $1/Z(p)$ realisiert, dann kann durch Einführung eines zusätzlichen Elements und anschließende Stern-Dreieck-Umwandlung in der endgültigen Realisierung ebenfalls ein Energiespeicher eingespart werden. Einzelheiten möge sich der Leser selbst überlegen.

3.10. ABSCHLIEẞENDE BEMERKUNGEN

Im Abschnitt 2 wurde gezeigt, wie man mit Hilfe von Zweipolfunktionen die Impedanz und Admittanz eines jeden *RLCÜ*-Zweipols eindeutig charakterisieren kann. Es gelang, auch die Impedanz und Admittanz von speziellen Zweipolen, nämlich von Reaktanzzweipolen, von kapazitätsfreien Zweipolen und von induktivitätsfreien Zweipolen eindeutig zu kennzeichnen.

Der Abschnitt 3 war der Verwirklichung von Zweipolfunktionen gewidmet. Neben der Realisierung von *LC*-, *RL*- und *RC*-Zweipolfunktionen wurden einige Verfahren beschrieben, die allgemeine Zweipolfunktionen zu verwirklichen erlauben. Damit sind Möglichkeiten gegeben, jede Zweipolfunktion als Impedanz oder Admittanz durch einen *RLCÜ*-Zweipol zu realisieren, der nur die Minimalzahl von Energiespeichern benötigt und Transformatoren nur in Form festgekoppelter Übertrager enthält. Man kann weiterhin jede Zweipolfunktion als Impedanz oder Admittanz durch ein Reaktanzzweitor verwirklichen, das am Ausgang mit einem Ohmwiderstand abgeschlossen ist und dann am Zweitoreingang das gewünschte Zweipolverhalten zeigt. Die auf diese Weise entstehenden Zweipole enthalten im allgemeinen mehr als die Minimalzahl von Energiespeichern. Schließlich besteht die Möglichkeit, eine Zweipolfunktion durch einen übertragerfreien *RLC*-Zweipol zu realisieren. Allerdings enthalten die hierbei entstehenden Zweipole im allgemeinen wesentlich mehr Energiespeicher als die kanonischen Zweipole. Weitere Verfahren zur übertragerfreien Realisierung von Zweipolfunktionen sind in den Arbeiten [68], [77], [83], [104] beschrieben. Ungelöst ist noch die Frage nach der übertragerfreien *RLC*-Realisierung von Zweipolfunktionen mit der Mindestzahl von Energiespeichern.

In den folgenden Abschnitten soll zunächst die Charakterisierung und dann die Synthese von *Zweitoren* behandelt werden.

4. Die Charakterisierung von Zweitoren

4.1. EIGENSCHAFTEN DER IMPEDANZ- UND DER ADMITTANZMATRIX

4.1.1. Allgemeine Bedingungen, positive Matrizen

Es wird ein beliebiges, aus Ohmwiderständen, Induktivitäten, Kapazitäten und Übertragern aufgebautes Zweitor betrachtet. Alle auftretenden Spannungen und Ströme, insbesondere die Primär- und Sekundärgrößen, werden in bekannter Weise durch komplexe Größen beschrieben. Die Verknüpfung der äußeren Größen U_1, I_1, U_2, I_2 (Bild 75) läßt sich mit Hilfe von zweireihigen quadratischen Matrizen ausdrücken. Da sechs verschiedene Verknüpfungen möglich sind, gibt es dementsprechend sechs derartige Matrizen, von denen für ein beliebiges Zweitor nicht alle existieren müssen [29].

Mit Hilfe einer dieser Matrizen, der Impedanzmatrix $\boldsymbol{Z}(p)$, werden im folgenden allgemeine *RLCÜ*-Zweitore charakterisiert. Bezeichnet man die Elemente der Impedanzmatrix mit $Z_{rs}(p)$ $(r, s = 1, 2)$, dann gilt bekanntlich

$$\begin{bmatrix} U_1 \\ U_2 \end{bmatrix} = \begin{bmatrix} Z_{11}(p) & Z_{12}(p) \\ Z_{21}(p) & Z_{22}(p) \end{bmatrix} \cdot \begin{bmatrix} I_1 \\ I_2 \end{bmatrix} . \tag{127}$$

Im Falle von *RLCÜ*-Zweitoren ist die Impedanzmatrix symmetrisch, d.h. es gilt $Z_{12}(p) \equiv Z_{21}(p)$. Nach dem Vorbild von Abschnitt 2.1 soll jetzt auf das betrachtete Zweitor der Satz 1 angewendet werden. Die Spannungen an den Klemmen der Netzwerkelemente

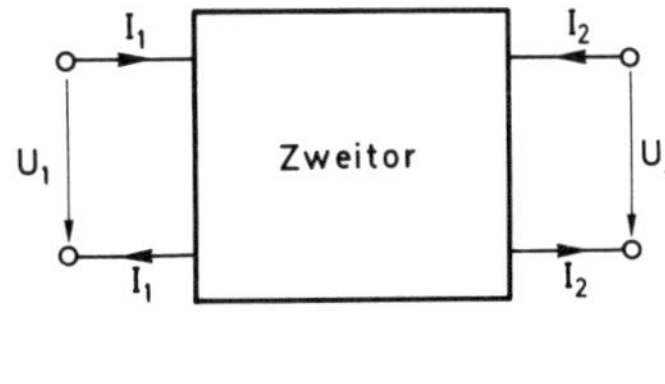

Bild 75: *RLCÜ*-Zweitor mit den äußeren Spannungen und Strömen

und die durch diese Elemente fließenden Ströme seien mit U_ν bzw. I_ν ($\nu \neq 1, 2$) bezeichnet. Dann erhält man

$$U_1 I_1^* + U_2 I_2^* = \sum_{\nu \neq 1,2} U_\nu I_\nu^* = F + pT + \frac{1}{p} V. \tag{128}$$

Die Funktionen F, T und V sind durch die Beziehungen

$$F = \sum_\rho R_\rho I_\rho(p) I_\rho^*(p),$$

$$T = \sum_\iota L_\iota I_\iota(p) I_\iota^*(p)$$

und

$$V = \sum_\kappa \frac{1}{C_\kappa} I_\kappa(p) I_\kappa^*(p)$$

gegeben, wobei bezüglich aller im Zweitor auftretenden Ohmwiderstände R_ρ, Induktivitäten L_ι bzw. Kapazitäten C_κ zu summieren ist. Nach Abschnitt 2.1 hat damit die rechte Seite der Gl. (128), falls sie nicht identisch Null ist, in Re $p > 0$ positiven Realteil. Die linke Seite der Gl. (128) läßt sich unter Verwendung der Gl. (127) und bei Beachtung der Bindung $Z_{12}(p) = Z_{21}(p)$ in der Form

$$U_1 I_1^* + U_2 I_2^* = Z_{11}(p) I_1 I_1^* + Z_{12}(p)(I_1 I_2^* + I_1^* I_2) + Z_{22}(p) I_2 I_2^* \tag{129}$$

schreiben. Wird das Zweitor durch reelle Ströme $I_1 = x_1$ und $I_2 = x_2$ erregt, dann erhält man aus Gl. (129) die Funktion

$$Z(p) = Z_{11}(p) x_1^2 + 2 Z_{12}(p) x_1 x_2 + Z_{22}(p) x_2^2. \tag{130}$$

Diese Funktion ist für beliebige reelle x_1 und x_2 offensichtlich rational und reell, da die Elemente der Impedanzmatrix diese Eigenschaft haben. Außerdem ist die Funktion $Z(p)$ positiv oder $\equiv 0$, da sie in der Form der rechten Seite von Gl. (128) dargestellt werden kann; $Z(p)$ Gl. (130) muß also für beliebige reelle x_1, x_2 eine Zweipolfunktion sein. Aus dieser Tatsache ergeben sich grundlegende Eigenschaften für die Impedanzmatrix $\boldsymbol{Z}(p)$, die im folgenden untersucht werden sollen. Da die Funktionen $Z_{11}(p)$ und $Z_{22}(p)$ nach Gl. (127) die Bedeutung von Zweipol-Impedanzen haben, müssen sie Zweipolfunktionen sein. Über die Funktion $Z_{12}(p)$ kann man mit Hilfe der Zweipolfunktion $Z(p)$ die folgenden Aussagen machen:

a) Die Funktion $Z_{12}(p)$ kann in der rechten Halbebene Re $p > 0$ keine Pole haben. Das Auftreten einer Polstelle von $Z_{12}(p)$ in Re $p > 0$ hätte nämlich nach Gl. (130) bei Wahl von x_1, $x_2 \neq 0$ zur Folge, daß diese Stelle auch ein Pol von $Z(p)$ wäre, was jedoch ausgeschlossen ist.

b) Jeder auf der imaginären Achse einschließlich $p = \infty$ gelegene Pol von $Z_{12}(p)$ muß einfach sein. Hätte nämlich $Z_{12}(p)$ dort eine mehrfache Polstelle, dann hätte auch $Z(p)$ bei Wahl von x_1, $x_2 \neq 0$ in diesem Punkt einen Pol der gleichen Vielfachheit. Es sei nun $p = \mathrm{j}\omega_0$ ($0 \leqq \omega_0 \leqq \infty$) ein Pol der Funktion $Z_{12}(p)$; der Entwicklungskoeffizient von

$Z_{12}(p)$ in diesem Punkt soll mit r_{12} bezeichnet werden. Die Entwicklungskoeffizienten der Zweipolfunktionen $Z_{11}(p)$ und $Z_{22}(p)$ in $p = \mathrm{j}\omega_0$ sollen mit r_{11} bzw. r_{22} bezeichnet werden. Es sei r_{11} bzw. r_{22} gleich Null, falls die entsprechende Funktion im Punkt $p = \mathrm{j}\omega_0$ keinen Pol hat. Dann erhält man für den Entwicklungskoeffizienten der Zweipolfunktion $Z(p)$ in $p = \mathrm{j}\omega_0$ aufgrund von Gl. (130)

$$r = r_{11}x_1^2 + 2r_{12}x_1x_2 + r_{22}x_2^2 \,. \tag{131}$$

Die Entwicklungskoeffizienten r_{11}, r_{22} und r müssen notwendig positiv reell oder Null sein, da sie zu Zweipolfunktionen gehören. Daher muß auch der Entwicklungskoeffizient r_{12} nach Gl. (131) eine reelle Konstante sein. Da der Entwicklungskoeffizient r für beliebige reelle Größen x_1 und x_2 nicht negativ werden darf, muß die rechte Seite der Gl. (131) eine positiv semidefinite quadratische Form in den Variablen x_1, x_2 sein. Notwendig und hinreichend dafür, daß diese Form positiv semidefinit ist, sind bekanntlich die Forderungen

$$r_{11} \geqq 0, r_{22} \geqq 0, \tag{132a}$$

$$r_{11}r_{22} - r_{12}^2 \geqq 0 \,. \tag{132b}$$

Die Forderungen (132a) korrespondieren mit einer der Bedingungen, welche die Zweipolfunktionen $Z_{11}(p)$ und $Z_{22}(p)$ erfüllen müssen. Neu ist die Forderung (132b). Aus ihr folgt, daß die Funktion $Z_{12}(p)$ in $p = \mathrm{j}\omega_0$ einen notwendigerweise einfachen Pol nur dann besitzen kann, wenn dort sowohl $Z_{11}(p)$ als auch $Z_{22}(p)$ einen Pol hat. Die Funktion $Z_{12}(p)$ braucht zwar keine Zweipolfunktion zu sein, jedoch muß sie die obigen Bedingungen erfüllen, die aus der Tatsache abgeleitet wurden, daß $Z(p)$ Gl. (130) für beliebige x_1, x_2 Zweipolfunktion ist.

Es ist möglich, daß in den Bedingungen (132a, b) einer der Entwicklungskoeffizienten r_{11} und r_{22} positiv ist, während der andere Koeffizient und r_{12} verschwinden. In einem solchen Fall hat eine der Zweipolfunktionen $Z_{11}(p)$ und $Z_{22}(p)$ in $p = \mathrm{j}\omega_0$ einen Pol, während die andere und die Funktion $Z_{12}(p)$ in $p = \mathrm{j}\omega_0$ endliche Werte besitzen. Gilt in der Bedingung (132b) das Gleichheitszeichen, dann bezeichnet man den Pol $p = \mathrm{j}\omega_0$ der Impedanzmatrix als *kompakt*.

Während die Funktion $Z_{12}(p)$ auf der imaginären Achse einschließlich $p = \infty$ nur in den Punkten Pole haben kann, in denen auch $Z_{11}(p)$ *und* $Z_{22}(p)$ Polstellen haben, braucht dies für die linke Halbebene Re $p < 0$ nicht zu gelten. Diese Tatsache läßt sich anhand des im Bild 76 dargestellten Zweitors direkt erkennen. Dieses Zweitor besitzt als Elemente der Impedanzmatrix

$$Z_{11}(p) \equiv Z_{12}(p) = \frac{p}{p+a} \,,$$

$$Z_{22}(p) = 1.$$

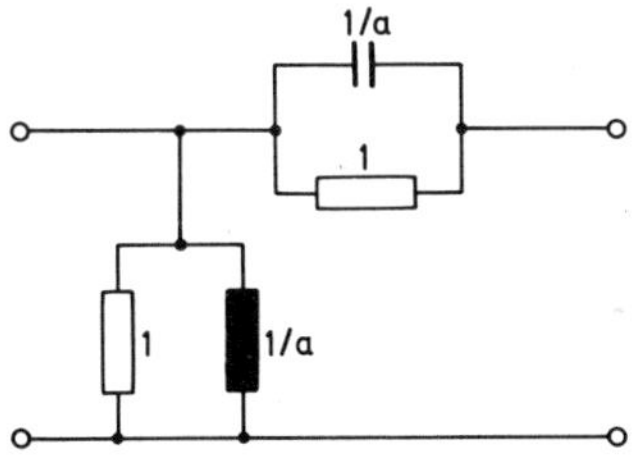

Bild 76: *RLC*-Zweitor mit $Z_{11}(p) \equiv Z_{12}(p) = p/(p+a)$ und $Z_{22}(p) = 1$

Mit den Abkürzungen Re $Z_{\mu\nu}(j\omega) = R_{\mu\nu}(\omega)$ erhält man aus Gl. (130)

$$\operatorname{Re} Z(j\omega) = R_{11}(\omega)x_1^2 + 2R_{12}(\omega)x_1x_2 + R_{22}(\omega)x_2^2 . \tag{133}$$

Da $Z(p)$ eine Zweipolfunktion ist, muß Re $Z(j\omega) \geqq 0$ für alle ω-Werte gelten. Die rechte Seite der Gl. (133) muß daher eine positiv semidefinite quadratische Form in den Variablen x_1 und x_2 sein. Als notwendige und hinreichende Bedingungen dafür, daß die Zweipolfunktion $Z(p)$ auf $p = j\omega$ einen nicht-negativen Realteil hat, erhält man damit die Forderungen

$$R_{11}(\omega) \geqq 0, \; R_{22}(\omega) \geqq 0, \tag{134a}$$

$$R_{11}(\omega)\, R_{22}(\omega) - R_{12}^2(\omega) \geqq 0 \tag{134b}$$

für alle ω-Werte. Beispielsweise folgt hieraus, daß in jedem Punkt auf der imaginären Achse, in welchem $Z_{11}(p)$ oder $Z_{22}(p)$ verschwindenden Realteil hat, auch der Realteil von $Z_{12}(p)$ gleich Null ist. Insbesondere muß $Z_{12}(p)$ in jeder auf der imaginären Achse gelegenen Nullstelle von $Z_{11}(p)$ oder $Z_{22}(p)$ imaginär sein.

Jede Stelle p, in der mindestens ein Element der Matrix

$$\boldsymbol{Z}(p) = \begin{bmatrix} Z_{11}(p) & Z_{12}(p) \\ Z_{12}(p) & Z_{22}(p) \end{bmatrix} \tag{135}$$

Unendlich wird, soll Pol der Matrix $\boldsymbol{Z}(p)$ genannt werden. Man bezeichnet eine Matrix $\boldsymbol{Z}(p)$ als rational, falls ihre Elemente rationale Funktionen von p sind. Sind die Elemente von $\boldsymbol{Z}(p)$ für reelle p-Werte reell, dann wird $\boldsymbol{Z}(p)$ eine reelle Matrix genannt. Weiterhin wird die Matrix $\boldsymbol{Z}(p)$ positiv genannt, wenn die nach Gl. (130) aus ihren Elementen gebildete Funktion $Z(p)$ für beliebige reelle Werte x_1 und x_2 positiv [Re $Z(p) > 0$ für Re $p > 0$] oder identisch Null ist. Damit kann man feststellen, daß die Impedanzmatrix eines jeden *RLCÜ*-Zweitors eine rationale, reelle und positive Matrix sein muß, sofern das Zweitor durch eine Impedanzmatrix beschrieben werden kann. Die Admittanzmatrix $\boldsymbol{Y}(p) = [Y_{rs}(p)]$ ist durch die Gleichung

$$\begin{bmatrix} I_1 \\ I_2 \end{bmatrix} = \begin{bmatrix} Y_{11}(p) & Y_{12}(p) \\ Y_{12}(p) & Y_{22}(p) \end{bmatrix} \cdot \begin{bmatrix} U_1 \\ U_2 \end{bmatrix} \tag{136}$$

definiert. Untersucht man diese Matrix in gleicher Weise wie die Impedanzmatrix, dann gelangt man zu dem Ergebnis, daß $\boldsymbol{Y}(p)$ ebenfalls eine rationale, reelle und positive Matrix sein muß.

Aufgrund der vorausgegangenen Erörterungen und mit Hilfe von Satz 6 kann nun folgendes festgestellt werden.

Satz 15:

Notwendig und hinreichend dafür, daß eine rationale, reelle, quadratische und symmetrische Matrix $\boldsymbol{Z}(p)$ Gl. (135) *positiv* ist, sind die folgenden Bedingungen:

a) Die Realteile der Matrixelemente erfüllen die Bedingungen (134a, b) für alle ω-Werte.

b) $\boldsymbol{Z}(p)$ hat in der offenen rechten Halbebene $\operatorname{Re} p > 0$ keine Pole.

c) Alle Pole von $\boldsymbol{Z}(p)$ auf der imaginären Achse (einschließlich $p = \infty$) sind einfach. Die Entwicklungskoeffizienten der Matrixelemente in jedem derartigen Pol erfüllen die Bedingungen (132a, b).

Die Impedanzmatrix und die Admittanzmatrix eines jeden *RLCÜ*-Zweitors müssen die Bedingungen von Satz 15 erfüllen, soweit diese Matrizen existieren. Umgekehrt kann jede Matrix, welche die Bedingungen von Satz 15 erfüllt, als Impedanzmatrix oder als Admittanzmatrix durch ein *RLCÜ*-Zweitor verwirklicht werden. B.D.H. TELLEGEN [101] hat ein Verfahren entwickelt, das jede derartige Matrix in der gewünschten Weise zu realisieren erlaubt. Dieses Verfahren stellt eine Erweiterung des Brune-Prozesses auf mehrtorige *RLCÜ*-Netzwerke dar. Damit sind die Bedingungen von Satz 15 notwendig und hinreichend für die Realisierbarkeit einer rationalen, reellen, quadratischen und symmetrischen Matrix als Impedanz- oder Admittanzmatrix eines *RLCÜ*-Zweitors. – Auf eine Übertragung der Realisierbarkeitsbedingungen auf die anderen Arten von Zweitormatrizen soll hier verzichtet werden.

4.1.2. Sonderfälle

Ein wichtiger Sonderfall der durch Satz 15 gekennzeichneten positiven Matrizen ist gegeben, wenn für ein spezielles Wertepaar $x_1 = x_{10}$, $x_2 = x_{20}$ mit $(x_{10}, x_{20}) \neq (0, 0)$ die Zweipolfunktion $Z(p)$ Gl. (130) identisch Null ist. In diesem Fall erhält man nach Gl. (130) für alle reellen Werte $p = \sigma > 0$

$$Z(\sigma) \equiv f(\sigma, x_1, x_2) = Z_{11}(\sigma) x_1^2 + 2 Z_{12}(\sigma) x_1 x_2 + Z_{22}(\sigma) x_2^2 \geqq 0$$

für beliebige reelle Werte x_1 und x_2, wobei das Gleichheitszeichen für $x_1 = x_{10}$, $x_2 = x_{20}$ (und damit auch für $x_1 = k x_{10}$ und $x_2 = k x_{20}$ bei beliebig reellem k) gilt. Die Funktion $f(\sigma, x_1, x_2)$ muß also für jeden festen Wert $\sigma > 0$ in Abhängigkeit der Variablen x_1 und x_2 eine stationäre Stelle in $x_1 = x_{10}$, $x_2 = x_{20}$ haben. Daher gilt

$$\left. \frac{\partial f}{\partial x_1} \right|_{\substack{x_1 = x_{10}, \\ x_2 = x_{20}}} = 2 x_{10} Z_{11}(\sigma) + 2 x_{20} Z_{12}(\sigma) = 0 \tag{137}$$

und

$$\left. \frac{\partial f}{\partial x_2} \right|_{\substack{x_1 = x_{10}, \\ x_2 = x_{20}}} = 2 x_{10} Z_{12}(\sigma) + 2 x_{20} Z_{22}(\sigma) = 0. \tag{138}$$

Die linken Seiten dieser beiden Beziehungen sind rationale Funktionen in der Veränderlichen σ und haben daher nur in endlich vielen Punkten Nullstellen, sofern sie nicht identisch in σ verschwinden. Da die Gln. (137) und (138) für alle Werte $\sigma > 0$

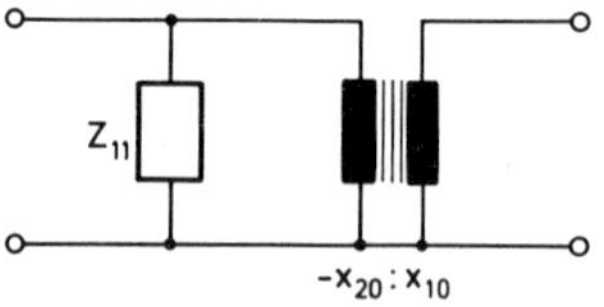

Bild 77: Realisierung einer speziellen Impedanzmatrix

gelten, die linken Seiten dieser Gleichungen also in mehr als endlich vielen Punkten Null sind, müssen die Gln. (137) und (138) für beliebige komplexe Werte der unabhängigen Veränderlichen identisch verschwinden. Man erhält nicht-triviale Lösungen x_{10}, x_{20} dieser Gleichungen genau dann, wenn die Relation

$$Z_{11}(p)\,Z_{22}(p)-Z_{12}^2(p)\equiv 0 \tag{139}$$

gilt. Dann ergeben sich für $Z_{11}(p)\not\equiv 0$, $Z_{22}(p)\not\equiv 0$ und $x_{10}\neq 0$, $x_{20}\neq 0$ die Beziehungen

$$Z_{11}(p)=-\frac{x_{20}}{x_{10}}Z_{12}(p)=\left(\frac{x_{20}}{x_{10}}\right)^2 Z_{22}(p)\,. \tag{140}$$

Falls keines der Elemente $Z_{11}(p)$, $Z_{22}(p)$ und $Z_{12}(p)$ identisch Null ist, kann man umgekehrt aufgrund von Gl. (139) nachweisen, daß $Z(p)$ Gl. (130) für ein spezielles reelles Wertepaar $x_1=x_{10}\neq 0$, $x_2=x_{20}\neq 0$ identisch Null ist und daß dann auch die Beziehungen (140) bestehen. Gilt die Gl. (139), dann muß nämlich für ein beliebiges $p=\sigma_0>0$ ein Wertepaar $x_1=x_{10}\neq 0$ und $x_2=x_{20}\neq 0$ existieren, so daß $Z(\sigma_0)=0$ ist. Da aber $Z(p)$ eine Zweipolfunktion sein muß, folgt hieraus $Z(p)\equiv 0$. Aus den Gln. (140) läßt sich für den betrachteten Sonderfall eine Realisierung gemäß Bild 77 entnehmen. Dabei ist die Zweipolfunktion $Z_{11}(p)$ mit Hilfe eines der bekannten Verfahren zu verwirklichen. Wie aus Gl. (139) zu entnehmen ist, existiert im vorliegenden Fall keine Admittanzmatrix.

Der betrachtete Sonderfall entartet, wenn mindestens eines der Elemente $Z_{11}(p)$, $Z_{22}(p)$ identisch Null ist. Dann verschwindet auch $Z_{12}(p)$ für alle p-Werte. Im Fall $Z_{22}(p)\equiv 0$ erhält man als Verwirklichung das Zweitor nach Bild 78a, im Fall $Z_{11}(p)\equiv 0$ das Zweitor nach Bild 78b.

Auch für die Admittanzmatrix $[Y_{rs}(p)]$ gibt es einen entsprechenden Sonderfall. Er ist dadurch gekennzeichnet, daß die entsprechend Gl. (130) aus den Elementen der Admittanzmatrix gebildete Zweipolfunktion $Y(p)$ für ein spezielles Wertepaar $x_1=x_{10}$, $x_2=x_{20}$ mit $(x_{10}, x_{20})\neq(0{,}0)$ identisch Null ist. Wie bei der Diskussion des Sonderfalls der Impedanzmatrix erhält man hier für $Y_{11}(p)\not\equiv 0$, $Y_{22}(p)\not\equiv 0$ und $x_{10}\neq 0$, $x_{20}\neq 0$ die Beziehungen

$$Y_{11}(p)\,Y_{22}(p)-Y_{12}^2(p)\equiv 0 \tag{141}$$

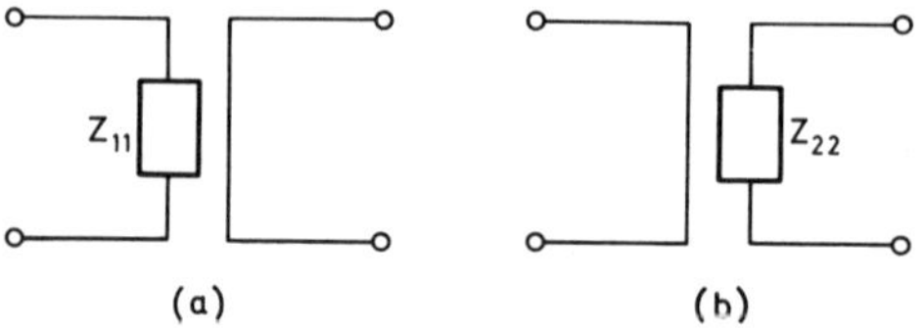

Bild 78: Entartungen des Sonderfalls von Bild 77

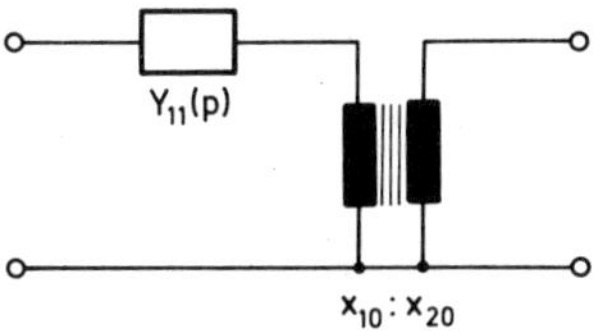

Bild 79: Realisierung einer speziellen Admittanzmatrix

und

$$Y_{11}(p) = -\frac{x_{20}}{x_{10}} Y_{12}(p) = \left(\frac{x_{20}}{x_{10}}\right)^2 Y_{22}(p). \tag{142}$$

Auch hier ist die durch Gl. (141) ausgedrückte Eigenschaft, daß die Determinante der Matrix identisch Null ist, kennzeichnend für den betrachteten Fall. Wie man sieht, existiert hier keine Impedanzmatrix. Aufgrund der Gln. (142) erhält man die Realisierung nach Bild 79. Der betrachtete Sonderfall entartet, wenn mindestens eines der Elemente $Y_{11}(p)$, $Y_{22}(p)$ identisch Null ist. Dann verschwindet auch $Y_{12}(p)$ für alle p-Werte. Im Fall $Y_{22}(p) \equiv 0$ erhält man als Verwirklichung das Zweitor nach Bild 80a, im Fall $Y_{11}(p) \equiv 0$ das Zweitor nach Bild 80b.

Abschließend soll noch untersucht werden, in welcher Weise die behandelten Sonderfälle mit Hilfe der Kettenmatrix gekennzeichnet werden können. Die Beschreibung eines Zweitors mit Hilfe seiner Kettenmatrix ist durch die Gleichung

$$\begin{bmatrix} U_1 \\ I_1 \end{bmatrix} = \begin{bmatrix} A_{11}(p) & A_{12}(p) \\ A_{21}(p) & A_{22}(p) \end{bmatrix} \cdot \begin{bmatrix} U_2 \\ -I_2 \end{bmatrix} \tag{143}$$

gegeben. Die Determinante der Kettenmatrix muß gleich Eins sein, da hier nur *RLCÜ*-Zweitore betrachtet werden.

Ist das Element $A_{12}(p)$ der Kettenmatrix identisch Null, das Element $A_{21}(p)$ dagegen nicht, dann kann die Gl. (143) auf die Form von Gl. (127) gebracht werden. Es existiert somit für das betreffende Zweitor eine Impedanzmatrix, deren Determinante identisch verschwindet. Der Fall $A_{12}(p) \equiv 0$, $A_{21}(p) \not\equiv 0$ entspricht also Zweitoren, die sich nach Bild 77 verwirklichen lassen. An Hand dieser Realisierung ist zu erkennen, daß $A_{11}(p) = -x_{20}/x_{10}$ und $A_{22}(p) = -x_{10}/x_{20}$ gilt.

Ist das Element $A_{21}(p)$ der Kettenmatrix identisch Null, das Element $A_{12}(p)$ dagegen nicht, dann kann die Kettenmatrix in die Admittanzmatrix umgerechnet werden. Es zeigt sich dabei, daß die Determinante der Admittanzmatrix identisch verschwindet. Der Fall $A_{12}(p) \not\equiv 0$, $A_{21}(p) \equiv 0$ entspricht also Zweitoren, die sich nach Bild 79 verwirklichen lassen. An Hand dieser Realisierung ist zu erkennen, daß $A_{11}(p) = x_{10}/x_{20}$ und $A_{22}(p) = x_{20}/x_{10}$ gilt.

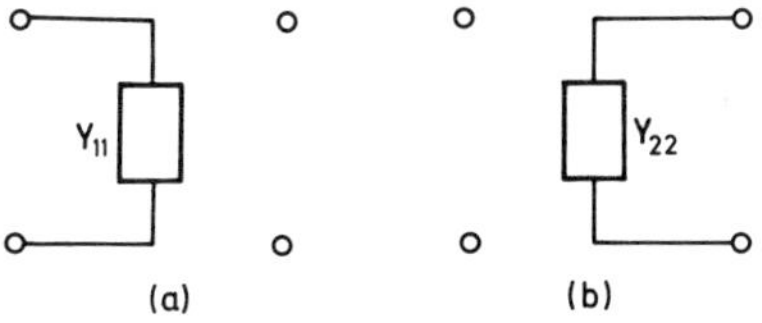

Bild 80: Entartungen des Sonderfalls von Bild 79

Verschwinden $A_{12}(p)$ und $A_{21}(p)$ gleichzeitig für alle p-Werte, dann gilt $U_1 = U_2 A_{11}(p)$ und $I_1 = -I_2/A_{11}(p)$. In diesem Fall existiert weder eine Impedanz- noch eine Admittanzmatrix. Das betreffende Zweitor wird nun auf seiner Sekundärseite mit einem Zweipol abgeschlossen, der die Impedanz $Z_A(p)$ hat. Am Zweitoreingang erhält man dann die Impedanz $Z_E(p) = A_{11}^2(p)\ Z_A(p)$. Damit $Z_E(p)$ für jede beliebige Zweipolfunktion $Z_A(p)$ selbst eine solche Funktion wird, muß $A_{11}(p)$ eine Konstante sein. Dies läßt sich folgendermaßen zeigen. Es sei $A_{11}(p) = G(p) + U(p) \not\equiv$ const, wobei $G(p)$ den geraden und $U(p)$ den ungeraden Teil von $A_{11}(p)$ bedeutet. Verschwindet eine der beiden Funktionen $G(p)$ und $U(p)$ identisch, so kann die andere Funktion Pole und Nullstellen nur auf der imäginären Achse haben, da sonst die Impedanz $Z_E(p)$ in Re $p > 0$ Nullstellen oder Pole haben müßte. In diesem Fall sind aber auch imaginäre Nullstellen und Pole der Funktion $G(p)$ bzw. $U(p)$ ausgeschlossen, da sonst angesichts der Beziehung $Z_E(p) = A_{11}^2(p) Z_A(p)$ die Impedanz $Z_E(p)$ längs Re $p = 0$ mehrfache Nullstellen oder Pole hätte. Verschwindet keine der Funktionen $G(p)$ und $U(p)$ identisch, so läßt sich durch die Wahl von $Z_A(p) = Lp$ oder $Z_A(p) = 1/Cp$ immer eine Stelle $p = \mathrm{j}\omega$ angeben, für welche Re $Z_E(\mathrm{j}\omega) < 0$ ist. Damit ist die obige Annahme $A_{11}(p) \not\equiv$ const nicht zulässig. Im betrachteten Fall kann also das Zweitor als idealer Übertrager verwirklicht werden.

Zusammenfassend kann man feststellen, daß die Hauptdiagonalelemente der Kettenmatrix Konstanten sind, falls mindestens eines der Elemente in der Nebendiagonale verschwindet. Die Konstanten müssen zueinander reziprok sein, damit die Determinante der Kettenmatrix Eins wird.

4.2. ÜBERTRAGUNGSFUNKTIONEN

Es wird ein *RLCÜ*-Zweitor nach Bild 75 betrachtet, das gemäß Gl. (127) bzw. Gl. (136) durch seine Impedanz- oder seine Admittanzmatrix darstellbar sein soll. Ein eventuell vorhandener Innenwiderstand der erregenden Quelle sei in das Zweitor einbezogen. Ebenso sei ein Abschlußzweipol in das Zweitor eingerechnet. Bei der Synthese von Zweitoren geht man meistens nicht von einer Zweitormatrix, sondern von einer Übertragungsfunktion aus.

Wird das betrachtete Zweitor auf der Primärseite durch eine Spannung U_1 oder einen Strom I_1 erregt, dann kann man zwischen den folgenden Übertragungsfunktionen unterscheiden:

$$H_1(p) = \frac{U_2}{U_1}\Bigg|_{\,_2=0} = \frac{Z_{12}(p)}{Z_{11}(p)} = -\frac{Y_{12}(p)}{Y_{22}(p)}, \tag{144}$$

$$H_2(p) = \frac{I_2}{I_1}\Bigg|_{U_2=0} = \frac{Y_{12}(p)}{Y_{11}(p)} = -\frac{Z_{12}(p)}{Z_{22}(p)}, \tag{145}$$

$$H_3(p) = \frac{I_2}{U_1}\Bigg|_{U_2=0} = Y_{12}(p), \tag{146}$$

$$H_4(p) = \left.\frac{U_2}{I_1}\right|_{I_2=0} = Z_{12}(p). \tag{147}$$

Es sei nun $p = j\omega_0$ eine Nullstelle von $Z_{11}(p)$, jedoch keine von $Z_{12}(p)$. Nach den Überlegungen von Abschnitt 4.1.1 muß dann $Z_{12}(j\omega_0)$ imaginär sein. Daher verhält sich $H_1(p)$ in der Umgebung von $p = j\omega_0$ wie

$$H_1(p) \approx \frac{aj}{b(p - j\omega_0)},$$

wobei a und b reelle Konstanten bedeuten. Hieraus ist zu ersehen, daß alle Pole der Übertragungsfunktion $H_1(p)$ auf der imaginären Achse einfach sind und imaginäre Entwicklungskoeffizienten aufweisen. Weiterhin stellt man fest, daß die Übertragungsfunktion $H_1(p)$ in $p = 0$ und in $p = \infty$ keine Pole haben kann, weil aus $Z_{11}(p) = 0$ für $p = 0, \infty$ nach Bedingung (134b) in diesen Punkten $\operatorname{Re} Z_{12}(p) = 0$ und damit $Z_{12}(p) = 0$ für $p = 0, \infty$ folgt; dabei wurde berücksichtigt, daß die Funktion $Z_{12}(p)$ für reelle p-Werte reell ist. Außerhalb der imaginären Achse kann $H_1(p)$ nach Gl. (144) nur in der linken Halbebene $\operatorname{Re} p < 0$ Pole haben.

Die Übertragungsfunktion $H_2(p)$ hat die gleichen Poleigenschaften wie die Übertragungsfunktion $H_1(p)$. Etwas anders liegen die Verhältnisse bei den Übertragungsfunktionen $H_3(p)$ und $H_4(p)$. Die Poleigenschaften lassen sich direkt aufgrund der Gln. (146) und (147) erkennen.

Die gewonnenen Ergebnisse werden zusammengefaßt im

Satz 16:

a) Die durch die Gln. (144) bis (147) definierten Übertragungsfunktionen sind rationale reelle Funktionen, die in der rechten Halbebene $\operatorname{Re} p > 0$ keine Pole haben. Alle Pole auf der imaginären Achse sind einfach und weisen im Falle von $H_1(p)$ oder $H_2(p)$ imaginäre, im Falle von $H_3(p)$ oder $H_4(p)$ reelle Entwicklungskoeffizienten auf. In $p = 0$ und in $p = \infty$ sind $H_1(p)$ und $H_2(p)$ frei von Polen.

b) Für die Nullstellen der genannten Übertragungsfunktionen (*Übertragungsnullstellen*) können keine allgemeingültigen Einschränkungen angegeben werden.

Ergänzung: Aufgrund der Ergebnisse von Abschnitt 4.1.2 kann die Aussage von Satz 16 ergänzt werden. Existiert mindestens eine der Matrizen $\boldsymbol{Y}(p)$ und $\boldsymbol{Z}(p)$ des betrachteten Zweitors nicht, dagegen die Kettenmatrix, so sind die Übertragungsfunktionen $H_1(p)$ Gl. (144) und $H_2(p)$ Gl. (145) von p unabhängige Konstanten. Es gilt damit auch für diese Fälle die Aussage von Satz 16.

4.3. REAKTANZZWEITORE

Im folgenden werden Zweitore betrachtet, die keine Ohmwiderstände enthalten. Es soll untersucht werden, wie sich derartige Reaktanzzweitore aufgrund der vorausgegangenen Ergebnisse charakterisieren lassen. Enthält das betrachtete Zweitor keine Ohmwiderstände, dann verschwindet in Gl. (128) die Funktion F. Daher ist der Realteil der Zweipolfunktion $Z(p)$ Gl. (130) für $p = j\omega$ identisch Null; $Z(p)$ muß also eine Reaktanzzweipolfunktion sein. Dabei wird natürlich vorausgesetzt, daß die Impedanzmatrix des Zweitors existiert. Da die Funktionen $Z_{11}(p)$ und $Z_{22}(p)$ Reaktanzzweipolfunktionen sind, muß nach Gl. (130) auch die Funktion $Z_{12}(j\omega)$ identisch verschwindenden Realteil haben. Es muß deshalb

$$Z_{12}(p) + Z_{12}(-p) = 0 \tag{148}$$

zunächst für alle Werte $p = j\omega$ gelten. Da die linke Seite der Gl. (148) eine rationale Funktion ist, die nur endlich viele Nullstellen hat, sofern sie nicht identisch Null ist, muß die Gl. (148) in der gesamten p-Ebene gelten. Die Funktion $Z_{12}(p)$ ist daher eine ungerade Funktion. Sie kann somit in der linken Halbebene $\operatorname{Re} p < 0$ keine Pole haben, da sie sonst auch in der Halbebene $\operatorname{Re} p > 0$ Polstellen hätte, was aber grundsätzlich ausgeschlossen ist. Auf der imaginären Achse darf $Z_{12}(p)$ nur einfache Pole aufweisen, und zwar nur dort, wo $Z_{11}(p)$ und $Z_{22}(p)$ zugleich Unendlich werden. Die Entwicklungskoeffizienten dieser Funktionen an den genannten Polen sind durch die Bedingungen (132a, b) eingeschränkt. Damit gilt für die Elemente der Impedanzmatrix eines Reaktanzzweitors

$$Z_{11}(p) = \frac{A_0}{p} + \sum_{\nu=1}^{n} \frac{2A_\nu p}{p^2 + \omega_\nu^2} + A_\infty p, \tag{149a}$$

$$Z_{22}(p) = \frac{B_0}{p} + \sum_{\nu=1}^{n} \frac{2B_\nu p}{p^2 + \omega_\nu^2} + B_\infty p, \tag{149b}$$

$$Z_{12}(p) = \frac{C_0}{p} + \sum_{\nu=1}^{n} \frac{2C_\nu p}{p^2 + \omega_\nu^2} + C_\infty p \tag{149c}$$

mit den Bedingungen

$$\omega_\nu > 0 \quad \text{für } \nu = 1, 2, \ldots, n \tag{150a}$$

und nach den Gln. (132a, b)

$$A_\nu \geqq 0, \; B_\nu \geqq 0, \tag{150b}$$

$$A_\nu B_\nu - C_\nu^2 \geqq 0 \quad \text{für } \nu = 0, 1, \ldots, n, \infty. \tag{150c}$$

Die Funktion $Z_{12}(p)$ braucht keine Reaktanzzweipolfunktion zu sein.

Die Darstellbarkeit der Impedanzmatrix-Elemente eines Reaktanzzweitors gemäß den Gln. (149a, b, c) unter Beachtung der Bedingungen (150a, b, c) ist nicht nur notwendig, sondern auch hinreichend. Man kann nämlich leicht ein Reaktanzzweitor angeben, welches eine Matrix mit Elementen der genannten Art als Impedanzmatrix verwirklicht. Zur Herleitung einer Realisierungsvorschrift werden zunächst die Impedanzen $Z_{11}(p)$ und $Z_{22}(p)$ je in die Summe zweier Teilimpedanzen zerlegt:

$$Z_{11}(p) = Z_{11}^{(a)}(p) + Z_{11}^{(b)}(p), \qquad Z_{22}(p) = Z_{22}^{(a)}(p) + Z_{22}^{(b)}(p).$$

Die Reaktanzzweipolfunktion $Z_{11}^{(a)}(p)$ umfaßt alle Partialbrüche der Funktion $Z_{11}(p)$ Gl. (149a), deren Pole in $Z_{12}(p)$ nicht enthalten sind. Ebenso umfaßt die Reaktanzzweipolfunktion $Z_{22}^{(a)}(p)$ alle Partialbrüche der Funktion $Z_{22}(p)$ Gl. (149b), deren Pole in $Z_{12}(p)$ nicht vorkommen. Weiterhin werden die Partialbrüche von $Z_{11}(p)$ oder von $Z_{22}(p)$, deren Pole auch Pole von $Z_{12}(p)$ sind, *teilweise* so zur Funktion $Z_{11}^{(a)}(p)$ bzw. zur Funktion $Z_{22}^{(a)}(p)$ geschlagen, daß die Entwicklungskoeffizienten der Funktionen $Z_{11}^{(b)}(p)$, $Z_{22}^{(b)}(p)$, $Z_{12}(p)$ die Bedingung (150c) für alle Pole von $Z_{12}(p)$ mit dem Gleichheitszeichen erfüllen. Damit erhält man die folgende Darstellung der Impedanzmatrix:

$$\boldsymbol{Z}(p) = \begin{bmatrix} Z_{11}^{(a)}(p) & 0 \\ & \\ 0 & 0 \end{bmatrix} + \frac{1}{p}\boldsymbol{R}_0 + \sum_{\nu=1}^{k} \frac{2p}{p^2+\omega_\nu^2}\boldsymbol{R}_\nu + p\boldsymbol{R}_\infty + \begin{bmatrix} 0 & 0 \\ & \\ 0 & Z_{22}^{(a)}(p) \end{bmatrix}. \tag{151}$$

Dabei bedeuten $\boldsymbol{R}_0$, $\boldsymbol{R}_\nu$, $\boldsymbol{R}_\infty$ die Matrizen der Entwicklungskoeffizienten der Restmatrix

$$\boldsymbol{Z}^{(b)}(p) = \begin{bmatrix} Z_{11}^{(b)}(p) & Z_{12}(p) \\ & \\ Z_{12}(p) & Z_{22}^{(b)}(p) \end{bmatrix}$$

in ihren Polstellen.

Die Pole $j\omega_\nu$ der Matrix $\boldsymbol{Z}(p)$ seien so geordnet, daß diejenigen für $\nu = 1, 2, \ldots, k$ mit den endlichen, von Null verschiedenen Polen der Funktion $Z_{12}(p)$ übereinstimmen.

Die Determinanten der Matrizen $\boldsymbol{R}_0$, $\boldsymbol{R}_\nu$ $(\nu = 1, 2, \ldots, k)$ und $\boldsymbol{R}_\infty$ sind aufgrund der besonderen Konstruktion der Darstellung Gl. (151) gleich Null. Alle Pole der Matrix $\boldsymbol{Z}^{(b)}(p)$ sind also kompakt.

Die Impedanzmatrizen

$$\frac{1}{p}\boldsymbol{R}_0, \frac{2p}{p^2+\omega_\nu^2}\boldsymbol{R}_\nu\ (\nu = 1, 2, \ldots, k), p\boldsymbol{R}_\infty$$

haben also verschwindende Determinanten und lassen sich daher gemäß Abschnitt 4.1.2 durch Zweitore nach Bild 77 verwirklichen. Dabei wird der Zweipol Z_{11} in Bild 77 bei der Realisierung von $\boldsymbol{R}_0/p$ eine Kapazität, bei der Realisierung einer Matrix $\boldsymbol{R}_\nu 2p/(p^2+\omega_\nu^2)$ ein ungedämpfter Parallelschwingkreis und schließlich bei der Verwirklichung von $p\boldsymbol{R}_\infty$ eine Induktivität. Werden die auf diese Weise entstandenen Zweitore gemäß Gl. (151) in Reihe geschaltet und noch die erste und letzte Matrix auf der rechten Seite der Gl. (151) berücksichtigt, dann erhält man die Verwirklichung der Impedanzmatrix $\boldsymbol{Z}(p)$ nach Bild 81. Derartige Zweitore werden Partialbruchzweitore genannt, da sie aufgrund einer Partialbruchentwicklung der Matrix $\boldsymbol{Z}(p)$ entstehen. Sie wurden von W. Cauer zuerst angegeben. Für praktische Anwendungen haben die Partialbruchzweitore allerdings wenig Bedeutung. Sie sind im allgemeinen nicht kanonisch. Man realisiert Reaktanzzweitore in der Praxis in Form von Kettennetzwerken. Dies wird an späterer Stelle ausführlich besprochen. – Die Admittanzmatrix von Reaktanzzweitoren kann ebenso wie die Impedanzmatrix charakterisiert werden. Die Realisierung erfolgt in diesem Fall dual zu Bild 81.

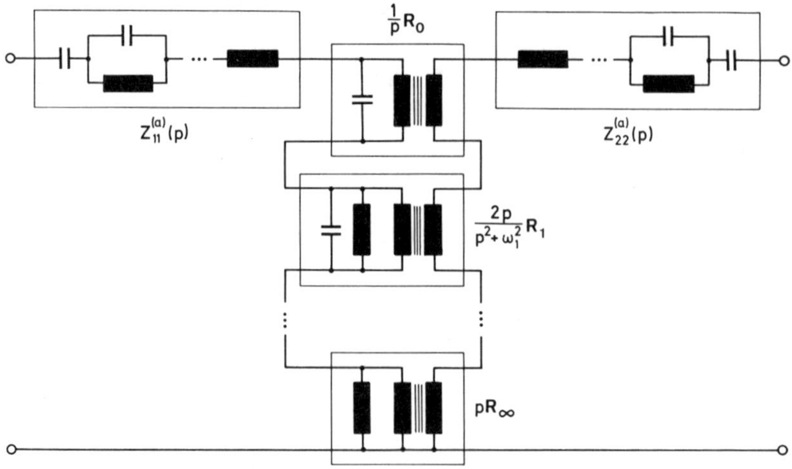

Bild 81: Partialbruch-Realisierung einer Reaktanzimpedanzmatrix

Im folgenden soll noch auf die Charakterisierung von Reaktanzzweitoren unter Verwendung der Kettenmatrix eingegangen werden. Die Beschreibung eines Zweitors mit Hilfe seiner Kettenmatrix ist durch die Gl. (143) gegeben. Dabei muß natürlich die Existenz dieser Matrix vorausgesetzt werden. Von H. Piloty stammt der folgende fundamentale Satz [85].

Satz 17:

Notwendig und hinreichend dafür, daß eine zweireihige quadratische Matrix $[A_{rs}(p)]$ $(r,\ s = 1,\ 2)$ die Kettenmatrix eines Reaktanzzweitors ist, sind die folgenden Forderungen.

1) Alle Elemente $A_{rs}(p)$ sind rationale reelle Funktionen, und zwar sind die Hauptdiagonalelemente $A_{11}(p)$, $A_{22}(p)$ gerade und die Nebendiagonalelemente $A_{12}(p)$, $A_{21}(p)$ ungerade Funktionen.

2) Die Determinante der Matrix ist identisch Eins.

3) Mindestens drei der vier Quotienten $A_{12}(p)/A_{11}(p)$, $A_{12}(p)/A_{22}(p)$, $A_{21}(p)/A_{11}(p)$, $A_{21}(p)/A_{22}(p)$ sind Reaktanzzweipolfunktionen. Damit ist es auch der vierte Quotient. Zugelassen als Reaktanzzweipolfunktion ist auch die identisch verschwindende Funktion. Tritt eine solche verschwindende Reaktanzzweipolfunktion auf, dann müssen $A_{11}(p)$ und $A_{22}(p)$ zwei (zueinander reziproke) reelle Konstanten sein.

Beweis: Es wird die Kettenmatrix in der Form

$$[A_{rs}(p)] = \frac{1}{E(p)} \begin{bmatrix} A(p) & B(p) \\ C(p) & D(p) \end{bmatrix} \tag{152}$$

geschrieben. Dabei bedeuten $A(p)$, $B(p)$, $C(p)$, $D(p)$ und $E(p)$ Polynome. Es darf angenommen werden, daß es keinen Punkt in der p-Ebene gibt, in welchem alle diese Polynome zugleich Null werden. Im Fall $B(p) \equiv 0$ oder (und) $C(p) \equiv 0$ kann man aufgrund von Abschnitt 4.1.2 direkt die Aussagen von Satz 17 beweisen.

Im folgenden kann daher vorausgesetzt werden, daß keines der Elemente der Kettenmatrix für alle p-Werte verschwindet. Unter dieser Voraussetzung existiert die Impedanzmatrix und die Admittanzmatrix des betreffenden Zweitors. Aus den Gln. (127), (136) und (143) erhält man

$$A_{11}(p) = \frac{Z_{11}(p)}{Z_{12}(p)} = -\frac{Y_{22}(p)}{Y_{12}(p)} \quad , \tag{153a}$$

$$A_{22}(p) = \frac{Z_{22}(p)}{Z_{12}(p)} = -\frac{Y_{11}(p)}{Y_{12}(p)} \quad , \tag{153b}$$

$$A_{12}(p) = \frac{Z_{11}(p)Z_{22}(p) - Z_{12}^2(p)}{Z_{12}(p)} = -\frac{1}{Y_{12}(p)} \quad , \tag{153c}$$

$$A_{21}(p) = \frac{1}{Z_{12}(p)} = -\frac{Y_{11}(p)Y_{22}(p) - Y_{12}^2(p)}{Y_{12}(p)} \quad . \tag{153d}$$

Aus diesen Gleichungen läßt sich aufgrund der bekannten Eigenschaften der Impedanzmatrix und der Admittanzmatrix von Reaktanzzweitoren die Notwendigkeit der Forderungen 1, 2 und 3 von Satz 17 sofort erkennen. Es braucht jetzt nur noch gezeigt zu werden, daß die Forderungen von Satz 17 im Falle $A_{12}(p) \not\equiv 0$, $A_{21}(p) \not\equiv 0$ auch hinreichend sind. Dieser Beweis wird unter der Annahme geführt, daß gemäß Forderung 3 von Satz 17

$$\frac{A_{12}(p)}{A_{11}(p)} = \frac{B(p)}{A(p)}, \; \frac{A_{21}(p)}{A_{11}(p)} = \frac{C(p)}{A(p)}, \; \frac{A_{21}(p)}{A_{22}(p)} = \frac{C(p)}{D(p)} \tag{154}$$

Reaktanzzweipolfunktionen sind. Setzt man voraus, daß drei andere der in Forderung 3 von Satz 17 genannten Funktionen Reaktanzzweipolfunktionen sind, dann läßt sich der Beweis ganz entsprechend wie im folgenden führen. Falls die Funktionen $A_{12}(p)/A_{11}(p)$, $A_{21}(p)/A_{11}(p)$, $A_{21}(p)/A_{22}(p)$ oder $A_{12}(p)/A_{22}(p)$, $A_{21}(p)/A_{11}(p)$, $A_{21}(p)/A_{22}(p)$ Reaktanzzweipolfunktionen sind, führt man den Beweis mit Hilfe der Impedanzmatrix, sonst mit Hilfe der Admittanzmatrix. Da voraussetzungsgemäß die in den Gln. (154) genannten Funktionen Reaktanzzweipolfunktionen sind, folgt mit den Gln. (153a, b, d), daß auch

$$Z_{11}(p) = \frac{A(p)}{C(p)} \tag{155a}$$

und

$$Z_{22}(p) = \frac{D(p)}{C(p)} \tag{155b}$$

derartige Funktionen sein müssen. Die Reaktanzzweipolfunktion $B(p)/A(p)$ läßt sich angesichts der aus Forderung 2 folgenden Relation $A(p)D(p) - B(p)C(p) = E^2(p)$ in der Form

$$\frac{B(p)}{A(p)} = \frac{\dfrac{A(p)}{C(p)} \cdot \dfrac{D(p)}{C(p)} - \left(\dfrac{E(p)}{C(p)}\right)^2}{\dfrac{A(p)}{C(p)}} \tag{156}$$

darstellen. Der hierbei auftretende Quotient $E(p)/C(p)$ ist ungerade und nach Gl. (153d)

$$Z_{12}(p) = \frac{E(p)}{C(p)} \quad . \tag{155c}$$

Da voraussetzungsgemäß die Quotienten $B(p)/A(p)$, $A(p)/C(p)$ und $D(p)/C(p)$ Reaktanzzweipolfunktionen sind, kann der Quotient $E(p)/C(p)$ wegen Gl. (156) keine mehrfachen Pole haben, sondern nur einfache Polstellen, die auf der imaginären Achse liegen und zugleich auch Pole von $A(p)/C(p)$ sein müssen.

Bezeichnet man die Entwicklungskoeffizienten der Funktionen $A(p)/C(p)$, $D(p)/C(p)$ und $E(p)/C(p)$ in einem derartigen Pol mit r_{11}, r_{22} bzw. r_{12}, so müssen sie die Bedingung $(r_{11}r_{22}-r_{12}^2)/r_{11} \geqq 0$ erfüllen, weil $B(p)/A(p)$ Gl. (156) Reaktanzzweipolfunktion ist. Die Funktion $E(p)/C(p)$ kann also Pole nur dort haben, wo sowohl $A(p)/C(p)$ als auch $D(p)/C(p)$ Pole besitzen. Damit erfüllen die Funktionen $Z_{11}(p)$ Gl. (155a), $Z_{22}(p)$ Gl. (155b) und $Z_{12}(p)$ Gl. (155c) der Impedanzmatrix, welche der nach Satz 17 gegebenen Kettenmatrix entspricht, alle notwendigen und hinreichenden Bedingungen für die Elemente der Impedanzmatrix von Reaktanzzweitoren. Man kann also jede Matrix mit den Eigenschaften nach Satz 17 als Kettenmatrix durch ein Partialbruchzweitor realisieren. Satz 17 ist damit bewiesen.

Ergänzung: Die Bedingung 3 von Satz 17 kann durch die Forderung ersetzt werden, daß das Polynom $A(p)+B(p)+C(p)+D(p)$ keine Nullstellen in der Halbebene Re $p \geqq 0$ hat, also ein Hurwitz-Polynom ist. Die Notwendigkeit dieser Aussage läßt sich dadurch zeigen, daß man das betreffende Zweitor am Ausgang mit dem Ohmwiderstand Eins abschließt und die Eingangsimpedanz $Z(p)$ bestimmt. Man erhält

$$Z(p) = \frac{A(p)+B(p)}{C(p)+D(p)} \quad .$$

Da die Quotienten $A(p)/B(p)$, $A(p)/C(p)$, $D(p)/B(p)$ und $D(p)/C(p)$ Reaktanzzweipolfunktionen sind, kann keines der Polynome $A(p)$, $B(p)$, $C(p)$, $D(p)$ Nullstellen in der Halbebene Re $p > 0$ haben, da sonst alle diese Polynome und damit auch das Polynom $E(p)$ wegen der Bedingung det $[A_{rs}(p)] = 1$ eine gemeinsame Nullstelle haben müßten, was aber ausgeschlossen wurde. Wendet man Satz 8 auf die Reaktanzzweipolfunktionen $A(p)/B(p)$ und $D(p)/C(p)$ an, so stellt man fest, daß somit die Polynome $A(p)+B(p)$ und $C(p)+D(p)$ in der Halbebene Re $p \geqq 0$ Nullstellen allenfalls auf der imaginären Achse haben können. Eine derartige Nullstelle von $A(p)+B(p)$ müßte dann sowohl im Polynom $A(p)$ als auch im Polynom $B(p)$ enthalten sein. Das Entsprechende gilt auch für das Polynom $C(p)+D(p)$. Damit können die Polynome $A(p)+B(p)$ und $C(p)+D(p)$ keine gemeinsamen Nullstellen auf der imaginären Achse haben, da sonst wegen der Determinantenbedingung alle Polynome $A(p)$, $B(p)$, $C(p)$, $D(p)$ und $E(p)$ dort eine gemeinsame Nullstelle haben müßten. Wendet man Satz 8 auf die Eingangsimpedanz $Z(p)$ an, so stellt man fest, daß somit das Polynom $A(p)+B(p)+C(p)+D(p)$ notwendigerweise ein Hurwitz-Polynom ist. Der Beweis, daß diese Eigenschaft des Polynoms $A(p)+B(p)+C(p)+D(p)$ zusammen mit den Forderungen 1 und 2 von Satz 17 auch hinreichend für die Realisierbarkeit der Matrix $[A_{rs}(p)]$ Gl. (152) durch ein Reaktanzzweitor ist, wird im Abschnitt 5.2 geführt.

4.4. INDUKTIVITÄTSFREIE ZWEITORE

Als weiterer interessanter Fall sollen in diesem Abschnitt noch Zweitore betrachtet werden, die keine Induktivitäten enthalten. Es soll untersucht werden, wie sich derartige

Zweitore charakterisieren lassen. Dabei wird vorausgesetzt, daß das betrachtete Zweitor durch die Impedanzmatrix beschrieben werden kann. Da das Zweitor keine Induktivitäten enthält, verschwindet die Funktion T in Gl. (128). Deshalb muß $Z(p)$ Gl. (130) eine RC-Impedanzfunktion sein (man vergleiche Abschnitt 2.3.3). Außerdem müssen die Funktionen $Z_{11}(p)$ und $Z_{22}(p)$ RC-Impedanzfunktionen sein, wie man bei der Wahl $x_1 \neq 0,\ x_2 = 0$ bzw. $x_1 = 0,\ x_2 \neq 0$ aus Gl. (130) entnimmt. Gemäß Gl. (34) bestehen somit die Darstellungen

$$Z_{11}(p) = \frac{A_0}{p} + \sum_{\nu=1}^{n} \frac{A_\nu}{p+\sigma_\nu} + A_\infty, \tag{157a}$$

$$Z_{22}(p) = \frac{B_0}{p} + \sum_{\nu=1}^{n} \frac{B_\nu}{p+\sigma_\nu} + B_\infty \tag{157b}$$

mit

$$\sigma_1 > 0,\ \sigma_2 > 0,\ \ldots,\ \sigma_n > 0,\ \sigma_\iota \neq \sigma_\kappa (\iota \neq \kappa), \tag{158a}$$

$$A_\nu \geqq 0,\ B_\nu \geqq 0 \quad (\nu = 0, 1, \ldots, n, \infty). \tag{158b}$$

Da $Z(p)$ Gl. (130) im betrachteten Fall eine RC-Impedanzfunktion sein muß, kann $Z_{12}(p)$ nur dort Polstellen haben, wo $Z_{11}(p)$ *und* $Z_{22}(p)$ Pole haben. Deshalb muß die Darstellung

$$Z_{12}(p) = \frac{C_0}{p} + \sum_{\nu=1}^{n} \frac{C_\nu}{p+\sigma_\nu} + C_\infty \tag{157c}$$

gelten. Zudem müssen die Ungleichungen

$$A_\nu B_\nu - C_\nu^2 \geqq 0 \quad (\nu = 0, 1, \ldots, n, \infty) \tag{158c}$$

bestehen, damit die Entwicklungskoeffizienten der Funktion $Z(p)$ in ihren Polen und der Funktionswert $Z(\infty)$ nicht negativ werden.

Man kann jetzt die durch die Gln. (157a, b, c) gegebene Impedanzmatrix wie im Fall von Reaktanzzweitoren als Summe

$$\boldsymbol{Z}(p) = \begin{bmatrix} Z_{11}^{(a)}(p) & 0 \\ 0 & 0 \end{bmatrix} + \frac{1}{p}\boldsymbol{R}_0 + \sum_{\nu=1}^{k} \frac{1}{p+\sigma_\nu}\boldsymbol{R}_\nu + \boldsymbol{R}_\infty + \begin{bmatrix} 0 & 0 \\ 0 & Z_{22}^{(a)}(p) \end{bmatrix} \tag{159}$$

darstellen. Die Polstellen $p = -\sigma_\nu$ der Matrix $\boldsymbol{Z}(p)$ seien so geordnet, daß diejenigen für $\nu = 1, 2, \ldots, k$ mit den von Null verschiedenen Polen der Funktion $Z_{12}(p)$ übereinstimmen. Es kann wegen der Bedingungen (158b, c) stets erreicht werden, daß die Determinanten der Matrizen $\boldsymbol{R}_\nu$ ($\nu = 0, 1, \ldots, k, \infty$) Null sind und nicht-negative Hauptdiagonalelemente haben. Die Funktionen $Z_{11}^{(a)}(p)$ und $Z_{22}^{(a)}(p)$ sind RC-Impedanzfunktionen. Durch Realisierung der Teilimpedanzmatrizen von $\boldsymbol{Z}(p)$ nach Abschnitt 4.1.2 und anschließende Reihenanordnung der Teilzweitore erhält man die Verwirklichung der Impedanzmatrix nach Bild 82.

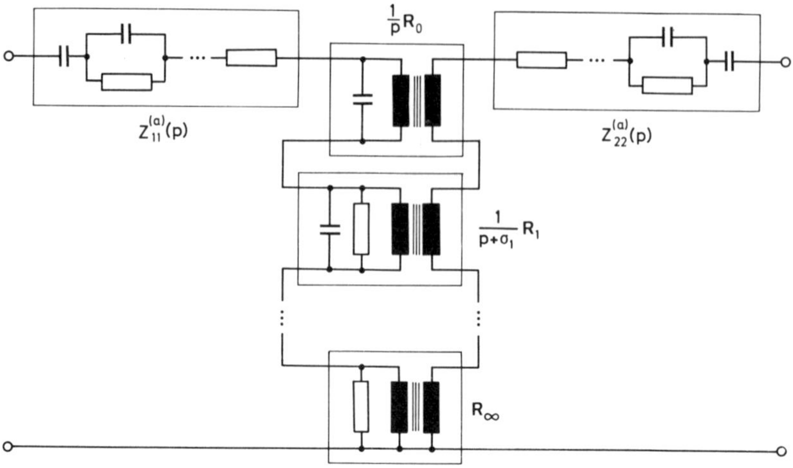

Bild 82: Partialbruch-Realisierung der Impedanzmatrix eines induktivitätsfreien Zweitors

Damit ist gezeigt, daß *die Darstellbarkeit der Funktionen* $Z_{11}(p)$, $Z_{22}(p)$, $Z_{12}(p)$ *in Form der Gln. (157a, b, c) unter den Bedingungen (158a, b, c) notwendig und hinreichend für die Elemente der Impedanzmatrix eines jeden induktivitätsfreien Zweitors ist.*
Erfüllen die Koeffizienten A_ν, B_ν und C_ν gegenüber den bisherigen Forderungen (158b, c) die schärferen Bedingungen

$$A_\nu \geqq C_\nu, B_\nu \geqq C_\nu \geqq 0$$

für $\nu = 0, 1, ..., k, \infty$, so kann in der Darstellung Gl. (159) erreicht werden, daß jede der Matrizen $\boldsymbol{R}_\nu$ ($\nu = 0, 1, ..., k, \infty$) wertegleiche Elemente hat. Dann haben alle Übertrager im Netzwerk nach Bild 82 das Übersetzungsverhältnis Eins, und man kann diese durch direkte Kurzschlußverbindung ersetzen. Das Zweitor enthält dann nur Ohmwiderstände und Kapazitäten.

Man kann die Admittanzmatrix $[Y_{rs}(p)]$ von induktivitätsfreien Zweitoren in gleicher Weise untersuchen wie die Impedanzmatrix. Es zeigt sich, daß die Funktionen $Y_{11}(p)$ und $Y_{22}(p)$ gemäß Gl. (29), d.h. in Form von *RL*-Impedanzen darstellbar sein müssen. Weiterhin zeigt sich, daß auch die Funktion $Y_{12}(p)$ in entsprechender Weise darstellbar sein muß. Dabei müssen alle Pole dieser Funktion sowohl in $Y_{11}(p)$ als auch in $Y_{22}(p)$ vorkommen, und die auftretenden Entwicklungskoeffizienten von $Y_{12}(p)$ müssen zusammen mit den entsprechenden Entwicklungskoeffizienten der Funktionen $Y_{11}(p)$ und $Y_{22}(p)$ die Bedingungen (158c) erfüllen. Durch Verwirklichung in Form eines Partialbruchzweitors kann noch gezeigt werden, daß die genannten Eigenschaften nicht nur notwendig, sondern auch hinreichend für die Elemente der Admittanzmatrix eines jeden induktivitätsfreien Zweitors sind. Natürlich muß dabei die Existenz der Admittanzmatrix vorausgesetzt werden.

Man kann auch für die Elemente der Kettenmatrix induktivitätsfreier Zweitore notwendige und hinreichende Bedingungen wie bei Reaktanzzweitoren angeben.

Aufgrund der gewonnenen Ergebnisse ist anhand der Gln. (144) bis (147) zu erkennen, daß alle Pole der Übertragungsfunktionen $H_\mu(p)$ ($\mu = 1, 2, 3, 4$) im Falle von *RC*-Zweitoren auf der negativ reellen Achse in der p-Ebene liegen müssen. Darüber hinaus kann die Übertragungsfunktion $H_3(p)$ in $p = \infty$ und die Übertragungsfunktion $H_4(p)$ in $p = 0$ einen Pol haben. Alle genannten Pole müssen einfach sein.

Die vorausgegangenen Untersuchungen induktivitätsfreier Zweitore sind vor allem für die Synthese von übertragerfreien *RC*-Zweitoren von großer Bedeutung. Dieses Problem wird im Abschnitt 6 ausführlich behandelt. Netzwerke, die nur Ohmwiderstände und Kapazitäten enthalten, haben gegenüber *RLCÜ*-Netzwerken verschiedene Vorteile. Bei niederen Frequenzen sind nämlich Induktivitäten und Übertrager nur schwer zu verwirklichen, da sie verhältnismäßig große Abmessungen und im Vergleich zu Kapazitäten einen wesentlich größeren Verlustwert haben. Auch für die Synthese aktiver *RC*-Zweitore, die neben Ohmwiderständen und Kapazitäten aktive Elemente enthalten und die gegenüber passiven *RC*-Zweitoren mehr leisten, sind die gewonnenen Ergebnisse von grundlegender Wichtigkeit.

4.5. KOPPLUNGSFREIE ZWEITORE

4.5.1. Kettenzweitore

Die in den vorausgegangenen Abschnitten vorkommenden Zweitore enthalten im allgemeinen Übertrager. Im folgenden werden *RLC*-Zweitore untersucht, also Zweitore, die keine Übertrager enthalten. Dabei erfolgt eine Beschränkung auf Kettennetzwerke, die gemäß Bild 83 aus einzelnen Zweipolen mit den Impedanzen $Z_\mu(p)$ bzw. Admittanzen $Y_\mu(p)$ aufgebaut sind. Die $Z_\mu(p)$ und $Y_\mu(p)$ seien beliebige Zweipolfunktionen. Die entsprechenden Zweipole können in bekannter Weise kopplungsfrei verwirklicht werden (Abschnitt 3.9).

Man kann ein gemäß Bild 83 aufgebautes Zweitor als Kettenanordnung von Zweitoren nach Bild 84 auffassen. Diese Zweitore besitzen die Kettenmatrizen

$$\boldsymbol{K}_{1\mu}(p) = \begin{bmatrix} 1 & 0 \\ Y_\mu(p) & 1 \end{bmatrix} \text{bzw. } \boldsymbol{K}_{2\mu}(p) = \begin{bmatrix} 1 & Z_\mu(p) \\ 0 & 1 \end{bmatrix} . \qquad (160)$$

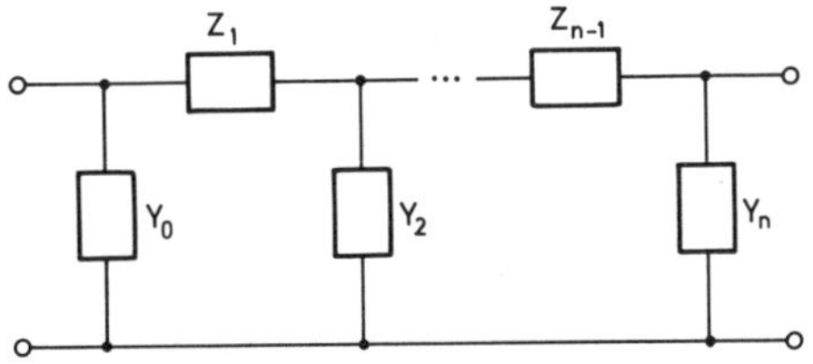

Bild 83: Kettenzweitor, das aus einzelnen Zweipolen aufgebaut ist

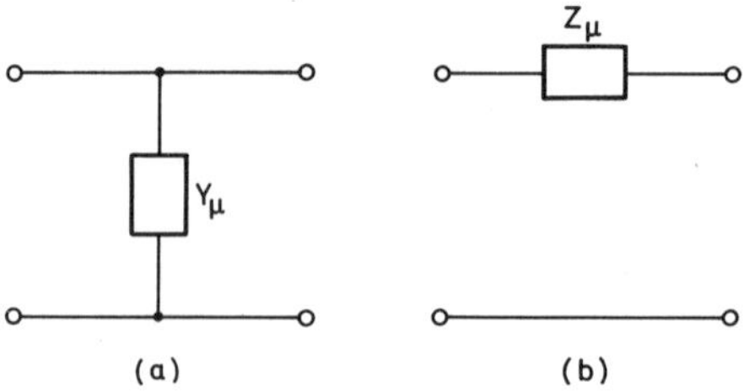

Bild 84: Teilzweitore des Kettenzweitors von Bild 83

Die Kettenmatrix $[A_{\iota\kappa}(p)]$ des Gesamtzweitors erhält man durch Multiplikation von Matrizen $\boldsymbol{K}_{1\mu}(p)$ und $\boldsymbol{K}_{2\mu}(p)$, wobei die Reihenfolge der Multiplikatoren durch Bild 83 bestimmt ist. Damit ergeben sich die Funktionen $A_{\iota\kappa}(p)$ als Aggregate der $Y_\mu(p)$ und $Z_\mu(p)$, d.h. als Ausdrücke, in denen 1, $Y_0(p)$, $Y_2(p)$, ..., $Z_1(p)$,$Z_3(p)$, ... nur durch Additionen und Multiplikationen miteinander verknüpft sind. Die Funktionen $A_{\iota\kappa}(p)$ haben also in der offenen rechten Halbebene keine Pole. Daher können auch die Übertragungsfunktionen

$$H_1(p)=\frac{1}{A_{11}(p)},\ H_2(p)=\frac{-1}{A_{22}(p)},\ H_3(p)=\frac{-1}{A_{12}(p)},\ H_4(p)=\frac{1}{A_{21}(p)} \tag{161}$$

[man vergleiche die Gln. (143) bis (147)] in der Halbebene Re $p>0$ keine Nullstellen haben. Kettenzweitore nach Bild 83 haben also die Eigenschaften von Mindestphasensystemen [28].

Wegen der Gln. (161) und der zwischen den Elementen der Kettenmatrix $[A_{\iota\kappa}(p)]$ sowie den Zweipolfunktionen $Y_\mu(p)$, $Z_\mu(p)$ bestehenden Verknüpfung können die Übertragungsfunktionen $H_\nu(p)$ ($\nu=1$, ..., 4) nur dort Nullstellen haben, wo Pole der Zweipolfunktionen $Y_\mu(p)$, $Z_\mu(p)$ auftreten. Ist $p=p_0$ ein Pol einer der Funktionen $Y_\mu(p)$, $Z_\mu(p)$, dann muß aber in diesem Punkt nicht jede der Übertragungsfunktionen $H_\nu(p)$ verschwinden. Ist beispielsweise der Punkt $p=p_0$ ein einfacher Pol der Admittanz $Y_0(p)$ aus Bild 83 und hat die in Kettenbruchschreibweise dargestellte Eingangsimpedanz $Z_1(p)+1\,|\,Y_2(p)+1\,|\ldots$ des Zweitors rechts vom Zweipol $Y_0(p)$ im Punkt p_0 eine einfache Nullstelle und gilt weiterhin $Z_1(p_0)$, $Y_2(p_0)$, ... $\neq\infty$, dann verschwindet die Übertragungsfunktion $H_4(p)$ für $p=p_0$ sicher nicht. Zum Beweis dieser Behauptung wird die Kettenmatrix des Zweitors, das im Bild 83 rechts vom Zweipol $Y_0(p)$ liegt, mit $[a_{rs}(p)]$ ($r, s=1,2$) bezeichnet. Dann erhält man durch Multiplikation der Matrix $\boldsymbol{K}_{10}(p)$ Gln. (160) mit der Matrix $[a_{rs}(p)]$ die Kettenmatrix des gesamten Zweitors von Bild 83

$$\begin{bmatrix} A_{11}(p) & A_{12}(p) \\ A_{21}(p) & A_{22}(p) \end{bmatrix} = \begin{bmatrix} a_{11}(p) & a_{12}(p) \\ a_{11}(p)\,Y_0(p)+a_{21}(p) & a_{12}(p)\,Y_0(p)+a_{22}(p) \end{bmatrix}.$$

Da $Z_1(p_0)$, $Y_2(p_0)$, ... $\neq\infty$ gilt, haben alle Elemente $a_{rs}(p)$ für $p=p_0$ endliche Werte. Die einfache Nullstelle $p=p_0$ der Impedanz $a_{11}(p)/a_{21}(p)$, die am Eingang des Zweitors rechts vom Zweipol $Y_0(p)$ auftritt, kann daher nur durch eine einfache Nullstelle von $a_{11}(p)$ hervorgerufen werden. Daher ist $A_{21}(p)=a_{11}(p)Y_0(p)+a_{21}(p)$ für $p=p_0$ endlich, und deshalb kann die Übertragungsfunktion $H_4(p)=1/A_{21}(p)$ für $p=p_0$ nicht verschwinden. In diesem Fall hat die Funktion $Z_{12}(p)$ gemäß Gl. (147) in $p = p_0$ keine Nullstelle.

Aufgrund der vorausgegangenen Untersuchungen ist zu erkennen, daß die Übertragungsfunktionen $H_\nu(p)$ Nullstellen ausschließlich auf der imaginären Achse haben, falls im Kettenzweitor nach Bild 83 jeder der Zweige $Y_0(p)$, $Z_1(p)$, $Y_2(p)$, ..., $Z_{n-1}(p)$, $Y_n(p)$ entweder ein Reaktanzzweipol oder ein Ohmwiderstand ist. Insbesondere gilt dies für Reaktanzkettenzweitore, die durch eine Quelle mit ohmschem Innenwiderstand erregt werden und am Ausgang durch einen Ohmwiderstand abgeschlossen sind.

4.5.2. Die Fialkow-Gerst-Bedingungen

Ein Kettenzweitor nach Bild 83 ist dadurch ausgezeichnet, daß zwei der äußeren Klemmen identisch sind und daß damit eine von der Primär- zur Sekundärseite durchgehende Kurzschlußverbindung besteht. Im folgenden sollen allgemeine kopplungsfreie Zweitore mit (mindestens) einer von der Primär- zur Sekundärseite durchgehenden Kurzschlußverbindung untersucht werden (Bild 85).[8]

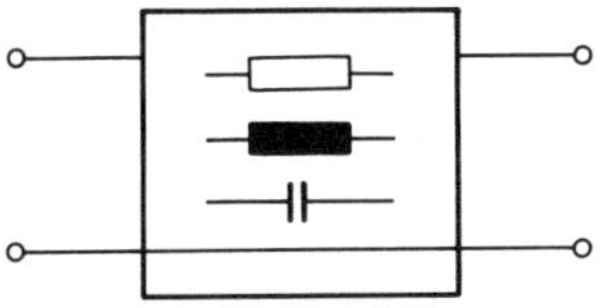

Bild 85: *RLC*-Zweitor mit durchgehender Kurzschlußverbindung

Das Zweitor nach Bild 85 besteht aus einzelnen Zweipolen, deren Impedanzen Zweipolfunktionen sind und die in bestimmten Knoten miteinander verbunden sind. Die Knoten im Innern des Zweitors lassen sich sukzessive mit Hilfe der bekannten Stern-Vieleck-Umwandlung [29] beseitigen. Die Impedanzen der hierbei entstehenden Zweipole stellen zwar im allgemeinen keine Zweipolfunktionen dar, jedoch sind sie rationale reelle Funktionen und lassen sich, wie aus den Formeln für die Stern-Vieleck-Umwandlung zu entnehmen ist, in der Weise darstellen, daß ihre Koeffizienten nicht negativ sind. Durch Zusammenfassung der auf diese Weise entstandenen Zweipole erhält man ein Zweitor nach Bild 86a und hieraus durch Dreieck-Stern-Umwandlung das Zweitor nach Bild 86b. Wichtig ist, daß die Admittanzen $y_{10}(p)$, $y_{12}(p)$, $y_{20}(p)$ und die Impedanzen $z_{13}(p)$, $z_{30}(p)$, $z_{23}(p)$ rationale, reelle, im allgemeinen jedoch nicht-positive Funktionen sind; aufgrund ihrer Bildungsweise ist aber zu erkennen, daß alle Koeffizienten dieser Funktionen nicht negativ sind. Dabei wird vorausgesetzt, daß mögliche Kürzungen von Polynomfaktoren im Zähler und Nenner der Funktionen nicht erfolgen und daß diese Funktionen auch nicht durch negative Faktoren im Zähler und Nenner erweitert werden. Die Admittanzen $y_{10}(p)$, $y_{20}(p)$, $y_{12}(p)$ und die Impedanzen $z_{13}(p)$, $z_{30}(p)$, $z_{23}(p)$ lassen

[8]) Es wird von solchen Kettenzweitoren abgesehen, die keine Impedanz- bzw. Admittanzmatrix haben. Die im folgenden interessierenden Eigenschaften derartiger Zweitore lassen sich sofort erkennen.

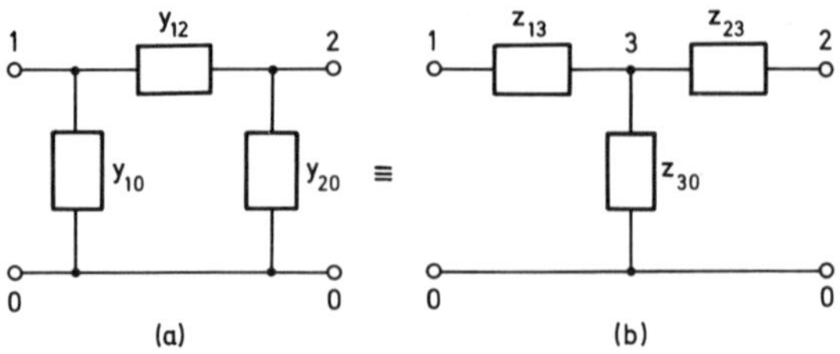

Bild 86: Zweitore, die durch Stern-Vieleck-Umwandlungen aus dem Zweitor von Bild 85 entstehen

sich mit den Elementen der Admittanzmatrix $[Y_{rs}(p)]$ bzw. der Impedanzmatrix $[Z_{rs}(p)]$ des betrachteten Zweitors in Verbindung bringen. Anhand von Bild 86 erhält man

$$Y_{11}(p)+Y_{12}(p)\equiv y_{10}(p),\quad -Y_{12}(p)\equiv y_{12}(p),\quad Y_{22}(p)+Y_{12}(p)\equiv y_{20}(p), \tag{162}$$

$$Z_{11}(p)-Z_{12}(p)\equiv z_{13}(p),\quad Z_{12}(p)\equiv z_{30}(p),\quad Z_{22}(p)-Z_{12}(p)\equiv z_{23}(p). \tag{163}$$

Die folgende Darstellung der Elemente der Impedanzmatrix sei durch eine Analyse des Zweitors, etwa durch eine Maschenanalyse, entstanden:

$$Z_{11}(p)=\frac{a_0+a_1p+\dots+a_np^n}{\Delta(p)}\quad, \tag{164a}$$

$$Z_{22}(p)=\frac{b_0+b_1p+\dots+b_np^n}{\Delta(p)}\quad, \tag{164b}$$

$$Z_{12}(p)=\frac{c_0+c_1p+\dots+c_np^n}{\Delta(p)}\quad. \tag{164c}$$

Dabei bedeutet die Funktion $\Delta(p)$ die Systemdeterminante mit nicht-negativen Koeffizienten. Die Funktionen $Z_{\mu\nu}(p)$ sind also in ungekürzter Form dargestellt. Aus den Gln. (163) und (164a, b, c) erhält man jetzt

$$z_{13}(p)=\frac{(a_0-c_0)+(a_1-c_1)p+\dots+(a_n-c_n)p^n}{\Delta(p)}\quad,$$

$$z_{23}(p)=\frac{(b_0-c_0)+(b_1-c_1)p+\dots+(b_n-c_n)p^n}{\Delta(p)}\quad,$$

$$z_{30}(p)=\frac{c_0+c_1p+\dots+c_np^n}{\Delta(p)}\,.$$

Da sämtliche Koeffizienten der drei hier auftretenden Zählerpolynome nicht negativ werden dürfen, müssen die Ungleichungen

$$c_\mu\geqq 0, \tag{165a}$$
$$a_\mu\geqq c_\mu, \tag{165b}$$
$$b_\mu\geqq c_\mu \tag{165c}$$

für $\mu=0,\ 1,\ \dots,\ n$ bestehen. *Die Elemente der Impedanzmatrix eines jeden RLC-Zweitors mit durchgehender Kurzschlußverbindung besitzen also Zählerpolynome, deren*

Koeffizienten die Bedingungen (165a, b, c) notwendigerweise erfüllen. Sie wurden von A. FIALKOW und I. GERST angegeben. Wichtig dabei ist, daß die Funktionen $Z_{rs}(p)$ gemäß den Gln. (164a, b, c) in ungekürzter Form und mit nicht-negativen Koeffizienten der Systemdeterminante dargestellt sind.

Werden die Elemente der Admittanzmatrix $Y_{11}(p)$, $Y_{22}(p)$, $-Y_{12}(p)$ entsprechend den Gln. (164a, b, c) dargestellt und daraus gemäß den Gln. (162) die Admittanzen $y_{10}(p)$, $y_{12}(p)$, $y_{20}(p)$ gebildet, so erhält man auch für die Koeffizienten der Zählerpolynome in den Elementen $Y_{11}(p)$, $Y_{22}(p)$, $-Y_{12}(p)$ Bedingungen, die formal mit den Ungleichungen (165a, b, c) übereinstimmen.

Man kann jetzt die Gln. (164a, b, c) und die entsprechenden Darstellungen für die Elemente der Admittanzmatrix in die Gln. (144) bis (147) für die Übertragungsfunktionen einführen. Auf diese Weise erhält man Darstellungen für die Übertragungsfunktionen $H_\nu(p)$, aus denen Eigenschaften der Übertragungsfunktionen von *RLC*-Zweitoren mit durchgehender Kurzschlußverbindung abgelesen werden können. Für die Übertragungsfunktion $H_1(p)$ erhält man auf diese Weise

$$H_1(p) = \frac{c_0 + c_1 p + \ldots + c_n p^n}{a_0 + a_1 p + \ldots + a_n p^n} \quad . \tag{166}$$

Sieht man von dem uninteressanten Fall $H_1(p) \equiv 0$ ab, so sind Zähler- und Nennerpolynom von $H_1(p)$ Gl. (166) wegen der Fialkow-Gerst-Bedingungen (165a, b) für $p = \sigma > 0$ monoton ansteigende, positive Polynome. Deshalb kann die Übertragungsfunktion $H_1(p)$ eines *RLC*-Zweitors mit durchgehender Kurzschlußverbindung für positiv reelle, endliche Werte von p keine Nullstellen haben. Diese Eigenschaft besitzen auch die Übertragungsfunktionen $H_2(p)$, $H_3(p)$ und $H_4(p)$ jedes derartigen Zweitors, wie man in gleicher Weise leicht zeigen kann.

Angesichts der Fialkow-Gerst-Bedingungen (165a, b) muß weiterhin die Ungleichung

$$H_1(\sigma) \leqq 1 \text{ für } \sigma \geqq 0 \tag{167}$$

gelten. Das Gleichheitszeichen kann nur für $\sigma = 0$ oder $\sigma = \infty$ bestehen, und zwar falls $c_0 = a_0$ bzw. $c_n = a_n$ ist. Dabei sieht man von dem Sonderfall $H_1(p) \equiv 1$ ab. Liegt nämlich dieser Fall nicht vor, gilt also in Ungleichung (165b) nicht für alle zulässigen Werte μ das Gleichheitszeichen, so ist sicher für jeden Wert $p = \sigma$ mit $0 < \sigma < \infty$ in Gl. (166) der Zähler kleiner als der Nenner.

Schreibt man $H_1(p) = KH_{10}(p)$, wobei K eine Konstante bedeutet und die Koeffizienten der höchsten p-Potenz im Zähler und Nenner von $H_{10}(p)$ gleich Eins sind, dann gilt nach Gl. (167)

$$H_1(\sigma) \equiv KH_{10}(\sigma) \leqq 1$$

oder

$$0 < K \leqq \frac{1}{H_{10}(\sigma)} \text{ für } \sigma \geqq 0 \, . \tag{168}$$

Das absolute Minimum der Funktion $1/H_{10}(\sigma)$ in $0 \leqq \sigma \leqq \infty$ liefert also eine obere Schranke für die Konstante K. Tritt dieses Minimum in $\sigma = 0$ oder $\sigma = \infty$ auf, dann kann die Konstante K die Schranke erreichen. Erreicht dagegen die Funktion $1/H_{10}(\sigma)$ das

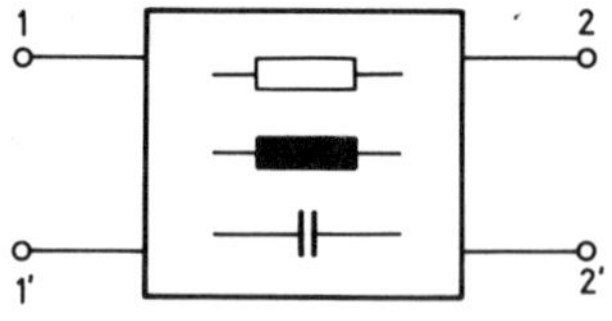

Bild 87: *RLC*-Zweitor ohne durchgehende Kurzschlußverbindung

Minimum in einem Punkt σ mit $0 < \sigma < \infty$, so kann die Konstante K dieses Minimum nicht annehmen, weil das Gleichheitszeichen in Ungleichung (167) nur für $\sigma = 0$ oder $\sigma = \infty$ möglich ist.

Es sei noch auf folgendes hingewiesen. Hat eine in der Halbebene $\operatorname{Re} p \geqq 0$ polfreie Übertragungsfunktion $H_1(p)$ negative Zählerkoeffizienten, jedoch keine Nullstellen auf der positiv reellen Achse, dann kann man durch Erweiterung des Zählers und Nenners der Funktion $H_1(p)$ mit Hilfe eines geeigneten Hurwitz-Polynoms erreichen, daß alle Zählerkoeffizienten nicht negativ sind. Hierauf wird im Abschnitt 6 eingegangen. Nach dieser Erweiterung können die Fialkow-Gerst-Bedingungen geprüft werden.

Die Übertragungsfunktion $H_1(p)$ eines *RLC*-Zweitors ohne durchgehende Kurzschlußverbindung kann man als Differenz zweier Übertragungsfunktionen von Zweitoren mit durchgehender Kurzschlußverbindung darstellen. Gemäß Bild 87 erhält man

$$H_1(p) = \frac{U_{22'}}{U_{11'}} = \frac{U_{21'}}{U_{11'}} - \frac{U_{2'1'}}{U_{11'}} = \frac{\Delta_1(p)}{\Delta_0(p)} - \frac{\Delta_2(p)}{\Delta_0(p)}.$$

Die Übertragungsfunktionen $\Delta_1(p)/\Delta_0(p)$ und $\Delta_2(p)/\Delta_0(p)$ seien durch ein Analyseverfahren gewonnen und in ungekürzter Form dargestellt. Die Systemdeterminante $\Delta_0(p)$ soll nicht-negative Koeffizienten haben. Dann müssen beide Übertragungsfunktionen $\Delta_1(p)/\Delta_0(p)$ und $\Delta_2(p)/\Delta_0(p)$ die Fialkow-Gerst-Bedingungen erfüllen. Das Zählerpolynom der Übertragungsfunktion $H_1(p)$ entsteht als Differenz der Polynome $\Delta_1(p)$ und $\Delta_2(p)$. Es kann daher auch negative Koeffizienten haben und Nullstellen auf der positiv reellen Achse aufweisen. Wegen der bereits bekannten Eigenschaft Gln. (165a, b) der Spannungsübertragungsfunktion von *RLC*-Zweitoren mit durchgehender Kurzschlußverbindung, daß nämlich die (nicht-negativen) Zählerkoeffizienten nicht größer als die entsprechenden Nennerkoeffizienten sein können, dürfen die Koeffizienten des Differenzpolynoms $\Delta_1(p)/\Delta_0(p)$ und $\Delta_2(p)/\Delta_0(p)$ können die Ungleichungen (170) nur für $\sigma = 0$ oder (und) der Systemdeterminante $\Delta_0(p)$. Stellt man nun die Übertragungsfunktion $H_1(p)$ des betrachteten Zweitors ohne durchgehende Kurzschlußverbindung gemäß Gl. (166) in ungekürzter Form dar, dann erhält man die Bedingungen

$$|c_\mu| \leqq a_\mu \qquad (\mu = 0, 1, \ldots, n). \tag{169}$$

Die Größen a_μ und c_μ bedeuten auch hier die Koeffizienten der Zählerpolynome der Funktionen $Z_{11}(p)$ bzw. $Z_{12}(p)$ [man vergleiche die Gln. (164a, c)]. Aus den Bedingungen (169) folgt offensichtlich

$$-1 \leqq H_1(\sigma) \leqq 1 \tag{170}$$

für $\sigma \geqq 0$. Wegen der früher gewonnenen Eigenschaften der Übertragungsfunktionen $\Delta_1(p)/\Delta_0(p)$ und $\Delta_2(p)/\Delta_0(p)$ können die Ungleichungen (170) nur für $\sigma = 0$ oder (und) $\sigma = \infty$ mit einem Gleichheitszeichen erfüllt sein.

Führt man die vorausgegangenen Betrachtungen auch für die Übertragungsfunktion $U_{11'}/U_{22'}$ mit $I_1 = 0$ durch, so erhält man die weiteren Koeffizientenbedingungen

$$|c_\mu| \leqq b_\mu \ (\mu = 0, 1, \ldots, n). \tag{171}$$

Dabei bedeuten die Größen b_μ die Koeffizienten des Zählerpolynoms der Funktion $Z_{22}(p)$ [man vergleiche die Gl. (164b)]. Die Ungleichungen (169) und (171) sind notwendige Bedingungen, welche jedes kopplungsfreie Zweitor erfüllen muß.

5. Die Synthese von Reaktanzzweitoren

Im Abschnitt 4.3 wurde gezeigt, welche notwendigen und hinreichenden Bedingungen die Impedanzmatrix, die Admittanzmatrix und die Kettenmatrix eines Reaktanzzweitors erfüllen müssen. Hierbei wurde gezeigt, wie derartige Matrizen durch Partialbruchzweitore verwirklicht werden können. Da diese Realisierungen für praktische Anwendungen wenig Bedeutung haben, soll im folgenden ein Verfahren zur Synthese von realistischen Reaktanzzweitoren behandelt werden. Dabei sind verschiedene Fälle zu unterscheiden, je nachdem ob eine Zweitormatrix, eine Übertragungsfunktion oder andere Funktionen der Verwirklichung zugrunde gelegt werden. In allen Fällen spielt das im Abschnitt 3.8 behandelte Verfahren zur Realisierung einer Zweipolfunktion durch ein Reaktanzzweitor und einen Ohmwiderstand eine entscheidende Rolle.

5.1. DIE REALISIERUNG DER KETTENMATRIX

Es soll eine beliebige Kettenmatrix $A(p) = [A_{rs}(p)]$ Gl. (152), welche die Bedingungen von Satz 17 erfüllt, durch ein Reaktanzzweitor verwirklicht werden.

Das gesuchte Zweitor wird nun in Gedanken mit einem Ohmwiderstand Eins nach Bild 88 am Ausgang abgeschlossen. Dadurch ergibt sich eine Impedanz $Z(p)$ am Zweitoreingang, die sich aufgrund der Gl. (143) und der Bindung $U_2 = -I_2 \cdot 1$ mit Hilfe der Polynome $A(p)$, $B(p)$, $C(p)$, $D(p)$ aus der Gl. (152) in der Form

$$Z(p) = \frac{A(p) + B(p)}{C(p) + D(p)} \tag{172}$$

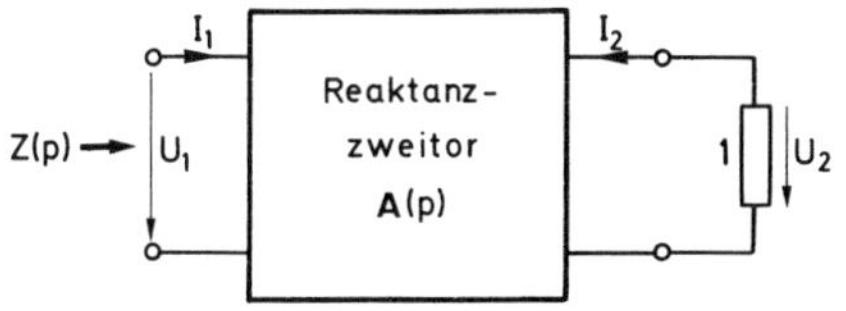

Bild 88: Abschluß des gesuchten Reaktanzzweitors mit dem Ohmwiderstand Eins

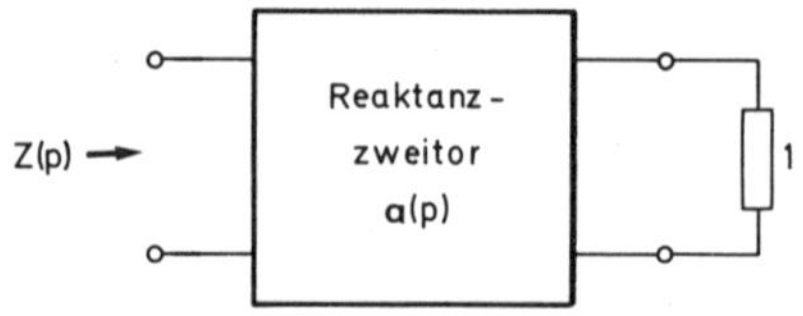

Bild 89: Realisierung der Eingangsimpedanz $Z(p)$ durch ein mit dem Ohmwiderstand Eins abgeschlossenes Reaktanzzweitor nach Abschnitt 3.8

ausdrücken läßt. Die zu realisierende Kettenmatrix sei nach Gl. (152) so dargestellt, daß das Nennerpolynom $E(p)$ keinen gemeinsamen Polynomfaktor mit den vier Zählerpolynomen $A(p)$, $B(p)$, $C(p)$ und $D(p)$ hat. Weiterhin sei dafür gesorgt, daß der Koeffizient bei der höchsten Potenz von p im Polynom $E(p)$ gleich Eins ist. Die Funktion $Z(p)$ muß notwendigerweise eine Zweipolfunktion sein.

Es wird nun die Zweipolfunktion $Z(p)$ Gl. (172) als Impedanz nach Abschnitt 3.8 verwirklicht, wobei nur Entwicklungsstellen erster und zweiter Art verwendet werden sollen. Dabei wird der am Ende des Verfahrens entstehende Ohmwiderstand R in bekannter Weise durch den Eingangswiderstand eines mit dem Ohmwiderstand Eins abgeschlossenen idealen Übertragers verwirklicht. Falls $R = 1$ ist, entfällt dieser Übertrager. Sofern der Übertrager erforderlich ist, wird er in das Reaktanzzweitor einbezogen. Damit ergibt sich das Netzwerk nach Bild 89. Das darin auftretende Reaktanzzweitor soll durch die Kettenmatrix

$$\boldsymbol{a}(p) = \frac{1}{e(p)} \begin{bmatrix} a(p) & b(p) \\ c(p) & d(p) \end{bmatrix} \tag{173}$$

beschrieben werden. Die Funktionen $a(p)$, $b(p)$, $c(p)$, $d(p)$ und $e(p)$ seien Polynome. Es sei in Gl. (173) dafür gesorgt, daß das Nennerpolynom $e(p)$ keinen gemeinsamen Polynomfaktor mit den vier Zählerpolynomen $a(p)$, $b(p)$, $c(p)$ und $d(p)$ hat. Weiterhin möge der Koeffizient der höchsten Potenz von p im Polynom $e(p)$ gleich Eins sein. Damit ist ein Reaktanzzweitor mit der Kettenmatrix $\boldsymbol{a}(p)$ Gl. (173) gefunden, das bei Abschluß mit dem Ohmwiderstand Eins die Eingangsimpedanz $Z(p)$ hat. Dieselbe Impedanz $Z(p)$ tritt gemäß Gl. (172) auch am Eingang des gesuchten Reaktanzzweitors mit der Kettenmatrix

$$\boldsymbol{A}(p) = \frac{1}{E(p)} \begin{bmatrix} A(p) & B(p) \\ C(p) & D(p) \end{bmatrix} \tag{174}$$

auf, wenn das Zweitor mit dem Ohmwiderstand Eins abgeschlossen ist. Es liegt die Frage nahe, in welcher Weise die Matrizen $\boldsymbol{a}(p)$ und $\boldsymbol{A}(p)$ miteinander verknüpft sind. Dies wird jetzt untersucht.

Wegen der Übereinstimmung der genannten Eingangsimpedanzen gilt für alle p-Werte

$$\frac{a(p)+b(p)}{c(p)+d(p)}=\frac{A(p)+B(p)}{C(p)+D(p)}=\frac{m(p)}{n(p)} \quad . \tag{175}$$

Dabei seien die Funktionen $m(p)$ und $n(p)$ Polynome, die keinen gemeinsamen Polynomfaktor besitzen sollen. Die Gl. (175) kann durch die Beziehungen

$$a(p)+b(p)=h_1(p)m(p), \tag{176a}$$
$$c(p)+d(p)=h_1(p)n(p), \tag{176b}$$
$$A(p)+B(p)=h_2(p)m(p), \tag{177a}$$
$$C(p)+D(p)=h_2(p)n(p) \tag{177b}$$

ersetzt werden. Die Funktionen $h_1(p)$ und $h_2(p)$ bedeuten Polynome. Die Koeffizienten der höchsten Potenzen von p in diesen Polynomen werden ± 1. Da aufgrund der Ergänzung von Satz 17 sowohl das Polynom $a(p)+b(p)+c(p)+d(p)$ als auch das Polynom $A(p)+B(p)+C(p)+D(p)$ ein Hurwitz-Polynom ist, müssen auch $h_1(p)$ gemäß den Gln. (176a, b) und $h_2(p)$ gemäß den Gln. (177a, b) Hurwitz-Polynome sein. Nun wird das Nennerpolynom $n(p)$ aus Gl. (175) gemäß der Gleichung

$$n(p)=n_1(p)n_2(p)$$

in zwei Polynome faktorisiert, von denen das Polynom $n_1(p)$ alle auf der imaginären Achse liegenden und das Polynom $n_2(p)$ alle in der offenen linken Halbebene liegenden Nullstellen von $n(p)$ enthält. Dabei sei der Koeffizient der höchsten Potenz von p im Polynom $n_1(p)$ gleich Eins. Das Polynom $n_1(p)$ enthält also als Nullstellen alle endlichen Entwicklungsstellen erster Art von $Z(p)$ und ist entweder gerade oder ungerade.

Mit

$$e_\nu(p)=\begin{cases} p & \\ p^2-p_\nu^2 & \text{für } p_\nu=\sigma_\nu \text{ oder } p_\nu=\mathrm{j}\omega_\nu \ (\sigma_\nu>0, \omega_\nu>0) \\ p^4-(p_\nu^2+p_\nu^{*2})p^2+p_\nu^2 p_\nu^{*2} & \text{für } p_\nu=\sigma_\nu+\mathrm{j}\omega_\nu \text{ mit } \sigma_\nu\omega_\nu \neq 0 \end{cases}$$

$(\nu=1,\ldots,q)$

werden jetzt alle voneinander verschiedenen Polynome bezeichnet, deren Nullstellen mit den endlichen Nullstellen des geraden Teils der Zweipolfunktion $Z(p)$ übereinstimmen. Die Nullstellen der Polynome $e_\nu(p)$, die im abgeschlossenen ersten Quadranten liegen, sind Entwicklungsstellen zweiter Art von $Z(p)$, sofern sie nicht zu den Entwicklungsstellen erster Art gehören. Der gerade Teil

$$G(p)=\frac{1}{2}[Z(p)+Z(-p)]$$

der Zweipolfunktion $Z(p)$ Gl. (172) läßt sich nach kurzer Zwischenrechnung mit Gl. (175) in der Form

$$G(p)=\frac{e^2(p)}{d^2(p)-c^2(p)}=\frac{E^2(p)}{D^2(p)-C^2(p)}=\frac{u(p)}{w(p)} \tag{178a}$$

darstellen. Dabei wurden die aus Satz 17 folgenden Tatsachen berücksichtigt, daß die Polynome $a(p)$, $d(p)$, $e(p)$ gerade oder ungerade und dann die Polynome $b(p)$, $c(p)$ ungerade bzw. gerade sind und daß $a(p)d(p)-b(p)c(p)=e^2(p)$ für alle p-Werte gilt. Ebenso wurden die entsprechenden Eigenschaften der Matrix $\boldsymbol{A}(p)$ berücksichtigt. Die Funktionen $u(p)$ und $w(p)$ bedeuten Polynome, die keinen gemeinsamen Polynomfaktor haben sollen. Dabei sei dafür gesorgt, daß der Koeffizient von $u(p)$ bei der höchsten Potenz in p gleich Eins ist. Für das Zählerpolynom $u(p)$ gilt mit den oben eingeführten Polynomen $e_\nu(p)$

$$u(p)=\prod_{\nu=1}^{q}[e_\nu(p)]^{2\lambda_\nu-\tau_\nu}. \tag{179a}$$

Dabei sind die λ_ν ganze positive Zahlen, und es gilt $\tau_\nu=0$ oder 1. Die Zahlen $2\lambda_\nu-\tau_\nu$ bedeuten die Vielfachheiten der Nullstellen p_ν von $G(p)$. Setzt man Gl. (176b) in Gl. (178a) ein, so erhält man für den geraden Teil von $Z(p)$ bei Verwendung der Beziehung $n(p)=n_1(p)n_2(p)$

$$G(p)=\frac{\pm e^2(p)}{h_1(p)h_1(-p)n_1(p)n_1(-p)n_2(p)n_2(-p)}. \tag{178b}$$

Aus $Z(p)=m(p)/n(p)$ folgt jedoch

$$G(p)=\frac{1}{2}\frac{\pm m(p)n_2(-p)+m(-p)n_2(p)}{n_1(-p)n_2(p)n_2(-p)}. \tag{178c}$$

Da der gerade Teil einer Zweipolfunktion auf der imaginären Achse mit dem (für alle reellen Frequenzen endlichen) Realteil dieser Funktion übereinstimmt, kann $G(p)$ keine Pole für $p=j\omega$ besitzen. Das Polynom $n_1(-p)$ muß daher im Zähler von $G(p)$ Gl. (178c) als Faktor enthalten sein, und die Pole von $G(p)$ müssen mit den Nullstellen von $n_2(p)$ und $n_2(-p)$ übereinstimmen. Hieraus folgt mit Gl. (178b) für den gekürzten Zähler von $G(p)$ Gl. (178a), wenn man $n_2(p)n_2(-p)=w(p)$ wählt,

$$u(p)=\frac{\pm e^2(p)}{h_1(p)h_1(-p)n_1(p)n_1(-p)}. \tag{179b}$$

Ebenso erhält man mit den Gln. (177b) und (178a, c)

$$u(p)=\frac{\pm E^2(p)}{h_2(p)h_2(-p)n_1(p)n_1(-p)}. \tag{179c}$$

Bei der Realisierung der Zweipolfunktion $Z(p)$ gemäß Abschnitt 3.8 ergeben sich entsprechend den einzelnen Zyklen Zweitore, deren Kettenmatrizen mit $\boldsymbol{a}_r(p)$ $(r=1, 2, \ldots, k)$ bezeichnet werden. Dann muß die Beziehung

$$\boldsymbol{a}(p)=\boldsymbol{a}_1(p)\boldsymbol{a}_2(p)\ldots\boldsymbol{a}_k(p)$$

bestehen, da das Gesamtzweitor mit der Kettenmatrix $\boldsymbol{a}(p)$ als Kettenanordnung der Zweitore mit den Kettenmatrizen $\boldsymbol{a}_r(p)$ aufgefaßt werden kann. Der am Ausgang des Gesamtzweitors möglicherweise auftretende ideale Übertrager wird zum letzten Teilzweitor gezählt. Man kann sich leicht davon überzeugen, daß das Nennerpolynom der

Matrix $\boldsymbol{a}_r(p)$ als einzige Nullstellen die im r-ten Entwicklungszyklus bei der Realisierung von $Z(p)$ gewählte Entwicklungsstelle (erster oder zweiter Art) samt den möglichen Spiegelpunkten dieser Stelle bezüglich der Geraden $\sigma = 0$ und $\omega = 0$ sowie des Punktes $p = 0$ hat. Falls $p = \infty$ als Entwicklungsstelle gewählt wurde, ist das Nennerpolynom identisch Eins. Unter Berücksichtigung dieser Tatsache und der Gl. (179a) ergibt sich als Nennerpolynom der durch die Multiplikation aller $\boldsymbol{a}_r(p)$ entstehenden Matrix $\boldsymbol{a}(p)$ die Beziehung

$$e(p) = \frac{n_1(p) \prod_{\nu=1}^{q} [e_\nu(p)]^{\lambda_\nu}}{k(p)} . \tag{180a}$$

Dabei wurden die Sätze 14a, b, c, d, e verwendet, aus denen insbesondere das Zustandekommen der Exponenten λ_ν in Gl. (180a) hervorgeht. Mit dem Polynom $k(p)$ wird der Möglichkeit Rechnung getragen, daß nach der Ausmultiplikation der Matrizen $\boldsymbol{a}_r(p)$ gemeinsame Nullstellen in den Zählerpolynomen und im Nennerpolynom der Produktmatrix auftreten. Andererseits erhält man aus den Gln. (179a, b) die Relation

$$e^2(p) = \pm h_1(p) h_1(-p) n_1^2(p) \prod_{\nu=1}^{q} [e_\nu(p)]^{2\lambda_\nu - \tau_\nu} .$$

Ein Vergleich der beiden letzten Gleichungen zeigt, daß $k(p) \equiv 1$ sein muß. Somit ergeben sich die Beziehungen

$$e(p) = n_1(p) \prod_{\nu=1}^{q} [e_\nu(p)]^{\lambda_\nu} . \tag{180b}$$

und

$$h_1(p) h_1(-p) = \pm \prod_{\nu=1}^{q} [e_\nu(p)]^{\tau_\nu} . \tag{181}$$

Aufgrund eines Vergleichs der Gln. (179b, c) ist zu erkennen, daß die Funktion $h_1(p)h_1(-p)/[h_2(p)h_2(-p)] = e^2(p)/E^2(p)$ Pole bzw. Nullstellen von nur geradzahliger Ordnung haben kann. Da aber alle Nullstellen des Hurwitz-Polynoms $h_1(p)$ nach Gl. (181) einfach sind, muß ein Hurwitz-Polynom $h(p)$ mit Nullstellen geradzahliger Ordnung existieren, so daß

$$h_2(p) = h(p) h_1(p)$$

gilt. Hiermit und aus den Gln. (176a, b), (177a, b), (179b, c) und (178a) erhält man nun die Beziehungen

$$A(p) + B(p) = h(p)[a(p) + b(p)], \tag{182a}$$
$$C(p) + D(p) = h(p)[c(p) + d(p)], \tag{182b}$$
$$E^2(p) = h(p) h(-p) e^2(p), \tag{182c}$$
$$D^2(p) - C^2(p) = h(p) h(-p)[d^2(p) - c^2(p)] . \tag{182d}$$

Die Gln. (182b, d) lassen erkennen, daß die Polynome $C(p)$ und $c(p)$ entweder zugleich gerade oder zugleich ungerade sind. Das Hurwitz-Polynom $h(p)$ wird nun in seinen geraden und seinen ungeraden Teil zerlegt, es wird also

$$h(p) = h_g(p) + h_u(p)$$

gesetzt. Führt man diese Darstellung in die Gln. (182a, b) ein, so erhält man die wichtigen Beziehungen

$$A(p) = a(p)h_g(p) + b(p)h_u(p),$$
$$B(p) = a(p)h_u(p) + b(p)h_g(p),$$
$$C(p) = c(p)h_g(p) + d(p)h_u(p),$$
$$D(p) = c(p)h_u(p) + d(p)h_g(p),$$

welche sich in Matrizenform folgendermaßen zusammenfassen lassen:

$$\frac{1}{E(p)}\begin{bmatrix} A(p) & B(p) \\ C(p) & D(p) \end{bmatrix} = \frac{1}{e(p)}\begin{bmatrix} a(p) & b(p) \\ c(p) & d(p) \end{bmatrix} \cdot \frac{1}{f(p)}\begin{bmatrix} h_g(p) & h_u(p) \\ h_u(p) & h_g(p) \end{bmatrix}. \qquad (183a)$$

Dabei gilt wegen $E(p) = e(p) \cdot f(p)$ und Gl. (182c)

$$f^2(p) = h(p)h(-p). \qquad (183b)$$

Die Gl. (183a) besagt, daß die gegebene Matrix $\boldsymbol{A}(p)$ durch die Kettenanordnung des aus der Zweipolfunktion $Z(p)$ nach Abschnitt 3.8 bestimmten Reaktanzzweitors mit der Kettenmatrix $\boldsymbol{a}(p)$ Gl. (173) und des Zweitors mit der Kettenmatrix

$$\boldsymbol{b}(p) = \frac{1}{f(p)}\begin{bmatrix} h_g(p) & h_u(p) \\ h_u(p) & h_g(p) \end{bmatrix} \qquad (184)$$

verwirklicht werden kann. Die Matrix $\boldsymbol{b}(p)$ Gl. (184) erfüllt die Bedingungen des Satzes 17. Die Eingangsimpedanz $Z_b(p)$ des Reaktanzzweitors mit der Kettenmatrix $\boldsymbol{b}(p)$ ist bei Abschluß des Zweitors mit dem Ohmwiderstand Eins, wie aus Gl. (184) hervorgeht, identisch gleich Eins, d.h. es gilt

$$Z_b(p) \equiv 1.$$

Diese Impedanz wird jetzt nach Abschnitt 3.8 unter Verwendung aller im abgeschlossenen ersten Quadranten der p-Ebene liegenden Nullstellen von $f(p)$ als Entwicklungsstellen dritter Art realisiert. Bei den einzelnen Entwicklungszyklen entstehen Reaktanzzweitore mit den (wie bisher normierten) Kettenmatrizen

$$\boldsymbol{b}_r(p) = \frac{1}{f_r(p)}\begin{bmatrix} h_{gr}(p) & h_{ur}(p) \\ h_{ur}(p) & h_{gr}(p) \end{bmatrix} \qquad (r = 1, 2, \dots, l).$$

Dabei sind alle Polynome $f_r(p)$ gerade und die Funktionen $h_r(p) = h_{gr}(p) + h_{ur}(p)$ bedeuten Hurwitz-Polynome mit den geraden Teilen $h_{gr}(p)$ und den ungeraden Teilen

$h_{ur}(p)$. Durch die Realisierung der Impedanz $Z_b(p)$ erhält man damit ein Reaktanzzweitor mit der Kettenmatrix $\boldsymbol{b}_1(p)\boldsymbol{b}_2(p) \dots \boldsymbol{b}_l(p)$. Dabei ist $f(p) = f_1(p)f_2(p) \dots f_l(p)$. Man kann nun zeigen, daß die Beziehung

$$\boldsymbol{b}(p) = \pm\, \boldsymbol{b}_1(p)\boldsymbol{b}_2(p) \dots \boldsymbol{b}_l(p) \tag{185}$$

besteht. Hierzu wird der folgende Satz benötigt.

Satz 18:

Es seien

$$\boldsymbol{A}_r(p) = \frac{1}{E_r(p)} \begin{bmatrix} A_r(p) & B_r(p) \\ C_r(p) & D_r(p) \end{bmatrix} \quad (r = 1,2)$$

die Kettenmatrizen zweier Reaktanzzweitore. Jedes Nennerpolynom $E_r(p)$ $(r = 1,2)$ habe keinen gemeinsamen Polynomfaktor mit den entsprechenden Zählerpolynomen $A_r(p)$, $B_r(p)$, $C_r(p)$, $D_r(p)$.

Dann besitzt die Produktmatrix

$$\boldsymbol{A}(p) = \boldsymbol{A}_1(p)\boldsymbol{A}_2(p) = \frac{1}{E(p)} \begin{bmatrix} A(p) & B(p) \\ C(p) & D(p) \end{bmatrix}$$

ein Nennerpolynom $E(p)$, dessen Nullstellen in der rechten Halbebene $\operatorname{Re} p > 0$ mit denjenigen der Polynome $E_1(p)$ und $E_2(p)$ übereinstimmen. Dabei wurde dafür gesorgt, daß die Polynome $A(p)$, $B(p)$, $C(p)$, $D(p)$, $E(p)$ keinen gemeinsamen Polynomfaktor besitzen. Die Aussage über die Identität der Nullstellen gilt mit Einschluß der Vielfachheiten dieser Nullstellen.

Beweis: Zunächst kann festgestellt werden, daß die Polynome $A_r(p)$, $B_r(p)$, $C_r(p)$, $D_r(p)$ in $\operatorname{Re} p > 0$ keine (isolierten) Nullstellen haben. Eine derartige Nullstelle müßte wegen Satz 17 gleichzeitig in allen diesen Polynomen und damit auch im Polynom $E_r(p)$ enthalten sein. Dies ist aber ausgeschlossen. Falls eines der Elemente der Matrizen $\boldsymbol{A}_r(p)$ identisch verschwindet, ist die Richtigkeit des Satzes unmittelbar einzusehen. Deshalb wird im folgenden vorausgesetzt, daß keines der Polynome $A_r(p)$, $B_r(p)$, $C_r(p)$, $D_r(p)$ $(r = 1, 2)$ identisch verschwindet. Es wird jetzt angenommen, daß die Aussage von Satz 18 falsch sei. Dann müßte ein Punkt $p = p_0$ mit $\operatorname{Re} p_0 > 0$ existieren, für den das bei der Multiplikation der Matrizen $\boldsymbol{A}_1(p)$ und $\boldsymbol{A}_2(p)$ entstehende Polynom $A_1(p)\, A_2(p) + B_1(p)\, C_2(p)$ gleich Null ist. Da $A_2(p_0)\, B_1(p_0) \neq 0$ gilt, müßte die Gleichung $A_1(p_0)/B_1(p_0) + C_2(p_0)/A_2(p_0) = 0$ bestehen. Dies ist aber unmöglich, da die beiden Zweipolfunktionen $A_1(p)/B_1(p)$ und $C_2(p)/A_2(p)$ für $p = p_0$ positiven Realteil aufweisen.

Durch $(l$-$1)$-malige Anwendung von Satz 18 auf die rechte Seite der Gl. (185) ist nun zu erkennen, daß das Nennerpolynom $f(p)$ und die vier Zählerpolynome der Produktmatrix $\boldsymbol{b}_1 \boldsymbol{b}_2 \dots \boldsymbol{b}_l$ keine gemeinsame Nullstelle in $\operatorname{Re} p > 0$ und damit auch in der gesamten p-Ebene haben. Da die Eingangsimpedanz $Z_b(p)$ für alle p-Werte Eins ist und die Zählerpolynome in der Hauptdiagonale gerade, die Zählerpolynome in der Nebendiagonale ungerade sind, müssen die genannten Polynome in der Hauptdiagonale identisch sein. Ebenso müssen die Polynome in der Nebendiagonale für alle p-Werte miteinander übereinstimmen. Da die vier Zählerpolynome der Produktmatrix wegen der Determinantenbedingung keine gemeinsame Nullstelle haben können, müssen die Zählerpolynome in der Hauptdiagonale mit dem geraden Teil, die Zählerpolynome in der Nebendiagonale mit dem ungeraden Teil eines Hurwitz-Polynoms $h_b(p)$ übereinstimmen. Aus der Determinantenbedingung $f^2(p) = h_b(p)h_b(-p)$ und der Gl. (183b) folgt die Beziehung $h_b(p) = \pm h(p)$. Damit ist die Gültigkeit der Gl. (185) gezeigt. Für die praktische Anwendung dieser Aussage muß allerdings noch festgestellt werden, ob in Gl. (185) das Plus- oder das Minuszeichen gilt. Falls das Minuszeichen gilt, muß am Ausgang des durch Verwirklichung der Impedanz $Z_b(p) \equiv 1$ erhaltenen Zweitors eine Umpolung vorgenommen werden. Dies kann man bequem dadurch nachprüfen, daß man aus dem gewonnenen gesamten Reaktanzzweitor die Vorzeichen der Elemente der Kettenmatrix $\boldsymbol{a}(p)\boldsymbol{b}_1(p)\boldsymbol{b}_2(p)\ldots\boldsymbol{b}_l(p)$ für $p \to 0$ ermittelt und mit der vorgegebenen Kettenmatrix $\boldsymbol{A}(p)$ vergleicht. Falls $\boldsymbol{A}(p) \stackrel{!}{=} \pm \boldsymbol{a}(p)$ gilt, entfällt natürlich eine Realisierung von $\boldsymbol{b}(p)$.

Es sei noch auf folgendes hingewiesen. Aus den vorausgegangenen Untersuchungen ist direkt zu erkennen, daß alle bei der Realisierung der Zweipolfunktion $Z(p)$ nach Abschnitt 3.8 erforderlichen endlichen Entwicklungsstellen erster, zweiter und dritter Art mit den im abgeschlossenen ersten Quadranten der p-Ebene liegenden Nullstellen des Polynoms $E(p)$ identisch sind.

Man kann nun das bisherige Vorgehen zur Verwirklichung der Kettenmatrix $\boldsymbol{A}(p)$ so verallgemeinern, daß bei der Realisierung der Zweipolfunktion $Z(p)$ Gl. (172) nach Abschnitt 3.8 nicht nur die Entwicklungsstellen erster und zweiter Art von $Z(p)$ benützt werden, sondern auch die im ersten Quadranten der p-Ebene gelegenen Nullstellen des Polynoms $f(p)$ als Entwicklungsstellen dritter Art von $Z(p)$ oder einer späteren Restfunktion. Wenn nun alle diese Entwicklungsstellen erster, zweiter und dritter Art in irgendeiner möglichen Reihenfolge bei der Durchführung des Verfahrens zur Verwirklichung von $Z(p)$ verwendet werden, entsteht ein Reaktanzzweitor, das die Matrix $\boldsymbol{A}(p)$ realisiert. Dabei muß dafür gesorgt werden, daß der am Ende des Prozesses auftretende Ohmwiderstand den Wert Eins erhält und eventuell eine Umpolung der Ausgangsklemmen vorgenommen wird. Der Beweis dieser Behauptung wird entsprechend wie im obigen Fall geführt, in dem zunächst die Entwicklungsstellen erster und zweiter Art und dann erst die erforderlichen Entwicklungsstellen dritter Art verwendet wurden. Betrachtet man so alle nach Abschnitt 3.8 möglichen Entwicklungen der Zweipolfunktion $Z(p)$, dann erhält man eine Klasse äquivalenter Reaktanzzweitore, welche die gegebene Matrix $\boldsymbol{A}(p)$ verwirklichen. Bei praktischen Anwendungen kann man aus dieser Klasse von Netzwerken das jeweils günstigste Reaktanzzweitor entnehmen, etwa im Hinblick auf die Zahl der notwendigen Übertrager.

Der in den vorausgegangenen Untersuchungen gewonnenen Realisierung der Kettenmatrix $\boldsymbol{A}(p)$ entspricht eine Faktorisierung dieser Matrix in Kettenmatrizen $\boldsymbol{A}_i(p)$, die durch Teilzweitore verwirklicht werden. Der Grad der Kettenmatrizen $\boldsymbol{A}_i(p)$ ist gleich der Zahl der bei der Realisierung benötigten Energiespeicher. Es ist sofort einzusehen, daß die Kettenmatrizen $A_i(p)$ nicht mit weniger Energiespeichern verwirklicht werden können. Die hier gewonnenen Reaktanzzweitore, welche die Kettenmatrix $A(p)$ realisieren, sind also kanonische Netzwerke.

5.2. DIE REALISIERUNG DER ÜBERTRAGUNGSFUNKTION BEI EINBETTUNG DES REAKTANZZWEITORS ZWISCHEN OHMWIDERSTÄNDEN

Reaktanzzweitore werden häufig gemäß Bild 90 zwischen zwei Ohmwiderständen betrieben, dem Innenwiderstand R_1 der Quelle und dem Lastwiderstand R_2. Es sei $R_1 \neq 0$ und $R_2 \neq 0$. Der Belastungswiderstand R_2 kann durch Einführung eines idealen Übertragers, der in das Reaktanzzweitor einbezogen wird, auf den Wert R_1 gebracht werden. Weiterhin kann durch Normierung (Abschnitt 1.3) erreicht werden, daß $R_1 = 1$ wird. Daher darf im Netzwerk von Bild 90 ohne Einschränkung der Allgemeinheit $R_1 = R_2 = 1$ gewählt werden. Die Kettenmatrix des Reaktanzzweitors wird mit $[A_{rs}(p)]$ bezeichnet. Für die Übertragungsfunktion $H(p) = U_2/U_0$ erhält man mit Hilfe der Gl. (143) und der Beziehungen $U_0 = R_1 I_1 + U_1$ und $U_2 = -R_2 I_2$ bei Berücksichtigung von $R_1 = R_2 = 1$

$$H(p) = \frac{1}{A_{11}(p) + A_{12}(p) + A_{21}(p) + A_{22}(p)} \tag{186a}$$

oder bei Verwendung der Bezeichnungen nach Gl. (152)

$$H(p) = \frac{E(p)}{A(p) + B(p) + C(p) + D(p)} \quad . \tag{186b}$$

Das Nennerpolynom $A(p) + B(p) + C(p) + D(p)$ muß notwendigerweise ein Hurwitz-Polynom sein, wie in der Ergänzung zu Satz 17 gezeigt wurde. Das Zählerpolynom $E(p)$ ist ein gerades oder ungerades Polynom. Es kann gemeinsame Nullstellen mit dem Nennerpolynom $A(p) + B(p) + C(p) + D(p)$ haben. Man kann also feststellen, daß die Übertragungsfunktion notwendigerweise als Quotient eines geraden oder ungeraden Polynoms durch ein Hurwitz-Polynom darstellbar ist, wobei diese Form unter Umständen durch Erweiterung mit einem Hurwitz-Polynom erzeugt werden muß.

Es soll nun eine weitere wichtige notwendige Eigenschaft der Übertragungsfunktion $H(p)$ hergeleitet werden. Die dem Reaktanzzweitor von Bild 90 am Eingang zugeführte Wirkleistung beträgt [29]

$$P = \frac{1}{2} \mid I_1 \mid^2 \operatorname{Re} Z(\mathrm{j}\omega),$$

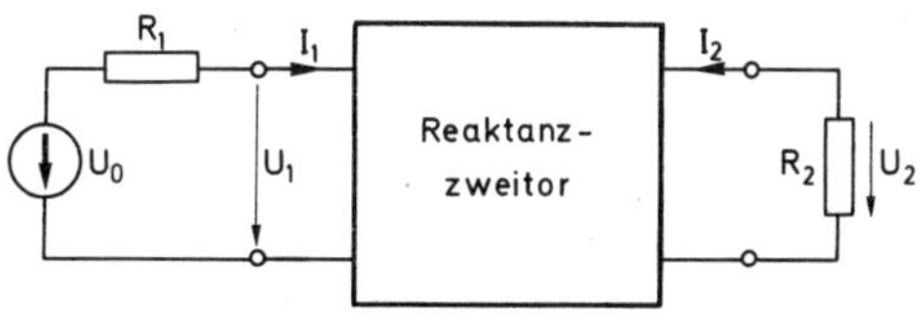

Bild 90: Zwischen Ohmwiderständen eingebettetes Reaktanzzweitor

wobei $Z(p)$ die Impedanz am Zweitoreingang und I_1 den komplexen Eingangsstrom für $p = j\omega$ bedeutet. Diese Wirkleistung ist gleich der dem Belastungswiderstand R_2 zugeführten Wirkleistung. Daher gilt weiterhin

$$P = \frac{1}{2} \mid U_2 \mid^2 \cdot \frac{1}{R_2} \quad .$$

Dabei ist U_2 die komplexe Ausgangsspannung für $p = j\omega$. Der Maximalwert der Wirkleistung P wird bekanntlich genau dann erreicht, wenn $Z(p) = R_1$ ist, d.h. wenn Anpassung vorliegt. Daher ist

$$P_{\max} = \frac{1}{2} \left| \frac{U_0}{2} \right|^2 \cdot \frac{1}{R_1} \quad .$$

Die komplexe Spannung U_0 bedeutet die Amplitude der Spannungserregung mit $p = j\omega$. Somit gilt

$$\frac{P}{P_{\max}} = \left| \frac{U_2}{U_0} \right|^2 \frac{4R_1}{R_2} \leqq 1 \quad . \tag{187}$$

Für die Übertragungsfunktion $H(p) = U_2/U_0$ folgt aus Gl. (187) mit $R_1 = R_2 = 1$

$$H(j\omega)H(-j\omega) \leqq \frac{1}{4} \quad . \tag{188}$$

Der Betrag der Übertragungsfunktion $H(p)$ kann also für $p = j\omega$ nicht größer als 1/2 sein.

Es wird nun die rationale Funktion

$$F(p^2) = \frac{1}{H(p)H(-p)} - 4 \tag{189}$$

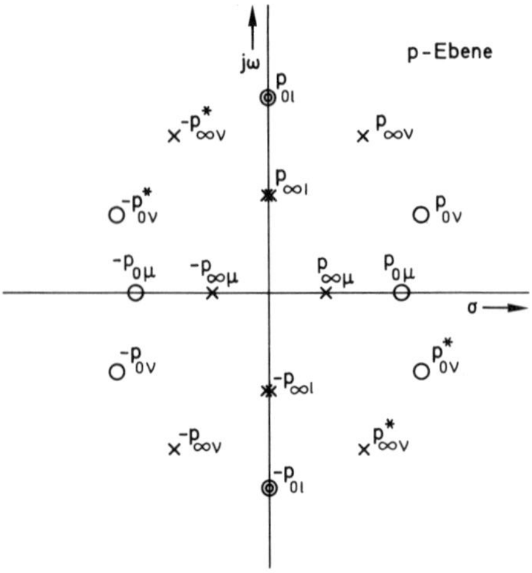

Bild 91: Lage der Nullstellen und Pole der Funktion $F(p^2)$ Gl. (189) in der komplexen Ebene

betrachtet. Die Nullstellen und Pole der Funktion $F(p^2)$, die auf der imaginären Achse liegen, müssen geradzahlige Ordnung haben, da wegen Bedingung (188) für alle ω-Werte $F(-\omega^2) \geqq 0$ gilt. Die Nullstellen und Pole der Funktion $F(p^2)$, die außerhalb der imaginären Achse liegen, müssen gemäß Bild 91 paarweise symmetrisch zum Ursprung $p = 0$ oder als Quadrupel symmetrisch zu beiden Koordinatenachsen auftreten. Es seien die Nullstellen von $F(p^2)$ auf der reellen Achse $\sigma > 0$ mit $p_{0\mu}$, die Nullstellen im Innern des ersten Quadranten mit $p_{0\nu}$ und die Nullstellen auf der imaginären Achse $\omega > 0$ mit $p_{0\iota}$ bezeichnet. Die Vielfachheiten dieser Nullstellen seien $m_{0\mu}$, $m_{0\nu}$ bzw. $2m_{0\iota}$. Entsprechend seien die Pole von $F(p^2)$ mit $p_{\infty\mu}$, $p_{\infty\nu}$ und $p_{\infty\iota}$, ihre Vielfachheiten mit $m_{\infty\mu}$, $m_{\infty\nu}$ bzw. $2m_{\infty\iota}$ bezeichnet. Dann kann die Funktion $F(p^2)$ in der Form

$$F(p^2) = kp^{2\kappa} \frac{\prod(p^2 - p_{0\mu}^2)^{m_{0\mu}} \prod[p^4 - (p_{0\nu}^2 + p_{0\nu}^{*2})p^2 + p_{0\nu}^2 p_{0\nu}^{*2}]^{m_{0\nu}} \prod(p^2 - p_{0\iota}^2)^{2m_{0\iota}}}{\prod(p^2 - p_{\infty\mu}^2)^{m_{\infty\mu}} \prod[p^4 - (p_{\infty\nu}^2 + p_{\infty\nu}^{*2})p^2 + p_{\infty\nu}^2 p_{\infty\nu}^{*2}]^{m_{\infty\nu}} \prod(p^2 - p_{\infty\iota}^2)^{2m_{\infty\iota}}} \tag{190}$$

dargestellt werden. Dabei ist k eine reelle Konstante und $\kappa \gtreqless 0$ eine ganze Zahl. Angesichts der Gl. (190) und der Eigenschaft $F(-\omega^2) \geqq 0$ kann die Funktion $F(p^2)$ in das Produkt

$$F(p^2) = K(p)K(-p) \tag{191}$$

zerlegt werden. Dabei ist

$$K(p) = \pm \sqrt{|k|}\, p^{\kappa} \frac{\prod(p \pm p_{0\mu})^{m_{0\mu}} \prod[p^2 \pm (p_{0\nu} + p_{0\nu}^*)p + p_{0\nu} p_{0\nu}^*]^{m_{0\nu}} \prod(p^2 - p_{0\iota}^2)^{m_{0\iota}}}{\prod(p \pm p_{\infty\mu})^{m_{\infty\mu}} \prod[p^2 \pm (p_{\infty\nu} + p_{\infty\nu}^*)p + p_{\infty\nu} p_{\infty\nu}^*]^{m_{\infty\nu}} \prod(p^2 - p_{\infty\iota}^2)^{m_{\infty\iota}}} \; . \tag{192}$$

Man beachte, daß das Vorzeichen der Konstante k in Gl. (190) mit dem Vorzeichen des übrigen Teils der rechten Seite von Gl. (190) für $p = j\omega$ und $\omega \to \infty$ übereinstimmt, da $F(-\omega^2) \geqq 0$ auch für beliebig große ω-Werte erfüllt sein muß. Die in Gl. (192) wählbaren Vorzeichen sind unabhängig voneinander. Wie sich an späterer Stelle zeigen wird, dürfen jedoch die Vorzeichen im Nenner nur insofern frei gewählt werden, als alle zur $j\omega$-Achse symmetrischen Pole von $1/H(p)$ einschließlich ihrer Vielfachheit jedenfalls als Pole von $K(p)$ zu wählen sind. Dies hat wegen der Eigenschaften von $H(p)$ zur Folge, daß alle Pole von $K(p)$ in $\operatorname{Re} p \geqq 0$ einschließlich ihrer Vielfachheit auch Pole von $1/H(p)$ sind. – Es werden also gemäß Gl. (192) im Rahmen der Vorzeichenfreiheit im allgemeinen mehrere Funktionen $K(p)$ existieren, welche die Gl. (191) erfüllen. Jede dieser Funktionen wird *charakteristische Funktion* genannt.

Bezeichnet man die reziproke Übertragungsfunktion $1/H(p)$ mit $W(p)$, dann erhält man aus den Gln. (189) und (191) die Beziehung

$$W(p)W(-p) = 4 + K(p)K(-p) \quad . \tag{193}$$

Dabei bedeutet $K(p)$ irgendeine der nach Gl. (192) bestimmten charakteristischen Funktionen.

Es soll nun gezeigt werden, daß jede rationale reelle Funktion $H(p)$, deren Zähler ein gerades bzw. ungerades Polynom ist, deren Nenner ein Hurwitz-Polynom ist und welche die Bedingung (188) erfüllt, als Übertragungsfunktion U_2/U_0 durch ein Netzwerk nach Bild 90 realisiert werden kann. Hierzu wird zunächst aus $H(p)$ mit Hilfe der vorausgegangenen Überlegungen eine charakteristische Funktion $K(p)$ konstruiert. Die reziproke Übertragungsfunktion $W(p) = 1/H(p)$ und die daraus bestimmte charakteristische Funktion $K(p)$ werden in ihre geraden und ungeraden Teile zerlegt. Dadurch erhält man die Beziehungen

$$W(p) = W_g(p) + W_u(p), \tag{194a}$$
$$K(p) = K_g(p) + K_u(p). \tag{194b}$$

Mit dem Index g wird jeweils der gerade Teil, mit dem Index u der ungerade Teil gekennzeichnet. Mit $[A_{rs}(p)]$ wird die Kettenmatrix des Reaktanzzweitors des gesuchten Netzwerks nach Bild 90 bezeichnet. Aus Gl. (186a) erhält man die weiteren Beziehungen

$$W_g(p) = A_{11}(p) + A_{22}(p) \tag{195a}$$

und

$$W_u(p) = A_{12}(p) + A_{21}(p), \tag{195b}$$

da $A_{11}(p)$ und $A_{22}(p)$ gerade, $A_{12}(p)$ und $A_{21}(p)$ ungerade Funktionen sein müssen. Man kann die Gln. (195a, b) zur Bestimmung der Elemente der Kettenmatrix durch die folgenden Beziehungen ersetzen:

$$A_{11}(p) = \frac{1}{2} W_g(p) + \frac{1}{2} g(p), \tag{196a}$$

$$A_{22}(p) = \frac{1}{2} W_g(p) - \frac{1}{2} g(p), \tag{196b}$$

$$A_{12}(p) = \frac{1}{2} W_u(p) + \frac{1}{2} u(p), \tag{196c}$$

$$A_{21}(p) = \frac{1}{2} W_u(p) - \frac{1}{2} u(p). \tag{196d}$$

Dabei ist $g(p)$ eine noch zu bestimmende gerade Funktion, $u(p)$ eine ebenfalls noch zu bestimmende ungerade Funktion. Aufgrund der Forderung, daß die Determinante der Kettenmatrix für alle p-Werte gleich Eins werden muß, erhält man aus den Gln. (196a, b, c, d) die Relation

$$\frac{1}{4}[W_g^2(p) - W_u^2(p)] - \frac{1}{4}[g^2(p) - u^2(p)] = 1$$

oder mit Gl. (194a)

$$W(p)\,W(-p) = 4 + [g(p) + u(p)]\,[g(-p) + u(-p)].$$

Ein Vergleich dieser Gleichung mit Gl. (193) zeigt, daß durch die Wahl

$$g(p) + u(p) = K(p),$$

d.h. durch die Wahl

$$g(p) = K_g(p),$$
$$u(p) = K_u(p)$$

in den Gln. (196a, b, c, d) die genannte Forderung für die Determinante der Kettenmatrix erfüllt wird. Man erhält damit für die Elemente der Kettenmatrix die Lösungen

$$A_{11}(p) = \frac{1}{2} W_g(p) + \frac{1}{2} K_g(p), \tag{197a}$$

$$A_{22}(p) = \frac{1}{2} W_g(p) - \frac{1}{2} K_g(p), \tag{197b}$$

$$A_{12}(p) = \frac{1}{2} W_u(p) + \frac{1}{2} K_u(p), \tag{197c}$$

$$A_{21}(p) = \frac{1}{2} W_u(p) - \frac{1}{2} K_u(p). \tag{197d}$$

Es muß jetzt noch gezeigt werden, daß die durch die Gln. (197a, b, c, d) gegebene Kettenmatrix durch ein Reaktanzzweitor verwirklicht werden kann. Eine solche Realisierung kann mit Hilfe des im Abschnitt 5.1 beschriebenen Verfahrens erreicht werden. Es wird daher zunächst die Impedanz Gl. (172) mit den Gln. (197a, b, c, d) gebildet. Man erhält mit den Gln. (194a, b)

$$Z(p) = \frac{W(p) + K(p)}{W(p) - K(p)} \quad . \tag{198}$$

Diese Funktion muß nach Satz 8 notwendigerweise eine Zweipolfunktion sein. Man erhält nämlich unter Verwendung der Gl. (193) aus Gl. (198)

$$\operatorname{Re} Z(\mathrm{j}\omega) = \frac{4}{|W(\mathrm{j}\omega) - K(\mathrm{j}\omega)|^2} \geqq 0 .$$

Da alle Pole von $K(p)$ in der abgeschlossenen Halbebene $\operatorname{Re} p \geqq 0$ einschließlich ihrer Vielfachheit auch Pole von $W(p)$ sind und $W(p)$ nur in der offenen Halbebene $\operatorname{Re} p < 0$ Nullstellen hat, muß die Summe von Zähler- und Nennerpolynom von $Z(p)$ Gl. (198) ein Hurwitz-Polynom sein. Daher muß die Funktion $Z(p)$ eine Zweipolfunktion sein. Diese wird man nun nach Abschnitt 5.1 realisieren in der Erwartung, daß das gefundene Netzwerk eine Kettenmatrix besitzt, deren Elemente mit den Funktionen Gln. (197a, b, c, d) übereinstimmen. Voraussetzungsgemäß ist jedoch das gemeinsame Zählerpolynom der Summe $A_{11}(p) + A_{22}(p) + A_{12}(p) + A_{21}(p) = W(p)$ ein Hurwitz-Polynom, und die Funktion $Z(p)$ Gl. (198) ist Zweipolfunktion. Weiterhin gilt die Determinantenbedingung $A_{11}(p)\, A_{22}(p) - A_{12}(p)\, A_{21}(p) \equiv 1$ und $A_{11}(p)$, $A_{22}(p)$ sind gerade, $A_{12}(p)$, $A_{21}(p)$ ungerade Funktionen. Genau diese Voraussetzungen über die Elemente $A_{rs}(p)$ sind aber, wie man leicht nachprüft, für die Durchführung des Verfahrens nach Abschnitt 5.1 notwendig und somit auch hinreichend dafür, daß die Matrix $[A_{rs}(p)]$ Gln. (197a, b, c, d) tatsächlich realisiert wird.

Damit ist gezeigt, daß jede rationale reelle Übertragungsfunktion $H(p)$, deren Zähler ein gerades bzw. ungerades Polynom ist, deren Nenner ein Hurwitz-Polynom ist und welche die Bedingung (188) erfüllt, in Form eines Netzwerks nach Bild 90 realisiert werden kann. Dazu ist gemäß den Gln. (189) bis (192) eine charakteristische Funktion

$K(p)$ zu bestimmen und dann die Zweipolfunktion $Z(p)$ Gl. (198) nach Abschnitt 5.1 derart zu realisieren, daß durch das entstehende Reaktanzzweitor die durch die Gln. (197a, b, c, d) gegebene Kettenmatrix verwirklicht wird. Dabei erhält man für jede mögliche charakteristische Funktion eine bestimmte Impedanz $Z(p)$. Es ergeben sich auf diese Weise für eine vorgegebene Übertragungsfunktion $H(p)$ im allgemeinen mehrere, oft sogar sehr viele Realisierungen. Verwendet man bei dieser Verwirklichung eine bestimmte charakteristische Funktion $K(p)$, dann ist auch die Funktion $-K(p)$ als charakteristische Funktion bei Realisierung derselben Übertragungsfunktion zulässig. Der Übergang von $K(p)$ zu $-K(p)$ bewirkt, daß die Eingangsimpedanz $Z(p)$ Gl. (198) in ihren reziproken Wert übergeht. Dies kann sich wesentlich auf das resultierende Zweitor auswirken.

Die gewonnenen Ergebnisse werden zusammengefaßt im

Satz 19:

Notwendig und hinreichend dafür, daß eine rationale reelle Funktion $H(p)$ als Verhältnis U_2/U_0 durch das Netzwerk nach Bild 90 realisiert werden kann, sind die beiden folgenden Bedingungen.

a) Die Funktion $H(p)$ ist (gegebenenfalls durch Erweiterung mit einem Hurwitz-Polynom) so darstellbar, daß ihr Zähler ein gerades oder ungerades Polynom und ihr Nenner ein Hurwitz-Polynom ist.

b) Es gilt die Bedingung

$$H(\mathrm{j}\omega)H(-\mathrm{j}\omega) \leqq \frac{1}{4}$$

für alle ω-Werte.

Es soll nunmehr noch auf folgendes hingewiesen werden. Der Beweis, daß die Bedingungen 1 und 2 von Satz 17 und die Hurwitz-Eigenschaft des Polynoms $A(p)+B(p)+C(p)+D(p)$ hinreichend für die Realisierbarkeit der Matrix $[A_{rs}(p)]$ Gl. (152) durch ein Reaktanzzweitor sind, läßt sich jetzt leicht führen. Man bildet gemäß Gl. (186a) die reziproke Übertragungsfunktion

$$W(p)=\frac{A(p)+B(p)+C(p)+D(p)}{E(p)} \tag{199a}$$

und gemäß den Gln. (197a, b, c, d) die charakteristische Funktion

$$K(p)=\frac{A(p)+B(p)-C(p)-D(p)}{E(p)}\quad. \tag{199b}$$

Wegen Bedingung 2 von Satz 17 (Determinanten-Bedingung) muß die Funktion $W(p)$ Gl. (199a) die Eigenschaft $W(\mathrm{j}\omega)\ W(-\mathrm{j}\omega) \geqq 4$ haben. Dann kann gemäß Satz 19 die Impedanz $Z(p)$ Gl. (198) unter Verwendung der Gln. (199a, b) nach Abschnitt 5.1 realisiert werden, so daß durch das entstehende Reaktanzzweitor die Kettenmatrix Gl. (152) verwirklicht wird.

Als Abschluß der Diskussionen über die Realisierung einer Übertragungsfunktion $H(p)$, welche die Bedingungen von Satz 19 erfüllt, soll untersucht werden, in welcher Weise die bei Anwendung des Verfahrens von Abschnitt 5.1 auftretenden Entwicklungsstellen, insbesondere diejenigen dritter Art, direkt der Funktion $H(p)$ entnommen werden können. Dieses Problem ist für die praktische Anwendung des Realisierungsprozesses von großer Wichtigkeit.

Es sei

$$H(p) = \frac{E(p)}{N(p)} \quad .$$

Dabei bedeutet $E(p)$ gemäß Satz 19 ein gerades oder ungerades Polynom und $N(p)$ ein Hurwitz-Polynom. Man kann nun die Faktorisierung

$$H(p) = H_1(p)H_2(p)$$

mit

$$H_1(p) = \frac{E_1(p)}{N_1(p)} \text{ und } H_2(p) = \frac{E_2(p)}{N_2(p)}$$

durchführen, wobei $N_1(p)$, $N_2(p)$ Hurwitz-Polynome und $E_1(p)$, $E_2(p)$ gerade oder ungerade Polynome sind. Die Faktorisierung wird eindeutig festgelegt, indem man fordert, daß

$$E_2(p) = \psi(p)\psi(-p)$$

und

$$N_2(p) = \psi^2(p)$$

gilt. Hierbei bedeutet $\psi(p)$ ein Hurwitz-Polynom, dessen Grad möglichst groß sein soll. Die Funktion $H_2(p) = \psi(-p)/\psi(p)$ kann als Allpaß-Übertragungsfunktion (Abschnitt 7.2.1) aufgefaßt werden. Die Funktionen $H_1(p)$ und $H_2(p)/2$ erfüllen offensichtlich die Bedingungen von Satz 19. Sie können daher aufgrund des Verfahrens nach Abschnitt 5.1 durch Netzwerke gemäß Bild 90 realisiert werden. Ersetzt man im Zweitor, das $H_2(p)/2$ verwirklicht, den Ohmwiderstand Eins auf der Primärseite durch einen Kurzschluß, so entsteht ein Netzwerk mit der konstanten Eingangsimpedanz Eins, welches $H_2(p)$ realisiert. Durch dieses Netzwerk wird jetzt der Ohmwiderstand auf der Sekundärseite des die Teilübertragungsfunktion $H_1(p)$ realisierenden Zweitors ersetzt. Auf diese Weise wird, wie man leicht einsieht, die Übertragungsfunktion $H(p)$ durch ein zwischen zwei Ohmwiderständen eingebettetes Reaktanzzweitor realisiert, das sich aus zwei kettenförmig zusammengefügten Teilzweitoren zusammensetzt.

Das Teilzweitor 2, welches sich durch die Realisierung von $H_2(p)$ ergeben hat, entstand nach Abschnitt 5.1 durch Verwendung der im abgeschlossenen ersten Quadranten liegenden Nullstellen des Polynoms $\psi(-p)$ als Entwicklungsstellen dritter Art. Das Teilzweitor 1, welches sich durch die Realisierung von $H_1(p)$ ergeben hat, entstand nach Abschnitt 5.1 durch Verwendung der im abgeschlossenen ersten Quadranten liegenden Nullstellen des Polynoms $E_1(p)$ als Entwicklungsstellen erster bzw. zweiter Art. Entwicklungsstellen dritter Art können bei der Ermittlung des Teilzweitors 1 nicht auftreten. Andernfalls müßte es nämlich möglich sein, das aus den Teilzweitoren 1 und 2 bestehende und zwischen Ohmwiderständen eingebettete Reaktanzzweitor als Kettenschaltung zweier anderer Teilzweitore aufzufassen. Hierbei hätte das zweite dieser Teilzweitore bei Abschluß mit dem Ohmwiderstand Eins eine (Spannungs-) Übertragungsfunktion $\psi_0(-p)/\psi_0(p)$, deren Nennerpolynom $\psi_0(p)$ einen höheren Grad als das Nennerpolynom $\psi(p)$ von $H_2(p)$ aufweisen müßte. Dies ist aber angesichts der obenstehenden Vorschrift für die Faktorisierung $H(p) = H_1(p)H_2(p)$ nicht möglich.

Die aufgrund der vorausgegangenen Betrachtungen gewonnene Realisierung der Übertragungsfunktion $H(p)$ läßt sich auch dadurch ermitteln, daß man $H(p)$ direkt nach Abschnitt 5.1 verwirklicht. Falls bei einer direkten Realisierung erst am Schluß die Entwicklungsstellen dritter Art verwendet werden, entspricht jeder Verwirklichung von $H(p)$ eine Faktorisierung $H(p) = H_1(p)\,H_2(p)$ mit einer Allpaß-Übertragungsfunktion $H_2(p)$ von maximalem Grad.

Den vorausgegangenen Erörterungen kann nun das folgende Ergebnis entnommen werden: Wird die Übertragungsfunktion $H(p)$, welche die Bedingungen von Satz 19 erfüllt, in der angegebenen Weise faktorisiert, so liefern die im abgeschlossenen ersten Quadranten liegenden Nullstellen des Polynoms $E_1(p)$ die für die Realisierung von $H(p)$ erforderlichen Entwicklungsstellen erster bzw. zweiter Art; die im abgeschlossenen ersten Quadranten liegenden Nullstellen des Polynoms $E_2(p)$ liefern die Entwicklungsstellen dritter Art.

5.3. DIE REALISIERUNG DER ÜBERTRAGUNGSFUNKTION BEI ABSCHLUß DES REAKTANZZWEITORS MIT EINEM OHMWIDERSTAND

In diesem Abschnitt soll das im Bild 92 dargestellte Netzwerk untersucht werden, das aus einem mit dem Ohmwiderstand R belasteten Reaktanzzweitor besteht und durch einen eingeprägten Strom I_1 oder durch eine eingeprägte Spannung U_1 erregt wird. Durch Normierung (Abschnitt 1.3) kann erreicht werden, daß $R = 1$ wird. Dies soll im folgenden angenommen werden. Unter der Voraussetzung, daß das Reaktanzzweitor eine Impedanzmatrix $[Z_{rs}(p)]$ und eine Admittanzmatrix $[Y_{rs}(p)]$ besitzt, können die Übertragungsfunktion $U_2/I_1 = (-1)I_2/I_1 \equiv H_1(p)$ und die Übertragungsfunktion $I_2/U_1 = [U_2/(-1)]/U_1 \equiv H_2(p)$ mit Hilfe der Gl. (127) bzw. Gl. (136) folgendermaßen dargestellt werden:

$$H_1(p) = \frac{Z_{12}(p)}{1 + Z_{22}(p)}\,, \tag{200a}$$

$$H_2(p) = \frac{Y_{12}(p)}{1 + Y_{22}(p)}\,. \tag{200b}$$

Unter Berücksichtigung der Gln. (149b, c), durch welche die Funktionen $Z_{22}(p)$ und $Z_{12}(p)$ von Reaktanzzweitoren dargestellt werden, sowie der entsprechenden Darstellungen für die Funktionen $Y_{22}(p)$ und $Y_{12}(p)$ ist aus den Gln. (200a, b) zu erkennen, daß die Übertragungsfunktionen $H_1(p)$ und $H_2(p)$ notwendigerweise als rationale, reelle und in $p = \infty$ endliche Funktionen darstellbar sein müssen, deren Zählerpolynome entweder gerade oder ungerade und deren Nennerpolynome Hurwitz-Polynome sind. Dabei wurde die durch Satz 8 bekannte Tatsache berücksichtigt, daß die Summe aus

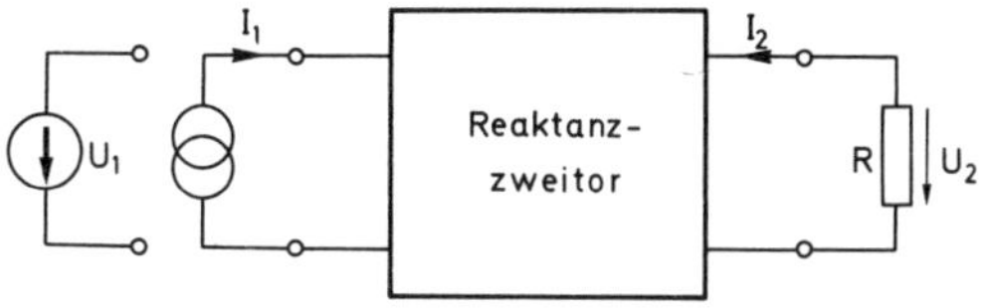

Bild 92: Ein mit einem Ohmwiderstand belastetes Reaktanzzweitor

Zähler- und Nennerpolynom einer in gekürzter Form geschriebenen Zweipolfunktion stets ein Hurwitz-Polynom ist. Es ist allerdings denkbar, daß das Zählerpolynom und das Nennerpolynom von $H_1(p)$ gemeinsame Nullstellen haben und daß damit ein Polynomfaktor in diesen Polynomen gekürzt werden kann. Das Entsprechende gilt für $H_2(p)$. Es ist daher möglich, daß die Übertragungsfunktionen $H_1(p)$ und $H_2(p)$ erst nach Erweiterung im Zähler und Nenner mit einem geeigneten Hurwitz-Polynom als Quotient erscheinen, dessen Zähler ein gerades oder ungerades Polynom und dessen Nenner ein Hurwitz-Polynom ist. Der Grad des Zählerpolynoms darf nicht größer sein als der des Nennerpolynoms.

Man kann in Umkehrung der vorausgegangenen Betrachtungen zeigen, daß jede rationale, reelle und in $p = \infty$ endliche Funktion

$$H(p) = \frac{P_1(p)}{P_2(p)} \quad , \tag{201}$$

deren Zählerpolynom $P_1(p)$ gerade oder ungerade und deren Nennerpolynom $P_2(p)$ ein Hurwitz-Polynom ist, als Übertragungsfunktion $H_1(p)$ oder $H_2(p)$ gemäß Bild 92 verwirklicht werden kann. Dies soll für $H_1(p)$ im einzelnen gezeigt werden. Dazu wird das Polynom $P_2(p)$ in seinen geraden und seinen ungeraden Teil zerlegt:

$$P_2(p) = P_{2g}(p) + P_{2u}(p) .$$

Ist $P_1(p)$ *gerade*, dann setzt man

$$Z_{12}(p) = \frac{P_1(p)}{P_{2u}(p)} \tag{202a}$$

und

$$Z_{22}(p) = \frac{P_{2g}(p)}{P_{2u}(p)} \quad . \tag{202b}$$

Damit ist $H(p)$ Gl. (201) identisch mit $H_1(p)$ Gl. (200a). Man beachte dabei, daß in Gl. (202b) der Quotient aus geradem und ungeradem Teil des Hurwitz-Polynoms $P_2(p)$ eine Reaktanzzweipolfunktion ist und daß die Funktion $Z_{12}(p)$ Gl. (202a) nur dort Pole hat, wo auch die Funktion $Z_{22}(p)$ Gl. (202b) Unendlich wird. Den Funktionen $Z_{12}(p)$ Gl. (202a) und $Z_{22}(p)$ Gl. (202b) läßt sich ohne weiteres eine Reaktanzzweipolfunktion $Z_{11}(p)$ zuordnen, so daß die Matrix

$$\boldsymbol{Z}(p) = \begin{bmatrix} Z_{11}(p) & Z_{12}(p) \\ Z_{12}(p) & Z_{22}(p) \end{bmatrix} \tag{203}$$

als Impedanzmatrix durch ein Reaktanzzweitor realisiert werden kann.

Ist $P_1(p)$ *ungerade*, dann setzt man

$$Z_{12}(p) = \frac{P_1(p)}{P_{2g}(p)} \tag{204a}$$

und

$$Z_{22}(p) = \frac{P_{2u}(p)}{P_{2g}(p)} \quad . \tag{204b}$$

Damit ist $H(p)$ Gl. (201) identisch mit $H_1(p)$ Gl. (200a). Den Funktionen $Z_{12}(p)$ Gl. (204a) und $Z_{22}(p)$ Gl. (204b) läßt sich auch in diesem Fall ohne weiteres eine Reaktanzzweipolfunktion $Z_{11}(p)$ zuordnen, so daß die Matrix $\boldsymbol{Z}(p)$ Gl. (203) als Impedanzmatrix durch ein Reaktanzzweitor realisiert werden kann.

Die Verwirklichung der Übertragungsfunktion $H_1(p)$ erfordert also die Ermittlung eines Reaktanzzweitors, von dessen Impedanzmatrix nur die beiden Elemente $Z_{12}(p)$ und $Z_{22}(p)$ gemäß den Gln. (202a, b) bzw. den Gln. (204a, b) vorgeschrieben sind. Unter Verwendung der Gl. (127) läßt sich die Eingangsimpedanz eines solchen mit dem Ohmwiderstand $R = 1$ abgeschlossenen Reaktanzzweitors in der Form

$$Z(p) = Z_{11}(p) - \frac{Z_{12}^2(p)}{1 + Z_{22}(p)} \tag{205}$$

darstellen. Wie man aus dieser Darstellung ersieht, wird der Grad der Funktion $Z(p)$ sicher dann am kleinsten, wenn man bei gegebenen Funktionen $Z_{12}(p)$ und $Z_{22}(p)$ die Reaktanzzweipolfunktion $Z_{11}(p)$ dadurch bestimmt, daß man ihr nur diejenigen Pole zuordnet, die in der Funktion $Z_{12}(p)$ vorkommen. Die Entwicklungskoeffizienten der Funktion $Z_{11}(p)$ in den genannten Polen sind dabei so zu wählen, daß diese Pole, als Pole der Impedanzmatrix betrachtet, *kompakt* sind. Wie man der Gl. (205) direkt entnimmt, treten diese kompakten Pole der Impedanzmatrix damit in der Eingangsimpedanz $Z(p)$ nicht auf. Man kann jetzt das gesuchte Reaktanzzweitor dadurch bestimmen, daß man die Impedanz Gl. (205) nach Abschnitt 5.1 realisiert. Dabei sind gemäß den Gln. (153a, b, c, d) als *endliche* Entwicklungsstellen sämtliche Nullstellen der Funktion $Z_{12}(p)$ zu verwenden und außerdem alle Pole der Impedanz $Z_{22}(p)$, die in der Impedanz $Z_{11}(p)$ [und damit auch in $Z_{12}(p)$] nicht auftreten, also alle nicht-kompakten Pole der Impedanzmatrix. Der gerade Anteil der Eingangsimpedanz ist

$$G(p) = -Z_{12}^2(p)/[1 - Z_{22}^2(p)] \quad .$$

In entsprechender Weise läßt sich nun eine Übertragungsfunktion $H_2(p)$ realisieren. Dabei betrachtet man die Eingangsadmittanz $Y(p)$ des mit dem Ohmwiderstand Eins abgeschlossenen, gesuchten Reaktanzzweitors. Mit Gl. (136) erhält man

$$Y(p) = Y_{11}(p) - \frac{Y_{12}^2(p)}{1 + Y_{22}(p)} \quad .$$

Die Funktionen $Y_{12}(p)$ und $Y_{22}(p)$ folgen aus der gegebenen Übertragungsfunktion $H_2(p)$. Fordert man weiterhin, daß alle Pole von $Y_{11}(p)$ mit denjenigen von $Y_{12}(p)$ übereinstimmen und kompakte Pole der Admittanzmatrix $[Y_{rs}(p)]$ sind, so wird die Admittanz $Y_{11}(p)$ eindeutig festgelegt, und sie erhält minimalen Grad. Bei der Realisierung der Admittanz $Y(p)$ oder der Impedanz $1/Y(p)$ nach Abschnitt 5.1 hat man gemäß den Gln. (153a, b, c, d) als endliche Entwicklungsstellen sämtliche Nullstellen von $Y_{12}(p)$ und alle nicht-kompakten Pole der Admittanzmatrix zu verwenden.

Die gewonnenen Ergebnisse werden zusammengefaßt im

Satz 20:

Notwendig und hinreichend dafür, daß eine rationale reelle Funktion $H(p)$ als Verhältnis U_2/I_1 oder I_2/U_1 durch das Netzwerk nach Bild 92 ($R = 1$) realisiert werden kann, sind die beiden folgenden Bedingungen.

a) Die Funktion $H(p)$ ist (gegebenenfalls durch Erweiterung mit einem Hurwitz-Polynom) so darstellbar, daß ihr Zähler ein gerades oder ungerades Polynom und ihr Nenner ein Hurwitz-Polynom ist.

b) Die Funktion $H(p)$ hat im Punkt $p = \infty$ einen endlichen Wert.

Erregt man ein Reaktanzzweitor mit einer Spannungsquelle, die einen normierten Innenwiderstand $R = 1$ hat, und betreibt man den Zweitorausgang im Leerlauf oder Kurzschluß, so erhält man gemäß den Bildern 93a, b die Übertragungsfunktion

$$H_3(p) = \frac{U_2}{U_1}$$

bzw.

$$H_4(p) = \frac{I_2}{U_1} \quad .$$

Aufgrund des Umkehrungssatzes [29] kann man zeigen, daß die Übertragungsfunktion $H_3(p)$ mit der Übertragungsfunktion $H_1(p)$ des Zweitors übereinstimmt, das aus dem Reaktanzzweitor von Bild 93a durch Vertauschung von Primär- und Sekundärseite hervorgeht und gemäß Bild 92 betrieben wird (Stromerregung). Damit muß auch die Übertragungsfunktion $H_3(p)$ die im Satz 20 genannten notwendigen und hinreichenden Bedingungen erfüllen. Eine solche Funktion läßt sich also dadurch realisieren, daß man

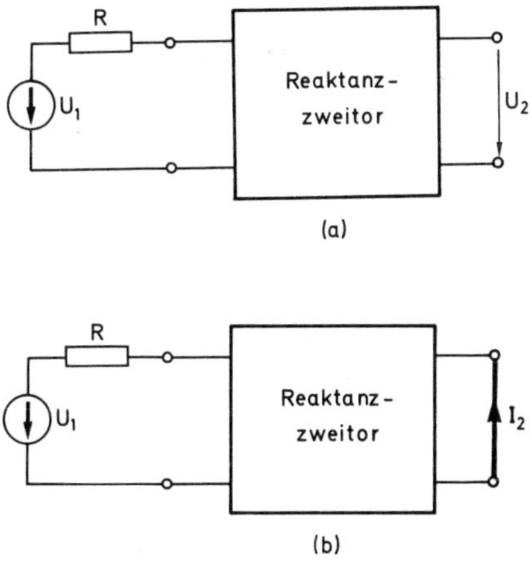

Bild 93: Erregung eines Reaktanzzweitors durch eine Spannungsquelle mit Innenwiderstand. Der Ausgang wird im Leerlauf oder im Kurzschluß betrieben

$H_3(p)$ zunächst als Übertragungsfunktion $H_1(p)$ verwirklicht, Primär- und Sekundärseite des erhaltenen Reaktanzzweitors vertauscht und dieses gemäß Bild 93a betreibt.

Entsprechend kann man mit Hilfe des Umkehrungssatzes zeigen, daß die Übertragungsfunktion $H_4(p)$ mit einer Übertragungsfunktion $H_2(p)$ übereinstimmt. Daher muß auch $H_4(p)$ die notwendigen und hinreichenden Bedingungen von Satz 20 erfüllen. Eine solche Übertragungsfunktion läßt sich dadurch realisieren, daß man sie zunächst als Übertragungsfunktion $H_2(p)$ verwirklicht, Primär- und Sekundärseite des erhaltenen Reaktanzzweitors vertauscht und dieses gemäß Bild 93b betreibt.

5.4. SYNTHESE EINES ZWISCHEN OHMWIDERSTÄNDEN EINGEBETTETEN REAKTANZZWEITORS BEI VORGABE EINER CHARAKTERISTISCHEN FUNKTION

Bei der Synthese von Reaktanzzweitoren, die gemäß Bild 90 betrieben werden und als frequenzselektive Filter Verwendung finden, werden gewöhnlich nur Forderungen an den Betrag der Übertragungsfunktion $|H(\mathrm{j}\omega)| = |U_2/U_0|$ gestellt. Da die Betragsfunktion $|H(\mathrm{j}\omega)| = 1/|W(\mathrm{j}\omega)|$ nach Gl. (193) eindeutig durch die Betragsfunktion $|K(\mathrm{j}\omega)|$ gegeben ist, kann man die genannten Forderungen auf eine Vorschrift für die Funktion $|K(\mathrm{j}\omega)|$ umrechnen. Aufgrund dieser Vorschrift läßt sich mit Hilfe eines Approximationsprozesses eine Funktion $K(p)$ bestimmen. Hierauf wird im Teil III, Abschnitt 3.5 eingegangen. Die Verwendung der charakteristischen Funktion $K(p)$ anstelle der Übertragungsfunktion $H(p)$ hat bei der Approximation den beachtlichen Vorteil, daß die durch Gl. (192) gegebene charakteristische Funktion $K(p)$ keinerlei Einschränkungen unterworfen ist, d.h. die in Gl. (192) auftretenden Parameter frei variiert werden dürfen. Aus der Funktion $K(p)$ erhält man über die Eingangsimpedanz $Z(p) = U_1/I_1$ ein Reaktanzzweitor, wie im folgenden gezeigt wird.

5.4.1. Zusammenhang zwischen Eingangsimpedanz und charakteristischer Funktion

Dem Bild 90 entnimmt man direkt die Beziehung

$$U_0 = [R_1 + Z(p)]\, I_1 \quad .$$

Hieraus folgt für die Übertragungsfunktion $H(p) = U_2/U_0$ die Darstellung

$$H(p) = \frac{U_2}{[R_1 + Z(p)]\, I_1} \quad .$$

Damit erhält man für $p = \mathrm{j}\omega$

$$|H(\mathrm{j}\omega)|^2 = \frac{|U_2|^2}{|R_1 + Z(\mathrm{j}\omega)|^2\, |I_1|^2} \quad . \tag{206}$$

Mit Hilfe der beiden im Abschnitt 5.2 angegebenen Darstellungen für die Wirkleistung P, die dem Reaktanzzweitor von Bild 90 am Eingang zugeführt wird, erhält man weiterhin

$$\left|\frac{U_2}{I_1}\right|^2 = R_2 \operatorname{Re} Z(j\omega) \quad . \tag{207}$$

Dabei sind I_1 und U_2 die komplexen Größen des Eingangsstroms bzw. der Ausgangsspannung für $p = j\omega$. Führt man die Gl. (207) in Gl. (206) ein, so ergibt sich

$$|H(j\omega)|^2 = \frac{R_2 \operatorname{Re} Z(j\omega)}{|R_1 + Z(j\omega)|^2}$$

oder, wenn man $j\omega$ durch p ersetzt,

$$H(p)H(-p) = \frac{R_2[Z(p) + Z(-p)]}{2[R_1 + Z(p)]\,[R_1 + Z(-p)]} \quad . \tag{208}$$

Da auf beiden Seiten von Gl. (208) rationale Funktionen in der Variablen p stehen, muß diese Gleichung in der gesamten p-Ebene Gültigkeit haben. Wie bereits früher festgestellt wurde, darf ohne Einschränkung der Allgemeinheit $R_1 = R_2 = 1$ gewählt werden. Diese Wahl soll im folgenden getroffen werden. Wenn man jetzt die Gl. (208) in die Gl. (193) einführt, erhält man die Beziehung

$$K(p)K(-p) = \frac{2[1 - Z(p)]\,[1 - Z(-p)]}{Z(p) + Z(-p)} \quad . \tag{209}$$

Damit ergibt sich aus den Gln. (208) und (209)

$$H(p)H(-p)K(p)K(-p) = \frac{1 - Z(p)}{1 + Z(p)} \cdot \frac{1 - Z(-p)}{1 + Z(-p)} \tag{210a}$$

oder

$$H(p)H(-p)K(p)K(-p) = \rho(p)\rho(-p), \tag{210b}$$

wobei

$$\rho(p) = \frac{1 - Z(p)}{1 + Z(p)} \tag{211}$$

die *Reflexionsfunktion* des zwischen den Ohmwiderständen $R_1 = 1$ und $R_2 = 1$ betriebenen Reaktanzzweitors ist. Aus den Gln. (193) und (210b) erhält man

$$1 - 4H(p)H(-p) = \rho(p)\rho(-p) . \tag{212}$$

Wegen der Beziehungen $H(j\omega)\ H(-j\omega) \geqq 0$ und $\rho(j\omega)\ \rho(-j\omega) \geqq 0$ folgt aus Gl. (212)

$$0 \leqq \rho(j\omega)\rho(-j\omega) \leqq 1 .$$

Da die Funktion $Z(p)$ eine Zweipolfunktion ist, muß wegen Gl. (211) für die Reflexionsfunktion $\rho(p)$ die Beziehung

$$|\rho(p)| < 1 \text{ für } \operatorname{Re} p > 0$$

bestehen.

5.4.2. Praktische Bestimmung der Eingangsimpedanz aus der charakteristischen Funktion

Es wird davon ausgegangen, daß die Funktion $F(p^2) = K(p)K(-p)$ Gl. (190) durch Approximation bestimmt worden ist. Jetzt soll gezeigt werden, daß die Eingangsimpedanz $Z(p)$ direkt aus den Nullstellen und Polen von $F(p^2)$ berechnet werden kann. Die endlichen Nullstellen von $F(p^2)$ seien mit p_{0r} und $-p_{0r}$ $(r = 1, 2, \ldots, M)$, die endlichen Pole mit $p_{\infty r}$ und $-p_{\infty r}$ $(r = 1, 2, \ldots, N)$ bezeichnet. Mehrfache Nullstellen und Pole sind ihrer Vielfachheit entsprechend aufgeführt. Die Nullstellen von $F(p^2)$ seien gemäß Gl. (209) so aufgeteilt, daß die Punkte p_{0r} $(r = 1, 2, \ldots, M)$ die Einsstellen der Impedanz $Z(p)$ und die Punkte $-p_{0r}$ $(r = 1, 2, \ldots, M)$ die Einsstellen der Funktion $Z(-p)$ sind. Die Pole $\pm p_{\infty r}$ $(r = 1, 2, \ldots, N)$ von $F(p^2)$ sind nach Gl. (209) die Nullstellen des geraden Teils

$$G(p) = \frac{1}{2}[Z(p) + Z(-p)]$$

von $Z(p)$. Daher gilt

$$Z(p_{0r}) = 1 \; (r = 1, 2, \ldots, M) \tag{213a}$$

und

$$G(p_{\infty r}) = 0 \; (r = 1, 2, \ldots, N). \tag{213b}$$

Führt man das Polynom

$$P(p) = \pm \prod_{r=1}^{M} (p - p_{0r}) \tag{214}$$

ein, so läßt sich damit die Impedanz $Z(p)$ durch den Ansatz

$$Z(p) = 1 + \frac{P(p)}{Q(p)} \tag{215}$$

darstellen. Dabei bedeutet $Q(p)$ ein noch zu bestimmendes Polynom. Durch den Ansatz Gl. (215) mit Gl. (214) ist sichergestellt, daß die Bedingung Gl. (213a) erfüllt wird.

Führt man Gl. (215) in Gl. (209) ein, so erhält man

$$F(p^2) = \frac{2\dfrac{P(p)}{Q(p)} \cdot \dfrac{P(-p)}{Q(-p)}}{2 + \dfrac{P(p)}{Q(p)} + \dfrac{P(-p)}{Q(-p)}} . \tag{216a}$$

Andererseits kann man die Funktion $F(p^2)$ Gl. (190) unter Verwendung der Gl. (214) in der Form

$$F(p^2) = \frac{P(p)P(-p)}{R(p^2)} \tag{216b}$$

ausdrücken. Dabei ist $R(p^2)$ ein bekanntes Polynom in p^2. Aus den Gln. (216a, b) erhält man

$$R(p^2) = Q(p)Q(-p) + \frac{1}{2}P(p)Q(-p) + \frac{1}{2}P(-p)Q(p)$$

(woraus man sieht, daß $P(p)$ und $Q(p)$ keine gleichen Nullstellen haben) oder

$$[Q(p) + \frac{1}{2}P(p)]\,[Q(-p) + \frac{1}{2}P(-p)] = R(p^2) + \frac{1}{4}P(p)P(-p). \tag{217}$$

Die rechte Seite der Gl. (217)

$$S_0(p^2) \equiv R(p^2) + \frac{1}{4}P(p)P(-p)$$

kann auf der imaginären Achse keine Nullstellen besitzen, da nach den Gln. (191) und (216b) $R(-\omega^2) \geqq 0$ für alle ω-Werte ist, $P(\mathrm{j}\omega)\,P(-\mathrm{j}\omega)/4 \geqq 0$ gilt und $R(p^2)$ keine gemeinsame Nullstelle mit $P(p)\,P(-p)$ hat. Damit läßt sich nach dem Vorbild von Abschnitt 5.2 eine Faktorisierung

$$R(p^2) + \frac{1}{4}P(p)P(-p) = S(p)S(-p) \tag{218}$$

so durchführen, daß $S(p)$ ein Hurwitz-Polynom ist. Durch die Wahl

$$Q(p) + \frac{1}{2}P(p) = S(p) \tag{219}$$

wird die Gl. (217) erfüllt, wie ein Vergleich dieser Beziehung mit Gl. (218) zeigt. Schließlich erhält man aus den Gln. (215) und (219)

$$Z(p) = \frac{2S(p) + P(p)}{2S(p) - P(p)} \quad . \tag{220}$$

Der gerade Teil der Funktion $Z(p)$ wird mit den Gln. (218) und (219)

$$G(p) = \frac{R(p^2)}{Q(p)Q(-p)} \quad . \tag{221}$$

Man beachte, daß wegen Gl. (221) $\operatorname{Re} Z(\mathrm{j}\omega) \equiv G(\mathrm{j}\omega) \geqq 0$ gilt. Mit Satz 8 folgt dann, daß $Z(p)$ eine Zweipolfunktion ist. Wie man sieht, war es entscheidend, daß beim Vergleich der Gln. (217) und (218) das Polynom $Q(p) + P(p)/2$ gleich dem Hurwitz-Polynom $S(p)$ gesetzt wurde. Man hätte eine Faktorisierung der Funktion $S_0(p^2) = S(p)\,S(-p)$ auch so durchführen können, daß dem Polynom $S(p)$ auch Nullstellen aus der Halbebene $\operatorname{Re} p > 0$ zugewiesen worden wären, und dann dieses Polynom $S(p)$ gleich $Q(p) + P(p)/2$ setzen können. Dann aber wäre $Z(p)$ Gl. (220) keine Zweipolfunktion geworden.

Damit ist eine Eingangsimpedanz $Z(p)$ mit den gewünschten Eigenschaften gefunden. Zusammenfassend darf folgendes festgestellt werden. Die Bestimmung von $Z(p)$ erfolgt aus der Funktion $F(p^2) = K(p)K(-p)$, die als gegeben betrachtet wird. Zunächst wird diese Funktion $F(p^2)$ in der Form der Gl. (216b) dargestellt. Dabei gibt es im allgemeinen verschiedene Möglichkeiten zur Darstellung des Polynoms $P(p)$ Gl. (214), da von den Nullstellen p_{0r} nur verlangt wird, daß sie zusammen mit den Punkten $-p_{0r}$ die

Gesamtheit aller endlichen Nullstellen von $F(p^2)$ bilden, jeweils der Vielfachheit entsprechend aufgeführt. Demzufolge erhält man auch mehrere Eingangsimpedanzen. Durch Hurwitz-Faktorisierung des durch die Funktionen $P(p)P(-p)$ und $R(p^2)$ gegebenen Polynoms $S_0(p^2)$ ergibt sich das Polynom $S(p)$ und damit die Impedanz $Z(p)$ Gl. (220). Die Möglichkeit, statt $S(p)$ das Polynom $-S(p)$ zu verwenden, bringt keine zusätzlichen Lösungen, da dieser Fall durch eine Vorzeichenumkehrung des Polynoms $P(p)$ erreicht werden kann. Dies ist jedoch im Rahmen der mehrdeutigen Darstellung von $P(p)$ aufgrund der Gl. (214) enthalten.

Führt man die Lösungsfunktion $Z(p)$ Gl. (220) unter Beachtung der Gl. (221) in die Gl. (209) ein, so bestätigt sich die Richtigkeit des Ergebnisses. Es bedarf also jetzt nur der Realisierung der Zweipolfunktion $Z(p)$ als Eingangsimpedanz eines mit dem Ohmwiderstand Eins abgeschlossenen Reaktanzzweitors. Hierzu verwendet man das Verfahren nach Abschnitt 3.8. Dabei ist es sinnvoll, nur Entwicklungsstellen erster und zweiter Art zu verwenden. Man beachte, daß sich sowohl wegen der Mehrdeutigkeit der Zweipolfunktion $Z(p)$ Gl. (220) als auch wegen der verschiedenen Entwicklungsmöglichkeiten von $Z(p)$ nach Abschnitt 3.8 im allgemeinen mehrere Reaktanzzweitore ergeben, welche die vorgeschriebene charakteristische Funktion realisieren.

5.5. SYNTHESE EINES MIT EINEM OHMWIDERSTAND ABGESCHLOSSENEN REAKTANZZWEITORS BEI VORGABE DES BETRAGS DER ÜBERTRAGUNGSFUNKTION

Auch bei der Synthese eines Reaktanzzweitors, das gemäß Bild 92 mit einem Ohmwiderstand abgeschlossen ist, werden gelegentlich nur Forderungen an den Betrag der Übertragungsfunktion $|I_2/I_1|_{p=\mathrm{j}\omega} = |H_1(\mathrm{j}\omega)|$ bzw. $|U_2/U_1|_{p=\mathrm{j}\omega} = |H_2(\mathrm{j}\omega)|$ gestellt. Da die dem Zweitor zugeführte Wirkleistung gleich der im Ohmwiderstand R umgesetzten Wirkleistung ist, müssen die Beziehungen

$$|I_1|^2 \operatorname{Re} Z(\mathrm{j}\omega) = |I_2|^2 R \tag{222a}$$

und

$$|U_1|^2 \operatorname{Re} Y(\mathrm{j}\omega) = |U_2|^2 \cdot \frac{1}{R} \tag{222b}$$

gelten. Dabei bedeutet $Z(p)$ die Impedanz und $Y(p)$ die Admittanz am Eingang des gesuchten, mit dem Ohmwiderstand R abgeschlossenen Reaktanzzweitors. Durch Normierung (Abschnitt 1.3) kann erreicht werden, daß $R = 1$ wird. Dies soll im folgenden angenommen werden. Damit erhält man aus den Gln. (222a, b)

$$|H_1(\mathrm{j}\omega)|^2 = \operatorname{Re} Z(\mathrm{j}\omega) \tag{223a}$$

und

$$|H_2(\mathrm{j}\omega)|^2 = \operatorname{Re} Y(\mathrm{j}\omega)\,. \tag{223b}$$

Der gerade Anteil von $Z(p)$ sei mit

$$G_1(p) = \frac{1}{2}[Z(p) + Z(-p)], \tag{224a}$$

derjenige von $Y(p)$ mit

$$G_2(p) = \frac{1}{2}[Y(p) + Y(-p)] \tag{224b}$$

bezeichnet. Dann lassen sich wegen

$$\operatorname{Re} Z(\mathrm{j}\omega) = G_1(\mathrm{j}\omega)$$

und

$$\operatorname{Re} Y(\mathrm{j}\omega) = G_2(\mathrm{j}\omega)$$

die Gln. (223a, b) auch in der Form

$$H_1(p)\,H_1(-p) = G_1(p) \equiv A_1(-p^2), \tag{225a}$$

$$H_2(p)\,H_2(-p) = G_2(p) \equiv A_2(-p^2) \tag{225b}$$

für $p = \mathrm{j}\omega$ darstellen. Da diese Beziehungen für alle Punkte auf der imaginären Achse erfüllt sind und die auftretenden Funktionen rational sind, müssen beide Gleichungen in der gesamten p-Ebene gelten. Somit müssen die Funktionen $A_1(-p^2)$ und $A_2(-p^2)$ notwendigerweise rationale, reelle und gerade Funktionen in Abhängigkeit von p sein. Außerdem müssen diese Funktionen für $p = \mathrm{j}\omega$ $(0 \leqq \omega \leqq \infty)$ endlich und nicht-negativ sein, weil sie, wie gezeigt wurde, Realteile von Zweipolfunktionen auf der imaginären Achse sind.

Man kann umgekehrt zu jeder derartigen Funktion ein Reaktanzzweitor angeben, so daß bei Abschluß des Zweitors mit dem Ohmwiderstand $R = 1$ gemäß Bild 92 der Ausdruck $|I_2/I_1|^2$ bzw. $|U_2/U_1|^2$ für $p = \mathrm{j}\omega$ mit der genannten Funktion übereinstimmt. Dies soll im folgenden gezeigt werden. Dabei sei angenommen, daß die Funktion

$$A_1(\omega^2) = |I_2/I_1|^2 \tag{226}$$

die oben genannten Bedingungen erfüllt. Falls $|U_2/U_1|^2$ vorliegt, wird entsprechend verfahren. Es sei noch bemerkt, daß bei praktischen Anwendungen die Funktion $A_1(\omega^2)$ zunächst noch nicht in zulässiger Form vorliegt, sondern durch Approximation erst ermittelt werden muß. Hierauf wird im Teil III des Buches eingegangen.

Führt man in der gegebenen Funktion $A_1(\omega^2)$ Gl. (226) die Variable $p = \mathrm{j}\omega$ ein, dann erhält man nach Gl. (225a) den geraden Teil

$$G_1(p) = A_1(-p^2)$$

der Funktion $Z(p)$. Die Aufgabe besteht jetzt zunächst darin, die Gl. (224a) bei bekannter linker Seite nach der unbekannten Funktion $Z(p)$ aufzulösen. Dazu wird die Funktion $G_1(p)$ in der Form

$$G_1(p) = \frac{R_1(p^2)}{Q_1(p)Q_1(-p)} \tag{227}$$

dargestellt. Hierbei bedeutet $Q_1(p)$ ein Hurwitz-Polynom, dessen Koeffizient q_m bei der höchsten Potenz von p gleich Eins sein soll:

$$Q_1(p) = q_0 + q_1 p + \ldots + q_m p^m. \tag{228}$$

Die Nullstellen dieses Polynoms stimmen also mit den Polen der Funktion $G_1(p)$ in der linken p-Halbebene überein. Diese Tatsache erlaubt die praktische Bestimmung von $Q_1(p)$. Das Zählerpolynom

$$R_1(p^2) = r_0 + r_1 p^2 + \ldots + r_m p^{2m} \tag{229}$$

darf für alle Werte $p = j\omega$ voraussetzungsgemäß nicht negativ werden. Ein Vergleich der Gln. (224a) und (227) führt auf den Ansatz

$$Z(p) = \frac{S_1(p)}{Q_1(p)} \tag{230}$$

mit dem unbekannten Polynom

$$S_1(p) = s_0 + s_1 p + \ldots + s_m p^m. \tag{231}$$

Mit den Gln. (227) und (230) kann man nun die Gl. (224a) in der Form

$$\frac{R_1(p^2)}{Q_1(p)Q_1(-p)} = \frac{1}{2}\left[\frac{S_1(p)}{Q_1(p)} + \frac{S_1(-p)}{Q_1(-p)}\right]$$

ausdrücken. Setzt man in diese Beziehung die Gln. (228) und (231) ein, so ergibt sich durch Vergleich der Koeffizienten auf der linken und der rechten Seite der so entstehenden Beziehung ein lineares Gleichungssystem zur Bestimmung der Koeffizienten s_ν ($\nu = 0, 1, \ldots, m$). Dieses Gleichungssystem lautet in Matrizenform

$$\begin{bmatrix} q_0 & 0 & 0 & 0 & \cdots & 0 \\ q_2 & -q_1 & q_0 & 0 & \cdots & 0 \\ q_4 & -q_3 & q_2 & -q_1 & q_0 & \vdots \\ \vdots & \vdots & \vdots & \vdots & \vdots & \\ q_{2m} & -q_{2m-1} & q_{2m-2} & -q_{2m-3} & q_{2m-4} & \cdots\ (-1)^m q_m \end{bmatrix} \cdot \begin{bmatrix} s_0 \\ s_1 \\ \vdots \\ \\ s_m \end{bmatrix} = \begin{bmatrix} r_0 \\ r_1 \\ \vdots \\ \\ r_m \end{bmatrix}.$$

Dabei ist $q_\nu = 0$ für $\nu > m$ zu setzen. Die Lösung dieses Gleichungssystems liefert die Koeffizienten des Polynoms $S_1(p)$. Damit ist die Funktion $Z(p)$ Gl. (230) explizit bekannt. Sie ist nach Satz 6 eine Zweipolfunktion. Ein weiteres Verfahren, das die Zweipolfunktion $Z(p)$ aufgrund einer Partialbruchentwicklung der Funktion $G_1(p)$ Gl. (227) zu bestimmen erlaubt, ist beispielsweise in [28] zu finden.[9])

Die ermittelte Zweipolfunktion $Z(p)$ kann nun als Impedanz nach Abschnitt 3.8 durch ein mit dem Ohmwiderstand $R = 1$ abgeschlossenes Reaktanzzweitor verwirklicht werden. Das Betragsquadrat der Übertragungsfunktion $H_1(p) = I_2/I_1$ für $p = j\omega$ muß notwendigerweise mit der vorgeschriebenen Funktion $A_1(\omega^2) = \operatorname{Re} Z(j\omega)$ identisch sein. Das Problem ist damit gelöst.

Es gibt noch eine weitere Möglichkeit, eine in zulässiger Weise vorgeschriebene Funktion $A_1(\omega^2)$ als Betragsquadrat der Übertragungsfunktion $H_1(j\omega)$ durch ein mit dem Ohmwiderstand $R = 1$ abgeschlossenes Reaktanzzweitor zu realisieren. Dazu wird die Funktion $G_1(p) = A_1(-p^2) = H_1(p)H_1(-p)$ gemäß Gl. (227) in der Form

$$G_1(p) = \pm \frac{h_0^2(p)h_1(p)h_1(-p)}{Q_1(p)Q_1(-p)} \tag{232}$$

geschrieben. Hierbei bedeutet die Funktion $h_1(p)$ ein Hurwitz-Polynom, dessen Nullstellen einfach und gleich jenen von $G_1(p)$ *ungerader* Ordnung in $\operatorname{Re} p < 0$ seien. Alle in Gl. (232) durch $h_1(p)h_1(-p)$ unberücksichtigten Nullstellen von $G_1(p)$, zu denen die auf der imaginären Achse liegenden Nullstellen dieser Funktion gehören, sind mit den Nullstellen des Polynoms $h_0^2(p)$ identisch. Das Polynom $h_0(p)$ ist gerade oder ungerade, dementsprechend gilt entweder das Plus- oder das Minuszeichen in Gl. (232). Aus Gl. (232) erhält man jetzt die Übertragungsfunktion

$$H_1(p) = \frac{h_0(p)h_1(p)h_1(-p)}{h_1(p)Q_1(p)} \quad . \tag{233}$$

Das Zählerpolynom

$$P_1(p) = h_0(p)h_1(p)h_1(-p)$$

ist gerade oder ungerade, das Nennerpolynom

$$P_2(p) = h_1(p)Q_1(p)$$

ist ein Hurwitz-Polynom. Nach Abschnitt 5.3 ist somit die Übertragungsfunktion $H_1(p)$ durch ein mit dem Ohmwiderstand $R = 1$ abgeschlossenes Reaktanzzweitor realisierbar. Für die Eingangsimpedanz $Z(p)$ gilt dabei

$$\operatorname{Re} Z(j\omega) = G_1(j\omega) = |H_1(j\omega)|^2 . \tag{234}$$

Die Eingangsimpedanz $Z(p)$ selbst ist durch Gl. (205) gegeben, wobei die Elemente $Z_{22}(p)$ und $Z_{12}(p)$ aus der Übertragungsfunktion $H_1(p)$ Gl. (233) gemäß den Gln. (202a, b) bzw. (204a, b) bestimmt werden und die Reaktanzzweipolfunktion $Z_{11}(p)$ zweckmäßigerweise so gewählt wird, daß $Z(p)$ auf der imaginären Achse keine Pole hat. Da es hier nur auf die Realisierung der Funktion $\operatorname{Re} Z(j\omega)$ Gl. (234) ankommt, brauchen bei der Entwicklung der Zweipolfunktion $Z(p)$ keine Entwicklungsstellen dritter Art berücksichtigt zu werden.

---

[9]) In Teil III, Abschnitt 3.7 wird ein drittes Verfahren beschrieben.

5.6. KOPPLUNGSFREIE REALISIERUNGEN

In den vorausgegangenen Abschnitten wurden bei der Lösung der verschiedenen Syntheseaufgaben die Reaktanzzweitore dadurch gewonnen, daß eine Zweipolfunktion nach dem Verfahren von Abschnitt 3.8 realisiert wurde. Man erhielt auf diese Weise Zweitore, die zwar eine durchgehende Kurzschlußverbindung hatten, jedoch im allgemeinen festgekoppelte Übertrager enthielten. Die Notwendigkeit, Übertrager zu verwenden, entstand dadurch, daß im Verlauf der Entwicklung der Zweipolfunktion negative Reaktanzelemente auftraten. Derartige negative Elemente traten immer dann auf, wenn sich während eines Entwicklungszyklus eines der Teilreaktanzzweitore ergab, die in den Bildern 53, 56, 62 dargestellt sind.

Es liegt nahe zu versuchen, die negativen Elemente ohne Verwendung von Übertragern zu kompensieren. Dadurch würde man kopplungsfreie Reaktanzkettenzweitore erhalten. Wie die im Abschnitt 4.5.1 durchgeführten Untersuchungen gezeigt haben, kann mit einer derartigen Realisierung nur gerechnet werden, wenn die betreffende Übertragungsfunktion keine Nullstellen außerhalb der imaginären Achse hat. Die entsprechende Kettenmatrix $\boldsymbol{A}(p)$ Gl. (174) und die entsprechende charakteristische Funktion $K(p)$ Gl. (199b) können damit nur Pole haben, die auf der imaginären Achse einschließlich $p = \infty$ liegen. Wendet man nun das Verfahren von Abschnitt 3.8 zur Synthese eines Reaktanzzweitors an, so kann eine kopplungsfreie Realisierung nur dann erwartet werden, wenn alle Nullstellen der Übertragungsfunktion, alle Pole der charakteristischen Funktion bzw. alle Pole der Kettenmatrix auf der imaginären Achse liegen. Zunächst liefert die Anwendung des genannten Verfahrens eine Kettenanordnung von Reaktanzzweitoren, wie sie im Bild 53 [ohne den Zweipol $Z_3(p)$] und in den Bildern 69 und 70 dargestellt sind. Zu dem im Bild 53 dargestellten Reaktanzzweitor gibt es wegen $L_1L_2 + L_2L_3 + L_3L_1 = 0$ drei äquivalente Reaktanzzweitore. Diese äquivalenten Netzwerke sind im Bild 94 dargestellt. Dabei gelten die Umrechnungsbeziehungen

$$L_{2b} = L_{1a} + L_{3a};\ C_{1b} = \frac{C_{2a}L_{3a}}{L_{2b}};\ C_{2b} = \frac{C_{2a}L_{2a}}{L_{2b}};\ C_{3b} = \frac{C_{2a}L_{1a}}{L_{2b}},$$

$$\ddot{u} = 1 + \frac{L_{1a}}{L_{2a}};\ C_{2c} = \frac{C_{2a}}{\ddot{u}};\ C_{1c} = \frac{C_{2a}}{1-\ddot{u}};\ C_{3c} = -\frac{C_{2a}}{(1-\ddot{u})\ddot{u}};\ L_{2c} = L_{1a} + L_{2a},$$

$$L_{1d} = -L_{2c}\frac{C_{2c}}{C_{1c}};\ L_{2d} = -L_{2c}\frac{C_{2c}^2}{C_{1c}C_{3c}};\ L_{3d} = -L_{2c}\frac{C_{2c}}{C_{3c}};\ C_{2d} = -\frac{C_{1c}C_{3c}}{C_{2c}}\ .$$

Da alle Nullstellen der Übertragungsfunktion, alle Pole der charakteristischen Funktion bzw. alle Pole der Kettenmatrix auf der imaginären Achse liegen, sind die Größen L_{2a} und C_{2a} positiv. Außerdem gilt bekanntlich die Beziehung $L_{1a}L_{2a} + L_{2a}L_{3a} + L_{3a}L_{1a} = 0$ und $L_{1a}L_{3a} < 0$. Nach den Umrechnungsformeln müssen damit auch die Größen L_{2b}, C_{2b}, L_{2c}, C_{2c}, L_{2d} und C_{2d} positiv sein. Weiterhin gilt $\ddot{u} > 0$. Von den übrigen Größen ist bei jedem der Zweitore eine negativ. Es gilt also $L_{1a}L_{3a} < 0$, $C_{1b}C_{3b} < 0$, $C_{1c}C_{3c} < 0$ und $L_{1d}L_{3d} < 0$. Beim Auftreten eines der Zweitore von Bild 94 muß daher versucht werden, das negative Element zu kompensieren. Beiläufig sei bemerkt, daß alle

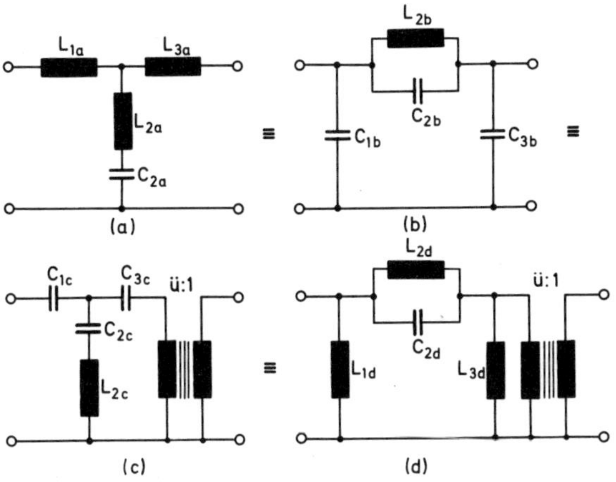

Bild 94: Drei zum Zweitor von Bild 53 äquivalente Zweitore

vier im Bild 94 auftretenden Reaktanzzweitore auch direkt durch geeignete Entwicklung der betreffenden Zweipolfunktion gewonnen werden können. Die idealen Übertrager am Ende der Teilzweitore können im Gesamtzweitor mit dem nachfolgenden Teil des Netzwerks zusammengefaßt werden und dürfen dann weggelassen werden, wenn alle auf der rechten Seite eines Übertragers gelegenen Impedanzen mit dem Quadrat des Übersetzungsverhältnisses multipliziert werden. Auf diese Weise lassen sich alle idealen Übertrager beseitigen, die sich bei der äquivalenten Umwandlung gemäß Bild 94 ergeben können.

Man kann die negativen Elemente ohne Verwendung von Übertragern folgendermaßen zu beseitigen versuchen. Durch geeignete Maßnahmen sorgt man dafür, daß in Reihe zu jedem negativen Element, das sich in einem Längszweig befindet, ein gleichartiges positives Element liegt und daß parallel zu jedem negativen Element, das sich in einem Querzweig befindet, ein gleichartiges positives Element liegt. Durch Verschmelzung der positiven und negativen Elemente kann dann versucht werden, das negative Element zu kompensieren.

Betrachtet man nun frequenzselektive Filter mit *einem* Durchlaßbereich, so kennt man aufgrund von Erfahrungen im voraus die Netzwerkstrukturen, die mit großer Wahrscheinlichkeit zu positiven Werten der Elemente führen. Man muß z.B. tiefpaßartige, also rechts vom sogenannten Durchlaßbereich liegende Pole von $K(p)$ mit Hilfe der Strukturen nach Bild 94a, b realisieren, während hochpaßartige, also links vom Durchlaßbereich liegende Pole von $K(p)$ mit den Strukturen nach Bild 94c, d zu verwirklichen sind. Die negativen Elemente, die bei Anwendung dieser Regel noch übrig bleiben, können dann in vielen Fällen mit solchen positiven Elementen kompensiert werden, die durch den Abbau von Entwicklungsstellen bei $p = 0$ bzw. $p = \infty$ entstanden sind. Eine gewisse Schwierigkeit entsteht oft dadurch, daß zur genannten Kompensation positive oder negative Elemente verschoben werden müssen. Man kann dann die im Bild 95 dargestellte Zweitor-Umwandlung nach NORTON anwenden, um Elemente an die gewünschte Stelle im Netzwerk zu bringen. Es gelten dabei folgende Beziehungen

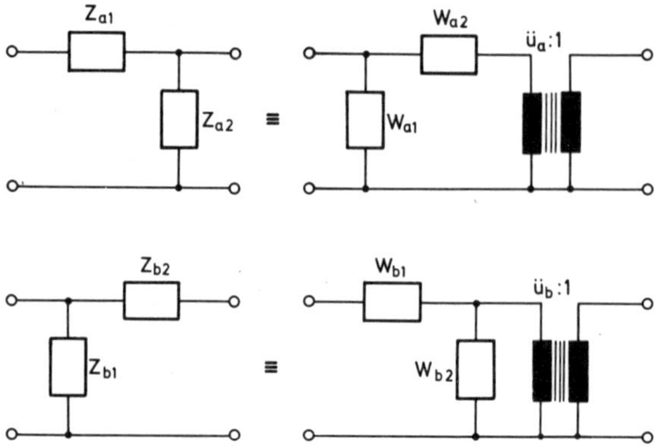

Bild 95: Zweitor-Umwandlung nach NORTON

$$\frac{Z_{a2}(p)}{Z_{a1}(p)} = a\,;\; \ddot{u}_a = \frac{1+a}{a}\,;\; W_{a2}(p) = \ddot{u}_a Z_{a1}(p)\,;\; W_{a1}(p) = a W_{a2}(p)$$

und

$$\frac{Z_{b1}(p)}{Z_{b2}(p)} = b\,;\; \ddot{u}_b = \frac{b}{1+b}\,;\; W_{b1}(p) = \ddot{u}_b Z_{b2}(p)\,;\; W_{b2}(p) = b W_{b1}(p)\,.$$

Die Größen $Z_{a\mu}(p)$, $Z_{b\mu}(p)$, $W_{a\mu}(p)$, $W_{b\mu}(p)$ ($\mu = 1, 2$) bedeuten Impedanzen. Wie man sieht, hat es nur einen Sinn, auf diese Weise Teilzweitore mit solchen Elementen umzuwandeln, die sich um einen reellen Faktor voneinander unterscheiden.

Das im vorstehenden Gesagte läßt sich anhand eines Beispiels am einfachsten erläutern. Gegeben sei die gemäß Teil III, Abschnitt 3.5 berechnete charakteristische Funktion (Bild 208)

$$K(p) = \frac{\sum\limits_{\mu=0}^{5} \alpha_\mu p^{2\mu}}{p \sum\limits_{\mu=0}^{4} \beta_\mu p^{2\mu}}$$

mit $\alpha_0 = 191{,}8$; $\alpha_1 = 1039$; $\alpha_2 = 2205$; $\alpha_3 = 2292$; $\alpha_4 = 1166$; $\alpha_5 = 232{,}5$ und $\beta_0 = 0{,}4582$; $\beta_1 = 3{,}826$; $\beta_2 = 9{,}056$; $\beta_3 = 5{,}608$; $\beta_4 = 1$. Nach Abschnitt 5.4 kann man dieser charakteristischen Funktion die Impedanz

$$Z(p) = \frac{\sum\limits_{\mu=0}^{10} \gamma_\mu p^{\mu}}{\sum\limits_{\mu=0}^{9} \delta_\mu p^{\mu}}$$

mit $\gamma_0 = 383{,}7$; $\gamma_1 = 137{,}8$; $\gamma_2 = 2128$; $\gamma_3 = 604{,}0$; $\gamma_4 = 4570$; $\gamma_5 = 955{,}7$; $\gamma_6 = 4747$; $\gamma_7 = 646{,}6$; $\gamma_8 = 2386$; $\gamma_9 = 158{,}2$; $\gamma_{10} = 465{,}0$ und $\delta_0 = 0$; $\delta_1 = 137{,}8$; $\delta_2 = 49{,}50$; $\delta_3 = 604{,}0$; $\delta_4 = 159{,}4$; $\delta_5 = 955{,}7$; $\delta_6 = 163{,}8$; $\delta_7 = 646{,}6$; $\delta_8 = 53{,}82$; $\delta_9 = 158{,}2$ zuordnen. Durch Realisierung der Zweipolfunktion $Z(p)$ nach dem Verfahren von

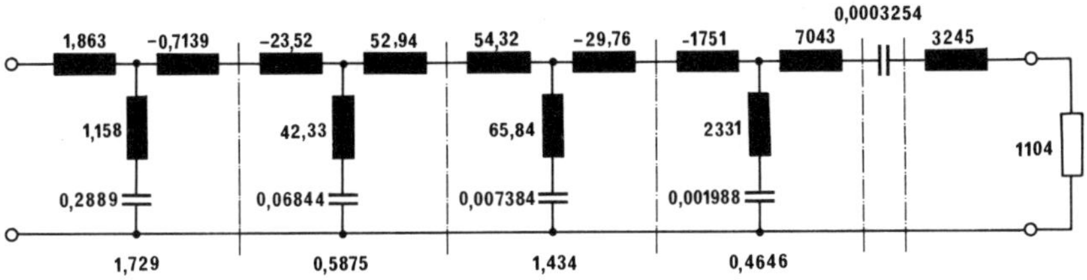

Bild 96: Erste Realisierung für das gewählte Beispiel. Die unterhalb des Netzwerks angegebenen Zahlenwerte sind die den Entwicklungsstellen entsprechenden Frequenzen

Abschnitt 3.8 erhält man zunächst das im Bild 96 dargestellte Netzwerk. Dabei mußten die Entwicklungsstellen $p_1 = 1{,}729\,\mathrm{j}$; $p_2 = 0{,}5875\,\mathrm{j}$; $p_3 = 1{,}434\,\mathrm{j}$; $p_4 = 0{,}4646\,\mathrm{j}$; $p_5 = 0$; $p_6 = \infty$ verwendet werden. Durch Zweitor-Umwandlungen nach Bild 94c (im Sinne der oben genannten Regeln) erhält man das Netzwerk nach Bild 97. Die idealen Übertrager lassen sich in der beschriebenen Weise beseitigen. Danach werden die negativen Elemente durch wiederholte Anwendung der Norton-Umwandlung innerhalb des Netzwerks verschoben und kompensiert. Wie diese Kompensation im einzelnen durchgeführt

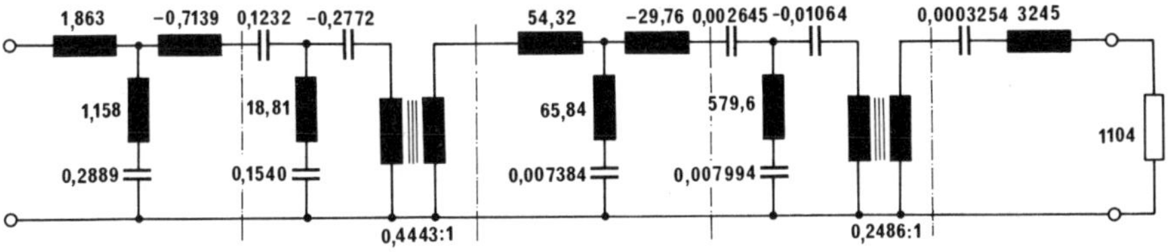

Bild 97: Modifizierung der Realisierung von Bild 96 durch Zweitor-Umwandlung gemäß Bild 94

wird, zeigt ein Vergleich der in den Bildern 97 und 98 dargestellten Netzwerke. Wie man sieht, ist die Kompensation der beiden in Längszweigen liegenden negativen Kapazitäten aus Bild 97 nur möglich, weil eine durch den Polabbau in $p = 0$ entstandene positive Längskapazität vorhanden ist. Die im Bild 97 auftretenden negativen Längsinduktivitäten können nur deshalb kompensiert werden, weil eine durch den Polabbau in $p = \infty$ entstandene positive Längsinduktivität auftritt. Entsprechend lassen sich in vielen Fällen negative Querelemente nur durch Querkapazitäten bzw. Querinduktivitäten kompensieren, die durch Polabbauten in $p = \infty$ bzw. $p = 0$ entstanden sind.

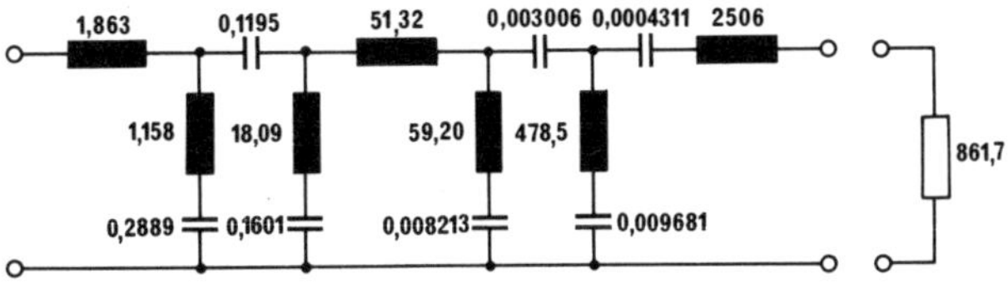

Bild 98: Endgültige Realisierung für das gewählte Beispiel nach Anwendung von Norton-Umwandlungen

Es sei noch auf die Möglichkeit hingewiesen, bei der Realisierung eines Reaktanzzweitors nach Abschnitt 3.8 in einem Entwicklungszyklus gleichzeitig zwei Entwicklungsstellen zweiter Art zu verwenden. Dadurch erhält man ein Teilzweitor gemäß Bild 62 oder ein hierzu duales Zweitor. Falls die Elemente C_2, L_2 gemäß Bild 62 bzw. die entsprechenden Elemente im dualen Zweitor nicht negativ sind, kann man versuchen, die an anderen Stellen auftretenden negativen Elemente auf die beschriebene Weise zu kompensieren.

6. Die Synthese von RC-Zweitoren

Im Abschnitt 4.4 wurden notwendige und hinreichende Bedingungen für die Impedanzmatrix und die Admittanzmatrix induktivitätsfreier Zweitore abgeleitet. Dabei konnten allerdings diese Matrizen im allgemeinen nur durch Zweitore verwirklicht werden, die neben Ohmwiderständen und Kapazitäten auch ideale Übertrager enthalten. Das Auftreten idealer Übertrager schränkt natürlich die Bedeutung der resultierenden induktivitätsfreien Zweitore für praktische Anwendungen erheblich ein. Diese Tatsache ist aber insofern nicht so gravierend, als bei praktischen Anwendungen meistens nur eine Übertragungsfunktion zu verwirklichen und damit nur ein Teil der Impedanz- bzw. Admittanzmatrix vorgeschrieben ist. Dadurch ergeben sich Möglichkeiten zur Synthese von Zweitoren, die ausschließlich aus Ohmwiderständen und Kapazitäten aufgebaut sind. Hierauf wird in den folgenden Abschnitten eingegangen.

6.1. DIE VORGESCHRIEBENEN FUNKTIONEN

Es wird ein *RC*-Zweitor betrachtet, das nach Bild 99 durch die Spannungsquelle U_1 erregt wird und mit dem Ohmwiderstand R abgeschlossen ist. Durch Normierung sei dafür gesorgt, daß $R = 1$ gilt. Unter der Annahme, daß die Admittanzmatrix $[Y_{rs}(p)]$ des Zweitors existiert, läßt sich die Übertragungsfunktion $H(p) \equiv U_2/U_1$ mit Hilfe der Gl. (136) und der Relation $U_2 = (-1)I_2$ in der Form

$$H(p) = \frac{-Y_{12}(p)}{1 + Y_{22}(p)} \tag{235}$$

darstellen. Da die Funktion $Y_{22}(p)$ eine *RC*-Admittanz ist, muß auch der gesamte Nennerausdruck $1 + Y_{22}(p)$ in Gl. (235) eine derartige Admittanz sein, und damit müssen alle Pole der Übertragungsfunktion $H(p)$ einfach sein und auf der negativ reellen Achse liegen. Dabei ist der Punkt $p = \infty$ ausgeschlossen. Für die Nullstellen von $H(p)$ folgen aus der Darstellung Gl. (235) keine Einschränkungen. Es soll jetzt folgendes gezeigt werden: Jeder beliebigen rationalen, reellen Funktion $H(p)$, deren Pole einfach sind und ausschließlich auf der negativ reellen Achse mit Ausschluß von $p = \infty$ liegen,

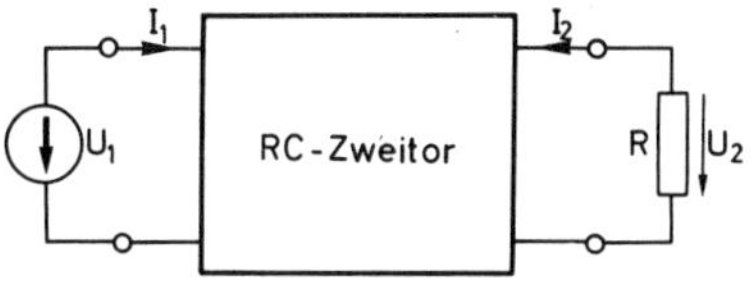

Bild 99: *RC*-Zweitor, das durch die Spannungsquelle U_1 erregt wird und mit dem Ohmwiderstand R abgeschlossen ist

lassen sich zwei im Sinne von Abschnitt 4.4 zulässige Funktionen $Y_{12}(p)$ und $Y_{22}(p)$ zuordnen, so daß die Gl. (235) erfüllt wird.

Die Übertragungsfunktion sei als Quotient

$$H(p) = \frac{P_1(p)}{P_2(p)} \tag{236}$$

der beiden Polynome $P_1(p)$ und $P_2(p)$ geschrieben, wobei

$$P_2(p) = (p + \sigma_1)\,(p + \sigma_2)\,\dots\,(p + \sigma_m) \tag{237}$$

mit

$$0 < \sigma_1 < \sigma_2 < \dots < \sigma_m$$

gilt. Nun wird aus reellen positiven Größen $\sigma_{a\mu}$ ($\mu = 1, 2, \dots, m$) und einer reellen positiven Konstanten K ein weiteres Polynom

$$P_{2a}(p) = K(p + \sigma_{a1})\,(p + \sigma_{a2})\,\dots\,(p + \sigma_{am}) \tag{238}$$

gebildet. Zur Festlegung der Größen $\sigma_{a\mu}$ ($\mu = 1, 2, \dots, m$) und K kann zwischen den zwei folgenden Möglichkeiten unterschieden werden.

a) Es wird

$$\sigma_\mu < \sigma_{a\mu} < \begin{cases} \sigma_{\mu+1} & \text{für } \mu = 1, 2, \dots, m-1 \\ \infty & \text{für } \mu = m \end{cases}$$

und

$$P_{2a}(0) = K\sigma_{a1}\sigma_{a2}\,\dots\,\sigma_{am} < P_2(0) = \sigma_1\,\dots\,\sigma_m$$

gewählt. Diese Bedingungen können offensichtlich nur mit $K < 1$ erfüllt werden. Dann muß das Differenzpolynom

$$P_{2b}(p) = P_2(p) - P_{2a}(p)\,, \tag{239}$$

das vom Grad m ist, in den Punkten

$$p = -\sigma_{b\mu} < 0\;(\mu = 1, 2, \dots, m)$$

verschwinden, und es gilt, wie das Bild 100 zeigt,

$$\sigma_{a\mu} > \sigma_{b\mu} > \begin{cases} 0 & \text{für } \mu = 1 \\ \sigma_{a,\mu-1} & \text{für } \mu = 2, 3, \dots, m. \end{cases} \tag{240}$$

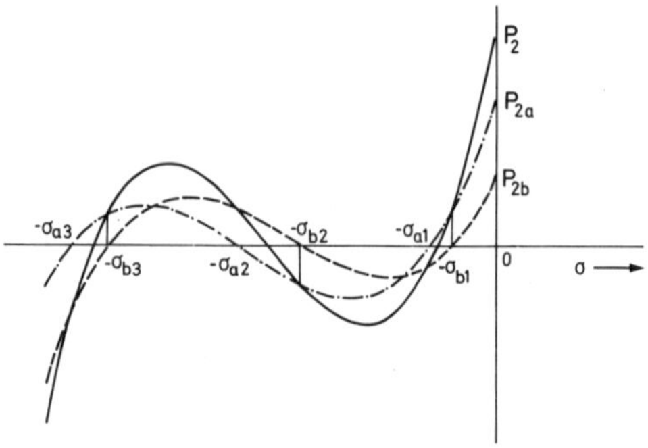

Bild 100: Geometrischer Verlauf der Polynome $P_2(\sigma), P_{2a}(\sigma)$ und $P_{2b}(\sigma)$ (Möglichkeit *a*)

Dann läßt sich die durch Gl. (236) gegebene Übertragungsfunktion $H(p)$ mit Gl. (239) in der Form

$$H(p) = \frac{\dfrac{P_1(p)}{P_{2a}(p)}}{1 + \dfrac{P_{2b}(p)}{P_{2a}(p)}} \tag{241}$$

darstellen. Dabei ist der Quotient $P_{2b}(p)/P_{2a}(p)$ wegen der Ungleichungen (240) eine *RC*-Admittanz. Ein Vergleich der Gln. (235) und (241) liefert

$$Y_{22}(p) = \frac{P_{2b}(p)}{P_{2a}(p)} \tag{242}$$

und

$$Y_{12}(p) = -\frac{P_1(p)}{P_{2a}(p)} \quad . \tag{243}$$

Den durch die Gln. (242) und (243) gegebenen Funktionen kann man eine *RC*-Admittanz $Y_{11}(p)$ so zuordnen, daß alle drei Funktionen gemäß Abschnitt 4.4 die Elemente der Admittanzmatrix eines induktivitätsfreien Zweitors bilden.

b) Es wird

$$\sigma_\mu > \sigma_{a\mu} > \begin{cases} 0 & \text{für } \mu = 1 \\ \sigma_{\mu-1} & \text{für } \mu = 2, 3, \ldots, m \end{cases}$$

und

$$K \leq 1$$

gewählt. Dann muß das Differenzpolynom

$$P_{2b}(p) = P_2(p) - P_{2a}(p) , \tag{244}$$

das im Fall $K < 1$ vom Grad m und im Fall $K = 1$ vom Grad $m - 1$ ist, in den Punkten

$$p = -\sigma_{b\mu} < 0$$

($\mu = 1, 2, \ldots, M$; $M = m$, falls $K < 1$; $M = m - 1$, falls $K = 1$) verschwinden, und es gilt, wie das Bild 101 zeigt,

$$\sigma_{a\mu} < \sigma_{b\mu} < \begin{cases} \sigma_{a,\mu+1} & \text{für } \mu = 1, 2, \ldots, m-1 \\ \infty & \text{für } \mu = m \text{ (falls } K < 1). \end{cases} \tag{245}$$

Damit läßt sich die durch Gl. (236) gegebene Übertragungsfunktion $H(p)$ mit Gl. (244) in der Form

$$H(p) = \frac{\dfrac{P_1(p)}{P_{2b}(p)}}{1 + \dfrac{P_{2a}(p)}{P_{2b}(p)}} \tag{246}$$

ausdrücken. Dabei ist der Quotient $P_{2a}(p)/P_{2b}(p)$ wegen Ungleichung (245) eine *RC*-Admittanz. Ein Vergleich der Gln. (246) und (235) liefert

$$Y_{22}(p) = \frac{P_{2a}(p)}{P_{2b}(p)}$$

und

$$Y_{12}(p) = -\frac{P_1(p)}{P_{2b}(p)} \quad .$$

Auch hier läßt sich eine *RC*-Admittanz $Y_{11}(p)$ unmittelbar angeben, so daß die Funktionen $Y_{rs}(p)$ $(r, s = 1, 2)$ gemäß Abschnitt 4.4 die Elemente der Admittanzmatrix eines induktivitätsfreien Zweitors bilden. Man beachte, daß im Falle $K = 1$ das Polynom $P_{2b}(p)$ eine Nullstelle weniger hat als das Polynom $P_{2a}(p)$ und damit die Admittanz $Y_{22}(p)$ in $p = \infty$ einen Pol aufweist.

Es ist damit gezeigt, daß aus jeder Übertragungsfunktion $H(p) = U_2/U_1$ Gl. (236) zwei Admittanzmatrix-Elemente $Y_{22}(p)$ und $Y_{12}(p)$ für das *RC*-Zweitor von Bild 99 gewonnen werden können. Entsprechend kann man bei Vorgabe der Übertragungs-

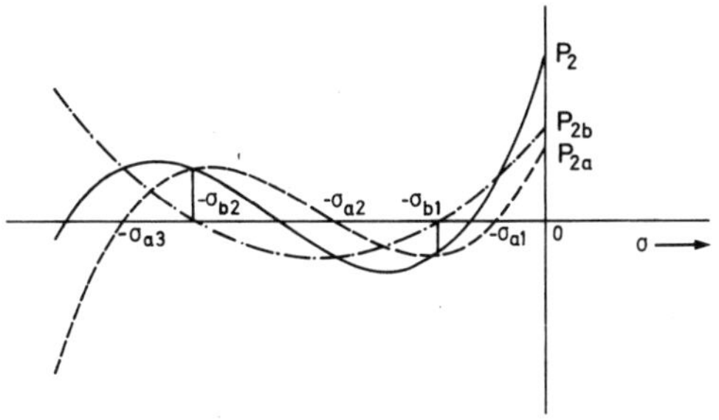

Bild 101: Geometrischer Verlauf der Polynome $P_2(\sigma)$, $P_{2a}(\sigma)$ und $P_{2b}(\sigma)$ (Möglichkeit b)

funktion I_2/I_1 einer Anordnung nach Bild 99 zwei Impedanzmatrix-Elemente $Z_{22}(p)$ und $Z_{12}(p)$ bestimmen. Weiterhin kann man bei Vorgabe einer zulässigen Übertragungsfunktion $H_1(p)$ Gl. (144) oder $H_2(p)$ Gl. (145) zwei Elemente der Admittanz- oder Impedanzmatrix eines *RC*-Zweitors bestimmen. Dazu hat man die betreffende Übertragungsfunktion, deren Pole durchweg einfach sein und auf der negativ reellen Achse mit Ausschluß der Punkte $p = 0$ und $p = \infty$ liegen müssen, im Zähler und Nenner mit einem Polynom so zu erweitern, daß die dadurch veränderte Nennerfunktion eine *RC*-Admittanz bzw. *RC*-Impedanz wird. Durch Identifizierung der modifizierten Form der Übertragungsfunktion mit Gl. (144) bzw. Gl. (145) erhält man die beiden genannten Matrixelemente. Geht man schließlich von einer für *RC*-Zweitore zulässigen Übertragungsfunktion $H_3(p)$ Gl. (146) oder $H_4(p)$ Gl. (147) aus, so ist unmittelbar das Element $Y_{12}(p)$ bzw. das Element $Z_{12}(p)$ gegeben, dem ein weiteres Element derselben Matrix in erlaubter Weise zugeordnet werden kann.

Bei der Synthese eines *RC*-Zweitors aufgrund einer gegebenen Übertragungsfunktion darf also davon ausgegangen werden, daß zwei Elemente der Admittanz- bzw. Impedanzmatrix vorgeschrieben sind. Im folgenden soll gezeigt werden, wie sich zwei Funktionen $Y_{11}(p)$ und $Y_{12}(p)$ bzw. $Y_{22}(p)$ und $Y_{12}(p)$, welche gemäß Abschnitt 4.4 als Admittanzmatrix-Elemente eines induktivitätsfreien Zweitors aufgefaßt werden können, durch ein *RC*-Zweitor verwirklichen lassen. Dabei muß allerdings zugestanden werden, daß die Funktion $Y_{12}(p)$ nur bis auf eine Konstante realisiert wird. Dies bedeutet, daß die betreffende Übertragungsfunktion ebenfalls nur bis auf einen frequenzunabhängigen Faktor (eine »Grunddämpfung«) verwirklicht wird. Das im nächsten Abschnitt beschriebene Verfahren geht auf A. Fialkow und I. Gerst zurück.

6.2. REALISIERUNG VON ÜBERTRAGUNGSFUNKTIONEN OHNE POSITIV REELLE ÜBERTRAGUNGSNULLSTELLEN

6.2.1. Vorbereitungen

Es wird zunächst angenommen, daß die durch ein *RC*-Zweitor zu realisierende Übertragungsfunktion auf der positiv reellen Achse keine Nullstellen hat. Im übrigen braucht die Lage der Nullstellen der Übertragungsfunktion nicht eingeschränkt zu werden. Die Koeffizienten bei der höchsten p-Potenz im Zähler und Nenner der Übertragungsfunktion seien positiv, was gegebenenfalls durch Multiplikation dieser Funktion mit (-1) erreicht werden kann. In vielen Anwendungsfällen spielt diese Vorzeichenänderung keine Rolle. Man kann jedoch die Änderung des Vorzeichens nachträglich immer durch eine Umpolung am Eingang oder Ausgang des ermittelten Zweitors berücksichtigen, wodurch die durchgehende Kurzschlußverbindung allerdings gestört wird.

Unter den genannten Voraussetzungen kann ein Polynom

$$Q(p) = \prod_{\mu} (p + \delta_\mu) \tag{247}$$

mit reellen, einfachen Nullstellen $p = -\delta_\mu < 0$ und mit der folgenden Eigenschaft angegeben werden: Das mit $Q(p)$ multiplizierte Zählerpolynom $P_1(p)$ der zu realisierenden Übertragungsfunktion $H(p)$ Gl. (236) ergibt ein Polynom, das keine negativen Koeffizienten hat. Dies soll nun gezeigt werden.

Man denke sich zunächst $P_1(p)$ in einen positiven konstanten Faktor sowie in reelle Polynomfaktoren ersten und zweiten Grades zerlegt, die nicht weiter in reelle Polynome faktorisierbar sind und deren Koeffizienten höchster p-Potenz gleich Eins sein sollen. Hierbei können nur die Polynome zweiten Grades negative Koeffizienten haben, da voraussetzungsgemäß $P_1(p)$ keine positiv reellen Nullstellen hat. Eines dieser Polynome sei

$$x(p) = p^2 - (2\rho\cos\varphi)p + \rho^2 \tag{248}$$

mit $0 < \cos\varphi < 1$. Durch geeignete Normierung der Variablen p kann dafür gesorgt werden, daß $\rho = 1$ ist. Nun wird mit dem Hilfspolynom

$$q(p) = (p+1)^\kappa, \tag{249}$$

dessen ganzzahliger Exponent κ später noch spezifiziert wird, das Produkt

$$x(p)q(p) = \sum_{\nu=0}^{\kappa+2} r_\nu p^\nu \tag{250}$$

gebildet. Für die Koeffizienten dieses Polynoms gilt

$$r_0 = r_{\kappa+2} = 1 \tag{251a}$$

$$r_1 = r_{\kappa+1} = \kappa - 2\cos\varphi \tag{251b}$$

und für $2 \leqq \nu \leqq \kappa$

$$r_\nu = \binom{\kappa}{\nu} - 2\cos\varphi\binom{\kappa}{\nu-1} + \binom{\kappa}{\nu-2}$$

oder

$$r_\nu = \binom{\kappa}{\nu-1}\left[\frac{(\kappa-\nu+1)(\kappa-\nu+2)+\nu(\nu-1)}{\nu(\kappa-\nu+2)} - 2\cos\varphi\right]. \tag{251c}$$

Mit den Abschätzungen

$$\nu(\kappa-\nu+2) \leqq (\nu+\kappa-\nu+2)^2/4 = \frac{(\kappa+2)^2}{4}$$

und

$$(\kappa-\nu+1)(\kappa-\nu+2)+\nu(\nu-1) = [\kappa(\kappa+2)+\{\kappa-2(\nu-1)\}^2]/2 \geqq \kappa(\kappa+2)/2$$

erhält man aus Gl. (251c) für $2 \leqq \nu \leqq \kappa$

$$r_\nu \geqq \binom{\kappa}{\nu-1}\cdot\left(\frac{2\kappa}{\kappa+2} - 2\cos\varphi\right).$$

Die rechte Seite dieser Ungleichung wird sicher dann positiv, wenn man

$$\kappa > \frac{2\cos\varphi}{1-\cos\varphi} \tag{252}$$

wählt. Dann nehmen auch die Koeffizienten r_1 und $r_{\kappa+1}$ gemäß Gl. (251b) positive Werte an. Damit ist das Ergebnis gewonnen, daß durch Multiplikation des Polynoms $x(p)$ Gl. (248) mit einem Polynom $q(p)$ Gl. (249) ein Polynom $x(p)q(p)$ Gl. (250) mit ausschließlich positiven Koeffizienten r_ν $(\nu = 0, 1, \ldots, \kappa+2)$ entsteht, sofern der Exponent κ von $q(p)$ eine ganze Zahl ist, welche die Ungleichung (252) erfüllt.

Da die Koeffizienten r_ν stetig von den Nullstellen des Polynoms $x(p)q(p)$ abhängen, bleibt die Positivität dieser Koeffizienten erhalten, wenn man die Nullstellen nur hinreichend wenig variiert. Man kann auf diese Weise die κ-fache Nullstelle $p = -1$ des Polynoms $q(p)$ durch einfache, negativ reelle Nullstellen ersetzen, ohne daß die Positivität der Koeffizienten r_ν $(\nu = 0, 1, \ldots, \kappa+2)$ zerstört würde. Macht man die an früherer Stelle durchgeführte Normierung der Variablen p rückgängig, so ändert sich nichts am Ergebnis der vorstehenden Betrachtungen.

Nach den vorausgegangenen Überlegungen kann nun jedem derjenigen Faktoren von $P_1(p)$, die negative Koeffizienten haben, ein Erweiterungspolynom mit den oben genannten Eigenschaften zugeordnet werden. Das Produkt dieser Erweiterungspolynome ergibt offensichtlich ein Polynom $Q(p)$ Gl. (247) mit den gewünschten Eigenschaften. Man kann stets erreichen, daß alle Nullstellen $p = -\delta_\mu < 0$ von $Q(p)$ einfach sind und daß keine dieser Nullstellen mit einer Nullstelle des Polynoms $P_2(p)$ Gl. (236) übereinstimmt. Es muß jedoch bemerkt werden, daß das geschilderte Vorgehen nicht zum gradniedrigsten Polynom $Q(p)$ führen muß.

Angesichts der vorausgegangenen Untersuchungen darf im folgenden vorausgesetzt werden, daß die Koeffizienten des Zählerpolynoms $P_1(p)$ der Übertragungsfunktion nicht negativ und die Koeffizienten des Nennerpolynoms $P_2(p)$ Gl. (236) positiv sind. Falls nämlich die Übertragungsfunktion $H(p)$ in ihrer ursprünglichen Form negative Zählerkoeffizienten hat, kann durch Erweiterung im Zähler- und Nennerpolynom von $H(p)$ mit einem Polynom $Q(p)$ Gl. (247) erreicht werden, daß die Zählerkoeffizienten nicht-negative Werte besitzen und die Nullstellen des entstandenen Nennerpolynoms einfach und negativ reell sind. Nach Abschnitt 6.1 erhält man aus der Übertragungsfunktion die beiden Elemente der Admittanzmatrix

$$Y_{22}(p) = \frac{\sum\limits_{\nu=0}^{m} a_\nu p^\nu}{\sum\limits_{\nu=0}^{m} c_\nu p^\nu} = B_0 + B_\infty p + \sum_{\nu=1}^{m} \frac{B_\nu p}{p+\sigma_\nu} \tag{253}$$

und

$$-Y_{12}(p) = \frac{\sum\limits_{\nu=0}^{m} b_\nu p^\nu}{\sum\limits_{\nu=0}^{m} c_\nu p^\nu} = C_0 + C_\infty p + \sum_{\nu=1}^{m} \frac{C_\nu p}{p+\sigma_\nu} \quad . \tag{254}$$

Die Konstanten B_ν ($\nu = 1, 2, \ldots, m$) müssen positiv, B_0 und B_∞ nicht-negativ sein. Eine der Konstanten B_0 und B_∞ kann nur dann verschwinden, wenn die entsprechende Konstante C_0 bzw. C_∞ Null ist. Weiterhin gilt

$$a_\nu > 0 \text{ für } \nu = 1, 2, \ldots, m,$$
$$c_\nu > 0 \text{ für } \nu = 0, 1, \ldots, m-1$$

und

$$a_0 \geqq 0,$$
$$c_m \geqq 0.$$

Es darf angenommen werden, daß die Ungleichungen

$$0 \leqq b_\nu \leqq a_\nu \tag{255}$$

für $\nu = 0, 1, \ldots, m$ bestehen. Diese Voraussetzung kann in jedem Fall durch Einführung eines hinreichend kleinen positiven Faktors in der Funktion $-Y_{12}(p)$ geschaffen werden. Dies bedeutet eine Einführung des genannten Faktors in die zu realisierende Übertragungsfunktion $H(p)$, was als zulässig vorausgesetzt wurde. Die Ungleichung (255) besagt, daß gemäß Abschnitt 4.5.2 die Fialkow-Gerst-Bedingungen erfüllt sind. Diese Bedingungen sind notwendig, wenn die Funktionen Gln. (253) und (254) durch kopplungsfreie Zweitore mit durchgehender Kurzschlußverbindung realisiert werden sollen.

6.2.2. Das Realisierungsverfahren

Falls der Koeffizient c_m positiv ist, besteht der erste Schritt des Verfahrens darin, auf der Sekundärseite des zu ermittelnden Zweitors gemäß Bild 102 einen ohmschen Längswiderstand abzuspalten, so daß das Admittanzmatrix-Element $y_{22}(p)$ des verbleibenden Zweitors einen Pol in $p = \infty$ erhält. Auf diese Weise entstehen die folgenden Admittanzmatrix-Elemente des Restzweitors:

$$y_{22}(p) = \frac{1}{\dfrac{1}{Y_{22}(p)} - \dfrac{1}{Y_{22}(\infty)}} = \frac{\sum\limits_{\nu=0}^{m} a_\nu p^\nu}{\sum\limits_{\nu=0}^{m-1} \left[c_\nu - \dfrac{c_m}{a_m} a_\nu\right] p^\nu}$$
$$= \beta_0 + \beta_\infty p + \sum_{\nu=1}^{m-1} \frac{\beta_\nu p}{p + x_\nu}, \tag{256}$$

$$-y_{12}(p) = \frac{-Y_{12}(p)}{1 - Y_{22}(p)\dfrac{1}{Y_{22}(\infty)}} = \frac{\sum\limits_{\nu=0}^{m} b_\nu p^\nu}{\sum\limits_{\nu=0}^{m-1} \left[c_\nu - \dfrac{c_m}{a_m} a_\nu\right] p^\nu}$$
$$= \gamma_0 + \gamma_\infty p + \sum_{\nu=1}^{m-1} \frac{\gamma_\nu p}{p + x_\nu} \quad . \tag{257}$$

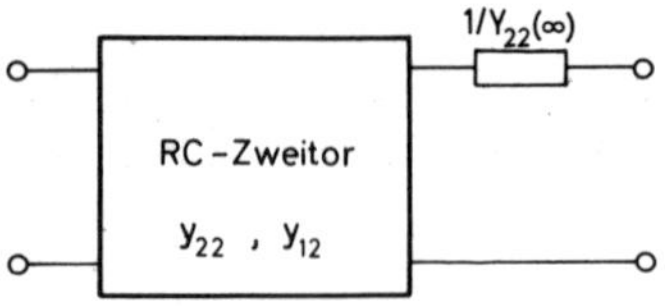

Bild 102: Abspaltung eines ohmschen Längswiderstands auf der Sekundärseite eines *RC*-Zweitors

Man beachte, daß auch die Funktionen $y_{22}(p)$, $y_{12}(p)$ die Fialkow-Gerst-Bedingungen erfüllen.

Falls $c_m = 0$ ist, werden im folgenden statt der Funktionen $y_{22}(p)$ und $y_{12}(p)$ direkt die Funktionen $Y_{22}(p)$ und $Y_{12}(p)$ verwendet. Die im Bild 102 dargestellte Widerstandsvorabspaltung entfällt dann.

Nun werden die Funktionen $y_{22}(p)$ Gl. (256) und $y_{12}(p)$ Gl. (257) auf die folgende Weise zerlegt:

$$y_{22}(p) = y_{22}^{(a1)}(p) + y_{22}^{(a2)}(p), \tag{258}$$

$$y_{12}(p) = y_{12}^{(a1)}(p) + y_{12}^{(a2)}(p). \tag{259}$$

Dabei bedeuten

$$y_{22}^{(a1)}(p) = \beta_\infty p + \sum_{\nu=1}^{m-1} \frac{\beta_\nu \kappa_\nu p}{p + x_\nu} = \frac{\sum_{\nu=1}^{m} a'_\nu p^\nu}{\sum_{\nu=0}^{m-1} d_\nu p^\nu},$$

$$y_{22}^{(a2)}(p) = \beta_0 + \sum_{\nu=1}^{m-1} \frac{\beta_\nu (1-\kappa_\nu) p}{p + x_\nu} = \frac{\sum_{\nu=0}^{m-1} a''_\nu p^\nu}{\sum_{\nu=0}^{m-1} d_\nu p^\nu}$$

mit

$$0 < \kappa_\nu < 1,$$

$$d_\nu = c_\nu - \frac{c_m}{a_m} a_\nu \quad (\nu = 0, 1, \ldots, m-1),$$

$$a_\nu = a'_\nu + a''_\nu \qquad (\nu = 0, 1, \ldots, m)$$

und

$$a'_0 = 0, \qquad a''_m = 0.$$

Weiterhin sei

$$-y_{12}^{(a1)}(p) = \frac{\sum_{\nu=1}^{m} b'_\nu p^\nu}{\sum_{\nu=0}^{m-1} d_\nu p^\nu},$$

$$-y_{12}^{(a2)}(p) = \frac{\sum_{\nu=0}^{m-1} b''_\nu p^\nu}{\sum_{\nu=0}^{m-1} d_\nu p^\nu}$$

mit

$$b_\nu = b'_\nu + b''_\nu \qquad (\nu = 0, 1, \ldots, m)$$

und

$$b'_0 = 0, \quad b''_m = 0.$$

Es soll bei der Wahl der Funktionen $y_{12}^{(a1)}(p)$ und $y_{12}^{(a2)}(p)$ dafür gesorgt werden, daß die Ungleichungen

$$0 \leqq b'_\nu \leqq a'_\nu \tag{260}$$

und

$$0 \leqq b''_\nu \leqq a''_\nu \tag{261}$$

für $\nu = 0, 1, \ldots, m$ gelten. Dies ist wegen des Bestehens der Fialkow-Gerst-Bedingungen (255) sicher möglich. Damit ist erreicht, daß sowohl das Funktionspaar $y_{22}^{(a1)}(p)$, $y_{12}^{(a1)}(p)$ als auch das Funktionspaar $y_{22}^{(a2)}(p)$, $y_{12}^{(a2)}(p)$ die Fialkow-Gerst-Bedingungen erfüllen. Der Zerlegung gemäß den Gln. (258) und (259) entspricht eine Darstellung des durch die Funktionen $y_{22}(p)$ und $y_{12}(p)$ gekennzeichneten *RC*-Zweitors als Parallelanordnung zweier *RC*-Zweitore $a1$ und $a2$, für welche die Funktionen $y_{22}^{(a1)}(p)$, $y_{12}^{(a1)}(p)$ bzw. $y_{22}^{(a2)}(p)$, $y_{12}^{(a2)}(p)$ vorgeschrieben sind. Es möge beachtet werden, daß es im folgenden gelingt, derartige Zweitore in Form von Netzwerken mit durchgehender Kurzschlußverbindung zu realisieren. Dadurch ist tatsächlich gewährleistet, daß die Funktionen $y_{22}(p)$ und $y_{12}(p)$ durch Addition der entsprechenden Funktionen der Teilzweitore $a1$ und $a2$ entstehen.

Wie man sieht, hat die Admittanz $y_{22}^{(a1)}(p)$ in $p = 0$ eine Nullstelle. Sie läßt sich durch eine Längskapazität gemäß Bild 103 abbauen. Dadurch erhält man für das Restzweitor die Admittanzmatrix-Elemente

$$y_{22}^{(b1)}(p) = \frac{1}{\dfrac{1}{y_{22}^{(a1)}(p)} - \dfrac{d_0}{a'_1 p}} = \frac{\sum\limits_{\nu=0}^{m-1} a'_{\nu+1} p^\nu}{\sum\limits_{\nu=0}^{m-2} \left[d_{\nu+1} - \dfrac{d_0}{a'_1} a'_{\nu+2} \right] p^\nu} \tag{262}$$

und

$$-y_{12}^{(b1)}(p) = \frac{-y_{12}^{(a1)}(p)}{1 - y_{22}^{(a1)}(p) \dfrac{d_0}{a'_1 p}} = \frac{\sum\limits_{\nu=0}^{m-1} b'_{\nu+1} p^\nu}{\sum\limits_{\nu=0}^{m-2} \left[d_{\nu+1} - \dfrac{d_0}{a'_1} a'_{\nu+2} \right] p^\nu}, \tag{263}$$

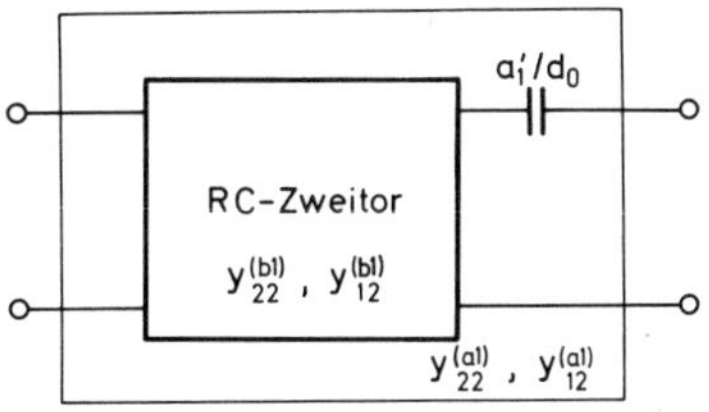

Bild 103: Abbau einer Längskapazität auf der Sekundärseite des durch die Funktionen $y_{22}^{(a1)}(p)$ und $y_{12}^{(a1)}(p)$ gekennzeichneten *RC*-Zweitors

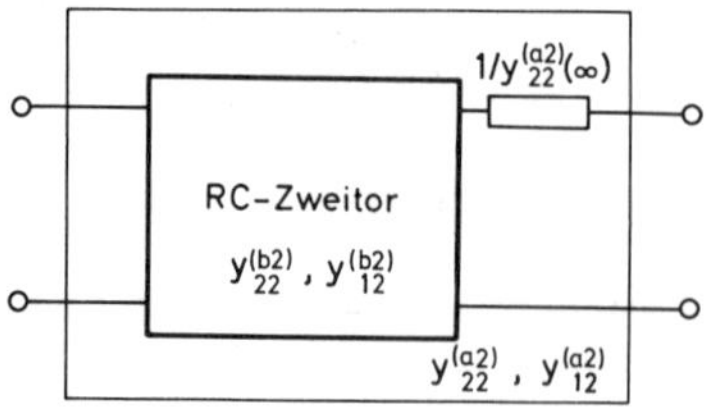

Bild 104: Abbau eines ohmschen Längswiderstands auf der Sekundärseite des durch die Funktionen $y_{22}^{(a2)}(p)$, $y_{12}^{(a2)}(p)$ gekennzeichneten *RC*-Zweitors

welche gemäß Ungleichung (260) die Fialkow-Gerst-Bedingungen erfüllen. Wie man sieht, hat die Admittanz $y_{22}^{(b1)}(p)$ in $p = \infty$ einen Pol, da $a'_m = a_m \neq 0$ gilt. Der Grad dieser Admittanz ist gleich $(m - 1)$. Man beachte, daß der in den Gln. (262) und (263) auftretende Klammerausdruck stets positiv ist, weil die Funktion $y_{22}^{(b1)}(p)$ aufgrund ihrer Konstruktion aus $y_{22}^{(a1)}(p)$ eine *RC*-Admittanz ist.

Von dem durch die Funktionen $y_{22}^{(a2)}(p)$ und $y_{12}^{(a2)}(p)$ gekennzeichneten *RC*-Zweitor kann man gemäß Bild 104 einen ohmschen Längswiderstand auf der Sekundärseite entfernen, so daß man für das Restzweitor die Admittanzmatrix-Elemente

$$y_{22}^{(b2)}(p) = \frac{1}{\dfrac{1}{y_{22}^{(a2)}(p)} - \dfrac{1}{y_{22}^{(a2)}(\infty)}} = \frac{\sum\limits_{\nu=0}^{m-1} a''_\nu p^\nu}{\sum\limits_{\nu=0}^{m-2} \left[d_\nu - \dfrac{d_{m-1}}{a''_{m-1}} a''_\nu\right] p^\nu} \tag{264}$$

und

$$-y_{12}^{(b2)}(p) = \frac{-y_{12}^{(a2)}(p)}{1 - y_{22}^{(a2)}(p)\dfrac{1}{y_{22}^{(a2)}(\infty)}} = \frac{\sum\limits_{\nu=0}^{m-1} b''_\nu p^\nu}{\sum\limits_{\nu=0}^{m-2} \left[d_\nu - \dfrac{d_{m-1}}{a''_{m-1}} a''_\nu\right] p^\nu} \tag{265}$$

erhält, welche gemäß Ungleichung (261) die Fialkow-Gerst-Bedingungen erfüllen. Wie man sieht, hat die Admittanz $y_{22}^{(b2)}(p)$ in $p = \infty$ einen Pol. Der Grad dieser Admittanz ist

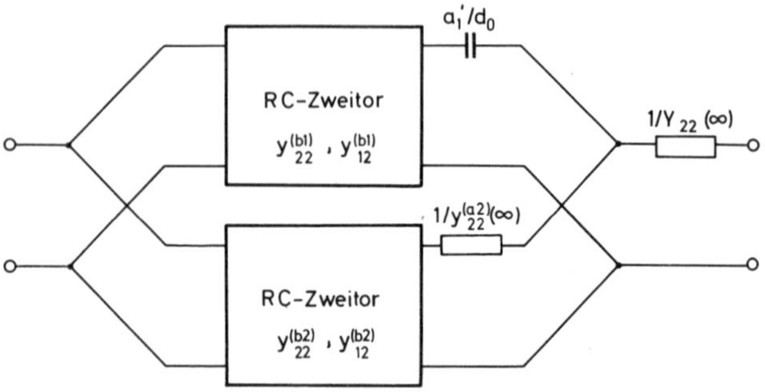

Bild 105: Teilrealisierung der Admittanzmatrix-Elemente $Y_{22}(p)$, $Y_{12}(p)$

gleich $(m-1)$. Man beachte, daß der in den Gln. (264) und (265) auftretende Klammerausdruck stets positiv ist, weil die Funktion $y_{22}^{(b2)}(p)$ aufgrund ihrer Konstruktion aus $y_{22}^{(a2)}(p)$ eine *RC*-Admittanz ist.

Die im Verlaufe der bisherigen Betrachtungen erzielte Realisierung der Admittanzmatrix-Elemente $Y_{22}(p)$, $Y_{12}(p)$ ist im Bild 105 zusammengefaßt. Die weitere Aufgabe besteht jetzt darin, die durch die Admittanzmatrix-Elemente $y_{22}^{(b1)}(p)$, $y_{12}^{(b1)}(p)$ bzw. $y_{22}^{(b2)}(p)$, $y_{12}^{(b2)}(p)$ gekennzeichneten *RC*-Zweitore zu bestimmen. Dazu werden diese Funktionen in gleicher Weise behandelt wie die Funktionen $y_{22}(p)$, $y_{12}(p)$. Dies ist offensichtlich möglich. Fährt man in dieser Weise fort, so gelangt man schließlich zu Paaren von Restfunktionen ersten Grades $y_{22}^{(\mu\nu)}(p)$, $y_{12}^{(\mu\nu)}(p)$, die direkt durch *RC*-Zweitore mit durchgehender Kurzschlußverbindung verwirklicht werden können. Diese Funktionspaare haben die allgemeine Form

$$y_{22}^{(\mu\nu)}(p) = \frac{s_0 + s_1 p}{c} \quad ,$$

$$-y_{12}^{(\mu\nu)}(p) = \frac{r_0 + r_1 p}{c}$$

mit der Eigenschaft

$$0 \leqq r_\iota \leqq s_\iota \qquad (\iota = 0, 1)$$

und

$$0 < c.$$

Im Bild 106 ist ein *RC*-Zweitor dargestellt, das diese Funktionen verwirklicht. Dabei gilt für die Netzwerkelemente

$$R_1 = \frac{c}{r_0} \quad , \qquad R_2 = \frac{c}{s_0 - r_0} \quad ,$$

$$C_1 = \frac{r_1}{c} \quad , \qquad C_2 = \frac{s_1 - r_1}{c} \quad .$$

Das im vorstehenden beschriebene Verfahren erlaubt die Realisierung jeder durch zwei Admittanzmatrix-Elemente darstellbaren *RC*-Übertragungsfunktion bis auf eine konstante Grunddämpfung, sofern die Übertragungsfunktion keine positiv reellen Nullstellen hat. Falls im Zähler der gegebenen Übertragungsfunktion negative Koeffizienten auftreten, müssen Zähler und Nenner mit einem geeigneten Polynom, das nur einfache,

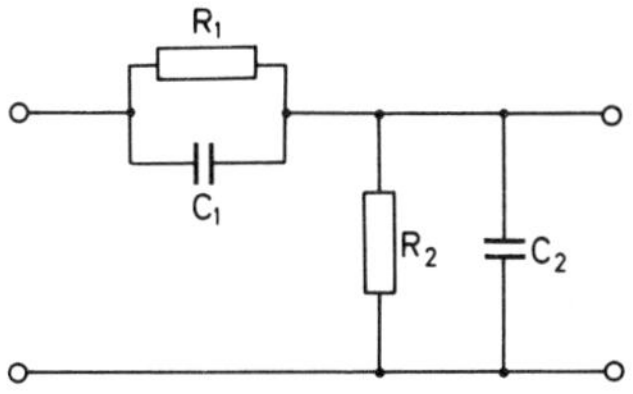

Bild 106: Realisierung der *RC*-Admittanzmatrix-Elemente $y_{22}^{(\mu\nu)}(p)$, $y_{12}^{(\mu\nu)}(p)$ ersten Grades

negativ reelle und von den Polen der Übertragungsfunktion verschiedene Nullstellen besitzt, so erweitert werden, daß alle entstehenden Zählerkoeffizienten nicht negativ und alle Nennerkoeffizienten positiv sind. Eine solche Erweiterung entfällt sicher dann, wenn alle Nullstellen der Übertragungsfunktion (Übertragungsnullstellen) in der linken Hälfte der p-Ebene liegen. Die Anwendung des Verfahrens setzt voraus, daß zunächst aus der (erweiterten) Übertragungsfunktion zwei Elemente $Y_{22}(p)$ und $Y_{12}(p)$ einer entsprechenden RC-Admittanzmatrix bestimmt werden. Diese beiden Matrixelemente müssen die Fialkow-Gerst-Bedingungen erfüllen. Im allgemeinen muß hierfür in der Übertragungsfunktion ein konstanter Faktor eingeführt werden, der jedoch nur so klein gewählt zu werden braucht, daß die Fialkow-Gerst-Bedingungen gerade noch erfüllt sind. Das Verfahren erlaubt also die Verwendung eines maximalen Faktors der Übertragungsfunktion. Dies hat eine »minimale Grunddämpfung« zur Folge. Es gibt Realisierungsverfahren, die diese Eigenschaft nicht aufweisen und möglicherweise Zweitore mit einer größeren Grunddämpfung liefern (man vergleiche Abschnitt 6.6).

Die eigentliche Realisierung verläuft, wie oben beschrieben wurde, in einem zyklischen Prozeß. Dabei reduziert sich nach jedem Entwicklungszyklus der Grad der Matrixelemente, so daß schließlich nur noch RC-Zweitore ersten Grades zu realisieren sind. Abschließend sei noch darauf hingewiesen, daß beim Übergang von den Funktionen $Y_{22}(p)$, $Y_{12}(p)$ zu den Funktionen $y_{22}(p)$, $y_{12}(p)$ neben einem ohmschen Längswiderstand auch eine Längskapazität auf der Sekundärseite des zu bestimmenden RC-Zweitors abgespalten werden kann, sofern die Admittanz $Y_{22}(p)$ [und damit auch $Y_{12}(p)$] in $p = 0$ verschwindet. Bei dieser Präambel des Verfahrens wird der Grad der Restfunktionen $y_{22}(p)$, $y_{12}(p)$ gegenüber dem Grad der Funktionen $Y_{22}(p)$, $Y_{12}(p)$ um Eins verkleinert. Die Restfunktionen erfüllen die Fialkow-Gerst-Bedingungen. Der Leser möge sich die Einzelheiten dieser Erweiterung selbst überlegen. – Die übertragerfreie Realisierung zweier Impedanzmatrix-Elemente $Z_{22}(p)$, $Z_{12}(p)$, die bei der Verwirklichung einer Übertragungsfunktion I_2/I_1 (Bild 99) erforderlich ist, läßt sich nach einem entsprechenden Verfahren nicht erreichen, wie sich der Leser ebenfalls selbst überlegen kann.

6.3. REALISIERUNG VON ÜBERTRAGUNGSFUNKTIONEN MIT POSITIV REELLEN ÜBERTRAGUNGSNULLSTELLEN

In diesem Abschnitt soll gezeigt werden, daß jede beliebige rationale, reelle Funktion $H(p)$, deren Pole einfach sind und ausschließlich auf der negativ reellen Achse mit Ausschluß von $p = \infty$ liegen, bis auf einen konstanten Faktor als Spannungsübertragungsfunktion U_2/U_1 $(I_2 = 0)$ durch ein RC-Zweitor verwirklicht werden kann.

Die zu realisierende Übertragungsfunktion $H(p)$ sei in Form von Gl. (236) mit Gl. (237) dargestellt. Es sei vorausgesetzt, daß die Koeffizienten des Nennerpolynoms $P_2(p)$ nicht kleiner als die Beträge der entsprechenden Koeffizienten des Zählerpolynoms $P_1(p)$ sind. Dies läßt sich gegebenenfalls durch Einführung eines konstanten Faktors in $H(p)$ immer erreichen. Dann wird die Übertragungsfunktion in der Form

Bild 107: Realisierung einer allgemeinen *RC*-Übertragungsfunktion

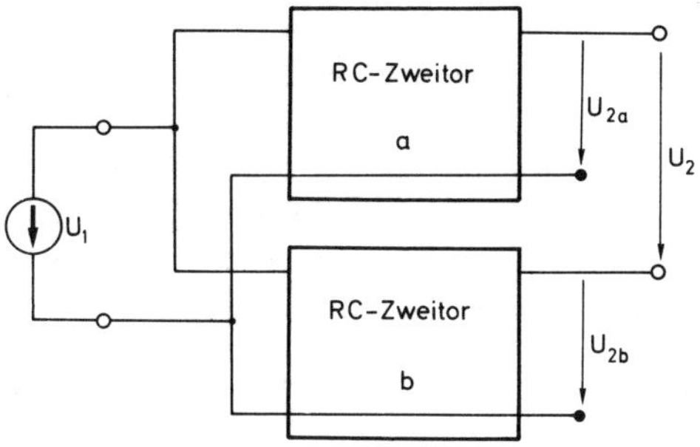

$$H(p) = \frac{P_{1a}(p) - P_{1b}(p)}{P_2(p)}$$

geschrieben. Hierbei umfaßt das Polynom $P_{1a}(p)$ alle Terme des Polynoms $P_1(p)$ mit positiven Koeffizienten, das Polynom $-P_{1b}(p)$ alle Terme von $P_1(p)$ mit negativen Koeffizienten. Es werden jetzt die beiden Funktionen

$$H_a(p) = \frac{P_{1a}(p)}{P_2(p)}$$

und

$$H_b(p) = \frac{P_{1b}(p)}{P_2(p)}$$

als Spannungsübertragungsfunktionen $U_{2a}/U_1 \, (I_{2a} = 0)$ bzw. $U_{2b}/U_1 \, (I_{2b} = 0)$ betrachtet. Beiden Übertragungsfunktionen lassen sich unter Verwendung geeigneter Polynome $Q_a(p)$ bzw. $Q_b(p)$ zulässige Admittanzmatrix-Elemente gemäß Abschnitt 6.1

$$Y_{22a}(p) = \frac{P_2(p)}{Q_a(p)}, \quad Y_{12a}(p) = -\frac{P_{1a}(p)}{Q_a(p)}$$

und

$$Y_{22b}(p) = \frac{P_2(p)}{Q_b(p)}, \quad Y_{12b}(p) = -\frac{P_{1b}(p)}{Q_b(p)}$$

zuordnen, die nach Abschnitt 6.2 durch *RC*-Zweitore realisiert werden. Verbindet man diese Zweitore in der im Bild 107 angegebenen Weise, so erhält man offensichtlich eine Verwirklichung der vorgeschriebenen Übertragungsfunktion $H(p)$ als Spannungsverhältnis U_2/U_1. Wie zu erwarten war, besitzt das resultierende Gesamtzweitor keine durchgehende Kurzschlußverbindung.

6.4. DIE ENTSPRECHENDE SYNTHESE VON REAKTANZZWEITOREN

6.4.1. Vorbemerkungen

Nach Abschnitt 5.3 kann jede rationale, reelle und in $p = \infty$ endliche Funktion, die in Form eines geraden oder ungeraden Polynoms, dividiert durch ein Hurwitz-Polynom, darstellbar ist, als Übertragungsfunktion I_2/U_1 eines auf der Sekundärseite mit einem

Ohmwiderstand $R = 1$ (Bild 92) abgeschlossenen Reaktanzzweitors realisiert werden. Die Realisierung erfolgte dadurch, daß zunächst aus der gegebenen Übertragungsfunktion die Admittanzmatrix-Elemente $Y_{22}(p)$ und $Y_{12}(p)$ des genannten Reaktanzzweitors bestimmt und danach diese Elemente verwirklicht wurden. Versucht man eine zulässige Funktion als Spannungsübertragungsfunktion eines sekundärseitig leerlaufenden Reaktanzzweitors zu verwirklichen (man vergleiche Bild 92 mit $R = \infty$), so stellt sich wegen

$$\left.\frac{U_2}{U_1}\right|_{I_2 = 0} = -\frac{Y_{12}(p)}{Y_{22}(p)}$$

ebenfalls die Aufgabe, nur zwei vorgeschriebene Elemente $Y_{22}(p)$ und $Y_{12}(p)$ durch ein Reaktanzzweitor zu realisieren. Hierbei hat man Zähler- und Nennerpolynom der zulässig gegebenen Übertragungsfunktion so mit einem Polynom zu dividieren, daß der modifizierte Zähler mit $-Y_{12}(p)$ und der modifizierte Nenner mit $Y_{22}(p)$ identifiziert werden kann. Bei der Verwirklichung einer rationalen reellen Funktion als Übertragungsfunktion $I_2/U_1 = Y_{12}(p)$ eines auf der Sekundärseite kurzgeschlossenen Reaktanzzweitors (man vergleiche Bild 92 mit $R = 0$) erhält man aus der zulässig gegebenen Übertragungsfunktion direkt das Admittanzmatrix-Element $Y_{12}(p)$, dem in zulässiger Weise ein Element $Y_{22}(p)$ zugeordnet werden kann. Damit darf auch bei dieser Art von Realisierungsaufgabe davon ausgegangen werden, daß von dem zu ermittelnden Reaktanzzweitor die Elemente $Y_{22}(p)$ und $Y_{12}(p)$ der Admittanzmatrix gegeben sind.

Im folgenden soll gezeigt werden, daß das im Abschnitt 6.2.2 beschriebene Verfahren auf die Synthese von Reaktanzzweitoren übertragen werden kann. Dabei seien von der Admittanzmatrix des Zweitors die Elemente $Y_{22}(p)$ und $Y_{12}(p)$ in zulässiger Weise vorgeschrieben, das Element $Y_{12}(p)$ allerdings nur bis auf einen konstanten Faktor. Diese Konstante bedeutet in der Übertragungsfunktion einen von p unabhängigen Faktor. Sie braucht jedoch nur so klein gewählt zu werden, daß die Fialkow-Gerst-Bedingungen gerade befriedigt werden. Diese Bedingungen müssen jedenfalls erfüllt sein. Die Übertragungsfunktion $H(p)$ darf daher keine Nullstellen auf der positiv und der negativ reellen Achse der p-Ebene haben. Im Falle, daß der Abschlußwiderstand R des zu bestimmenden Reaktanzzweitors gleich Null oder Unendlich ist, können dann zur Erfüllung der Fialkow-Gerst-Bedingungen stets Zähler und Nenner der Übertragungsfunktion $H(p)$ durch einen Polynomfaktor $R(p) = \prod_{\mu} (p^2 + \omega_\mu^2)$ $(\omega_\mu > 0)$ so erweitert werden, daß dadurch das Zählerpolynom von $H(p)$ keine negativen Koeffizienten aufweist. Alle Nullstellen des Erweiterungspolynoms $R(p)$ sollen einfach sein und mit keinem der Pole von $H(p)$ zusammenfallen. Die Funktion $H(p)$ sei bereits in ihrer noch nicht erweiterten Form so geschrieben, daß die Koeffizienten des Nennerpolynoms nicht negativ sind; der Koeffizient bei der höchsten p-Potenz im Zähler von $H(p)$ sei positiv, was durch Einführung des Faktors (-1) im Zähler von $H(p)$ stets erreicht werden kann. Diese Vorzeichenänderung kann nachträglich durch eine Umpolung am Eingang oder Ausgang des ermittelten Zweitors berücksichtigt werden. Treten in der Funktion $H(p)$ keine negativen Koeffizienten auf, dann braucht natürlich kein Erweiterungspolynom $R(p)$ eingeführt zu werden.

Man kann ein Polynom $R(p)$ mit den gewünschten Eigenschaften immer finden, indem man die Variable $z = p^2$ einführt und gemäß Abschnitt 6.2.1 ein Polynom $Q(z) = \prod_{\mu}(z + \delta_\mu)$ $(\delta_\mu > 0)$ derart bestimmt, daß das Produkt von $Q(z)$ mit dem Zähler von $H(\sqrt{z})$ keine negativen Koeffizienten hat. Dann kann $Q(p^2)$ als Polynom $R(p)$ verwendet werden. Es läßt sich dabei stets erreichen, daß alle Nullstellen von $Q(p^2)$ einfach sind und mit keinem der Pole der gegebenen Funktion $H(p)$ zusammenfallen. Wie bereits im Abschnitt 6.2.1 erwähnt wurde, muß man damit rechnen, daß das Polynom $Q(p^2)$ nicht das gradniedrigste Erweiterungspolynom ist. Für den Fall, daß der Zähler von $H(p)$ vom vierten Grade ist, soll auf die optimalen Erweiterungspolynome etwas näher eingegangen werden.

Das Zählerpolynom $C(p)$ von $H(p)$ habe die vier Nullstellen $p_{1,2} = \rho e^{\pm j\varphi}$ und $p_{3,4} = -\rho e^{\pm j\varphi} (0 < \varphi < \pi/2)$. Dann gilt

$$C(p) = p^4 - (2\rho^2 \cos 2\varphi)\, p^2 + \rho^4 .$$

Die Funktion $H(p)$ sei dabei so dargestellt, daß der Koeffizient bei der höchsten p-Potenz im Zähler gleich Eins ist. Durch geeignete Normierung der Variablen p kann stets erreicht werden, daß $\rho = 1$ ist. Diese Normierung wird im folgenden vorausgesetzt. Ist $\varphi \geqq \pi/4$, so hat $C(p)$ keine negativen Koeffizienten. Im Fall $\varphi < \pi/4$ wird zunächst mit einem Polynom $R(p) = p^2 + \omega_1^2$ erweitert. Man erhält

$$C(p)R(p) = p^6 + (\omega_1^2 - 2\cos 2\varphi)p^4 + (1 - 2\omega_1^2 \cos 2\varphi)p^2 + \omega_1^2 .$$

Die Koeffizienten dieses Polynoms werden offensichtlich nicht negativ, sofern die Bedingungen

$$\cos 2\varphi \leqq \frac{\omega_1^2}{2}$$

und

$$\cos 2\varphi \leqq \frac{1}{2\omega_1^2}$$

erfüllt sind. Der größte mögliche Wert von $\cos 2\varphi$ ist gegeben durch das Maximum des kleineren der Werte $\omega_1^2/2$ und $1/(2\omega_1^2)$ für $0 < \omega_1^2 < \infty$. Dieser Wert ist gleich $\omega_1^2/2 = 1/(2\omega_1^2)$ für $\omega_1^2 = 1$, also $1/2$. Hieraus folgt, daß

$$\varphi \geqq \pi/6$$

sein muß, damit alle Koeffizienten des Polynoms $C(p)R(p)$ nicht negativ werden. Das Nullstellenquadrupel p_1, p_2, p_3, p_4 muß also so weit von der reellen Achse entfernt liegen, daß $\varphi \geqq \pi/6$ gilt.

Wählt man $R(p) = (p^2 + \omega_1^2)(p^2 + \omega_2^2)$, dann wird

$$C(p)R(p) = p^8 + (\omega_1^2 + \omega_2^2 - 2\cos 2\varphi)p^6 + (1 + \omega_1^2\omega_2^2 - 2\omega_1^2 \cos\varphi - 2\omega_2^2 \cos\varphi)p^4 + (\omega_1^2 + \omega_2^2 - 2\omega_1^2\omega_2^2 \cos 2\varphi)p^2 + \omega_1^2\omega_2^2 .$$

Der größte mögliche Wert von $\cos 2\varphi$ ist gegeben durch

$$\underset{0<\omega_1^2,\omega_2^2<\infty}{\text{Max}} \quad \text{Min}\left[\frac{\omega_1^2+\omega_2^2}{2}, \frac{1+\omega_1^2\omega_2^2}{2(\omega_1^2+\omega_2^2)}, \frac{\omega_1^2+\omega_2^2}{2\omega_1^2\omega_2^2}\right].$$

Man erhält diesen Wert, wie eine nähere Rechnung zeigt, für $\omega_1^2=\omega_2^2=1/\sqrt{3}$ oder $\omega_1^2=\omega_2^2=\sqrt{3}$, und zwar $\cos 2\varphi = 1/\sqrt{3}$. Hieraus folgt, daß $\varphi \geqq 0{,}5 \arccos(1/\sqrt{3})$ ($\approx 27{,}4^0$) sein muß, damit alle Koeffizienten des Polynoms $C(p)R(p)$ nicht negativ werden. Mit zunehmender Zahl von Faktoren im Erweiterungspolynom $R(p)$ darf das Nullstellenquadrupel von $C(p)$ immer näher an die reelle Achse heranrücken, ohne daß die Koeffizienten des Polynoms $C(p)R(p)$ negativ werden. Würde man ein Erweiterungspolynom $Q(p)$ gemäß Abschnitt 6.2.1 verwenden, so müßte dieses für $\varphi=\pi/6$ nach der Abschätzung (252) mindestens vom 20. Grade sein.

6.4.2. Das Realisierungsverfahren

Aufgrund der im Abschnitt 6.4.1 durchgeführten Überlegungen wird davon ausgegangen, daß alle Koeffizienten im Zähler und Nenner der Funktionen $Y_{22}(p)$ und $Y_{12}(p)$ *nicht-negativ* sind. Es kann allgemein

$$Y_{22}(p)=\frac{\sum_{\nu=0}^{m+1} a_{2\nu}p^{2\nu}}{\sum_{\nu=0}^{m} c_{2\nu+1}p^{2\nu+1}}=\frac{B_0}{p}+B_\infty p+\sum_{\nu=1}^{m}\frac{2B_\nu p}{p^2+\omega_\nu^2} \quad (B_\nu>0;\ \nu=1,\dots,m)$$

und

$$-Y_{12}(p)=\frac{\sum_{\nu=0}^{m+1} b_{2\nu}p^{2\nu}}{\sum_{\nu=0}^{m} c_{2\nu+1}p^{2\nu+1}}=\frac{C_0}{p}+C_\infty p+\sum_{\nu=1}^{m}\frac{2C_\nu p}{p^2+\omega_\nu^2}$$

geschrieben werden. Dabei darf aus bekannten Gründen angenommen werden, daß die Fialkow-Gerst-Bedingungen

$$0 \leqq b_{2\nu} \leqq a_{2\nu}\,(\nu=0,1,\dots,m+1) \quad \text{erfüllt sind.}$$

Sofern die Admittanz $Y_{22}(p)$ in $p=\infty$ eine Nullstelle hat (d.h. $a_{2m+2}=0$ und $c_{2m+1}\neq 0$ gilt), besteht der erste Schritt des Verfahrens darin, auf der Sekundärseite des zu ermittelnden Zweitors eine Längsinduktivität abzuspalten, so daß das Admittanzmatrix-Element $y_{22}(p)$ des verbleibenden Zweitors in $p=\infty$ einen Pol erhält. Auf diese Weise entstehen die folgenden Admittanzmatrix-Elemente des Restzweitors:

$$y_{22}(p)=\frac{\sum_{\nu=0}^{m} a_{2\nu}p^{2\nu}}{\sum_{\nu=0}^{m-1}\left[c_{2\nu+1}-\frac{c_{2m+1}}{a_{2m}}a_{2\nu}\right]p^{2\nu+1}}=\frac{\beta_0}{p}+\beta_\infty p+\sum_{\nu=1}^{m-1}\frac{2\beta_\nu p}{p^2+x_\nu^2},$$

$$-y_{12}(p) = \frac{\sum\limits_{\nu=0}^{m} b_{2\nu} p^{2\nu}}{\sum\limits_{\nu=0}^{m-1} \left[c_{2\nu+1} - \frac{c_{2m+1}}{a_{2m}} a_{2\nu} \right] p^{2\nu+1}} = \frac{\gamma_0}{p} + \gamma_\infty p + \sum_{\nu=1}^{m-1} \frac{2\gamma_\nu p}{p^2 + x_\nu^2} .$$

Man beachte, daß die Funktionen $y_{22}(p)$ und $y_{12}(p)$ die Fialkow-Gerst-Bedingungen erfüllen. Falls $Y_{22}(p)$ in $p = \infty$ einen Pol hat, werden im folgenden statt der Funktionen $y_{22}(p)$ und $y_{12}(p)$ direkt die Funktionen $Y_{22}(p)$ und $Y_{12}(p)$ verwendet.

Nun werden die Funktionen $y_{22}(p)$ und $y_{12}(p)$ auf die folgende Weise zerlegt:

$$y_{22}(p) = y_{22}^{(a1)}(p) + y_{22}^{(a2)}(p),$$

$$y_{12}(p) = y_{12}^{(a1)}(p) + y_{12}^{(a2)}(p).$$

Dabei bedeuten

$$y_{22}^{(a1)}(p) = \beta_\infty p + \sum_{\nu=1}^{m-1} \frac{2\beta_\nu \kappa_\nu p}{p^2 + x_\nu^2} = \frac{\sum\limits_{\nu=1}^{m} a'_{2\nu} p^{2\nu}}{\sum\limits_{\nu=0}^{m-1} d_{2\nu+1} p^{2\nu+1}} ,$$

$$y_{22}^{(a2)}(p) = \frac{\beta_0}{p} + \sum_{\nu=1}^{m-1} \frac{2\beta_\nu (1-\kappa_\nu) p}{p^2 + x_\nu^2} = \frac{\sum\limits_{\nu=0}^{m-1} a''_{2\nu} p^{2\nu}}{\sum\limits_{\nu=0}^{m-1} d_{2\nu+1} p^{2\nu+1}}$$

mit

$$0 < \kappa_\nu < 1,$$

$$d_{2\nu+1} = c_{2\nu+1} - \frac{c_{2m+1}}{a_{2m}} a_{2\nu} \qquad (\nu = 0, 1, \ldots, m-1)$$

und

$$a_{2\nu} = a'_{2\nu} + a''_{2\nu} \qquad (\nu = 0, 1, \ldots, m),$$

wobei

$$a'_0 = 0, \; a''_{2m} = 0$$

ist. Weiterhin bedeuten

$$-y_{12}^{(a1)}(p) = \frac{\sum\limits_{\nu=1}^{m} b'_{2\nu} p^{2\nu}}{\sum\limits_{\nu=0}^{m-1} d_{2\nu+1} p^{2\nu+1}} ,$$

$$-y_{12}^{(a2)}(p) = \frac{\sum\limits_{\nu=0}^{m-1} b''_{2\nu} p^{2\nu}}{\sum\limits_{\nu=0}^{m-1} d_{2\nu+1} p^{2\nu+1}}$$

mit

$$b_{2\nu} = b'_{2\nu} + b''_{2\nu} \qquad (\nu = 0, 1, \ldots, m),$$

wobei

$$b'_0 = 0, \qquad b''_{2m} = 0$$

ist. Dabei sei weiterhin dafür gesorgt, daß die Fialkow-Gerst-Bedingungen

$$0 \leqq b'_{2\nu} \leqq a'_{2\nu}$$

und

$$0 \leqq b''_{2\nu} \leqq a''_{2\nu}$$

für $\nu = 0, 1, \ldots, m$ vom Funktionspaar $y_{22}^{(a1)}(p)$, $y_{12}^{(a1)}(p)$ bzw. vom Funktionspaar $y_{22}^{(a2)}(p)$, $y_{12}^{(a2)}(p)$ erfüllt werden.

Wie man sieht, hat die Admittanz $y_{22}^{(a1)}(p)$ in $p = 0$ und die Admittanz $y_{22}^{(a2)}(p)$ in $p = \infty$ eine Nullstelle. Daher läßt sich auf der Sekundärseite des entsprechenden Zweitors eine Längskapazität bzw. eine Längsinduktivität abbauen. Auf diese Weise erhält man für die Restzweitore die Admittanzmatrix-Elemente

$$y_{22}^{(b1)}(p) = \frac{\sum\limits_{\nu=0}^{m-1} a'_{2\nu+2} p^{2\nu}}{\sum\limits_{\nu=0}^{m-2} \left[d_{2\nu+3} - \frac{d_1}{a'_2} a'_{2\nu+4} \right] p^{2\nu+1}},$$

$$-y_{12}^{(b1)}(p) = \frac{\sum\limits_{\nu=0}^{m-1} b'_{2\nu+2} p^{2\nu}}{\sum\limits_{\nu=0}^{m-2} \left[d_{2\nu+3} - \frac{d_1}{a'_2} a'_{2\nu+4} \right] p^{2\nu+1}}$$

bzw.

$$y_{22}^{(b2)}(p) = \frac{\sum\limits_{\nu=0}^{m-1} a''_{2\nu} p^{2\nu}}{\sum\limits_{\nu=0}^{m-2} \left[d_{2\nu+1} - \frac{d_{2m-1}}{a''_{2m-2}} a''_{2\nu} \right] p^{2\nu+1}},$$

$$-y_{12}^{(b2)}(p) = \frac{\sum\limits_{\nu=0}^{m-1} b''_{2\nu} p^{2\nu}}{\sum\limits_{\nu=0}^{m-2} \left[d_{2\nu+1} - \frac{d_{2m-1}}{a''_{2m-2}} a''_{2\nu} \right] p^{2\nu+1}}.$$

Die Funktionspaare $y_{22}^{(b1)}(p)$, $y_{12}^{(b1)}(p)$ und $y_{22}^{(b2)}(p)$, $y_{12}^{(b2)}(p)$ erfüllen, wie man sieht, die Fialkow-Gerst-Bedingungen. Der Grad dieser Funktionen ist kleiner als der Grad der entsprechenden Ausgangsfunktionen. Die erzielte Realisierung der Admittanzmatrix-Elemente $Y_{22}(p)$, $Y_{12}(p)$ ist im Bild 108 dargestellt. Die weitere Aufgabe besteht nun darin, die Admittanzmatrix-Elemente $y_{22}^{(b1)}(p)$, $y_{12}^{(b1)}(p)$ bzw. $y_{22}^{(b2)}(p)$, $y_{12}^{(b2)}(p)$ in gleicher

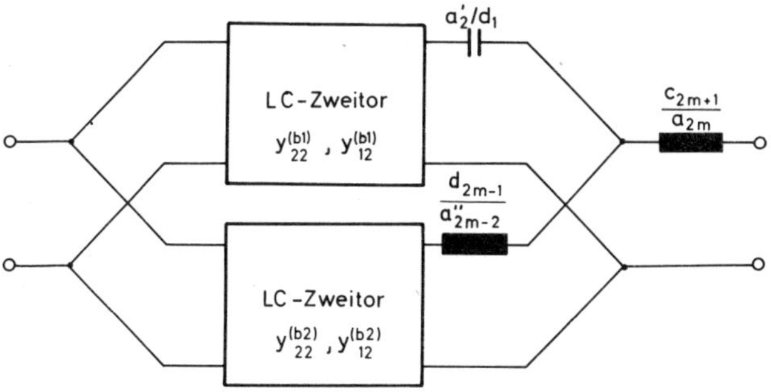

Bild 108: Realisierung der *LC*-Admittanzmatrix-Elemente $Y_{22}(p)$ und $Y_{12}(p)$

Weise zu entwickeln wie die Funktionen $y_{22}(p)$, $y_{12}(p)$. Fährt man in dieser Weise fort, so gelangt man schließlich zu Paaren von Restfunktionen zweiten Grades, welche die allgemeine Form

$$y_{22}^{(\mu\nu)}(p) = \frac{s_0 + s_1 p^2}{cp} ,$$

$$-y_{12}^{(\mu\nu)}(p) = \frac{r_0 + r_1 p^2}{cp}$$

mit der Eigenschaft

$$0 \leqq r_\iota \leqq s_\iota \qquad (\iota = 0, 1)$$

und

$$0 < c$$

haben. Im Bild 109 ist eine Realisierung dieser Restfunktionen angegeben. Dabei gilt für die Netzwerkelemente

$$C_1 = r_1/c , \qquad C_2 = (s_1 - r_1)/c ,$$

$$L_1 = c/r_0 , \qquad L_2 = c/(s_0 - r_0) .$$

Zur Durchführung des ersten Entwicklungsschrittes ist noch folgendes zu bemerken. Hat die Funktion $Y_{22}(p)$ [und damit auch $Y_{12}(p)$] in $p = 0$ eine Nullstelle, d.h. gilt $a_0 = 0$ und $c_1 \neq 0$, so kann in Reihe zur Längsinduktivität noch eine Längskapazität abgebaut werden, was eine zusätzliche Gradreduktion um Eins ergibt. Die Restfunktionen $y_{22}(p)$ und $y_{12}(p)$ erfüllen die Fialkow-Gerst-Bedingungen. Einzelheiten dieser Erwei-

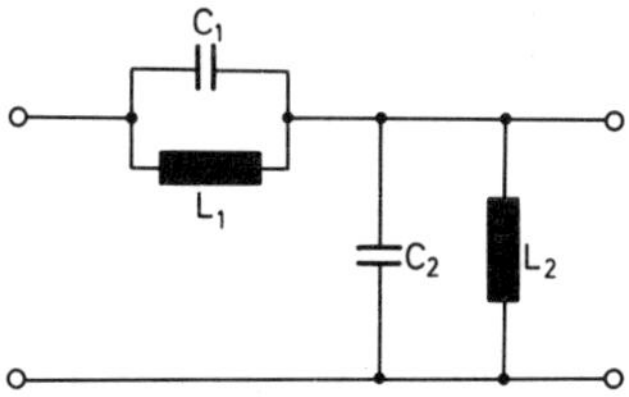

Bild 109: Realisierung der *LC*-Restfunktionen zweiten Grades

terung möge sich der Leser selbst überlegen. Weiterhin ist in diesem Zusammenhang zu bemerken, daß bereits nach dem ersten Entwicklungsschritt Restfunktionen entstehen können, die sich direkt durch ein Zweitor nach Bild 109 realisieren lassen.

Abschließend sei noch auf folgendes hingewiesen. Aufgrund des Umkehrungssatzes [29] kann nach dem beschriebenen Verfahren mit Hilfe von zwei Admittanzmatrix-Elementen auch die Synthese eines Reaktanzzweitors durchgeführt werden, das durch eine eingeprägte Spannung mit ohmschem Innenwiderstand erregt und auf der Sekundärseite im Leerlauf betrieben wird. Die Fialkow-Gerst-Bedingungen müssen natürlich erfüllt sein.

6.5. REALISIERUNG VON ÜBERTRAGUNGSFUNKTIONEN MIT NEGATIV REELLEN NULLSTELLEN DURCH KETTENNETZWERKE

In den Abschnitten 6.2 und 6.3 wurde ein Verfahren zur Verwirklichung allgemeiner RC-Übertragungsfunktionen beschrieben. Die folgenden Abschnitte sind der Beschreibung weiterer Realisierungsverfahren gewidmet. Dadurch lassen sich äquivalente Lösungen ermitteln. Es wird sich zeigen, daß bei Beschränkung der Lage der Übertragungsnullstellen Netzwerke gefunden werden können, die für praktische Anwendungen manchmal geeigneter sind als die bisherigen Lösungen.

In diesem Abschnitt soll gezeigt werden, wie sich RC-Übertragungsfunktionen, deren Nullstellen ausschließlich auf der negativ reellen Achse einschließlich $p = 0$ und $p = \infty$ liegen, durch Kettennetzwerke (Abzweignetzwerke) verwirklichen lassen. Ausgehend von einer zu realisierenden RC-Übertragungsfunktion werden zunächst gemäß Abschnitt 6.1 die Admittanzmatrix-Elemente $Y_{22}(p)$ und $Y_{12}(p)$ bestimmt. Entsprechend den Voraussetzungen über die Übertragungsnullstellen müssen sich alle Nullstellen von $Y_{12}(p)$ auf der negativ reellen Achse einschließlich $p = 0$ und $p = \infty$ befinden.

Der Grundgedanke des folgenden Verfahrens ist, die Admittanzmatrix-Elemente $Y_{22}(p)$ und $Y_{12}(p)$ in aufeinander folgenden Zyklen zu entwickeln, wobei durch jeden Entwicklungszyklus der Grad des Elements $Y_{22}(p)$ um Eins erniedrigt wird. Die bei den Entwicklungsschritten entstehenden Funktionen lassen sich durch RC-Netzwerke realisieren.

Zunächst wird die Admittanz $Y_{22}(p)$ in der Form

$$Y_{22}(p) = y_{22}(p) + y(p) \tag{266}$$

dargestellt. Dabei ist $y(p)$ die RC-Admittanz, welche mit dem Element $Y_{12}(p)$ keine Pole gemeinsam hat, und $y_{22}(p)$ ist die RC-Admittanz, deren Pole mit jenen von $Y_{12}(p)$ identisch sind. Die Zerlegung Gl. (266) läßt sich direkt mit Hilfe der Partialbruchdarstellung der Admittanz $Y_{22}(p)$ gemäß Gl. (29) durchführen. Das in dieser Darstellung auftretende Absolutglied soll jedenfalls dann zu $y_{22}(p)$ genommen werden, wenn $Y_{12}(0) \neq 0$ ist. Dann dürfen $y_{22}(p)$ und $y_{12}(p) \equiv Y_{12}(p)$ im Sinne von Abschnitt 4.4 als Admittanzmatrix-Elemente eines $RC\ddot{U}$-Zweitors betrachtet werden. Die Vorabspaltung von $y(p)$ nach Gl. (266) wird dadurch verwirklicht, daß auf der Sekundärseite des zu ermittelnden RC-Zweitors mit den Admittanzmatrix-Elementen $y_{22}(p)$, $y_{12}(p)$ ein RC-

Querzweipol mit der Admittanz $y(p)$ angebracht wird. Ein solcher Zweipol kann aus $y(p)$ nach Abschnitt 3.3 verwirklicht werden. Im folgenden soll gezeigt werden, wie sich die Elemente $y_{22}(p)$ und $y_{12}(p)$ durch ein *RC*-Zweitor verwirklichen lassen. Dabei ist es im allgemeinen nur möglich, das Element $y_{12}(p)$ bis auf einen konstanten Faktor zu realisieren. Es kann

$$y_{22}(p) = \frac{R(p)}{Q(p)} = \frac{k_1 \prod_{\mu=1}^{m} (p + \xi_\mu)}{\prod_{\mu=1}^{n} (p + \eta_\mu)}$$

und

$$-y_{12}(p) = \frac{(p + \sigma_q)S(p)}{Q(p)} = \frac{k_2 \prod_{\mu=1}^{q} (p + \sigma_\mu)}{\prod_{\mu=1}^{n} (p + \eta_\mu)}$$

$$(n \leqq m \leqq n + 1;\ q \leqq m;\ k_1, k_2 = \text{const} > 0)$$

geschrieben werden. Im ersten Entwicklungszyklus soll die Übertragungsnullstelle $p = -\sigma_q$ verwirklicht werden. Dabei soll zunächst $\sigma_q = 0$ ausgeschlossen werden. Man hat nun zwischen zwei möglichen Fällen zu unterscheiden.

Fall 1

Es sei möglich, durch Abspaltung eines Teils der Partialbruchsumme von $y_{22}(p)$ (keine Vollabbauten von Polen) eine einfache Nullstelle der Restfunktion in $p = -\sigma_q$ zu erzeugen. Aus dem zu realisierenden Zweitor wird dann auf der Sekundärseite ein Querzweipol herausgezogen, dessen Admittanz $y^{(a)}(p) = T(p)/Q(p)$ [man beachte, daß die Polynome $Q(p)$ und $T(p)$ gemeinsame Nullstellen besitzen können] mit dem genannten Teil der Partialbruchsumme von $y_{22}(p)$ übereinstimmt. Man erhält für das Restzweitor (Bild 110a) die Admittanzmatrix-Elemente

$$y_{22}^{(a)}(p) = y_{22}(p) - y^{(a)}(p) = \frac{R(p) - T(p)}{Q(p)} = \frac{(p + \sigma_q)P(p)}{Q(p)}$$

$$= \frac{k_3(p + \sigma_q) \prod_{\mu=1}^{m-1} (p + \zeta_\mu)}{\prod_{\mu=1}^{n} (p + \eta_\mu)} \tag{267a}$$

und

$$-y_{12}^{(a)}(p) = \frac{(p + \sigma_q)S(p)}{Q(p)} \quad . \tag{267b}$$

Auf der Sekundärseite des Restzweitors wird nun ein Längszweipol mit der Impedanz

$$\frac{1}{y^{(b)}(p)} = \frac{k}{p + \sigma_q} \tag{267c}$$

Bild 110: Erzeugung negativ reeller Übertragungsnullstellen einschließlich von Übertragungsnullstellen in $p = 0$ und $p = \infty$ bei der Synthese von RC-Zweitoren

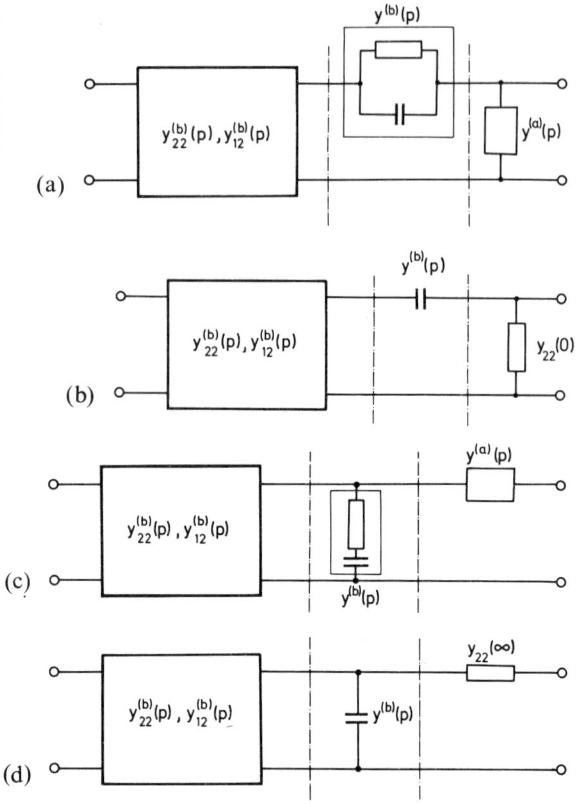

abgespalten (Bild 110a), so daß der Pol $p = -\sigma_q$ der Impedanz $1/y_{22}^{(a)}(p)$ voll abgebaut wird. Das auf diese Weise entstehende Restzweitor besitzt angesichts der Gln. (267a, b, c) die Admittanzmatrix-Elemente

$$y_{22}^{(b)}(p) = \frac{1}{\dfrac{1}{y_{22}^{(a)}(p)} - \dfrac{1}{y^{(b)}(p)}} = \frac{1}{\dfrac{Q(p)}{(p+\sigma_q)P(p)} - \dfrac{k}{(p+\sigma_q)} \cdot \dfrac{P(p)}{P(p)}}$$

$$= \frac{P(p)}{[Q(p) - k\,P(p)]/(p+\sigma_q)} = \frac{k_3 \prod\limits_{\mu=1}^{m-1} (p+\zeta_\mu)}{k_4 \prod\limits_{\mu=1}^{n-1} (p+\delta_\mu)} \tag{268a}$$

und

$$-y_{12}^{(b)}(p) = \frac{-\dfrac{y_{12}^{(a)}(p)}{y_{22}^{(a)}(p)}}{\dfrac{1}{y_{22}^{(a)}(p)} - \dfrac{1}{y^{(b)}(p)}} = y_{22}^{(b)}(p)\,\frac{-y_{12}^{(a)}(p)}{y_{22}^{(a)}(p)}$$

$$= \frac{S(p)}{[Q(p) - k\,P(p)]/(p + \sigma_q)} = \frac{k_2 \prod\limits_{\mu=1}^{q-1} (p + \sigma_\mu)}{k_4 \prod\limits_{\mu=1}^{n-1} (p + \delta_\mu)} \,. \tag{268b}$$

Man beachte, daß die Funktion $y_{22}^{(b)}(p)$ aufgrund ihrer Konstruktion nach Gl. (268a) eine RC-Admittanz ist. Die beiden Funktionen $y_{22}^{(b)}(p)$ und $y_{12}^{(b)}(p)$ sind als Admittanzmatrix-Elemente eines neuen RC-Restzweitors aufzufassen. Der Grad der Funktion $y_{22}^{(b)}(p)$ ist um Eins kleiner als jener der Ausgangsfunktion $y_{22}(p)$. Der nächste Entwicklungszyklus kann jetzt angeschlossen werden.

Fall 2

Es sei möglich, durch Abspaltung eines Teils der Partialbruchsumme von $1/y_{22}(p)$ (keine Vollabbauten von Polen) eine einfache Nullstelle der Restfunktion in $p = -\sigma_q$ zu erzeugen. Aus dem zu realisierenden Zweitor wird dann auf der Sekundärseite ein Längszweipol herausgezogen, dessen Impedanz $1/y^{(a)}(p) = T(p)/R(p)$ mit dem genannten Teil der Partialbruchsumme von $1/y_{22}(p)$ übereinstimmt. Man erhält für das Restzweitor (Bild 110c) die Admittanzmatrix-Elemente

$$y_{22}^{(a)}(p) = \frac{1}{\dfrac{1}{y_{22}(p)} - \dfrac{1}{y^{(a)}(p)}} = \frac{R(p)}{(p + \sigma_q)M(p)}$$

$$= \frac{k_1 \prod\limits_{\mu=1}^{m} (p + \xi_\mu)}{k_5 (p + \sigma_q) \prod\limits_{\mu=1}^{n-1} (p + \delta_\mu)} \tag{269a}$$

und analog zu Gl. (268b)

$$-y_{12}^{(a)}(p) = y_{22}^{(a)}(p) \frac{-y_{12}(p)}{y_{22}(p)} = \frac{S(p)}{M(p)}$$

$$= \frac{k_2 \prod\limits_{\mu=1}^{q-1} (p + \sigma_\mu)}{k_5 \prod\limits_{\mu=1}^{n-1} (p + \delta_\mu)} \,. \tag{269b}$$

Auf der Sekundärseite des Restzweitors wird nun ein Querzweipol mit der Admittanz

$$y^{(b)}(p) = \frac{kp}{p + \sigma_q} \tag{269c}$$

herausgezogen (Bild 110c), so daß der Pol $p = -\sigma_q$ der Admittanz $y_{22}^{(a)}(p)$ voll abgebaut wird. Das auf diese Weise entstehende Restzweitor besitzt angesichts der Gln. (269a, b, c) die Admittanzmatrix-Elemente

$$y_{22}^{(b)}(p) = y_{22}^{(a)}(p) - y^{(b)}(p) = \frac{[R(p) - kp\,M(p)]/(p + \sigma_q)}{M(p)}$$

$$= \frac{k_6 \prod_{\mu=1}^{m-1} (p + \rho_\mu)}{k_5 \prod_{\mu=1}^{n-1} (p + \delta_\mu)} \tag{270a}$$

und

$$-y_{12}^{(b)}(p) = -y_{12}^{(a)}(p) = \frac{S(p)}{M(p)} = \frac{k_2 \prod_{\mu=1}^{q-1} (p + \sigma_\mu)}{k_5 \prod_{\mu=1}^{n-1} (p + \delta_\mu)} \tag{270b}$$

Die Funktionen $y_{22}^{(b)}(p)$ und $y_{12}^{(b)}(p)$ können als Admittanzmatrix-Elemente eines *RC*-Zweitors aufgefaßt werden. Der Grad der Funktion $y_{22}^{(b)}(p)$ ist um Eins kleiner als jener der Ausgangsfunktion $y_{22}(p)$. Der nächste Entwicklungszyklus kann angeschlossen werden.

Es soll jetzt noch auf die Verwirklichung einer Übertragungsnullstelle $p = 0$ ($\sigma_q = 0$) bzw. $p = \infty$ ($q < n$) eingegangen werden. Eine Entwicklungsstelle $p = 0$ läßt sich durch Anwendung von Fall 1 für $\sigma_q = 0$ verwirklichen. Durch den Vorabbau $y^{(a)}(p) = y_{22}(0)$ erhält man einen ohmschen Querzweipol (Bild 110b). Die weiteren Entwicklungsschritte unterscheiden sich von den im Fall 1 angegebenen Schritten nur dadurch, daß überall $\sigma_q = 0$ gilt. Es muß jedenfalls $\zeta_\mu \neq 0$ sein.

Eine Übertragungsnullstelle im Unendlichen läßt sich durch Anwendung von Fall 2 verwirklichen. Durch den Vorabbau $1/y^{(a)}(p) = 1/y_{22}(\infty)$ ergibt sich ein ohmscher Längszweipol (Bild 110d). Mit

$$-y_{12}(p) = \frac{S_0(p)}{Q(p)} = \frac{k_2 \prod_{\mu=1}^{q} (p + \sigma_\mu)}{\prod_{\mu=1}^{n} (p + \eta_\mu)} \qquad (q < n)$$

erhält man nach Durchführung des Vorabbaus anstelle der Gl. (269a)

$$y_{22}^{(a)}(p) = \frac{k_1 \prod_{\mu=1}^{n} (p + \xi_\mu)}{k_5 \prod_{\mu=1}^{n-1} (p + \delta_\mu)}$$

und anstelle der Gl. (269b)

$$-y_{12}^{(a)}(p) = \frac{k_2 \prod_{\mu=1}^{q} (p + \sigma_\mu)}{k_5 \prod_{\mu=1}^{n-1} (p + \delta_\mu)} \quad .$$

Der Vollabbau des Poles von $y_{22}^{(a)}(p)$ in $p = \infty$ wird mit $y^{(b)}(p) = k_1 p/k_5$ durchgeführt. Damit ergibt sich statt der Gln. (270a, b)

$$y_{22}^{(b)}(p) = y_{22}^{(a)}(p) - \frac{k_1}{k_5} p = \frac{k_6 \prod_{\mu=1}^{n-1} (p + \rho_\mu)}{k_5 \prod_{\mu=1}^{n-1} (p + \delta_\mu)}$$

und

$$-y_{12}^{(b)}(p) = -y_{12}^{(a)}(p) = \frac{k_2 \prod_{\mu=1}^{q} (p + \sigma_\mu)}{k_5 \prod_{\mu=1}^{n-1} (p + \delta_\mu)} \; .$$

Der in den vorausgegangenen Betrachtungen beschriebene Entwicklungsprozeß wird so oft wiederholt, bis die Restfunktionen den Grad Null haben, also Konstanten sind, die notwendigerweise positiv sein müssen. Diese Funktionen lassen sich als Admittanz-matrix-Elemente durch ein Zweitor realisieren, das nur aus einem Ohmwiderstand besteht, wobei gewöhnlich das Nebendiagonalelement noch mit einem konstanten Faktor versehen werden muß. Damit ist zu erkennen, daß von den vorgeschriebenen Funktionen $y_{22}(p)$ und $y_{12}(p)$ die letzte nur bis auf einen konstanten Faktor realisiert wird.

Im folgenden soll gezeigt werden, daß bei der Durchführung eines Entwicklungszyklus stets entweder gemäß dem oben beschriebenen Fall 1 oder gemäß dem Fall 2 verfahren werden kann.

Zur Durchführung der Teilabbauten, die zur Erzeugung der vorgeschriebenen Übertragungsnullstellen erforderlich sind, empfiehlt es sich, die Admittanz $y_{22}(p)$ in Form der Partialbruchsumme

$$y_{22}(p) = B_0 + B_\infty p + \sum_\nu \frac{B_\nu p}{p + \eta_\nu}$$

zu betrachten. Mit Hilfe der Admittanz

$$y^{(a)}(p) = \kappa_0 B_0 + \kappa_\infty B_\infty p + \sum_\nu \frac{\kappa_\nu B_\nu p}{p + \eta_\nu}$$

mit

$$0 \leqq \kappa_0 \leqq 1 \; ; \qquad 0 \leqq \kappa_\infty < 1 \; ; \qquad 0 \leqq \kappa_\nu < 1$$

wird die Admittanz

$$y_{22}^{(a)}(p) = y_{22}(p) - y^{(a)}(p)$$

$$= (1 - \kappa_0) B_0 + (1 - \kappa_\infty) B_\infty p + \sum_\nu \frac{(1 - \kappa_\nu) B_\nu p}{p + \eta_\nu} \qquad (271)$$

gebildet. Es soll versucht werden, die Größen κ_0, κ_∞ und κ_ν so zu wählen, daß die Admittanz $y_{22}^{(a)}(p)$ eine Nullstelle im Punkt $p = -\sigma_q \leqq 0$ erhält. Ist $\sigma_q = 0$, so verschwindet $y_{22}^{(a)}(p)$ für $p = -\sigma_q$ sicher dann, wenn man $\kappa_0 = 1$, $\kappa_\infty = 0$ und $\kappa_\nu = 0$ wählt. Für ein endliches $\sigma_q > 0$ werden nun verschiedene Fälle unterschieden.

a) $B_0 \neq 0, \quad B_\infty \neq 0$

In diesem Fall haben die ersten beiden Summanden auf der rechten Seite der Gl. (271) für $p = -\sigma_q$ bei der Wahl $\kappa_0 \neq 1$ verschiedene Vorzeichen. Wählt man für alle Koeffizienten κ_ν Werte, die hinreichend nahe bei Eins liegen, so läßt sich durch geeignete Wahl der Parameter κ_0 und κ_∞ sicher erreichen, daß $y_{22}^{(a)}(p)$ im Punkt $p = -\sigma_q$ eine Nullstelle erhält.

b) $B_0 \neq 0, \quad B_\infty = 0$

Falls der Punkt $p = -\sigma_q$ rechts von einem der Pole $p = -\eta_\nu$ liegt, falls also für einen der Werte η_ν, der mit η_l bezeichnet werden soll, die Beziehung $\sigma_q < \eta_l$ gilt, hat auf der rechten Seite der Gl. (271) für $p = -\sigma_q$ der Summand $(1-\kappa_l)B_l\sigma_q/(\sigma_q - \eta_l)$ negatives Vorzeichen und der Summand $(1-\kappa_0)B_0$ für $\kappa_0 \neq 1$ positives Vorzeichen. Wählt man für alle Parameter κ_ν mit Ausnahme von κ_l Werte, die hinreichend nahe bei Eins liegen, so kann durch geeignete Wahl von κ_0 und κ_l stets erreicht werden, daß $y_{22}^{(a)}(p)$ im Punkt $p = -\sigma_q$ eine Nullstelle erhält.

Falls der Punkt $p = -\sigma_q$ *nicht* rechts von einem der Pole liegt, falls also $\sigma_q > \text{Max}\,\eta_\nu$ gilt, muß man von der reziproken Funktion

$$z_k(p) = \frac{1}{y_{22}(p)} = \beta_\infty + \sum_\nu \frac{\beta_\nu}{p + \xi_\nu}$$

ausgehen. Wegen der *RC*-Admittanzeigenschaften von $y_{22}(p)$ gilt $\xi_\nu < \eta_\nu$ und $\sigma_q > \text{Max}\,\xi_\nu$ (Bild 111a). Da β_∞ positiv ist und die Summanden $\beta_\nu/(\xi_\nu + p)$ für $p = -\sigma_q$ negativ sind,

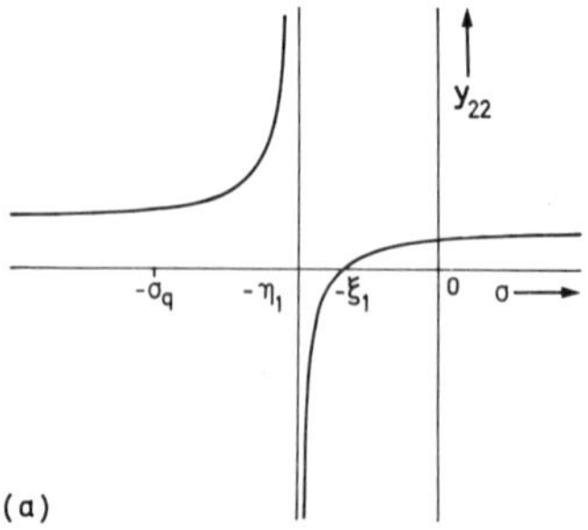

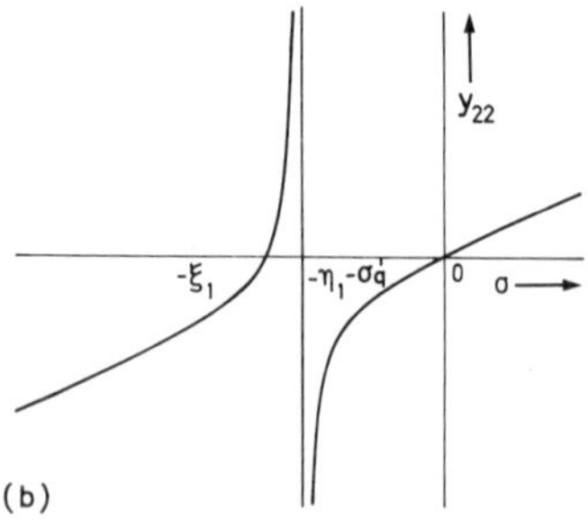

Bild 111: Zur Erzeugung von Nullstellen der Funktion $y_{22}^{(a)}(p)$ bzw. $z_k^{(a)}(p)$ auf der negativ reellen Achse einschließlich $p = 0$ und $p = \infty$ durch Teilabbauten

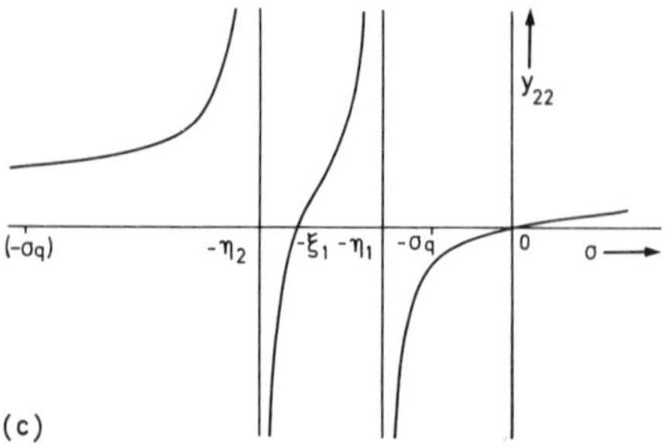

kann durch Entfernung von Teilen der Koeffizienten β_∞ bzw. β_ν stets erreicht werden, daß die Restfunktion $z_k^{(a)}(p) = z_k(p) - z^{(a)}(p)$ in $p = -\sigma_q$ verschwindet. Die Impedanz $z^{(a)}(p)$ setzt sich aus den Teilen der Funktion $z_k(p)$ zusammen, die abgebaut werden müssen.

c) $\quad B_0 = 0, \quad B_\infty \neq 0$

Falls $p = -\sigma_q$ links von einem der Pole $p = -\eta_\nu$ liegt, der mit $p = -\eta_k$ bezeichnet werden soll, falls also $\sigma_q > \eta_k$ gilt, hat auf der rechten Seite der Gl. (271) für $p = -\sigma_q$ der Summand $-(1-\kappa_\infty)B_\infty\sigma_q$ negatives Vorzeichen und der Summand $(1-\kappa_k)B_k\sigma_q/(\sigma_q - \eta_k)$ positives Vorzeichen. Durch geeignete Wahl der Parameter κ_∞ und κ_ν läßt sich erreichen, daß die Admittanz $y_{22}^{(a)}(p)$ im Punkt $p = -\sigma_q$ eine Nullstelle erhält.

Falls $p = -\sigma_q$ *nicht* links von einem der Pole $p = -\eta_\nu$ liegt, falls also $\sigma_q < \text{Min}\ \eta_\nu$ gilt (Bild 111b), muß man von der reziproken Funktion

$$z_k(p) = \frac{1}{y_{22}(p)} = \frac{\beta_0}{p} + \sum_\nu \frac{\beta_\nu}{p + \xi_\nu}$$

ausgehen. Wegen der *RC*-Admittanzeigenschaften von $y_{22}(p)$ gilt $\xi_\nu > \eta_\nu$ und $\sigma_q < \text{Min}\ \xi_\nu$. Da alle Summanden $\beta_\nu/(\xi_\nu + p)$ für $p = -\sigma_q$ positiv sind und der Summand β_0/p für $p = -\sigma_q$ negativ ist, kann durch teilweise Entfernung der Koeffizienten β_0 und β_ν stets erreicht werden, daß die Restfunktion $z_k^{(a)}(p) = z_k(p) - z^{(a)}(p)$ in $p = -\sigma_q$ verschwindet.

d) $\quad B_0 = 0, \quad B_\infty = 0$

Falls $p = -\sigma_q$ zwischen zwei Polen $p = -\eta_\nu$ liegt, treten auf der rechten Seite der Gl. (271) für $p = -\sigma_q$ mindestens zwei Summanden mit verschiedenen Vorzeichen auf. Daher kann man durch geeignete Wahl der κ_ν immer erreichen, daß die Admittanz $y_{22}^{(a)}(p)$ für $p = -\sigma_q$ verschwindet.

Falls $p = -\sigma_q$ nicht zwischen zwei Polen $p = -\eta_\nu$ liegt, falls also $\sigma_q < \text{Min}\ \eta_\nu$ oder $\sigma_q > \text{Max}\ \eta_\nu$ gilt (Bild 111c), muß man von der reziproken Funktion

$$z_k(p) = \frac{1}{y_{22}(p)} = \frac{\beta_0}{p} + \beta_\infty + \sum_\nu \frac{\beta_\nu}{p + \xi_\nu} \tag{272}$$

mit $\beta_0, \beta_\infty, \beta_\nu > 0$ ausgehen. Da der Summand β_0/p für $p = -\sigma_q$ negativ und der Summand β_∞ positiv ist, kann durch Teilabbau stets erreicht werden, daß die Restfunktion $z_k^{(a)}(p) = z_k(p) - z^{(a)}(p)$ in $p = -\sigma_q$ verschwindet.

Wie nun noch aus Gl. (272) zu ersehen ist, kann durch vollständige Entfernung des Summanden β_∞ stets erreicht werden, daß die Restfunktion $z_k^{(a)}(p)$ in $p = \infty$ eine Nullstelle erhält.

Damit wurde gezeigt, daß man in jedem Punkt der negativ reellen Achse einschließlich $p = 0$ und $p = \infty$ eine Nullstelle der Admittanz $y_{22}^{(a)}(p)$ bzw. der Impedanz $z_k^{(a)}(p)$ gemäß den Gln. (267a), (269a) erzeugen kann. Dabei bedeutet $y^{(a)}(p)$ einen Teil der Admittanz $y_{22}(p)$ und $z^{(a)}(p)$ einen Teil der Impedanz $z_k(p)$. Die Abspaltprodukte $y^{(a)}(p)$ und $z^{(a)}(p)$ lassen sich durch *RC*-Zweipole nach Abschnitt 3.3 verwirklichen. Man wird gewöhnlich versuchen, einen möglichst niedrigen Grad für $y^{(a)}(p)$ bzw. $z^{(a)}(p)$ zu erhalten. In vielen Fällen genügt es, nur einen Teilabbau des konstanten oder des linearen Terms von $y_{22}(p)$ bzw. eines entsprechenden Terms von $z_k(p)$ durchzuführen, also nur κ_0 oder κ_∞ ungleich Null zu wählen, während alle κ_ν gleich Null sind.

Die Übertragungsnullstellen werden bei allen Teilschritten des gesamten Realisierungsverfahrens in gleicher Weise erzeugt.

Man kann das im vorausgegangenen beschriebene Realisierungsverfahren auf *Reaktanzzweitore* direkt übertragen. Danach besteht die Möglichkeit, ausgehend von zwei Elementen $Y_{22}(p)$ und $Y_{12}(p)$, welche die Realisierbarkeitsbedingungen für Admittanzmatrix-Elemente von Reaktanzzweitoren erfüllen, ein übertragerfreies *LC*-Zweitor in Kettenstruktur anzugeben, dessen Admittanzmatrix die Funktionen $Y_{22}(p)$ und $kY_{12}(p)$ (k reelle Konstante) als Elemente besitzt. Es muß allerdings vorausgesetzt werden, daß alle Nullstellen der Funktion $Y_{12}(p)$ (Übertragungsnullstellen) auf der imaginären Achse der p-Ebene liegen.

Die vorausgegangene Realisierungsmethode kann auch unter Verwendung zweier Elemente der *Impedanzmatrix* eines *RC*-Zweitors oder eines *LC*-Zweitors durchgeführt werden.

Beispiel

Gegeben seien die beiden Admittanzmatrix-Elemente

$$y_{22}(p) = \frac{p^3 + 9p^2 + 23p + 15}{p^3 + 12p^2 + 44p + 48} \tag{273a}$$

und

$$-y_{12}(p) = \frac{(p+1)^3}{p^3 + 12p^2 + 44p + 48} \quad . \tag{273b}$$

Es soll ein *RC*-Kettenzweitor ermittelt werden, durch welches das Element $y_{22}(p)$ und bis auf einen konstanten Faktor das Element $y_{12}(p)$ realisiert wird.

Da die Admittanz $y_{22}(p)$ in $p = -1$ eine Nullstelle hat, liegt Fall 1 vor, und es braucht beim ersten Entwicklungszyklus kein Vorabbau durchgeführt zu werden. Man kann direkt von der Impedanz $1/y_{22}^{(a)}(p) \equiv 1/y_{22}(p)$ einen Partialbruch mit dem Pol $p = -1$ voll subtrahieren. Auf diese Weise erhält man

$$\frac{1}{y_{22}^{(b)}(p)} = \frac{1}{y_{22}^{(a)}(p)} - \frac{15/8}{p+1} = \frac{p^2 + \frac{73}{8}p + \frac{159}{8}}{p^2 + 8p + 15} \quad . \tag{274}$$

Dabei bedeutet die Zahl 15/8 den Entwicklungskoeffizienten von $1/y_{22}^{(a)}(p)$ im Pol $p = -1$. Die Admittanz $y_{22}^{(b)}(p)$ hat für $p = \sigma$ grundsätzlich den gleichen Verlauf wie $y_{22}(p)$ im Bild 111a, wobei $\xi_1 = 3$ gilt und neben $p = -\eta_1$ noch ein Pol $p = -\eta_2$ vorhanden ist. Man kann daher die Nullstelle in $p = -3$ durch Subtraktion des Wertes $y_{22}^{(b)}(-1)$ von $y_{22}^{(b)}(p)$ in den Punkt $p = -1$ verschieben. Dadurch erhält man gemäß Fall 1 die Admittanz

$$y_{22}^{(c)}(p) = y_{22}^{(b)}(p) - \frac{32}{47} = \frac{15(p+1)\left(p + \frac{69}{15}\right)}{47\left(p^2 + \frac{73}{8}p + \frac{159}{8}\right)} \quad , \tag{275}$$

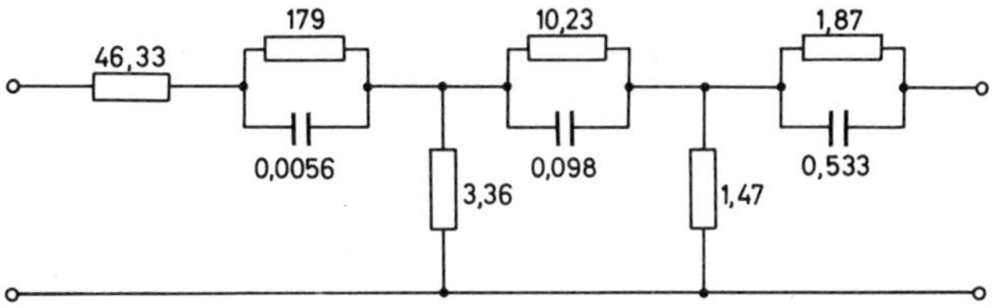

Bild 112: Realisierung der durch die Gln. (273a, b) gegebenen Admittanzmatrix-Elemente. Das Element $y_{12}(p)$ wird nur bis auf einen konstanten Faktor realisiert

von deren Reziproken der Partialbruch mit dem Pol $p = -1$ voll abgebaut wird. Dies ergibt

$$\frac{1}{y_{22}^{(d)}(p)} = \frac{1}{y_{22}^{(c)}(p)} - \frac{10{,}23}{p+1} = \frac{47(p+4{,}86)}{15(p+4{,}6)} \ . \tag{276}$$

Jetzt kann die Nullstelle der Admittanz $y_{22}^{(d)}(p)$ in $p = -4{,}6$ gemäß Fall 1 nach $p = -1$ verschoben werden. Dazu wird die Admittanz

$$y_{22}^{(e)}(p) = y_{22}^{(d)}(p) - y_{22}^{(d)}(-1) = \frac{15(p+4{,}6)}{47(p+4{,}86)} - 0{,}297$$

$$= \frac{p+1}{46{,}33(p+4{,}86)} \tag{277a}$$

gebildet. Aus ihr erhält man

$$\frac{1}{y_{22}^{(e)}(p)} = \frac{179}{p+1} + 46{,}33 \, . \tag{277b}$$

Aufgrund der durch die Gln. (274) bis (277a, b) gegebenen Entwicklung der Admittanz $y_{22}(p)$ erhält man nun das im Bild 112 dargestellte Zweitor. Anhand dieses Zweitors ergibt sich $(I_2/U_1) = -1/46{,}33 = -0{,}022$ für $U_2 = 0$ und $p = \infty$. Diese Tatsache bedeutet, daß durch das im Bild 112 dargestellte *RC*-Zweitor das Element $y_{22}(p)$ Gl. (273a) und das Element $0{,}022\, y_{12}(p)$ Gl. (273b) verwirklicht wird.

6.6. EIN WEITERES VERFAHREN ZUR REALISIERUNG VON ÜBERTRAGUNGSFUNKTIONEN OHNE POSITIV REELLE ÜBERTRAGUNGSNULLSTELLEN NACH E. A. GUILLEMIN

Das im Abschnitt 6.5 beschriebene Verfahren zur Verwirklichung von *RC*-Übertragungsfunktionen mit Nullstellen, die nur auf der negativ reellen Achse mit Einschluß von $p = 0$ und $p = \infty$ liegen, läßt sich dazu verwenden, allgemeine *RC*-Übertragungsfunktionen zu verwirklichen. Da die Realisierung in Form eines Zweitors mit durchgehender Kurzschlußverbindung erfolgen soll, werden Übertragungsnullstellen auf der positiv reellen Achse ausgeschlossen. Im übrigen unterliegen die Nullstellen der zu realisierenden Übertragungsfunktion keinen Einschränkungen.

Ausgehend von einer *RC*-Übertragungsfunktion seien die beiden Admittanzmatrix-Elemente

$$Y_{22}(p) = \frac{\sum_{\nu=0}^{m} a_\nu p^\nu}{\sum_{\nu=0}^{m} c_\nu p^\nu} \quad \text{und} \quad - Y_{12}(p) = \frac{\sum_{\nu=0}^{m} b_\nu p^\nu}{\sum_{\nu=0}^{m} c_\nu p^\nu}$$

in bekannter Weise mit nicht-negativen Koeffizienten bestimmt worden. Beide Elemente werden nun durch ein *RC*-Zweitor realisiert, das Element $-Y_{12}(p)$ allerdings nur bis auf einen konstanten Faktor. Der Grundgedanke des Verfahrens liegt darin, das *RC*-Zweitor durch eine Parallelanordnung von Teilzweitoren zu erzeugen, welche nach dem Verfahren von Abschnitt 6.5 aufgefunden werden können. Daher werden die Funktionen $Y_{22}(p)$ und $-Y_{12}(p)$ so in Summen zerlegt, daß entsprechende Summanden nach Abschnitt 6.5 realisiert werden können. Die einfachste Zerlegungsmöglichkeit lautet

$$Y_{22}(p) = \sum_{\mu=0}^{m} Y_{22}^{(\mu)}(p)$$

mit

$$Y_{22}^{(\mu)}(p) = A_\mu \frac{\sum_{\nu=0}^{m} a_\nu p^\nu}{\sum_{\nu=0}^{m} c_\nu p^\nu} \qquad (\mu = 0,\ 1,\ \ldots,\ m), \tag{278a}$$

$$A_\mu > 0 \qquad (\mu = 0,\ 1,\ \ldots,\ m),$$
$$A_0 + A_1 + \ldots + A_m = 1 \tag{278b}$$

und

$$Y_{12}(p) = \sum_{\mu=0}^{m} b_\mu Y_{12}^{(\mu)}(p)$$

mit

$$-Y_{12}^{(\mu)}(p) = \frac{p^\mu}{\sum_{\nu=0}^{m} c_\nu p^\nu} \qquad (\mu = 0,\ 1,\ \ldots,\ m). \tag{279}$$

Die durch die Gln. (278a) und (279) gegebenen Funktionspaare $Y_{22}^{(\mu)}(p)$, $Y_{12}^{(\mu)}(p)$ $(\mu = 0, 1, \ldots, m)$ lassen sich jeweils durch ein *RC*-Zweitor nach Abschnitt 6.5 realisieren, weil alle Übertragungsnullstellen dieser Zweitore in $p = 0$ oder in $p = \infty$ liegen. Dabei werden allerdings die Elemente $Y_{12}^{(\mu)}(p)$ gewöhnlich nur bis auf eine Konstante verwirklicht. Die realisierten Elemente werden mit $\bar{Y}_{12}^{(\mu)}(p)$ bezeichnet, und es gelte

$$\bar{Y}_{12}^{(\mu)}(p) = B_\mu Y_{12}^{(\mu)}(p) \quad (\mu = 0, 1, \ldots, m). \tag{280}$$

Da die Summe $\sum_{\mu=0}^{m} \bar{Y}_{12}^{(\mu)}$ in der Regel nicht die vorgeschriebenen Übertragungsnullstellen aufweist, sorgt man dafür, daß die realisierten Admittanzmatrix-Elemente mit dem konstanten Faktor Kb_μ/B_μ multipliziert werden. Dies erreicht man durch eine entsprechende Änderung des Admittanzniveaus, d.h. durch eine Multiplikation der Admittanzen sämtlicher Elemente im μ-ten Teilzweitor mit dem genannten Faktor Kb_μ/B_μ. Dabei ist die

Konstante K noch festzulegen. Die Admittanzmatrix-Elemente der RC-Teilzweitore lauten nun

$$y_{22}^{(\mu)}(p) = \frac{Kb_\mu A_\mu}{B_\mu} Y_{22}(p) \text{ und } y_{12}^{(\mu)}(p) = Kb_\mu Y_{12}^{(\mu)}(p).$$

Die Parallelschaltung aller dieser Zweitore liefert die Elemente

$$y_{22}(p) = K\left(\frac{A_0 b_0}{B_0} + \frac{A_1 b_1}{B_1} + \dots + \frac{A_m b_m}{B_m}\right) Y_{22}(p)$$

und

$$y_{12}(p) = K\left[b_0 Y_{12}^{(0)}(p) + \dots + b_m Y_{12}^{(m)}(p)\right] = KY_{12}(p).$$

Wählt man jetzt

$$K = \left(\frac{A_0 b_0}{B_0} + \dots + \frac{A_m b_m}{B_m}\right)^{-1}, \tag{281}$$

so werden durch das gesamte RC-Zweitor die Elemente $y_{22}(p) = Y_{22}(p)$ und $y_{12}(p) = KY_{12}(p)$ realisiert. Die Aufgabe ist damit gelöst.

Wie aus den vorstehenden Überlegungen hervorgeht, kommt es auf die Einhaltung der Gl. (278b) nicht an. Man kann daher $A_\mu = 1$ ($\mu = 0, 1, \dots, m$) wählen. Bei der praktischen Anwendung des Verfahrens wird man daher die gegebene Admittanz $Y_{22}(p)$ direkt $(m+1)$-mal realisieren. Bei jeder dieser Realisierungen verfährt man nach Abschnitt 6.5 und verwirklicht jeweils die Nullstellen einer der Funktionen $-Y_{12}^{(\mu)}(p)$ Gl. (279) als Übertragungsnullstellen[10]). Das Admittanzniveau der ermittelten RC-Zweitore wird sodann durch den Faktor Kb_μ/B_μ ($\mu = 0, 1, \dots, m$) verändert, wobei die Konstante K durch Gl. (281) mit $A_\mu = 1$ gegeben ist. Die Faktoren B_μ muß man anhand der ermittelten Netzwerke bestimmen. Dies läßt sich bequem durch Berechnung der Werte $\overline{Y}_{12}^{(\mu)}(p)$ Gl. (280) für $p = 0$ oder $p = \infty$ als Quotienten I_2/U_1 für $U_2 = 0$ erzielen. Durch Parallelanordnung der gewonnenen RC-Zweitore erhält man schließlich ein Zweitor, durch das die Admittanzmatrix-Elemente $Y_{22}(p)$ und $KY_{12}(p)$ realisiert werden.

Die Zahl der Teilzweitore ist gleich der Zahl der von Null verschiedenen Koeffizienten b_μ; diese Zahl ist gewöhnlich $(m+1)$. Der dadurch bedingte relativ hohe Aufwand an Netzwerkelementen läßt sich reduzieren, wenn man $Y_{12}(p)$ derart zerlegt, daß in die Zähler der Teilfunktionen möglichst immer zwei aufeinanderfolgende Zählersummanden von $Y_{12}(p)$ aufgenommen werden. Dadurch braucht man höchstens $(m+1)/2$ bzw. $(m+2)/2$ Teilzweitore zu berechnen und parallel zu schalten. Entscheidend ist, daß der Zähler des gegebenen Elements $Y_{12}(p)$ durch eine Summe von Polynomen dargestellt wird, deren Summanden Nullstellen nur auf der negativ reellen Achse einschließlich $p = 0$ haben. Diese Summanden sind als Zählerpolynome der Elemente $Y_{12}^{(\mu)}(p)$ zu wählen. Die Zahl der Summanden stimmt mit der Zahl der für die Realisierung benötigten Teilzweitore überein.

---

[10]) Verschwindet ein Wert b_μ, so entfällt das entsprechende Teilzweitor.

Das beschriebene Verfahren läßt sich direkt auf die Synthese kopplungsfreier *Reaktanzzweitore* übertragen. Man kann dann zwei Admittanzmatrix-Elemente $Y_{22}(p)$, $Y_{12}(p)$, welche die Realisierbarkeitsbedingungen für Reaktanzzweitore erfüllen, durch eine Parallelanordnung von Kettenzweitoren realisieren, sofern $Y_{12}(p)$ keine negativen Zähler- und Nennerkoeffizienten hat. Das Element $Y_{12}(p)$ wird auch hier nur bis auf einen konstanten Faktor verwirklicht.

6.7. DIE REALISIERUNG VON MINDESTPHASEN-ÜBERTRAGUNGS-FUNKTIONEN NACH B.J. DASHER

Der Synthese von *RC*-Zweitoren liegt oft eine Übertragungsfunktion zugrunde, deren Nullstellen durchweg in der linken Halbebene Re $p \leqq 0$ liegen. In einem solchen Fall kann die gegebene Übertragungsfunktion nach einem Verfahren verwirklicht werden, das eine Erweiterung des im Abschnitt 6.5 beschriebenen Verfahrens ist. Ausgehend von der zu realisierenden Übertragungsfunktion werden zunächst zwei Admittanzmatrix-Elemente $Y_{22}(p)$ und $Y_{12}(p)$ ermittelt. Die Admittanzmatrix-Elemente $Y_{22}(p)$ und $Y_{12}(p)$ werden entsprechend wie im Abschnitt 6.5 in aufeinander folgenden Zyklen so entwickelt, daß durch jeden Entwicklungszyklus eine reelle Übertragungsnullstelle oder ein Paar konjugiert komplexer Übertragungsnullstellen realisiert wird. Dabei erniedrigt sich der Grad der Admittanzmatrix-Elemente um Eins oder Zwei. Da sich die Realisierung von *reellen* Übertragungsnullstellen von der Vorgehensweise gemäß Abschnitt 6.5 nicht unterscheidet, wird im folgenden die Verwirklichung eines *Paares konjugiert komplexer* Übertragungsnullstellen behandelt. Die Elemente $Y_{22}(p)$ und $Y_{12}(p)$ sollen im Sinne von Abschnitt 4.4 als Admittanzmatrix-Elemente eines *RCÜ*-Zweitors miteinander verträglich sein, und $Y_{22}(p)$ soll nur solche Pole besitzen, die im Element $Y_{12}(p)$ vorhanden sind. Diese Voraussetzung kann gegebenenfalls durch die im Abschnitt 6.5 beschriebene Vorabspaltung geschaffen werden.

Die Verwirklichung eines Paares konjugiert komplexer Übertragungsnullstellen erfolgt grundsätzlich in gleicher Weise wie die Realisierung einer reellen Übertragungsnullstelle gemäß Abschnitt 6.5, indem durch einen Vorabbau die zu realisierende Admittanz so verändert wird, daß sie an der betreffenden Übertragungsnullstelle verschwindet. Nach dem Übergang zur reziproken Funktion läßt sich diese Nullstelle als Pol voll abbauen. Die hierbei erforderlichen Überlegungen werden im einzelnen durchgeführt. In dieser Weise werden sämtliche Paare konjugiert komplexer Übertragungsnullstellen verwirklicht. Wie bei allen bisherigen Realisierungen von *RC*-Übertragungsfunktionen muß auch hier damit gerechnet werden, daß zwar das Admittanzmatrix-Element $Y_{22}(p)$ vollständig verwirklicht wird, das Element $Y_{12}(p)$ jedoch gewöhnlich nur bis auf einen konstanten Faktor. Die Reihenfolge für die Verwirklichung der Übertragungsnullstellen ist beliebig. Gibt es verschiedene Möglichkeiten in der Reihenfolge der Realisierung von Übertragungsnullstellen, so kann man äquivalente Lösungen gewinnen.

Ein Vorteil des Verfahrens gegenüber den bisher behandelten Realisierungsverfahren ist die Tatsache, daß jede Übertragungsnullstelle durch einen bestimmten Teil des

Gesamtzweitors realisiert wird. Man kann also für jede Übertragungsnullstelle genau die Teilmenge von Netzwerkelementen angeben, welche diese Nullstelle beeinflussen. Dies ist für die physikalische Realisierung bedeutsam. Ein weiterer Vorteil des Verfahrens ist die Möglichkeit, in entsprechender Weise zwei *RC*-Impedanzmatrix-Elemente $Z_{22}(p)$ und $Z_{12}(p)$ zu verwirklichen. Damit lassen sich auch Übertragungsfunktionen durch Zweitore realisieren, die auf der Primärseite mit einem eingeprägten Strom erregt werden. Bei den bisherigen allgemeinen Verfahren war eine solche Verwirklichung von zwei Elementen $Z_{22}(p)$ und $Z_{12}(p)$ nicht möglich, da sie eine Reihenanordnung (und nicht eine Parallelanordnung) von bestimmten Teilzweitoren erfordern würde. Diese Reihenanordnung wäre gewöhnlich nur bei Verwendung idealer Übertrager durchführbar.

Die folgenden Untersuchungen beschränken sich auf die Beschreibung eines Entwicklungszyklus zur Realisierung eines Paares konjugiert komplexer Übertragungsnullstellen bei der Verwirklichung zweier Admittanzmatrix-Elemente. Zunächst muß an der Admittanz $Y_{22}(p)$ bzw. an ihrer Reziproken ein Teilabbau vorgenommen werden, damit die Restadmittanz $y_{22}(p)$ eine bestimmte Bedingung, die sogenannte Dasher-Bedingung erfüllt. Im Abschnitt 6.7.2 wird gezeigt, wie die Dasher-Bedingung stets befriedigt werden kann. Dabei ergeben sich für das Restzweitor miteinander verträgliche Admittanzmatrix-Elemente $y_{22}(p)$ und $y_{12}(p)$. Die zur Erfüllung der Dasher-Bedingung abzubauende Funktion läßt sich in bekannter Weise verwirklichen. Im Abschnitt 6.7.3 wird schließlich gezeigt, wie das bei der Durchführung des Entwicklungszyklus entstandene Zweitor durch ein *RC*-Netzwerk realisiert werden kann. Die Admittanzmatrix-Elemente des Restzweitors werden in gleicher Weise behandelt wie $Y_{22}(p)$ und $Y_{12}(p)$, indem die nächste Übertragungsnullstelle realisiert wird.

6.7.1. Der Entwicklungsprozeß

Das nach der Erfüllung der Dasher-Bedingung entstandene *RC*-Admittanzmatrix-Element $y_{22}(p)$ habe die Form

$$y_{22}(p) = B_0 + B_\infty p + \sum_{\nu=1}^{m} \frac{B_\nu p}{p + \sigma_\nu} \quad . \tag{282}$$

Es sei mindestens vom Grad Zwei und soll so entwickelt werden, daß das zu ermittelnde Zweitor in einem vorgeschriebenen Punkt

$$p_0 = -\xi_0 + \mathrm{j}\eta_0 \qquad (\xi_0 \geqq 0,\ \eta_0 > 0)$$

eine Übertragungsnullstelle erhält. Das Admittanzmatrix-Element $y_{12}(p)$ verschwindet dann nicht nur im Punkt $p = p_0$, sondern auch im Punkt $p = p_0^*$.

Im ersten Entwicklungsschritt wird die Funktion

$$y^{(a)}(p) = \frac{a_1 p}{p + \sigma_0} \tag{283}$$

abgespalten. Es wird gefordert, daß die Restfunktion

$$y_{22}^{(a)}(p) = y_{22}(p) - y^{(a)}(p) \tag{284}$$

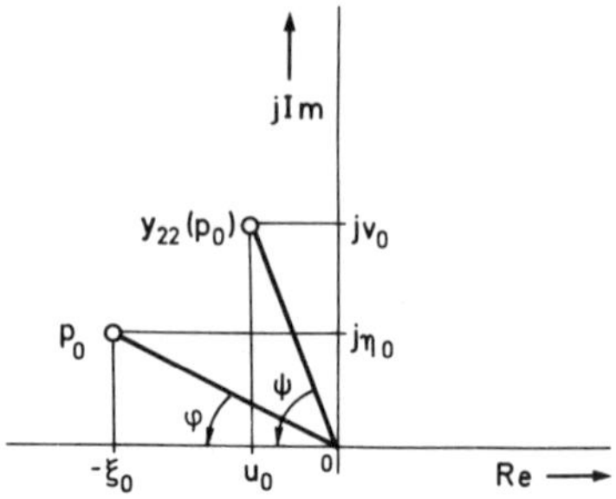

Bild 113: Darstellung der Werte p_0 und $y_{22}(p_0)$ in der komplexen Ebene

für $p = p_0$ und $p = p_0^*$ verschwindet. Hieraus erhält man mit $y_{22}(p_0) = u_0 + jv_0$ die Forderung

$$u_0 + jv_0 = \frac{a_1(-\xi_0 + j\eta_0)}{-\xi_0 + \sigma_0 + j\eta_0} \quad .$$

Wie eine kurze Zwischenrechnung zeigt, ist diese Forderung erfüllt, wenn man in Gl. (283)

$$a_1 = \frac{1}{v_0} \cdot \frac{{v_0}^2 + {u_0}^2}{\dfrac{\xi_0}{\eta_0} + \dfrac{u_0}{v_0}} \tag{285a}$$

und

$$\sigma_0 = \frac{1}{\eta_0} \cdot \frac{{\xi_0}^2 + {\eta_0}^2}{\dfrac{\xi_0}{\eta_0} + \dfrac{u_0}{v_0}} \tag{285b}$$

wählt. Man beachte, daß jeder der Summanden in Gl. (282) für $p = p_0$ positiven Imaginärteil hat, wenn vom reellen Summanden B_0 abgesehen wird. Da das Argument jedes der Summanden $B_\nu p/(p + \sigma_\nu)$ für $p = p_0$ offensichtlich kleiner ist als das Argument von p_0, muß auch das Argument von $y_{22}(p_0)$ gemäß Gl. (282) kleiner als jenes von p_0 sein. Nach Bild 113 gilt also $\psi > \varphi$ und somit

$$\frac{\xi_0}{\eta_0} + \frac{u_0}{v_0} = \cot\varphi - \cot\psi > 0 .$$

Angesichts dieser Aussage und der Ungleichung $v_0 > 0$ müssen die Größen a_1 und σ_0 gemäß den Gln. (285a, b) positiv sein:

$$a_1 > 0, \qquad \sigma_0 > 0 .$$

Die Funktion $y^{(a)}(p)$ Gl. (283) kann daher als *RC*-Admittanz aufgefaßt werden.

Für die Funktion $y_{22}^{(a)}(p)$ Gl. (284) läßt sich jetzt die im Bild 114 dargestellte grundsätzliche Lage der Pole und Nullstellen angeben, wie im folgenden erklärt werden soll. Die Punkte $p = -\sigma_\nu$ ($\nu = 1, 2, ..., m$), $p = -\sigma_0$ und gegebenenfalls $p = \infty$ sind die einzigen Pole. Es ist möglich, daß der Pol $p = -\sigma_0$ mit einem der Pole $p = -\sigma_\nu$ zusammenfällt. In diesem Fall unterscheidet sich die Funktion $y_{22}^{(a)}(p)$ von $y_{22}(p)$ nur dadurch, daß

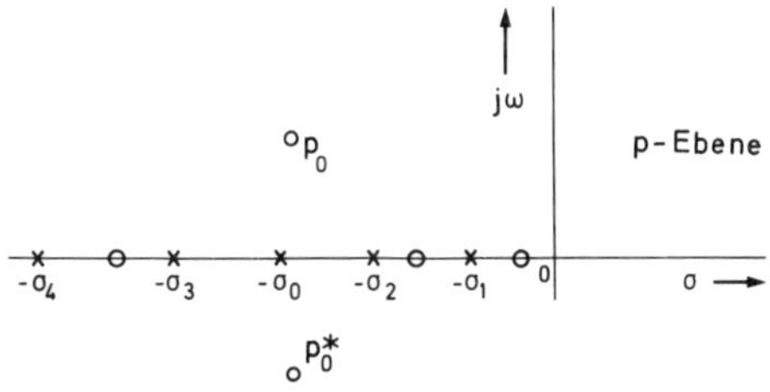

Bild 114: Pol-Nullstellen-Darstellung für die Funktion $y_{22}^{(a)}(p)$

der spezielle Koeffizient B_ν, der zum Pol $p = -\sigma_0$ gehört, durch den Koeffizienten $B_\nu - a_1$ zu ersetzen ist. Es muß $B_\nu - a_1 < 0$ sein, weil die Funktion $y_{22}^{(a)}(p)$ keine *RC*-Admittanz ist. Die Funktion $y_{22}^{(a)}(p)$ hat nämlich in jedem Fall aufgrund ihrer Bildungsweise in $p = p_0$ und in $p = p_0^*$ eine Nullstelle. Zwischen zwei benachbarten Polen $p = -\sigma_\nu$, von denen keiner mit $p = -\sigma_0$ identisch ist, liegt mindestens eine Nullstelle von $y_{22}^{(a)}(p)$; denn bei stetiger Annäherung an die genannten Pole aus dem Innern des durch diese Polstellen begrenzten reellen Intervalls nimmt $y_{22}^{(a)}(\sigma)$ positive bzw. negative Werte an. Befindet sich der Punkt $p = -\sigma_0$ links vom Pol $p = -\sigma_1$, der von den Polen $p = -\sigma_\nu$ der Admittanz $y_{22}(p)$ dem Nullpunkt am nächsten liegt, so muß rechts von $p = -\sigma_1$ eine Nullstelle von $y_{22}^{(a)}(p)$ vorhanden sein, da nach Gl. (284) mit den Gln. (282) und (283) $y_{22}^{(a)}(\sigma_1 +) < 0$ und $y_{22}^{(a)}(0) \geqq 0$ gilt. Da die Zahl der Nullstellen mit der Zahl der Pole von $y_{22}^{(a)}(p)$ übereinstimmen muß, kann die Funktion $y_{22}^{(a)}(p)$ jedenfalls nur *einfache* Nullstellen haben, von denen zwei nicht reell sind und die übrigen in der im Bild 114 angegebenen Weise auf der negativ reellen Achse mit den Polen von $y_{22}^{(a)}(p)$ alternieren. Der Punkt $p = \infty$ ist wegen der genannten Nullstellenbilanz offensichtlich als Nullstelle ausgeschlossen. Dort hat $y_{22}^{(a)}(p)$ einen positiven Funktionswert oder einen Pol. Dem Abbau von $y^{(a)}(p)$ gemäß Gl. (284) entspricht die Abspaltung eines Querzweipols mit der Admittanz $y^{(a)}(p)$ von dem durch die Elemente $y_{22}(p)$ und $y_{12}(p)$ gegebenen Zweitor. Das Restzweitor besitzt die Admittanzmatrix-Elemente $y_{22}^{(a)}(p)$ und

$$y_{12}^{(a)}(p) \equiv y_{12}(p).$$

Im zweiten Entwicklungsschritt wird jetzt die Funktion $z_k^{(a)}(p) = 1/y_{22}^{(a)}(p)$ betrachtet. Die Lage der Pole und Nullstellen dieser Funktion in der p-Ebene ist im Bild 115 angedeutet. Die beiden einfachen Pole in den Punkten $p = p_0$ und $p = p_0^*$ sollen vollständig abgebaut werden. Dazu wird die Funktion

$$z^{(b)}(p) = \frac{A}{p - p_0} + \frac{A^*}{p - p_0^*} = \frac{p + \widehat{\sigma}}{C_0(p^2 + 2\xi_0 p + \omega_0{}^2)} \tag{286}$$

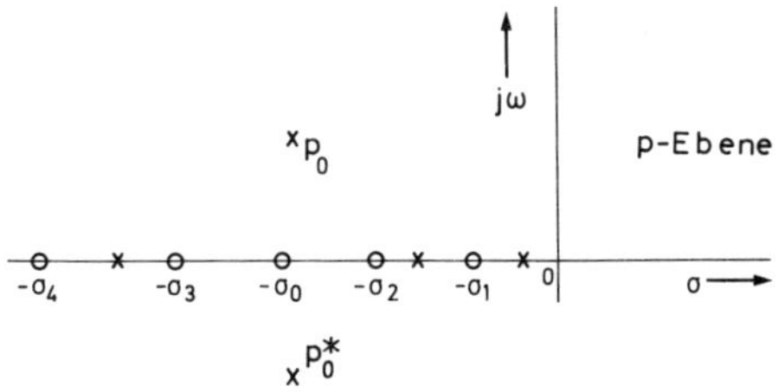

Bild 115: Pol-Nullstellen-Darstellung für die Funktion $z_k^{(a)}(p)$

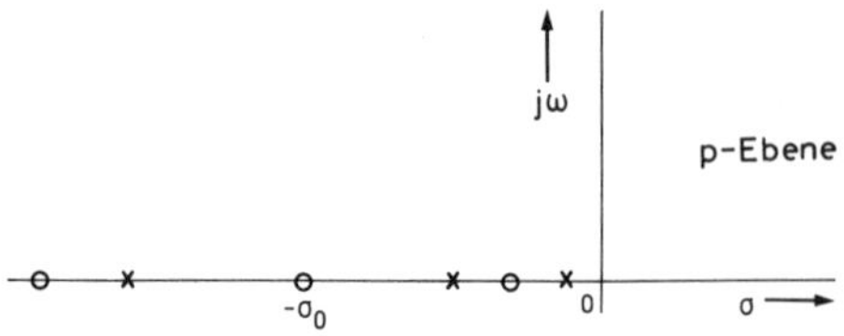

Bild 116: Pol-Nullstellen-Darstellung für die Funktion $z_k^{(b)}(p)$

mit $\omega_0{}^2 = \xi_0{}^2 + \eta_0{}^2$ verwendet. Die Größe A bedeutet den Entwicklungskoeffizienten der Funktion $z_k^{(a)}(p)$ im Pol $p = p_0$. Durch die Erfüllung der Dasher-Bedingung wurde erreicht, daß

$$\widehat{\sigma} = \sigma_0 \tag{287}$$

gilt. Im Abschnitt 6.7.2 wird gezeigt, wie man diese Bedingung stets erzwingen kann. Zum Abbau der Pole $p = p_0$ und $p = p_0^*$ wird nun die Funktion

$$z_k^{(b)}(p) = z_k^{(a)}(p) - z^{(b)}(p) \tag{288}$$

gebildet. Für die weiteren Betrachtungen soll zunächst der Sonderfall ausgeschlossen werden, daß die Funktionen $z_k^{(a)}(p)$ und $z^{(b)}(p)$ identisch sind. Die grundsätzliche Lage der Nullstellen und Pole der Funktion $z_k^{(b)}(p)$ kann man ermitteln, indem man von den Nullstellen und Polen der Funktion $z_k^{(a)}(p)$ (Bild 115) ausgeht und sodann die Bewegung der Nullstellen der Funktion $z_k^{(a)}(p) - \lambda z^{(b)}(p)$ in der p-Ebene verfolgt. Dabei soll λ das Intervall [0,1] vom Wert Null an stetig bis zum Wert Eins durchlaufen. Für $\lambda = 1$ erhält man die interessierenden Nullstellen und Pole. Da sich bei der stetigen Änderung von λ die Nullstellen von $z_k^{(a)}(p) - \lambda z^{(b)}(p)$ ebenfalls stetig ändern und die Pole ihre Lage beibehalten und für keinen λ-Wert gelöscht werden können (abgesehen von den Polen in p_0 und p_0^*), haben die Pole und Nullstellen von $z_k^{(b)}(p)$ die im Bild 116 angegebene grundsätzliche Lage. Die Nullstellen und Pole von $z_k^{(b)}(p)$ sind einfach und alternieren in der im Bild 116 angegebenen Weise. Weiterhin hat die Funktion $z_k^{(b)}(p)$ in jedem ihrer Pole einen positiven Entwicklungskoeffizienten. Denn die Funktion $z_k^{(a)}(p)$ besitzt dieselbe Eigenschaft in ihren reellen Polen, da die Entwicklungskoeffizienten in den Nullstellen der Funktion $y_{22}^{(a)}(p)$ positiv sind. Daher hat die Funktion $z_k^{(b)}(p)$ alle kennzeichnenden Eigenschaften einer RC-Impedanz.

Für den grundsätzlichen Verlauf der Funktion $z^{(b)}(p)$ Gl. (286) längs der reellen Achse $p = \sigma$ kommt nur eine der beiden Kurven in Frage, die im Bild 117 dargestellt sind. Vergleicht man diese beiden Kurven mit dem grundsätzlichen Funktionsverlauf von

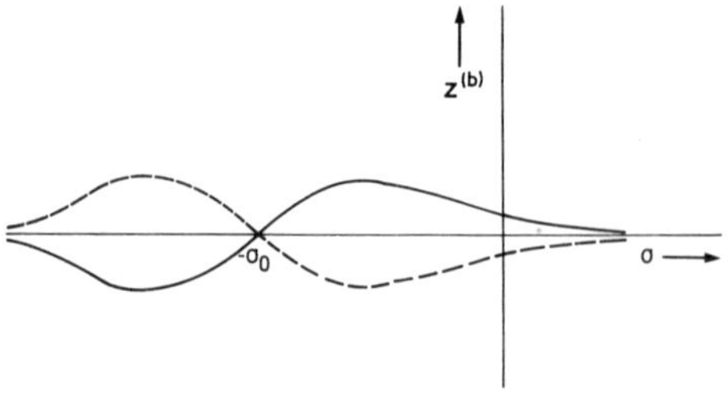

Bild 117: Grundsätzliche Möglichkeiten für den Verlauf von $z^{(b)}(\sigma)$

$z_k^{(a)}(\sigma)$, der aus der Pol- und Nullstellenlage von Bild 115 und der oben genannten Eigenschaft der Funktion $z_k^{(a)}(p)$ in ihren reellen Polen hervorgeht, so stellt man fest, daß die gestrichelt dargestellte Kurve im Bild 117 als Kurvenverlauf $z^{(b)}(\sigma)$ ausscheidet, da sonst die Nullstellen und Pole der Funktion $z_k^{(b)}(p)$ Gl. (288) nicht alternieren könnten. Aus dieser Erkenntnis folgt mit Gl. (286)

$$C_0 > 0. \tag{289}$$

Dem Abbau von $z^{(b)}(p)$ gemäß Gl. (288) entspricht die Abspaltung eines Längszweipols mit der (nicht-realisierbaren) Impedanz $z^{(b)}(p)$ von dem durch die Elemente $y_{22}^{(a)}(p)$ und $y_{12}^{(a)}(p)$ bestimmten Zweitor. Das Restzweitor besitzt die Admittanzmatrix-Elemente

$$y_{22}^{(b)}(p) = \frac{1}{z_k^{(b)}(p)}$$

und

$$-y_{12}^{(b)}(p) = y_{22}^{(b)}(p)\frac{-y_{12}^{(a)}(p)}{y_{22}^{(a)}(p)} \quad .$$

Wie man hieraus sieht, hat in der Regel $y_{12}^{(b)}(p)$ dieselben Nullstellen wie die Funktion $y_{12}^{(a)}(p) \equiv y_{12}(p)$, abgesehen von den Stellen p_0 und p_0^*. Weiterhin ist zu erkennen, daß $y_{22}^{(b)}(p)$ sämtliche Pole von $y_{12}^{(b)}(p)$ enthält. Dabei ist der Pol in $p = -\sigma_0$ nur in $y_{22}^{(b)}(p)$ vorhanden.

Für die Verträglichkeit der Funktionen $y_{22}^{(b)}(p)$ und $y_{12}^{(b)}(p)$ als Admittanzmatrix-Elemente eines *RC*-Zweitors ist noch notwendig, daß $y_{22}^{(b)}(0)$ nur dann verschwindet, wenn auch $y_{12}^{(b)}(p)$ in $p = 0$ eine Nullstelle hat. Diese Eigenschaft folgt aber aus der obigen Darstellung von $y_{12}^{(b)}(p)$ unmittelbar, da der Quotient $y_{12}^{(a)}(0)/y_{22}^{(a)}(0)$ nicht Unendlich werden kann; denn $y_{22}^{(a)}(p)$ kann im Nullpunkt allenfalls eine einfache Nullstelle haben, und zwar nur dann, wenn auch $y_{12}^{(a)}(p)$ im Punkt $p = 0$ verschwindet.

Im letzten Entwicklungsschritt wird der in der Admittanz $y_{22}^{(b)}(p)$ vorhandene Pol $p = -\sigma_0$ (gewöhnlich vollständig) abgebaut. Dazu wird die Funktion

$$y_{22}^{(c)}(p) = y_{22}^{(b)}(p) - y^{(c)}(p) \tag{290}$$

mit

$$y^{(c)}(p) = \frac{a_3 p}{p + \sigma_0} \tag{291}$$

gebildet. Hierbei wird

$$a_3 = -\frac{a_1 a_2}{a_1 + a_2} \tag{292}$$

gewählt, wobei a_2 den Entwicklungskoeffizienten der Funktion $1/[pz^{(b)}(p)]$ im Pol $p = -\sigma_0$ bedeutet. Der dem Koeffizienten a_3 entsprechende Entwicklungskoeffizient der Funktion $y_{22}^{(b)}(p)/p$ ist positiv und wird mit a_3' bezeichnet. Für ihn gilt

$$a_3' = \lim_{p \to -\sigma_0} \frac{y_{22}^{(b)}(p)(p + \sigma_0)}{p} \quad . \tag{293}$$

Daraus ergibt sich für den Entwicklungskoeffizienten der Funktion $y_{22}^{(c)}(p)/p$ im Pol $p=-\sigma_0$ der Wert $a_3'-a_3$. Falls $a_3'-a_3 \geqq 0$ gilt, ist $y_{22}^{(c)}(p)$ eine RC-Admittanz. Im folgenden soll die Gültigkeit der Ungleichung $a_3'-a_3 \geqq 0$ gezeigt werden. Zunächst erhält man bei Verwendung der Darstellung von $y_{22}^{(b)}(p)=1/z_k^{(b)}(p)$ gemäß Gl. (288), der Gl. (286) für $z^{(b)}(p)$, der Gl. (284) für $z_k^{(a)}(p)=1/y_{22}^{(a)}(p)$ sowie der Gl. (283) für $y^{(a)}(p)$ die Beziehung

$$\frac{1}{a_3'}=\lim_{p\to-\sigma_0}\frac{p}{p+\sigma_0}\left[\frac{1}{y_{22}(p)-\dfrac{a_1 p}{p+\sigma_0}}-\frac{p+\sigma_0}{C_0(p^2+2\xi_0 p+\omega_0^2)}\right]$$

oder

$$\frac{1}{a_3'}=\frac{1}{a_1'-a_1}-\frac{1}{a_2} \tag{294}$$

mit

$$a_1'=\lim_{p\to-\sigma_0}\frac{(p+\sigma_0)y_{22}(p)}{p}$$

und

$$a_2=C_0\frac{\sigma_0^2-2\xi_0\sigma_0+\omega_0^2}{-\sigma_0}=C_0\frac{(\sigma_0-\xi_0)^2+\eta_0^2}{-\sigma_0}\quad . \tag{295}$$

Aus Gl. (294) folgt

$$a_3'=\frac{-(a_1-a_1')a_2}{a_1-a_1'+a_2}\quad . \tag{296}$$

Wie bereits früher festgestellt wurde, ist $a_1'-a_1<0$. Aus Gl. (295) folgt wegen C_0, $\sigma_0>0$ die Eigenschaft $a_2<0$. Da a_3' positiv sein muß, erhält man aus Gl. (296) damit die Aussage

$$a_1-a_1'+a_2>0. \tag{297}$$

Außerdem ergibt sich aus Gl. (296)

$$a_2+a_3'=\frac{a_2^2}{a_1-a_1'+a_2}>0. \tag{298}$$

Aus Gl. (292) erhält man die Relation $a_2+a_3=a_2^2/(a_1+a_2)$, und mit Gl. (298) läßt sich somit direkt die Ungleichung

$$a_3'\geqq a_3$$

verifizieren. Damit muß die Funktion $y_{22}^{(c)}(p)$ eine RC-Admittanz sein. Aus Ungleichung (297) erhält man

$$a_1+a_2>0 \tag{299}$$

und damit aus Gl. (292)

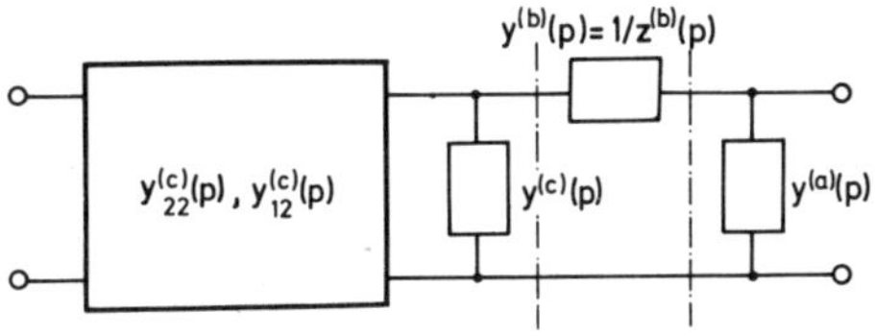

Bild 118: Entwicklung der *RC*-Admittanz $y_{22}(p)$ zur Erzeugung einer komplexen Übertragungsnullstelle

$$a_2 + a_3 > 0. \tag{300}$$

Dem Abbau von $y^{(c)}(p)$ gemäß Gl. (290) entspricht die Abspaltung eines Querzweipols mit der Admittanz $y^{(c)}(p)$ von dem durch die Elemente $y_{22}^{(b)}(p)$ und $y_{12}^{(b)}(p)$ bestimmten Zweitor. Das Restzweitor besitzt die Admittanzmatrix-Elemente $y_{22}^{(c)}(p)$ und

$$y_{12}^{(c)}(p) \equiv y_{12}^{(b)}(p).$$

Wie man sieht, sind die Elemente $y_{22}^{(c)}(p)$ und $y_{12}^{(c)}(p)$ in den Polen verträglich; außerdem verhalten sie sich im Nullpunkt wie die Elemente $y_{22}^{(b)}(p)$ bzw. $y_{12}^{(b)}(p)$, d.h. die Admittanz $y_{22}^{(c)}(p)$ verschwindet nur dann für $p = 0$, wenn auch $y_{12}^{(c)}(p)$ dort eine Nullstelle hat. Damit haben die Funktionen $y_{22}^{(c)}(p)$ und $y_{12}^{(c)}(p)$ die Eigenschaften der Admittanzmatrix-Elemente eines induktivitätsfreien Zweitors.

Die in den vorausgegangenen Betrachtungen gewonnene Entwicklung der *RC*-Admittanzmatrix-Elemente $y_{22}(p)$ und $y_{12}(p)$ ist im Bild 118 zusammengefaßt. Die Funktionen $y^{(a)}(p)$, $y^{(b)}(p) = 1/z^{(b)}(p)$ und $y^{(c)}(p)$ sind durch die Gln. (283), (286) und (291) gegeben. Das durch diese drei Admittanzen gebildete Zweitor hat nach Umkehrung die Admittanzmatrix-Elemente

$$\bar{y}_{11}(p) = y^{(a)}(p) + y^{(b)}(p) = \frac{\omega_0^2 C_0}{\sigma_0} + C_0 p + \frac{p}{p+\sigma_0}(a_1 + a_2), \tag{301a}$$

$$-\bar{y}_{12}(p) = y^{(b)}(p) \qquad = \frac{\omega_0^2 C_0}{\sigma_0} + C_0 p + \frac{p}{p+\sigma_0} a_2, \tag{301b}$$

$$\bar{y}_{22}(p) = y^{(b)}(p) + y^{(c)}(p) = \frac{\omega_0^2 C_0}{\sigma_0} + C_0 p + \frac{p}{p+\sigma_0}(a_2 + a_3). \tag{301c}$$

Angesichts der aus der Gl. (292) folgenden Aussage

$$(a_1 + a_2)(a_2 + a_3) - a_2^2 = 0$$

und angesichts der Ungleichungen (299) und (300) ist zu erkennen, daß die Funktionen $\bar{y}_{rs}(p)$ Gln. (301a, b, c) die notwendigen und hinreichenden Bedingungen erfüllen, die für Admittanzmatrix-Elemente eines induktivitätsfreien Zweitors bestehen. Die Realisierung dieser Elemente durch ein *RC*-Zweitor wird im Abschnitt 6.7.3 behandelt. Man beachte, daß im Netzwerk von Bild 118 die Funktionen $y^{(a)}(p)$ und $y^{(c)}(p)$ *RC*-Admittanzen sind und daher durch *RC*-Zweipole realisiert werden könnten, daß aber die Funktion $y^{(b)}(p)$ keine *RC*-Admittanz ist.

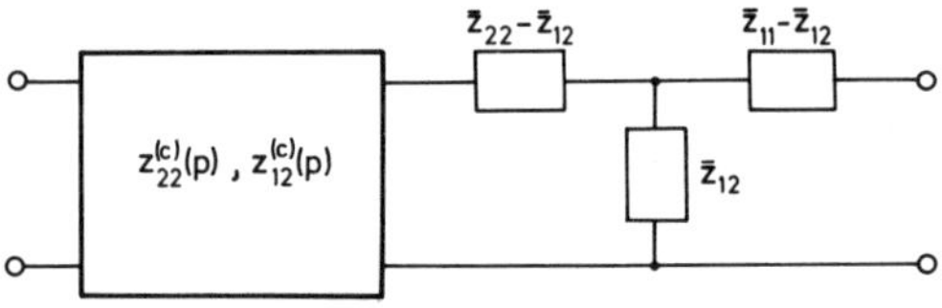

Bild 119: Entwicklung der *RC*-Impedanz $z_{22}(p)$ zur Erzeugung einer komplexen Übertragungsnullstelle

Die gewünschte Übertragungsnullstelle $p = p_0$ wird durch den Längszweig des Netzwerks von Bild 118 mit der Admittanz $y^{(b)}(p)$ realisiert. Der Querzweig mit der Admittanz $y^{(a)}(p)$ hat die Aufgabe, eine der Nullstellen der Funktion $y_{22}^{(a)}(p)$ Gl. (284) in den Punkt $p = p_0$ zu bringen. Der Querzweig mit der Admittanz $y^{(c)}(p)$ ist notwendig, damit die abgebauten Zweige zusammen durch ein *RC*-Zweitor realisierbar sind. Anhand der einzelnen Entwicklungsschritte läßt sich leicht feststellen, daß der Grad des Admittanzmatrix-Elements $y_{22}^{(c)}(p)$ des gewonnenen Restzweitors um Zwei kleiner ist als der Grad des Elements $y_{22}(p)$. Es sei hier noch einmal festgestellt, daß in der Regel die Funktion $y_{12}^{(c)}(p)$ dieselben Nullstellen hat wie die Funktion $y_{12}(p)$, abgesehen von den durch den Entwicklungszyklus realisierten Übertragungsnullstellen p_0 und p_0^*. Die Admittanzmatrix-Elemente des Restzweitors werden entsprechend wie die Elemente $Y_{22}(p)$ und $Y_{12}(p)$ behandelt. Die Entwicklung richtet sich danach, ob nun eine reelle oder eine nicht-reelle Übertragungsnullstelle realisiert werden soll. Nach der Realisierung sämtlicher Übertragungsnullstellen können Restelemente verbleiben, die konstant sein müssen. Diese werden durch einen ohmschen Längswiderstand realisiert, und zwar das Nebendiagonalelement in der Regel nur bis auf einen konstanten Faktor.

Das Entwicklungsverfahren läßt sich in dualer Weise auch auf ein Paar von *RC*-Impedanzmatrix-Elementen $z_{22}(p)$ und $z_{12}(p)$ anwenden. Es empfiehlt sich, den Prozeß formal wie bisher bei Verwendung der Funktion $pz_{22}(p)$ anstelle der Funktion $y_{22}(p)$ durchzuführen. Statt der »y-Funktionen« treten »(pz)-Funktionen« auf. Das Ergebnis der Entwicklung von $z_{22}(p)$ ist im Bild 119 zusammengefaßt. Für die Impedanzmatrix-Elemente $\bar{z}_{rs}(p)$ gilt

$$p\bar{z}_{11}(p) = \frac{\omega_0'^2 C_0'}{\sigma_0'} + C_0' p + \frac{p}{p+\sigma_0'}(a_1' + a_2'),$$

$$p\bar{z}_{12}(p) = \frac{\omega_0'^2 C_0'}{\sigma_0'} + C_0' p + \frac{p}{p+\sigma_0'}a_2',$$

$$p\bar{z}_{22}(p) = \frac{\omega_0'^2 C_0'}{\sigma_0'} + C_0' p + \frac{p}{p+\sigma_0'}(a_2' + a_3').$$

Die Striche bei den Symbolen auf den rechten Seiten dieser Gleichungen sollen nur darauf hinweisen, daß sich die Größen auf die Elemente der Impedanzmatrix beziehen. Man kann jetzt aus der Impedanzmatrix $[\bar{z}_{rs}(p)]$ durch Invertierung die entsprechende Admittanzmatrix $[\bar{y}_{rs}(p)]$ berechnen. Es zeigt sich, daß die Elemente $\bar{y}_{rs}(p)$ die Form der Gln. (301a, b, c) haben mit den Konstanten

$$\omega_0^2 = \omega_0'^2 ; \qquad C_0 = \frac{1}{a_1' + a_3'} ; \qquad \sigma_0 = \omega_0'^2/\sigma_0' ;$$

$$a_1 = \frac{a_3'}{C_0'(a_1' + a_3')} ; \; a_2 = \frac{a_2'}{C_0'(a_1' + a_3')} ; \; a_3 = \frac{a_1'}{C_0'(a_1' + a_3')} .$$

Man kann unter Verwendung dieser Formeln das Zweitor im Bild 119 in gleicher Weise realisieren wie das Zweitor im Bild 118.

Es sei jetzt noch auf den an früherer Stelle ausgeschlossenen Sonderfall eingegangen, daß die Funktionen $z_k^{(a)}(p)$ und $z^{(b)}(p)$ identisch sind. In diesem Fall ist die Admittanz $y_{22}^{(b)}(p) \equiv \infty$. Der entsprechende Rest des Netzwerks ist damit ein Kurzschluß. Dieser Kurzschluß wird zu einem Klemmenpaar geöffnet, wodurch man ein Zweitor mit den vorgeschriebenen Admittanzmatrix-Elementen $y_{22}(p)$ und $y_{12}(p)$ erhält; das Element $y_{12}(p)$ wird gewöhnlich nur bis auf einen konstanten Faktor realisiert. Zwischen die genannten Klemmen darf ein beliebiger Zweipol eingefügt werden, ohne daß sich die realisierten Elemente $y_{22}(p)$ und $y_{12}(p)$ ändern. Es empfiehlt sich, diesen Zweipol so zu wählen, daß er die Admittanz $y^{(c)}(p)$ Gl. (291) besitzt. Damit ist es auch in diesem Fall möglich, das aus den Zweipolen mit den Admittanzen $y^{(a)}(p)$, $y^{(b)}(p)$ und $y^{(c)}(p)$ bestehende Teilzweitor gemäß Abschnitt 6.7.3 zu realisieren.

6.7.2. Die Dasher-Bedingung

Entscheidend für die Anwendung des im vorausgegangenen Abschnitt behandelten Entwicklungsprozesses ist es, daß die Bedingung Gl. (287) erfüllt wird. Im folgenden soll gezeigt werden, wie man diese Bedingung erfüllen kann.

Da die im Abschnitt 6.7.1 eingeführte Größe A sowohl gleich dem Entwicklungskoeffizienten der Funktion $z^{(b)}(p) = 1/y^{(b)}(p)$ Gl. (286) in $p = p_0$ als auch gleich dem Entwicklungskoeffizienten der Funktion $1/y_{22}^{(a)}(p) = 1/[y_{22}(p) - y^{(a)}(p)]$ Gl. (284) in $p = p_0$ ist, muß die Beziehung

$$\left.\frac{\mathrm{d}y_{22}(p)}{\mathrm{d}p}\right|_{p=p_0} = \left.\frac{\mathrm{d}y^{(a)}(p)}{\mathrm{d}p}\right|_{p=p_0} + \left.\frac{\mathrm{d}y^{(b)}(p)}{\mathrm{d}p}\right|_{p=p_0}$$

bestehen. Kürzt man die linke Seite dieser Gleichung mit $u_0' + \mathrm{j}v_0'$ ab und berechnet man die Differentialquotienten auf der rechten Seite aus den Gln. (283) und (286), so erhält man eine Beziehung, aus der sich eine Darstellung für C_0 gewinnen läßt. Sie lautet, wenn man gemäß Gl. (287) $\widehat{\sigma} = \sigma_0$ fordert,

$$C_0 = \frac{1}{2}\left[1 + \mathrm{j}\frac{\xi_0 - \sigma_0}{\eta_0}\right] \cdot \left[u_0' + \mathrm{j}v_0' - \frac{a_1\sigma_0}{(\sigma_0 - \xi_0 + \mathrm{j}\eta_0)^2}\right] . \qquad (302)$$

Wegen des Ansatzes $\widehat{\sigma} = \sigma_0$ würde die Größe C_0 für eine beliebige Admittanz $y_{22}(p)$ komplex werden. Da C_0 aber reell werden muß, ist zu fordern, daß der Imaginärteil der rechten Seite von Gl. (302) verschwindet. Aufgrund dieser Tatsache erhält man nach einer Zwischenrechnung die Relation

$$0 = v_0' + \frac{\sigma_0 - \xi_0}{\eta_0}\left[-u_0' + \frac{a_1\sigma_0}{(\sigma_0 - \xi_0)^2 + \eta_0^2}\right] .$$

In dieser Gleichung werden die Größen a_1 und σ_0 mit Hilfe der Gln. (285a, b) substituiert. Auf diese Weise ergibt sich eine Beziehung, in der nur die Größen ξ_0, η_0, u_0, v_0, u_0' und v_0' auftreten. Eine Auflösung dieser Beziehung nach u_0 liefert schließlich die Gleichung

$$\frac{u_0}{v_0} = \frac{1 + \left(\frac{\eta_0}{\xi_0}\right)\frac{\frac{v_0}{\eta_0} - u_0'}{v_0'}}{\frac{\frac{v_0}{\eta_0} - u_0'}{v_0'} - \frac{\eta_0}{\xi_0}} . \tag{303}$$

Man kann jetzt die Größen u_0 und v_0 durch Auswertung der rechten Seite von Gl. (282) für $p = -\xi_0 + j\eta_0$ gewinnen. Die Berechnung des Realteils und des Imaginärteils dieses Ausdrucks ergibt mit der Abkürzung

$$\rho_\nu^2 = (\sigma_\nu - \xi_0)^2 + \eta_0^2$$

die Darstellungen

$$u_0 = -B_\infty \xi_0 + B_0 + \sum_{\nu=1}^{m} \frac{B_\nu(\omega_0^2 - \xi_0\sigma_\nu)}{\rho_\nu^2} \tag{304a}$$

und

$$v_0 = B_\infty \eta_0 + \sum_{\nu=1}^{m} \frac{B_\nu \eta_0 \sigma_\nu}{\rho_\nu^2} . \tag{304b}$$

Man kann weiterhin aus Gl. (282) $dy_{22}(p)/dp$ bestimmen. Durch Berechnung von Real- und Imaginärteil des auf diese Weise entstehenden Ausdrucks für $p = p_0$ erhält man

$$u_0' = B_\infty + \sum_{\nu=1}^{m} \frac{B_\nu \sigma_\nu(\rho_\nu^2 - 2\eta_0^2)}{\rho_\nu^4} \tag{305a}$$

und

$$v_0' = \quad - \sum_{\nu=1}^{m} \frac{2B_\nu \sigma_\nu \eta_0(\sigma_\nu - \xi_0)}{\rho_\nu^4} . \tag{305b}$$

Führt man die Gln. (304a, b) und (305a, b) in die Gl. (303) ein, dann entsteht nach einer Reihe algebraischer Umformungen die Beziehung

$$B_\infty \sum_{\nu=1}^{m} \frac{B_\nu \sigma_\nu}{\rho_\nu^4} - \frac{B_0}{\omega_0^2} \sum_{\nu=1}^{m} \frac{B_\nu \sigma_\nu^2}{\rho_\nu^4} + \sum_{\nu,\mu=1}^{m} \frac{B_\nu B_\mu(\sigma_\nu\sigma_\mu - \sigma_\nu^2)}{\rho_\nu^4 \rho_\mu^2} = 0 . \tag{306}$$

Die Doppelsumme in dieser Gleichung läßt sich noch bei Verwendung der Relation

$$\rho_\nu^2 = \omega_0^2 + \sigma_\nu(\sigma_\nu - 2\xi_0) \tag{307}$$

in der Form

$$\sum_{\nu,\mu=1}^{m} \frac{B_\nu B_\mu(\sigma_\nu\sigma_\mu - \sigma_\nu^2)}{\rho_\nu^4 \rho_\mu^2} = \frac{1}{2} \sum_{\nu,\mu=1}^{m} \frac{B_\nu B_\mu\,(\sigma_\nu\sigma_\mu - \omega_0^2)(\sigma_\nu - \sigma_\mu)^2}{\rho_\nu^4 \rho_\mu^4}$$

ausdrücken. Berücksichtigt man dies in Gl. (306), so erhält man schließlich die *Dasher-Bedingung*

$$0 = B_\infty \sum_{\nu=1}^{m} \frac{B_\nu\sigma_\nu}{\rho_\nu^4} - \frac{B_0}{\omega_0^2} \sum_{\nu=1}^{m} \frac{B_\nu\sigma_\nu^2}{\rho_\nu^4} + \frac{1}{2} \sum_{\nu,\mu=1}^{m} \frac{B_\nu B_\mu\,(\sigma_\nu\sigma_\mu - \omega_0^2)(\sigma_\nu - \sigma_\mu)^2}{\rho_\nu^4 \rho_\mu^4}\,, \tag{308}$$

die erfüllt sein muß, um den Prozeß nach Abschnitt 6.7.1 anwenden zu können. Dabei ist ρ_ν^2 ($\nu = 1, 2, ..., m$) durch Gl. (307) gegeben, und es gilt $\omega_0^2 = \xi_0^2 + \eta_0^2$.

Die RC-Admittanz $Y_{22}(p)$ muß in der Form

$$Y_{22}(p) = K_0 + K_\infty p + \sum_{\nu=1}^{m} \frac{K_\nu p}{p + \sigma_\nu}$$

darstellbar sein. Ersetzt man auf der rechten Seite der Gl. (308) B_0, B_∞ und B_ν durch K_0, K_∞ und K_ν, so erhält man einen Ausdruck K, der als Funktion der Koeffizienten K_0, K_∞ und K_ν durch geeignete Verkleinerung der Werte dieser Koeffizienten (Teilabbau) zu Null gemacht werden soll. Falls dies gelingt, erhält man dadurch die Koeffizienten B_0, B_∞ und B_ν der Admittanz $y_{22}(p)$. Andernfalls wird die reziproke Funktion $1/Y_{22}(p)$ entsprechend behandelt. Dabei werden fünf Fälle unterschieden:

a) Es gelte $K_0 \neq 0$ und $K_\infty \neq 0$. Durch hinreichend großen Teilabbau der Koeffizienten K_ν ($\nu = 1, 2, \ldots, m$) kann erreicht werden, daß die Doppelsumme im Ausdruck K gegenüber den beiden einfachen Summen dem Betrage nach beliebig klein wird, sofern dies nicht schon der Fall ist. Je nachdem, ob dann der entstandene Wert der Funktion K positiv oder negativ ist, wird der Koeffizient K_∞ oder der Koeffizient K_0 in dem Maße abgebaut, daß K gleich Null wird. Man wird hier wie in den weiteren Fällen immer versuchen, die Forderung $K = 0$ mit möglichst wenigen Teilabbauten zu erfüllen, um den zur Realisierung der Teilabbauten erforderlichen Aufwand an Netzwerkelementen möglichst niedrig zu halten. Gelingt dies beispielsweise durch alleinigen Teilabbau des Koeffizienten K_0, so ist nur ein Ohmwiderstand zur Realisierung erforderlich.

b) Es gelte $K_0 \neq 0$, $K_\infty = 0$ und $K < 0$. Enthält die im Ausdruck K auftretende Doppelsumme mindestens einen positiven Summanden, so erreicht man durch Teilabspaltungen von K_0 und von allen Koeffizienten K_ν, die im genannten positiven Summanden nicht enthalten sind, daß K zu Null wird. – Enthält die im Ausdruck K auftretende Doppelsumme keinen positiven Summanden, gilt also stets $\sigma_\nu\sigma_\mu \leqq \omega_0^2$, so geht man zur Funktion $p/Y_{22}(p)$ über. Die den Koeffizienten K_0, K_∞, K_ν und dem Ausdruck K entsprechenden Größen von $p/Y_{22}(p)$ sollen mit K_0', K_∞', K_ν' bzw. K' bezeichnet werden. Beim Übergang von $Y_{22}(p)$ zu $p/Y_{22}(p)$ erhält man wegen der Separationseigenschaft der Pol- und Nullstellen einer RC-Zweipolfunktion mindestens einen negativen Summanden in der im Ausdruck K' auftretenden Doppelsumme. Sind nämlich $p = -\sigma_l$ und $p = -\sigma_{l+1}$ zwei Polstellen von $Y_{22}(p)$, so muß rechts von $p = -\sigma_l$ eine Nullstelle $p = -\sigma_l'$ und rechts von $p = -\sigma_{l+1}$ eine Nullstelle $p = -\sigma_{l+1}'$ von $Y_{22}(p)$ liegen. In der

Funktion $p/Y_{22}(p)$ sind $p = -\sigma'_l$ und $p = -\sigma'_{l+1}$ Pole, die wegen $\sigma'_l < \sigma_l$ und $\sigma'_{l+1} < \sigma_{l+1}$ einen negativen Summanden in der im Ausdruck K' auftretenden Doppelsumme liefern. Dabei ist zu beachten, daß $\sigma_l \sigma_{l+1} \leqq \omega_0^2$ gilt. Außerdem gilt jetzt $K'_\infty \neq 0$, $K'_0 = 0$. Ist K' hier negativ, so werden Teilabspaltungen bei allen jenen K'_ν gemacht, die in den negativen Summanden der im Ausdruck K' enthaltenen Doppelsumme auftreten. Dadurch läßt sich K' zu Null machen. Ist dagegen der Ausdruck K' positiv, dann kann man K' zu Null machen, indem man bei K'_∞ und allen jenen K'_ν Teilabspaltungen durchführt, die in einem bestimmten, jedoch willkürlich wählbaren negativen Summanden der im Ausdruck K' auftretenden Doppelsumme nicht vorkommen.

Durch die Erfüllung der Dasher-Bedingung entsteht aus $p/Y_{22}(p)$ die *RC*-Admittanz $p/y_{22}(p)$. Der hiermit verbundene Vorabbau wird durch einen Längszweipol realisiert. Für das Restzweitor erhält man die Admittanzmatrix-Elemente $y_{22}(p)$ und $y_{12}(p)$. Dabei hat $y_{12}(p)$ dieselben Nullstellen wie $Y_{12}(p)$, wenn man von dem Sonderfall absieht, daß Pole von $y_{22}(p)$ mit (reellen) Nullstellen von $Y_{12}(p)$ zusammenfallen. Dann werden durch den Vorabbau zusätzlich reelle Übertragungsnullstellen realisiert. Es könnte nun die *RC*-Impedanz $z(p) = 1/y_{22}(p)$ unter Verwendung der Übertragungsnullstelle p_0 nach Abschnitt 6.7.1 durch eine Netzwerkanordnung gemäß Bild 119 realisiert werden. Das hierbei auftretende kompakte *T*-Netzwerk könnte, wie im Abschnitt 6.7.1 gezeigt wurde, durch ein äquivalentes π-Netzwerk ersetzt werden, wodurch eine Netzwerkanordnung gemäß Bild 118 entstehen würde. Durch dieses Netzwerk würde $y_{22}(p)$ realisiert werden. Angesichts dieser Tatsache muß es aber nun möglich sein, die Admittanz $y_{22}(p)$ direkt nach Abschnitt 6.7.1 unter Verwendung der Übertragungsnullstelle p_0 zu entwickeln, und somit muß auch $y_{22}(p)$ die Dasher-Bedingung erfüllen. Man kann also das im Abschnitt 6.7.1 beschriebene Verfahren unmittelbar auf die Admittanzmatrix-Elemente $y_{22}(p)$ und $y_{12}(p)$ anwenden, welche aus $Y_{22}(p)$ und $Y_{12}(p)$ aufgrund des Vorabbaus zur Erfüllung der Dasher-Bedingung entstanden sind.

c) Es gelte $K_0 \neq 0$, $K_\infty = 0$ und $K > 0$. In diesem Fall muß die im Ausdruck K auftretende Doppelsumme notwendig positive Summanden haben. Durch Teilabspaltungen aller Koeffizienten K_ν, die in den positiven Summanden vorkommen, kann offensichtlich erreicht werden, daß K Null wird.

d) Es gelte $K_0 = K_\infty = 0$. Durch Übergang von $Y_{22}(p)$ zu $p/Y_{22}(p)$ ergibt sich der Fall *a*.

e) Es gelte $K_0 = 0$ und $K_\infty \neq 0$. Durch Übergang von $Y_{22}(p)$ zu $p/Y_{22}(p)$ ergibt sich einer der Fälle *b* und *c*.

6.7.3. Die Realisierung

Als letzte Aufgabe bei der praktischen Anwendung des Dasher-Verfahrens muß jetzt noch die durch die Gln. (301a, b, c) gegebene Admittanzmatrix durch ein *RC*-Zweitor realisiert werden. Wie aus diesen Gleichungen hervorgeht, sind die Fialkow-Gerst-

Bedingungen erfüllt. Es besteht daher Hoffnung, die Admittanzmatrix-Elemente Gln. (301a, b, c) durch ein *RC*-Zweitor mit durchgehender Kurzschlußverbindung zu realisieren.

Zur Lösung dieses Realisierungsproblems wird man versuchen, die Admittanzmatrix $[\bar{y}_{rs}(p)]$ in die Summe zweier Admittanzmatrizen $[\bar{y}_{rs}^{(1)}(p)]$ und $[\bar{y}_{rs}^{(2)}(p)]$ zu zerlegen, für welche je ein einfaches realisierbares Netzwerk angegeben werden kann. Dabei sollen drei Möglichkeiten untersucht werden.

a) Es wird

$$\bar{y}_{11}^{(1)}(p) = \bar{y}_{22}^{(1)}(p) = -\bar{y}_{12}^{(1)}(p) = C_0 p + G \tag{309}$$

und

$$\bar{y}_{11}^{(2)}(p) = \left(\frac{\omega_0^2 C_0}{\sigma_0} - G\right) + \frac{p(a_1 + a_2)}{p + \sigma_0}\ , \tag{310a}$$

$$\bar{y}_{22}^{(2)}(p) = \left(\frac{\omega_0^2 C_0}{\sigma_0} - G\right) + \frac{p(a_2 + a_3)}{p + \sigma_0}\ , \tag{310b}$$

$$-\bar{y}_{12}^{(2)}(p) = \left(\frac{\omega_0^2 C_0}{\sigma_0} - G\right) + \frac{p a_2}{p + \sigma_0} \tag{310c}$$

gewählt. Der Parameter G soll nun so festgelegt werden, daß die Nullstelle des Elements $\bar{y}_{12}^{(2)}(p)$, also die Übertragungsnullstelle des Zweitors 2 nach $p = \infty$ gelangt, damit die Impedanzmatrix des Zweitors 2 eine einfache Form erhält. Diese Forderung bedeutet, daß

$$\frac{\omega_0^2 C_0}{\sigma_0} - G = -a_2 \tag{311}$$

zu wählen ist. Führt man diese Beziehung in die Gln. (310a, b, c) ein, so erhält man für die Determinante der Admittanzmatrix $[\bar{y}_{rs}^{(2)}(p)]$ den Ausdruck $a_1 a_3 p/(p + \sigma_0)$ und somit für die Elemente der entsprechenden Impedanzmatrix

$$\bar{z}_{11}^{(2)}(p) = \frac{1}{a_1} - \frac{a_2 \sigma_0}{a_1 a_3 p}\ , \tag{312a}$$

$$\bar{z}_{22}^{(2)}(p) = \frac{1}{a_3} - \frac{a_2 \sigma_0}{a_1 a_3 p}\ , \tag{312b}$$

$$\bar{z}_{12}^{(2)}(p) = \quad - \frac{a_2 \sigma_0}{a_1 a_3 p}\ . \tag{312c}$$

Man beachte hierbei, daß $a_1 > 0$, $a_2 < 0$ und $a_3 > 0$ gilt. Für das Zweitor 1 kann man aufgrund der Darstellung der Admittanzmatrix-Elemente Gln. (309) direkt eine Realisierung angeben. Es darf allerdings der durch Gl. (311) gegebene Leitwert G nicht negativ werden. Mit Gl. (295) bedeutet dies, daß die Größe

$$G = C_0(2\xi_0 - \sigma_0) \tag{313a}$$

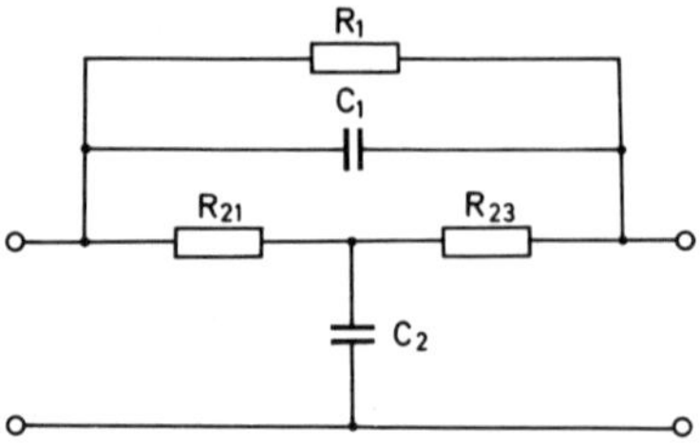

Bild 120: Realisierung der Admittanzmatrix-Elemente Gln. (301a, b, c) im Falle $2\xi_0 \geqq \sigma_0$. Die Werte für die Elemente sind durch die Gln. (314a, b, c, d, e) gegeben

nicht negativ werden darf. Es muß also die Bedingung

$$2\xi_0 \geqq \sigma_0 \tag{313b}$$

erfüllt sein. Für das Zweitor 2 kann man aufgrund der Darstellung der Impedanzmatrix-Elemente Gln. (312a, b, c) ebenfalls unmittelbar eine Realisierung angeben. Ordnet man die Zweitore 1 und 2 parallel an, so erhält man eine Verwirklichung der Admittanzmatrix-Elemente Gln. (301a, b, c) für den Fall, daß die Bedingung (313b) erfüllt ist. Das gesamte Zweitor ist im Bild 120 dargestellt. Für die Netzwerkelemente gilt

$$R_1 = 1/G, \ C_1 = C_0 \, , \tag{314a, b}$$

$$R_{21} = 1/a_1, \ R_{23} = 1/a_3, \ C_2 = -\, a_1 a_3/(a_2\sigma_0) . \tag{314c, d, e}$$

b) Es wird

$$\bar{y}_{11}^{(1)}(p) = C_0 p + \frac{p}{p+\sigma_0}(a_1 + a_2)\lambda , \tag{315a}$$

$$\bar{y}_{22}^{(1)}(p) = C_0 p + \frac{p}{p+\sigma_0}(a_2 + a_3)\iota , \tag{315b}$$

$$-\bar{y}_{12}^{(1)}(p) = C_0 p + \frac{p}{p+\sigma_0} a_2 \kappa \tag{315c}$$

und

$$\bar{y}_{11}^{(2)}(p) = \frac{\omega_0^2 C_0}{\sigma_0} + \frac{p}{p+\sigma_0}(a_1 + a_2)(1-\lambda) , \tag{316a}$$

$$\bar{y}_{22}^{(2)}(p) = \frac{\omega_0^2 C_0}{\sigma_0} + \frac{p}{p+\sigma_0}(a_2 + a_3)(1-\iota) , \tag{316b}$$

$$-\bar{y}_{12}^{(2)}(p) = \frac{\omega_0^2 C_0}{\sigma_0} + \frac{p}{p+\sigma_0} a_2(1-\kappa) \tag{316c}$$

gewählt. Dabei müssen jedenfalls die Parameter λ und ι im Intervall $[0, 1]$ liegen. Zur Festlegung des Parameters κ soll gefordert werden, daß die Funktion $\bar{y}_{12}^{(2)}(p)$ Gl. (316c) in $p = \infty$ eine Nullstelle erhält, um eine einfache Form der Impedanzmatrix des Zweitors 2 zu erzielen. Dies ist nach Gl. (316c) genau dann erreicht, wenn

$$a_2(1-\kappa) = -\frac{\omega_0^2 C_0}{\sigma_0} \;,$$

d.h. mit Gl. (295)

$$\kappa = \frac{\sigma_0(\sigma_0 - 2\xi_0)}{(\sigma_0 - \xi_0)^2 + \eta_0^2} \tag{317a}$$

gilt. Die Parameter λ und ι werden durch die Forderung festgelegt, daß $p = -\sigma_0$ ein kompakter Pol sowohl der Admittanzmatrix $[\bar{y}_{rs}^{(1)}(p)]$ Gln. (315a, b, c) als auch der Admittanzmatrix $[\bar{y}_{rs}^{(2)}(p)]$ Gln. (316a, b, c) ist. Dadurch werden die Impedanzmatrizen der Teilzweitore 1 und 2 wesentlich vereinfacht, und man erhält die Forderungen

$$(a_1 + a_2)(a_2 + a_3)\lambda\iota - a_2^2\kappa^2 = 0$$

und

$$(a_1 + a_2)(a_2 + a_3)(1-\lambda)(1-\iota) - a_2^2(1-\kappa)^2 = 0 .$$

Unter Beachtung der Gl. (292) folgen hieraus die beiden gekoppelten Gleichungen

$$\lambda\iota - \kappa^2 = 0 \,,$$
$$(1-\lambda)(1-\iota) - (1-\kappa)^2 = 0 .$$

Wegen der Symmetrie dieser Gleichungen in den Unbekannten λ und ι müssen diese Größen identisch sein, und es ergibt sich

$$\lambda = \iota = \kappa . \tag{317b}$$

Damit λ und ι in das Intervall $[0, 1]$ fallen, muß wegen Gl. (317a) die Bedingung

$$\sigma_0 \geqq 2\xi_0 \tag{318}$$

gestellt werden.

Es sollen jetzt für die Teilzweitore 1 und 2 die Impedanzmatrizen bestimmt werden. Man erhält aus den Gln. (315a, b, c) für die Determinante der Matrix $[\bar{y}_{rs}^{(1)}(p)]$ den Ausdruck $\kappa C_0(a_1 + a_3)p^2/(p + \sigma_0)$. Damit ergibt sich für die entsprechende Impedanzmatrix

$$\bar{z}_{11}^{(1)}(p) = R_1 + \left(\frac{1}{C_{11}} + \frac{1}{C_{12}}\right)\frac{1}{p} \;, \tag{319a}$$

$$\bar{z}_{22}^{(1)}(p) = R_1 + \left(\frac{1}{C_{13}} + \frac{1}{C_{12}}\right)\frac{1}{p} \;, \tag{319b}$$

$$\bar{z}_{12}^{(1)}(p) = R_1 + \frac{1}{C_{12}} \cdot \frac{1}{p} \tag{319c}$$

mit

$$R_1 = \frac{1}{\kappa(a_1 + a_3)}, \quad \frac{1}{C_{11}} = \frac{a_3}{C_0(a_1 + a_3)}, \quad \frac{1}{C_{13}} = \frac{a_1}{C_0(a_1 + a_3)} \tag{320a, b, c}$$

und

$$\frac{1}{C_{12}} = \frac{\sigma_0}{\kappa(a_1 + a_3)} + \frac{a_2}{C_0(a_1 + a_3)} = \frac{(\sigma_0 - \xi_0)^2 + \eta_0^2}{a_1 + a_3} \cdot \frac{2\xi_0}{\sigma_0(\sigma_0 - 2\xi_0)} \quad . \tag{320d}$$

Für das Zweitor 2 erhält man aus den Gln. (316a, b, c) als Determinante der Admittanzmatrix den Ausdruck $\omega_0^2 C_0(a_1 + a_3)(1 - \kappa)p/[\sigma_0(p + \sigma_0)]$. Damit ergibt sich für die Elemente der entsprechenden Impedanzmatrix

$$\bar{z}_{11}^{(2)}(p) = R_{21} + \frac{1}{C_2} \cdot \frac{1}{p}, \tag{321a}$$

$$\bar{z}_{22}^{(2)}(p) = R_{23} + \frac{1}{C_2} \cdot \frac{1}{p}, \tag{321b}$$

$$\bar{z}_{12}^{(2)}(p) = \qquad \frac{1}{C_2} \cdot \frac{1}{p} \tag{321c}$$

mit

$$R_{21} = \frac{a_3\sigma_0}{\omega_0^2 C_0(a_1 + a_3)}, \quad R_{23} = \frac{a_1\sigma_0}{\omega_0^2 C_0(a_1 + a_3)} \tag{322a, b}$$

und

$$\frac{1}{C_2} = \frac{\sigma_0}{(a_1 + a_3)(1 - \kappa)} \quad . \tag{322c}$$

Aus den Admittanzmatrix-Elementen Gln. (319a, b, c) bzw. (321a, b, c) lassen sich direkt Realisierungen der Zweitore 1 und 2 entnehmen.

Durch Parallelanordnung dieser Zweitore erhält man nach Bild 121 eine Verwirklichung der durch die Gln. (301a, b, c) gegebenen Admittanzmatrix, sofern die Bedingung (318) erfüllt ist.

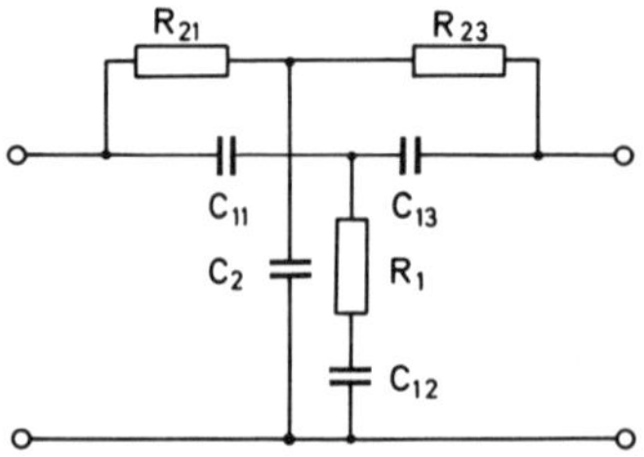

Bild 121: Realisierung der Admittanzmatrix-Elemente Gln. (301a, b, c) im Falle $2\xi_0 \leqq \sigma_0$. Die Werte für die Elemente sind durch die Gln. (320a, b, c, d) und (322a, b, c) gegeben

Man beachte, daß die beiden bisher behandelten Realisierungsmöglichkeiten ausreichen, um die durch die Gln. (301a, b, c) gegebene Admittanzmatrix $[\bar{y}_{rs}(p)]$ in jedem Fall zu verwirklichen. Im Fall $2\xi_0 \geqq \sigma_0$ verwendet man das Zweitor nach Bild 120, im Fall $2\xi_0 < \sigma_0$ das Zweitor nach Bild 121. Obwohl somit eine Verwirklichung der Admittanzmatrix $[\bar{y}_{rs}(p)]$ immer möglich ist, soll noch eine weitere Realisierungsmöglichkeit untersucht werden.

c) Es wird

$$\bar{y}_{11}^{(1)}(p) = \frac{\omega_0^2 C_0}{\sigma_0} + C_0(1-\kappa)p\,, \tag{323a}$$

$$\bar{y}_{22}^{(1)}(p) = \frac{\omega_0^2 C_0}{\sigma_0} + C_0(1-\kappa)p, \tag{323b}$$

$$-\bar{y}_{12}^{(1)}(p) = \frac{\omega_0^2 C_0}{\sigma_0} + C_0(1-\kappa)p \tag{323c}$$

und

$$\bar{y}_{11}^{(2)}(p) = C_0\kappa p + \frac{p(a_1+a_2)}{p+\sigma_0}\quad , \tag{324a}$$

$$\bar{y}_{22}^{(2)}(p) = C_0\kappa p + \frac{p(a_2+a_3)}{p+\sigma_0}\quad , \tag{324b}$$

$$-\bar{y}_{12}^{(2)}(p) = C_0\kappa p + \frac{pa_2}{p+\sigma_0} \tag{324c}$$

mit einem im Intervall $[0,1]$ liegenden Wert κ gewählt. Aus den Gln. (324a, b, c) erhält man für die Determinante der Admittanzmatrix des Zweitors 2 den Ausdruck $C_0\kappa(a_1+a_3)p^2/(p+\sigma_0)$. Damit ergibt sich für die Elemente der entsprechenden Impedanzmatrix

$$\bar{z}_{11}^{(2)}(p) = R_2 + \left(\frac{1}{C_{21}} + \frac{1}{C_{22}}\right)\cdot\frac{1}{p}, \tag{325a}$$

$$\bar{z}_{22}^{(2)}(p) = R_2 + \left(\frac{1}{C_{23}} + \frac{1}{C_{22}}\right)\cdot\frac{1}{p}, \tag{325b}$$

$$\bar{z}_{12}^{(2)}(p) = R_2 + \frac{1}{C_{22}}\cdot\frac{1}{p} \tag{325c}$$

mit

$$R_2 = \frac{1}{a_1+a_3},\quad \frac{1}{C_{21}} = \frac{a_3}{C_0\kappa(a_1+a_3)},\quad \frac{1}{C_{23}} = \frac{a_1}{C_0\kappa(a_1+a_3)} \tag{326a, b, c}$$

und

$$\frac{1}{C_{22}} = \frac{a_2}{C_0\kappa(a_1+a_3)} + \frac{\sigma_0}{a_1+a_3}\quad . \tag{326d}$$

Damit die Größe $1/C_{22}$ nicht negativ wird, soll die Freiheit in der Wahl des Parameters κ dazu verwendet werden, diese Größe zu Null zu machen. Nach Gl. (326d) erhält man somit

$$\kappa = \frac{-a_2}{C_0\sigma_0}\quad . \tag{327a}$$

Unter Verwendung der Gl. (295) folgt hieraus

$$\kappa = \frac{\sigma_0^2 - 2\xi_0\sigma_0 + \omega_0^2}{\sigma_0^2}\quad . \tag{327b}$$

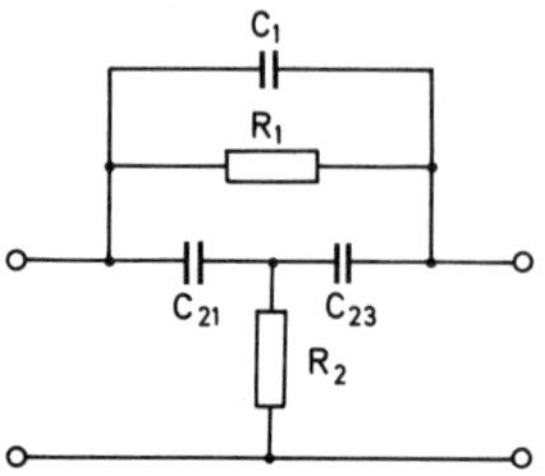

Bild 122: Realisierung der Admittanzmatrix-Elemente Gln. (301a, b, c) im Falle $\omega_0^2 \leqq 2\xi_0\sigma_0$. Die Werte für die Elemente sind durch die Gln. (326a, b, c) und (329a, b) gegeben

Damit κ nicht größer als Eins wird, muß die Bedingung

$$\omega_0^2 \leqq 2\xi_0\sigma_0 \tag{328}$$

erfüllt sein. Die Admittanzmatrix-Elemente Gln. (323a, b, c) kann man direkt durch ein *RC*-Zweitor 1 verwirklichen. Ebenso lassen sich die Impedanzmatrix-Elemente Gln. (325a, b, c) durch ein *RC*-Zweitor 2 realisieren. Ordnet man beide Zweitore parallel an, so erhält man eine Verwirklichung der durch die Gln. (301a, b, c) gegebenen Admittanzmatrix. Dabei muß die Bedingung (328) erfüllt sein. Das Zweitor ist im Bild 122 dargestellt. Hierbei gilt

$$C_1 = C_0(1-\kappa), \quad R_1 = \frac{\sigma_0}{\omega_0^2 C_0} \; . \tag{329a, b}$$

Die Realisierung nach Bild 122 ist besonders dann von Bedeutung, wenn $2\xi_0 < \sigma_0$ gilt und die Bedingung (328) erfüllt wird, da sie weniger Elemente erfordert als das Netzwerk nach Bild 121. Aus den in den Bildern 120, 121 und 122 dargestellten Zweitoren kann man durch Stern-Dreieck- bzw. Dreieck-Stern-Umwandlung [29] weitere äquivalente Zweitore erhalten.

Es soll noch kurz auf den für praktische Anwendungen besonders wichtigen Fall eingegangen werden, daß die Übertragungsnullstelle p_0 rein imaginär ist, daß also $\xi_0 = 0$ gilt. In diesem Fall ist die Bedingung (318) stets erfüllt, und man kann dann immer das Zweitor nach Bild 121 verwenden. Dabei tritt insofern eine Vereinfachung ein, als nach Gl. (320d) $C_{12} = \infty$ wird. Die entsprechende Kapazität im Bild 121 ist durch einen Kurzschluß zu ersetzen, so daß im Zweitor nur drei Kapazitäten auftreten. Die Dasher-Bedingung vereinfacht sich im betrachteten Fall gemäß Gl. (303) zu

$$\frac{u_0}{v_0} = \frac{\dfrac{v_0}{\eta_0} - u_0'}{v_0'} \; .$$

6.7.4. Realisierung eines Paares von Admittanzmatrix- oder Impedanzmatrix-Elementen zweiten Grades

Es soll nun noch der für praktische Anwendungen wichtige Fall der Realisierung des Paares von Admittanzmatrix-Elementen

$$Y_{22}(p) = \frac{a_0 + a_1 p + a_2 p^2}{c_0 + c_1 p + c_2 p^2} \tag{330a}$$

und

$$-Y_{12}(p) = K \frac{b_0 + b_1 p + b_2 p^2}{c_0 + c_1 p + c_2 p^2} \quad (b_0, b_2 > 0;\ b_1 \geqq 0;\ K > 0) \tag{330b}$$

zweiten Grades behandelt werden. Die Nullstellen von $Y_{12}(p)$ seien nicht reell und sollen sich nicht in der rechten Halbebene $\operatorname{Re} p > 0$ befinden. Das Element $Y_{22}(p)$ sei eine *RC*-Admittanz und mit $Y_{12}(p)$ im Sinne von Abschnitt 4.4 verträglich. Die Admittanz $Y_{22}(p)$ kann deshalb keine Nullstelle in $p = 0$ besitzen.

Im folgenden soll gezeigt werden, daß in einfacher Weise ohne Anwendung des Dasher-Verfahrens eine Realisierung der zwei gegebenen Admittanzmatrix-Elemente durch ein *RC*-Zweitor möglich ist, wobei der Wert der Konstante K nicht vorgeschrieben werden kann. Zunächst wird nach dem Vorbild von Abschnitt 6.2.2 auf der Sekundärseite des zu ermittelnden Zweitors ein ohmscher Längswiderstand $R = c_2/a_2$ abgebaut, so daß die Admittanzmatrix-Elemente $y_{22}(p)$ und $y_{12}(p)$ des verbleibenden Zweitors einen Pol in $p = \infty$ erhalten. Gemäß den Gln. (256) und (257) erhält man die Elemente

$$y_{22}(p) = \frac{a_0 + a_1 p + a_2 p^2}{c(p + x_1)} = \beta_0 + \beta_\infty p + \frac{\beta_1 p}{p + x_1}$$

mit $\beta_0, \beta_1, \beta_\infty > 0$ und

$$-y_{12}(p) = K \frac{b_0 + b_1 p + b_2 p^2}{c(p + x_1)} = K\gamma_0 + K\gamma_\infty p + \frac{K\gamma_1 p}{p + x_1}$$

mit $\gamma_0 > 0$, $\gamma_\infty > 0$, $\gamma_1 < 0$. Die Konstante K soll jetzt so gewählt werden, daß entweder

$$K\gamma_0 = \beta_0 \qquad \text{und} \qquad K\gamma_\infty \leqq \beta_\infty \tag{Fall a}$$

oder

$$K\gamma_\infty = \beta_\infty \qquad \text{und} \qquad K\gamma_0 \leqq \beta_0 \tag{Fall b}$$

gilt. Der dadurch eindeutig bestimmte Wert K soll mit K_0 bezeichnet werden. Im Fall a wird dann der Koeffizient β_∞ um $\beta_\infty - K_0\gamma_\infty$ reduziert, im Fall b dagegen wird der Koeffizient β_0 um $\beta_0 - K_0\gamma_0$ verkleinert, wodurch sich die Elemente

$$y_{22}^{(a)}(p) = B_0 + B_\infty p + \frac{B_1 p}{p + x_1} \tag{331a}$$

und

$$-y_{12}^{(a)}(p) = B_0 + B_\infty p + \frac{C_1 p}{p + x_1} \tag{331b}$$

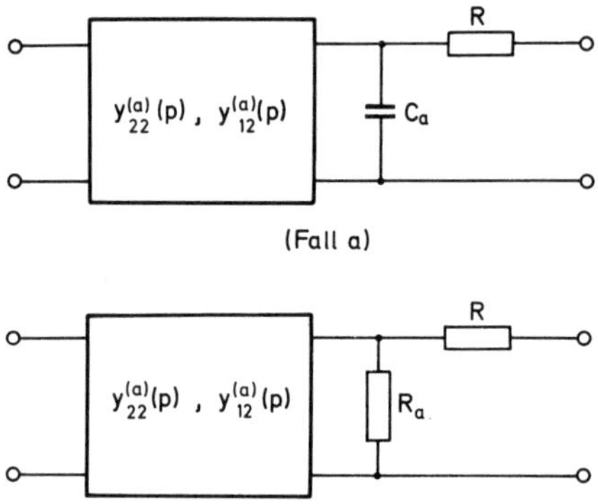

Bild 123: Realisierung der durch die Gln. (330 a, b) gegebenen Admittanzmatrix-Elemente

ergeben. Dem Übergang von den Elementen $y_{22}(p)$, $y_{12}(p)$ zu den Elementen $y_{22}^{(a)}(p)$, $y_{12}^{(a)}(p)$ entspricht ein Abbau einer Querkapazität

$$C_a = \beta_\infty - K_0 \gamma_\infty$$

bzw. eines ohmschen Querwiderstandes

$$R_a = \frac{1}{\beta_0 - K_0 \gamma_0} \quad .$$

Die bisherige Realisierung der Elemente Gln. (330a, b) ist im Bild 123 dargestellt. Die Aufgabe besteht jetzt noch darin, die Elemente Gln. (331a, b) zu verwirklichen. Dazu wird diesen Elementen ein drittes Element

$$y_{11}^{(a)}(p) = B_0 + B_\infty p + \frac{A_1 p}{p + x_1} \tag{331c}$$

zugeordnet, wobei A_1 so gewählt wird, daß die Kompaktheitsbedingung $A_1 B_1 - C_1^2 = 0$ gilt. Um nun die Admittanzmatrix $[y_{rs}^{(a)}(p)]$ Gln. (331a, b, c) mit Hilfe der im Abschnitt 6.7.3 gefundenen Zweitore zu realisieren, ist gemäß den Gln. (301a, b, c) und Gl. (295) folgende Parameterwahl zu treffen:

$$a_1 = A_1 - C_1, \quad a_2 = C_1, \quad a_3 = B_1 - C_1,$$

$$\sigma_0 = x_1, \qquad C_0 = B_\infty, \quad \omega_0^2 = \frac{B_0 x_1}{B_\infty} \quad ,$$

$$\xi_0 = \frac{B_0 + x_1 B_\infty + C_1}{2 B_\infty} \quad .$$

Da $C_1 < 0$ ist, müssen die Größen a_1 und a_3 positiv sein. Wegen der Kompaktheitsbedingung erfüllen die Größen a_1, a_2 und a_3 die Bedingung Gl. (292). Man beachte weiterhin, daß $\xi_0 \geqq 0$ sein muß, weil die Nullstellen der Funktion $y_{12}^{(a)}(p)$ Gl. (331b), die Übertragungsnullstellen, voraussetzungsgemäß keinen positiven Realteil haben.

Mit Hilfe der ermittelten Parameterwerte a_1, a_2, a_3, σ_0, C_0, ω_0^2, ξ_0 kann nun die Matrix $[y_{rs}^{(a)}(p)]$ nach Abschnitt 6.7.3 durch eines der RC-Zweitore realisiert werden, die in den Bildern 120 bis 122 dargestellt sind. Dabei muß nur festgestellt werden, welcher Fall vorliegt. Sodann sind die Elemente mit Hilfe der bereitstehenden Formeln zu berechnen.

Man kann nach dem Vorbild der vorausgegangenen Überlegungen auch zwei Impedanzmatrix-Elemente

$$Z_{22}(p) = \frac{a_0 + a_1 p + a_2 p^2}{c_0 + c_1 p + c_2 p^2}$$

und

$$Z_{12}(p) = K\frac{b_0 + b_1 p + b_2 p^2}{c_0 + c_1 p + c_2 p^2} \quad (b_0, b_2 > 0;\ b_1 \geqq 0;\ K > 0)$$

realisieren. Die Nullstellen von $Z_{12}(p)$ seien nicht reell und sollen sich nicht in der rechten Halbebene $\operatorname{Re} p > 0$ befinden. Das Element $Z_{22}(p)$ sei eine RC-Impedanz und mit $Z_{12}(p)$ im Sinne von Abschnitt 4.4 verträglich.

Zunächst wird auf der Sekundärseite des zu ermittelnden Zweitors ein ohmscher Querwiderstand $R = a_0/c_0$ abgebaut, so daß die Impedanzmatrix-Elemente $z_{22}(p)$ und $z_{12}(p)$ des verbleibenden Zweitors einen Pol in $p = 0$ erhalten. Man erhält somit

$$p z_{22}(p) = \frac{a_0 + a_1 p + a_2 p^2}{c(p + x_1')} = \beta_0 + \beta_\infty p + \frac{\beta_1 p}{p + x_1'}$$

mit $\beta_0, \beta_1, \beta_\infty > 0$ und

$$p z_{12}(p) = K\frac{b_0 + b_1 p + b_2 p^2}{c(p + x_1')} = K\gamma_0 + K\gamma_\infty p + \frac{K\gamma_1 p}{p + x_1'}$$

mit

$$c = c_2 - \frac{c_0}{a_0} a_2$$

und

$$x_1' = \frac{c_1 - \dfrac{c_0}{a_0} a_1}{c_2 - \dfrac{c_0}{a_0} a_2} \quad .$$

Dabei gilt $\gamma_0 > 0$, $\gamma_\infty > 0$ und $\gamma_1 < 0$. Die Festlegung der Konstante K erfolgt ebenso wie bei der vorstehend beschriebenen Realisierung der Admittanzmatrix-Elemente. Dadurch erhält man nach Abbau eines ohmschen Längswiderstands oder einer Längskapazität schließlich die Elemente

$$z_{22}^{(a)}(p) = \frac{B_0'}{p} + B_\infty' + \frac{B_1'}{p + x_1'}$$

und

$$z_{12}^{(a)}(p) = \frac{B_0'}{p} + B_\infty' + \frac{C_1'}{p + x_1'} \quad ,$$

die noch durch das Element

$$z_{11}^{(a)}(p) = \frac{B_0'}{p} + B_\infty' + \frac{A_1'}{p + x_1'}$$

mit $A_1' = C_1'^2/B_1'$ ergänzt werden. Berechnet man aus diesen Impedanzmatrix-Elementen die entsprechenden Admittanzmatrix-Elemente $y_{rs}^{(a)}(p)$, so erhält man Funktionen in der Form der Gln. (331a, b, c) mit den nachfolgend aufgeführten Koeffizienten; dabei wird zur Abkürzung

$$D' = 1/(\sqrt{A_1'} + \sqrt{B_1'})^2$$

eingeführt:

$$B_0 = x_1' D', B_\infty = D', x_1 = B_0'/B_\infty',$$
$$A_1 = D' B_1'/B_\infty', B_1 = D' A_1'/B_\infty', C_1 \quad -\sqrt{A_1 B_1}.$$

Das Restzweitor kann somit unter Verwendung der Admittanzmatrix $[y_{rs}^{(a)}(p)]$ in der gleichen Weise realisiert werden wie an früherer Stelle.

7. Die Realisierung allgemeiner Übertragungsfunktionen

In diesem Abschnitt sollen Verfahren zur Verwirklichung allgemeiner Übertragungsfunktionen durch *RLCÜ*-Zweitore entwickelt werden. Dabei wird nur vorausgesetzt, daß diese Funktionen rational, reell und in der Halbebene Re $p \geqq 0$ einschließlich $p = \infty$ polfrei sind.[11]) Im Gegensatz zu den bisherigen Realisierungsmethoden erfordern die folgenden Verfahren also keine Einschränkungen für die Lage der Pole und Nullstellen. Dabei ist zu berücksichtigen, daß wegen der Stabilität der resultierenden Zweitore die Pole der Übertragungsfunktionen nicht in der rechten p-Halbebene liegen dürfen. Da die Übertragungsfunktionen nicht eingeschränkt sind, werden bei den Realisierungen als Netzwerkelemente Ohmwiderstände, Induktivitäten, Kapazitäten und Übertrager zugelassen.

7.1. DIE REALISIERUNG MIT HILFE SYMMETRISCHER KREUZGLIEDER

Den folgenden Untersuchungen wird das im Bild 124 dargestellte Netzwerk zugrunde gelegt. Dabei bedeuten $Z_1(p)$ und $Z_2(p)$ Impedanzen, die in bekannter Weise durch Zweipole verwirklicht werden können; R_1 und R_2 sind Ohmwiderstände, deren Werte nicht Null sein sollen. Es soll gezeigt werden, daß jede rationale, reelle und in der Halb-

[11]) Zur Halbebene Re $p \geqq 0$ und zur Achse Re $p = 0$ wird künftig immer $p = \infty$ gerechnet.

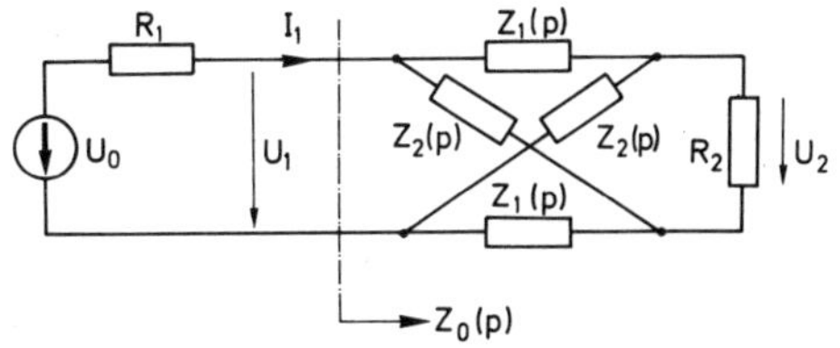

Bild 124: Realisierung einer Übertragungsfunktion durch ein zwischen Ohmwiderständen eingebettetes Kreuzglied

ebene Re $p \geqq 0$ polfreie Funktion $H(p)$ bis auf einen konstanten Faktor als Übertragungsfunktion $H_0(p) = kH(p) = U_2/U_0$ durch das Netzwerk von Bild 124 bei geeigneter Wahl der Impedanzen $Z_1(p)$ und $Z_2(p)$ sowie der Ohmwiderstände R_1 und R_2 realisiert werden kann. Soll die Übertragungsfunktion $H(p) = H_0(p)/k$ einschließlich des konstanten Faktors $1/k$ verwirklicht werden, so gelingt dies, wenn man nach Bild 125 den Ohmwiderstand R_2 im Netzwerk von Bild 124 durch einen mit dem Ohmwiderstand $R_3 = R_2/\ddot{u}^2$ abgeschlossenen idealen Übertrager mit dem Übersetzungsverhältnis $\ddot{u} = k$ ersetzt. Für das modifizierte Netzwerk von Bild 124 gilt dann

$$H(p) = \frac{U_3}{U_0} = \frac{U_3}{U_2} \cdot \frac{U_2}{U_0} = \frac{1}{k} H_0(p). \tag{332}$$

Es soll damit genügen zu zeigen, daß die Übertragungsfunktion $H(p)$ mit Hilfe des Netzwerks nach Bild 124 bis auf einen konstanten Faktor als Spannungsverhältnis U_2/U_0 realisiert werden kann. Dazu muß zunächst eine Analyse dieses Netzwerks durchgeführt werden.

Aufgrund einer einfachen Analyserechnung findet man für das Spannungsverhältnis $U_2/U_0 = H_0(p)$ des Netzwerks nach Bild 124 die Darstellung

$$H_0(p) = \frac{[Z_2(p) - Z_1(p)]\, R_2}{2R_1R_2 + 2Z_1(p)Z_2(p) + (R_1 + R_2)[Z_1(p) + Z_2(p)]} \, . \tag{333}$$

Löst man diese Gleichung nach $Z_1(p)$ auf, so erhält man

$$Z_1(p) = Z_2(p) \frac{1 - H_0(p)\left[\dfrac{2R_1}{Z_2(p)} + \dfrac{R_1 + R_2}{R_2}\right]}{1 + H_0(p)\left[\dfrac{2Z_2(p)}{R_2} + \dfrac{R_1 + R_2}{R_2}\right]} \, . \tag{334a}$$

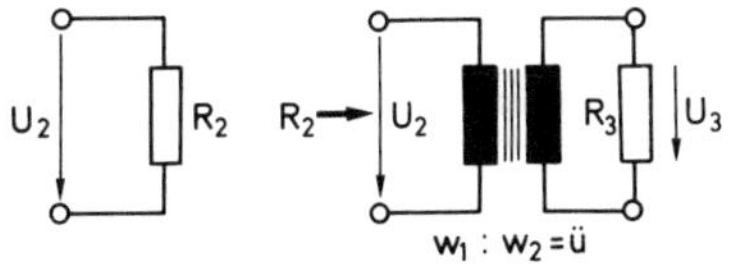

Bild 125: Ersetzen des Abschlußwiderstands R_2 von Bild 124 durch den mit dem Ohmwiderstand $R_3 = R_2/\ddot{u}^2$ abgeschlossenen idealen Übertrager mit dem Windungszahlverhältnis $w_1 : w_2$

Eine Auflösung der Gl. (333) nach $Z_2(p)$ liefert die Darstellung

$$Z_2(p) = Z_1(p) \frac{1 + H_0(p)\left[\dfrac{2R_1}{Z_1(p)} + \dfrac{R_1 + R_2}{R_2}\right]}{1 - H_0(p)\left[\dfrac{2Z_1(p)}{R_2} + \dfrac{R_1 + R_2}{R_2}\right]} . \tag{334b}$$

Man erhält weiterhin für die Eingangsimpedanz $Z_0(p) = U_1/I_1$ des Netzwerks von Bild 124

$$Z_0(p) = \frac{2Z_1(p)Z_2(p) + R_2[Z_1(p) + Z_2(p)]}{Z_1(p) + Z_2(p) + 2R_2} . \tag{335}$$

Die Impedanzen $Z_1(p)$ und $Z_2(p)$ werden nun spezifiziert. Dabei werden zwei Fälle unterschieden. Zuvor soll jedoch noch auf folgendes hingewiesen werden: Wie aus Gl. (333) zu erkennen ist, werden die Übertragungsnullstellen der hier betrachteten Netzwerke durch die Differenz zweier Zweipolfunktionen erzeugt. Dadurch kann es vorkommen, daß bei solchen Netzwerken schon geringe Änderungen der Werte der Netzwerkelemente erhebliche Änderungen der Übertragungsnullstellen zur Folge haben. Hierin liegt ein wesentlicher Unterschied zu den Kettennetzwerken.

7.1.1. Der Fall dualer Impedanzen

Es soll $R_1 = R_2 = R$ und

$$Z_1(p)Z_2(p) = R^2 \tag{336a}$$

gewählt werden. Wie man der Gl. (335) entnimmt, besitzt das Netzwerk bei dieser Wahl eine konstante Eingangsimpedanz

$$Z_0(p) = R. \tag{336b}$$

Die Übertragungsfunktion $H_0(p)$ nimmt in diesem Fall nach Gl. (333) die Form

$$2H_0(p) = \frac{1 - \dfrac{Z_1(p)}{R}}{1 + \dfrac{Z_1(p)}{R}} \tag{337a}$$

an. Eine Auflösung dieser Beziehung nach $Z_1(p)$ liefert

$$Z_1(p) = R \cdot \frac{1 - 2H_0(p)}{1 + 2H_0(p)} . \tag{337b}$$

Gemäß den Ausführungen zu Satz 8, Abschnitt 2.4 ist $Z_1(p)/R$ nach Gl. (337a) genau dann eine Zweipolfunktion, wenn die Bedingung $|2H_0(\mathrm{j}\omega)| \leqq 1$ für alle ω-Werte erfüllt ist und $H_0(p)$ in der Halbebene Re $p \geqq 0$ keine Pole hat. Damit muß nach Gl. (336a) auch $Z_2(p)$ Zweipolfunktion sein.

Bild 126: Zwei äquivalente Zweitore

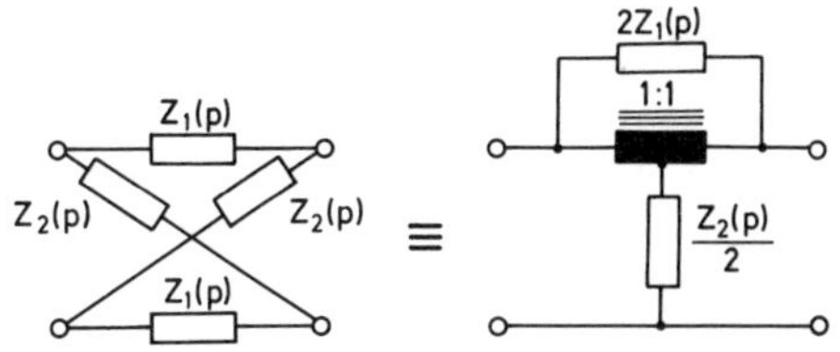

Zusammenfassend darf also festgestellt werden, daß eine rationale, reelle und in Re $p \geqq 0$ polfreie Funktion $H_0(p)$ durch ein Netzwerk nach Bild 124 mit $R_1 = R_2 = R$ und der Beziehung Gl. (336a) genau dann als Spannungsverhältnis U_2/U_0 realisiert werden kann, wenn der Betrag der Übertragungsfunktion $H_0(p)$ für $p = \mathrm{j}\omega$ den Wert 1/2 nicht übersteigt. Der Wert des Ohmwiderstands R darf beliebig positiv gewählt werden. Die realisierbare Impedanz $Z_1(p)$ erhält man aus R und $H_0(p)$ nach Gl. (337b), die Impedanz $Z_2(p)$ aus R und $Z_1(p)$ nach Gl. (336a). Die eigentliche Realisierung besteht in der Verwirklichung der Impedanzen $Z_1(p)$ und $Z_2(p)$ nach einem der bekannten Verfahren. Da diese Impedanzen etwa nach dem Bott-Duffin-Verfahren kopplungsfrei verwirklicht werden können, ist auch die Übertragungsfunktion $H_0(p)$ kopplungsfrei realisierbar. Die Eingangsimpedanz U_1/I_1 stimmt nach Gl. (336b) mit R überein. Deshalb gilt $U_1 = U_0/2$. Für die Übertragungsfunktion $U_2/U_1 = H_1(p)$ besteht daher die Beziehung

$$H_1(p) = 2H_0(p).$$

Eine rationale, reelle und in Re $p \geqq 0$ polfreie Funktion $H_1(p)$ läßt sich also durch ein Netzwerk nach Bild 124 mit $R_1 = 0$, $R_2 = R$ und der Beziehung Gl. (336a) als Spannungsverhältnis U_2/U_0 genau dann realisieren, wenn $|H_1(\mathrm{j}\omega)| \leqq 1$ für alle ω-Werte gilt.

Ein gewisser Nachteil der vorstehend beschriebenen Realisierung einer Übertragungsfunktion ist der verhältnismäßig hohe Aufwand an Netzwerkelementen. Dieser ist darauf zurückzuführen, daß im Netzwerk vier Zweipole auftreten, deren Impedanzen denselben Grad haben wie die zu realisierende Übertragungsfunktion. Dieser Aufwand läßt sich reduzieren, wenn man das aus den genannten vier Zweipolen bestehende Zweitor gemäß Bild 126 durch ein äquivalentes Zweitor ersetzt, das die Zweipole $2Z_1(p)$ und $Z_2(p)/2$ sowie einen idealen Übertrager enthält. Hat die Impedanz $2Z_1(p)$ in $p = 0$ eine Nullstelle, so kann man aus dem entsprechenden Zweipol eine Querinduktivität herausziehen und diese mit dem idealen Übertrager zu einem festgekoppelten Übertrager verschmelzen.

Man kann jetzt eine rationale, reelle und in Re $p \geqq 0$ polfreie Übertragungsfunktion $H_1(p)$ bis auf einen konstanten Faktor auch noch folgendermaßen realisieren. Es wird

$$H_1(p) = K \frac{\prod_{\mu=1}^{m} (p - p_{0\mu})}{\prod_{\nu=1}^{n} (p - p_{\infty\nu})} \qquad (m \leqq n)$$

durch Aufteilung der Faktoren $(p - p_{0\mu})$ und der Faktoren $(p - p_{\infty\nu})$ in ein Produkt von Übertragungsfunktionen, d.h. von rationalen, reellen und in Re $p \geqq 0$ einschließlich $p = \infty$ polfreien Funktionen

$$H_1(p) = kH^{(1)}(p)H^{(2)}(p)\dots H^{(q)}(p) \tag{338}$$

zerlegt, wobei k eine Konstante ist und die Bedingung $|H^{(\mu)}(j\omega)| \leqq 1$ für alle ω-Werte und $\mu = 1, 2, \dots, q$ erfüllt sein soll. Eine solche Zerlegung ist immer möglich. Es muß allerdings damit gerechnet werden, daß zur Erfüllung der genannten Bedingung die Konstante k um so größer wird, je größer die Zahl q der Teilzweitore ist. Man kann z.B. die Übertragungsfunktionen $H^{(\mu)}(p)$ so wählen, daß sie nicht weiter in Übertragungsfunktionen faktorisiert werden können. Der Grad dieser Funktionen beträgt dann offensichtlich Eins oder Zwei, und die Teilzweitore lassen sich besonders einfach realisieren. Gewöhnlich gibt es mehrere Möglichkeiten einer Darstellung von $H_1(p)$ gemäß Gl. (338). Damit die Teilübertragungsfunktionen reell werden, müssen in diesen Funktionen nicht-reelle Nullstellen bzw. Pole immer paarweise konjugiert komplex auftreten. Jede der Übertragungsfunktionen $H^{(\mu)}(p)$ läßt sich als Spannungsverhältnis $U_2^{(\mu)}/U_1^{(\mu)}$ durch ein symmetrisches Kreuzglied mit der Abschlußimpedanz $R_2 = R$ und der Eingangsimpedanz $Z_0(p) = R$ realisieren. Ordnet man diese Kreuzglieder gemäß Bild 127 in Kette an und schließt man das gesamte Zweitor am Ausgang mit dem Ohmwiderstand R ab, so wird

$$\frac{U_2}{U_1} = \frac{U_2^{(q)}}{U_1} = \frac{U_2^{(q)}}{U_2^{(q-1)}} \cdot \frac{U_2^{(q-1)}}{U_2^{(q-2)}} \cdots \frac{U_2^{(2)}}{U_2^{(1)}} \cdot \frac{U_2^{(1)}}{U_1} \quad . \tag{339}$$

Da der Abschlußwiderstand jedes Teilzweitors gleich dem Eingangswiderstand des darauffolgenden Teilzweitors ist, d.h. den Wert R hat, muß $U_2^{(\mu)}/U_2^{(\mu-1)}$ mit der Übertragungsfunktion $H^{(\mu)}(p)$ übereinstimmen. Aus Gl. (339) folgt daher

$$\frac{U_2}{U_1} = H^{(q)}(p)\,H^{(q-1)}(p) \dots H^{(2)}(p)\,H^{(1)}(p). \tag{340}$$

Die gegebene Übertragungsfunktion $H_1(p)$ Gl. (338) wird also bis auf den konstanten Faktor k als Spannungsverhältnis U_2/U_1 Gl. (340) durch das Zweitor nach Bild 127 realisiert. Ist der Grad der Übertragungsfunktionen $H^{(\mu)}(p)$ Eins oder Zwei, so besitzen auch die Zweipolfunktionen $Z_1^{(\mu)}(p)$ und $Z_2^{(\mu)}(p)$ ersten oder zweiten Grad. Die den Übertragungsfunktionen $H^{(\mu)}(p)$ entsprechenden Teilzweitore lassen sich gemäß Bild 126 durch äquivalente Zweitore mit durchgehender Kurzschlußverbindung ersetzen. Man kann in manchen Fällen Teilzweitore aus Bild 127 in äquivalente Zweitore mit durchgehender Kurzschlußverbindung nach einer Methode umwandeln, die im Abschnitt 7.2 bei der Realisierung von Allpaß-Übertragungsfunktionen angewendet wird.

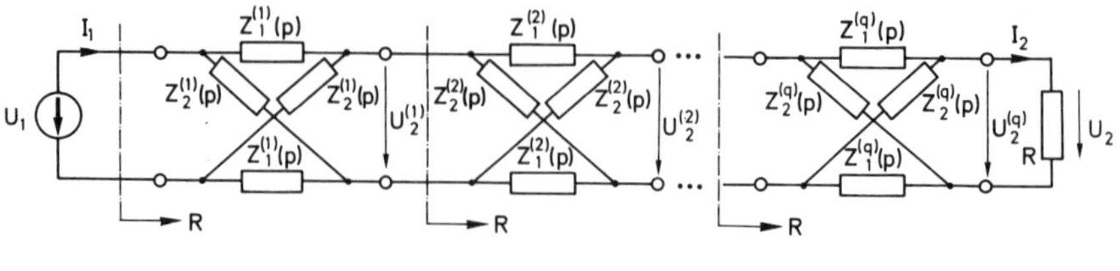

Bild 127: Realisierung einer Übertragungsfunktion durch eine Kettenanordnung von Kreuzgliedern

Es sei noch auf folgendes hingewiesen. Da im Netzwerk von Bild 127 $U_1 = I_1 R$ gilt und da zudem zwischen Ausgangsspannung U_2 und Ausgangsstrom I_2 die Beziehung $U_2 = -I_2 R$ besteht, kann die gegebene Übertragungsfunktion auch als Verhältnis von Strom zu Spannung, Strom zu Strom oder Spannung zu Strom realisiert werden.

7.1.2. Die Darlington-Netzwerke

Man wählt im Netzwerk von Bild 124 entweder $Z_1(p)$ oder $Z_2(p)$ gleich $\sqrt{R_1 R_2}$, wobei weder R_1 noch R_2 gleich Null sein darf. Es werde beispielsweise

$$Z_2(p) = \sqrt{R_1 R_2} \tag{341a}$$

gewählt. Dann erhält man nach Gl. (334a)

$$Z_1(p) = \sqrt{R_1 R_2}\,\frac{1 - H_0(p)\left(1 + \sqrt{\dfrac{R_1}{R_2}}\right)^2}{1 + H_0(p)\left(1 + \sqrt{\dfrac{R_1}{R_2}}\right)^2} . \tag{341b}$$

Wie man der Gl. (335) entnehmen kann, ist im vorliegenden Fall die Eingangsimpedanz $Z_0(p)$ nicht konstant. Die Impedanz $Z_1(p)$ wird hier gemäß Gl. (341b) in ähnlicher Form dargestellt wie die entsprechende Impedanz im Abschnitt 7.1.1 gemäß Gl. (337b). Deshalb kann man die folgende Aussage machen: Gilt bei beliebiger Wahl von positiven Werten R_1 und R_2 die Ungleichung $|H_0(\mathrm{j}\omega)| \leqq 1/(1 + \sqrt{R_1/R_2})^2$ für alle ω-Werte, so ist die in der Halbebene $\operatorname{Re} p \geqq 0$ polfreie Übertragungsfunktion $H_0(p)$ durch das Netzwerk nach Bild 124 als Spannungsverhältnis U_2/U_0 realisierbar. Die Impedanzen $Z_1(p)$ und $Z_2(p)$ sind durch die Gln. (341a, b) gegeben. Die Impedanz $Z_2(p)$ wird durch einen Ohmwiderstand verwirklicht, die Impedanz $Z_1(p)$ gewöhnlich durch einen *RLC*- bzw. *RLCÜ*-Zweipol.

Wählt man $Z_1(p) = \sqrt{R_1 R_2}$, so läßt sich die Übertragungsfunktion $H_0(p)$ in entsprechender Weise realisieren. Auch hier muß die Bedingung $|H_0(\mathrm{j}\omega)| \leqq 1/(1 + \sqrt{R_1/R_2})^2$ gefordert werden.

7.2. DIE REALISIERUNG VON ALLPASS-ÜBERTRAGUNGSFUNKTIONEN

7.2.1. Mindestphasen-Übertragungsfunktionen und Allpaß-Übertragungsfunktionen

Es sei $H(p)$ eine beliebige im Sinne von Abschnitt 4.2 zulässige Übertragungsfunktion. Bezeichnet man mit $p_{0\mu}$ die Nullstellen und mit $p_{\infty\nu}$ die Pole dieser Funktion, so läßt sie sich in der Form

$$H(p) = K \frac{\prod_{\mu=1}^{m} (p - p_{0\mu})}{\prod_{\nu=1}^{n} (p - p_{\infty\nu})} \tag{342}$$

$(m \leqq n)$ darstellen. Dabei ist K ein konstanter Faktor, dessen Vorzeichen in der Regel so gewählt wird, daß $H(0) \geqq 0$ gilt. Die Nullstellen $p_{0\mu}(\mu = 1, 2, \ldots, m)$ seien so geordnet, daß

$$\operatorname{Re} p_{0\mu} \leqq 0 \quad \text{für} \quad \mu = 1, 2, \ldots, l$$

und

$$\operatorname{Re} p_{0\mu} > 0 \quad \text{für} \quad \mu = l+1, \ldots, m$$

gilt. Mit den in der rechten Halbebene liegenden Nullstellen $p_{0\mu}(\mu = l+1, \ldots, m)$ wird das Hurzwitz-Polynom

$$h(p) = \prod_{\mu = l+1}^{m} (p + p_{0\mu})$$

gebildet. Unter Verwendung des Hurwitz-Polynoms $h(p)$ kann die Darstellung der Übertragungsfunktion $H(p)$ nach Gl. (342) folgendermaßen umgeformt werden:

$$H(p) = \underbrace{(-1)^{m-l} K \frac{\left[\prod_{\mu=1}^{l} (p - p_{0\mu})\right] h(p)}{\prod_{\nu=1}^{n} (p - p_{\infty\nu})}}_{H_M(p)} \cdot \underbrace{\frac{h(-p)}{h(p)}}_{H_A(p)} .$$

Die Übertragungsfunktion läßt sich also als Produkt

$$H(p) = H_M(p) H_A(p) \tag{343}$$

der zwei Übertragungsfunktionen $H_M(p)$ und $H_A(p)$ ausdrücken. Die Übertragungsfunktion $H_M(p)$ hat nur in der Halbebene $\operatorname{Re} p \leqq 0$ Nullstellen. Sie ist eine sogenannte Mindestphasen-Übertragungsfunktion [28]. Die Übertragungsfunktion

$$H_A(p) = \frac{h(-p)}{h(p)} \tag{344a}$$

ist eine sogenannte Allpaß-Übertragungsfunktion, weil $|H_A(\mathrm{j}\omega)| = 1$ für alle ω-Werte gilt. Diese Tatsache ist leicht einzusehen, wenn man das Hurwitz-Polynom $h(p)$ in seinen geraden Teil $h_g(p)$ und seinen ungeraden Teil $h_u(p)$ zerlegt und dann die Darstellung

$$H_A(p) = \frac{h_g(p) - h_u(p)}{h_g(p) + h_u(p)} \tag{344b}$$

betrachtet. Da $h_g(p)$ für $p = \mathrm{j}\omega$ reell und $h_u(p)$ für $p = \mathrm{j}\omega$ imaginär ist, sieht man anhand der Gl. (344b), daß $|H_A(\mathrm{j}\omega)| \equiv 1$ gilt. Der Betrag der Mindestphasen-Übertragungsfunktion $H_M(p)$ stimmt also mit jenem der Übertragungsfunktion $H(p)$ für

$p = \mathrm{j}\omega$ überein. Man kann die Übertragungsfunktion $H(p)$ auch noch auf andere Art als Produkt einer Übertragungsfunktion $\widehat{H}(p)$ und einer Allpaß-Übertragungsfunktion $\widehat{H}_A(p)$ darstellen, indem man in das Zählerpolynom dieser Allpaß-Übertragungsfunktion nur einen Teil der Nullstellen $p_{0\mu}(\mu = l+1,\ldots, m)$ aufnimmt. Hierbei gilt stets $|\widehat{H}_A(\mathrm{j}\omega)| \equiv 1$. Von allen möglichen Darstellungen

$$H(p) = \widehat{H}(p)\,\widehat{H}_A(p)$$

zeichnet sich, wie man leicht zeigen kann, diejenige nach Gl. (343) dadurch aus, daß die Phase $\Theta(\omega) = -\arg H_M(\mathrm{j}\omega)$ für jedes $\omega \geqq 0$ von allen Funktionen $\widehat{\Theta}(\omega) = -\arg \widehat{H}(\mathrm{j}\omega)$ den kleinstmöglichen Wert hat, jeweils vom Wert für $\omega = 0$ aus gerechnet.

Im folgenden soll die Verwirklichung der Allpaß-Übertragungsfunktion $H_A(p)$ mit Hilfe von Kreuzgliedern gemäß Abschnitt 7.1 und mit Hilfe von dazu äquivalenten Netzwerken untersucht werden. Nach diesen Verfahren werden Allpaß-Übertragungsfunktionen durch Zweitore mit konstantem Eingangswiderstand R realisiert. Im Abschnitt 7.3 wird ein Verfahren entwickelt, welches die Realisierung von Mindestphasen-Übertragungsfunktionen bis auf einen konstanten Faktor in Form eines Zweitors erlaubt, das eine durchgehende Kurzschlußverbindung und einen Abschlußwiderstand R hat. Schaltet man ein derartiges Zweitor und einen Allpaß in Kette, so läßt sich damit ebenfalls eine allgemeine Übertragungsfunktion bis auf einen konstanten Faktor verwirklichen.

7.2.2. Allpaß-Realisierung

Gemäß Gl. (344b) kann man eine Allpaß-Übertragungsfunktion in der Form

$$H_A(p) = \frac{1 - \dfrac{h_u(p)}{h_g(p)}}{1 + \dfrac{h_u(p)}{h_g(p)}} \tag{345}$$

darstellen. Nach Abschnitt 7.1 läßt sich damit die Übertragungsfunktion $H_A(p)$ durch ein Zweitor nach Bild 124 mit $R_1 = 0$, $R_2 = 1$ und $Z_1(p) = 1/Z_2(p) = h_u(p)/h_g(p)$ verwirklichen [man vergleiche insbesondere die Gl. (337a) und beachte die Beziehung $2H_0(p) = H_A(p)$]. Hier ist die Impedanz $Z_1(p)$ eine Reaktanzzweipolfunktion. Sie läßt sich in bekannter Weise kopplungsfrei durch einen Reaktanzzweipol verwirklichen, so daß $H_A(p)$ durch ein LC-Zweitor mit Abschlußwiderstand $R = 1$ realisiert wird. Mit Hilfe der Äquivalenz nach Bild 126 kann man das Zweitor in ein äquivalentes Netzwerk umwandeln, das nur halb so viele Energiespeicher benötigt.

Man kann bei der Realisierung einer Allpaß-Übertragungsfunktion $H_A(p)$ gemäß Gl. (338) von der Produktform

$$H_A(p) = H_A^{(1)}(p)\, H_A^{(2)}(p) \ldots H_A^{(q)}(p) \tag{346}$$

ausgehen, wobei die Allpaß-Übertragungsfunktionen $H_A^{(\mu)}(p)\,(\mu = 1, 2,\ldots, q)$ vom ersten oder vom zweiten Grad sein sollen. Die Übertragungsfunktionen zweiten Grades sollen ein konjugiert komplexes Nullstellenpaar und ein Paar konjugiert komplexer Pole haben. Jede der Übertragungsfunktionen $H_A^{(\mu)}(p)$ läßt sich nach Abschnitt 7.1 durch einen Elementarallpaß mit Eingangsimpedanz $Z_0(p)=1$ und Abschlußwiderstand $R_2=1$ realisieren. Durch Kettenanordnung von Elementarallpässen gemäß Gl. (346) erhält man dann eine Verwirklichung der Allpaß-Übertragungsfunktion $H_A(p)$.

Im folgenden soll die Realisierung der Übertragungsfunktionen $H_A^{(\mu)}(p)$ durch Elementarallpässe etwas näher untersucht werden. Dabei wird zwischen Übertragungsfunktionen ersten und zweiten Grades unterschieden.

7.2.3. Die Allpaß-Übertragungsfunktion ersten Grades

Eine Allpaß-Übertragungsfunktion ersten Grades hat die Form

$$H_A(p)=\frac{a_0-p}{a_0+p} \tag{347}$$

mit $a_0>0$. Gemäß Gl. (345) wird damit

$$Z_1(p)=\frac{h_u(p)}{h_g(p)}=\frac{p}{a_0} \quad . \tag{348}$$

Im Bild 128 sind zwei äquivalente Zweitore dargestellt, die sich aufgrund der Ergebnisse von Abschnitt 7.1 mit $Z_1(p)$ Gl. (348) ergeben und die Übertragungsfunktion $H_A(p)$ Gl. (347) nach Abschluß mit dem Ohmwiderstand $R=1$ realisieren. Es gilt

$$L_1=\frac{1}{a_0}\quad , \qquad C_1=\frac{1}{a_0}\quad .$$

Weiterhin findet man

$$L_2=\frac{1}{2a_0}\quad , \qquad C_2=\frac{2}{a_0}\quad .$$

Angesichts der Fialkow-Gerst-Bedingungen läßt sich die Übertragungsfunktion $H_A(p)$ Gl. (347) durch ein kopplungsfreies Zweitor mit durchgehender Kurzschlußverbindung nicht verwirklichen.

7.2.4. Die Allpaß-Übertragungsfunktion zweiten Grades

Eine Allpaß-Übertragungsfunktion zweiten Grades hat die Form

$$H_A(p)=\frac{a_0-a_1p+p^2}{a_0+a_1p+p^2} \quad . \tag{349}$$

Dabei muß $0<a_1/2<\sqrt{a_0}$ angenommen werden, da die Nullstellen und Pole der Übertragungsfunktion voraussetzungsgemäß nicht reell sein sollen. Gemäß Gl. (345) erhält man somit

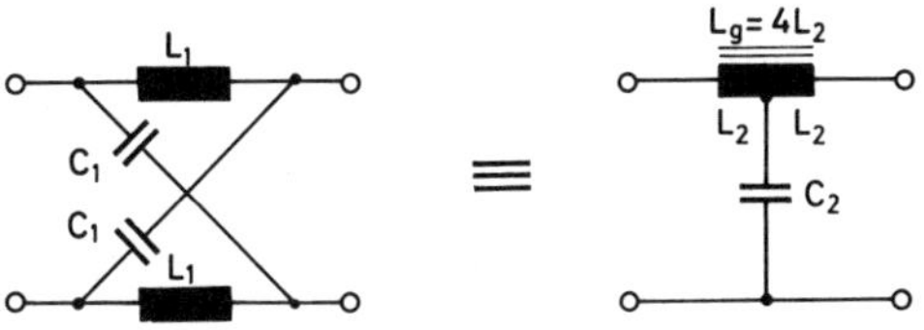

Bild 128: Zwei äquivalente Zweitore zur Realisierung einer Allpaß-Übertragungsfunktion ersten Grades

$$Z_1(p) = \frac{h_u(p)}{h_g(p)} = \frac{a_1 p}{p^2 + a_0} \quad . \tag{350}$$

Im Bild 129 sind zwei äquivalente Zweitore dargestellt, die sich aufgrund der Ergebnisse von Abschnitt 7.1 mit $Z_1(p)$ Gl. (350) ergeben und die Übertragungsfunktion $H_A(p)$ Gl. (349) nach Abschluß mit dem Ohmwiderstand $R = 1$ realisieren. Es gilt

$$L_1 = \frac{a_1}{a_0} \quad , \qquad C_1 = \frac{1}{a_1} \quad , \qquad L_2 = \frac{1}{a_1} \quad , \qquad C_2 = \frac{a_1}{a_0} \quad .$$

Weiterhin findet man

$$L_3 = \frac{a_1}{2a_0} \quad , \qquad C_3 = \frac{1}{2a_1} \quad , \qquad L_4 = \frac{1}{2a_1} \quad , \qquad C_4 = \frac{2a_1}{a_0} \quad .$$

Im folgenden soll die Möglichkeit untersucht werden, die im Bild 129 dargestellten Netzwerke durch äquivalente Reaktanzzweitore mit durchgehender Kurzschlußverbindung zu ersetzen. Dazu wird zunächst die Admittanzmatrix dieser Zweitore ermittelt. Mit den Impedanzen $Z_1(p)$ und $Z_2(p) = 1/Z_1(p)$ erhält man

$$Y_{11}(p) = \quad Y_{22}(p) = \frac{1}{2}\left[\frac{1}{Z_1(p)} + \frac{1}{Z_2(p)}\right] = \frac{1}{2}\left[Z_1(p) + Z_2(p)\right] \quad ,$$

$$-Y_{12}(p) = \frac{1}{2}\left[\frac{1}{Z_1(p)} - \frac{1}{Z_2(p)}\right] = \frac{1}{2}\left[-Z_1(p) + Z_2(p)\right] \quad ,$$

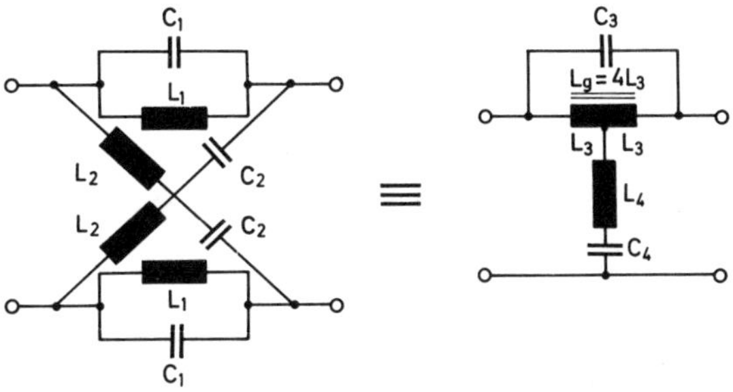

Bild 129: Zwei äquivalente Zweitore zur Realisierung einer Allpaß-Übertragungsfunktion zweiten Grades

also mit Gl. (350)

$$Y_{11}(p) = \quad Y_{22}(p) = \frac{a_1 p/2}{p^2 + a_0} + \frac{1}{2a_1} p + \frac{a_0}{2a_1} \cdot \frac{1}{p} \quad , \tag{351a}$$

$$-Y_{12}(p) = \frac{-a_1 p/2}{p^2 + a_0} + \frac{1}{2a_1} p + \frac{a_0}{2a_1} \cdot \frac{1}{p} \quad . \tag{351b}$$

Die durch die Gln. (351a, b) gegebene Admittanzmatrix wird jetzt auf verschiedene Weise in die Summe zweier zulässiger Admittanzmatrizen $[Y_{rs}^{(1)}(p)]$ und $[Y_{rs}^{(2)}(p)]$ zerlegt. Soweit diese Matrizen nicht direkt durch kopplungsfreie Reaktanzzweitore mit durchgehender Kurzschlußverbindung realisierbar sind, wird jeweils versucht, eine derartige Realisierung durch Verwendung der zugehörigen Impedanzmatrix zu erreichen.

a) Eine erste Zerlegung

Es wird

$$Y_{11}^{(1)}(p) = Y_{22}^{(1)}(p) = -Y_{12}^{(1)}(p) = \kappa \frac{p}{2a_1} + \lambda \frac{a_0}{2a_1 p} \tag{352}$$

und

$$Y_{11}^{(2)}(p) = \quad Y_{22}^{(2)}(p) = \frac{a_1 p/2}{p^2 + a_0} + (1-\kappa)\frac{p}{2a_1} + (1-\lambda)\frac{a_0}{2a_1 p} \quad ,$$

$$-Y_{12}^{(2)}(p) = \frac{-a_1 p/2}{p^2 + a_0} + (1-\kappa)\frac{p}{2a_1} + (1-\lambda)\frac{a_0}{2a_1 p}$$

mit

$$0 \leqq \kappa \leqq 1, \qquad 0 \leqq \lambda \leqq 1 \qquad (\kappa \neq \lambda)$$

gebildet. Mit Hilfe der Determinante der Matrix $[Y_{rs}^{(2)}(p)]$, welche in der Form $[(1-\kappa)p^2 + (1-\lambda)a_0]/(p^2 + a_0)$ geschrieben werden kann, erhält man durch Inversion dieser Matrix die zugehörige Impedanzmatrix mit den Elementen

$$Z_{11}^{(2)}(p) = Z_{22}^{(2)}(p) = \frac{a_1 p/2}{(1-\kappa)p^2 + (1-\lambda)a_0} + \frac{p^2 + a_0}{2a_1 p} \tag{353a}$$

und

$$Z_{12}^{(2)}(p) = \frac{-a_1 p/2}{(1-\kappa)p^2 + (1-\lambda)a_0} + \frac{p^2 + a_0}{2a_1 p} \quad . \tag{353b}$$

Aus Gl. (353b) ist zu ersehen, daß die Matrix $[Z_{rs}^{(2)}(p)]$ nur dann in der gewünschten Weise realisierbar ist, wenn entweder $\kappa = 1$ oder $\lambda = 1$ gewählt wird. Diese Möglichkeiten sollen jetzt untersucht werden.

Wählt man zuerst $\kappa = 1$, so erhält man aus den Gln. (353a, b)

$$Z_{11}^{(2)}(p) = Z_{22}^{(2)}(p) = \left[\frac{1}{2a_1} + \frac{a_1/2}{(1-\lambda)a_0}\right] p + \frac{a_0}{2a_1 p} \tag{354a}$$

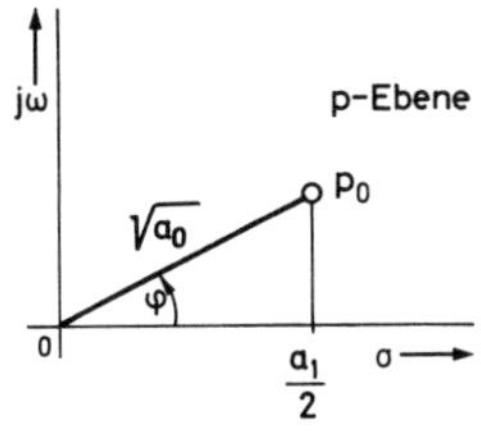

Bild 130: Übertragungsnullstelle p_0 des Elementarallpasses zweiten Grades

und

$$Z_{12}^{(2)}(p) = \left[\frac{1}{2a_1} - \frac{a_1/2}{(1-\lambda)a_0}\right]p + \frac{a_0}{2a_1 p} \quad . \tag{354b}$$

Damit der Koeffizient bei p auf der rechten Seite der Gl. (354b) nicht negativ wird, muß man die Forderung

$$1 - \lambda \geqq a_1^2/a_0 \tag{355}$$

stellen. Da λ im Intervall $0 \leqq \lambda < 1$ liegen muß, kann diese Forderung nur dann befriedigt werden, wenn die Bedingung

$$a_0 \geqq a_1^2$$

erfüllt ist. Diese Bedingung bedeutet für den Winkel φ der Übertragungsnullstelle $p_0 = a_1/2 + \mathrm{j}\sqrt{a_0 - (a_1^2/4)}$ (Bild 130), daß $\cos\varphi = a_1/(2\sqrt{a_0}) \leqq 1/2$, also

$$\frac{\pi}{3} \leqq \varphi < \frac{\pi}{2} \tag{356}$$

gelten muß.

Ist nun die Bedingung (356) erfüllt, dann hat man zunächst für den Parameter λ einen Wert zu wählen, so daß die Ungleichung (355) befriedigt wird, d.h.

$$0 \leqq \lambda \leqq \frac{a_0 - a_1^2}{a_0} \tag{357}$$

gilt. Damit lassen sich die Matrizen $[Y_{rs}^{(1)}(p)]$ und $[Z_{rs}^{(2)}(p)]$ gemäß Gl. (352) bzw. gemäß den Gln. (354a, b) durch Reaktanzzweitore direkt realisieren. Durch Parallelanordnung dieser Zweitore erhält man das im Bild 131 dargestellte Netzwerk, das zu den Zweitoren

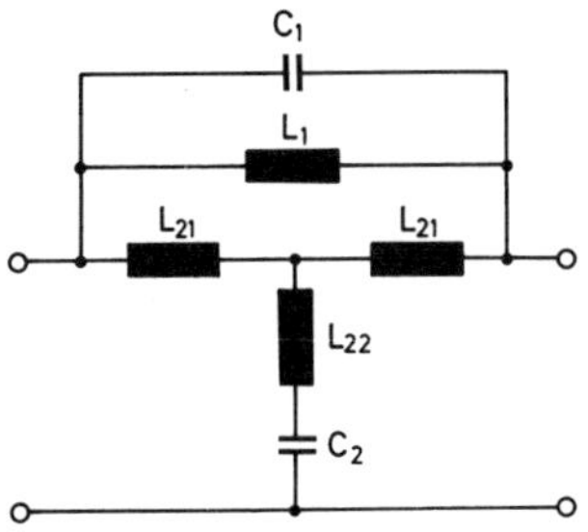

Bild 131: Realisierung einer Allpaß-Übertragungsfunktion zweiten Grades unter der Bedingung (356)

von Bild 129 äquivalent ist, sofern die Bedingung (356) erfüllt ist. Für die Netzwerkelemente bestehen offensichtlich die Darstellungen

$$L_1 = \frac{2a_1}{\lambda a_0} \quad , \quad C_1 = \frac{1}{2a_1} \tag{358}$$

und

$$L_{21} = \frac{a_1}{(1-\lambda)a_0} \quad , \quad L_{22} = \frac{1}{2a_1} - \frac{a_1/2}{(1-\lambda)a_0} \quad , \quad C_2 = \frac{2a_1}{a_0} \quad . \tag{359}$$

Die gemäß Ungleichung (357) gegebene Freiheit in der Wahl von λ kann dazu verwendet werden, das gefundene Netzwerk noch etwas zu vereinfachen. Wählt man nämlich den größtmöglichen λ-Wert

$$\lambda_{max} = \frac{a_0 - a_1^2}{a_0} \quad ,$$

dann wird gemäß den Gln. (359) $L_{22} = 0$, und das Zweitor im Bild 131 hat neben den zwei Kapazitäten nur drei Induktivitäten. Im Sonderfall $\varphi = \pi/3$ wird $\lambda_{max} = 0$, und bei Wahl dieses λ-Wertes erhält man zusätzlich zu $L_{22} = 0$ noch $L_1 = \infty$. Statt des größtmöglichen λ-Wertes kann immer auch der kleinstmögliche Wert $\lambda = 0$ gewählt werden. Dann wird $L_1 = \infty$, und das Zweitor im Bild 131 hat auch hier nur drei Induktivitäten und zwei Kapazitäten.

Wählt man nun $\lambda = 1$, so erhält man aus den Gln. (353a, b)

$$Z_{11}^{(2)}(p) = Z_{22}^{(2)}(p) = \left(\frac{a_0}{2a_1} + \frac{a_1/2}{1-\kappa}\right)\frac{1}{p} + \frac{1}{2a_1}p \tag{360a}$$

und

$$Z_{12}^{(2)}(p) = \left(\frac{a_0}{2a_1} - \frac{a_1/2}{1-\kappa}\right)\frac{1}{p} + \frac{1}{2a_1}p \quad . \tag{360b}$$

Damit der Koeffizient bei $1/p$ auf der rechten Seite der Gl. (360b) nicht negativ wird, muß man die Forderung

$$1 - \kappa \geqq a_1^2/a_0 \tag{361}$$

oder $a_0 \geqq a_1^2$ stellen. Diese Forderung bedeutet, daß der Winkel φ der Übertragungsnullstelle p_0 (Bild 130) im Intervall (356) liegen muß.

Ist die Bedingung (356) erfüllt, so hat man zunächst für den Parameter κ einen Wert zu wählen, so daß die Ungleichung (361) befriedigt wird, d.h.

$$0 \leqq \kappa \leqq \frac{a_0 - a_1^2}{a_0} \tag{362}$$

gilt. Dann lassen sich die Matrizen $[Y_{rs}^{(1)}(p)]$ und $[Z_{rs}^{(2)}(p)]$ gemäß Gl. (352) bzw. gemäß den Gln. (360a, b) durch Reaktanzzweitore realisieren. Durch Parallelanordnung dieser Zweitore erhält man das im Bild 132 dargestellte Netzwerk, das zu den Zweitoren von Bild 129 äquivalent ist, falls die Bedingung (356) erfüllt ist. Für die Netzwerkelemente gilt

$$L_1 = \frac{2a_1}{a_0} \quad , \quad C_1 = \frac{\kappa}{2a_1} \tag{363}$$

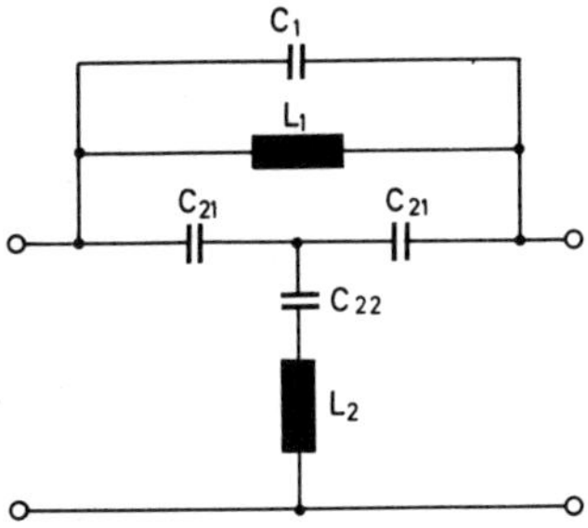

Bild 132: Realisierung einer Allpaß-Übertragungsfunktion zweiten Grades unter der Bedingung (356)

und

$$C_{21} = \frac{1-\kappa}{a_1} \quad , \quad C_{22} = \frac{2a_1(1-\kappa)}{a_0(1-\kappa)-a_1^2} \quad , \quad L_2 = \frac{1}{2a_1} \quad . \tag{364}$$

Die gemäß Ungleichung (362) gegebene Freiheit in der Wahl von κ kann dazu verwendet werden, das gefundene Netzwerk noch etwas zu vereinfachen. Wählt man nämlich den größtmöglichen κ-Wert

$$\kappa_{\max} = \frac{a_0 - a_1^2}{a_0} \quad ,$$

dann wird nach den Gln. (364) $C_{22} = \infty$, und das Zweitor im Bild 132 hat neben den zwei Induktivitäten nur drei Kapazitäten. Im Sonderfall $\varphi = \pi/3$ wird $\kappa_{\max} = 0$, und bei Wahl dieses κ-Wertes erhält man zusätzlich zu $C_{22} = \infty$ noch $C_1 = 0$. Statt des größtmöglichen κ-Wertes kann immer auch der kleinstmögliche Wert $\kappa = 0$ gewählt werden. Dann wird $C_1 = 0$, und das Zweitor im Bild 132 hat auch hier nur drei Kapazitäten und zwei Induktivitäten.

b) Eine zweite Zerlegung

Es wird

$$Y_{11}^{(1)}(p) = Y_{22}^{(1)}(p) = \frac{\lambda a_1 p/2}{p^2 + a_0} + \frac{p}{2a_1} \quad , \tag{365a}$$

$$-Y_{12}^{(1)}(p) = \frac{-\lambda a_1 p/2}{p^2 + a_0} + \frac{p}{2a_1} \tag{365b}$$

und

$$Y_{11}^{(2)}(p) = Y_{22}^{(2)}(p) = \frac{(1-\lambda) a_1 p/2}{p^2 + a_0} + \frac{a_0}{2a_1 p} \quad , \tag{366a}$$

$$-Y_{12}^{(2)}(p) = \frac{-(1-\lambda) a_1 p/2}{p^2 + a_0} + \frac{a_0}{2a_1 p} \tag{366b}$$

mit

$$0 \leqq \lambda \leqq 1$$

gebildet. Die Determinante der Matrix $[Y_{rs}^{(1)}(p)]$ ist $\lambda p^2/(p^2+a_0)$, die der Matrix $[Y_{rs}^{(2)}(p)]$ ist $(1-\lambda)a_0/(p^2+a_0)$. Somit lauten die Elemente der entsprechenden Impedanzmatrizen im Fall $\lambda \neq 0$

$$Z_{11}^{(1)}(p) = Z_{22}^{(1)}(p) = \left(\frac{a_0}{2a_1\lambda} + \frac{a_1}{2}\right)\frac{1}{p} + \frac{p}{2a_1\lambda} \quad , \tag{367a}$$

$$Z_{12}^{(1)}(p) = \left(\frac{a_0}{2a_1\lambda} - \frac{a_1}{2}\right)\frac{1}{p} + \frac{p}{2a_1\lambda} \tag{367b}$$

und im Fall $\lambda \neq 1$

$$Z_{11}^{(2)}(p) = Z_{22}^{(2)}(p) = \left[\frac{1}{2a_1(1-\lambda)} + \frac{a_1}{2a_0}\right]p + \frac{a_0}{2a_1(1-\lambda)p} \quad , \tag{368a}$$

$$Z_{12}^{(2)}(p) = \left[\frac{1}{2a_1(1-\lambda)} - \frac{a_1}{2a_0}\right]p + \frac{a_0}{2a_1(1-\lambda)p} \quad . \tag{368b}$$

Damit der Koeffizient bei $1/p$ im Element $Z_{12}^{(1)}(p)$ Gl. (367b) und der Koeffizient bei p im Element $Z_{12}^{(2)}(p)$ Gl. (368b) nicht negativ werden, müssen die Forderungen

$$\frac{a_0}{a_1^2} \geqq \lambda, \qquad \frac{a_0}{a_1^2} \geqq 1-\lambda$$

gestellt werden. Man muß also die Bedingung

$$\text{Max}\,(\lambda;\, 1-\lambda) \leqq a_0/a_1^2 \tag{369}$$

befriedigen. Da für λ-Werte im Intervall (0, 1) der kleinste Wert von Max $(\lambda;\, 1-\lambda)$ gleich 1/2 ist (Bild 133), läßt sich die Ungleichung (369) für

$$a_0 \geqq a_1^2/2$$

sicher erfüllen. Diese Bedingung bedeutet für den Winkel φ der Übertragungsnullstelle p_0 (Bild 130), daß

$$\frac{\pi}{4} \leqq \varphi < \frac{\pi}{2} \tag{370}$$

gelten muß.

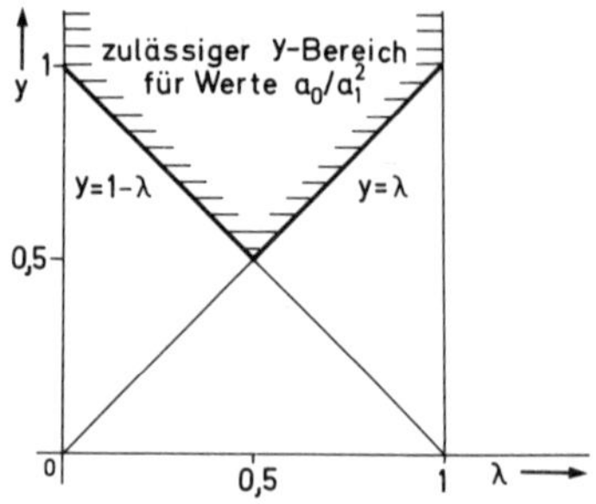

Bild 133: Zulässiger Bereich für Werte a_0/a_1^2 in Abhängigkeit von λ

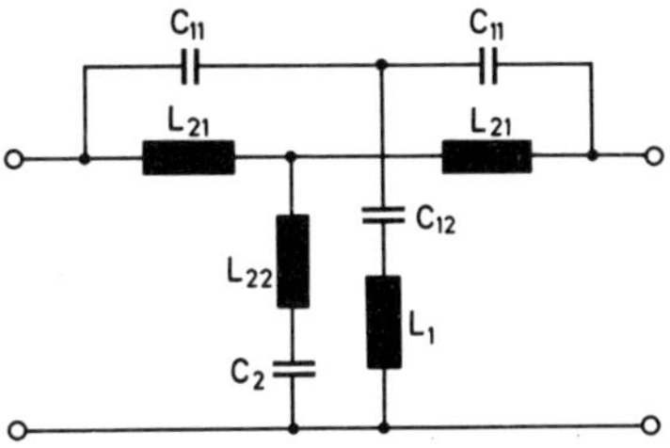

Bild 134: Realisierung einer Allpaß-Übertragungsfunktion zweiten Grades unter der Bedingung (370)

Ist nun die Bedingung (370) erfüllt, so hat man zunächst für den Parameter λ einen Wert zu wählen, welcher die Ungleichung (369) befriedigt. Dann lassen sich die Matrizen $[Z_{rs}^{(1)}(p)]$ für $\lambda \neq 0$ und $[Z_{rs}^{(2)}(p)]$ für $\lambda \neq 1$ gemäß den Gln. (367a, b) bzw. den Gln. (368a, b) durch Reaktanzzweitore unmittelbar realisieren. Für $\lambda = 0$ wird das erste Zweitor direkt mit Hilfe der Admittanzmatrix-Elemente Gln. (365a, b) realisiert, und für $\lambda = 1$ wird das zweite Zweitor direkt mit Hilfe der Admittanzmatrix-Elemente Gln. (366a, b) verwirklicht.

Durch Parallelanordnung der Zweitore 1 und 2 erhält man schließlich das im Bild 134 dargestellte Netzwerk, das zu den Zweitoren von Bild 129 äquivalent ist. Für die Netzwerkelemente gelten die Beziehungen

$$L_1 = \frac{1}{2a_1\lambda}, \qquad C_{12} = \frac{2a_1\lambda}{a_0 - a_1^2\lambda}, \qquad C_{11} = \frac{1}{a_1} \tag{371}$$

und

$$L_{21} = \frac{a_1}{a_0}, \qquad L_{22} = \frac{1}{2a_1(1-\lambda)} - \frac{a_1}{2a_0}, \qquad C_2 = \frac{2a_1(1-\lambda)}{a_0} \quad . \tag{372}$$

Aus dem Diagramm im Bild 133 läßt sich folgendes entnehmen. Gilt

$$\frac{1}{2} < \frac{a_0}{a_1^2} < 1, \tag{373}$$

so kann man im Intervall (0, 1) zwei λ-Werte λ_1 und λ_2 mit der Eigenschaft $1 - \lambda_1 = \lambda_2 = a_0/a_1^2$ wählen.

Wählt man $\lambda = \lambda_1 = (a_1^2 - a_0)/a_1^2$, so wird gemäß den Gln. (372)

$$L_{22} = 0,$$

und das Netzwerk im Bild 134 enthält neben den vier Kapazitäten nur drei Induktivitäten. Wählt man dagegen $\lambda = \lambda_2 = a_0/a_1^2$, so wird gemäß den Gln. (371)

$$C_{12} = \infty \quad ,$$

und das Netzwerk im Bild 134 enthält neben den vier Induktivitäten nur drei Kapazitäten.

Im Sonderfall

$$a_0 = a_1^2/2 \qquad (\varphi = \frac{\pi}{4})$$

muß man $\lambda = a_0/a_1^2 = 1/2$ wählen, und es gilt sowohl $L_{22} = 0$ als auch $C_{12} = \infty$.

Es sei noch bemerkt, daß die Bedingung (373) für den Winkel φ der Übertragungsnullstelle p_0 die Einschränkung

$$\frac{\pi}{4} < \varphi < \frac{\pi}{3}$$

bedeutet.
Gilt

$$\frac{a_0}{a_1^2} \geqq 1 \quad ,$$

so kann man immer $\lambda = 0$ oder $\lambda = 1$ wählen. Dadurch vereinfacht sich die Realisierung, und man erhält Lösungen, die schon an früherer Stelle gefunden wurden. Durch Anwendung der Stern-Dreieck-Umwandlung auf den Induktivitäts- bzw. Kapazitätsstern im Netzwerk von Bild 134 lassen sich noch weitere äquivalente Lösungen angeben.

Zusammenfassend darf folgendes festgestellt werden: Aufgrund der vorausgegangenen Untersuchungen besteht die Möglichkeit, jede Allpaß-Übertragungsfunktion $H_A(p)$ Gl. (349) durch ein kopplungsfreies Reaktanzzweitor mit durchgehender Kurzschlußverbindung zu realisieren, sofern der Winkel φ der Übertragungsnullstelle p_0 nicht kleiner als $\pi/4$ ist. Für die kopplungsfreie Realisierung von Allpaß-Übertragungsfunktionen mit $0 < \varphi < \pi/4$ durch Zweitore mit durchgehender Kurzschlußverbindung müßten noch geeignete Netzwerke gefunden werden.

7.3. DIE REALISIERUNG VON MINDESTPHASEN-ÜBERTRAGUNGSFUNKTIONEN DURCH ÜBERBRÜCKTE T-GLIEDER

In diesem Abschnitt soll ein Verfahren entwickelt werden, das die Realisierung einer beliebigen, auf der imaginären Achse der p-Ebene polfreien Mindestphasen-Übertragungsfunktion bis auf einen konstanten Faktor ermöglicht. Diese Übertragungsfunktion wird durch ein Zweitor mit durchgehender Kurzschlußverbindung verwirklicht, das mit einem Ohmwiderstand R abgeschlossen ist und die konstante Eingangsimpedanz R hat. Das Zweitor setzt sich aus einer kettenförmigen Anordnung überbrückter T-Glieder zusammen. Ein derartiges überbrücktes T-Glied soll zunächst untersucht werden.

7.3.1. Analyse eines überbrückten T-Gliedes

Im Bild 135 ist die Struktur eines überbrückten T-Gliedes dargestellt. Die Funktionen $Z(p)$ und $R^2/Z(p)$ bedeuten Impedanzen, die Zweipole R sind Ohmwiderstände. Das Netzwerk im Bild 135 kann als eine bezüglich der Knotenpunkte 0 und 2 abgeglichene Brücke aufgefaßt werden. Daher läßt sich der Ohmwiderstand R zwischen den Knoten 0 und 2 durch einen Leerlauf ersetzen, ohne daß dadurch die Spannungen und Ströme

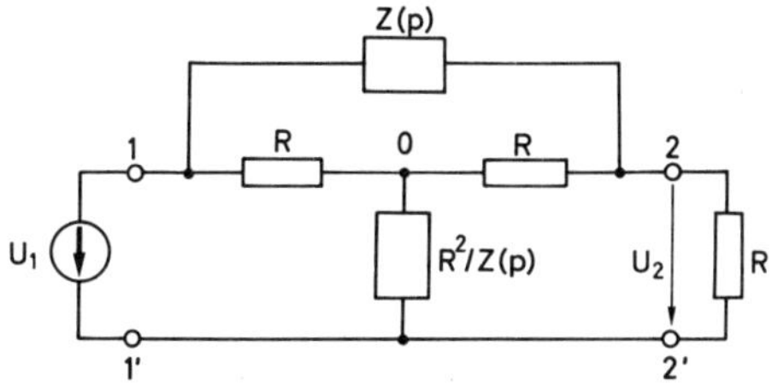

Bild 135: Das überbrückte *T*-Glied

im Netzwerk geändert werden. Denkt man sich diese Veränderung des Netzwerks vorübergehend durchgeführt, so ist unmittelbar zu erkennen, daß für die Übertragungsfunktion $H(p) = U_2/U_1$ die Beziehung

$$H(p) = \frac{1}{1 + \frac{Z(p)}{R}} \tag{374}$$

gilt. Die Übertragungsfunktion $H(p)$ des überbrückten *T*-Gliedes stellt also, wie aus Gl. (374) zu erkennen ist, eine Zweipolfunktion dar. Sie kann nur in der abgeschlossenen Halbebene $\text{Re}\, p \leqq 0$ Nullstellen und in der offenen Halbebene $\text{Re}\, p < 0$ Pole besitzen. Aus Gl. (374) folgt

$$H(p) - \frac{1}{2} = \frac{1}{2} \frac{1 - \frac{Z(p)}{R}}{1 + \frac{Z(p)}{R}} . \tag{375}$$

Entsprechend den Überlegungen aus Abschnitt 7.1 im Zusammenhang mit der Untersuchung der Bedingungen für die Übertragungsfunktion $H_0(p)$ kann jetzt wegen Gl. (375) folgendes festgestellt werden: Eine rationale, reelle und in $\text{Re}\, p \geqq 0$ polfreie Funktion $H(p)$ kann als Spannungsverhältnis U_2/U_1 durch ein überbrücktes *T*-Glied nach Bild 135 genau dann realisiert werden, wenn die Bedingung

$$\left| H(\text{j}\omega) - \frac{1}{2} \right| \leqq \frac{1}{2} \tag{376}$$

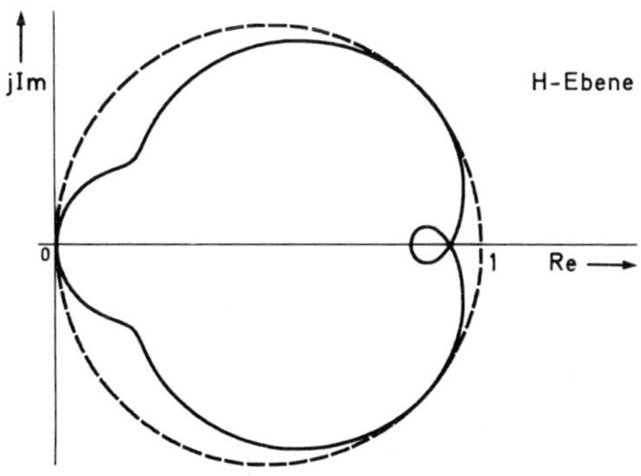

Bild 136: Geometrische Veranschaulichung der Bedingung (376)

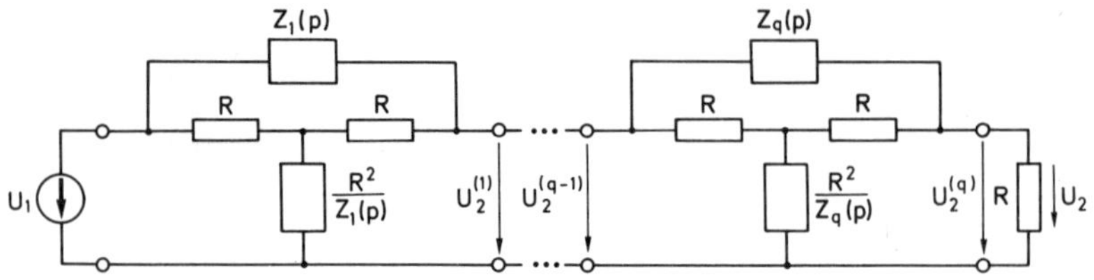

Bild 137: Kettenförmige Aneinanderreihung von q überbrückten T-Gliedern

für alle ω-Werte gilt. Der Wert des Ohmwiderstandes R darf beliebig positiv gewählt werden. Die realisierbare Impedanz $Z(p)$ erhält man aus R und $H(p)$ mit Hilfe der aus Gl. (374) folgenden Beziehung

$$Z(p) = \frac{R}{H(p)} - R \quad . \tag{377}$$

Die eigentliche Realisierung besteht nun in der Verwirklichung der Impedanzen $Z(p)$ und $R^2/Z(p)$ nach einem der bekannten Verfahren.

Die Bedingung (376) bedeutet geometrisch, daß die Ortskurve $H(j\omega)$ innerhalb des im Bild 136 dargestellten Kreises $|H - 0{,}5| \leqq 0{,}5$ verläuft. Hieraus folgt, daß der Realteil der Funktion $H(j\omega)$ nur in einer Nullstelle von $H(j\omega)$ verschwinden kann.

Man kann dem Netzwerk im Bild 135 weiterhin, etwa nach Kurzschluß der Knotenpunkte 0 und 2, entnehmen, daß der Eingangswiderstand unabhängig von p gleich dem ohmschen Abschlußwiderstand R ist.

Es werden jetzt q überbrückte T-Glieder mit den Übertragungsfunktionen $H^{(\mu)}(p)$ gemäß Bild 137 kettenförmig aneinandergefügt, und das resultierende Gesamtzweitor wird mit dem Ohmwiderstand R abgeschlossen. Da der Abschlußwiderstand jedes der ersten $(q-1)$ T-Glieder gleich dem konstanten Eingangswiderstand R des darauffolgenden T-Gliedes ist, gilt $H^{(\mu)}(p) = U_2^{(\mu)}/U_2^{(\mu-1)}$ ($\mu = 1, 2,..., q$; $U_1 = U_2^{(0)}$; $U_2^{(q)} = U_2$) und somit für die Übertragungsfunktion $H(p) = U_2/U_1$ des Gesamtzweitors

$$H(p) = H^{(1)}(p)\, H^{(2)}(p) \ldots H^{(q)}(p).$$

Die Übertragungsfunktion $H(p)$ des gemäß Bild 137 aus der kettenförmigen Anordnung von q überbrückten T-Gliedern entstandenen Zweitors ist also gleich dem Produkt der Übertragungsfunktionen $H^{(\mu)}(p)$ der Teilzweitore. Diese Übertragungsfunktionen dürfen auf der Achse $\text{Re}\, p = 0$ keine Pole haben und müssen die kennzeichnende Bedingung $|H^{(\mu)}(j\omega) - 0{,}5)| \leqq 0{,}5$ erfüllen. Damit kann auch die Übertragungsfunktion $H(p)$ auf $\text{Re}\, p = 0$ keine Pole haben.

7.3.2. Realisierung einer allgemeinen Mindestphasen-Übertragungsfunktion

Es wird nun gezeigt, daß jede beliebige, auf der imaginären Achse $\text{Re}\, p = 0$ polfreie Mindestphasen-Übertragungsfunktion $H(p)$ bis auf einen konstanten Faktor als Kettenanordnung von überbrückten T-Gliedern gemäß Bild 137 verwirklicht werden kann.

Dazu wird die gegebene Übertragungsfunktion $H(p)$ als Produkt von Teilübertragungsfunktionen $H^{(\mu)}(p)$ $(\mu = 1, 2, \ldots, q)$, welche durch überbrückte T-Glieder realisiert werden sollen, und einer reellen Konstante k dargestellt:

$$H(p) = kH^{(1)}(p)\,H^{(2)}(p) \ldots H^{(q)}(p). \tag{378}$$

Der Grad der Übertragungsfunktionen $H^{(\mu)}(p)$ soll Eins oder Zwei sein. Die Darstellung der Übertragungsfunktion nach Gl. (378) entspricht der Darstellung Gl. (338). Die Faktorisierung gemäß Gl. (378) ist in der Regel nicht eindeutig. Man kann gewöhnlich die Nullstellen und Pole von $H(p)$ auf verschiedene Weise auf die Teilübertragungsfunktionen $H^{(\mu)}(p)$ verteilen. Da die Teilübertragungsfunktionen reell werden sollen, müssen nicht-reelle Nullstellen bzw. Pole immer paarweise konjugiert komplex auftreten. Weiterhin muß darauf geachtet werden, daß der Zählergrad jeder Übertragungsfunktion $H^{(\mu)}(p)$ den Grad des Nenners nicht übersteigt.

Angesichts dieser Regeln kommen nur die folgenden Funktionstypen für die $H^{(\mu)}(p)$ in Betracht:

$$H_a(p) = \frac{K_a}{p+a}, \qquad a > 0;\ K_a > 0, \tag{379a}$$

$$H_b(p) = K_b\frac{p+c}{p+a}, \qquad a > 0;\ c \geqq 0;\ K_b > 0, \tag{379b}$$

$$H_c(p) = \frac{K_c}{p^2+ap+b}, \qquad a, b > 0;\ K_c > 0, \tag{379c}$$

$$H_d(p) = K_d\frac{p+c}{p^2+ap+b}, \qquad a, b > 0;\ c \geqq 0;\ K_d > 0, \tag{379d}$$

$$H_e(p) = K_e\frac{p^2+cp+d}{p^2+ap+b}, \qquad a, b > 0;\ c, d \geqq 0;\ K_e > 0. \tag{379e}$$

Es wird jetzt davon ausgegangen, daß die gegebene Übertragungsfunktion $H(p)$, abgesehen von einem möglichen Faktor (-1), in Form eines Produkts von Teilübertragungsfunktionen der Art gemäß den Gln. (379a, b, c, d, e) dargestellt ist.

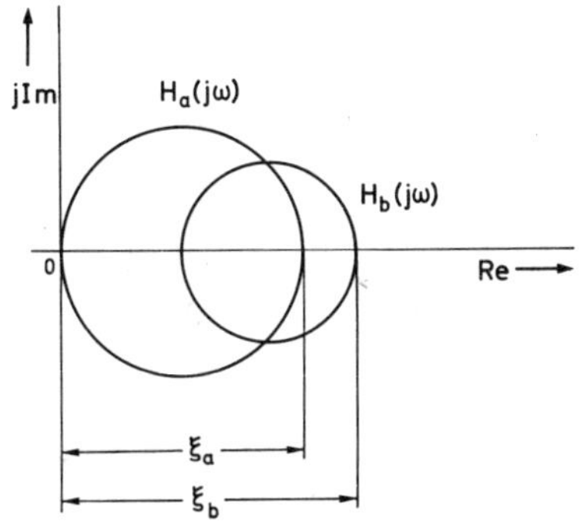

Bild 138: Ortskurven $H_a(j\omega)$ und $H_b(j\omega)$

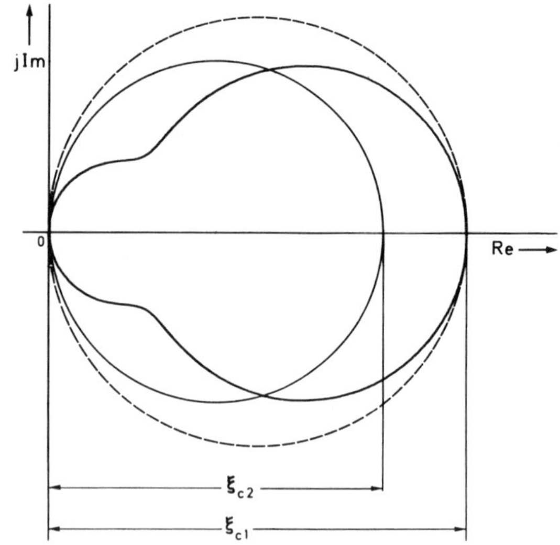

Bild 139: Ortskurven der auf der rechten Seite von Gl. (380) auftretenden Zweipolfunktionen für $p = j\omega$

Wie man den Gln. (379a, b) entnimmt, sind die Ortskurven $H_a(j\omega)$ und $H_b(j\omega)$ Kreise, deren Mittelpunkte auf der positiv reellen Achse liegen und welche gemäß Bild 138 in der rechten Halbebene verlaufen. Die Funktionen $H_a(p)$ und $H_b(p)$ sind also Zweipolfunktionen. Damit erfüllen beide Funktionen, gegebenenfalls nach Multiplikation mit einer reellen positiven Konstante, die nicht größer als $1/\xi_a$ bzw. $1/\xi_b$ sein darf (man vergleiche Bild 138), alle Bedingungen für die Realisierbarkeit durch überbrückte T-Glieder.

Die Funktion $H_c(p)$ Gl. (379c) läßt sich nach Erweiterung mit einem linearen Faktor in der Form

$$H_c(p) = \frac{K_c(p+\bar{a})}{p^2+ap+b} \cdot \frac{1}{p+\bar{a}} \tag{380}$$

darstellen. Wählt man die Größe $\bar{a}$ im Intervall

$$0 < \bar{a} \leqq a \quad ,$$

so ist die Übertragungsfunktion $H_c(p)$ gemäß Gl. (380) als Produkt zweier Zweipolfunktionen ausgedrückt, deren Funktionswerte für $p = j\omega$ $(-\infty < \omega < \infty)$ in der offenen rechten Halbebene liegen und für $p = \infty$ Null werden (Bild 139). Falls diese Funktionswerte nicht bereits in dem durch Ungleichung (376) definierten Kreis liegen, kann dies durch Einführung reeller positiver Konstanten, die nicht größer als $1/\xi_{c1}$ bzw. $1/\xi_{c2}$ sein dürfen (man vergleiche Bild 139), erreicht werden.

Man kann also die Übertragungsfunktion $H_c(p)$, abgesehen von einem konstanten Faktor, stets als Produkt zweier Übertragungsfunktionen darstellen, welche durch überbrückte T-Glieder verwirklicht werden können.

Die Übertragungsfunktion $H_d(p)$ Gl. (379d) entspricht im Fall $c \leqq a$ der ersten Zweipolfunktion auf der rechten Seite der Gl. (380) und muß daher nicht weiter untersucht werden. Gilt dagegen $c > a$, so setzt man

$$H_d(p) = K_d \frac{p+\bar{a}}{p^2+ap+b} \cdot \frac{p+c}{p+\bar{a}}$$

mit $0 < \bar{a} \leqq a$. Dies ist ein Produkt zweier Zweipolfunktionen, deren Funktionswerte für $p = j\omega\,(0 \leqq \omega < \infty)$ positiven Realteil haben. Aufgrund der bisherigen Überlegungen ist es nun offensichtlich, daß $H_d(p)$, abgesehen von einem reellen positiven Faktor, als Produkt zweier Übertragungsfunktionen geschrieben werden kann, welche durch überbrückte T-Glieder realisierbar sind.

Schließlich wird noch die Übertragungsfunktion $H_e(p)$ Gl. (379e) betrachtet. Falls sie die notwendigen Bedingungen nicht erfüllt, wird wie folgt verfahren: Ist $c \geqq 0$, $d = 0$, so setzt man

$$H_e(p) = \frac{K_e p(p+\bar{a})}{p^2+ap+b} \cdot \frac{p+c}{p+\bar{a}} \quad .$$

Wählt man $\bar{a} \geqq b/a$, so steht auf der rechten Seite dieser Gleichung das Produkt zweier Zweipolfunktionen, deren Funktionswerte für $p = j\omega$ $(0 < \omega \leqq \infty)$ positiven Realteil haben. Abgesehen von einem reellen positiven Faktor, kann somit $H_e(p)$ im betrachteten Fall als Produkt zweier Übertragungsfunktionen geschrieben werden, welche durch überbrückte T-Glieder realisierbar sind. – Gilt $c = 0$, $d > 0$, so setzt man

$$H_e(p) = \frac{K_e(p^2+d)}{p^2+ap+b} = K_e \frac{p^2+\bar{a}p+\bar{b}}{p^2+ap+b} \cdot \frac{p^2+d}{p^2+\bar{a}p+\bar{b}} \quad .$$

Bei der Wahl von $\bar{b} = d$ und $\bar{a} > (\sqrt{b} - \sqrt{d})^2/a$ ist auch hier $H_e(p)$ als Produkt zweier Zweipolfunktionen dargestellt (man vergleiche hierzu Abschnitt 3.5.3), deren Funktionswerte für $p = j\omega$ $(0 \leqq \omega \leqq \infty\,;\ \omega \neq \sqrt{d})$ positiven Realteil haben und die somit, abgesehen von einem reellen positiven Faktor, durch überbrückte T-Glieder realisierbar sind. – Schließlich soll der allein noch ausstehende Fall $c > 0$, $d > 0$ untersucht werden. Gilt dabei $(\sqrt{b} - \sqrt{d})^2 < ac$, so ist $H_e(p)$ eine Zweipolfunktion, die bis auf einen reellen positiven Faktor als Übertragungsfunktion durch ein überbrücktes T-Glied verwirklicht werden kann. Gilt dagegen $(\sqrt{b} - \sqrt{d})^2 \geqq ac$, dann wird

$$H_e(p) = K_e \frac{p^2+\bar{a}p+\bar{b}}{p^2+ap+b} \cdot \frac{p^2+cp+d}{p^2+\bar{a}p+\bar{b}}$$

gesetzt. Wählt man die Parameter $\bar{a}$ und $\bar{b}$ so, daß

$$\bar{b} > 0$$

und

$$\bar{a} > \mathrm{Max}\left[\frac{(\sqrt{b} - \sqrt{\bar{b}})^2}{a} \quad , \quad \frac{(\sqrt{d} - \sqrt{\bar{b}})^2}{c}\right]$$

gilt, dann ist $H_e(p)$ aufgrund der Bedingung (73b) als Produkt zweier Zweipolfunktionen dargestellt, deren Funktionswerte für $p = j\omega$ $(0 \leqq \omega \leqq \infty)$ positiven Realteil haben. Abgesehen von einem reellen positiven Faktor kann somit $H_e(p)$ auch in diesem Fall als Produkt zweier Übertragungsfunktionen geschrieben werden, welche durch überbrückte T-Glieder realisiert werden können.

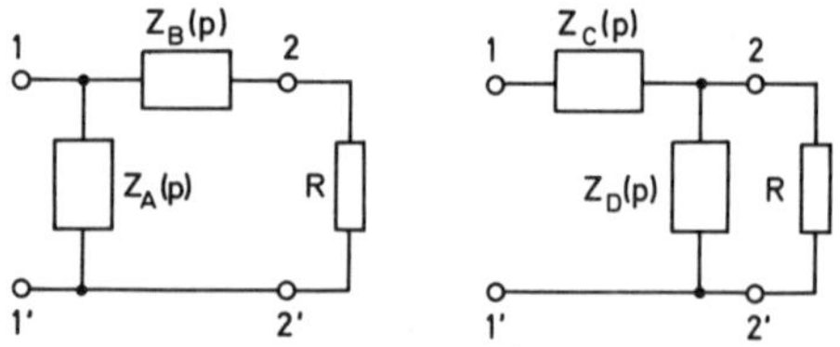

Bild 140: Zwei zum überbrückten T-Glied von Bild 135 äquivalente Zweitore

Die vorausgegangenen Untersuchungen haben gezeigt, daß jede Mindestphasen-Übertragungsfunktion $H(p)$, welche auf der imaginären Achse keine Pole hat, in Form von Gl. (378) als Produkt einer Konstante k und von solchen Übertragungsfunktionen $H^{(\mu)}(p)$ dargestellt werden kann, welche durch überbrückte T-Glieder realisierbar sind. Werden die Übertragungsfunktionen $H^{(\mu)}(p)$ bezüglich desselben (willkürlich wählbaren) Ohmwiderstands $R > 0$ realisiert und fügt man die resultierenden überbrückten T-Glieder entsprechend Bild 137 kettenförmig zusammen, so entsteht ein Zweitor mit dem Abschlußwiderstand R und der konstanten Eingangsimpedanz R, das die gegebene Übertragungsfunktion $H(p)$ bis auf den konstanten Faktor k (bis auf die Grunddämpfung $-\ln|k|$) als Spannungsquotient U_2/U_1 verwirklicht. Die auftretenden Impedanzen sind vom ersten oder zweiten Grad und berechnen sich aus R und den entsprechenden Übertragungsfunktionen gemäß der Gl. (377). Die Verwirklichung der Impedanzen erfolgt nach einem der Verfahren von Abschnitt 3.

Abschließend sei noch auf folgendes hingewiesen. Im überbrückten T-Glied nach Bild 135 darf man zwischen den Knoten 0 und 2 entweder einen Leerlauf oder einen Kurzschluß erzeugen, ohne daß sich die Übertragungsfunktion und die Eingangsimpedanz ändern. Auf diese Weise erhält man die beiden äquivalenten Zweitore nach Bild 140. Dabei gilt

$$Z_A(p) = R + \frac{R^2}{Z(p)} \quad , \qquad Z_B(p) = Z(p) \quad , \tag{381a, b}$$

$$Z_C(p) = \frac{RZ(p)}{R + Z(p)} \quad , \qquad Z_D(p) = \frac{R^2}{Z(p)} \quad . \tag{382a, b}$$

Somit kann man jede auf der imaginären Achse Re $p = 0$ polfreie Mindestphasen-Übertragungsfunktion bis auf einen konstanten Faktor auch durch eine Kettenanordnung von Zweitoren der im Bild 140 dargestellten Art realisieren.

7.3.3. Ein Beispiel

Die Ergebnisse der vorausgegangenen Untersuchungen sollen zur Realisierung einer numerisch gegebenen Übertragungsfunktion angewendet werden. Als Übertragungsfunktion wird

$$H(p) = k\frac{p^2 - p + 1}{p^2 + 2p + 2} \tag{383}$$

gewählt. Über die Konstante k werden keine Vorschriften gemacht. Zunächst wird $H(p)$ als Produkt aus einer Mindestphasen-Übertragungsfunktion und einer Allpaß-Übertragungsfunktion dargestellt:

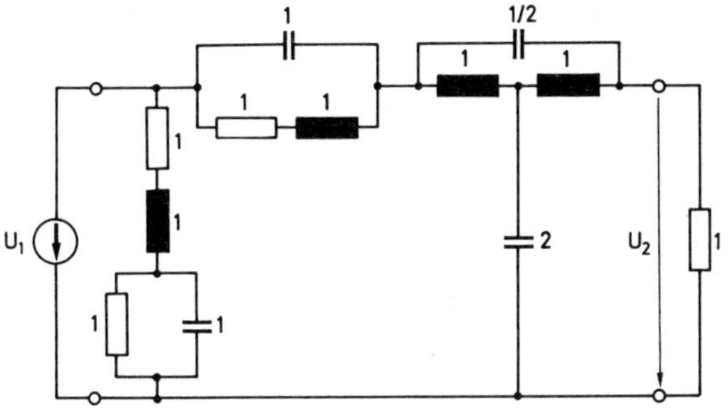

Bild 141: Realisierung der Übertragungsfunktion $H(p)$ Gl. (383) für $k = 1$

$$H(p) = \underbrace{k\frac{p^2+p+1}{p^2+2p+2}}_{=H_M(p)} \cdot \underbrace{\frac{p^2-p+1}{p^2+p+1}}_{=H_A(p)}.$$

Die Allpaß-Übertragungsfunktion $H_A(p)$ läßt sich nach Abschnitt 7.2.4 verwirklichen. Es ergibt sich ein Netzwerk gemäß Bild 131. Dabei muß $\lambda = 0$ gewählt werden, und man erhält dann

$$L_1 = \infty, \qquad C_1 = 1/2, \qquad L_{21} = 1, \qquad L_{22} = 0, \qquad C_2 = 2.$$

Für die Realisierung der Mindestphasen-Übertragungsfunktion $H_M(p)$ ist nun entscheidend, daß $H_M(p)$ für $k > 0$ eine Zweipolfunktion ist. Man berechnet zunächst nach Gl. (377) die Impedanz

$$Z(p) = \frac{R}{k} \cdot \frac{(1-k)p^2 + (2-k)p + (2-k)}{p^2+p+1} .$$

Es liegt nahe, $k = 1$ zu wählen, damit der Zählerkoeffizient bei p^2 verschwindet. Wählt man außerdem $R = 1$, so wird

$$\frac{1}{Z(p)} = p + \frac{1}{p+1} . \tag{384}$$

Somit kann man mit Hilfe eines der Zweitore nach Bild 140 die Übertragungsfunktion $H_M(p)$ verwirklichen. Verwendet man das linke Zweitor, so erhält man für die beiden auftretenden Zweipole gemäß den Gln. (381a, b) mit $R = 1$ und Gl. (384) sofort eine Realisierung. Fügt man die Zweitore, welche die Übertragungsfunktionen $H_M(p)$ und $H_A(p)$ verwirklichen, kettenförmig zusammen und schließt man das gesamte Zweitor mit dem Ohmwiderstand $R = 1$ ab, so erhält man das Netzwerk nach Bild 141, welches die Übertragungsfunktion $H(p)$ Gl. (383) für $k = 1$ als Spannungsverhältnis U_2/U_1 realisiert.

7.4. DIE REALISIERUNG VON MINDESTPHASEN-ÜBERTRAGUNGSFUNKTIONEN DURCH KETTENNETZWERKE NACH DEM VERFAHREN VON E. C. HO

Das im letzten Abschnitt beschriebene Verfahren zur Realisierung von Mindestphasen-Übertragungsfunktionen liefert Netzwerke, die aus in Kettenform zusammengefügten

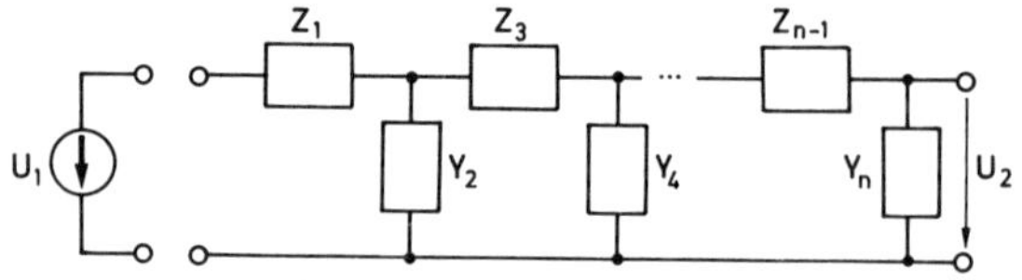

Bild 142: Das dem Hoschen Verfahren zugrunde liegende Zweitor

Teilzweitoren mit konstanten Eingangsimpedanzen aufgebaut sind. Die Konstanz dieser Impedanzen resultiert daraus, daß die in den Teilzweitoren auftretenden Zweipole zueinander dual sind. Dieser Tatsache entspricht gewöhnlich ein verhältnismäßig hoher Aufwand an Netzwerkelementen. Im folgenden soll ein Verfahren zur Realisierung von Mindestphasen-Übertragungsfunktionen entwickelt werden, bei welchem Einschränkungen der genannten Art nicht vorkommen. Deshalb darf erwartet werden, daß die resultierenden Zweitore weniger Elemente enthalten als die entsprechenden Netzwerke, die man bei Anwendung eines der bisher beschriebenen Verfahren erhält.

Den folgenden Untersuchungen wird das im Bild 142 dargestellte Zweitor mit durchgehender Kurzschlußverbindung zugrunde gelegt. Dieses Zweitor läßt sich als Kettenanordnung von Zweitoren gemäß Bild 143 auffassen. Das Zweitor nach Bild 143a hat, wie man unmittelbar sieht, die Kettenmatrix

$$\boldsymbol{K}_\mu(p) = \begin{bmatrix} 1 & Z_\mu(p) \\ 0 & 1 \end{bmatrix} \quad (\mu = 1, 3, \ldots, n-1), \tag{385a}$$

das Zweitor nach Bild 143b die Kettenmatrix

$$\boldsymbol{K}_\mu(p) = \begin{bmatrix} 1 & 0 \\ Y_\mu(p) & 1 \end{bmatrix} \quad (\mu = 2, 4, \ldots, n). \tag{385b}$$

Damit läßt sich die Kettenmatrix des Zweitors nach Bild 142 als Produkt

$$\boldsymbol{K}(p) = \begin{bmatrix} A_{11}(p) & A_{12}(p) \\ A_{21}(p) & A_{22}(p) \end{bmatrix} = \boldsymbol{K}_1(p)\boldsymbol{K}_2(p) \ldots \boldsymbol{K}_n(p) \tag{386}$$

mit den Faktoren $\boldsymbol{K}_\mu(p)$ gemäß den Gln. (385a, b) darstellen. Das Zweitor nach Bild 142 wird nun auf der Primärseite mit der Spannung U_1 erregt. Die Sekundärseite mit der Sekundärspannung U_2 wird im Leerlauf betrieben ($I_2 = 0$). Dann erhält man für die Übertragungsfunktion $H(p) = U_2/U_1$ die Darstellung

$$H(p) = \frac{1}{A_{11}(p)} \quad . \tag{387}$$

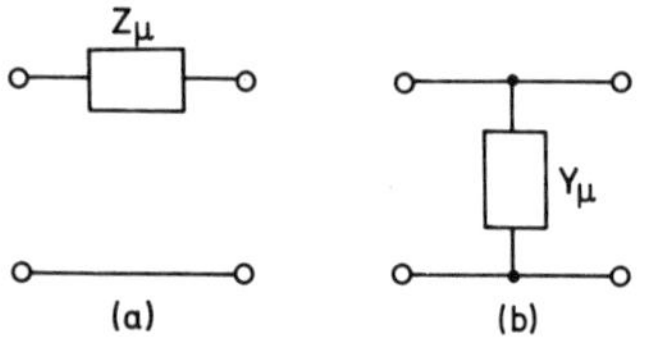

Bild 143: Teilzweitore des im Bild 142 dargestellten Zweitors

Soll jetzt eine gegebene Übertragungsfunktion $H(p)$ durch ein Kettenzweitor nach Bild 142 realisiert werden, so entsteht die Aufgabe, die Kettenmatrix $\boldsymbol{K}(p)$, von der zunächst nur ihr Element $A_{11}(p)$ gemäß Gl. (387) bekannt ist, in ein Produkt von realisierbaren Matrizen $\boldsymbol{K}_\mu(p)$ gemäß den Gln. (385a, b) zu zerlegen. Nach Abschnitt 4.5.1 können auf diese Weise nur Mindestphasen-Übertragungsfunktionen verwirklicht werden. Es muß also angenommen werden, daß die zu realisierende Übertragungsfunktion $H(p)$ in der Halbebene $\operatorname{Re} p > 0$ keine Nullstellen hat. Weiterhin ist noch vorauszusetzen, daß $H(p)$ auf der imaginären Achse $\operatorname{Re} p = 0$ einschließlich $p = \infty$ keine Pole hat. Bei der erforderlichen Faktorisierung der Matrix $\boldsymbol{K}(p)$ liegt eine Schwierigkeit darin, daß die Matrix-Elemente $A_{12}(p)$, $A_{21}(p)$ und $A_{22}(p)$ nicht bekannt sind. Deshalb wird im folgenden versucht, $\boldsymbol{K}(p)$ so zu transformieren, daß die umgeformte Matrix nur noch bekannte Größen enthält. Zu diesem Zweck bringt man die Matrix $\boldsymbol{K}(p)$ auf die folgende Diagonalform:

$$\boldsymbol{K}(p) = \Delta_1(p)\boldsymbol{D}(p)\Delta_2(p) \tag{388}$$

mit

$$\Delta_1(p) = \begin{bmatrix} 1 & 0 \\ \dfrac{A_{21}(p)}{A_{11}(p)} & 1 \end{bmatrix}, \quad \boldsymbol{D}(p) = \begin{bmatrix} A_{11}(p) & 0 \\ 0 & \dfrac{1}{A_{11}(p)} \end{bmatrix}, \quad \Delta_2(p) = \begin{bmatrix} 1 & \dfrac{A_{12}(p)}{A_{11}(p)} \\ 0 & 1 \end{bmatrix}. \tag{389 a, b, c}$$

Jetzt soll die Diagonalmatrix $\boldsymbol{D}(p)$ näher untersucht werden. Wegen der Vereinbarung, daß die zu realisierende Übertragungsfunktion $H(p)$ auf der imaginären Achse keine Pole hat, kann $H(p)$ nach den Überlegungen von Abschnitt 7.3.2, abgesehen von einem reellen konstanten Faktor, als Produkt von Zweipolfunktionen geschrieben werden. Damit erhält man nach Abschnitt 7.3.2 die Darstellung

$$A_{11}(p) = c_0 \prod_{\mu=1}^{m} c_\mu W_\mu(p). \tag{390}$$

Dabei bedeuten die c_μ ($\mu = 0, 1, \ldots, m$) reelle Konstanten, deren Werte noch spezifiziert werden müssen. Die $W_\mu(p)$ bedeuten Zweipolfunktionen, deren Realteil für $p = \mathrm{j}\omega$ nach Abschnitt 7.3.2 positiv sein muß und nicht verschwinden kann, da die Ortskurven $1/W_\mu(\mathrm{j}\omega)$ in Kreisgebieten verlaufen, deren Mittelpunkte auf der positiv reellen Achse liegen und die durch den Nullpunkt gehen. Aufgrund der Gl. (390) erhält man für die Diagonalmatrix $\boldsymbol{D}(p)$ Gl. (389b)

$$\boldsymbol{D}(p) = \prod_{\mu=0}^{m} \boldsymbol{D}_\mu(p) \tag{391a}$$

mit

$$\boldsymbol{D}_0(p) = \begin{bmatrix} c_0 & 0 \\ 0 & \dfrac{1}{c_0} \end{bmatrix} \tag{391b}$$

und

$$\boldsymbol{D}_\mu(p) = \begin{bmatrix} c_\mu W_\mu(p) & 0 \\ 0 & \dfrac{1}{c_\mu W_\mu(p)} \end{bmatrix} \cdot \quad (\mu = 1, 2, \ldots, m). \tag{391c}$$

Gemäß den Gln. (388) und (391a) wird die Ausgangsmatrix $\boldsymbol{K}(p)$ als Produkt von $(m+3)$ Matrizen dargestellt. Wie die Gln. (389a, c) und Gln. (391b, c) erkennen lassen, haben von diesen Matrizen nur $\Delta_1(p)$ und $\Delta_2(p)$ die erforderliche Form nach Gl. (385a) bzw. Gl. (385b). Daher muß jetzt noch ein weiterer entscheidender Schritt zur endgültigen Faktorisierung der Matrix $\boldsymbol{K}(p)$ gemacht werden. Er besteht in der Produkt-Zerlegung der Matrizen $\boldsymbol{D}_\mu(p)$ Gl. (391c) für $\mu = 1, 2, \ldots, m$ in der Form

$$\boldsymbol{D}_\mu(p) = \boldsymbol{D}_{0\mu}(p)\,\boldsymbol{D}_{1\mu}(p)\,\boldsymbol{D}_{2\mu}(p)\,\boldsymbol{D}_{3\mu}(p) \tag{392}$$

mit den Faktoren

$$\boldsymbol{D}_{0\mu}(p) = \begin{bmatrix} 1 & 0 \\ \dfrac{1}{c_\mu W_\mu(p)} - 1 & 1 \end{bmatrix}, \quad \boldsymbol{D}_{1\mu}(p) = \begin{bmatrix} 1 & 1 \\ 0 & 1 \end{bmatrix} \tag{393a, b}$$

und

$$\boldsymbol{D}_{2\mu}(p) = \begin{bmatrix} 1 & 0 \\ c_\mu W_\mu(p) - 1 & 1 \end{bmatrix}, \quad \boldsymbol{D}_{3\mu}(p) = \begin{bmatrix} 1 & -\dfrac{1}{c_\mu W_\mu(p)} \\ 0 & 1 \end{bmatrix}. \tag{393c, d}$$

Die Gültigkeit der Gl. (392) läßt sich unmittelbar durch Einsetzen der auftretenden Matrizen gemäß den Gln. (391c) und (393a, b, c, d) nachweisen.

Man erhält jetzt aus den Gln. (388), (391a) und den Darstellungen von $\boldsymbol{D}_1(p)$ bzw. $\boldsymbol{D}_m(p)$ gemäß Gl. (392) die Beziehungen

$$\boldsymbol{K}(p) = \Delta_1 \boldsymbol{D}_0 \boldsymbol{D}_{01} \boldsymbol{D}_{11} \boldsymbol{D}_{21} \boldsymbol{D}_{31} \boldsymbol{D}_2 \boldsymbol{D}_3 \ldots \boldsymbol{D}_m \Delta_2 \tag{394}$$

und

$$\boldsymbol{K}(p) = \Delta_1 \boldsymbol{D}_0 \boldsymbol{D}_1 \boldsymbol{D}_2 \ldots \boldsymbol{D}_{m-1} \boldsymbol{D}'_{3m} \boldsymbol{D}'_{2m} \boldsymbol{D}'_{1m} \boldsymbol{D}'_{0m} \Delta_2 \quad . \tag{395}$$

Dabei werden transponierte Matrizen mit Strichen bezeichnet. Man beachte bei Gl. (395), daß $\boldsymbol{D}_m(p) = \boldsymbol{D}'_m(p) = \boldsymbol{D}'_{3m}(p)\,\boldsymbol{D}'_{2m}(p)\,\boldsymbol{D}'_{1m}(p)\,\boldsymbol{D}'_{0m}(p)$ gilt. Aufgrund der allgemeinen Matrizen-Relation

$$\begin{bmatrix} 1 & w \\ 0 & 1 \end{bmatrix} \cdot \begin{bmatrix} d_1 & 0 \\ 0 & d_2 \end{bmatrix} = \begin{bmatrix} d_1 & 0 \\ 0 & d_2 \end{bmatrix} \cdot \begin{bmatrix} 1 & w\dfrac{d_2}{d_1} \\ 0 & 1 \end{bmatrix} \tag{396}$$

kann in Gl. (394) das Teilprodukt $\boldsymbol{D}_{31}(p)\,\boldsymbol{D}_2(p)$ durch das Produkt $\boldsymbol{D}_2(p)\,\boldsymbol{D}_{31}^{(1)}(p)$ ersetzt werden, wobei $\boldsymbol{D}_{31}^{(1)}(p)$ eine obere Dreiecksmatrix mit Einselementen in der Hauptdiagonale ist. Nach Durchführung dieser Substitution läßt sich das Teilprodukt $\boldsymbol{D}_{31}^{(1)}(p)\,\boldsymbol{D}_3(p)$ durch das Produkt $\boldsymbol{D}_3(p)\,\boldsymbol{D}_{31}^{(2)}(p)$ ersetzen, wobei $\boldsymbol{D}_{31}^{(2)}(p)$ ebenfalls eine obere Dreiecksmatrix mit Einselementen in der Hauptdiagonale ist. Fährt man in dieser Weise fort, dann wandert schließlich die Matrix $\boldsymbol{D}_{31}(p)$ bei alleiniger Veränderung des oberen Nebendiagonalelements von ihrer ursprünglichen Position in Gl. (394) zwischen die Matrizen $\boldsymbol{D}_m(p)$ und $\Delta_2(p)$, ohne daß sich sonst etwas in der Gl. (394) ändert. Die modifizierte Matrix $\boldsymbol{D}_{31}(p)$ kann dann mit der Matrix $\Delta_2(p)$ zu einer neuen oberen Dreiecksmatrix $\Delta_2^{(1)}(p)$ mit Einselementen in ihrer Hauptdiagonale zusammengefaßt werden. Man substituiert nun in Gl. (394) die Matrix $\boldsymbol{D}_2(p)$ gemäß Gl. (392) und verschiebt die Matrix $\boldsymbol{D}_{32}(p)$ entsprechend dem oben für $\boldsymbol{D}_{31}(p)$ beschriebenen Vorgehen nach rechts. Behandelt man anschließend die Matrizen $\boldsymbol{D}_3(p)$, $\boldsymbol{D}_4(p)$, ... in gleicher Weise, dann gelangt man schließlich zur Darstellung

$$\boldsymbol{K}(p) = \Delta_1(p)\boldsymbol{D}_0 \prod_{\mu=1}^{m} [\boldsymbol{D}_{0\mu}(p)\boldsymbol{D}_{1\mu}(p)\boldsymbol{D}_{2\mu}(p)]\Delta_2^{(m)}(p). \tag{397}$$

Dabei ist $\Delta_2^{(m)}(p)$ eine obere Dreiecksmatrix mit Einselementen in der Hauptdiagonale. Führt man die Matrizen

$$\boldsymbol{L}_\mu(p) = \boldsymbol{D}_{2\mu}(p)\boldsymbol{D}_{0,\,\mu+1}(p) = \begin{bmatrix} 1 & 0 \\ c_\mu W_\mu(p) - 2 + \dfrac{1}{c_{\mu+1} W_{\mu+1}(p)} & 1 \end{bmatrix} \tag{398}$$

$(\mu = 1, 2, \dots, m-1)$

ein, so läßt sich die Gl. (397) in der Form

$$\boldsymbol{K}(p) = \Delta_1 \boldsymbol{D}_0 \boldsymbol{D}_{01} \boldsymbol{D}_{11} \boldsymbol{L}_1 \boldsymbol{D}_{12} \boldsymbol{L}_2 \boldsymbol{D}_{13} \dots \boldsymbol{L}_{m-1} \boldsymbol{D}_{1m} \boldsymbol{D}_{2m} \Delta_2^{(m)} \tag{399}$$

darstellen. Diese Beziehung kann nun als Faktorisierung der Kettenmatrix $\boldsymbol{K}(p)$ gemäß Gl. (386) aufgefaßt werden. Alle auf der rechten Seite von Gl. (399) auftretenden Matrizen mit Ausnahme der Matrix $\boldsymbol{D}_0$ haben die Gestalt der Matrizen $\boldsymbol{K}_\mu(p)$ Gln. (385a, b). Dabei ist allerdings noch die Frage offen, ob die in diesen Matrizen vorkommenden, von p abhängigen Elemente Zweipolfunktionen sind. Die Matrizen $\Delta_1(p)$ und $\boldsymbol{D}_{01}(p)$ entsprechen, da sie untere Dreiecksmatrizen mit Einsen in den Hauptdiagonalen sind, Querzweipolen am Eingang des zu bestimmenden Zweitors. Diese Zweipole liefern jedoch bei der Realisierung der Übertragungsfunktion $H(p) = U_2/U_1$ keinen Beitrag. Die den Matrizen $\Delta_1(p)$ und $\boldsymbol{D}_{01}(p)$ entsprechenden Teilzweitore brauchen also nicht berücksichtigt zu werden. Diese Tatsache kommt dem Umstand entgegen, daß die Matrix $\Delta_1(p)$ nicht vollständig bekannt ist. Weiterhin ist die Matrix $\Delta_2^{(m)}(p)$ nicht vollständig bekannt. Da sie aber einem Teilzweitor entspricht, das aus einem Längszweipol am leerlaufenden Ausgang des gesuchten Zweitors besteht, hat auch sie keinen Einfluß auf die Übertragungsfunktion $H(p)$ und braucht nicht berücksichtigt zu werden. Die konstante Diagonalmatrix $\boldsymbol{D}_0$ läßt sich durch einen idealen Übertrager realisieren. Da es für die Realisierung der Übertragungsfunktion $H(p)$ nur auf die Spannungsübersetzung dieses am Zweitoreingang liegenden Übertragers ankommt, kann dieser durch einen festgekoppelten Übertrager mit gleichem Spannungsübersetzungsverhältnis ersetzt werden. Kommt es auf eine Konstante in $H(p)$ nicht an, so läßt man den Übertrager ganz weg. Damit brauchen zur Verwirklichung der gegebenen Übertragungsfunktion $H(p)$ nur die Kettenmatrizen $\boldsymbol{D}_{11}(p)$, $\boldsymbol{L}_1(p)$, $\boldsymbol{D}_{12}(p)$, $\boldsymbol{L}_2(p)$, $\boldsymbol{D}_{13}(p)$,..., $\boldsymbol{L}_{m-1}(p)$,

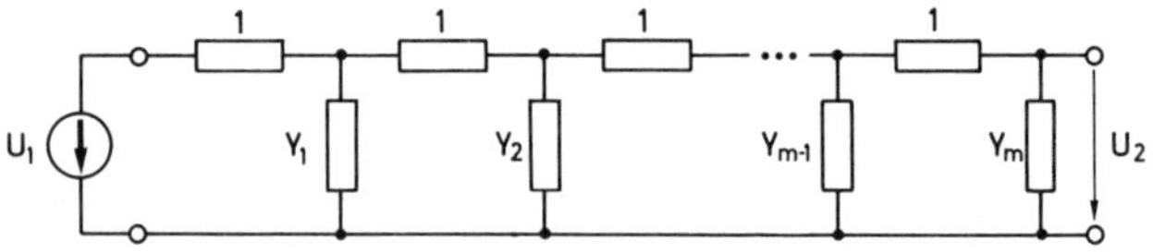

Bild 144: Eine erste aus dem Hoschen Verfahren resultierende Verwirklichung einer Mindestphasen-Übertragungsfunktion

$\boldsymbol{D}_{1m}(p)$, $\boldsymbol{D}_{2m}(p)$ nach Gl. (399) durch Zweitore realisiert und diese dann in Kettenform aneinandergefügt zu werden. Auf diese Weise erhält man bei Beachtung der Gln. (393b, c) und (398) das im Bild 144 dargestellte Zweitor. Dabei bedeuten die Funktionen

$$Y_\mu(p) = c_\mu W_\mu(p) - 2 + \frac{1}{c_{\mu+1} W_{\mu+1}(p)} \quad (\mu = 1, 2,\ldots, m-1) \tag{400a}$$

und

$$Y_m(p) = c_m W_m(p) - 1 \tag{400b}$$

die Admittanzen der auftretenden Querzweipole. Es muß jetzt noch sichergestellt werden, daß die Funktionen $Y_\mu(p)$ $(\mu = 1, 2,\ldots, m)$ Zweipolfunktionen sind. Wie bereits festgestellt wurde, sind die $W_\mu(p)$ Zweipolfunktionen, deren Realteile Re $W_\mu(\mathrm{j}\omega)$ für alle ω-Werte einschließlich $\omega = \infty$ nicht Null werden. Deshalb stellt die Funktion $Y_m(p)$ Gl. (400b) bei Wahl eines genügend großen Faktors c_m sicher eine Zweipolfunktion dar. Man braucht c_m nur so groß zu wählen, daß der Realteil der Funktion $Y_m(p)$ für alle $p = \mathrm{j}\omega$ nicht negativ wird. Dann folgt z.B. aus Satz 6, Kapitel 2.4 sofort, daß $Y_m(p)$ Zweipolfunktion sein muß. In entsprechender Weise läßt sich durch Wahl eines hinreichend großen Faktors c_{m-1} erreichen, daß die Funktion $Y_{m-1}(p)$ gemäß Gl. (400a) für $\mu = m-1$ eine Zweipolfunktion ist. Ebenso werden die Funktionen $Y_\mu(p)$ $(\mu = m-2, m-3,\ldots, 1)$ gemäß Gl. (400a) durch Wahl geeigneter Faktoren $c_{m-2}, c_{m-3}, \ldots, c_1$ Zweipolfunktionen. Durch die feste Wahl der c_μ $(\mu = 1, 2,\ldots, m)$ erhält man einen bestimmten Wert für c_0. Es lassen sich damit alle $Y_\mu(p)$ als Admittanzen nach bekannten Verfahren durch Zweipole verwirklichen, die im Zweitor nach Bild 144 erscheinen.

Man beachte, daß sich die Gl. (399) im Fall $m = 1$ auf die Darstellung

$$\boldsymbol{K}(p) = \boldsymbol{\Delta}_1(p)\boldsymbol{D}_0\boldsymbol{D}_{01}(p)\boldsymbol{D}_{11}(p)\boldsymbol{D}_{21}(p)\boldsymbol{\Delta}_2^{(1)}(p)$$

reduziert. Das Zweitor nach Bild 144 enthält neben dem ohmschen Längszweipol am Eingang nur einen Querzweipol, dessen Admittanz durch Gl. (400b) für $m = 1$ gegeben ist.

Es ist damit gezeigt, daß jede auf der imaginären Achse polfreie Mindestphasen-Übertragungsfunktion $H(p)$, abgesehen von einem konstanten Faktor, als Spannungsverhältnis U_2/U_1 durch ein Zweitor nach Bild 142 realisiert werden kann. Man erhält dieses Zweitor aus $H(p)$ auf die folgende Weise: Zunächst ist das Kettenmatrix-Element $A_{11}(p) = 1/H(p)$ gemäß Gl. (390) darzustellen, wobei die $W_\mu(p)$ $(\mu = 1, 2,\ldots, m)$ Zweipolfunktionen sein müssen, deren Realteil für $p = \mathrm{j}\omega$ nicht Null wird. Diese Zweipolfunktionen können nach Abschnitt 7.3.2 aus $H(p)$ bestimmt werden. Die Konstanten c_μ sind so festzulegen, daß die Funktionen $Y_\mu(p)$ Gln. (400a, b) Zweipolfunktionen sind. Diese werden nach einem der Verfahren von Abschnitt 3 realisiert. Die sich zwangsläufig ergebende Konstante c_0 wird durch das Zweitor nicht realisiert. Sie kann durch einen zusätzlichen festgekoppelten Übertrager auf der Primärseite des Zweitors verwirklicht werden.

Die Übertragungsfunktion $H(p)$ läßt sich auf eine weitere Art realisieren, wenn man nicht von der Gl. (394), sondern von Gl. (395) ausgeht. Unter Verwendung der transponierten Gleichung (396) kann dann die Matrix $\boldsymbol{D}'_{3m}(p)$ bei entsprechender Änderung ihres unteren Nebendiagonalelements sukzessive nach links verschoben und schließlich mit der Matrix $\Delta_1(p)$ zu einer unteren Dreiecksmatrix $\Delta_1^{(1)}(p)$ mit Einselementen in der Hauptdiagonale verschmolzen werden. Dann wird die Matrix $\boldsymbol{D}_{m-1}(p)$ gemäß Gl. (392) in Gl. (395) durch $\boldsymbol{D}'_{m-1}(p) = \boldsymbol{D}'_{3,\,m-1}(p)\boldsymbol{D}'_{2,\,m-1}(p)\boldsymbol{D}'_{1,\,m-1}(p)\boldsymbol{D}'_{0,\,m-1}(p)$ ersetzt, anschliessend die Matrix $\boldsymbol{D}'_{3,\,m-1}(p)$ in bekannter Weise nach links verschoben und mit $\Delta_1^{(1)}(p)$ zur Dreiecksmatrix $\Delta_1^{(2)}(p)$ vereinigt. Fährt man in dieser Weise fort, so erhält man schließlich die der Gl. (399) entsprechende Darstellung

$$\boldsymbol{K}(p) = \Delta_1^{(m)}\boldsymbol{D}_0\boldsymbol{D}'_{21}\boldsymbol{D}'_{11}\boldsymbol{M}_2\boldsymbol{D}'_{12}\boldsymbol{M}_3\boldsymbol{D}'_{13}\ldots\boldsymbol{M}_m\boldsymbol{D}'_{1m}\boldsymbol{D}'_{0m}\Delta_2 \tag{401}$$

mit

$$\boldsymbol{M}_\mu(p) = \boldsymbol{D}'_{0,\,\mu-1}(p)\boldsymbol{D}'_{2\mu}(p) = \begin{bmatrix} 1 & c_\mu W_\mu(p) - 2 + \dfrac{1}{c_{\mu-1}W_{\mu-1}(p)} \\ 0 & 1 \end{bmatrix} \tag{402}$$

$(\mu = 2, 3, \ldots, m).$

Dabei bedeutet $\Delta_1^{(m)}(p)$ eine untere Dreiecksmatrix mit Einselementen in der Hauptdiagonale. Die Darstellung der Kettenmatrix $\boldsymbol{K}(p)$ Gl. (401) kann jetzt in ein Netzwerk übertragen werden. Da nur die Übertragungsfunktion $H(p) = U_2/U_1$ zu verwirklichen ist, brauchen die Matrizen $\Delta_1^{(m)}(p)$, $\boldsymbol{D}'_{0m}(p)$ und $\Delta_2(p)$ in Gl. (401) bei der Realisierung nicht berücksichtigt zu werden. Das der Matrix $\Delta_1^{(m)}(p)$ entsprechende Teilzweitor würde am Eingang des Gesamtzweitors auftreten und nur aus einem Querzweipol bestehen, der auf $H(p)$ keinen Einfluß hat. Die den Matrizen $\boldsymbol{D}'_{0m}(p)$ und $\Delta_2(p)$ entsprechenden Teilzweitore würden am Ausgang des Gesamtzweitors auftreten und nur aus Längszweipolen bestehen, die ebenfalls auf $H(p)$ keinen Einfluß haben. Zur Matrix $\boldsymbol{D}_0$ ist dasselbe zu bemerken wie an früherer Stelle. Sie braucht also ebenfalls nicht berücksichtigt zu werden, wenn $H(p)$ nur bis auf einen konstanten Faktor verwirklicht werden soll. Dadurch ergibt sich bei Beachtung der Gln. (393b, c) und (402) das Zweitor nach Bild 145 mit

$$Z_1(p) = c_1 W_1(p) - 1 \tag{403a}$$

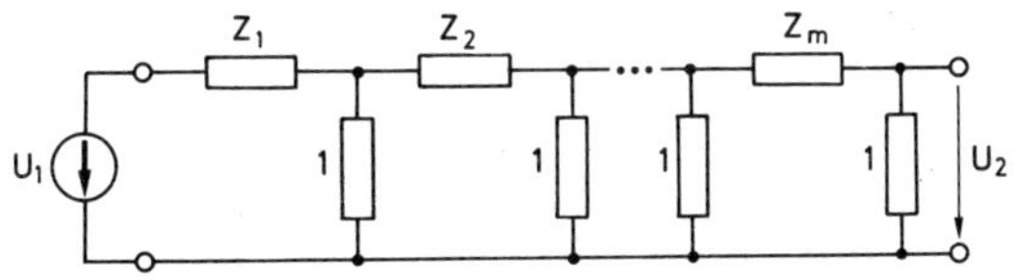

Bild 145: Eine zweite aus dem Hoschen Verfahren resultierende Verwirklichung einer Mindestphasen-Übertragungsfunktion

und

$$Z_\mu(p) = c_\mu W_\mu(p) - 2 + \frac{1}{c_{\mu-1} W_{\mu-1}(p)} \qquad (\mu = 2, \ldots, m). \tag{403b}$$

Durch Wahl geeigneter Werte von c_1, dann von c_2, c_3 usw. läßt sich wie bei der früheren Realisierung erreichen, daß alle $Z_\mu(p)$ $(\mu = 1, 2, \ldots, m)$ Zweipolfunktionen werden. Durch die feste Wahl der c_μ $(\mu = 1, 2, \ldots, m)$ erhält man einen bestimmten Wert c_0. Nun kann man die im Zweitor nach Bild 145 vorkommenden Längszweipole durch ein Verfahren aus Abschnitt 3 verwirklichen.

Man beachte, daß sich die Gl. (401) im Fall $m = 1$ auf die Darstellung

$$\boldsymbol{K}(p) = \boldsymbol{\Delta}_1^{(1)}(p)\boldsymbol{D}_0\boldsymbol{D}'_{21}(p)\boldsymbol{D}'_{11}(p)\boldsymbol{D}'_{01}(p)\boldsymbol{\Delta}_2(p)$$

reduziert. Das resultierende Zweitor enthält neben dem ohmschen Querzweipol am Ausgang einen Längszweipol, dessen Impedanz durch Gl. (403a) gegeben ist.

Bei der Realisierung einer auf der imaginären Achse polfreien Mindestphasen-Übertragungsfunktion $H(p)$ durch ein Zweitor nach Bild 145 geht man zunächst genau so vor wie bei der Verwirklichung durch ein Zweitor nach Bild 144. Es werden zunächst aus $H(p)$ Zweipolfunktionen $W_\mu(p)$ $(\mu = 1, 2, \ldots, m)$ bestimmt, deren Realteile für $p = \mathrm{j}\omega$ nirgends Null werden. Die Konstanten c_μ $(\mu = 1, 2, \ldots, m)$ sind jetzt aber so festzulegen, daß die Funktionen $Z_\mu(p)$ Gln. (403a, b) Zweipolfunktionen werden. Auch hier wird die Konstante c_0 nicht realisiert. Sie läßt sich durch einen zusätzlichen festgekoppelten Übertrager auf der Primärseite des Zweitors verwirklichen.

Abschließend sollen die Ergebnisse der vorstehenden Untersuchungen auf ein einfaches Beispiel angewendet werden. Es wird die bereits im Abschnitt 7.3.3 realisierte Mindestphasen-Übertragungsfunktion

$$H_M(p) = \frac{p^2 + p + 1}{p^2 + 2p + 2}$$

gewählt. Wie man leicht feststellt, ist die Funktion $H_M(p)$ Zweipolfunktion. Damit ist die Faktorisierung nach Gl. (390) durch die Beziehung

$$A_{11}(p) = c_0 c_1 W_1(p) \text{ mit } W_1(p) = \frac{p^2 + 2p + 2}{p^2 + p + 1}$$

gegeben. Zur Realisierung der Übertragungsfunktion $H_M(p)$ durch das Zweitor nach Bild 145 muß nun c_1 so gewählt werden, daß $Z_1(p)$ Gl. (403a) Zweipolfunktion wird. Es zeigt sich, daß

$$\sqrt{\frac{2c_1 - 1}{c_1 - 1}} \geqq \frac{1}{2} \quad (c_1 > 1)$$

gelten muß. Diese Bedingung wird erfüllt, wenn man z.B. $c_1 = 3/2$ wählt. Mit diesem Wert erhält man $c_0 = 2/3$ und

$$Z_1(p) = \frac{1}{2} + \cfrac{1}{\cfrac{2p}{3} + \cfrac{1}{\cfrac{3p}{2} + \cfrac{3}{2}}} \quad .$$

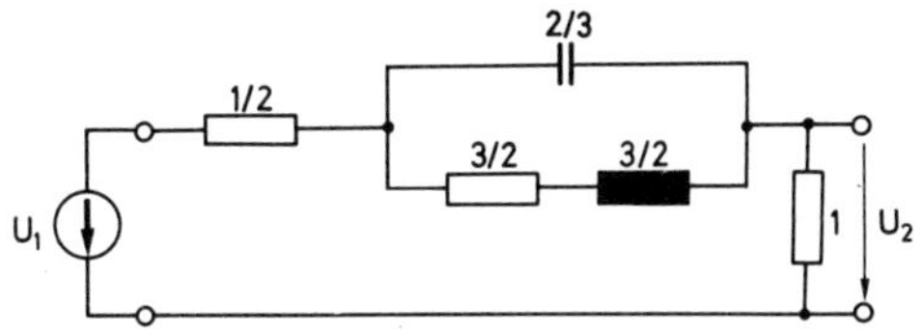

Bild 146: Realisierung einer als Beispiel gewählten Mindestphasen-Übertragungsfunktion nach dem Verfahren von Ho

Die Realisierung ist im Bild 146 dargestellt. Ersetzt man den Ohmwiderstand auf der Sekundärseite dieses Zweitors durch den Allpaß, der im Zweitor nach Bild 141 vorkommt, und schließt man das gesamte Zweitor mit dem Ohmwiderstand $R = 1$ ab, so ergibt sich eine weitere Verwirklichung der Übertragungsfunktion $H(p)$ Gl. (383). Sie benötigt weniger Aufwand als das Netzwerk nach Bild 141.

7.5. REALISIERUNG ALLGEMEINER ÜBERTRAGUNGSFUNKTIONEN MIT HILFE VON REAKTANZZWEITOREN

In diesem Abschnitt wird ein Verfahren zur Realisierung einer Übertragungsfunktion $H(p)$ als Spannungsverhältnis U_2/U_1 durch ein Zweitor nach Bild 147 beschrieben. Von der Übertragungsfunktion

$$H(p) = \frac{P_1(p)}{P_2(p)} \tag{404}$$

wird nur vorausgesetzt, daß ihr Nennerpolynom $P_2(p)$ ein Hurwitz-Polynom ist und der Grad des Zählerpolynoms den des Nennerpolynoms nicht übersteigt.

Unter der Annahme, daß das zu ermittelnde Zweitor die Admittanzmatrix $[y_{rs}(p)]$ hat, läßt sich das Spannungsverhältnis U_2/U_1 unter Verwendung des ohmschen Leitwerts $G = 1/R$ in der Form

$$\frac{U_2}{U_1} = \frac{-y_{12}(p)}{G + y_{22}(p)} \tag{405}$$

darstellen. Die Größe G darf im Intervall $0 \leqq G < \infty$ liegen. Ein Vergleich der Gln. (404) und (405) legt es nahe,

$$y_{22}(p) = 1 \tag{406a}$$

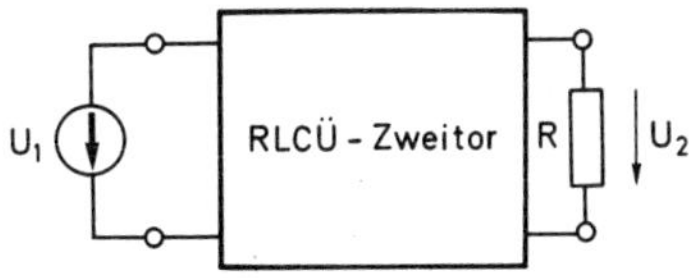

Bild 147: Realisierung einer allgemeinen Übertragungsfunktion als Spannungsverhältnis U_2/U_1

und

$$-y_{12}(p) = (G+1)\frac{P_1(p)}{P_2(p)} \tag{406b}$$

zu wählen. Gelingt es, ein Zweitor mit den Admittanzmatrix-Elementen $y_{22}(p)$ und $y_{12}(p)$ gemäß den Gln. (406a, b) zu finden, so wird nach Abschluß dieses Zweitors mit dem Ohmwiderstand $R = 1/G$ die gegebene Übertragungsfunktion $H(p)$ Gl. (404) als Spannungsverhältnis U_2/U_1 verwirklicht (Bild 147).

Zur Realisierung der Elemente $y_{22}(p)$ und $y_{12}(p)$ werden zunächst die Polynome $P_1(p)$ und $P_2(p)$ jeweils in die Summe aus ihrem geraden und ungeraden Anteil zerlegt:

$$P_1(p) = P_{1g}(p) + P_{1u}(p), \tag{407a}$$
$$P_2(p) = P_{2g}(p) + P_{2u}(p). \tag{407b}$$

Dann kann man die Admittanzmatrix-Elemente $y_{22}(p)$ und $y_{12}(p)$ Gln. (406a, b) in Form der Summen

$$y_{22}(p) = y_{22}^{(1)}(p) + y_{22}^{(2)}(p) \tag{408a}$$

und

$$y_{12}(p) = y_{12}^{(1)}(p) + y_{12}^{(2)}(p) \tag{408b}$$

mit

$$y_{22}^{(1)}(p) = \frac{P_{2g}(p)}{P_{2g}(p) + P_{2u}(p)} \quad , \tag{409a}$$

$$y_{22}^{(2)}(p) = \frac{P_{2u}(p)}{P_{2g}(p) + P_{2u}(p)} \tag{410a}$$

und

$$-y_{12}^{(1)}(p) = \frac{(G+1)P_{1g}(p)}{P_{2g}(p) + P_{2u}(p)} \quad , \tag{409b}$$

$$-y_{12}^{(2)}(p) = \frac{(G+1)P_{1u}(p)}{P_{2g}(p) + P_{2u}(p)} \tag{410b}$$

ausdrücken. Gelingt es, die Admittanzmatrix-Elemente $y_{22}^{(1)}(p)$, $y_{12}^{(1)}(p)$ Gln. (409a, b) und $y_{22}^{(2)}(p)$, $y_{12}^{(2)}(p)$ Gln. (410a, b) durch Zweitore mit durchgehender Kurzschlußverbindung zu realisieren, so erhält man gemäß den Gln. (408a, b) durch Parallelanordnung dieser Zweitore eine Verwirklichung der Elemente $y_{22}(p)$, $y_{12}(p)$.

Zur Verwirklichung der Elemente $y_{22}^{(\mu)}(p)$, $y_{12}^{(\mu)}(p)$ ($\mu = 1, 2$) wird auf den Sekundärseiten der entsprechenden Zweitore ein Ohmwiderstand $R_0 = 1$ abgebaut (Bild 148). Die dadurch entstehenden Restzweitore haben gemäß den Gln. (256) und (257) die Admittanzmatrix-Elemente

$$\bar{y}_{22}^{(1)}(p) = \frac{y_{22}^{(1)}(p)}{1 - y_{22}^{(1)}(p)} = \frac{P_{2g}(p)}{P_{2u}(p)} \quad , \tag{411a}$$

$$-\bar{y}_{12}^{(1)}(p) = \frac{-y_{12}^{(1)}(p)}{1 - y_{22}^{(1)}(p)} = \frac{(G+1)P_{1g}(p)}{P_{2u}(p)} \tag{411b}$$

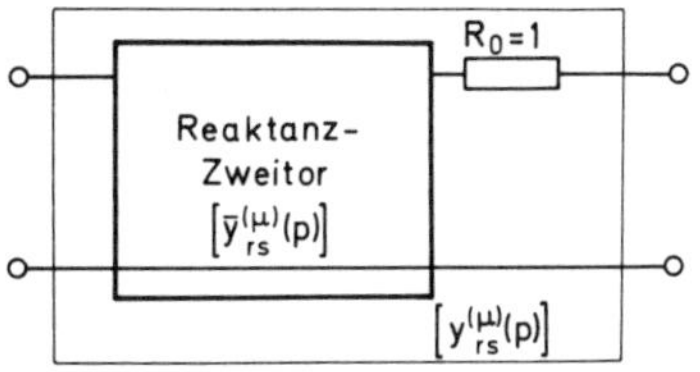

Bild 148: Abbau eines Ohmwiderstands $R_0 = 1$ auf der Sekundärseite eines Zweitors mit der Admittanzmatrix $[y_{rs}^{(\mu)}(p)]$

bzw.

$$\bar{y}_{22}^{(2)}(p) = \frac{y_{22}^{(2)}(p)}{1 - y_{22}^{(2)}(p)} = \frac{P_{2u}(p)}{P_{2g}(p)} \quad , \tag{412a}$$

$$-\bar{y}_{12}^{(2)}(p) = \frac{-y_{12}^{(2)}(p)}{1 - y_{22}^{(2)}(p)} = \frac{(G+1)P_{1u}(p)}{P_{2g}(p)} \quad . \tag{412b}$$

Nach Abschnitt 3.1.4 sind die beiden Funktionen $\bar{y}_{22}^{(\mu)}(p)$ $(\mu = 1, 2)$ als Quotienten aus dem geraden und dem ungeraden Teil des Hurwitz-Polynoms $P_2(p)$ Reaktanzzweipolfunktionen. Da der Grad von $P_{1g}(p)$ nicht größer als der Grad von $P_{2g}(p)$ ist und ebenso $P_{1u}(p)$ keinen größeren Grad hat als $P_{2u}(p)$, können die Funktionen $\bar{y}_{22}^{(1)}(p)$ und $\bar{y}_{12}^{(1)}(p)$ sowie die Funktionen $\bar{y}_{22}^{(2)}(p)$ und $\bar{y}_{12}^{(2)}(p)$ nach Abschnitt 4.3 als Elemente von Admittanzmatrizen aufgefaßt werden, die durch Reaktanzzweitore realisierbar sind.

Zur Realisierung der Admittanzmatrix-Elemente $\bar{y}_{22}^{(1)}(p)$, $\bar{y}_{12}^{(1)}(p)$ bzw. $\bar{y}_{22}^{(2)}(p)$, $\bar{y}_{12}^{(2)}(p)$ durch Reaktanzzweitore werden nach dem Vorbild von Abschnitt 5.3 die Admittanzen $Y_2^{(\mu)}(p)$ $(\mu = 1, 2)$ gebildet, die bei primärseitiger Belastung der Zweitore mit dem Ohmwiderstand Eins als Admittanz auf der Sekundärseite der Zweitore auftreten:

$$Y_2^{(\mu)}(p) = \bar{y}_{22}^{(\mu)}(p) - \frac{[\bar{y}_{12}^{(\mu)}(p)]^2}{1 + \bar{y}_{11}^{(\mu)}(p)} \qquad (\mu = 1, 2). \tag{413}$$

Die unbekannten Elemente $\bar{y}_{11}^{(\mu)}(p)$ $(\mu = 1, 2)$ werden durch die Forderung festgelegt, daß die Polstellen der Funktionen $\bar{y}_{11}^{(\mu)}(p)$ mit den Polstellen der entsprechenden Funktionen $\bar{y}_{12}^{(\mu)}(p)$ identisch sind und daß diese Stellen kompakte Pole der Matrizen $[\bar{y}_{rs}^{(\mu)}(p)]$ sind.

Die Admittanzmatrizen $[\bar{y}_{rs}^{(\mu)}(p)]$ werden jetzt mit Hilfe von $Y_2^{(\mu)}(p)$ Gl. (413) nach dem Verfahren von Abschnitt 5.1 realisiert. Als endliche Entwicklungsstellen sind sämtliche Nullstellen der jeweiligen Funktion $\bar{y}_{12}^{(\mu)}(p)$ und alle nicht-kompakten Pole

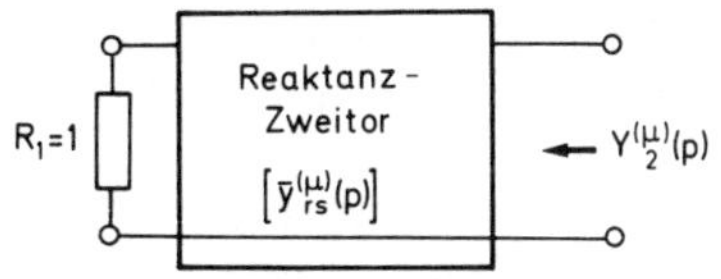

Bild 149: Entstehung von $Y_2^{(\mu)}(p)$ als Admittanz auf der Sekundärseite des Reaktanzzweitors mit der Admittanzmatrix $[\bar{y}_{rs}^{(\mu)}(p)]$ bei primärseitiger Belastung $R_1 = 1$

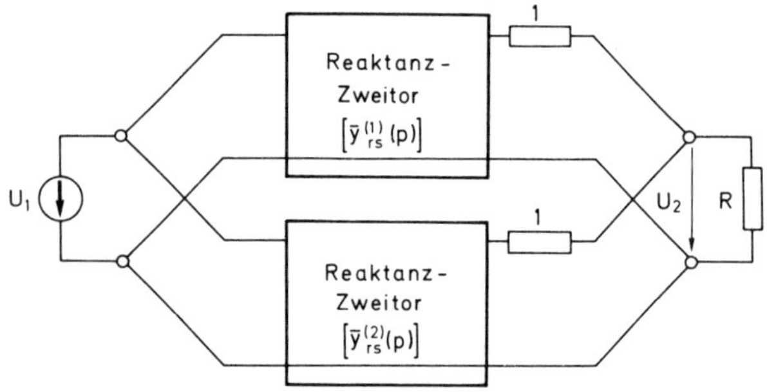

Bild 150: Realisierung einer allgemeinen Übertragungsfunktion als Spannungsverhältnis U_2/U_1

der betreffenden Admittanzmatrix zu verwenden. Dadurch erhält man zwei Netzwerke gemäß Bild 149. Durch Entfernung der Ohmwiderstände $R_1 = 1$ auf den Primärseiten entstehen zwei Reaktanzzweitore mit den Admittanzmatrizen $[\bar{y}_{rs}^{(\mu)}(p)]$ $(\mu = 1, 2)$. Ergänzt man diese Zweitore auf den Sekundärseiten durch ohmsche Längswiderstände $R_0 = 1$ (Bild 148), fügt man dann die erweiterten Zweitore parallel zu einem Zweitor zusammen und schließt man das Gesamtzweitor gemäß Bild 150 mit dem eingangs gewählten Ohmwiderstand $R = 1/G$ ab, so erhält man schließlich eine Realisierung der gegebenen Übertragungsfunktion $H(p)$ als Spannungsverhältnis U_2/U_1.

Die Anwendung des Realisierungsverfahrens nach Abschnitt 5.1 hat gewöhnlich zur Folge, daß am Eingang der Teilzweitore 1 und 2 im Gesamtzweitor zwei ideale Übertrager auftreten. Man kann jetzt aber noch am Eingang dieser Zweitore zwei beliebige Querinduktivitäten einfügen, ohne daß sich das Spannungsverhältnis U_2/U_1 des Gesamtnetzwerks ändert. Diese Querinduktivitäten können zusammen mit den idealen Übertragern durch festgekoppelte Übertrager realisiert werden.

Soll die Übertragungsfunktion $H(p)$ nur bis auf einen konstanten Faktor verwirklicht werden, so kann man einen der genannten Übertrager folgendermaßen beseitigen. Man versucht nach Realisierung der Übertragungsfunktion $H(p)$ die Funktion $\kappa H(p)$ zu verwirklichen, wobei κ ein zunächst beliebiger konstanter Faktor sei. Dies bedeutet, daß statt der Admittanzmatrix-Elemente $\bar{y}_{22}^{(\mu)}(p)$, $\bar{y}_{12}^{(\mu)}(p)$ Gln. (411a, b) und Gln. (412a, b) die Elemente $\bar{y}_{22}^{(\mu)}(p)$ und $\kappa\bar{y}_{12}^{(\mu)}(p)$ zu realisieren sind. Man kann nun diesen Faktor κ, wie aus der Bedeutung der genannten Elemente hervorgeht, in der Realisierung von $H(p)$ nach Bild 150 dadurch berücksichtigen, daß man auf beiden Primärseiten der Reaktanzzweitore 1 und 2 einen idealen Übertrager mit dem Übersetzungsverhältnis $1 : \kappa$ (Quotient von Primär- zu Sekundärspannung) einführt. Beide Übertrager werden mit den bereits vorhandenen Übertragern verschmolzen. Durch geeignete Wahl von κ kann jetzt erreicht werden, daß das Übersetzungsverhältnis eines der beiden auf diese Weise entstandenen Übertrager gleich Eins wird. Auf diesen Übertrager kann dann verzichtet werden.

Es wird nun noch der Fall betrachtet, daß die Übertragungsfunktion $H(p)$ keine positiv reellen Nullstellen hat. Dann kann man, gegebenenfalls durch Erweiterung von $H(p)$ im Zähler und Nenner, immer erreichen, daß die Zählerkoeffizienten der Übertragungsfunktion nicht negativ sind und das Nennerpolynom ein Hurwitz-Polynom mit positiven Koeffizienten ist (man vergleiche Abschnitt 6.4.1). Braucht $H(p)$ nur bis auf einen konstanten Faktor verwirklicht zu werden, so kann durch Multiplikation des Zählerpolynoms $P_1(p)$ von $H(p)$ mit einem konstanten Faktor dafür gesorgt werden, daß sowohl die Elemente $\bar{y}_{22}^{(1)}(p)$, $\bar{y}_{12}^{(1)}(p)$ Gln. (411a, b) als auch die Elemente $\bar{y}_{22}^{(2)}(p)$, $\bar{y}_{12}^{(2)}(p)$ Gln. (412a, b) die Fialkow-Gerst-Bedingungen erfüllen. Dann lassen sich nach dem Verfahren von Abschnitt 6.4 zwei Reaktanzzweitore 1 und 2 bestimmen, durch welche die Funktionen $\bar{y}_{22}^{(\mu)}(p)$ und $\bar{y}_{12}^{(\mu)}(p)$ für $\mu = 1, 2$ realisiert werden. Auf diese Weise kann man jede auf der imaginären Achse einschließlich $p = \infty$ polfreie und auf der positiv reellen Achse nullstellenfreie Übertragungsfunktion $H(p)$ als Spannungsverhältnis U_2/U_1 bis auf einen konstanten Faktor nach Bild 150 durch ein kopplungsfreies Zweitor mit durchgehender Kurzschlußverbindung verwirklichen. Nach den Überlegungen von Abschnitt 6.3 ist es möglich, auch Übertragungsfunktionen mit positiv reellen Nullstellen durch ein kopplungsfreies Zweitor bei sekundärem Leerlauf ($R = \infty$) zu verwirklichen. Dabei braucht die zu realisierende Übertragungsfunktion $H(p)$ im Zähler und Nenner nicht mit einem Polynom erweitert zu werden.

Man kann das Verfahren von Abschnitt 6.4 mit jenem von Abschnitt 5.3 kombinieren, indem man eines der Funktionspaare $\bar{y}_{22}^{(\mu)}(p)$, $\bar{y}_{12}^{(\mu)}(p)$ ($\mu = 1, 2$) nach dem ersten und das andere Funktionspaar nach dem zweiten Verfahren realisiert.

Die vorstehenden Überlegungen sollen anhand der erneuten Verwirklichung der Übertragungsfunktion $H(p)$ Gl. (383) erläutert werden. Für $k = 1$ erhält man aus Gl. (383)

$$P_{1g}(p) = p^2 + 1, \qquad P_{1u}(p) = -p,$$

$$P_{2g}(p) = p^2 + 2, \qquad P_{2u}(p) = 2p.$$

Dies sind die geraden bzw. ungeraden Teile des Zählerpolynoms $P_1(p)$ Gl. (407a) und des Nennerpolynoms $P_2(p)$ Gl. (407b). Gemäß den Gln. (411a, b) und (412a, b) erhält man für $G = 1$ die Admittanzmatrix-Elemente

$$\bar{y}_{22}^{(1)}(p) = \frac{p^2 + 2}{2p}, \qquad -\bar{y}_{12}^{(1)}(p) = \frac{p^2 + 1}{p}$$

und

$$\bar{y}_{22}^{(2)}(p) = \frac{2p}{p^2 + 2}, \qquad -\bar{y}_{12}^{(2)}(p) = \frac{-2p}{p^2 + 2} \quad .$$

Hierzu werden noch die restlichen Admittanzmatrix-Elemente

$$\bar{y}_{11}^{(1)}(p) = 2p + \frac{1}{p}, \qquad \bar{y}_{11}^{(2)}(p) = \frac{2p}{p^2 + 2}$$

aufgrund der Forderung bestimmt, daß in den Admittanzmatrizen nur kompakte Pole vorkommen.

Nach Gl. (413) ergeben sich die Admittanzen

$$Y_2^{(1)}(p) = \frac{0{,}5p^2 + 0{,}5p + 1}{2p^2 + p + 1}$$

und

$$Y_2^{(2)}(p) = \frac{2p}{p^2 + 2p + 2} \quad .$$

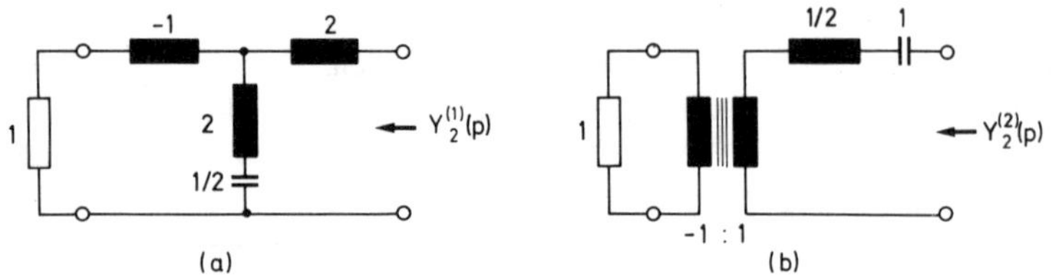

Bild 151: Realisierung der Admittanzen $Y_2^{(\mu)}(p)$ ($\mu = 1, 2$) für das betrachtete Beispiel

Die Realisierung der Impedanz $1/Y_2^{(1)}(p)$ nach dem Verfahren von Abschnitt 3.8 mit der Entwicklungsstelle $p = \mathrm{j}$ liefert das im Bild 151a dargestellte Netzwerk. Die Realisierung der Impedanz $1/Y_2^{(2)}(p)$ führt auf das Netzwerk nach Bild 151b; dabei wurde der ideale Übertrager mit dem Übersetzungsverhältnis (-1) eingeführt, damit das nach Entfernung des Ohmwiderstands Eins entstehende Reaktanzzweitor die Admittanzmatrix $[\bar{y}_{rs}^{(2)}(p)]$ realisiert. Die Admittanzmatrix $[\bar{y}_{rs}^{(1)}(p)]$ wird durch das im Bild 151a auftretende Reaktanzzweitor realisiert. Mit Hilfe der genannten Reaktanzzweitore erhält man jetzt gemäß Bild 150 das im Bild 152 dargestellte Zweitor, durch das die Übertragungsfunktion $H(p)$ Gl. (383) für $k = 1$ als Spannungsverhältnis U_2/U_1 verwirklicht wird.

Man kann das Teilzweitor 1 auch nach dem Verfahren von Abschnitt 6.4 bestimmen, wenn man $0 < k \leqq 0{,}5$ wählt. Mit $k = 0{,}5$ wird

$$-\bar{y}_{12}^{(1)}(p) = \frac{p^2+1}{2p} \quad \text{und} \quad -\bar{y}_{12}^{(2)}(p) = \frac{-p}{p^2+2} \quad .$$

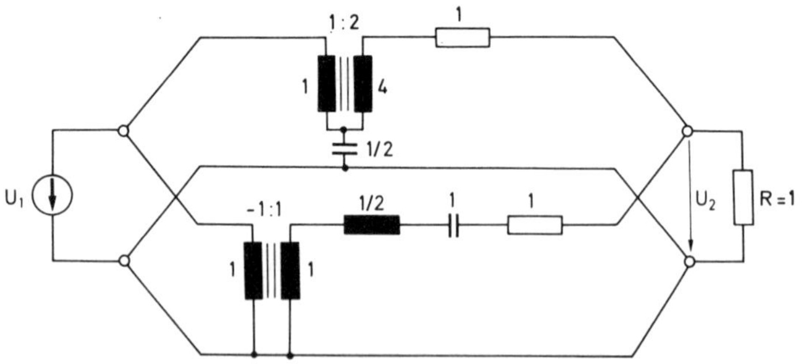

Bild 152: Realisierung der Übertragungsfunktion $H(p)$ Gl. (383) für $k = 1$ als Spannungsverhältnis U_2/U_1 (Realisierung beider Teilzweitore nach Abschnitt 5.3)

Die Admittanzen $\bar{y}_{22}^{(1)}(p)$ und $\bar{y}_{22}^{(2)}(p)$ ändern sich nicht. Realisiert man die Elemente $\bar{y}_{22}^{(1)}(p)$, $\bar{y}_{12}^{(1)}(p)$ nach Abschnitt 6.4 und die Elemente $\bar{y}_{22}^{(2)}(p)$, $\bar{y}_{12}^{(2)}(p)$ nach Abschnitt 5.3, so erhält man schließlich das im Bild 153 dargestellte Zweitor, durch das die Übertragungsfunktion $H(p)$ Gl. (383) für $k = 0{,}5$ als Spannungsverhältnis U_2/U_1 verwirklicht wird.

Will man *beide* Teilzweitore 1 und 2 nach dem Verfahren von Abschnitt 6.4 bestimmen, so muß man die Übertragungsfunktion $H(p)$ Gl. (383) zunächst im Zähler und Nenner derart mit einem Hurwitz-Polynom erweitern, daß keine negativen Zählerkoeffizienten auftreten. Das Polynom

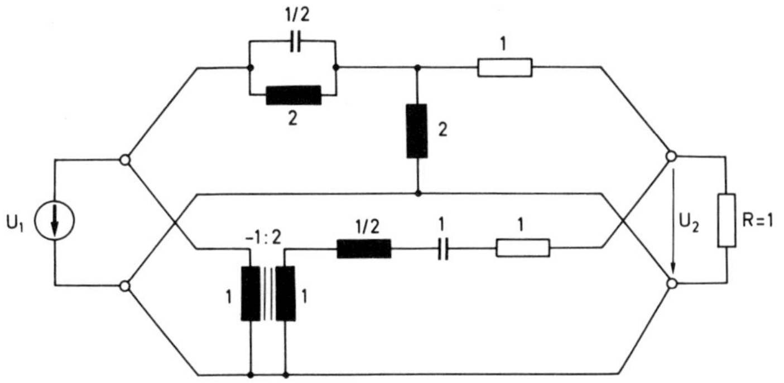

Bild 153: Realisierung der Übertragungsfunktion $H(p)$ Gl. (383) für $k = 0{,}5$ als Spannungsverhältnis U_2/U_1 (Realisierung der Teilzweitore nach Abschnitt 5.3 bzw. Abschnitt 6.4)

$p + 1$ erweist sich für eine solche Erweiterung als geeignet (man vergleiche hierzu Abschnitt 6.4.1). Damit erhält man aus Gl. (383)

$$H(p) = k\frac{p^3 + 1}{p^3 + 3p^2 + 4p + 2} \quad .$$

Hieraus folgt für $k = 0{,}5$ und $G = 1$ nach den Gln. (411a, b) und (412a, b)

$$\bar{y}_{22}^{(1)}(p) = \frac{3p^2 + 2}{p^3 + 4p}, \qquad -\bar{y}_{12}^{(1)}(p) = \frac{1}{p^3 + 4p}$$

bzw.

$$\bar{y}_{22}^{(2)}(p) = \frac{p^3 + 4p}{3p^2 + 2}, \qquad -\bar{y}_{12}^{(2)}(p) = \frac{p^3}{3p^2 + 2} \quad .$$

Die Funktionspaare $\bar{y}_{22}^{(\mu)}(p)$, $\bar{y}_{12}^{(\mu)}(p)$ $(\mu = 1, 2)$ werden nach Abschnitt 6.4 realisiert, wobei vom Zweitor 1 eine Induktivität und vom Zweitor 2 eine Kapazität abgebaut wird. Gemäß Bild 150 ergibt sich schließlich das im Bild 154 dargestellte Zweitor, durch das die Übertragungsfunktion $H(p)$ Gl. (383) für $k = 0{,}5$ als Spannungsverhältnis U_2/U_1 realisiert wird.

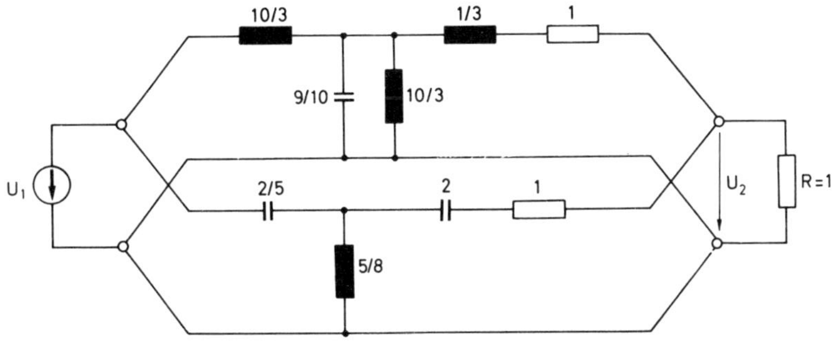

Bild 154: Realisierung der Übertragungsfunktion $H(p)$ Gl. (383) für $k = 0{,}5$ als Spannungsverhältnis U_2/U_1 (Realisierung beider Teilzweitore nach Abschnitt 6.4)

TEIL II: SYNTHESE AKTIVER RC-NETZWERKE

1. Einführung

Der erste Teil dieses Buches war der Realisierung von Funktionen durch Netzwerke gewidmet, deren Elemente ausschließlich Ohmwiderstände, Induktivitäten, Kapazitäten bzw. Übertrager sind. Die im folgenden Teil II behandelten Verfahren erlauben eine Netzwerkrealisierung mit Hilfe von Ohmwiderständen, Kapazitäten und aktiven Elementen, jedenfalls ohne Induktivitäten und Übertrager. Als aktive Elemente werden sogenannte Negativ-Impedanz-Konverter (NIC), Gyratoren und (ideale) Verstärker verwendet. Sie werden im nächsten Abschnitt eingeführt. Netzwerke der genannten Art, welche keine Induktivitäten und Übertrager enthalten, heißen *aktive RC-Netzwerke.* Ihre praktische Bedeutung liegt gerade in der Vermeidung von Induktivitäten und Übertragern, da aktive *RC*-Netzwerke mit Hilfe moderner Technologieverfahren (Dick- oder Dünnfilmtechnik) hergestellt werden können, was eine beträchtliche Verminderung des Raumbedarfs der Ohmwiderstände und Kapazitäten sowie bei hohen Stückzahlen eine Preisreduzierung zur Folge hat. Ein weiterer wichtiger Vorteil der aktiven *RC*-Netzwerke gegenüber den Netzwerken aus Teil I liegt in der besseren Ausführbarkeit bei extrem niedrigen Frequenzen, bei denen sich Induktivitäten und Übertrager namentlich wegen ihrer Abmessungen nicht mehr sinnvoll verwenden lassen. Auf der anderen Seite treten bei der Anwendung aktiver *RC*-Netzwerke Schwierigkeiten auf, die in der Natur dieser Netzwerke liegen und bei der Anwendung von Netzwerken aus Teil I nicht auftreten. Zu diesen Schwierigkeiten gehören Stabilitätsprobleme und Probleme der Stromversorgung für die aktiven Teile. Weiterhin ist die Empfindlichkeit der Übertragungseigenschaften in bezug auf Änderungen der Netzwerkelemente in vielen Fällen größer als bei entsprechenden passiven Realisierungen. Die Verwendung reiner *RC*-Netzwerke wäre in vielen Fällen zwar theoretisch möglich, scheidet jedoch in der Praxis häufig wegen des zu hohen Aufwandes an Netzwerkelementen aus. Trotzdem sind die im Teil I entwickelten Verfahren zur Synthese von *RC*-Netzwerken unentbehrlich für die Synthese aktiver *RC*-Netzwerke.

Zur Kennzeichnung der Empfindlichkeit einer Netzwerkgröße η bezüglich der Änderung eines Parameters ξ verwendet man die durch

$$S_\xi^\eta = \frac{\partial \eta}{\partial \xi} \cdot \frac{\xi}{\eta}$$

definierte Größe. Sie heißt *Empfindlichkeit von η bezüglich ξ*. Die Netzwerkgröße η kann beispielsweise die Übertragungsfunktion

$$H(p) = \frac{a_m \prod\limits_{\mu=1}^{m} (p - p_{0\mu})}{\prod\limits_{\nu=1}^{n} (p - p_{\infty\nu})}$$

eines aktiven *RC*-Zweitors sein. Ändert sich nun ein Parameter ξ des Netzwerks (beispielsweise der Verstärkungsfaktor eines Verstärkers infolge von Temperaturschwankungen), so sind die Größen $a_m, p_{0\mu}$ ($\mu = 1, 2, \ldots, m$) und $p_{\infty\nu}$ ($\nu = 1, 2, \ldots, n$) Funktionen von ξ. Als Empfindlichkeit der Übertragungsfunktion $H(p)$ bezüglich ξ erhält man gemäß den obigen Gleichungen.

$$S_\xi^H = \xi \frac{\partial}{\partial \xi}[\ln H(p)]$$

$$= S_\xi^{a_m} + \sum_{\nu=1}^{n} S_\xi^{p_{\infty\nu}} \frac{p_{\infty\nu}}{p - p_{\infty\nu}} - \sum_{\mu=1}^{m} S_\xi^{p_{0\mu}} \frac{p_{0\mu}}{p - p_{0\mu}} \quad .$$

Diese Gleichung läßt erkennen, daß geringe Empfindlichkeiten der Parameter a_m, $p_{\infty\nu}$ und $p_{0\mu}$, d.h. kleine Beträge der entsprechenden Empfindlichkeitsgrößen $S_\xi^{a_m}$, $S_\xi^{p_{\infty\nu}}$, $S_\xi^{p_{0\mu}}$, eine geringe Empfindlichkeit der Übertragungsfunktion zur Folge haben. Aus diesem Grunde versucht man häufig, die Empfindlichkeit der Übertragungsfunktion dadurch möglichst niedrig zu halten, daß die Pol- und Nullstellenempfindlichkeiten dem Betrage nach möglichst klein gemacht werden.

2. Die aktiven Elemente

In diesem Abschnitt werden die aktiven Elemente eingeführt, welche neben den Ohmwiderständen und Kapazitäten als wesentliche Bausteine bei den in den späteren Abschnitten behandelten Realisierungsverfahren Verwendung finden.

2.1. DER NEGATIV-IMPEDANZ-KONVERTER

Unter einem Negativ-Impedanz-Konverter, künftig kurz NIC genannt, versteht man ein Zweitor mit der folgenden Eigenschaft: Schließt man das Zweitor auf einer seiner Seiten mit einem Zweipol ab, dessen Impedanz mit $Z(p)$ bezeichnet wird, so entsteht auf der anderen Seite des Zweitors eine Impedanz, die sich von $Z(p)$ nur um einen negativ reellen konstanten Faktor unterscheidet. Von allen möglichen Zweitoren mit dieser Eigenschaft sind jene von besonderem Interesse, deren Kettenmatrix die Form

$$\boldsymbol{A}_I = \begin{bmatrix} 1 & 0 \\ 0 & -k_I \end{bmatrix} \tag{414a}$$

bzw.

$$\boldsymbol{A}_U = \begin{bmatrix} -1/k_U & 0 \\ 0 & 1 \end{bmatrix} \tag{414b}$$

besitzt. Die Größen k_I und k_U bedeuten positive Konstanten und werden Konvertierungsfaktoren genannt. Im Fall der Gl. (414a) spricht man von einem stromumkehren-

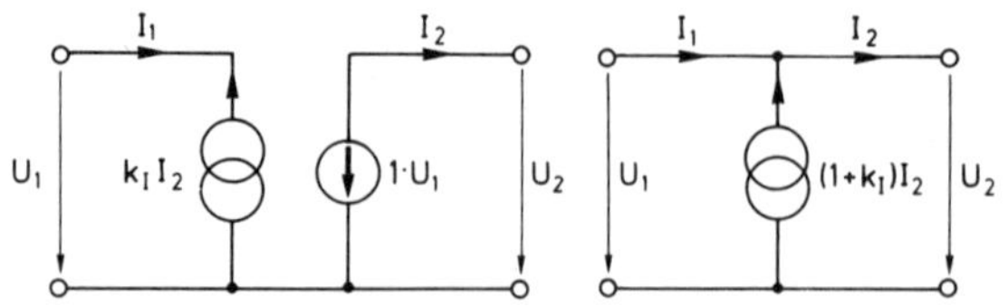

Bild 155: Darstellungen eines stromumkehrenden NIC

den NIC, im Fall der Gl. (414b) von einem spannungsumkehrenden NIC. Ein stromumkehrender NIC läßt sich aufgrund von Gl. (414a) durch eines der im Bild 155 abgebildeten Netzwerke darstellen, ein spannungsumkehrender NIC dagegen aufgrund von Gl. (414b) durch eines der im Bild 156 dargestellten Netzwerke. Die in den genannten Bildern auftretenden Elemente sind strom- bzw. spannungsgesteuerte Quellen. Man kann sich leicht davon überzeugen, daß jedes der genannten Netzwerke die charakteristischen Eigenschaften eines NIC aufweist. Wird beispielsweise eines der Zweitore aus Bild 155 auf der Sekundärseite mit einem Zweipol belastet, der die Impedanz $Z(p)$ hat, so entsteht am Eingang des Zweitors die Impedanz $-Z(p)/k_I$. Da die Determinanten der Matrizen $\boldsymbol{A}_I$ Gl. (414a) und $\boldsymbol{A}_U$ Gl. (414b) von Eins verschieden sind, handelt es sich bei den NIC-Netzwerken um nichtreziproke Zweitore.

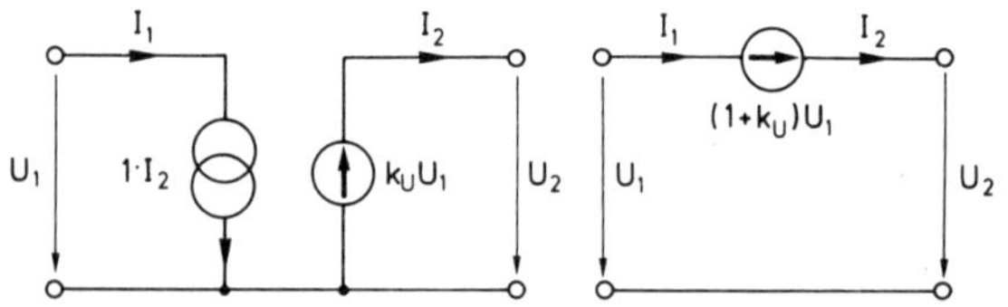

Bild 156: Darstellungen eines spannungsumkehrenden NIC

Im Bild 157 ist ein Netzwerk dargestellt, nach dem prinzipiell ein stromumkehrender NIC praktisch gebaut werden kann. Eine einfache Analyse dieses Netzwerks liefert die Kettenmatrix

$$\boldsymbol{A} = \begin{bmatrix} 1 & \dfrac{2R}{1+\mu R} \\ 0 & \dfrac{1-\mu R}{1+\mu R} \end{bmatrix},$$

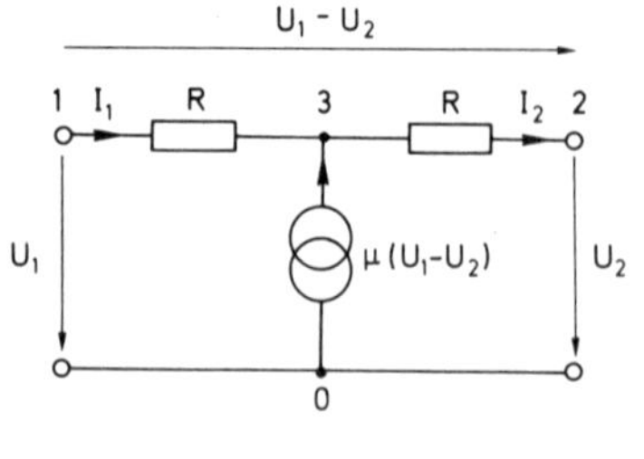

Bild 157: Prinzipielles Netzwerk zur Realisierung eines stromumkehrenden NIC

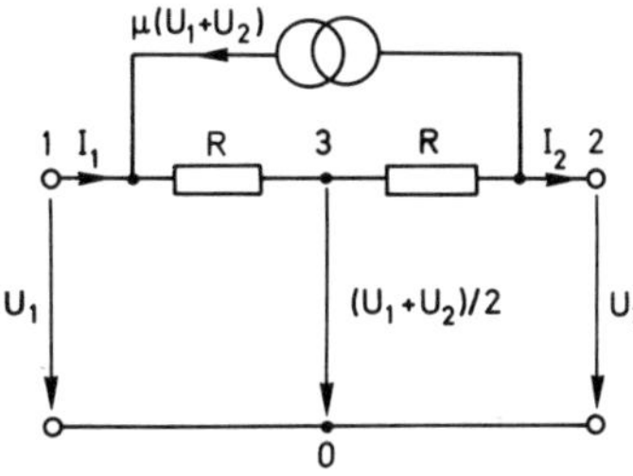

Bild 158: Prinzipielles Netzwerk zur Realisierung eines spannungsumkehrenden NIC

die bei einem hinreichend großen Verstärkungsfaktor μ in die Matrix $\boldsymbol{A}_I$ Gl. (414a) mit $k_I = 1$ übergeht. In der Praxis kann die gesteuerte Stromquelle im Bild 157 durch einen Differenzverstärker mit hohem Verstärkungsfaktor und hochohmigem Ein- und Ausgangswiderstand realisiert werden, dessen Eingang mit den Knoten 1 und 2 und dessen Ausgang mit den Knoten 0 und 3 zu verbinden ist. Im Bild 158 ist ein entsprechendes Netzwerk zur praktischen Realisierung eines spannungsumkehrenden NIC dargestellt. Die Kettenmatrix dieses Netzwerks lautet

$$\boldsymbol{A} = \begin{bmatrix} \dfrac{1+\mu R}{1-\mu R} & \dfrac{2R}{1-\mu R} \\ 0 & 1 \end{bmatrix} .$$

Sie geht bei hinreichend großem Verstärkungsfaktor μ in die Matrix $\boldsymbol{A}_U$ Gl. (414b) mit $k_U = 1$ über. Die gesteuerte Stromquelle kann auch hier durch einen Differenzverstärker mit hohem Verstärkungsfaktor und hochohmigem Ein- und Ausgangswiderstand realisiert werden, dessen Eingang mit den Knoten 0 und 3 und dessen Ausgang mit den Knoten 1 und 2 zu verbinden ist.

Beim Auftreten von Negativ-Impedanz-Konvertern in einem Netzwerk muß dessen Stabilität geprüft werden. Ein Netzwerk ist genau dann (asymptotisch) stabil, wenn alle Eigenwerte in der linken p-Halbebene liegen [28]. Man kann die Eigenwerte bestimmen, indem man zunächst alle eingeprägten Quellen zu Null macht und dann die Eigenlösungen ermittelt. Enthält das zu prüfende Netzwerk nur *einen* NIC und besteht zwischen dem an die Primärseite des NIC angeschlossenen Teil des Netzwerks und dem entsprechenden Teil auf der Sekundärseite nur über den NIC eine elektrische Verbindung, dann erhält man nach dem Nullsetzen der Quellen das im Bild 159 dargestellte Netzwerk, in dem der NIC zwischen zwei Zweipolen mit den Impedanzen $Z_1(p)$ und $Z_2(p)$ eingebettet ist. Dieses Netzwerk wird gemäß Bild 160 umgeformt, wobei der Einfachheit halber der Konvertierungsfaktor gleich Eins gewählt wurde. Führt man einen Maschenstrom I ein, so wird

$$[Z_1(p) - Z_2(p)]\, I = 0.$$

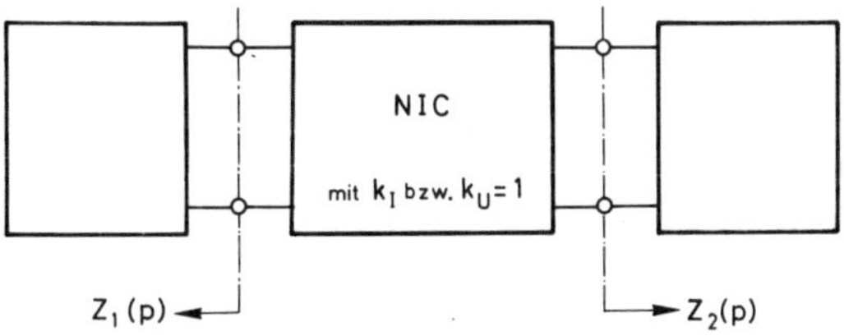

Bild 159: Netzwerk aus zwei Zweipolen und einem NIC

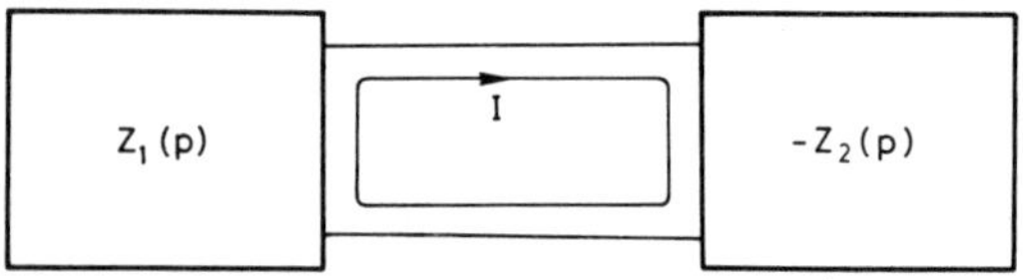

Bild 160: Vereinfachung des Netzwerks von Bild 159

Hieraus ist zu ersehen, daß die Eigenwerte mit den Nullstellen der Differenz $Z_1(p) - Z_2(p)$ übereinstimmen. Es darf damit festgestellt werden, daß das betrachtete Netzwerk genau dann stabil ist, wenn alle Nullstellen der Funktion

$$Z_1(p) - Z_2(p)$$

in der linken p-Halbebene liegen. Dabei wird angenommen, daß die Zweipole mit den Impedanzen $Z_1(p)$ und $Z_2(p)$ für sich allein stabil sind.

Bei der praktischen Verwirklichung eines NIC kann die Matrix gemäß Gl. (414a) bzw. Gl. (414b) nur näherungsweise realisiert werden. Es werden nämlich die Nebendiagonalelemente von Null verschiedene Werte aufweisen. Dieser Tatsache kann bei der netzwerktheoretischen Beschreibung eines NIC dadurch Rechnung getragen werden, daß man den idealen NIC gemäß Bild 161 auf der Primärseite und Sekundärseite durch Ohmwiderstände ergänzt. Im Fall eines stromumkehrenden NIC erhält man dann die Kettenmatrix

$$\boldsymbol{A}_I^{(a)} = \begin{bmatrix} 1 & R_2 \\ G_1 & G_1 R_2 - k_I \end{bmatrix} \tag{415a}$$

bzw.

$$\boldsymbol{A}_I^{(b)} = \begin{bmatrix} 1 - k_I R_1 G_2 & -k_I R_1 \\ -k_I G_2 & -k_I \end{bmatrix} . \tag{415b}$$

Die Terme $G_1 R_2$ und $k_I R_1 G_2$ sind in der Regel vernachlässigbar, da die Größen G_1, R_2, R_1 und G_2 gewöhnlich recht klein sind. Aus der Gl. (415a) ist zu ersehen, daß durch

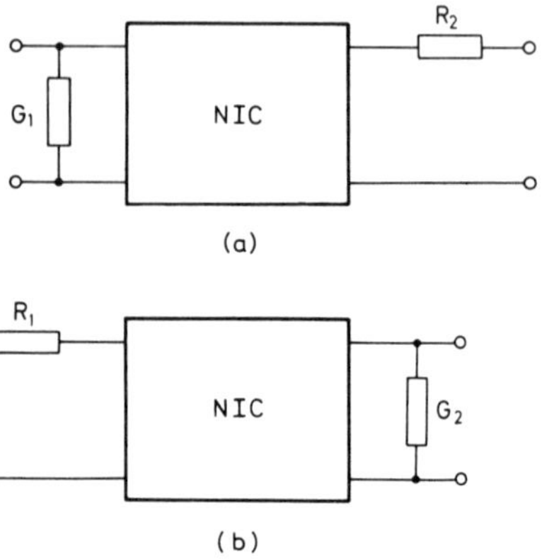

Bild 161: Ergänzung eines NIC durch Ohmwiderstände zur Darstellung von realen NIC

die Ergänzung des idealen NIC gemäß Bild 161a zwei positive kleine Nebendiagonalelemente in der Kettenmatrix erzeugt werden können. Entsprechend können nach Gl. (415b) durch die Ergänzung des NIC gemäß Bild 161b zwei negative, betragsmäßig kleine Nebendiagonalelemente in der Kettenmatrix erzeugt werden. Die im Bild 161 dargestellten Netzwerke sind also realistische Darstellungen praktischer Negativ-Impedanz-Konverter. Auf dieses Ergebnis wird man bei der Synthese von aktiven *RC*-Netzwerken achten, die NIC enthalten.

Abschließend sei noch darauf hingewiesen, daß bei der praktischen Verwendung einer NIC-Schaltung auf den Einfluß parasitärer Elemente, insbesondere parasitärer Kapazitäten geachtet werden muß. Diese können nämlich Instabilitäten auch dann verursachen, wenn z.B. aufgrund obiger Betrachtungen Stabilität des Netzwerks festgestellt wurde.

2.2. DER GYRATOR

Unter einem Gyrator versteht man ein Zweitor mit der folgenden Eigenschaft: Schließt man das Zweitor auf einer seiner Seiten mit einem Zweipol der Impedanz $Z(p)$ ab, so entsteht auf der anderen Seite des Zweitors eine Impedanz, die sich von $1/Z(p)$ nur um einen positiven konstanten Faktor unterscheidet. Ein Zweitor weist diese Eigenschaft sicher dann auf, wenn es die Admittanzmatrix

$$\boldsymbol{Y}(p) = \begin{bmatrix} 0 & g \\ -g & 0 \end{bmatrix} \tag{416}$$

hat. Durch diese Matrix, in der die Größe g eine positiv reelle Konstante bedeutet, wird der von B.D.H. TELLEGEN [100] ursprünglich eingeführte Gyrator definiert. Da die Nebendiagonalelemente der Matrix $\boldsymbol{Y}(p)$ untereinander verschieden sind, handelt es sich um ein nichtreziprokes Zweitor. Die gegenseitige Vertauschung der Primärseite und der Sekundärseite bewirkt eine Vorzeichenumkehrung der Admittanzmatrix-Elemente. Man kann der Matrix $\boldsymbol{Y}(p)$ Gl. (416) weiterhin entnehmen, daß der Gyrator ein passives Zweitor ist. Daher treten bei Netzwerken, die neben Ohmwiderständen, Induktivitäten, Kapazitäten und Übertragern nur Gyratoren enthalten, von der Theorie her keine Stabilitätsprobleme auf. Da Gyratoren in der Praxis durch aktive Bauelemente (vorzugsweise durch Transistoren) realisiert werden, rechnet man Netzwerke, die Gyratoren enthalten, zu den aktiven Netzwerken; damit ist auch bei derartigen Netzwerken auf die Stabilität zu achten. Das Symbol des Gyrators ist im Bild 162 dargestellt. Die Konstante g wird als Gyrationsleitwert und der reziproke Wert $r = 1/g$, welcher in der Impedanzmatrix

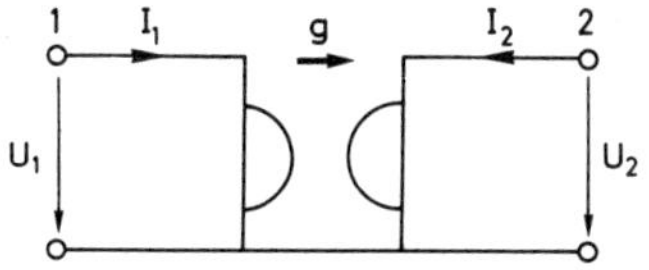

Bild 162: Symbolische Darstellung des Gyrators

$$Z(p) = [Y(p)]^{-1} = \begin{bmatrix} 0 & -r \\ r & 0 \end{bmatrix} \tag{417}$$

des Gyrators vorkommt, als Gyrationswiderstand bezeichnet.

Bei der praktischen Herstellung eines Gyrators gelingt es nicht, die Admittanzmatrix Gl. (416) exakt zu realisieren. Es ist nämlich damit zu rechnen, daß die Hauptdiagonalelemente von Null verschiedene, wenn auch kleine positive Werte haben. Weiterhin werden die Nebendiagonalelemente gewöhnlich nicht genau entgegengesetzt gleiche Werte aufweisen (sie können auch komplex sein). Ein praktisch realisierter Gyrator wird daher näherungsweise durch die Admittanzmatrix

$$Y(p) = \begin{bmatrix} 0 & g \\ -g & 0 \end{bmatrix} + \begin{bmatrix} \varepsilon_1 g & \varepsilon_0 g \\ \varepsilon_0 g & \varepsilon_2 g \end{bmatrix} \tag{418}$$

mit $|\varepsilon_0|$, ε_1, $\varepsilon_2 \ll 1$ (ε_1, $\varepsilon_2 > 0$) beschrieben. Vernachlässigt man ε_0, so kann man die Admittanzmatrix $Y(p)$ Gl. (418) netzwerktheoretisch dadurch beschreiben, daß man den im Bild 162 dargestellten idealen Gyrator auf der Primärseite durch den ohmschen Querwiderstand $r_1 = 1/(\varepsilon_1 g)$ und auf der Sekundärseite durch den ohmschen Querwiderstand $r_2 = 1/(\varepsilon_2 g)$ ergänzt. Auch der Term $\varepsilon_0 g$ könnte durch zusätzliche Verwendung eines ohmschen Widerstands zwischen den Knoten 1 und 2 und durch entsprechende Änderung der Werte von r_1 und r_2 berücksichtigt werden; dabei können allerdings negative Werte für die Widerstände auftreten.

Geht man von der Impedanzmatrix $Z(p)$ aus, die der Matrix $Y(p)$ Gl. (418) entspricht, so läßt sich eine weitere netzwerktheoretische Beschreibung für den nicht-idealen Gyrator angeben.

Es gibt eine Reihe von Netzwerken, die zur praktischen Realisierung von Gyratoren verwendet werden können. Eines dieser Netzwerke erhält man durch direkte Verwirklichung der Admittanzmatrix $Y(p)$ Gl. (416) in Form einer Parallelanordnung von zwei

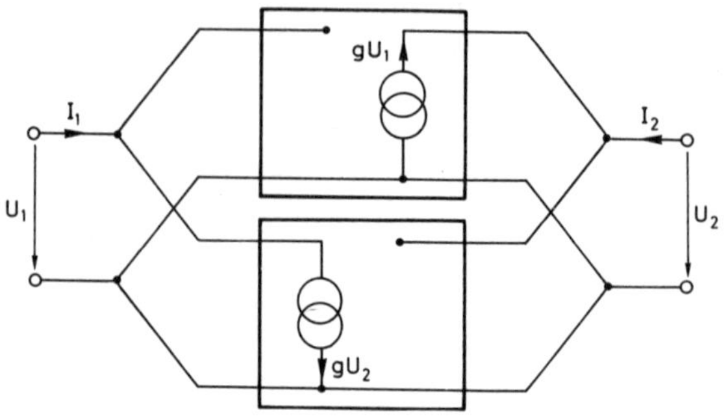

Bild 163: Netzwerk zur praktischen Realisierung eines Gyrators durch zwei spannungsgesteuerte Stromquellen

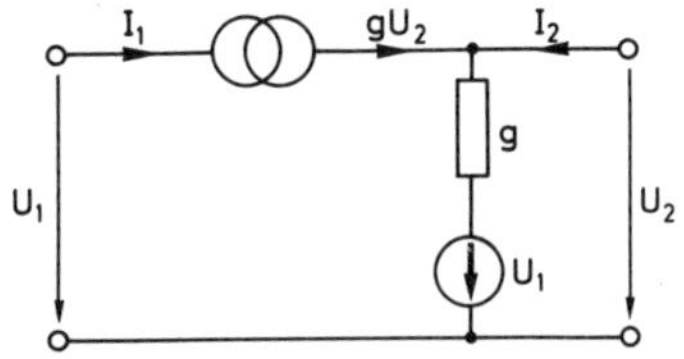

Bild 164: Netzwerk zur praktischen Realisierung eines Gyrators durch eine spannungsgesteuerte Stromquelle, eine spannungsgesteuerte Spannungsquelle und einen Ohmwiderstand mit dem Leitwert g

spannungsgesteuerten Stromquellen (Bild 163), die sich durch Verstärker realisieren lassen. Ein weiteres Netzwerk zur Realisierung von Gyratoren erhält man, wenn man die Impedanzmatrix $\boldsymbol{Z}(p)$ Gl. (417) entsprechend wie die Admittanzmatrix durch zwei stromgesteuerte Spannungsquellen darstellt. Das dadurch entstehende Zweitor hat allerdings den Nachteil, daß keine durchgehende Kurzschlußverbindung vorhanden ist. Schließlich ist im Bild 164 ein weiteres Zweitor dargestellt, das die Gyrator-Eigenschaften aufweist.

2.3. VERSTÄRKER

Gesteuerte Quellen werden auch als (ideale) Verstärker bezeichnet, und man unterscheidet je nach der Art der Quelle bzw. der Steuerung vier verschiedene Typen. Als Beispiel ist im Bild 165a ein Spannungsverstärker mit dem Verstärkungsfaktor μ (eine spannungsgesteuerte Spannungsquelle) und im Bild 165b ein Stromverstärker mit dem Verstärkungsfaktor μ (eine stromgesteuerte Stromquelle) dargestellt. Beide Verstärker lassen sich in der Praxis mit Hilfe von Transistorschaltungen nur näherungsweise verwirklichen. Der Eingangswiderstand eines realen Spannungsverstärkers wird im Gegensatz zum idealen Spannungsverstärker (Bild 165) nicht Unendlich sein, sondern einen endlichen Wert haben. Der Ausgangswiderstand eines realen Spannungsverstärkers wird im Gegensatz zum idealen Spannungsverstärker nicht Null sein, sondern einen von Null verschiedenen Wert haben. Entsprechendes gilt für reale Stromverstärker. Man kann diesen Tatsachen in den im Bild 165 dargestellten Netzwerken dadurch Rechnung tragen, daß man auf der Primärseite und Sekundärseite noch Ohmwiderstände einfügt. Hierauf ist bei der Synthese von Netzwerken zu achten, die Verstärker enthalten. Eine weitere Abweichung des Verhaltens realer Verstärker vom Verhalten der idealen Verstärker ist durch die Frequenzabhängigkeit der Verstärkung μ gegeben. Diese Frequenzabhängigkeit darf jedoch in vielen Anwendungsfällen (bei «tiefen» Frequenzen) vernachlässigt werden.

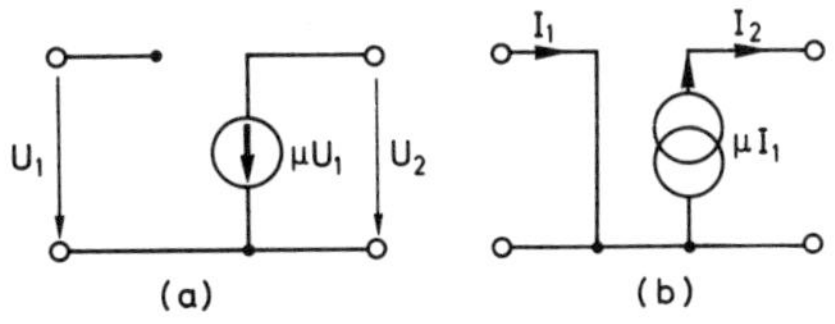

Bild 165: Darstellung idealer Verstärker

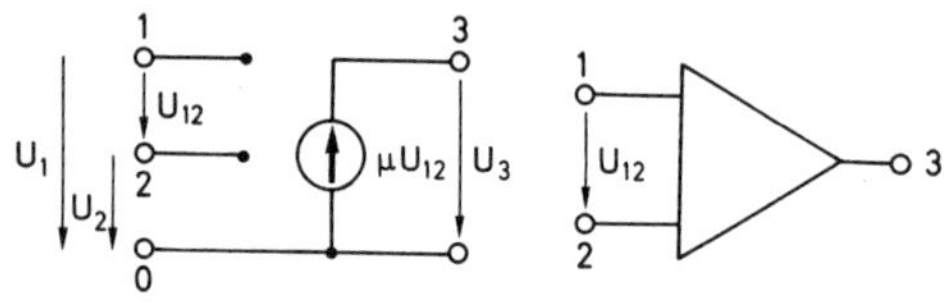

Bild 166: Netzwerktheoretische Darstellung und Symbol des Operationsverstärkers

Eine große Rolle bei der Synthese aktiver *RC*-Netzwerke spielt der Operationsverstärker. Er ist in idealer Form im Bild 166 samt seinem Symbol dargestellt. Für die Ausgangsspannung gilt

$$U_3 = -\mu U_{12} = \mu(U_2 - U_1).$$

Der Verstärkungsfaktor μ ist in der Regel groß (bei realen Operationsverstärkern im Bereich von 10^4 bis 10^6). Man macht daher häufig den Grenzübergang $\mu \to \infty$. Es soll jedenfalls $U_3 \to 0$ streben für $U_{12} \to 0$. Werden beide Eingangsknoten 1 und 2 des Operationsverstärkers verwendet, so spricht man von einem Differenzeneingang-Operationsverstärker. Gelegentlich werden die Knoten 0 und 2 kurzgeschlossen. Dann spricht man schlechthin von einem Operationsverstärker. Wie die realen Verstärker weichen auch die realen Operationsverstärker von ihrem idealisierten Modell ab.

3. Synthese mit Hilfe von Negativ-Impedanz-Konvertern

Die in diesem Abschnitt behandelten Verfahren zur Realisierung von Übertragungs - funktionen bzw. von Zweipolfunktionen führen auf Netzwerke, die lediglich aus Ohmwiderständen, Kapazitäten und Negativ-Impedanz-Konvertern bestehen.

3.1. REALISIERUNG VON ÜBERTRAGUNGSFUNKTIONEN NACH J. G. LINVILL

Von J.G. Linvill [71] wurde im Jahre 1954 ein Verfahren zur Realisierung von Übertragungsfunktionen angegeben. Dem Verfahren liegt die im Bild 167 dargestellte Netzwerkkonfiguration zugrunde, in der ein NIC zwischen zwei *RC*-Zweitoren eingebettet ist.

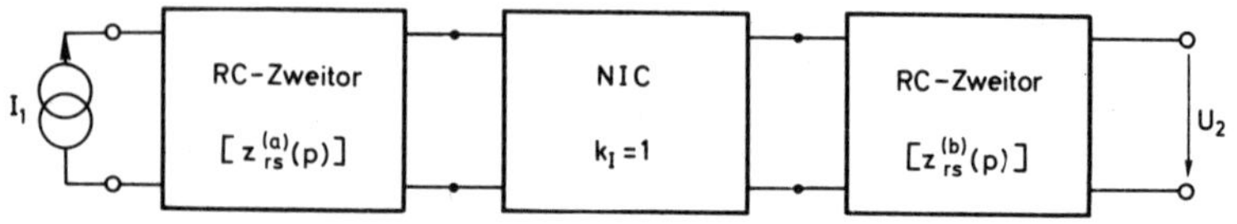

Bild 167: Linvill-Netzwerk zur Realisierung von Übertragungsfunktionen

3.1.1. Der Realisierungsprozeß

Die im Linvill-Netzwerk (Bild 167) auftretenden *RC*-Zweitore sollen durch die Impedanzmatrizen $[z_{rs}^{(a)}(p)]$ bzw. $[z_{rs}^{(b)}(p)]$ beschrieben werden. Verwendet man einen stromumkehrenden NIC mit dem Konvertierungsfaktor k_I, so erhält man, wie eine Analyse zeigt, für die Übertragungsfunktion U_2/I_1 die Darstellung

$$\frac{U_2}{I_1} = \frac{z_{12}^{(a)} z_{12}^{(b)}}{z_{11}^{(b)} - k_I z_{22}^{(a)}} . \tag{419}$$

Bei Verwendung eines spannungsumkehrenden NIC mit dem Konvertierungsfaktor k_U erhält man als Übertragungsfunktion

$$\frac{U_2}{I_1} = \frac{k_U z_{12}^{(a)} z_{12}^{(b)}}{k_U z_{22}^{(a)} - z_{11}^{(b)}} . \tag{420}$$

Soll nun eine rationale, reelle und in Re $p \geqq 0$ einschließlich $p = \infty$ polfreie Funktion

$$H(p) = \frac{P_1(p)}{P_2(p)} \tag{421}$$

als Übertragungsfunktion U_2/I_1 durch ein Netzwerk gemäß Bild 167 realisiert werden, so muß versucht werden, den Quotienten der Polynome $P_1(p)$ und $P_2(p)$ auf der rechten Seite der Gl. (421) derart umzuformen, daß eine Identifizierung mit einer der rechten Seiten der Gln. (419) und (420) möglich ist. Dies soll für den Fall der Gl. (419) bei Wahl von $k_I = 1$ gezeigt werden. Es wird sich zeigen, daß man in gleicher Weise verfahren kann, falls $k_I \neq 1$ oder statt der Gl. (419) die Gl. (420) gewählt wird.

Zur Lösung der vorstehend gestellten Aufgabe werden m reelle Zahlen σ_μ ($\mu = 1, 2, \ldots, m$) gewählt, für welche lediglich die Einschränkung

$$0 \leqq \sigma_1 < \sigma_2 < \ldots < \sigma_m < \infty \tag{422}$$

bestehen soll. Dabei muß die Zahl m mindestens gleich dem Grad des Nennerpolynoms $P_2(p)$ sein. Mit den Konstanten σ_μ bildet man das Polynom

$$Q(p) = \prod_{\mu=1}^{m} (p + \sigma_\mu), \tag{423}$$

das zur Erweiterung der rechten Seite von Gl. (421) in der Form

$$H(p) = \frac{\dfrac{P_1(p)}{Q(p)}}{\dfrac{P_2(p)}{Q(p)}} \tag{424}$$

verwendet wird. Jetzt wird die Nennerfunktion $P_2(p)/Q(p)$ in ihre Partialbruchsumme

$$\frac{P_2(p)}{Q(p)} = k_0 + \sum_{\mu=1}^{m} \frac{k_\mu}{p + \sigma_\mu} \tag{425}$$

entwickelt. Alle Koeffizienten k_μ ($\mu = 0, 1, 2, \ldots, m$) sind reell. Die Partialbruchdarstellung Gl. (425) erlaubt es nun, die Funktion $P_2(p)/Q(p)$ als Differenz zweier RC-Impedanzen

$$\frac{P_2(p)}{Q(p)} = \frac{P_2^{(b)}(p)}{Q^{(b)}(p)} - \frac{P_2^{(a)}(p)}{Q^{(a)}(p)} \tag{426}$$

mit $Q^{(a)}(p)\,Q^{(b)}(p) = Q(p)\,R(p)$ auszudrücken. Dabei sind $Q^{(a)}(p)$, $Q^{(b)}(p)$ und $R(p)$ Polynome, deren Nullstellen auf der nicht-positiv reellen Achse liegen müssen. Zur Bestimmung der RC-Impedanz $P_2^{(b)}(p)/Q^{(b)}(p)$ bildet man zunächst die Summe aller Partialbruchterme aus Gl. (425), welche positive Koeffizienten k_μ haben, während die RC-Impedanz $P_2^{(a)}(p)/Q^{(a)}(p)$ zunächst aus der negativen Summe aller restlichen Partialbruchterme von Gl. (425) gebildet wird. Man kann die so entstandenen Impedanzen noch dadurch modifizieren, daß man zu jeder dieselbe beliebig wählbare RC-Impedanz hinzuaddiert. Diese Impedanz hebt sich dann in Gl. (426) heraus. Durch diese Modifizierung läßt sich beispielsweise erreichen, daß in jeder der Impedanzen $P_2^{(b)}(p)/Q^{(b)}(p)$ und $P_2^{(a)}(p)/Q^{(a)}(p)$ alle Punkte $p = -\sigma_\mu$ ($\mu = 1, 2, \ldots, m$) als Pole auftreten. Zähler- und Nennerpolynom dieser Impedanzen seien teilerfremd.

Nun wird das Zählerpolynom $P_1(p)$ in das Produkt zweier reeller Polynome

$$P_1(p) = P_1^{(a)}(p)\,P_1^{(b)}(p) \tag{427}$$

zerlegt. Dabei darf der Grad von $P_1^{(a)}(p)$ nicht größer als der von $P_2^{(a)}(p)$ sein, und der Grad von $P_1^{(b)}(p)$ darf jenen von $P_2^{(b)}(p)$ nicht übersteigen. Diese Forderung läßt sich stets erreichen. Gegebenenfalls muß man dafür sorgen, daß in beiden Impedanzen $P_2^{(b)}(p)/Q^{(b)}(p)$ und $P_2^{(a)}(p)/Q^{(a)}(p)$ gleiche Pole auftreten.
Es wird jetzt

$$z_{22}^{(a)}(p) = \frac{P_2^{(a)}(p)}{Q^{(a)}(p)}\,, \qquad z_{12}^{(a)}(p) = \frac{P_1^{(a)}(p)}{Q^{(a)}(p)} \tag{428a, b}$$

und

$$z_{11}^{(b)}(p) = \frac{P_2^{(b)}(p)}{Q^{(b)}(p)}\,, \qquad z_{12}^{(b)}(p) = \frac{P_1^{(b)}(p)}{Q^{(b)}(p)} \tag{429a, b}$$

gesetzt. Gemäß den Gln. (424), (426), (427), (428a, b) und (429a, b) sind damit für $k_I = 1$ die beiden Gln. (419) und (421) identisch. Die gewonnenen Funktionen $z_{22}^{(a)}(p)$, $z_{12}^{(a)}(p)$ und die Funktionen $z_{11}^{(b)}(p)$, $z_{12}^{(b)}(p)$ können als Impedanzmatrix-Elemente von induktivitätsfreien Zweitoren aufgefaßt werden. Hat das Polynom $P_1(p)$ keine Nullstellen in der Halbebene Re $p > 0$, ist also $H(p)$ eine Mindestphasen-Übertragungsfunktion, so lassen sich die Impedanzmatrix-Elemente $z_{22}^{(a)}(p)$, $z_{12}^{(a)}(p)$ und die Impedanzmatrix-Elemente $z_{11}^{(b)}(p)$, $z_{12}^{(b)}(p)$ nach Teil I, Abschnitt 6.5 und Abschnitt 6.7 verwirklichen. Dabei werden allerdings die Elemente $z_{12}^{(a)}(p)$ und $z_{12}^{(b)}(p)$ nur bis auf einen konstanten Faktor realisiert. Damit läßt sich die vorgeschriebene Übertragungsfunktion $H(p)$ Gl. (421) bis auf einen konstanten Faktor als Quotient U_2/I_1 durch ein Netzwerk gemäß Bild 167 realisieren.

Wird das im Bild 167 dargestellte Netzwerk auf der Primärseite durch eine eingeprägte Spannung U_1 erregt und bei kurzgeschlossener Sekundärseite des RC-Zweitors b der

Kurzschlußstrom I_2 als Ausgangsgröße betrachtet, so läßt sich die Übertragungsfunktion I_2/U_1 entsprechend den Gln. (419) und (420) durch Admittanzmatrix-Elemente der *RC*-Zweitore *a* und *b* ausdrücken. Durch Identifizierung des Quotienten I_2/U_1 $(U_2 = 0)$ mit der vorgeschriebenen Übertragungsfunktion $H(p)$ Gl. (421) erhält man entsprechend wie beim vorausgegangenen Vorgehen bestimmte Darstellungen für die Admittanzmatrix-Elemente $y_{22}^{(a)}(p)$, $y_{12}^{(a)}(p)$ und $y_{11}^{(b)}(p)$, $y_{12}^{(b)}(p)$. Zur Realisierung dieser Funktionen lassen sich alle Verfahren nach Teil I, Abschnitt 6 verwenden. Damit ist es möglich, eine Übertragungsfunktion $H(p)$ Gl. (421), deren Nullstellen in der gesamten p-Ebene mit Ausschluß der positiv reellen Achse liegen dürfen, durch ein aktives *RC*-Zweitor mit durchgehender Kurzschlußverbindung bis auf einen konstanten Faktor zu verwirklichen.

Die Tatsache, daß nach dem beschriebenen Verfahren die Realisierung einer Übertragungsfunktion nur bis auf einen konstanten Faktor möglich ist und positiv reelle Übertragungsnullstellen nicht zulässig sind, stellt einen Nachteil des Linvillschen Verfahrens dar. Man beachte, daß im vorliegenden Fall die Übertragungsnullstellen durch die passiven Teile des Netzwerks erzeugt werden. Dies geht aus den Gln. (419) und (420) hervor. Der Konvertierungsfaktor hat keinen Einfluß auf die Übertragungsnullstellen. Er beeinflußt nur die Pole der Übertragungsfunktion.

Die im Rahmen der Bedingung (422) gegebene Freiheit in der Wahl der Größen σ_μ läßt sich dazu verwenden, die Empfindlichkeit der Pole der Übertragungsfunktion in bezug auf eine Änderung des Konvertierungsfaktors möglichst klein zu machen. Hierauf wird im nächsten Abschnitt eingegangen.

3.1.2. Empfindlichkeitsoptimierung

Man kann die Übertragungsfunktion Gl. (421) auch dadurch realisieren, daß man zunächst gemäß Gl. (338) eine Faktorisierung

$$H(p) = \prod_{\mu=1}^{q} H^{(\mu)}(p)$$

durchführt. Dabei sollen $H^{(\mu)}(p)$ $(\mu = 1, 2, \ldots, q)$ Teilübertragungsfunktionen höchstens zweiten Grades sein. Jede dieser Funktionen $H^{(\mu)}(p)$ läßt sich entweder durch ein passives *RC*-Zweitor nach Teil I, Abschnitt 6 oder nach dem Linvillschen Verfahren durch Kettenanordnung von zwei *RC*-Zweitoren und einem NIC verwirklichen. Fügt man diese Teilzweitore unter Zwischenschaltung von Trennverstärkern kettenförmig zusammen (Bild 168), so erhält man eine Verwirklichung der Übertragungsfunktion $H(p)$ bis auf einen konstanten Faktor als Quotient der Ausgangsspannung U_2 des gesamten Netzwerks zum Eingangsstrom I_1. Es gilt nämlich

$$\frac{U_2}{I_1} = \frac{U_2^{(1)}}{I_1} \cdot \frac{U_2^{(2)}}{I_1^{(2)}} \cdot \ldots \cdot \frac{U_2}{I_1^{(q)}}$$

wegen $1 \cdot U_2^{(\mu-1)} = I_1^{(\mu)}$ $(\mu = 2, 3, \ldots, q)$. Die Realisierung einer Übertragungsfunktion in Form einer Kettenanordnung von elementaren Teilzweitoren gemäß Bild 168 erfordert zwar gewöhnlich mehrere NIC und Trennverstärker, sie bietet jedoch bei

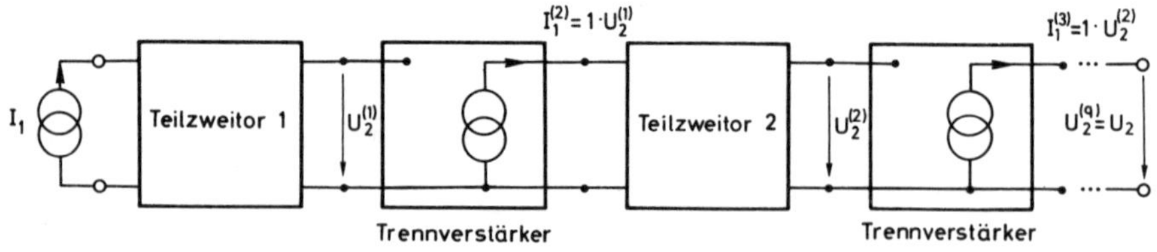

Bild 168: Aktive *RC*-Realisierung einer Übertragungsfunktion durch Teilzweitore, deren Übertragungsfunktionen höchstens zweiten Grad haben

praktischen Anwendungen die Möglichkeit, daß in den Teilzweitoren die einzelnen Übertragungsnullstellen und die einzelnen Pole für sich abgeglichen werden können. Dies ist bei der Verwirklichung der Übertragungsfunktion durch ein Zweitor mit einem einzigen NIC in der Regel nicht möglich. Die Realisierung einer Übertragungsfunktion $H(p)$ in Form des Netzwerks nach Bild 168 bietet gegenüber einer Verwirklichung durch ein Netzwerk mit einem einzigen NIC einen weiteren Vorteil. Hierauf soll im folgenden eingegangen werden.

Gemäß den Gln. (419), (420), (424) und (426) wird bei der Realisierung einer Übertragungsfunktion $H(p)$ durch ein Zweitor nach Bild 167 das Nennerpolynom $P_2(p)$ von $H(p)$ als Differenz zweier Polynome

$$P_2(p) = A(p) - kB(p) \tag{430}$$

verwirklicht. Dabei bedeutet k den Konvertierungsfaktor (k_I oder k_U). Alle Nullstellen der Polynome $A(p)$ und $B(p)$ sind negativ reell. Es wird angenommen, daß der Koeffizient bei der höchsten p-Potenz des Polynoms $P_2(p)$ gleich Eins ist. Die Nullstellen von $P_2(p)$ seien einfach und mit p_μ bezeichnet. Ändert sich der Konvertierungsfaktor k um Δk, so ändern sich die Nullstellen p_μ um Δp_μ. Statt der Gl. (430) erhält man dann

$$\prod_\mu (p - p_\mu - \Delta p_\mu) = A(p) - (k + \Delta k) B(p). \tag{431}$$

Nimmt man an, daß der Betrag von Δk und damit die Beträge aller Δp_μ sehr klein sind, so läßt sich Gl. (431) unter Beachtung der Gl. (430) in erster Näherung in der Form

$$\Delta p_1 \frac{P_2(p)}{p - p_1} + \Delta p_2 \frac{P_2(p)}{p - p_2} + \ldots = \Delta k B(p)$$

darstellen. Für $p \to p_\mu$ und $\Delta k \to 0$ erhält man hieraus die Empfindlichkeit

$$S_k^{p_\mu} = \frac{\mathrm{d}p_\mu / p_\mu}{\mathrm{d}k/k} = \frac{kB(p_\mu)}{p_\mu P_2'(p_\mu)} \quad . \tag{432}$$

Mit $P_2'(p)$ wird hierbei der Differentialquotient des Polynoms $P_2(p)$ bezeichnet. Befinden sich unter den Nullstellen p_μ zwei konjugiert komplexe Zahlenpaare p_1, p_1^* und p_2, p_2^*, dann tritt im Nenner der Größen $S_k^{p_1}$ und $S_k^{p_2}$ der Faktor $p_1 - p_2$ auf. Liegen die Nullstellen p_1 und p_2 dicht beieinander, so sind die Beträge von $S_k^{p_1}$ und $S_k^{p_2}$ groß, und nach Gl. (432) hat dann eine kleine Änderung Δk des Konvertierungsfaktors eine beträchtliche Änderung der Nullstellen p_1 und p_2 zur Folge. Diese Schwierigkeit entsteht nicht, wenn die vorgeschriebene Übertragungsfunktion durch Kettenanordnung von Teilzweitoren höchstens zweiten Grades gemäß Bild 168 verwirklicht wird. Diese Faktorisierung einer Übertragungsfunktion in elementare Teilübertragungsfunktionen und die anschließende Realisierung der Teilübertragungsfunktionen hat auch bei Anwendung der in den folgenden Abschnitten behandelten Verfahren aus dem gleichen Grunde wie hier eine Verminderung der Empfindlichkeit zur Folge.

Bei der Realisierung einer Übertragungsfunktion durch ein Netzwerk gemäß Bild 168 werden die Teilzweitore mit reellen Polen der Übertragungsfunktion nach Teil I, Abschnitt 6 in Form von passiven *RC*-Zweitoren bestimmt. Die übrigen Teilzweitore, deren Übertragungsfunktionen den Grad Zwei haben, werden mit Hilfe des Linvillschen Verfahrens ermittelt. Hierbei kann man die Freiheit in der Wahl der Nullstellen des Polynoms $Q(p)$ dazu verwenden, den Einfluß des betreffenden Konvertierungsfaktors auf die Änderung des Nennerpolynoms der Teilübertragungsfunktion möglichst klein zu machen. Ist dabei der Grad der Impedanzmatrix-Elemente $z_{22}^{(a)}(p)$ und $z_{11}^{(b)}(p)$ gleich Eins, so erhält man entsprechend Gl. (430) für das Nennerpolynom

$$P_2(p) = p^2 + b_1 p + b_0 \tag{433}$$

der Teilübertragungsfunktion die Darstellung

$$p^2 + b_1 p + b_0 = (p + \xi_1)(p + \sigma_2) - kB_1(p + \sigma_1).$$

Es gilt also, wie aus dieser Darstellung hervorgeht,

$$b_1 = \xi_1 + \sigma_2 - kB_1 \tag{434a}$$

und

$$b_0 = \xi_1 \sigma_2 - kB_1 \sigma_1. \tag{434b}$$

Aus diesen Beziehungen erhält man für die Empfindlichkeit der Koeffizienten b_1 und b_0 von $P_2(p)$ bezüglich k die Ausdrücke

$$S_k^{b_1} = -kB_1/b_1$$

und

$$S_k^{b_0} = -kB_1\sigma_1/b_0.$$

Das Minimum von $|S_k^{b_0}|$ ergibt sich offensichtlich für $\sigma_1 = 0$. Das Minimum von $|S_k^{b_1}|$ stellt sich genau dann ein, wenn die Größe B_1 ihren kleinstmöglichen Wert erreicht. Aus den Gln. (434a, b) erhält man für $\sigma_1 = 0$

$$B_1 = \frac{1}{k}\left(\xi_1 + \frac{b_0}{\xi_1} - b_1\right). \tag{435}$$

In dieser Beziehung sind die Koeffizienten b_0 und b_1 fest vorgeschrieben, während über $\xi_1 > 0$ noch verfügt werden kann. Daher soll ξ_1 so festgelegt werden, daß B_1 möglichst klein wird. Dieser Fall tritt genau dann ein, wenn $\mathrm{d}B_1/\mathrm{d}\xi_1 = 0$ wird. Wie man der Gl. (435) entnimmt, muß man $\xi_1 = \sqrt{b_0}$ wählen. Damit wird gemäß Gln. (434b), (430)

$$A(p) = (p + \sqrt{b_0})^2$$

und

$$B(p) = \frac{1}{k}(2\sqrt{b_0} - b_1)p.$$

Man beachte, daß $2\sqrt{b_0} > b_1$ gilt, da die Nullstellen des Polynoms $P_2(p)$ Gl. (433) komplexwertig sind. Damit muß man für das Polynom $Q(p)$ Gl. (423) im vorliegenden Fall

$$Q(p) = p(p + \sqrt{b_0})$$

wählen, damit die Funktionen $A(p)/Q(p)$ und $B(p)/Q(p)$ *RC*-Impedanzen werden. – Treten bei der Realisierung einer Teilübertragungsfunktion zweiten Grades Impedanzmatrix-Elemente $z_{22}^{(a)}(p)$ und $z_{11}^{(b)}(p)$ auf, von denen wenigstens eines vom zweiten oder höheren Grad ist, dann läßt sich die Empfindlichkeitsoptimierung nicht auf die vorstehend beschriebene Weise durchführen. In einem solchen Fall empfiehlt es sich, eine numerische Optimierung anzuwenden.

Eine Verallgemeinerung der beschriebenen Empfindlichkeitsoptimierung auf Übertragungsfunktionen höheren Grades wurde von I.M. Horowitz [66] und D.A. Calahan [45] entwickelt.

Es sei noch bemerkt, daß nach Durchführung der Empfindlichkeitsoptimierung bezüglich des aktiven Netzwerkparameters zunächst nichts über die Empfindlichkeitseigenschaften in bezug auf die passiven Elemente ausgesagt werden kann. Die entsprechenden Empfindlichkeiten müßten dazu erst berechnet werden.

3.2. DAS VERFAHREN VON T. YANAGISAWA ZUR REALISIERUNG VON ÜBERTRAGUNGSFUNKTIONEN

Dem Verfahren von T. Yanagisawa [119] zur Verwirklichung von Übertragungsfunktionen liegt die im Bild 169 dargestellte Netzwerkkonfiguration zugrunde. Es wird ein stromumkehrender NIC mit dem Konvertierungsfaktor k_I zwischen vier *RC*-Zweipole mit den Admittanzen $Y_1(p)$, $Y_2(p)$, $Y_3(p)$ und $Y_4(p)$ eingebettet. Aufgrund einer Analyse des Netzwerks erhält man für die Übertragungsfunktion U_2/U_1 die Darstellung

$$\frac{U_2}{U_1} = \frac{k_I Y_2(p) - Y_1(p)}{[k_I Y_2(p) - Y_1(p)] + [k_I Y_4(p) - Y_3(p)]} \quad . \tag{436}$$

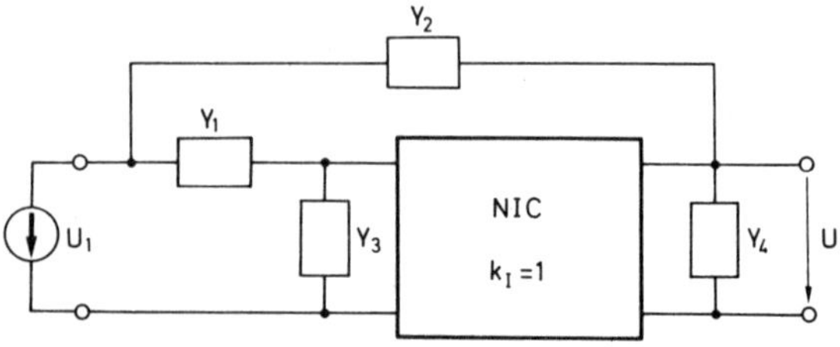

Bild 169: Netzwerkkonfiguration nach T. Yanagisawa zur Realisierung von Übertragungsfunktionen

Soll nun eine rationale reelle Funktion

$$H(p) = \frac{P_1(p)}{P_2(p)} \tag{437}$$

als Übertragungsfunktion U_2/U_1 durch ein Netzwerk gemäß Bild 169 realisiert werden, so muß versucht werden, den Quotienten der Polynome $P_1(p)$ und $P_2(p)$ auf der rechten Seite der Gl. (437) derart umzuformen, daß eine Identifizierung mit der rechten Seite der Gl. (436) möglich ist. Bezeichnet man den Grad der gegebenen Übertragungsfunktion $H(p)$ mit m, so wählt man $(m-1)$ reelle positive und untereinander verschiedene Zahlen σ_μ $(\mu = 1, 2, \ldots, m-1)$, aus denen das Polynom

$$Q(p) = \prod_{\mu=1}^{m-1} (p + \sigma_\mu)$$

gebildet wird. Mit Hilfe dieses Polynoms läßt sich die Übertragungsfunktion $H(p)$ Gl. (437) folgendermaßen umformen:

$$H(p) = \frac{\dfrac{P_1(p)}{Q(p)}}{\dfrac{P_1(p)}{Q(p)} + \dfrac{P_2(p) - P_1(p)}{Q(p)}} \,. \tag{438}$$

Ein Vergleich der rechten Seiten der Gln. (436) und (438) führt für $k_I = 1$ auf die Beziehungen

$$Y_2(p) - Y_1(p) = \frac{P_1(p)}{Q(p)} = a_0 + \sum_{\mu=1}^{m-1} \frac{a_\mu p}{p + \sigma_\mu} + a_\infty p \tag{439}$$

und

$$Y_4(p) - Y_3(p) = \frac{P_2(p) - P_1(p)}{Q(p)} = \beta_0 + \sum_{\mu=1}^{m-1} \frac{\beta_\mu p}{p + \sigma_\mu} + \beta_\infty p. \tag{440}$$

Die Admittanz $Y_2(p)$ erhält man nun als Summe aller Summanden auf der rechten Seite der Gl. (439) mit positiven Koeffizienten a_μ $(\mu = 0, 1, \ldots, m-1, \infty)$. Die negative Summe aller restlichen Summanden auf der rechten Seite der Gl. (439) ergibt die Admittanz $Y_1(p)$. In entsprechender Weise erhält man aus der rechten Seite der Gl. (440) die Admittanzen $Y_3(p)$ und $Y_4(p)$. Die Verwirklichung der Admittanzen $Y_\mu(p)$ $(\mu = 1, 2, 3, 4)$ erfolgt nach den bekannten Methoden aus Teil I. Nach Gl. (440) können die beiden Zweipole mit den Admittanzen $Y_3(p)$ und $Y_4(p)$ dadurch ergänzt werden, daß zu jedem ein und derselbe, beliebig wählbare Zweipol parallel geschaltet wird. Dadurch ist es möglich, einen bestimmten Abschlußwiderstand des zu bestimmenden Zweitors zu erzeugen.

Das vorstehend beschriebene Verfahren erlaubt die Realisierung jeder rationalen, reellen Funktion $H(p)$ ohne Einschränkung als Spannungsverhältnis U_2/U_1 durch das im Bild 169 dargestellte Zweitor. Aus Stabilitätsgründen wird man fordern, daß $H(p)$ in der Halbebene Re $p \geqq 0$ einschließlich $p = \infty$ polfrei ist. Das Verfahren eignet sich also insbesondere auch zur Realisierung von Übertragungsfunktionen mit Nullstellen in Re $p > 0$. Man beachte, daß hier im Gegensatz zum Linvillschen Verfahren der NIC sowohl die Pole als auch die Nullstellen der Übertragungsfunktion beeinflußt [man vergleiche hierzu Gl. (436)]. Die Übertragungsnullstellen werden also nicht allein durch passive Elemente erzeugt. Aus Gründen der Empfindlichkeit empfiehlt es sich auch hier, die zu realisierende Übertragungsfunktion in Teilübertragungsfunktionen höchstens zweiten Grades zu faktorisieren, die Teilübertragungsfunktionen durch Zweitore gemäß Bild 169 zu realisieren und dann diese Zweitore unter Verwendung von Trennverstärkern kettenförmig zu einem Gesamtzweitor zusammenzufügen. – Von R.E. THOMAS [102] wurde ein zum Yanagisawaschen Verfahren dualer Realisierungsprozeß unter Verwendung eines spannungsumkehrenden NIC angegeben.

Zur Realisierung einer Übertragungsfunktion zweiten Grades

$$H(p) \equiv \frac{P_1(p)}{P_2(p)} = \frac{K(p^2 + a_1 p + a_0)}{p^2 + b_1 p + b_0}$$

mit nicht-reellen Polen und Nullstellen und frei wählbarer Konstante K nach der Netzwerkstruktur von Yanagisawa kann man aufgrund der Zerlegungen

$$\frac{P_1(p)}{p + \sigma_1} = \frac{Ka_0}{\sigma_1} + \frac{P_1(-\sigma_1)}{-\sigma_1} \cdot \frac{p}{p + \sigma_1} + Kp$$

und

$$\frac{P_2(p)}{p + \sigma_1} = \frac{b_0}{\sigma_1} + \frac{P_2(-\sigma_1)}{-\sigma_1} \cdot \frac{p}{p + \sigma_1} + p$$

gemäß Gl. (436) mit $k_I = 1$ folgende Identifizierungen durchführen:

$$Y_1(p) = \frac{P_1(-\sigma_1)}{\sigma_1} \cdot \frac{p}{p + \sigma_1} \quad ,$$

$$Y_2(p) = \frac{Ka_0}{\sigma_1} + Kp,$$

$$Y_3(p) = \frac{P_2(-\sigma_1) - P_1(-\sigma_1)}{\sigma_1} \cdot \frac{p}{p + \sigma_1} \quad ,$$

$$Y_4(p) = \frac{b_0 - Ka_0}{\sigma_1} + (1 - K)p.$$

Wählt man

$$K = \mathrm{Min}\left[\frac{b_0}{a_0}\,,\; \frac{\sigma_1^2 - b_1\sigma_1 + b_0}{\sigma_1^2 - a_1\sigma_1 + a_0}\,,\; 1\right] \quad ,$$

dann sind die Funktionen $Y_\mu(p)$ ($\mu = 1, 2, 3, 4$) durch RC-Zweipole realisierbar; man benötigt höchstens 7 Netzwerkelemente. Die Größe σ_1 läßt sich jetzt so festlegen, daß die Empfindlichkeit der Koeffizienten von $P_2(p)$ bezüglich des Konvertierungsfaktors k_I möglichst klein wird. Die Optimierung verläuft wie an entsprechender Stelle von Abschnitt 3.1.2. Als Ergebnis erhält man den Wert $\sigma_1 = \sqrt{b_0}$.

3.3. DIE REALISIERUNG VON ZWEIPOLFUNKTIONEN NACH J.M. SIPRESS

Man kann jede rationale reelle Funktion $Y(p)$ als Admittanz eines Zweipols realisieren, der neben einem NIC nur Ohmwiderstände und Kapazitäten enthält. Diese interessante Aussage soll mit Hilfe eines von J.M. SIPRESS [97] entwickelten Verfahrens bewiesen werden. Die zu realisierende Funktion sei in der Form

$$Y(p) = \frac{P_1(p)}{P_2(p)} \tag{441}$$

gegeben. Dabei bedeuten $P_1(p)$ und $P_2(p)$ teilerfremde Polynome mit reellen Koeffizienten, und der Grad von $Y(p)$ sei mit m bezeichnet. Als Netzwerkstruktur wird die im Bild 170 dargestellte Konfiguration betrachtet. Die durch die Admittanzmatrizen $[y_{rs}^{(a)}(p)]$ und $[y_{rs}^{(b)}(p)]$ gekennzeichneten Zweitore und die Zweipole mit den Admittanzen $y_1(p)$ und $y_2(p)$ sollen RC-Netzwerke sein. Anhand einer Analyse des im Bild 170 dargestellten Netzwerks stellt man fest, daß sich die Eingangsadmittanz $Y(p)$ in der Form

$$Y(p) = y_{11}^{(a)} + y_{11}^{(b)} - \frac{(y_{12}^{(a)} + y_{12}^{(b)})(y_{12}^{(a)} - k y_{12}^{(b)})}{y_1 + y_{22}^{(a)} - k(y_{22}^{(b)} + y_2)} \tag{442}$$

darstellen läßt. Dabei gilt $k = k_I$ oder $k = k_U$, je nachdem ob der NIC strom- bzw. spannungsumkehrend ist.

Zur Identifizierung der rechten Seiten der Gln. (441) und (442) wird zunächst

$$y_{11}^{(a)}(p) + y_{11}^{(b)}(p) = k_1 \frac{Q_1(p)}{Q_2(p)} \tag{443}$$

gewählt. Von den teilerfremden Polynomen $Q_1(p)$ und $Q_2(p)$ wird gefordert, daß sie den Grad m haben, $Q_1(0)$ nicht verschwindet und der Quotient $Q_1(p)/Q_2(p)$ eine RC-Admittanz ist. Weiterhin sollen $P_2(p)$ und $Q_2(p)$ keine gemeinsamen Nullstellen besitzen. Die Größe k_1 bedeutet eine positive Konstante, deren Wert noch festzulegen ist. Aus den Gln. (441), (442) und (443) erhält man nun

$$\frac{(y_{12}^{(a)} + y_{12}^{(b)})(y_{12}^{(a)} - k y_{12}^{(b)})}{y_1 + y_{22}^{(a)} - k(y_{22}^{(b)} + y_2)} = \frac{k_1 Q_1(p) P_2(p) - P_1(p) Q_2(p)}{P_2(p) Q_2(p)} . \tag{444}$$

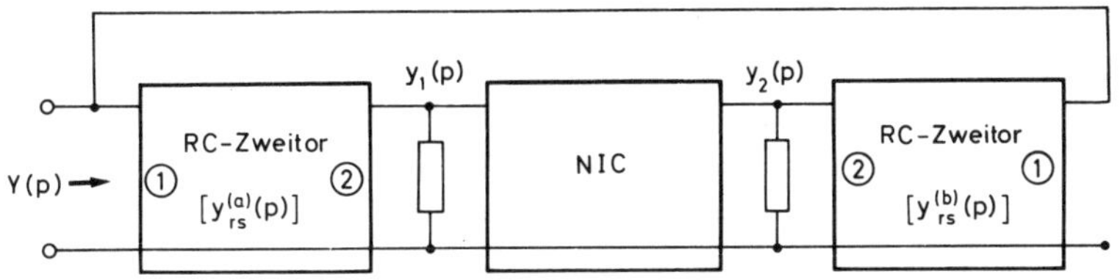

Bild 170: Netzwerkkonfiguration nach J. M. SIPRESS zur Realisierung rationaler reeller Funktionen als Admittanzen

Das Zählerpolynom auf der rechten Seite der Gl. (444) wird durch

$$A(p) = k_1 Q_1(p) P_2(p) - P_1(p) Q_2(p)$$

abgekürzt. Da

$$\frac{A(p)}{P_2(p)Q_2(p)} = k_1 \frac{Q_1(p)}{Q_2(p)} - \frac{P_1(p)}{P_2(p)} \tag{445}$$

gilt, die Polynome $P_2(p)$ und $Q_2(p)$ keine gemeinsamen Nullstellen haben und der Quotient $Q_1(p)/Q_2(p)$ als RC-Admittanz auf der negativ reellen Achse m einfache Pole mit durchweg negativen Entwicklungskoeffizienten hat, kommen diese Pole ebenfalls mit negativen Entwicklungskoeffizienten in der Funktion $A(p)/[P_2(p)Q_2(p)]$ vor. Angesichts dieser Eigenschaften kann bei der Wahl von $Q_1(p)$ und $Q_2(p)$ stets dafür gesorgt werden, daß das Polynom $A(p)$ mindestens $(m-1)$ einfache negativ reelle Nullstellen hat. Besitzt die Funktion $P_1(p)/P_2(p)$ in der betragskleinsten Nullstelle von $Q_1(p)$ einen endlichen Wert [hierfür kann bei der Wahl von $Q_1(p)$ gesorgt werden], so läßt sich durch geeignete Wahl von $k_1 > 0$ gemäß Gl. (445) offensichtlich das Polynom $A(p)$ in der unmittelbaren Umgebung der betragskleinsten Nullstelle von $Q_1(p)$ zu Null machen. Damit kann stets erreicht werden, daß das Polynom $A(p)$ mindestens m einfache negativ reelle Nullstellen hat. Es ist daher möglich, die Faktorisierung

$$A(p) = A_1(p) A_2(p) \tag{446}$$

durchzuführen. Dabei ist $A_1(p)$ ein Polynom m-ten Grades mit nur einfachen negativ reellen Nullstellen. Die Vorzeichen der Faktoren in Gl. (446) werden so gewählt, daß der Koeffizient bei der höchsten p-Potenz in $A_1(p)$ positiv ist. Der Grad des Polynoms $A_2(p)$ ist höchstens gleich m.

Es werden jetzt die zwei Polynome m-ten Grades

$$R_1(p) = \frac{k k_2 A_1(p) + A_2(p)}{1+k} \tag{447}$$

und

$$R_2(p) = \frac{k_2 A_1(p) - A_2(p)}{1+k} \tag{448}$$

gebildet. Die Größe k_2 bedeutet eine positive Konstante. Da die Nullstellen der Polynome $R_1(p)$ und $R_2(p)$ für $k_2 \to \infty$ gegen jene des Polynoms $A_1(p)$, d.h. gegen m bestimmte Punkte auf der negativ reellen Achse streben, kann durch hinreichend große Wahl von k_2 stets erreicht werden, daß die Polynome $R_1(p)$ und $R_2(p)$ nur negativ reelle einfache Nullstellen und außerdem positive Koeffizienten bei ihrer höchsten p-Potenz haben. Dies wird im folgenden vorausgesetzt.

Aus den Gln. (447) und (448) erhält man

$$k_2 A_1(p) = R_1(p) + R_2(p) \tag{449a}$$

und

$$A_2(p) = R_1(p) - k R_2(p). \tag{449b}$$

Damit ergibt sich aus den Gln. (444), (445), (446) und (449a, b)

$$\frac{(y_{12}^{(a)}+y_{12}^{(b)})(y_{12}^{(a)}-k y_{12}^{(b)})}{y_1+y_{22}^{(a)}-k(y_{22}^{(b)}+y_2)}=\frac{[R_1(p)+R_2(p)][R_1(p)-kR_2(p)]}{k_2P_2(p)Q_2(p)} \quad .$$

Diese Relation erlaubt die Identifizierungen

$$-y_{12}^{(a)}(p)=k_3\frac{R_1(p)}{Q_2(p)} \quad , \tag{450}$$

$$-y_{12}^{(b)}(p)=k_3\frac{R_2(p)}{Q_2(p)} \tag{451}$$

und

$$y_1(p)+y_{22}^{(a)}(p)-k[y_{22}^{(b)}(p)+y_2(p)]=k_2k_3^2\frac{P_2(p)}{Q_2(p)} \quad . \tag{452}$$

Der Wert für die Konstante k_3 wird später festgelegt. Aus der Gl. (443) erhält man durch eine beliebige Aufspaltung der *RC*-Admittanz $Q_1(p)/Q_2(p)$ in die Summe zweier *RC*-Admittanzen vom Grad m die Funktionen

$$y_{11}^{(a)}(p)=k_1^{(a)}\frac{Q_1^{(a)}(p)}{Q_2(p)} \tag{453}$$

und

$$y_{11}^{(b)}(p)=k_1^{(b)}\frac{Q_1^{(b)}(p)}{Q_2(p)} \quad . \tag{454}$$

Man kann z.B. die Wahl $Q_1^{(a)}(p)=Q_1^{(b)}(p)=Q_1(p)$ treffen und muß dann die Konstanten $k_1^{(a)}$ und $k_1^{(b)}$ derart wählen, daß $k_1^{(a)}+k_1^{(b)}=k_1$ gilt. [Da die Admittanzmatrix-Elemente $y_{12}^{(a)}(p)$ und $y_{12}^{(b)}(p)$ gemäß den Gln. (450) und (451) in $p=0$ nicht verschwinden, muß bei der Wahl der Polynome $Q_1^{(a)}(p)$ und $Q_1^{(b)}(p)$ jedenfalls dafür gesorgt werden, daß $Q_1^{(a)}(0)\neq 0$ und $Q_1^{(b)}(0)\neq 0$ gilt]. Im weiteren soll $Q_1^{(a)}(p)=Q_1(p)$ und $Q_1^{(b)}(p)=Q_1(p)$ gewählt werden.

Es wird nun nach dem Verfahren aus Teil I, Abschnitt 6.5 die Admittanz $Q_1(p)/Q_2(p)$ zweimal als Element $y_{11}(p)$ durch *RC*-Zweitore derart realisiert, daß im ersten Zweitor die Nullstellen des Polynoms $R_1(p)$ und im zweiten Zweitor die Nullstellen des Polynoms $R_2(p)$ als Übertragungsnullstellen entstehen. Die resultierenden Zweitore besitzen dann die Admittanzmatrix-Elemente

$$\bar{y}_{11}^{(a)}(p)=\frac{Q_1(p)}{Q_2(p)} \quad , \qquad -\bar{y}_{12}^{(a)}(p)=k_3^{(a)}\frac{R_1(p)}{Q_2(p)}$$

bzw.

$$\bar{y}_{11}^{(b)}(p)=\frac{Q_1(p)}{Q_2(p)} \quad , \qquad -\bar{y}_{12}^{(b)}(p)=k_3^{(b)}\frac{R_2(p)}{Q_2(p)} \quad .$$

Das Admittanzniveau des Zweitors a wird jetzt durch den Faktor $k_1^{(a)} = k_3/k_3^{(a)}$ und das Admittanzniveau des Zweitors b durch den Faktor $k_1^{(b)} = k_3/k_3^{(b)}$ geändert. Dabei ist die Konstante k_3 angesichts der Bindung $k_1^{(a)} + k_1^{(b)} = k_1$ so festzulegen, daß

$$k_3\left(\frac{1}{k_3^{(a)}} + \frac{1}{k_3^{(b)}}\right) = k_1$$

gilt. Damit liegen die Konstanten $k_1^{(a)}$, $k_1^{(b)}$ und k_3 fest. Für die gewonnenen Zweitore a und b lassen sich die Admittanzmatrix-Elemente $y_{22}^{(a)}(p)$ und $y_{22}^{(b)}(p)$ ermitteln. Führt man diese Elemente bei Wahl eines bestimmten Wertes für den Konvertierungsfaktor k in Gl. (452) ein, so erhält man die Beziehung

$$y_1(p) - ky_2(p) = \frac{P(p)}{Q(p)} \quad .$$

Das Polynom $Q(p)$ hat nur einfache Nullstellen, sie befinden sich ausschließlich auf der negativ reellen Achse. Der Grad von $Q(p)$ ist höchstens um Eins kleiner als der Grad von $P(p)$. Durch Partialbruchentwicklung der Funktion $P(p)/[pQ(p)]$ erhält man nach der Multiplikation mit p

$$y_1(p) - ky_2(p) = A_0' + A_\infty' p + \sum_{\nu=1}^{q'} \frac{A_\nu' p}{p + \sigma_\nu'} - A_0'' - A_\infty'' p - \sum_{\nu=1}^{q''} \frac{A_\nu'' p}{p + \sigma_\nu''} \qquad (455)$$

mit

$$A_0', A_0'', A_\infty', A_\infty'' \geqq 0,$$

$$A_\nu', A_\nu'', \sigma_\nu', \sigma_\nu'' > 0.$$

Diejenige Teilsumme auf der rechten Seite der Gl. (455), die alle Terme mit den Koeffizienten A_0', A_∞', A_ν' umfaßt, wird gleich $y_1(p)$ und der verbleibende Teil der rechten Seite der Gl. (455) gleich $-ky_2(p)$ gesetzt. Somit sind auch die Admittanzen $y_1(p)$ und $y_2(p)$ festgelegt. Sie lassen sich nach bekannten Verfahren realisieren.

Damit ist der Zweipol gemäß Bild 170, der die vorgeschriebene Funktion $Y(p)$ Gl. (441) als Admittanz realisiert, explizit bekannt. Der Realisierungsprozeß ist beendet.

4. Synthese mit Hilfe von Gyratoren

Bei der Realisierung von Übertragungsfunktionen durch Netzwerke, die außer Ohmwiderständen und Kapazitäten Gyratoren enthalten, kann man die Grundideen der im letzten Abschnitt behandelten NIC-Prozesse verwenden. Es wird sich nämlich zeigen, daß nach dem Vorbild des Linvillschen Verfahrens Übertragungsfunktionen durch Kettenanordnungen von RC-Zweitoren und Gyratoren verwirklicht werden können. Einzelheiten hierüber werden im Abschnitt 4.1 besprochen. Auch die Netzwerkstruktur des Yanagisawaschen Verfahrens läßt sich, wie im Abschnitt 4.2 gezeigt wird, zur Verwirklichung von Übertragungsfunktionen durch Gyrator-RC-Netzwerke verwenden.

Schließlich besteht die Möglichkeit, zur Realisierung einer Übertragungsfunktion diese zunächst in Form eines *RLC*-Zweitors nach Teil I zu verwirklichen und dann die Induktivitäten durch Gyratoren zu ersetzen, welche mit Kapazitäten abgeschlossen sind (Abschnitt 4.3). Auf diese Weise lassen sich grundsätzlich auch Zweipolfunktionen realisieren.

4.1. DIE REALISIERUNG VON ÜBERTRAGUNGSFUNKTIONEN DURCH GYRATOR-RC-KETTENNETZWERKE

Die Realisierung von Übertragungsfunktionen durch Gyrator-*RC*-Netzwerke nach dem Linvillschen Prinzip der Einbettung des aktiven Elements zwischen zwei *RC*-Zweitore läßt sich allgemein nur für Funktionen zweiten Grades durchführen [46]. Eine zu realisierende Übertragungsfunktion wird daher zunächst in ein Produkt von Teilübertragungsfunktionen höchstens zweiten Grades zerlegt. Die vorgeschriebene Übertragungsfunktion läßt sich somit in der Weise verwirklichen, daß man die Teilübertragungsfunktionen realisiert und die resultierenden Zweitore unter Verwendung von Trennverstärkern rückwirkungsfrei zu einem Gesamtzweitor kettenförmig miteinander verbindet. Die eigentliche Realisierungsaufgabe besteht also darin, die Teilübertragungsfunktionen zu verwirklichen. Alle Teilübertragungsfunktionen mit reellen Polen, insbesondere alle Teilübertragungsfunktionen ersten Grades werden nach Teil I, Abschnitt 6 durch passive *RC*-Zweitore realisiert. Die folgenden Betrachtungen beschränken sich also auf die Realisierung von Übertragungsfunktionen zweiten Grades mit konjugiert komplexen Polen in der linken p-Halbebene. Dabei werden noch zwei Fälle unterschieden, je nachdem ob die Übertragungsnullstellen reell- oder komplexwertig sind.

4.1.1. Reellwertige Übertragungsnullstellen

Die zu realisierende Übertragungsfunktion sei in der Form

$$H(p) = \frac{a_2 p^2 + a_1 p + a_0}{p^2 + b_1 p + b_0} \tag{456}$$

geschrieben. Das Zählerpolynom habe keine negativen Koeffizienten und soll mit $P_1(p)$, das Nennerpolynom mit $P_2(p)$ bezeichnet werden. Die Realisierung der Übertragungsfunktion soll als Quotient

$$H(p) = \frac{U_2}{I_1}$$

von Ausgangsspannung U_2 zu Erregungsstrom I_1 der im Bild 171 dargestellten Netzwerkkonfiguration erfolgen. Die beiden *RC*-Zweitore werden durch ihre Impedanzmatrizen $[z_{rs}^{(a)}(p)]$ bzw. $[z_{rs}^{(b)}(p)]$ gekennzeichnet, der Gyrator durch seinen Gyrationswiderstand r. Unter Verwendung der Impedanzmatrix des Gyrators nach Gl. (417) erhält man für die Übertragungsfunktion des im Bild 171 dargestellten Gesamtzweitors

$$\frac{U_2}{I_1} = \frac{r z_{12}^{(a)} \dfrac{z_{12}^{(b)}}{z_{11}^{(b)}}}{z_{22}^{(a)} + \dfrac{r^2}{z_{11}^{(b)}}} \quad . \tag{457}$$

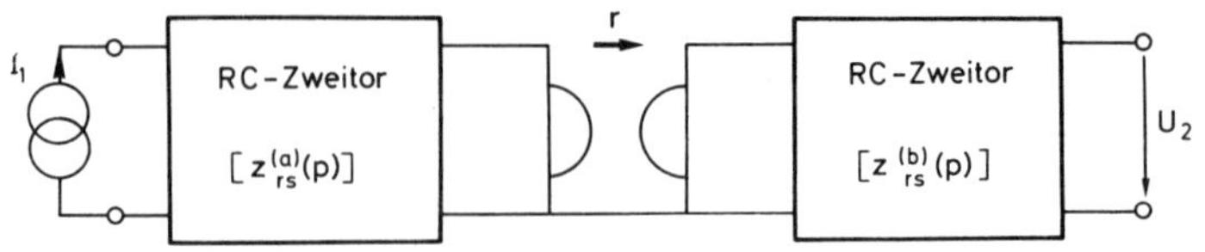

Bild 171: Netzwerkkonfiguration zur Realisierung von Übertragungsfunktionen zweiten Grades

Es muß jetzt durch Identifizierung der rechten Seiten der Gln. (456) und (457) versucht werden, die Funktionen $z_{22}^{(a)}(p)$, $z_{12}^{(a)}(p)$ und $z_{11}^{(b)}(p)$, $z_{12}^{(b)}(p)$ zu bestimmen.

Man wählt ein Polynom

$$Q(p) = (p + \sigma_1)(p + \sigma_2) \tag{458}$$

mit der Eigenschaft

$$0 \leqq \sigma_1 < \sigma_2 \quad . \tag{459}$$

Das Zählerpolynom $P_1(p)$ und das Nennerpolynom $P_2(p)$ auf der rechten Seite der Gl. (456) werden je durch das Polynom $Q(p)$ Gl. (458) dividiert. Dadurch erhält man im Nenner die rationale Funktion

$$\frac{P_2(p)}{Q(p)} = 1 + \frac{\alpha}{p + \sigma_1} + \frac{\beta}{p + \sigma_2} \quad . \tag{460}$$

Hierbei gilt

$$\alpha = \frac{b_0 - b_1\sigma_1 + \sigma_1^2}{\sigma_2 - \sigma_1} \tag{461a}$$

und

$$\beta = \frac{b_0 - b_1\sigma_2 + \sigma_2^2}{\sigma_1 - \sigma_2} \quad . \tag{461b}$$

Da das Nennerpolynom $P_2(p) = p^2 + b_1 p + b_0$ konjugiert komplexe Nullstellen hat, müssen die Zählerausdrücke in den Gln. (461a, b) positiv sein. Wegen der Beziehung (459) muß daher

$$\alpha > 0 \text{ und } \beta < 0 \tag{462}$$

gelten.

Im folgenden wird nun die fällige Identifizierung der rechten Seite von Gl. (460) mit dem Nennerausdruck von Gl. (457) und die Identifizierung der Funktion $P_1(p)/Q(p)$ mit dem Zählerausdruck von Gl. (457) durchgeführt. Dabei ist wesentlich, daß die Übertragungsnullstellen nicht positiv reell sind.

Die Gl. (460) wird in der Form

$$\frac{P_2(p)}{Q(p)} = 1 + \frac{\beta}{\sigma_2} + \frac{a}{p+\sigma_1} - \frac{\dfrac{\beta}{\sigma_2}p}{p+\sigma_2} \tag{463}$$

dargestellt und die Forderung

$$1 + \frac{\beta}{\sigma_2} > 0 \tag{464a}$$

gestellt. Diese Forderung ist bei Verwendung der Gl. (461b) gleichbedeutend mit der Bedingung

$$\sigma_2(b_1 - \sigma_1) > b_0 \quad . \tag{464b}$$

Die Erfüllung dieser Ungleichung ist bei geeigneter Wahl der Größen σ_1 und σ_2 im Rahmen der Einschränkung (459) möglich. Im folgenden wird davon ausgegangen, daß die Ungleichung (464b) erfüllt ist. Dann bildet die Summe der ersten drei Summanden auf der rechten Seite von Gl. (463) eine *RC*-Impedanz und der letzte Term einschließlich des Minuszeichens eine *RC*-Admittanz. Dabei ist die Aussage (462) zu berücksichtigen. Somit legt ein Vergleich mit dem Nenner der Gl. (457) nahe,

$$z_{22}^{(a)}(p) = 1 + \frac{\beta}{\sigma_2} + \frac{a}{p+\sigma_1} \tag{465}$$

und

$$\frac{r^2}{z_{11}^{(b)}(p)} = \frac{-\dfrac{\beta}{\sigma_2}p}{p+\sigma_2} \tag{466}$$

zu setzen. Da die Übertragungsnullstellen voraussetzungsgemäß reell und nicht positiv sind, kann das Zählerpolynom $P_1(p)$ in der Form

$$P_1(p) = [a_1^{(a)}p + a_0^{(a)}]\,[a_1^{(b)}p + a_0^{(b)}] \tag{467}$$

mit nicht-negativ reellen Koeffizienten $a_\mu^{(\nu)}$ ($\mu = 0, 1;\ \nu = a, b$) geschrieben werden. Damit erlaubt ein Vergleich der Funktion $P_1(p)/Q(p)$ mit dem Zählerausdruck auf der rechten Seite der Gl. (457) die Identifizierung

$$z_{12}^{(a)}(p) = \frac{a_1^{(a)}p + a_0^{(a)}}{p+\sigma_1} \tag{468}$$

und

$$z_{12}^{(b)}(p) = \frac{-r\sigma_2[a_1^{(b)}p + a_0^{(b)}]}{\beta p} \quad . \tag{469}$$

Für den Gyrationswiderstand r kann ein beliebiger positiver Wert gewählt werden. Gemäß den Gln. (465), (468) und (466), (469) können die Funktionen $z_{22}^{(a)}(p)$, $z_{12}^{(a)}(p)$ und die Funktionen $z_{11}^{(b)}(p)$, $z_{12}^{(b)}(p)$ als Impedanzmatrix-Elemente von induktivitätsfreien Zweitoren aufgefaßt werden. Sie lassen sich nach Teil I, Abschnitt 6.5 durch zwei *RC*-Zweitore realisieren, wobei allerdings die Elemente $z_{12}^{(a)}(p)$ und $z_{12}^{(b)}(p)$ nur bis auf konstante Faktoren verwirklicht werden können. Bettet man einen Gyrator mit dem gewählten Gyrationswiderstand r zwischen diese *RC*-Zweitore gemäß Bild 171 ein, so erhält man ein Zweitor, dessen Quotient U_2/I_1 die gegebene Übertragungsfunktion $H(p)$ Gl. (456) bis auf einen konstanten Faktor verwirklicht.

Man kann jetzt noch die bestehende Freiheit in der Wahl der Größen σ_1 und σ_2 dazu verwenden, die Empfindlichkeit der Koeffizienten von $P_2(p)$ in bezug auf Änderungen des Gyrationswiderstandes r möglichst klein zu machen.

Aufgrund der Gln. (465) und (466) wird das Nennerpolynom $P_2(p)$ in der Form

$$P_2(p) \equiv b_2 p^2 + b_1 p + b_0 = k_1(p+\xi_1)(p+\sigma_2) + r^2 k_2 p(p+\sigma_1) \tag{470}$$

mit positiven Konstanten k_1, k_2 und ξ_1 durch das im Bild 171 dargestellte Zweitor realisiert. Hieraus folgt

$$b_2 = k_1 + k_2 r^2, \tag{471a}$$

$$b_1 = k_1(\xi_1+\sigma_2) + k_2\sigma_1 r^2 \tag{471b}$$

und

$$b_0 = k_1\xi_1\sigma_2 \quad , \tag{471c}$$

also die Empfindlichkeiten

$$S_{r^2}^{b_2} = k_2 r^2/b_2 \quad , \tag{472a}$$

$$S_{r^2}^{b_1} = k_2\sigma_1 r^2/b_1 \tag{472b}$$

und

$$S_{r^2}^{b_0} = 0. \tag{472c}$$

Wie man der Gl. (472b) entnimmt, wird $S_{r^2}^{b_1} = 0$ für $\sigma_1 = 0$. Diese Wahl soll getroffen werden. Das Minimum von $S_{r^2}^{b_2}$ ist genau dann erreicht, wenn k_2 seinen kleinsten Wert annimmt. Aus den Gln. (471a, b, c) erhält man für $\sigma_1 = 0$ nach Elimination der Größen k_1 und ξ_1 die Beziehung

$$k_2 = \frac{1}{r^2}\left(b_2 - \frac{b_1}{\sigma_2} + \frac{b_0}{\sigma_2^2}\right) .$$

Damit ist die Größe k_2 als Funktion von σ_2 dargestellt. Dabei gilt stets $k_2(\sigma_2) > 0$. Das absolute Minimum erreicht diese Funktion, wie die Lösung der Gleichung $\mathrm{d}k_2/\mathrm{d}\sigma_2 = 0$ zeigt, für

$$\sigma_2 = \frac{2b_0}{b_1} \quad .$$

Hiermit erhält man aufgrund der Gln. (471a, b, c)

$$k_1 = \frac{b_1^2}{4b_0} \quad , \qquad k_2 = \frac{4b_0 b_2 - b_1^2}{4b_0 r^2} \quad , \qquad \xi_1 = \frac{2b_0}{b_1} \quad ,$$

also nach Gl. (470)

$$P_2(p) = \frac{b_1^2}{4b_0}\left(p + \frac{2b_0}{b_1}\right)^2 + r^2 \frac{4b_0 b_2 - b_1^2}{4b_0 r^2} p^2 .$$

Mit $Q(p) = p(p + 2b_0/b_1)$ ergibt sich gemäß den Gln. (465) und (466)

$$z_{22}^{(a)}(p) = \frac{b_1^2}{4b_0}\left(1 + \frac{2b_0}{pb_1}\right)$$

und

$$z_{11}^{(b)}(p) = \frac{4b_0 r^2}{4b_0 b_2 - b_1^2}\left(1 + \frac{2b_0}{pb_1}\right) \quad .$$

Die Admittanzmatrix-Elemente $z_{12}^{(a)}(p)$ und $z_{12}^{(b)}(p)$ sind durch die Gln. (468) und (469) gegeben, wobei $\sigma_1 = 0$, $\sigma_2 = 2b_0/b_1$ und die Gln. (461b) und (467) zu berücksichtigen sind.

4.1.2. Komplexwertige Übertragungsnullstellen

Die Nullstellen der Übertragungsfunktion $H(p)$ Gl. (456) seien konjugiert komplex und in der Halbebene Re $p \leqq 0$ gelegen. Die Koeffizienten a_μ ($\mu = 0, 1, 2$) müssen also die Eigenschaft

$$a_1^2 < 4a_0 a_2$$

aufweisen. Dabei wird noch angenommen, daß alle a_μ positiv sind.

Die Realisierung der Übertragungsfunktion $H(p)$ durch ein Gyrator-*RC*-Kettennetzwerk gemäß Bild 171 erfolgt im vorliegenden Fall ähnlich wie im Fall reellwertiger Übertragungsnullstellen (Abschnitt 4.1.1). Entscheidend ist hier, daß die beiden Übertragungsnullstellen nur durch eines der beiden *RC*-Zweitore *a* und *b* realisiert werden können. Der Realisierungsprozeß unterscheidet sich von demjenigen im Abschnitt 4.1.1 bis Gl. (462) nicht. Zur Identifizierung der rechten Seite von Gl. (460) mit dem Nennerausdruck von Gl. (457) und zur Identifizierung der Funktion $P_1(p)/Q(p)$ mit dem Zählerausdruck von Gl. (457) gibt es zwei Möglichkeiten.

a) Die Gl. (460) wird in der Form

$$\frac{P_2(p)}{Q(p)} = 1 - \varepsilon + \frac{\beta}{p + \sigma_2} - \frac{\gamma}{p + \sigma_1} + \varepsilon + \frac{\alpha + \gamma}{p + \sigma_1} \tag{473a}$$

mit

$$0 < \varepsilon < 1, \quad \gamma > 0 \tag{473b}$$

dargestellt. Ein Vergleich der rechten Seite von Gl. (473a) mit dem Nenner auf der rechten Seite von Gl. (457) liefert

$$z_{22}^{(a)}(p) = \varepsilon + \frac{a+\gamma}{p+\sigma_1} \tag{474}$$

und

$$\frac{r^2}{z_{11}^{(b)}(p)} = 1 - \varepsilon + \frac{\beta}{p+\sigma_2} - \frac{\gamma}{p+\sigma_1} \quad . \tag{475a}$$

Man kann die Gl. (475a) auch in der Form

$$\frac{r^2}{z_{11}^{(b)}(p)} = \frac{(1-\varepsilon)(p+x_1)(p+x_2)}{(p+\sigma_1)(p+\sigma_2)} \tag{475b}$$

ausdrücken. Da wegen der Bedingung (462) bzw. (473b) $\beta < 0$ und $\gamma > 0$ gilt, erfüllt die Funktion Gl. (475a) die kennzeichnenden Eigenschaften einer *RC*-Admittanz nach Teil I, Abschnitt 2.3.3 genau dann, wenn ihr Funktionswert im Nullpunkt nicht negativ ist, wenn also

$$1 - \varepsilon \geqq -\frac{\beta}{\sigma_2} + \frac{\gamma}{\sigma_1} \tag{476a}$$

gilt. Diese Forderung läßt sich nur erfüllen, wenn $\sigma_1 > 0$ gilt, in der Bedingung (459) also das Gleichheitszeichen ausgeschlossen wird. Mit Hilfe der Gl. (461b) kann die Forderung (476a) durch die äquivalente Bedingung

$$1 - \varepsilon \geqq \frac{b_0 - b_1\sigma_2 + \sigma_2^2}{(\sigma_2 - \sigma_1)\sigma_2} + \frac{\gamma}{\sigma_1} \tag{476b}$$

ersetzt werden. Diese Bedingung läßt sich im Rahmen der Einschränkungen für die auftretenden Größen stets erfüllen, wie man folgendermaßen zeigt. Der erste Summand auf der rechten Seite von Ungleichung (476b) wird genau dann kleiner als Eins, wenn die Bedingung (464b) besteht. Erfüllt man diese Bedingung durch geeignete Wahl von $\sigma_1 < b_1$ und σ_2, dann läßt sich sofort bei passender Wahl von ε und γ die Ungleichung (476b) befriedigen.

Durch Vergleich der Funktion $P_1(p)/Q(p)$ mit der Zählerfunktion von Gl. (457) unter Berücksichtigung der Gl. (475b) erreicht man schließlich die Identität der Gln. (456) und (457). Beachtet man die Realisierbarkeitskriterien für die Impedanzmatrix-Elemente von induktivitätsfreien Zweitoren, so erhält man

$$z_{12}^{(a)}(p) = 1 \tag{477}$$

und

$$z_{12}^{(b)}(p) = \frac{r}{1-\varepsilon} \cdot \frac{a_0 + a_1 p + a_2 p^2}{(p+x_1)(p+x_2)} \quad . \tag{478}$$

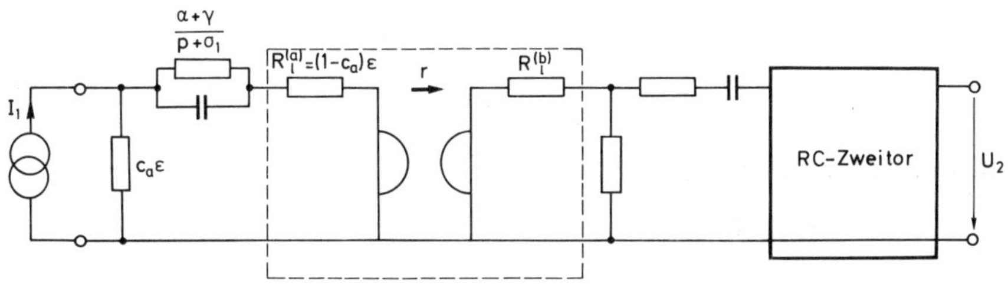

Bild 172: Realisierung einer Übertragungsfunktion zweiten Grades mit komplexen Nullstellen (Möglichkeit a). Das *RC*-Zweitor auf der Sekundärseite erhält man nach Teil I, Abschnitt 6.7.4. Am Eingang dieses *RC*-Zweitors tritt nur eines der angegebenen Längselemente auf

Die Funktionen $z_{22}^{(a)}(p)$ Gl. (474) und $z_{12}^{(a)}(p)$ Gl. (477) lassen sich nach Wahl eines Gyrationswiderstands r gemäß Teil I, Abschnitt 6.5 durch ein *RC*-Zweitor verwirklichen. Man kann vor Durchführung dieser Realisierung auf der Sekundärseite des Zweitors einen ohmschen Längswiderstand

$$R_l^{(a)} = (1 - c_a)\varepsilon$$

mit $0 < c_a \leqq 1$ abbauen, der zur Kompensation der Gyratorverluste verwendet werden kann. Die Funktionen $z_{11}^{(b)}(p)$ Gl. (475b) und $z_{12}^{(b)}(p)$ Gl. (478) lassen sich gemäß Teil I, Abschnitt 6.7 (insbesondere Abschnitt 6.7.4) durch ein *RC*-Zweitor verwirklichen. Man kann vor Durchführung dieser Realisierung auf der Primärseite des Zweitors einen ohmschen Längswiderstand

$$R_l^{(b)} < \frac{r^2}{1-\varepsilon}$$

herausziehen, der kleiner sein muß als der Wert der Impedanz $z_{11}^{(b)}(p)$ für $p = \infty$ und ebenfalls zur Kompensation der Gyratorverluste im Gesamtnetzwerk verwendet werden kann. Im Bild 172 ist das gesamte Zweitor dargestellt, das die vorgeschriebene Übertragungsfunktion als Quotient U_2/I_1 realisiert, jedoch nur bis auf einen konstanten Faktor, da die Impedanzmatrix-Elemente $z_{12}^{(a)}(p)$ und $z_{12}^{(b)}(p)$ bei der Synthese der *RC*-Zweitore a und b jeweils nur bis auf einen konstanten Faktor verwirklicht werden können.

b) Die Gl. (460) wird in der modifizierten Form

$$\frac{P_2(p)}{Q(p)} = 1 - \varepsilon + \frac{\beta - \gamma}{p + \sigma_2} + \varepsilon + \frac{a}{p + \sigma_1} + \frac{\gamma}{p + \sigma_2} \tag{479a}$$

mit

$$0 < \varepsilon < 1, \quad \gamma > 0 \tag{479b}$$

dargestellt. Ein Vergleich der rechten Seite von Gl. (479a) mit dem Nenner auf der rechten Seite von Gl. (457) liefert

$$z_{22}^{(a)}(p) = \varepsilon + \frac{a}{p + \sigma_1} + \frac{\gamma}{p + \sigma_2} \tag{480}$$

und

$$\frac{r^2}{z_{11}^{(b)}(p)} = 1 - \varepsilon + \frac{\beta - \gamma}{p + \sigma_2} \quad . \tag{481a}$$

Man kann die Gl. (481a) auch in der Form

$$\frac{r^2}{z_{11}^{(b)}(p)} = \frac{(1-\varepsilon)(p + x_3)}{p + \sigma_2} \tag{481b}$$

ausdrücken. Die Funktion Gl. (481a) besitzt die kennzeichnenden Eigenschaften einer *RC*-Admittanz nach Teil I, Abschnitt 2.3.3 genau dann, wenn ihr Funktionswert im Nullpunkt nicht negativ ist, also

$$1 - \varepsilon \geqq \frac{\gamma - \beta}{\sigma_2}$$

gilt. Mit Gl. (461b) läßt sich diese Forderung durch die äquivalente Bedingung

$$1 - \varepsilon \geqq \frac{b_0 - b_1\sigma_2 + \sigma_2^2}{(\sigma_2 - \sigma_1)\sigma_2} + \frac{\gamma}{\sigma_2} \tag{482}$$

ersetzen. Wie bei der Realisierungsmöglichkeit a im Fall der Ungleichung (476b) ist zu erkennen, daß der erste Summand auf der rechten Seite der Ungleichung (482) genau dann kleiner als Eins wird, wenn die Bedingung (464b) eingehalten wird. Erfüllt man diese Bedingung durch geeignete Wahl von $\sigma_1 < b_1$ und σ_2, dann läßt sich sofort bei passender Wahl von ε und γ die Ungleichung (482) befriedigen. Im Gegensatz zur Realisierungsmöglichkeit a darf hier $\sigma_1 = 0$ gewählt werden.

Durch Vergleich der Funktion $P_1(p)/Q(p)$ mit der Zählerfunktion von Gl. (457) unter Berücksichtigung von $z_{11}^{(b)}(p)$ Gl. (481b) erreicht man schließlich die Identität der Gln. (456) und (457). Beachtet man die Realisierbarkeitskriterien für die Impedanzmatrix-Elemente von induktivitätsfreien Zweitoren, so erhält man

$$z_{12}^{(a)}(p) = -\frac{a_0 + a_1 p + a_2 p^2}{r(p + \sigma_1)(p + \sigma_2)} \tag{483}$$

und

$$z_{12}^{(b)}(p) \equiv z_{11}^{(b)}(p) = \frac{r^2(p + \sigma_2)}{(1-\varepsilon)(p + x_3)} \quad . \tag{484}$$

Die Funktionen $z_{22}^{(a)}(p)$ Gl. (480) und $z_{12}^{(a)}(p)$ Gl. (483) lassen sich nach Wahl eines Gyrationswiderstands r gemäß Teil I, Abschnitt 6.7 (insbesondere Abschnitt 6.7.4) durch ein *RC*-Zweitor verwirklichen. Man kann vor Durchführung dieser Realisierung auf der Sekundärseite des Zweitors einen ohmschen Längswiderstand $R_l^{(a)} < \varepsilon$ abbauen, der zur Kompensation der Gyratorverluste verwendet werden kann. Die Funktionen $z_{11}^{(b)}(p)$ Gl. (481b) und $z_{12}^{(b)}(p)$ Gl. (484) lassen sich gemäß Teil I, Abschnitt 6.5 durch ein *RC*-Zweitor verwirklichen. Im Bild 173 ist das gesamte Zweitor dargestellt, das die vorgeschriebene Übertragungsfunktion als Quotient U_2/I_1 realisiert, jedoch nur bis auf einen konstanten Faktor, da die Impedanzmatrix-Elemente $z_{12}^{(a)}(p)$ und $z_{12}^{(b)}(p)$ bei der

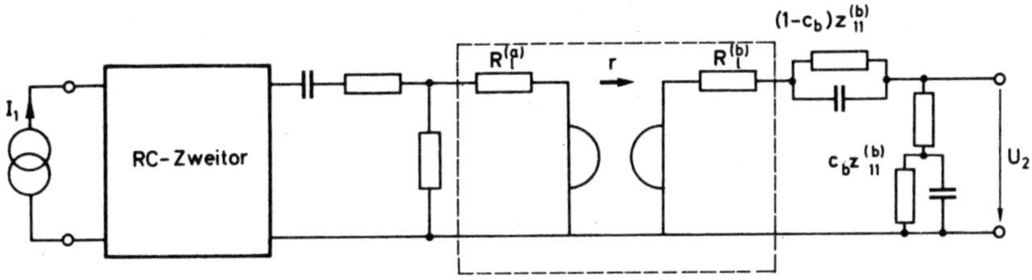

Bild 173: Realisierung einer Übertragungsfunktion zweiten Grades mit komplexen Nullstellen (Möglichkeit b). Das *RC*-Zweitor auf der Primärseite erhält man nach Teil I, Abschnitt 6.7.4. Am Ausgang dieses *RC*-Zweitors tritt nur eines der angegebenen Längselemente auf

Synthese der *RC*-Zweitore a und b gewöhnlich nur bis auf konstante Faktoren verwirklicht werden können. Im Bild 173 gilt $0 < c_b \leqq 1$ und $R_l^{(b)} = r^2(1 - c_b)/(1 - \varepsilon)$.

Die noch bestehende Freiheit in der Wahl der Größen σ_1 und σ_2 kann man bei Anwendung einer der Realisierungsmöglichkeiten dazu verwenden, gewisse Eigenschaften des betreffenden Zweitors in gewünschter Weise zu beeinflussen. Dabei kann man hauptsächlich zwei Gesichtspunkte ins Auge fassen, nämlich den der Berücksichtigung der Gyratorverluste und den der Empfindlichkeitsoptimierung.

Es wird hier die Realisierungsmöglichkeit b betrachtet. Nimmt man an, daß $r^2 \geqq 1 - \varepsilon$ gilt (dies ist beispielsweise bei Wahl von $r = 1$ der Fall), dann hat von den Verlustwiderständen $R_l^{(a)}$ und $R_l^{(b)}$ der erstgenannte den kleineren Wertebereich. Der Längswiderstand $R_l^{(a)}$ muß jedenfalls immer kleiner sein als der maximal zulässige Wert von ε. Aus der Bedingung (482) ist zu erkennen, daß bei festem γ die Größe ε genau dann maximal gewählt werden kann, wenn

$$\sigma_1 = 0 \text{ und } \sigma_2 = \frac{2b_0}{b_1 - \gamma}$$

($\gamma < b_1$) festgelegt wird. Dann erhält man aus der Ungleichung (482) als maximalen Wert für ε

$$\varepsilon_{\max} = \frac{(b_1 - \gamma)^2}{4b_0} \quad .$$

Für die Realisierungsmöglichkeit a läßt sich eine entsprechende Betrachtung anstellen.

Die Größen σ_1 und σ_2 können auch dadurch festgelegt werden, daß man das Minimum von $|S_{r2}^{p_0}|$ bestimmt; dabei bedeutet p_0 den Pol der Übertragungsfunktion $H(p)$. In der Arbeit [115] ist ein Verfahren zur numerischen Lösung dieser Aufgabe beschrieben.

In den vorausgegangenen Untersuchungen wurde die vorgeschriebene Übertragungsfunktion als Verhältnis von Ausgangsspannung U_2 zu Eingangsstrom I_1 realisiert. Man kann als Eingangsgröße statt I_1 die Eingangsspannung U_1 wählen und versuchen, die vorgeschriebene Übertragungsfunktion als Quotient U_2/U_1 zu verwirklichen. Diese Aufgabe wurde in der Arbeit [116] gelöst. Es bestehen dabei ebenfalls zwei Realisierungsmöglichkeiten. Bei einer dieser Möglichkeiten sind für das *RC*-Zweitor, durch welches die Übertragungsnullstellen realisiert werden, zwei Admittanzmatrix-Elemente vorgeschrieben. Damit ist es möglich, zur Synthese dieses *RC*-Zweitors irgendein Verfahren aus Teil I, Abschnitt 6 anzuwenden.

4.2. DIE REALISIERUNG VON ÜBERTRAGUNGSFUNKTIONEN NACH EINER NETZWERKSTRUKTUR VON W.H. HOLMES

Die im Bild 174 dargestellte Netzwerkstruktur wurde von W.H. HOLMES [64] zur Realisierung von Übertragungsfunktionen vorgeschlagen. Im folgenden soll gezeigt werden, wie eine Übertragungsfunktion

$$H(p) = K\frac{a_2p^2 + a_1p + a_0}{p^2 + b_1p + b_0} \quad (a_2 \geqq 0,\, a_1 \gtreqqless 0,\, a_0 \geqq 0), \tag{485}$$

deren Pole in der Halbebene Re $p < 0$ liegen und nicht reellwertig sein mögen, als Spannungsverhältnis U_2/U_1 durch ein Zweitor gemäß Bild 174 bei geeigneter Wahl des konstanten Faktors $K > 0$ verwirklicht werden kann. Dieses Netzwerk läßt sich als Grundzweitor zur Verwirklichung einer allgemeinen Übertragungsfunktion verwenden, wenn man diese in ein Produkt von Teilübertragungsfunktionen höchstens zweiten Grades faktorisiert.

Eine Analyse des im Bild 174 dargestellten Netzwerks, in dem die *RC*-Zweitore durch ihre Admittanzmatrizen $[y_{rs}^{(a)}(p)]$ bzw. $[y_{rs}^{(b)}(p)]$ beschrieben werden, liefert das Spannungsverhältnis

$$\frac{U_2}{U_1} = \frac{-y_{12}^{(b)}(p) - g\dfrac{y_{12}^{(a)}(p)}{y_{22}^{(a)}(p)}}{y_{22}^{(b)}(p) + \dfrac{g^2}{y_{22}^{(a)}(p)}}\,. \tag{486}$$

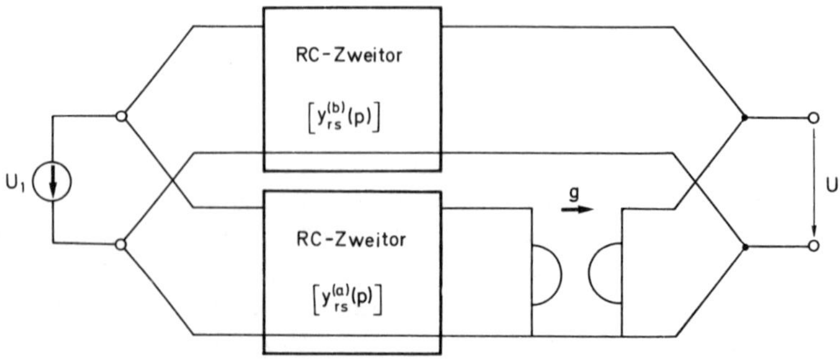

Bild 174: Netzwerkstruktur nach W. H. HOLMES zur Realisierung von Übertragungsfunktionen zweiten Grades

Die rechte Seite der Gl. (485) mit dem Zählerpolynom $KP_1(p)$ und dem Nennerpolynom $P_2(p)$ wird jetzt derart umgeformt, daß eine Identifizierung mit der rechten Seite der Gl. (486) möglich ist. Mit einer Größe $\sigma_0 > 0$ werden die Partialbruchdarstellungen

$$\frac{KP_1(p)}{p+\sigma_0} = K\frac{a_0}{\sigma_0} + Ka_2 p + \frac{KP_1(-\sigma_0)/(-\sigma_0)}{p+\sigma_0} p \tag{487a}$$

und

$$\frac{P_2(p)}{p+\sigma_0} = (b_1 - \sigma_0) + p + \frac{P_2(-\sigma_0)}{p+\sigma_0} \tag{487b}$$

gebildet. Ersetzt man das Zählerpolynom $KP_1(p)$ der Übertragungsfunktion $H(p)$ Gl. (485) durch die rechte Seite der Gl. (487a) und das Nennerpolynom $P_2(p)$ durch die rechte Seite der Gl. (487b), dann legt ein Vergleich der so entstandenen Darstellung von $H(p)$ mit der rechten Seite von Gl. (486) nahe, folgende Identifizierungen vorzunehmen:

$$y_{22}^{(a)}(p) = \frac{g^2}{P_2(-\sigma_0)} (p+\sigma_0), \tag{488a}$$

$$-y_{12}^{(a)}(p) = \frac{g}{-\sigma_0} \cdot \frac{KP_1(-\sigma_0)}{P_2(-\sigma_0)} p, \tag{488b}$$

$$y_{22}^{(b)}(p) = p + (b_1 - \sigma_0), \tag{489a}$$

$$-y_{12}^{(b)}(p) = Ka_2 p + K\frac{a_0}{\sigma_0} \quad . \tag{489b}$$

Falls $P_1(-\sigma_0) > 0$ gilt, werden Primär- und Sekundärseite des im Netzwerk nach Bild 174 auftretenden Gyrators miteinander vertauscht. Dies bedeutet in den abgeleiteten Beziehungen, daß g durch $-g$ zu ersetzen ist. Dadurch kann stets erreicht werden, daß der Koeffizient bei p auf der rechten Seite der Gl. (488b) nicht negativ wird. Wählt man $\sigma_0 < b_1$, so kann man bei geeigneter Festlegung des positiven Faktors K offensichtlich erreichen, daß die Admittanzmatrix-Elemente $y_{22}^{(a)}(p)$ und $y_{12}^{(a)}(p)$ bzw. $y_{22}^{(b)}(p)$ und $y_{12}^{(b)}(p)$ die Fialkow-Gerst-Bedingungen erfüllen. Damit können die durch die Gln. (488a, b) bzw. (489a, b) gegebenen Admittanzmatrix-Elemente $y_{22}^{(\mu)}(p)$, $y_{12}^{(\mu)}(p)$ $(\mu = a, b)$ jeweils durch ein RC-Zweitor verwirklicht werden, dessen Struktur im Bild 175 dargestellt ist. Die in diesen RC-Zweitoren auftretenden Zweipole haben die Admittanzen

$$Y_1^{(a)}(p) = \frac{g}{-\sigma_0} \cdot \frac{KP_1(-\sigma_0)}{P_2(-\sigma_0)} p, \tag{490a}$$

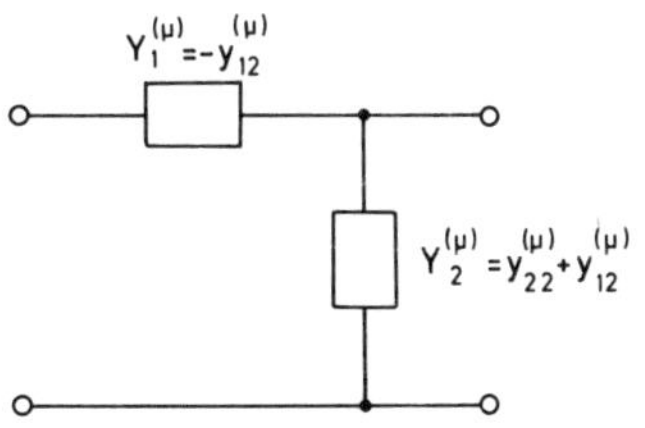

Bild 175: Spezielle Struktur eines RC-Zweitors

$$Y_2^{(a)}(p) = \frac{1}{P_2(-\sigma_0)}\left[g^2 + \frac{gKP_1(-\sigma_0)}{\sigma_0}\right]p + \frac{g^2\sigma_0}{P_2(-\sigma_0)}\,, \tag{490b}$$

$$Y_1^{(b)}(p) = Ka_2 p + K\frac{a_0}{\sigma_0} \tag{491a}$$

und

$$Y_2^{(b)}(p) = (1 - Ka_2)p + (b_1 - \sigma_0 - K\frac{a_0}{\sigma_0}). \tag{491b}$$

Wie die Gln. (490a, b) und (491a, b) erkennen lassen, sind sämtliche Admittanzen durch einfache *RC*-Zweipole realisierbar. Man beachte, daß im Fall $P_1(-\sigma_0) > 0$ der Gyrationsleitwert g durch $-g$ zu ersetzen ist, d.h. Primär- und Sekundärseite des Gyrators miteinander zu vertauschen sind. Deshalb ist die Funktion $Y_1^{(a)}(p)$ Gl. (490a) eine *RC*-Admittanz. Die Konstante K ist so klein zu wählen, daß auch die Funktionen $Y_2^{(a)}(p)$ Gl. (490b) und $Y_2^{(b)}(p)$ Gl. (491b) *RC*-Admittanzen sind. Damit ist gezeigt, wie die Übertragungsfunktion $H(p)$ Gl. (485) bei geeigneter Wahl der positiven Konstante K als Spannungsquotient U_2/U_1 durch ein Zweitor gemäß Bild 174 realisiert werden kann.

Man kann die Freiheit in der Wahl der Größe $\sigma_0 > 0$ dazu verwenden, die Empfindlichkeit der Koeffizienten des Nennerpolynoms $P_2(p)$ bezüglich Änderungen des Gyrationsleitwerts g möglichst klein zu halten. Aus den vorausgegangenen Überlegungen, namentlich aus den Gln. (487b), (488a) und (489a) geht hervor, daß dies genau dann erreicht ist, wenn $P_2(-\sigma_0)$ seinen kleinstmöglichen Wert annimmt. Eine kurze Rechnung zeigt, daß $P_2(-\sigma_0)$ für

$$\sigma_0 = \frac{b_1}{2} \tag{492}$$

sein Minimum erreicht.

Sind die Nullstellen der Übertragungsfunktion $H(p)$ nicht reell, so gilt $P_1(-\sigma_0) > 0$, und man hat in den Gln. (490a, b) die Größe g durch $-g$ zu ersetzen. Wählt man dann

$$g = \frac{KP_1(-\sigma_0)}{\sigma_0}\,, \tag{493}$$

so verschwindet der Koeffizient bei p in der Admittanz $Y_2^{(a)}(p)$ Gl. (490b). Auch die Admittanz $Y_2^{(b)}(p)$ Gl. (491b) kann durch geeignete Wahl der Konstante K vereinfacht werden. Dazu wird die Größe σ_0 zunächst gemäß Gl. (492) festgelegt. Je nachdem, ob nun

$$1/a_2 \geqq b_1^2/4a_0$$

oder

$$1/a_2 < b_1^2/4a_0$$

gilt, wird entweder

$$K = \frac{b_1^2}{4a_0}$$

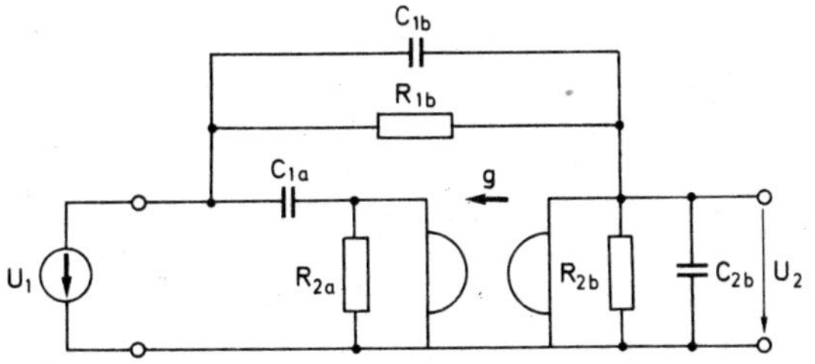

Bild 176: Realisierung einer Übertragungsfunktion zweiten Grades mit nicht-reellen Nullstellen

oder

$$K = \frac{1}{a_2}$$

gewählt. Dann verschwindet entweder das Absolutglied oder das Glied erster Ordnung in Gl. (491b). Im Bild 176 ist das resultierende Netzwerk dargestellt. Für die Netzwerkelemente gilt bei Beachtung der Gln. (492) und (493)

$$C_{1a} = \frac{K^2 P_1^2(-b_1/2)}{(b_1/2)^2 P_2(-b_1/2)} \quad ,$$

$$R_{2a} = \frac{2}{b_1 C_{1a}} \quad ,$$

$$C_{1b} = K a_2 ,$$

$$R_{1b} = b_1/(2 K a_0),$$

$$C_{2b} = 1 - K a_2$$

und

$$R_{2b} = 1 \Big/ \left(\frac{b_1}{2} - K \frac{2 a_0}{b_1} \right) \quad .$$

Dabei kann durch Wahl von K entweder C_{2b} oder $1/R_{2b}$ zu Null gemacht werden.

Gilt $a_0 = 0$, befindet sich also mindestens eine Übertragungsnullstelle in $p = 0$, so kann man σ_0 gegen Null streben lassen. Die Realisierung läßt sich dadurch wesentlich vereinfachen, wobei man natürlich noch die Freiheit in der Wahl der Größen K und g ausnützen kann. In diesem Fall kann man aufgrund des Vergleichs der Gln. (487a, b) mit der Gl. (486) die Admittanzmatrix-Elemente

$$y_{22}^{(a)}(p) = \frac{g^2}{b_0} p , \qquad - y_{12}^{(a)}(p) = 0$$

und

$$y_{22}^{(b)}(p) = p + b_1 \; , \qquad - y_{12}^{(b)}(p) = K(a_2 p + a_1)$$

wählen. Hieraus folgt eine weitere Realisierung, die sich bei geeigneter Wahl von K günstig gestalten läßt. Die vollständige Angabe des realisierenden Zweitors sei dem Leser als Übung empfohlen.

Abschließend sei noch auf einen wichtigen Unterschied zwischen den behandelten Gyrator-*RC*-Realisierungen und den im Abschnitt 3 beschriebenen entsprechenden NIC-*RC*-Realisierungen von Übertragungsfunktionen hingewiesen. Wie die Gln. (419), (420) und (436) erkennen lassen, werden in den NIC-*RC*-Netzwerken die Pole der Übertragungsfunktion durch Differenzbildung zweier Zweipolfunktionen erzeugt. Im Gegensatz hierzu werden in den Gyrator-*RC*-Netzwerken gemäß den Gln. (457) und (486) die Pole der Übertragungsfunktion durch Summenbildung zweier Zweipolfunktionen erzeugt. Man kann sich leicht vorstellen, daß die Differenz im Vergleich zur Summe wesentlich empfindlicher in bezug auf Parameteränderungen reagieren kann. Es muß daher damit gerechnet werden, daß die Polempfindlichkeiten in den NIC-Zweitoren größer sind als in den Gyrator-Zweitoren. Diese Aussage gilt auch für die Nullstellenempfindlichkeit von Netzwerken, die nach dem Yanagisawa-Verfahren gewonnen wurden.

4.3. SIMULATION VON INDUKTIVITÄTEN DURCH GYRATOR-C-KOMBINATIONEN

Man kann eine Übertragungsfunktion oder eine Zweipolfunktion durch ein Gyrator-*RC*-Netzwerk realisieren, indem man die betreffende Funktion zunächst nach Kapitel I durch ein *RLC*-Netzwerk realisiert und sodann sämtliche Induktivitäten gemäß Bild 177 durch Gyrator-*C*-Netzwerke bei geeigneter Wahl von g und C ersetzt. Es entsteht dabei allerdings die folgende Schwierigkeit. Die mit geringem Aufwand gebauten Gyratoren besitzen jeweils eine geerdete Klemme. Es können daher nur solche Induktivitäten gemäß Bild 177 ersetzt werden, die sich dadurch auszeichnen, daß eine ihrer Klemmen am »Erdpotential« liegt. Die »hochliegenden« Induktivitäten müssen auf andere Weise verwirklicht werden. Man kann eine derartige Induktivität als Längsinduktivität eines Zweitors mit durchgehender Erdverbindung auffassen (Bild 178a). Nun läßt sich dieses Zweitor durch das im Bild 178b dargestellte äquivalente Gyrator-*C*-Zweitor ersetzen, wie eine Analyse beider Zweitore zeigt. Eine Schwierigkeit bei der praktischen Anwendung dieser Art von Simulation der hochliegenden Induktivitäten bildet die Forderung, daß die Gyrationsleitwerte beider Gyratoren übereinstimmen. Diese Schwierigkeit wird vermieden, wenn man die hochliegenden Induktivitäten gemäß dem im Bild 179 dargestellten, aus einem Differenzverstärker, einem Verstärker mit potentialfreiem Ausgang und einer Kapazität bestehenden Netzwerk [65] realisiert. Diese Lösung ist überdies in der Praxis billiger als jene nach Bild 178. Bezüglich weiterer Lösungen sei auf die Arbeit [81] verwiesen.

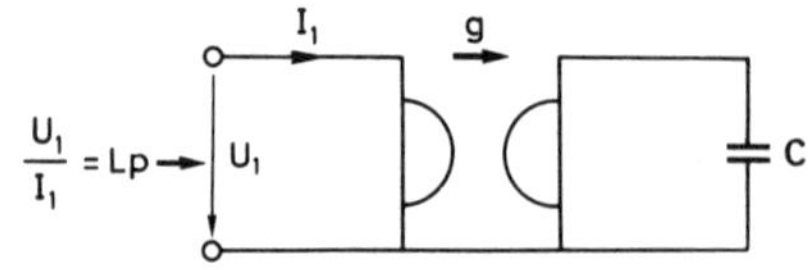

Bild 177: Simulation einer Induktivität durch einen mit einer Kapazität C abgeschlossenen Gyrator. Dabei gilt $L = C/g^2$

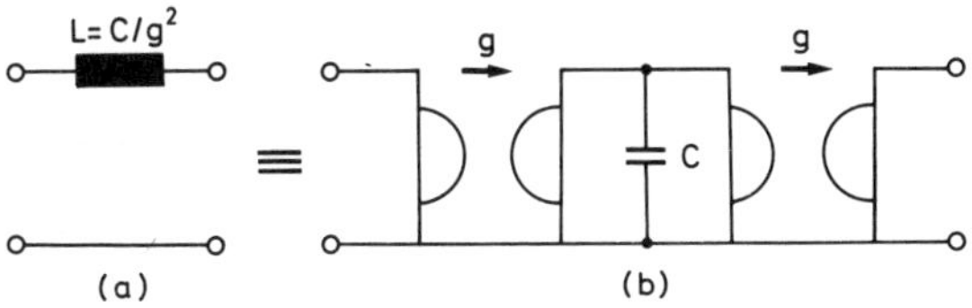

Bild 178: Simulation einer hochliegenden Induktivität durch zwei Gyratoren und eine Kapazität

Der große Vorteil der vorstehend beschriebenen Realisierungen liegt in der geringen Empfindlichkeit der Netzwerkfunktionen (sie ist vergleichbar mit derjenigen bei *RLC*-Netzwerken) und der Möglichkeit, in bestimmten Filterstrukturen die Übertragungsnullstellen abzugleichen.

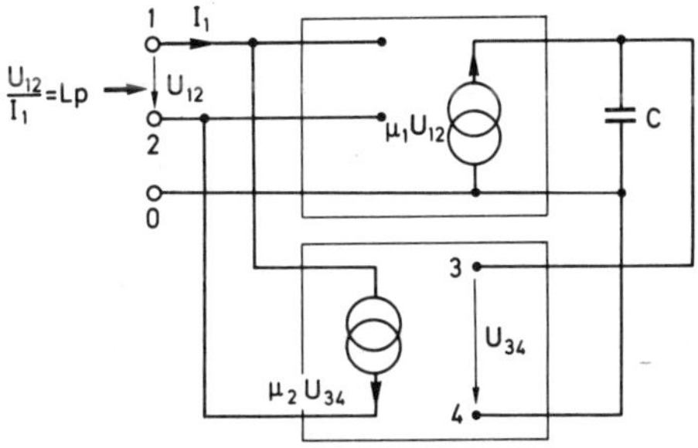

Bild 179: Simulation einer hochliegenden Induktivität durch ein aus einem Differenzverstärker, einem Verstärker mit potentialfreiem Ausgang und einer Kapazität bestehendes Netzwerk. Dabei gilt $U_{34} = \mu_1 U_{12}/(pC)$ und $L = C/(\mu_1 \mu_2)$

5. Synthese mit Hilfe von Verstärkern

Die in diesem Abschnitt behandelten Verfahren zur Realisierung von Übertragungsfunktionen bzw. von Zweipolfunktionen liefern Netzwerke, welche neben Ohmwiderständen und Kapazitäten als aktive Bestandteile (ideale) Verstärker mit endlichem Verstärkungsfaktor enthalten. Verfahren zur Synthese von Netzwerken mit Operationsverstärkern werden im Abschnitt 6 getrennt diskutiert.

5.1. DIE NETZWERKSTRUKTUREN NACH E.S. KUH UND S.S. HAKIM

Von E.S. Kuh [69] wurde die im Bild 180 dargestellte Netzwerkkonfiguration zur Realisierung von Übertragungsfunktionen vorgeschlagen. Dieses Netzwerk besteht aus

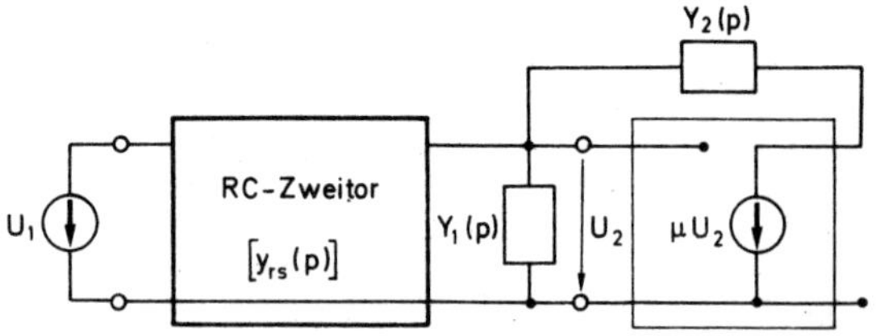

Bild 180: Netzwerkstruktur nach E. S. KUH zur Realisierung von Übertragungsfunktionen

zwei RC-Zweipolen mit den Admittanzen $Y_1(p)$, $Y_2(p)$, einem RC-Zweitor mit der Admittanzmatrix $[y_{rs}(p)]$ und einem Spannungsverstärker mit dem Verstärkungsfaktor μ. Aufgrund einer Analyse des Netzwerks erhält man

$$\frac{U_2}{U_1} = \frac{-y_{12}(p)}{y_{22}(p) + Y_1(p) - (\mu - 1)\,Y_2(p)} \,. \tag{494}$$

Es sei

$$H(p) = \frac{P_1(p)}{P_2(p)} \tag{495}$$

die zu realisierende Übertragungsfunktion; $P_1(p)$, $P_2(p)$ seien teilerfremde Polynome. Es wird vorausgesetzt, daß $H(p)$ in der Halbebene $\operatorname{Re} p \geqq 0$ einschließlich $p = \infty$ polfrei ist. Der Grad von $H(p)$ sei mit m bezeichnet. Zur Realisierung von $H(p)$ wählt man nun $(m-1)$ reelle positive und untereinander verschiedene Zahlen σ_μ $(\mu = 1, 2, \ldots, m-1)$, aus denen das Polynom

$$Q(p) = \prod_{\mu=1}^{m-1} (p + \sigma_\mu) \tag{496}$$

gebildet wird. Aufgrund der Partialbruchentwicklung von $P_2(p)/[pQ(p)]$ erhält man die Beziehung

$$\frac{P_2(p)}{Q(p)} = k_0 + k_\infty p + \sum_{\mu=1}^{n} \frac{k_\mu p}{p + \sigma_\mu} - \sum_{\mu=n+1}^{m-1} \frac{k_\mu p}{p + \sigma_\mu} \,. \tag{497}$$

Die Größen σ_μ seien so gewählt, daß für die Entwicklungskoeffizienten k_μ in Gl. (497)

$$k_\mu > 0 \; (\mu = 1, 2, \ldots, m-1)$$

gilt. Da ohne Einschränkung der Allgemeinheit angenommen werden darf, daß alle Koeffizienten des Nennerpolynoms $P_2(p)$ positiv sind, gilt $k_0 > 0$ und $k_\infty > 0$. Ein Vergleich der mit der Funktion $1/Q(p)$ im Zähler und Nenner erweiterten Übertragungsfunktion $H(p)$ Gl. (495) mit der rechten Seite der Gl. (494) erlaubt die folgenden Identifizierungen:

$$y_{22}(p) = k_0' + k_\infty p + \sum_{\mu=1}^{n} \frac{k_\mu p}{p + \sigma_\mu} + \sum_{\mu=n+1}^{m-1} \frac{k_\mu' p}{p + \sigma_\mu} \,, \tag{498}$$

$$-y_{12}(p) = \frac{P_1(p)}{Q(p)} \,, \tag{499}$$

$$Y_1(p) = 1, \tag{500}$$

$$Y_2(p) = \frac{1}{(\mu - 1)} \left[k_0'' + \sum_{\mu = n+1}^{m-1} \frac{k_\mu'' p}{p + \sigma_\mu} \right] . \tag{501}$$

Dabei sind die Beziehungen

$$k_0 = k_0' - k_0'' + 1, \tag{502a}$$

$$k_\mu = k_\mu'' - k_\mu' > 0 \; (\mu = n+1, \ldots, m-1), \tag{502b}$$

$$k_0' \geqq 0, \quad k_\mu' \geqq 0 \; (\mu = n+1, \ldots, m-1), \tag{502c}$$

$$k_0'' \geqq 0, \quad k_\mu'' \geqq 0 \; (\mu = n+1, \ldots, m-1), \tag{502d}$$

$$\mu > 1 \tag{502e}$$

zu berücksichtigen. In der Bedingung (502c) sind Gleichheitszeichen nur insoweit zugelassen, als sie die Verträglichkeit der Funktionen $y_{22}(p)$ Gl. (498) und $y_{12}(p)$ Gl. (499) als Admittanzmatrix-Elemente eines *RC*-Zweitors nicht beeinträchtigen. Dieses *RC*-Zweitor wird ebenso wie der durch die Admittanz $Y_2(p)$ Gl. (501) gegebene Zweipol mit Hilfe der Verfahren aus Teil I verwirklicht. Fügt man diese Netzwerke, den ohmschen Zweipol $Y_1(p) = 1$ und den Verstärker mit dem gewählten Verstärkungsfaktor μ gemäß der im Bild 180 dargestellten Konfiguration zusammen, so ist $H(p)$ Gl. (495) als Spannungsverhältnis U_2/U_1 verwirklicht. Allerdings erhält man diese Realisierung von $H(p)$ Gl. (494) nur bis auf einen konstanten Faktor, da das Admittanzmatrix-Element $y_{12}(p)$ nur unter dieser Einschränkung verwirklicht werden kann. Da sich hierbei positiv reelle Übertragungsnullstellen nicht verwirklichen lassen, können keine positiv reellen Nullstellen von $H(p)$ zugelassen werden. Der ohmsche Zweipol $Y_1(p) = 1$ kann zur Kompensation des Verstärkereingangswiderstands verwendet werden. Außerdem kann man mit Hilfe der Admittanz $Y_2(p)$ Gl. (501) den Verstärkerausgangswiderstand kompensieren. Diese Kompensationsmöglichkeiten machen das Verfahren besonders attraktiv.

Im Bild 181 ist eine weitere Netzwerkstruktur dargestellt, die von S.S. Hakim [60] zur Realisierung von Übertragungsfunktionen vorgeschlagen wurde. Eine Analyse dieses Netzwerks, das aus zwei *RC*-Zweipolen mit den Admittanzen $Y_1(p)$ bzw. $Y_2(p)$, einem *RC*-Zweitor mit der Admittanzmatrix $[y_{rs}(p)]$ und einem Spannungsverstärker mit dem Verstärkungsfaktor μ besteht, liefert das Stromverhältnis

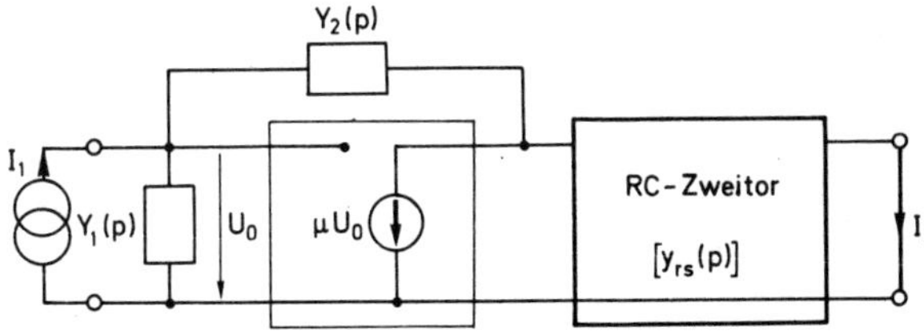

Bild 181: Netzwerkstruktur nach S.S. Hakim zur Realisierung von Übertragungsfunktionen

$$\frac{I_2}{I_1} = \frac{-\mu y_{12}(p)}{Y_1(p) - (\mu - 1)\, Y_2(p)} \quad . \tag{503}$$

Zur Realisierung einer Übertragungsfunktion $H(p)$ Gl. (495) wird auch hier zunächst ein Polynom $Q(p)$ Gl. (496) gebildet und sodann Zähler- und Nennerpolynom auf der rechten Seite der Gl. (495) mit $Q(p)$ dividiert. Unter Verwendung der Darstellung gemäß Gl. (497) lassen sich dann aufgrund der Gl. (503) die folgenden Identifizierungen vornehmen:

$$Y_1(p) = k_0 + k_\infty p + \sum_{\mu=1}^{n} \frac{k_\mu p}{p + \sigma_\mu} \quad , \tag{504}$$

$$Y_2(p) = \frac{1}{\mu - 1} \sum_{\mu=n+1}^{m-1} \frac{k_\mu p}{p + \sigma_\mu} \quad , \tag{505}$$

$$-y_{12}(p) = \frac{P_1(p)}{\mu Q(p)} \quad . \tag{506}$$

Dabei muß $\mu > 1$ gewählt werden. Zur Realisierung des *RC*-Zweitors muß man dem durch Gl. (506) gegebenen Admittanzmatrix-Element $y_{12}(p)$ noch ein geeignetes Element $y_{11}(p)$ oder $y_{22}(p)$ zuordnen, um eines der Verfahren aus Teil I anwenden zu können. Die Admittanzen $Y_1(p)$ Gl. (504) und $Y_2(p)$ Gl. (505) lassen sich direkt verwirklichen. Damit kann das Netzwerk gemäß Bild 181 vollständig angegeben werden. Es realisiert die vorgeschriebene Übertragungsfunktion $H(p)$ als Verhältnis I_2/I_1. Durch geeignete Wahl des Admittanzniveaus des *RC*-Zweitors (oder der *RC*-Zweipole) kann hier im Gegensatz zum Verfahren von Kuh vermieden werden, daß $H(p)$ nur bis auf einen konstanten Faktor realisiert wird. Dies geht aus Gl. (503) hervor. Weiterhin ist es gemäß Gl. (503) nicht möglich, positiv reelle Übertragungsnullstellen zu verwirklichen, sofern man im *RC*-Zweitor eine durchgehende Kurzschlußverbindung verlangt. Der durch die Admittanz $Y_1(p)$ Gl. (504) gegebene ohmsche Querzweipol kann zur Kompensation des Verstärkereingangswiderstands verwendet werden. Der Verstärkerausgangswiderstand läßt sich jedoch nicht kompensieren. Besitzt die vorgeschriebene Übertragungsfunktion $H(p)$ negativ reelle einfache Pole, so können diese bei der Bildung des Polynoms $Q(p)$ Gl. (496) als Nullstellen von $Q(p)$ gewählt werden. Dadurch vereinfacht sich die Realisierung. Die Freiheit in der Wahl der übrigen Nullstellen von $Q(p)$ kann dazu ausgenützt werden, die Empfindlichkeit des Nennerpolynoms von $H(p)$ bezüglich Änderungen des Verstärkungsfaktors μ möglichst klein zu halten. Dies kann wie beim Linvill-Verfahren erreicht werden (Abschnitt 3.1).

Bei der praktischen Anwendung der Verfahren von Kuh und Hakim wird man in der Regel die vorgeschriebene Übertragungsfunktion in bekannter Weise zunächst in elementare Teilübertragungsfunktionen zerlegen. Dann brauchen die Verfahren nur auf Übertragungsfunktionen zweiten Grades angewendet zu werden. Die resultierenden Teilzweitore müssen unter Verwendung von Trennverstärkern[12]) kettenförmig zusammengeschaltet werden. Im nächsten Abschnitt wird ein Verfahren beschrieben, das Über-

[12]) Trennverstärker können gleichzeitig zum Ausgleich von Grunddämpfung verwendet werden.

tragungsfunktionen zweiten Grades durch Verstärker-*RC*-Zweitore zu realisieren erlaubt und sich für praktische Anwendungen besonders eignet.

Abschließend seien von den weiteren Verfahren, durch welche Übertragungsfunktionen in Form von Verstärker-*RC*-Netzwerken verwirklicht werden, die in den Arbeiten [43], [61] vorgeschlagenen Realisierungsmöglichkeiten genannt.

5.2. REALISIERUNG EINER BIQUADRATISCHEN ÜBERTRAGUNGSFUNKTION

5.2.1. Der Realisierungprozeß

Den folgenden Untersuchungen soll die im Bild 182 dargestellte, von R.P. Sallen und E.L. Key [93] in spezieller Form eingeführte und von R.N.G. Piercey [84] zur Verwirklichung von biquadratischen Übertragungsfunktionen benützte Netzwerkstruktur zugrunde gelegt werden. Diese besteht aus einem *RC*-Zweipol mit der Admittanz $Y_0(p)$, einem *RC*-Zweitor mit der Admittanzmatrix $[y_{rs}(p)]$ und einem Spannungsverstärker mit dem (positiven) Verstärkungsfaktor μ. Eine Analyse des Netzwerks liefert für das Verhältnis von Ausgangsspannung zu Eingangsspannung

$$\frac{U_2}{U_1} = \frac{-\mu y_{12}(p)}{Y_0(p) - (\mu - 1) y_{22}(p) - \mu y_{12}(p)} \quad . \tag{507}$$

Es soll nun versucht werden, eine Übertragungsfunktion zweiten Grades

$$H(p) = \frac{a_2 p^2 + a_1 p + a_0}{p^2 + b_1 p + b_0} \tag{508}$$

unter Verwendung der im Bild 182 dargestellten Netzwerkkonfiguration als Spannungsquotient U_2/U_1 zu realisieren. Die Nullstellen des Nennerpolynoms $P_2(p)$ sollen in der Halbebene Re $p < 0$ liegen und nicht reellwertig sein. Die Koeffizienten a_ν ($\nu = 0, 1, 2$) des Zählerpolynoms $P_1(p)$ sollen zunächst keine negativen Werte haben. Die rechte Seite der Gl. (508) wird jetzt so umgeformt, daß eine Identifizierung mit der rechten

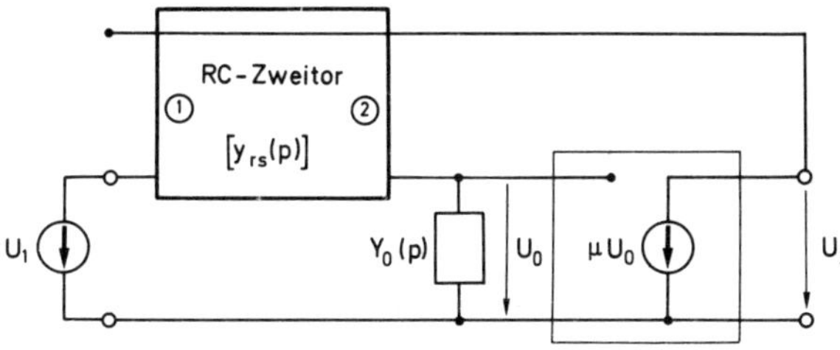

Bild 182: Netzwerkstruktur zur Realisierung von Übertragungsfunktionen zweiten Grades

Seite der Gl. (507) möglich ist. Mit einer Größe $\sigma_0 > 0$ werden die Partialbruchdarstellungen

$$\frac{P_1(p)}{p+\sigma_0} = \frac{a_0}{\sigma_0} + a_2 p + \frac{P_1(-\sigma_0)/(-\sigma_0)}{p+\sigma_0} p \tag{509a}$$

und

$$\frac{P_2(p)}{p+\sigma_0} = \frac{b_0}{\sigma_0} + p + \frac{P_2(-\sigma_0)/(-\sigma_0)}{p+\sigma_0} p \tag{509b}$$

gebildet. Ersetzt man das Zählerpolynom der Übertragungsfunktion $H(p)$ Gl. (508) durch die rechte Seite der Gl. (509a) und das Nennerpolynom von $H(p)$ durch die rechte Seite der Gl. (509b), dann legt ein Vergleich der so entstandenen Darstellung von $H(p)$ mit der rechten Seite der Gl. (507) nahe, die Identifizierungen

$$-y_{12}(p) = \frac{a_0}{\mu\sigma_0} + \frac{a_2}{\mu} p + \frac{P_1(-\sigma_0)/(-\mu\sigma_0)}{p+\sigma_0} p \quad , \tag{510a}$$

$$y_{22}(p) = \frac{a_0}{\mu\sigma_0} + \frac{a_2}{\mu} p + \frac{kp}{p+\sigma_0} \quad , \tag{510b}$$

$$Y_0(p) = \frac{1}{\sigma_0}\left(b_0 - \frac{a_0}{\mu}\right) + \left(1 - \frac{a_2}{\mu}\right) p + \frac{p}{p+\sigma_0}\left[(\mu-1)k + \frac{P_1(-\sigma_0) - P_2(-\sigma_0)}{\sigma_0}\right] \tag{511}$$

mit einer positiven Konstante k durchzuführen. Die besondere Wahl der Admittanz $y_{22}(p)$ Gl. (510b) wurde ergänzend zur Darstellung von $y_{12}(p)$ Gl. (510a) im Hinblick auf die Anwendung des Dasher-Verfahrens getroffen. Man kann sich durch Einführung der Gln. (510a, b) und (511) in die Gl. (507) sofort davon überzeugen, daß die rechten Seiten der Gln. (507) und (508) bei Beachtung der Gln. (509a, b) identisch sind.

Die durch die Gln. (510a, b) gegebenen Admittanzmatrix-Elemente $y_{12}(p)$ und $y_{22}(p)$ lassen sich nach Teil I, Abschnitt 6 durch ein *RC*-Zweitor realisieren. Die Funktion $Y_0(p)$ Gl. (511) kann als Admittanz durch einen einfachen *RC*-Zweipol verwirklicht werden, wenn die Ungleichungen

$$b_0 \geqq a_0/\mu, \qquad 1 \geqq a_2/\mu \tag{512a, b}$$

und

$$(\mu-1)k \geqq [P_2(-\sigma_0) - P_1(-\sigma_0)]/\sigma_0 \tag{512c}$$

erfüllt sind. Wie man sieht, lassen sich diese Ungleichungen jedenfalls bei Wahl eines hinreichend großen Verstärkungsfaktors μ bzw. einer hinreichend großen Konstante k befriedigen. Besteht die Möglichkeit, in der Ungleichung (512c) das Gleichheitszeichen zu erzwingen, so wird bei $\mu \neq 1$

$$k = \frac{P_2(-\sigma_0) - P_1(-\sigma_0)}{(\mu-1)\sigma_0} > 0. \tag{513}$$

In diesem Fall verschwindet die eckige Klammer auf der rechten Seite von Gl. (511), und die Admittanz $Y_0(p)$ läßt sich durch eine Parallelanordnung eines Ohmwiderstands und einer Kapazität verwirklichen. Man beachte, daß aufgrund der getroffenen Voraussetzungen stets $P_2(-\sigma_0) > 0$ ist.

Es ist damit gezeigt, daß jede Übertragungsfunktion $H(p)$ Gl. (508) durch ein Netzwerk gemäß Bild 182 realisiert werden kann. Bei der Wahl der Zahlenwerte für die Größen σ_0, μ und k bestehen jetzt noch Freiheiten. Im folgenden soll gezeigt werden, wie diese ausgenützt werden können.

5.2.2. Komplexe Übertragungsnullstellen

Es wird der Fall betrachtet, daß die Nullstellen der Übertragungsfunktion $H(p)$ nicht reell sind und in der Halbebene Re $p \leqq 0$ liegen. Dann muß

$$4a_0a_2 > a_1^2 \text{ und } a_1/a_2 \geqq 0$$

gelten. Läßt man in der vorgeschriebenen Übertragungsfunktion $H(p)$ noch einen positiven konstanten Faktor K zu, d.h. ersetzt man die Koeffizienten a_ν ($\nu = 0, 1, 2$) durch die Größen Ka_ν ($\nu = 0, 1, 2$), so kann man durch die Wahl eines hinreichend kleinen Wertes für K und die Wahl von $\mu > 1$ stets erreichen, daß die Bedingungen (512a, b) und (513) erfüllt sind. Man kann sogar erreichen, daß die Bedingung (513) für alle positiven Werte σ_0 gültig ist. Damit besteht die Möglichkeit, durch geeignete Wahl von $\sigma_0 > 0$ zusätzlich die Bedingung (318) zu befriedigen. Man beachte, daß dabei $2\xi_0 = a_1/a_2$ gilt. Die Admittanzmatrix-Elemente $y_{12}(p)$ Gl. (510a) und $y_{22}(p)$ Gl. (510b) lassen sich somit durch das im Bild 121 dargestellte Zweitor realisieren. Das gesamte Netzwerk, das im vorliegenden Fall die vorgeschriebene Übertragungsfunktion $H(p)$ Gl. (508) bis auf einen konstanten Faktor verwirklicht, zeigt das Bild 183. Im Fall $a_1 = 0$ ($\xi_0 = 0$), der für praktische Anwendungen von besonderer Bedeutung ist, muß die Kapazität C_{12} durch einen Kurzschluß ersetzt werden.

Man kann unter bestimmten zusätzlichen Bedingungen für die Koeffizienten der Übertragungsfunktion erreichen, daß der Verstärkungsfaktor $\mu = 1$ wird. Ein solcher Wert des Verstärkungsfaktors ist für die praktische Anwendung von besonderer Bedeutung. In der zu realisierenden Übertragungsfunktion $H(p)$ Gl. (508) sei wieder ein positiver konstanter Faktor K zugelassen. Es wird nun der Verstärkungsfaktor

$$\mu = 1$$

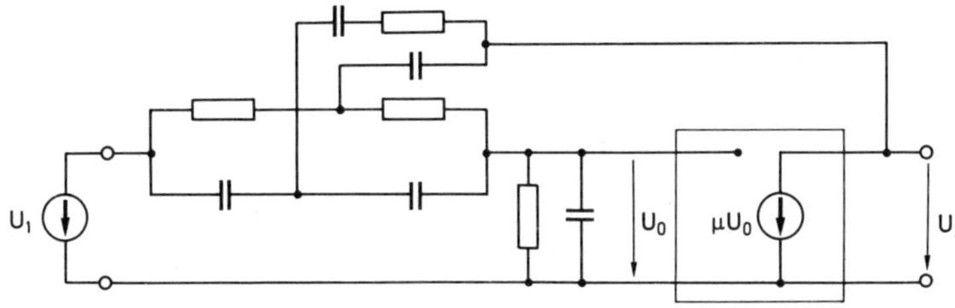

Bild 183: Realisierung einer Übertragungsfunktion zweiten Grades mit komplexen Nullstellen in der linken Halbebene

und die Konstante

$$K \leqq K_{max} = \mathrm{Min}\left(\frac{b_0}{a_0}, \frac{1}{a_2}\right) \tag{514}$$

gewählt. Damit ist sichergestellt, daß die Bedingungen (512a, b) erfüllt sind. Zur Erfüllung der Bedingung (512c) werden die Größen $\sigma_0 > 0$ und $K > 0$ so festgelegt, daß die Werte $P_1(-\sigma_0)$ und $P_2(-\sigma_0)$ gleich sind. Es zeigt sich dabei folgendes: Damit die durch die Gleichung

$$P_2(-\sigma_0) - P_1(-\sigma_0) \equiv \sigma_0^2(1 - Ka_2) - \sigma_0(b_1 - Ka_1) + (b_0 - Ka_0) = 0 \tag{515}$$

gegebene Größe σ_0 reell wird, muß die Konstante K so gewählt werden, daß der Ausdruck

$$f(K) = 4(1 - Ka_2)(b_0 - Ka_0) - (b_1 - Ka_1)^2$$

nicht positiv wird. Wie man sieht, gilt $f(K) \leqq 0$ für $K = K_{max}$ und $f(K) > 0$ für $K = 0$. Es muß daher stets ein eindeutiger positiver Wert K_{min} als Lösung $K \leqq K_{max}$ der Gleichung

$$f(K) \equiv (4a_0a_2 - a_1^2)K^2 + 2(a_1b_1 - 2a_1b_0 - 2a_0)K + (4b_0 - b_1^2) = 0 \tag{516}$$

existieren, der die untere Grenze für die zulässigen Werte K bildet. Damit weiterhin die Größe σ_0 positiv wird, muß, wie aus Gl. (515) ersichtlich ist, die Bedingung

$$b_1 \geqq Ka_1$$

gestellt werden. Man kann also im vorliegenden Fall den Verstärkungsfaktor $\mu = 1$ wählen, wenn die Bedingung

$$\frac{b_1}{a_1} \geqq K_{min} \tag{517}$$

erfüllt ist. Die Größe K darf dabei beliebig im Intervall

$$K_{min} \leqq K \leqq \mathrm{Min}\left(\frac{b_0}{a_0}, \frac{b_1}{a_1}, \frac{1}{a_2}\right) \tag{518}$$

gewählt werden. Die Größe σ_0 bestimmt sich dann aus Gl. (515). Zur Sicherstellung einer positiven Lösung σ_0 müssen noch die Sonderfälle $K_{min} = b_0/a_0 = b_1/a_1 < 1/a_2$ und $K_{min} = b_1/a_1 = 1/a_2 < b_0/a_0$ ausgeschlossen werden. Die Bedingung (517) wird für den Fall $a_1 = 0$ stets erfüllt, da die linke Seite gleich Unendlich ist. Beim Auftreten imaginärer Übertragungsnullstellen läßt sich also immer die Wahl $\mu = 1$ treffen.

5.2.3. Reelle Übertragungsnullstellen

Es sei nun der Fall betrachtet, daß sich mindestens eine Übertragungsnullstelle $p = -\sigma_1 < 0$ auf der negativ reellen Achse befindet. Man kann dann bei der Wahl von

$$\sigma_0 = \sigma_1$$

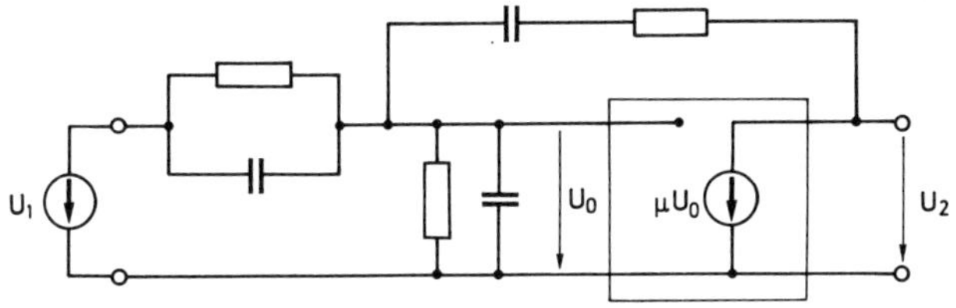

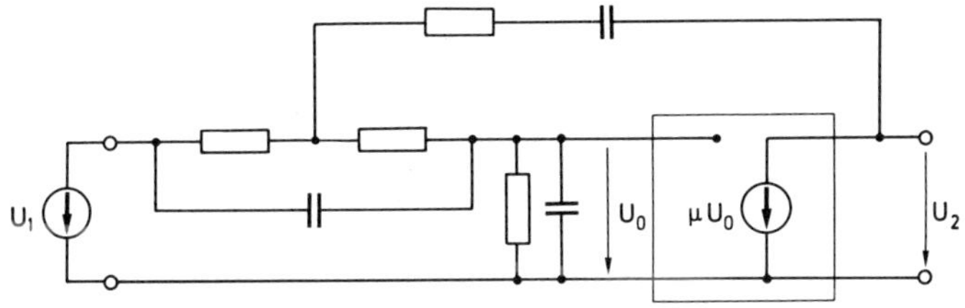

Bild 184: Realisierungen einer Übertragungsfunktion zweiten Grades mit mindestens einer negativ reellen Nullstelle

und eines hinreichend großen Wertes μ die Bedingungen (512a, b) und (513) befriedigen. Da das Admittanzmatrix-Element $y_{12}(p)$ gemäß Gl. (510a) bei der getroffenen Wahl von σ_0 nur einen konstanten und einen linearen Anteil hat, wobei einer dieser Terme verschwinden kann, vereinfacht sich das entsprechende *RC*-Zweitor. Die gesamte Realisierung der Übertragungsfunktion ist im Bild 184a dargestellt.

Läßt man in der zu realisierenden Übertragungsfunktion wieder einen positiven konstanten Faktor K zu, so kann auch hier in bestimmten Fällen wie im letzten Abschnitt der Verstärkungsfaktor $\mu = 1$ gewählt werden (hierbei muß natürlich $\sigma_0 \neq \sigma_1$ gelten). Aus Gl. (514) bestimmt sich die obere Grenze K_{max} und aus Gl. (516) die positive untere Grenze $K_{min} \leqq K_{max}$ für die Größe K. Weiterhin muß die Bedingung (517) erfüllt sein. Der zulässige Wertebereich für K ist dann durch die Ungleichung (518) gegeben. Im Bild 184b ist eine der entsprechenden Realisierungen der Übertragungsfunktion angegeben.

Es müssen jetzt noch die Fälle untersucht werden, bei denen alle Übertragungsnullstellen in $p = 0$ bzw. in $p = \infty$ liegen. Hierbei handelt es sich um die drei Fälle $a_0 > 0$, $a_1 = a_2 = 0$ und $a_1 > 0$, $a_0 = a_2 = 0$ sowie $a_2 > 0$, $a_0 = a_1 = 0$.

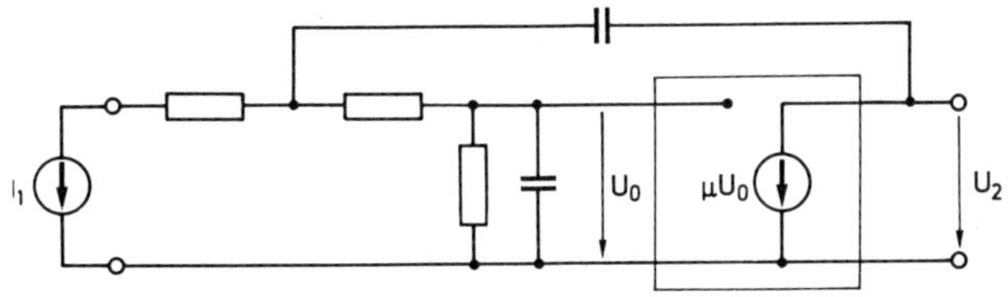

Bild 185: Realisierung einer Übertragungsfunktion zweiten Grades mit beiden Nullstellen in $p = \infty$

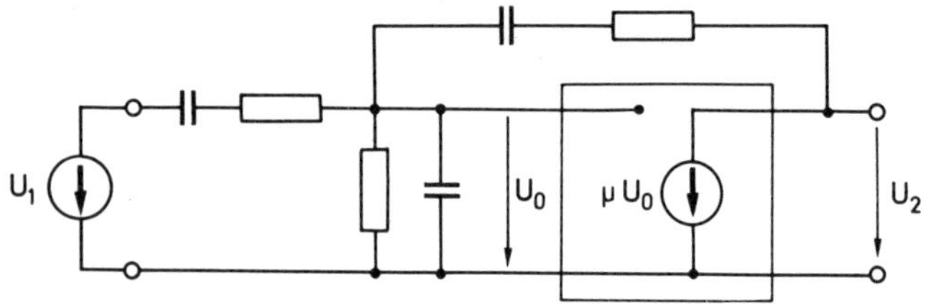

Bild 186: Realisierung einer Übertragungsfunktion zweiten Grades mit einer Nullstelle in $p=0$ und einer Nullstelle in $p=\infty$

Im Fall $a_0>0$, $a_1=a_2=0$ lassen sich die Bedingungen (512a) und (513) mit hinreichend großen Werten von σ_0 und μ erfüllen. Die Bedingung (512b) ist von selbst erfüllt. Das durch die Admittanzmatrix-Elemente $y_{12}(p)$ Gl. (510a) und $y_{22}(p)$ Gl. (510b) gegebene *RC*-Zweitor läßt sich gemäß Teil I, Abschnitt 6.7.3 (Ziffer *a*) realisieren. Damit erhält man als Gesamtzweitor das im Bild 185 dargestellte Netzwerk. Läßt man in der zu realisierenden Übertragungsfunktion einen konstanten Faktor zu, so kann man mit

$$\mu=1,\ K=\frac{b_0}{a_0} \text{ und } \sigma_0=b_1$$

die Bedingungen (512a) und (512c) befriedigen.

Im Fall $a_1>0$, $a_0=a_2=0$ sind die Bedingungen (512a, b) von selbst erfüllt. Die Bedingung (513) ist bei Wahl von $\mu>1$ für beliebiges $\sigma_0>0$ erfüllt. Das unter Verwendung der Gln. (510a, b) resultierende Zweitor ist im Bild 186 dargestellt.

Im Fall $a_2>0$, $a_0=a_1=0$ können mit einem Wert $\mu>\text{Max}\,(1, a_2)$ und mit einem genügend kleinen Wert σ_0 die Bedingungen (512b) und (513) erfüllt werden. Die Bedingung (512a) ist von selbst erfüllt. Ist die Größe a_2 so klein, daß $b_1^2<4b_0(1-a_2)$ gilt, was durch Einführung eines konstanten Faktors in der Übertragungsfunktion stets erreicht werden kann, so lassen sich die genannten Bedingungen mit $\mu>1$ und beliebigem $\sigma_0>0$ befriedigen. Das durch die Gln. (510a, b) gegebene *RC*-Zweitor wird nach Teil I, Abschnitt 6.7.3 (Ziffer b) verwirklicht. Man beachte hierbei, daß $1/C_{12}$ Gl. (320d) verschwindet, da $\xi_0=0$ ist. Das gesamte Netzwerk, das im vorliegenden Fall die vorgeschriebene Übertragungsfunktion realisiert, ist im Bild 187 dargestellt. Läßt man in der Übertragungsfunktion noch einen konstanten Faktor *K* zu, so kann bei der Wahl $\mu=1$ und der Konstante *K* im Intervall

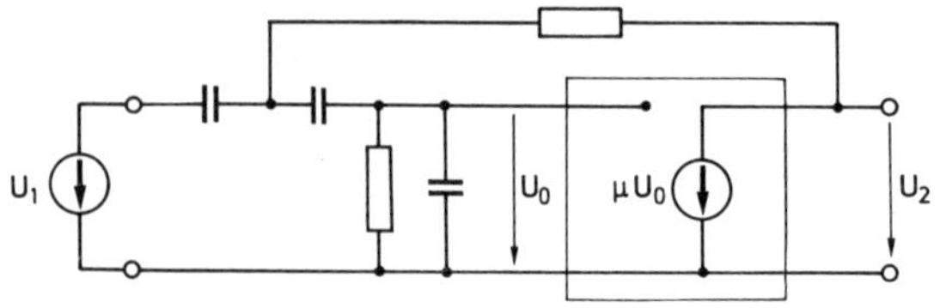

Bild 187: Realisierung einer Übertragungsfunktion zweiten Grades mit beiden Nullstellen in $p=0$

$$\frac{1}{a_2}\left(1-\frac{b_1^2}{4b_0}\right) \leqq K \leqq \frac{1}{a_2}$$

die Größe σ_0 stets so gewählt werden, daß neben der Bedingung (512b) auch die Bedingung (512c) erfüllt wird.

5.2.4. Ergänzungen

Bei der praktischen Anwendung der vorstehend beschriebenen Realisierungen interessiert das Empfindlichkeitsverhalten. Da die Übertragungsnullstellen nur durch passive Teile der Netzwerke verwirklicht werden und der Verstärkungsfaktor μ ausschließlich die Pole der Übertragungsfunktion beeinflußt, soll im folgenden die Empfindlichkeit der Pole bezüglich μ berechnet werden. Bezeichnet man die Pole der Übertragungsfunktion $H(p)$ mit p_1 und p_1^*, so erhält man mit Hilfe des Nennerausdrucks auf der linken Seite von Gl. (507)

$$(p-p_1)(p-p_1^*) = (p+\sigma_0)[Y_0 + y_{22} - \mu(y_{12}+y_{22})]. \tag{519}$$

Eine Änderung von μ hat eine Änderung von p_1 und p_1^* zur Folge. Differenziert man beide Seiten der Gl. (519) partiell nach μ und setzt man anschließend $p = p_1$, so erhält man für die Pol-Empfindlichkeit $S_\mu^{p_1}$ die Darstellung

$$S_\mu^{p_1} = \frac{(p_1+\sigma_0)\mu}{p_1(p_1-p_1^*)}[y_{12}(p_1)+y_{22}(p_1)]$$

oder mit den Gln. (510a, b)

$$S_\mu^{p_1} = \frac{1}{p_1-p_1^*}\left(\mu k + \frac{a_0}{\sigma_0} - a_1 + a_2\sigma_0\right) . \tag{520a}$$

Sofern die Konstante k gemäß Gl. (513) festgelegt wird, ergibt sich nach Gl. (520a)

$$S_\mu^{p_1} = \frac{1}{(\mu-1)(p_1-p_1^*)}\left[\frac{\mu b_0 - a_0}{\sigma_0} + \mu b_1 - a_1 + (\mu - a_2)\sigma_0\right] . \tag{520b}$$

Die Gln. (520a, b) lassen sich zur Empfindlichkeitsoptimierung verwenden, wenn bei der Realisierung noch die Möglichkeit besteht, insbesondere den Parameter σ_0 zu variieren. Man kann dann $|S_\mu^{p_1}|$ in Abhängigkeit der freien Parameter zum Minimum machen.

Bei den bisherigen Untersuchungen wurde vorausgesetzt, daß sich die Nullstellen der Übertragungsfunktion $H(p)$ Gl. (508) nicht in der rechten Halbebene $\operatorname{Re} p > 0$ befinden. Unter Verwendung der Ergebnisse von Teil I, Abschnitt 6 besteht nun die Möglichkeit, die Übertragungsfunktion $H(p)$ in vielen Fällen auch dann zu realisieren, wenn die Übertragungsnullstellen in der rechten p-Halbebene mit Ausschluß der positiv reellen Achse liegen. In einem solchen Fall erfordert die Realisierung des durch die Admittanzmatrix-Elemente $y_{22}(p)$ und $-y_{12}(p)$ gegebenen RC-Zweitors jedoch wesentlich mehr Aufwand an Netzwerkelementen als bisher. Der Mehraufwand hält sich noch in erträglichen

Grenzen, wenn das Argument φ der Übertragungsnullstelle $p_0 = \rho e^{j\varphi}$ im Intervall $\pi/3 \leqq \varphi < \pi/2$ liegt. Zunächst werden in einem solchen Fall die rechten Seiten der Gln. (510a, b) und der Gl. (511) mit einer Funktion $(p+c)/(p+d)$ multipliziert, wobei c und d untereinander verschiedene, positive Konstanten bedeuten. Wählt man dabei die Größe c im Intervall $2\rho\cos\varphi \leqq c \leqq \rho/(2\cos\varphi)$, so erhält man die modifizierten Admittanzmatrix-Elemente

$$\bar{y}_{22}(p) = \frac{\bar{a}_3 p^3 + \bar{a}_2 p^2 + \bar{a}_1 p + \bar{a}_0}{p^2 + c_1 p + c_0} \tag{521a}$$

bzw.

$$-\bar{y}_{12}(p) = \frac{\bar{b}_3 p^3 + \bar{b}_2 p^2 + \bar{b}_1 p + \bar{b}_0}{p^2 + c_1 p + c_0} \tag{521b}$$

mit

$$\bar{a}_\mu > 0,\ \bar{b}_\mu > 0\ (\mu = 0, 1, 2, 3),\ c_0 > 0,\ c_1 > 0$$

und

$$\bar{a}_0 = \bar{b}_0,\quad \bar{a}_3 = \bar{b}_3,\ \bar{b}_\nu < \bar{a}_\nu \qquad (\nu = 1, 2). \tag{522}$$

Die vorgenommenen Änderungen der drei Funktionen beeinflussen nicht die zu realisierende Übertragungsfunktion, wie aus Gl. (507) zu ersehen ist. Die Parameter c und d sind nun unter Beachtung der oben genannten Einschränkungen so festzulegen, daß das Admittanzmatrix-Element $\bar{y}_{22}(p)$ Gl. (521a) und die modifizierte Admittanz $\bar{Y}_0(p) = Y_0(p)(p+c)/(p+d)$ RC-Admittanzen werden. Aus den Beziehungen (522) entnimmt man, daß die Admittanzmatrix-Elemente Gln. (521a, b) die Fialkow-Gerst-Bedingungen erfüllen. Das zu realisierende RC-Zweitor kann nun gemäß den Gln. (258) und (259) als Parallelanordnung zweier Teilzweitore 1 und 2 aufgefaßt werden. Auf der Sekundärseite des Teilzweitors 1 wird eine Längskapazität und auf der Sekundärseite des Teilzweitors 2 ein ohmscher Längswiderstand nach der Vorschrift von Teil I, Abschnitt 6.2.2 abgespalten. Die beiden Restzweitore können nach Teil I, Abschnitt 6.7.4 realisiert werden. Dabei ist wesentlich, daß die Beziehungen (522) bestehen. Eine Realisierung von $H(p)$ erhält man nun, indem man im Netzwerk von Bild 182 das RC-Zweitor durch das hier ermittelte Zweitor und den Zweipol am Verstärkereingang durch eine Verwirklichung von $\bar{Y}_0(p)$ ersetzt.

Die Vorteile der Realisierung gemäß Bild 182 liegen darin, daß bei der Kettenanordnung derartiger Zweitore keine Trennverstärker erforderlich sind und daß in vielen Fällen der Verstärkungsfaktor $\mu = 1$ gewählt werden kann, was die praktische Verwendung von besonders einfachen und stabilen Verstärkern ermöglicht. Die am Verstärkereingang auftretenden Querelemente können zur Kompensation der Verstärkereingangsimpedanz verwendet werden.

Die praktische Verwendbarkeit des beschriebenen Verfahrens findet ihre Grenze bei Übertragungsfunktionen, deren »Polgüte« höher als etwa Zehn ist, da dann die Empfindlichkeit der Übertragungseigenschaften gegenüber Parameteränderungen im realisierten Netzwerk zu groß wird. Unter der Güte Q_P des Poles p_1 der Übertragungsfunktion $H(p)$ Gl. (508) versteht man die Größe

$$Q_P = \frac{\sqrt{b_0}}{b_1} = \frac{1}{2} \cdot \frac{|p_1|}{|\operatorname{Re} p_1|} \quad .$$

G. S. Moschytz [78] hat eine Methode zur praktischen Realisierung von Übertragungsfunktionen mit Polgüten Q_P bis 500 entwickelt. Dabei wird $H(p) = P_1(p)/P_2(p)$ Gl. (508) für $Q_P \geqq 5$ in der Form

$$H(p) = \frac{P_1(p)}{P_0(p)} \cdot \frac{P_0(p)}{P_2(p)} \tag{523}$$

dargestellt. In der Gl. (523) besitzt das Polynom

$$P_0(p) = p^2 + \bar{b}_1 p + b_0$$

einen zunächst beliebigen Koeffizienten $\bar{b}_1$, der allerdings durch die Bedingung

$$\sqrt{b_0}/\bar{b}_1 < 0{,}5 \qquad (5 \leqq Q_P \leqq 50) \tag{524a}$$

bzw.

$$\sqrt{b_0}/\bar{b}_1 = 5 \qquad (50 < Q_P \leqq 500) \tag{524b}$$

eingeschränkt ist. Entsprechend der Darstellung Gl. (523) erfolgt die Realisierung durch Kettenanordnung eines Zweitors mit der Übertragungsfunktion $H_1(p) = P_1(p)/P_0(p)$ und eines Zweitors mit der Übertragungsfunktion $H_2(p) = P_0(p)/P_2(p)$. Wegen der Bedingung (524a) läßt sich $H_1(p)$ für $5 \leqq Q_P \leqq 50$ bis auf einen konstanten Faktor durch ein passives *RC*-Zweitor verwirklichen. Der dabei nicht realisierte konstante Faktor wird in $H_2(p)$ aufgenommen, und dann wird diese Übertragungsfunktion durch ein sogenanntes FEN (frequency-emphasizing-network) realisiert. Dagegen wird für $50 < Q_P \leqq 500$ die Teilübertragungsfunktion $H_1(p)$ durch ein aktives *RC*-Zweitor realisiert, wobei $H_1(p)$ wegen Gl. (524b) eine geringe Polgüte hat. Es werden zwei FEN für $5 \leqq Q_P \leqq 50$ bzw. $50 < Q_P \leqq 500$ angegeben, die je aus zwei Verstärkern sowie mehreren Ohmwiderständen und Kapazitäten bestehen. Da die Übertragungsfunktion

$$H_2(p) = \frac{p^2 + \bar{b}_1 p + b_0}{p^2 + b_1 p + b_0}$$

für $p = \mathrm{j}\omega$ $(\omega \geqq 0)$ offensichtlich nur in der Nähe des Poles p_1 $(\operatorname{Im} p_1 > 0)$ wesentlich vom Wert $H_2(0) = H_2(\infty) = 1$ abweicht, besteht die Aufgabe der FEN in der Korrektur des Frequenzganges $H_1(\mathrm{j}\omega)$ in der Umgebung des Poles. Die passiven Teile des Gesamtnetzwerks werden jeweils in Dünnfilmtechnik realisiert. Obwohl die Netzwerk-Empfindlichkeit bezüglich gewisser passiver Elemente relativ groß ist, lassen sich trotzdem mit Hilfe der genannten Technik praktisch brauchbare Netzwerke herstellen. Bei der praktischen Anwendung hat es sich dabei als zweckmäßig erwiesen, $\sqrt{b_0}/\bar{b}_1 = 0{,}25$ zu verwenden. Einzelheiten der Realisierungsmethode mögen den Arbeiten [78] und [79] entnommen werden.

5.3. REALISIERUNG VON ÜBERTRAGUNGSFUNKTIONEN UNTER VERWENDUNG VON DIFFERENZVERSTÄRKERN

Die bisherigen Verstärker-*RC*-Realisierungen zeichnen sich dadurch aus, daß die Übertragungsnullstellen durch *RC*-Zweitore verwirklicht werden. Da verlangt wurde, daß diese Zweitore eine durchgehende Kurzschlußverbindung haben, mußten positiv reelle Übertragungsnullstellen grundsätzlich ausgeschlossen werden. Diesem Mangel kann abgeholfen werden, indem man Netzwerkstrukturen mit zwei Verstärkern oder einem

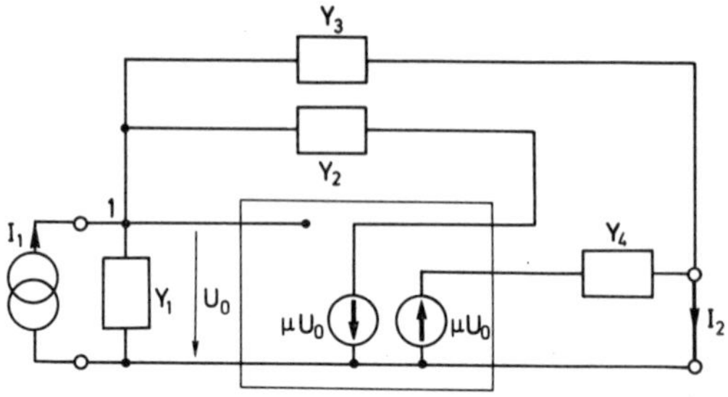

Bild 188: Realisierung einer Übertragungsfunktion durch ein Netzwerk, das sich aus einem Verstärker mit Differenzausgang und vier *RC*-Zweipolen zusammensetzt

Differenzverstärker wählt. Von den verschiedenen Möglichkeiten sei ein Vorschlag von S.K. MITRA [76] im einzelnen beschrieben. Im Bild 188 ist die zugrundeliegende Netzwerkkonfiguration dargestellt. Sie enthält neben einem Verstärker mit Differenzausgang vier *RC*-Zweipole mit den Admittanzen $Y_1(p)$, $Y_2(p)$, $Y_3(p)$ und $Y_4(p)$. Wendet man die Kirchhoffsche Knotenregel auf den Knoten 1 des Netzwerks an, so erhält man eine Darstellung der Spannung U_0, aus der sich dann der Strom I_2 berechnen läßt. Auf diese Weise kann man das Stromverhältnis

$$\frac{I_2}{I_1} = \frac{Y_3(p) - \mu Y_4(p)}{Y_1(p) + Y_3(p) - (\mu - 1) Y_2(p)} \tag{525}$$

bestimmen. Zur Realisierung einer Übertragungsfunktion $H(p)$ Gl. (495) vom Grad m wird ein Polynom $Q(p)$ Gl. (496) gebildet, mit dem das Zählerpolynom $P_1(p)$ und das Nennerpolynom $P_2(p)$ von $H(p)$ dividiert werden. Dann erhält man [beispielsweise gemäß Gl. (497)] die Darstellungen

$$\frac{P_1(p)}{Q(p)} = Y_1^{(a)}(p) - Y_1^{(b)}(p) \tag{526}$$

und

$$\frac{P_2(p)}{Q(p)} = Y_2^{(a)}(p) - Y_2^{(b)}(p). \tag{527}$$

Dabei bedeuten die auf den rechten Seiten der Gln. (526) und (527) auftretenden Funktionen *RC*-Admittanzen. Ein Vergleich des Quotienten aus den rechten Seiten der Gln. (526) und (527) mit der rechten Seite der Gl. (525) erlaubt bei Wahl von $\mu > 1$ die folgenden Identifizierungen:

$$Y_1(p) = Y_2^{(a)}(p),$$

$$Y_2(p) = \frac{1}{\mu - 1} [Y_1^{(a)}(p) + Y_2^{(b)}(p)],$$

$$Y_3(p) = Y_1^{(a)}(p),$$

$$Y_4(p) = \frac{1}{\mu} Y_1^{(b)}(p).$$

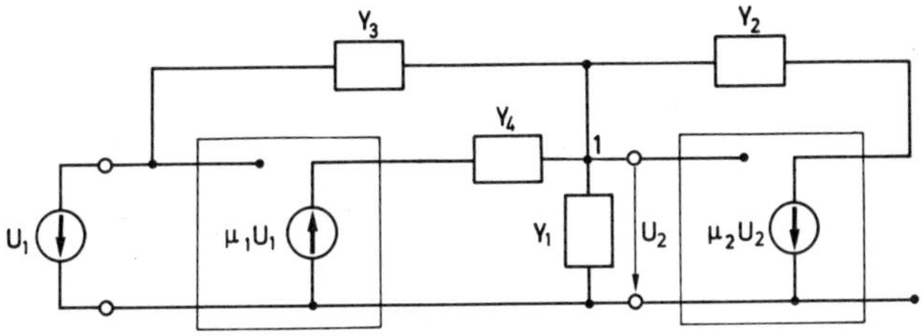

Bild 189: Realisierung einer Übertragungsfunktion durch ein Netzwerk, das sich aus zwei Verstärkern und vier *RC*-Zweipolen zusammensetzt

Diese Admittanzen lassen sich durch *RC*-Zweipole realisieren, die gemäß Bild 188 mit einem Differenzverstärker zu einem Zweitor mit dem Eingangsstrom I_1 und dem Ausgangsstrom I_2 zusammengefügt werden. Der Quotient I_2/I_1 ist mit der vorgeschriebenen Übertragungsfunktion $H(p)$ identisch. Es besteht die Möglichkeit, bei der Festlegung der Admittanzen $Y_\nu^{(a)}(p)$ und $Y_\nu^{(b)}(p)$ $(\nu = 1, 2)$ gemäß den Gln. (526) und (527) Teiladmittanzen zu erzeugen, die zur Kompensation der Verstärkereingangs- und Verstärkerausgangsadmittanzen verwendet werden können.

Von S.K. Mitra [76] wurde eine weitere interessante Netzwerkstruktur angegeben, die gemäß Bild 189 aus zwei Verstärkern und vier *RC*-Zweipolen besteht. Wendet man die Kirchhoffsche Knotenregel auf den Knoten 1 des Netzwerks an, so erhält man das Spannungsverhältnis

$$\frac{U_2}{U_1} = \frac{Y_3(p) - \mu_1 Y_4(p)}{Y_1(p) + Y_3(p) + Y_4(p) - (\mu_2 - 1)\, Y_2(p)} . \tag{528}$$

Zur Realisierung einer Übertragungsfunktion $H(p)$ Gl. (495) werden in gewohnter Weise Zähler und Nenner dieser Funktion mit einem Polynom $Q(p)$ Gl. (496) dividiert. Dann werden die Zerlegungen gemäß den Gln. (526) und (527) durchgeführt. Ein Vergleich mit der rechten Seite der Gl. (528) liefert bei Wahl von $\mu_1 > 0$ und $\mu_2 > 1$

$$Y_1(p) = Y_2^{(a)}(p),\; Y_2(p) = \frac{1}{\mu_2 - 1}\left[Y_1^{(a)}(p) + \frac{1}{\mu_1} Y_1^{(b)}(p) + Y_2^{(b)}(p)\right]$$

und

$$Y_3(p) = Y_1^{(a)}(p),\; Y_4(p) = \frac{1}{\mu_1} Y_1^{(b)}(p).$$

5.4. REALISIERUNG VON ZWEIPOLFUNKTIONEN

In diesem Abschnitt soll gezeigt werden, daß sich nicht nur Übertragungsfunktionen, sondern auch Zweipolfunktionen durch Verstärker-*RC*-Netzwerke verwirklichen lassen. Eine besonders einfache Möglichkeit bieten die von I.W. Sandberg [94] angegebenen

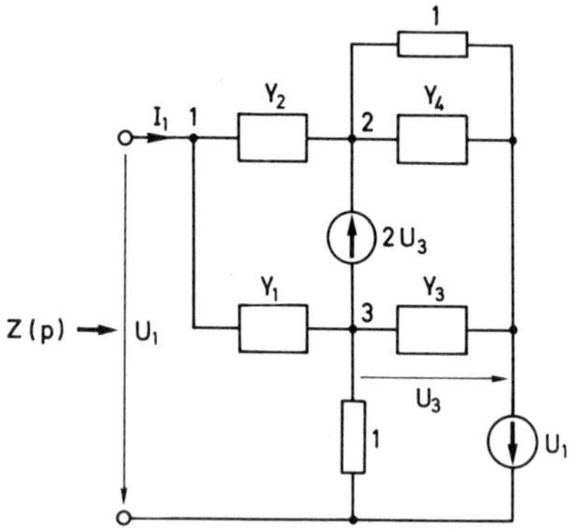

Bild 190: Netzwerk zur Realisierung einer rationalen reellen Funktion $Z(p)$ als Quotient U_1/I_1. Das Netzwerk enthält zwei gesteuerte Spannungsquellen

Netzwerkstrukturen. Eines dieser Netzwerke ist im Bild 190 dargestellt. Wendet man die Kirchhoffsche Knotenregel auf die Knoten 1, 2 und 3 des Netzwerks an, so erhält man nach kurzer Zwischenrechnung die Eingangsimpedanz

$$\frac{U_1}{I_1} = 1 + \frac{Y_4(p) - Y_3(p)}{Y_2(p) - Y_1(p)} \quad . \tag{529}$$

Man kann nun jede rationale reelle Funktion $Z(p) = P_1(p)/P_2(p)$ vom Grad m mit Hilfe eines Polynoms $Q(p)$ Gl. (496) in der Form

$$Z(p) = 1 + \frac{\dfrac{P_1(p) - P_2(p)}{Q(p)}}{\dfrac{P_2(p)}{Q(p)}} \tag{530}$$

darstellen; $P_1(p)$, $P_2(p)$ seien teilerfremd. Wie gewohnt werden durch die Zerlegungen

$$\frac{P_1(p) - P_2(p)}{Q(p)} = Y_1^{(a)}(p) - Y_1^{(b)}(p) \tag{531}$$

und

$$\frac{P_2(p)}{Q(p)} = Y_2^{(a)}(p) - Y_2^{(b)}(p) \tag{532}$$

vier RC-Admittanzen $Y_\nu^{(a)}(p)$ und $Y_\nu^{(b)}(p)$ ($\nu = 1, 2$) eingeführt. Ein Vergleich der rechten Seiten der Gln. (529) und (530) erlaubt bei Berücksichtigung der Gln. (531) und (532) die Identifizierungen

$$Y_1(p) = Y_2^{(b)}(p),\; Y_2(p) = Y_2^{(a)}(p)$$

und

$$Y_3(p) = Y_1^{(b)}(p),\; Y_4(p) = Y_1^{(a)}(p).$$

Diese Admittanzen werden durch RC-Zweipole realisiert und gemäß Bild 190 zu einem aktiven RC-Zweipol zusammengefügt. Man beachte, daß von der Funktion $Z(p)$ nur gefordert wurde, daß sie rational und reell ist.

6. Synthese mit Hilfe von Operationsverstärkern

Operationsverstärker in integrierter Ausführung spielen wegen ihrer geringen Abmessungen und ihres niedrigen Preises als Bausteine in aktiven *RC*-Netzwerken eine wesentliche Rolle. Diese Tatsache und die Eigenschaft dieser Bausteine, hohe Verstärkungsfaktoren zu besitzen, lassen es ratsam erscheinen, diejenigen Syntheseverfahren getrennt zu behandeln, welche neben Ohmwiderständen und Kapazitäten als aktive Bestandteile Operationsverstärker enthalten. Von den zahlreichen Möglichkeiten, auf diese Weise Übertragungsfunktionen zu realisieren, werden im folgenden nur einige besprochen. Dabei wird der Operationsverstärker als Spannungsverstärker verwendet, dessen Verstärkungsfaktor sehr hoch ist und der eine Phasenverschiebung von π zwischen Ein- und Ausgangssignal aufweist. Die folgenden Syntheseverfahren können auch zur Nachbildung von Systemen auf einem Analogrechner verwendet werden. Beiläufig sei noch bemerkt, daß alle bisher benützten aktiven Elemente (Konverter, Gyratoren, Verstärker) mit Hilfe von Operationsverstärkern realisiert werden können. Unter diesem Gesichtspunkt lassen sich alle in den Abschnitten 3, 4 und 5 beschriebenen Verfahren auch als Möglichkeiten zur Synthese von Netzwerken betrachten, die aus Ohmwiderständen, Kapazitäten und Operationsverstärkern aufgebaut sind.

6.1. EINE NETZWERKSTRUKTUR MIT EINEM EINZIGEN OPERATIONSVERSTÄRKER

Eine weit verbreitete Methode zur Realisierung von Übertragungsfunktionen beruht auf der im Bild 191 dargestellten Netzwerkstruktur. Sie besteht aus zwei *RC*-Zweitoren mit den Admittanzmatrizen $[y_{rs}^{(a)}(p)]$ bzw. $[y_{rs}^{(b)}(p)]$ und einem Operationsverstärker ($\mu \to \infty$). Wendet man auf den Knoten 1 die Kirchhoffsche Knotenregel an, so entsteht die Beziehung

$$y_{12}^{(a)}(p)U_1 - y_{22}^{(a)}(p)\frac{U_2}{\mu} - y_{11}^{(b)}(p)\frac{U_2}{\mu} + y_{12}^{(b)}(p)U_2 = 0.$$

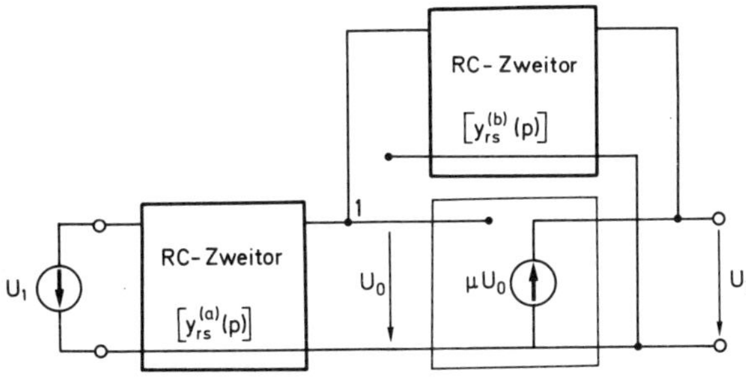

Bild 191: Realisierung einer Übertragungsfunktion durch ein Netzwerk, das sich aus einem Operationsverstärker und zwei *RC*-Zweitoren zusammensetzt

Hieraus erhält man

$$\frac{U_2}{U_1} = \frac{-y_{12}^{(a)}(p)}{y_{12}^{(b)}(p) - \frac{1}{\mu}[y_{11}^{(b)}(p) + y_{22}^{(a)}(p)]} \; .$$

Führt man den Grenzübergang $\mu \to \infty$ durch, dann ergibt sich das Spannungsverhältnis

$$\frac{U_2}{U_1} = -\frac{y_{12}^{(a)}(p)}{y_{12}^{(b)}(p)} \; . \tag{533}$$

Da die *RC*-Zweitore *a* und *b* keine positiv reellen Übertragungsnullstellen haben können, müssen gemäß Gl. (533) in den zu realisierenden Übertragungsfunktionen positiv reelle Pole und Nullstellen ausgeschlossen werden. Abgesehen von dieser Einschränkung braucht eine (in gekürzter Form dargestellte) Funktion

$$H(p) = -\frac{P_1(p)}{P_2(p)} \tag{534}$$

mit dem reellen Zählerpolynom $P_1(p)$ und dem reellen Nennerpolynom $P_2(p)$ keinen Einschränkungen unterworfen zu werden, damit sie als Spannungsquotient U_2/U_1 durch ein Netzwerk gemäß Bild 191 verwirklicht werden kann. Ist m der Grad der Funktion $H(p)$, so bildet man ein Polynom $Q(p)$ Gl. (496) und erhält dann aufgrund eines Vergleichs der Gln. (533) und (534) die Admittanzmatrix-Elemente

$$-y_{12}^{(a)}(p) = \frac{P_1(p)}{Q(p)}$$

und

$$-y_{12}^{(b)}(p) = \frac{P_2(p)}{Q(p)} \; .$$

Mit Hilfe dieser Funktionen lassen sich für die *RC*-Zweitore *a* und *b* von Bild 191 nach Teil I, Abschnitt 6 explizite Netzwerke ermitteln.

6.2. DAS SYNTHESEVERFAHREN VON W.F. LOVERING

Die von W.F. Lovering [72] vorgeschlagene, im Bild 192 dargestellte Netzwerkstruktur besteht aus zwei Operationsverstärkern ($\mu \to \infty$) und sechs *RC*-Zweipolen mit den Admittanzen $Y_A(p)$, $Y_B(p)$, $Y_C(p)$, $Y_D(p)$ bzw. $Y_0(p)$. Im Gegensatz zum Syntheseverfahren von Abschnitt 6.1 werden hier *RC*-Zweitore vermieden. Außerdem wird sich zeigen, daß jede beliebige rationale und reelle Funktion $H(p)$ als Spannungsquotient U_2/U_1 realisiert werden kann.

Wendet man auf die Knoten 1 und 2 des Netzwerks die Kirchhoffsche Knotenregel an, so entstehen die beiden Beziehungen

$$Y_B(p)(U_3 - U_1) + Y_D(p)(U_3 - U_2) + Y_0(p)(1+\mu)U_3 = 0$$

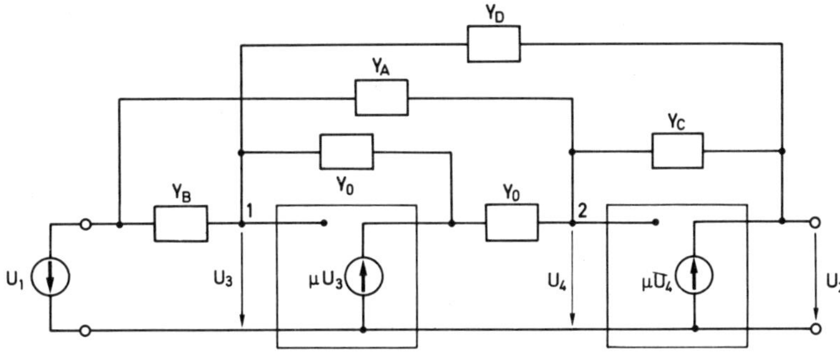

Bild 192: Netzwerkstruktur nach W. F. LOVERING zur Realisierung einer Übertragungsfunktion

und

$$Y_A(p)(U_4 - U_1) + Y_C(p)(1+\mu)U_4 + Y_0(p)(U_4 + \mu U_3) = 0.$$

In diesen Gleichungen wird die Spannung U_3 eliminiert und $U_4 = -U_2/\mu$ substituiert. Dadurch erhält man eine Beziehung zwischen den Spannungen U_1 und U_2. Führt man den Grenzübergang $\mu \rightarrow \infty$ durch, so entsteht das Spannungsverhältnis

$$\frac{U_2}{U_1} = \frac{Y_B(p) - Y_A(p)}{Y_C(p) - Y_D(p)} \quad . \tag{535}$$

Die Admittanz $Y_0(p)$ hat sich weggekürzt. Sie darf daher beliebig, jedoch nicht gleich Null gewählt werden. Es empfiehlt sich die Wahl $Y_0(p) = 1$.

Aufgrund der Gl. (535) kann nun eine (in gekürzter Form dargestellte) Funktion

$$H(p) = \frac{P_1(p)}{P_2(p)} \tag{536}$$

mit dem reellen Zählerpolynom $P_1(p)$ und dem reellen Nennerpolynom $P_2(p)$ als Spannungsverhältnis U_2/U_1 durch das Netzwerk von Bild 192 verwirklicht werden. Ist m der Grad von $H(p)$, so bildet man ein Polynom $Q(p)$ Gl. (496). In gewohnter Weise werden durch die Zerlegungen

$$\frac{P_1(p)}{Q(p)} = Y_1^{(a)}(p) - Y_1^{(b)}(p) \tag{537}$$

und

$$\frac{P_2(p)}{Q(p)} = Y_2^{(a)}(p) - Y_2^{(b)}(p) \tag{538}$$

vier RC-Admittanzen $Y_\nu^{(a)}(p)$ und $Y_\nu^{(b)}(p)$ $(\nu = 1, 2)$ eingeführt. Ein Vergleich der rechten Seiten der Gln. (535) und (536) erlaubt bei Berücksichtigung der Gln. (537) und (538) die Identifizierungen

$$Y_A(p) = Y_1^{(b)}(p), \; Y_B(p) = Y_1^{(a)}(p)$$

und

$$Y_C(p) = Y_2^{(a)}(p), \; Y_D(p) = Y_2^{(b)}(p).$$

6.3. DIE REALISIERUNG NACH D. ÅKERBERG UND K. MOSSBERG

Zur praktischen Realisierung einer Übertragungsfunktion wird man auch bei Verwendung von Operationsverstärkern in der Regel die vorgeschriebene Übertragungsfunktion zunächst in elementare Teilübertragungsfunktionen zerlegen. Es ergibt sich dann die Aufgabe, Übertragungsfunktionen zweiten Grades zu verwirklichen. Von D. ÅKERBERG und K. MOSSBERG [35] wurde ein interessantes Netzwerk zur expliziten Lösung dieser Aufgabe angegeben. Das Netzwerk ist im Bild 193 dargestellt und besteht aus neun Ohmwiderständen mit den Leitwerten g_ν ($\nu = 1,\ldots, 6$), G_1, G_2, G_3, aus drei Kapazitäten C_1, C_2, C_3 sowie drei Operationsverstärkern ($\mu \to \infty$). Stellt man für die Knoten 1, 3 und 5 des Netzwerks die Kirchhoffsche Knotenregel auf, so ergeben sich die Beziehungen

$$(U_3 - U_1)g_1 + (U_3 + \mu U_5)g_2 + (1+\mu)U_3 pC_1 = 0,$$

$$(U_4 - U_1)g_5 + (U_4 + \mu U_5)g_6 + (\mu U_3 + U_4)G_1 + (1+\mu)U_4 G_2 = 0$$

und

$$(U_5 + \mu U_4)G_3 + (1+\mu)U_5(pC_2 + g_3) + (U_5 - U_1)(pC_3 + g_4) = 0.$$

Eliminiert man die Spannungen U_3 und U_4, substituiert man $-\mu U_5$ durch U_2 und führt man dann den Grenzübergang $\mu \to \infty$ durch, so erhält man das Spannungsverhältnis

$$\frac{U_2}{U_1} = -\frac{C_3}{C_2}\,\frac{p^2 + p\left(g_4 - g_5\dfrac{G_3}{G_2}\right)\dfrac{1}{C_3} + g_1\dfrac{G_1 G_3}{G_2 C_1 C_3}}{p^2 + p\left(g_3 - g_6\dfrac{G_3}{G_2}\right)\dfrac{1}{C_2} + g_2\dfrac{G_1 G_3}{G_2 C_1 C_2}}\,. \tag{539}$$

Soll nun eine Übertragungsfunktion

$$H(p) = -K\frac{p^2 + a_1 p + a_0}{p^2 + b_1 p + b_0} \tag{540}$$

mit $K > 0$ sowie mit nicht positiv reellen Pol- und Nullstellen als Spannungsverhältnis U_2/U_1 durch das Netzwerk von Bild 193 verwirklicht werden, so bietet sich aufgrund des Vergleichs der Gln. (539) und (540) die folgende Möglichkeit: Sofern die Konstante K realisiert werden soll, worauf es in vielen Fällen jedoch nicht ankommt, kann dies durch Wahl des Quotienten C_3/C_2 erreicht werden. Wichtig ist, daß die Koeffizienten a_0, a_1, b_0, b_1 und damit die Nullstellen und Pole von $H(p)$ auf recht bequeme Weise realisiert werden können. Hält man die Werte der Elemente G_1, G_2, G_3 und C_1, C_2, C_3 fest, so zeigt die Gl. (539), daß durch geeignete Wahl von g_4 und g_5 jeder Wert von a_1, d.h. ein beliebiger Wert für den Realteil einer komplexen Übertragungsnullstelle realisiert werden kann. Durch geeignete Wahl von g_1 läßt sich jeder nicht-negative Wert von a_0, also jeder beliebige Betrag einer komplexen Übertragungsnullstelle verwirklichen. In entsprechender Weise wird der Koeffizient b_1 durch geeignete Wahl von g_3 und g_6 und der Koeffizient b_0 durch Wahl von g_2 realisiert. Befinden sich die Pole der vorgeschriebenen Übertragungsfunktion $H(p)$ nicht in der Halbebene Re $p > 0$ (dies ist der Regelfall), so setzt man $g_6 = 0$. Eine besondere Annehmlichkeit bildet die Tatsache, daß die Beträge und die Realteile der Pole und Nullstellen von $H(p)$ unabhängig voneinander

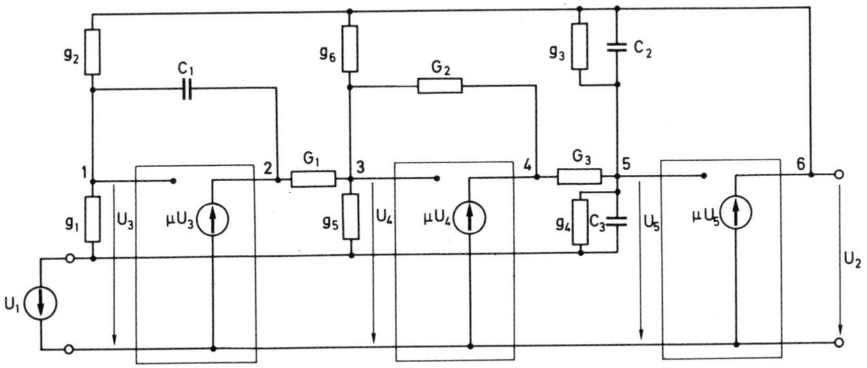

Bild 193: Netzwerk nach D. Åkerberg und K. Mossberg zur Realisierung einer Übertragungsfunktion zweiten Grades

im Netzwerk gemäß Bild 193 eingestellt werden können, und zwar durch alleinige Änderung der ohmschen Leitwerte g_ν ($\nu = 1, \ldots, 6$). Sofern es auf die Verwirklichung von K nicht ankommt, kann man bei der praktischen Anwendung der Realisierung z.B. $C_1 = C_2 = C_3 = C$ und $G_1 = G_2 = G_3 = G$ wählen. Dann ergeben sich unter der Annahme, daß die Pole von $H(p)$ in der Halbebene $\operatorname{Re} p < 0$ liegen, die Werte der restlichen Elemente aus den Formeln

$$g_1 = \frac{a_0 C^2}{G}, \qquad g_2 = \frac{b_0 C^2}{G},$$

$$g_3 = b_1 C, \qquad g_6 = 0,$$

$$g_4 = a_1 C, \qquad g_5 = 0 \qquad \text{für den Fall } a_1 > 0,$$

$$g_4 = 0, \qquad g_5 = 0 \qquad \text{für den Fall } a_1 = 0,$$

$$g_4 = 0, \qquad g_5 = -a_1 C \qquad \text{für den Fall } a_1 < 0.$$

Die Berechnung der Empfindlichkeit des Netzwerks zeigt [35], daß die Pol- und Nullstellenempfindlichkeiten bezüglich der passiven Elemente gering sind. Die Pol- und Nullstellenempfindlichkeiten bezüglich der Verstärkungsfaktoren hängen von der Polgüte und dem »Verstärkungs-Bandbreite-Produkt« der Operationsverstärker ab. Die Anwendung der beschriebenen Realisierung wird bei hohen Polgüten kritisch.

In der Arbeit [35] wird noch ein zum Zweitor von Bild 193 äquivalentes Netzwerk mit besseren Stabilitätseigenschaften angegeben. Es geht aus dem Zweitor im Bild 193 dadurch hervor, daß die beiden Operationsverstärker zwischen den Klemmenpaaren (1, 2) bzw. (3, 4) nun zwischen die Klemmenpaare (2, 3) bzw. (1, 4) gebracht werden, wobei im zweiten Operationsverstärker das Vorzeichen der gesteuerten Quelle μU_4 umzukehren ist. — Abschließend sei noch darauf hingewiesen, daß für $C_3 = 0$ das quadratische Glied im Zähler der rechten Seite von Gl. (539) verschwindet. Man kann also durch Entfernung der Kapazität C_3 im Netzwerk gemäß Bild 193 Übertragungsfunktionen $H(p)$ Gl. (540) verwirklichen, bei denen der Term p^2 im Zähler fehlt.

TEIL III: APPROXIMATION

Im Teil I, Abschnitt 1.1 wurden die drei Aufgaben der Netzwerksynthese formuliert: Die Netzwerkcharakterisierung, die Approximation (Funktionsbestimmung) und die Verwirklichung. Die bisherigen Diskussionen waren auf die Netzwerkcharakterisierung und die Verwirklichung beschränkt. Wegen der großen Bedeutung der Approximation für die Anwendung der Netzwerksynthese soll im letzten Teil des Buches ein kurzer Einblick in die Aufgaben und Möglichkeiten dieses Teilgebiets der Netzwerksynthese gegeben werden.

1. Einführung

Die Aufgabe der Approximation bei der Synthese elektrischer Netzwerke ist die Erzeugung zulässiger Netzwerkfunktionen (Übertragungsfunktionen, Zweipolfunktionen) aufgrund bestimmter Übertragungsforderungen. Die Approximation ist in der Regel deshalb erforderlich, weil die Forderungen meist in einer Form gegeben sind, der sich direkt kein physikalisch ausführbares Netzwerk zuordnen läßt. Der Approximation schließt sich die Realisierung der gewonnenen Funktionen an (Teil I bzw. II).

Die Approximationsvorschrift kann im Zeitbereich oder im Frequenzbereich gegeben sein. Eine Aufgabe im Zeitbereich liegt beispielsweise dann vor, wenn ein Zweitor bei gegebener Form des Eingangssignals mit einem Ausgangssignal reagieren soll, dessen Verlauf vorgeschrieben ist. Eine Aufgabe im Frequenzbereich ist z.B. dann gegeben, wenn die Übertragungsfunktion eines Reaktanzzweitors aus dem vorgeschriebenen Betragsverhalten für $p = j\omega$ $(0 \leqq \omega \leqq \infty)$ zu bestimmen ist. Aufgrund der Laplace-Transformation [28] lassen sich beide Arten von Approximationsvorschriften ineinander überführen. Bei der praktischen Durchführung von Approximationen ist jedoch zu berücksichtigen, daß sich die Fehler in den beiden Bereichen grundlegend verschieden auswirken können. Wird beispielsweise ein im Zeitbereich gestelltes Approximationsproblem in den Frequenzbereich übertragen, so ist es möglich, daß zur Erzielung der gewünschten Approximationsgüte die Annäherung im Frequenzbereich andersartig durchzuführen ist, als es bei einer direkten Approximation im Zeitbereich notwendig wäre. Gelegentlich treten auch Approximationsaufgaben mit gemischten Vorschriften im Zeit- *und* Frequenzbereich auf.

Als freie Veränderliche zur Durchführung der Approximationen dienen die Koeffizienten der zu bestimmenden Übertragungsfunktion bzw. Zweipolfunktion oder äquivalente Parametergrößen. So verwendet man bei Approximationen im Zeitbereich als freie Parameter häufig die Koeffizienten und Exponentialfaktoren von Exponentialsummen, die aus den Übertragungsfunktionen (Zweipolfunktionen) aufgrund der Laplace-Transformation [28] direkt bestimmt werden können.

Die Behandlung eines Approximationsproblems erfordert die Wahl eines *Approximationskriteriums*, d.h. eine die Güte der Annäherung betreffende, mathematisch formulierte

Aussage, mit deren Hilfe eine Vorschrift zur Festlegung der Parameter gewonnen werden kann. Bezeichnet man mit $F_0(j\omega)$ die Approximationsvorschrift zur Bestimmung einer Frequenzfunktion $F(p)$ und bezeichnet man mit $f_0(t)$ die Approximationsvorschrift für einen zu ermittelnden Zeitvorgang $f(t)$ in Abhängigkeit von der Zeit t, so ist

$$\Delta F(\omega) = F(j\omega) - F_0(j\omega)$$

bzw.

$$\Delta f(t) = f(t) - f_0(t)$$

die Fehlerfunktion des betreffenden Problems. Die Fehlerfunktion ist im Approximationsintervall

$$\omega_1 \leqq \omega \leqq \omega_2$$

bzw.

$$t_1 \leqq t \leqq t_2$$

(häufig gilt $t_1 = 0$ und $t_2 = \infty$) definiert und von den genannten Approximationsparametern abhängig. Im Bild 194 ist die Entstehung einer Fehlerfunktion $\Delta f(t)$ aus der Vorschrift $f_0(t)$ und der approximierenden Funktion $f(t)$ im Zeitbereich dargestellt. Die Approximationsparameter werden so festgelegt, daß die Fehlerfunktion ein noch zu wählendes Approximationskriterium erfüllt. Man verwendet vorzugsweise eines der folgenden Kriterien.

a) *Das Kriterium der Tschebyscheffschen oder gleichmäßigen Approximation*
Es wird gefordert, daß das absolute Maximum des Betrags der Fehlerfunktion im Approximationsintervall möglichst klein wird. Die Handhabung dieses Kriteriums ist nicht immer einfach. Die Verfahren zur numerischen Durchführung von Tschebyscheff-Approximationen beruhen häufig auf Iterationen, bei denen entweder die Nullstellen der Fehlerfunktion systematisch verschoben werden (Nullstellenverschiebungsmethode [73]) oder bei denen iterativ interpoliert wird, wobei als Interpolationspunkte die

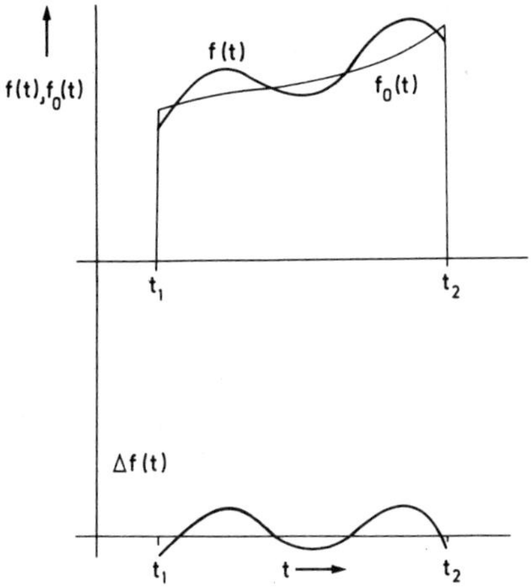

Bild 194: Approximation der Funktion $f_0(t)$ durch die Funktion $f(t)$. Der Kurvenverlauf $\Delta f(t)$ stellt die Fehlerfunktion dar

Fehlerextremstellen der momentanen Näherung verwendet werden (zweiter Austauschalgorithmus nach E. REMEZ [89]). Die hierbei auftretenden nichtlinearen Gleichungen werden oft durch Newton-Iteration gelöst. Die Anwendbarkeit der genannten Methoden zur Tschebyscheff-Approximation ist namentlich in der Netzwerksynthese dadurch begrenzt, daß die Iterationen nur dann konvergieren, wenn die Anfangswerte der Approximationsparameter schon recht nahe bei den Lösungswerten liegen. In der Wahl derartiger Ausgangswerte liegt die Hauptschwierigkeit bei der Durchführung von Tschebyscheff-Approximationen. Die Minimierung des Betragsmaximums der Fehlerfunktion kann auch mit Hilfe eines numerischen Optimierungsverfahrens durchgeführt werden. Aber auch hierbei treten Schwierigkeiten der genannten Art auf. — Die durch Tschebyscheff-Approximation entstehenden Lösungsfunktionen zeichnen sich in der Regel dadurch aus, daß sie um die zu approximierende Funktion, die Vorschrift, gleichmäßig, d.h. mit betragsgleichen Fehlerextrema schwanken.

b) *Das Kriterium des kleinsten mittleren Fehlerquadrats*
Es wird gefordert, daß das längs des Approximationsintervalls erstreckte Integral über das Betragsquadrat der Fehlerfunktion zum Minimum gemacht wird. Dabei kann dieses Betragsquadrat noch mit einer nicht-negativen Gewichtsfunktion multipliziert werden. Die Anwendung dieses Kriteriums wird vor allem dann einfach, wenn die approximierende Funktion von den Approximationsparametern linear abhängt. Dann besteht die Auswertung des Kriteriums allein in der Lösung eines linearen Gleichungssystems, wovon man sich leicht überzeugen kann. Gewöhnlich hat man eine Optimierungsaufgabe zu lösen. Hierfür empfehlen sich die Verfahren [54] und [88].

c) *Das Kriterium der maximalen Ebnung*
Entsprechend der Zahl der Approximationsparameter (Freiheitsgrade) ist dafür zu sorgen, daß die Fehlerfunktion und alle ihre Differentialquotienten bis zu einer möglichst hohen Ordnung an einer vorgeschriebenen im Approximationsintervall gelegenen Stelle verschwinden. Für die Anwendung dieses Kriteriums ist es notwendig, daß die genannten Differentialquotienten gebildet werden können. Es folgt hieraus, daß die Annäherung in der unmittelbaren Umgebung der genannten Stelle des Approximationsintervalls besonders gut wird.

d) *Interpolation*
Es wird gefordert, daß die Fehlerfunktion (eventuell einschließlich ihrer Differentialquotienten bis zu einer bestimmten Ordnung) an diskret vorgegebenen Stellen des Approximationsintervalls verschwindet. Die Zahl dieser Interpolationsstellen entspricht der Zahl der Approximationsparameter. Interpolation wird deshalb ungern benutzt, weil über das Verhalten der Fehlerfunktion zwischen den Interpolationsstellen in der Regel nichts ausgesagt werden kann.

Bei der Entscheidung für ein Approximationskriterium ist in einem konkreten Fall oft maßgebend, welches der Kriterien am bequemsten angewendet werden kann. Die Praxis hat gezeigt, daß die Unterschiede zwischen Lösungen, welche man durch Tschebyscheff-

Approximation oder durch Annäherung im Sinne des kleinsten mittleren Fehlerquadrats erhält, in vielen Fällen unwesentlich sind. Dies gilt insbesondere dann, wenn noch geeignete Gewichtsfunktionen eingeführt werden. Es ist nämlich bei Anwendung eines der Approximationskriterien a und b in vielen Fällen zweckmäßig, die Fehlerfunktion mit einer reellen, im Approximationsintervall nicht-negativen Gewichtsfunktion zu multiplizieren. Auf diese Weise läßt sich die Annäherung in gewissen Teilen des Approximationsintervalls verbessern.

Bei der Anwendung sämtlicher Approximationskriterien ist stets zu beachten, daß die approximierende Funktion, die nach Durchführung der Approximation zu realisieren ist, die im Teil I aufgestellten kennzeichnenden Realisierbarkeitsbedingungen erfüllt. Diese Forderung erschwert in vielen Fällen die Lösung der Approximationsprobleme in der Netzwerksynthese.

Neben der Approximationsvorschrift ist gewöhnlich noch eine Toleranzfunktion gegeben, durch die eine obere und eine untere Schranke für den Approximationsfehler im Approximationsintervall vorgeschrieben wird. Deshalb ist der Grad der rationalen Funktion, mit der die Approximation durchgeführt wird, hinreichend groß zu wählen. Da jedoch der Grad der Übertragungsfunktion bzw. der Zweipolfunktion den späteren Aufwand an Netzwerkelementen bestimmt, muß man aus Gründen der Wirtschaftlichkeit bestrebt sein, diesen möglichst niedrig zu halten. Nach der Wahl eines bestimmten Grades wird man daher in der Regel sämtliche zur Verfügung stehenden freien Funktionsparameter als Approximationsveränderliche verwenden.

2. Wahl der Vorschrift

Vor der Bearbeitung einer Approximationsaufgabe muß man sich überlegen, ob die betreffende Approximationsvorschrift physikalisch sinnvoll ist und ob Lösungen der gewünschten Art erwartet werden dürfen. Die Untersuchung dieser Frage ist dann besonders wichtig, wenn die Vorschrift keine direkte physikalische Bedeutung hat, wenn ihr z.B. keine Meßergebnisse zugrunde liegen.

Bei der *Synthese von Zweipolen* ist es für zwei Arten von Approximationsproblemen im Frequenzbereich recht schwierig zu entscheiden, ob die Approximationsvorschrift beliebig genau angenähert werden kann.

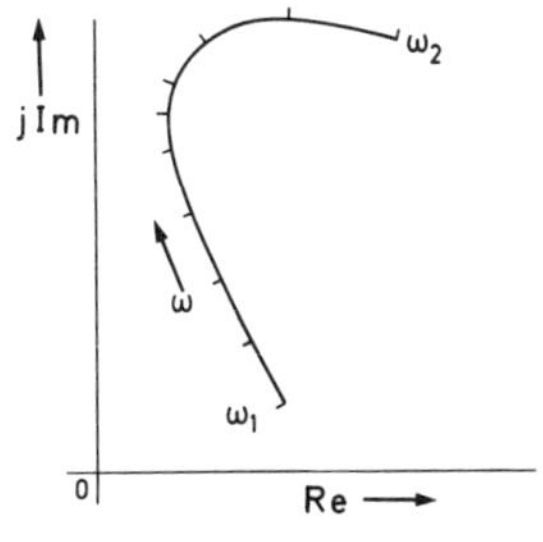

Bild 195: Beziffertes Ortskurvenstück als Approximationsvorschrift für eine Impedanz- bzw. Admittanzfunktion

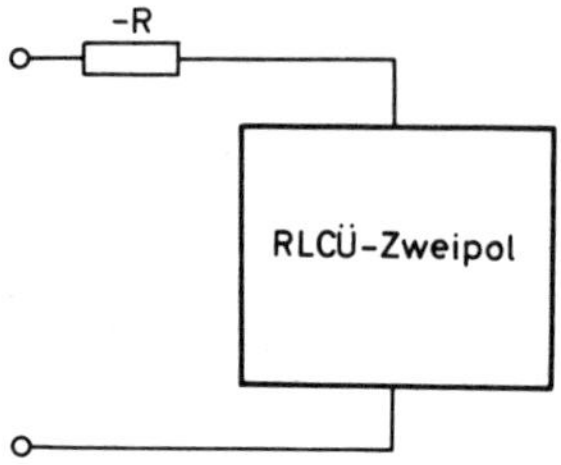

Bild 196: Reihenanordnung eines negativen Ohmwiderstands und eines *RLCÜ*-Zweipols

So kann bei Vorgabe eines bezifferten stetigen Ortskurvenstückes (hierunter sei gemäß Bild 195 ein *Teil* einer Ortskurve verstanden, dem nicht der gesamte Frequenzbereich $0 \leqq \omega \leqq \infty$ entspricht) im allgemeinen nicht erwartet werden, daß dieses durch die Impedanz oder Admittanz eines *RLCÜ*-Zweipols für $p = j\omega$ beliebig genau approximierbar ist. Man kann jedoch zeigen [106], daß ein beliebig vorgeschriebenes stetiges Ortskurvenstück mit beliebiger Genauigkeit durch eine Funktion angenähert werden kann, die man, als Impedanz aufgefaßt, durch die Reihenanordnung eines negativen Ohmwiderstands und eines nach Teil I, Abschnitt 3 bestimmbaren *RLCÜ*-Zweipols verwirklichen kann (Bild 196).

Ist der Betrag der Impedanz eines gesuchten *RLCÜ*-Zweipols für $p = j\omega$ in einem ω-Intervall als stetige Funktion vorgeschrieben, so kann im allgemeinen ebenfalls nicht erwartet werden, daß die Vorschrift durch den Betrag einer Zweipolfunktion im genannten ω-Intervall beliebig genau approximierbar ist. Dagegen läßt sich eine in einem Frequenzintervall beliebige nicht-negative stetige Realteilvorschrift durch den Realteil einer Zweipolfunktion mit jeder gewünschten Genauigkeit annähern [106]. Auch für die Imaginärteilfunktion einer Impedanz oder Admittanz kann eine beliebige stetige Funktion vorgeschrieben werden, ebenso für die Phase, sofern ihr Betrag den Wert $\pi/2$ an keiner Stelle des Approximationsintervalls übersteigt [106].

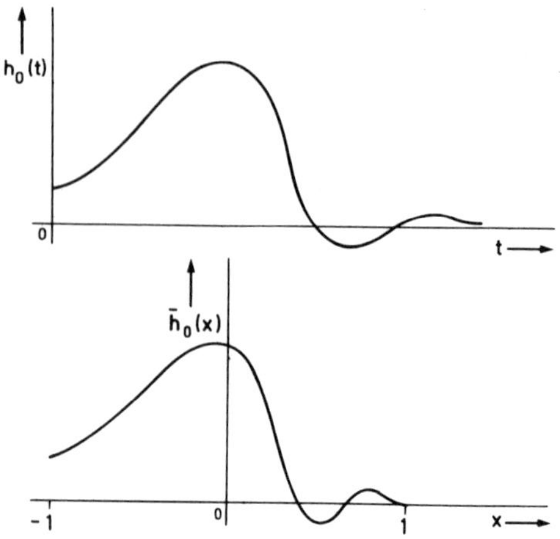

Bild 197: Approximationsvorschrift $h_0(t)$ für die Impulsantwort eines Zweitors. Die Funktion $\bar{h}_0(x)$ bedeutet die gemäß Gl. (541) transformierte Impulsantwort

Bei der *Synthese von Zweitoren* mit vorgeschriebenem Zeitverhalten kann man in der Regel die Approximationsaufgabe darauf reduzieren [109], für die Impulsantwort des zu bestimmenden Zweitors (Zweitor-Reaktion auf die Erregung durch einen Dirac-Impuls [28]) einen stetigen, für $t \to \infty$ nach Null strebenden Kurvenverlauf $h_0(t)$ $(0 \leqq t < \infty)$ vorzuschreiben (Bild 197). Eine derartige Vorschrift läßt sich stets, wie im Abschnitt 3.10 gezeigt wird, beliebig genau mit Hilfe der Übertragungsfunktion eines *RLCÜ*-Zweitors oder eines äquivalenten aktiven *RC*-Zweitors annähern. Es sei noch darauf hingewiesen, daß man eine derartige Approximation schon erreichen kann, wenn man sich auf Übertragungsfunktionen beschränkt, deren Pole ausschließlich auf der negativ reellen Achse liegen. Zum Beweis dieser Aussage empfiehlt es sich, mit Hilfe der Transformation

$$e^{-\sigma_0 t} = \frac{1-x}{2} \tag{541}$$

(σ_0 ist eine beliebige positive Konstante) die Zeitachse $0 \leqq t \leqq \infty$ auf das Intervall $-1 \leqq x \leqq 1$ abzubilden. Hierdurch wird die Vorschrift $h_0(t)$ in die Funktion $\bar{h}_0(x)$ übergeführt, die nach dem Weierstraßschen Approximationssatz [1] im Intervall $-1 \leqq x \leqq 1$ beliebig genau durch ein Polynom

$$\bar{h}(x) = \sum_{\mu=0}^{M} \bar{A}_\mu x^\mu \tag{542}$$

mit der Eigenschaft $\bar{h}(1) = 0$ approximiert werden kann. Der Nebenbedingung $\bar{h}(1) = 0$ kann dadurch Rechnung getragen werden, daß man in Gl. (542) vor die Summe den Faktor $(x-1)$ setzt. Es gibt zahlreiche Verfahren zur numerischen Bestimmung von Approximationspolynomen $\bar{h}(x)$ aus der Vorschrift $\bar{h}_0(x)$ (z.B. [24]). Ein Approximationsverfahren, bei dem Tschebyscheff-Polynome verwendet werden, wird im Abschnitt 3.4 beschrieben. Wird nun das Polynom $\bar{h}(x)$ Gl. (542) gemäß Gl. (541) in den t-Bereich transformiert, so erhält man offensichtlich eine Impulsantwort

$$h(t) = \sum_{\mu=1}^{M} A_\mu e^{-\mu\sigma_0 t} \quad (0 \leqq t \leqq \infty), \tag{543}$$

welche die Approximationsvorschrift $h_0(t)$ annähert. Man beachte, daß das Absolutglied in Gl. (543) wegen der Bedingung $\bar{h}(1) = 0$ verschwinden muß. Nach Anwendung der Laplace-Transformation [28] auf die Impulsantwort $h(t)$ Gl. (543) entsteht die entsprechende Übertragungsfunktion

$$H(p) = \sum_{\mu=1}^{M} \frac{A_\mu}{p + \mu\sigma_0}\;, \tag{544}$$

deren Pole $p = -\mu\sigma_0$ $(\mu = 1, 2, \ldots, M)$ nur auf der negativ reellen Achse der p-Ebene liegen. Die Übertragungsfunktion $H(p)$ Gl. (544) läßt sich bis auf einen konstanten Faktor nach Teil I, Abschnitt 6 durch ein *RC*-Zweitor realisieren. Zusammenfassend darf also festgestellt werden: Jede physikalisch zulässige Zweitor-Übertragungsvorschrift kann beliebig genau durch ein *RC*-Zweitor verwirklicht werden, wenn man von einer konstanten Grunddämpfung absieht. – Es muß allerdings berücksichtigt werden, daß in vielen Anwendungsfällen der Aufwand bei einer reinen *RC*-Realisierung zu groß würde. Insofern hat die Approximation unter Verwendung von Funktionen gemäß Gl. (543) bzw. Gl. (544) für die Praxis nur begrenzte Bedeutung.

Ein stetiges beziffertes Ortskurvenstück, d.h. eine Vorschrift für den Realteil und Imaginärteil bzw. für die Amplitude und Phase in einem nicht den gesamten Frequenzbereich $0 \leqq \omega \leqq \infty$ umfassenden Intervall läßt sich durch eine allgemeine, in Form eines *RLCÜ*-Zweitors oder eines aktiven *RC*-Zweitors realisierbare Übertragungsfunktion beliebig genau approximieren. Der Beweis hierfür kann in Analogie zum Nachweis der entsprechenden Aussage für Zweipole geführt werden [106]. Ist eine vollständige bezifferte Ortskurve ($0 \leqq \omega \leqq \infty$) vorgeschrieben, so ist diese durch eine Übertragungsfunktion nur dann hinreichend genau approximierbar, wenn Realteilfunktion und Imaginärteilfunktion durch die Hilbert-Transformation [28] miteinander verknüpft sind.

3. Lösung der Approximationsprobleme

Bei den zahlreichen Verfahren zur Behandlung der verschiedenen in der Netzwerksynthese auftretenden Approximationsprobleme kann man unterscheiden zwischen solchen, die eine *formelmäßige Lösung* liefern, und Verfahren, die mit Hilfe *numerischer, meist iterativer Methoden* auf die Lösung führen. Unter diesem Gesichtspunkt sollen die Approximationsverfahren im folgenden besprochen werden. Durch formelmäßige Lösungen lassen sich allerdings nur recht spezielle Approximationsprobleme erfassen. Die Anwendung der numerischen Methoden erfordert wegen des großen Rechenaufwandes in der Regel die Verwendung eines Computers.

3.1. FORMELMÄSSIGE APPROXIMATION VON AMPLITUDENVORSCHRIFTEN

Es sei

$$H(p) = \frac{a_m p^m + a_{m-1} p^{m-1} + \ldots + a_0}{p^n + b_{n-1} p^{n-1} + \ldots + b_0} \qquad (545)$$

die Übertragungsfunktion eines Zweitors, d.h. eine rationale, reelle und in $\operatorname{Re} p \geqq 0$ einschließlich $p = \infty$ polfreie Funktion. Sollen die Koeffizienten a_μ ($\mu = 0, 1, \ldots, m$) und b_ν ($\nu = 0, 1, \ldots, n-1$) so festgelegt werden, daß der *Betrag* von $H(p)$ für reelle Frequenzen, d.h. für $p = \mathrm{j}\omega$ einen vorgeschriebenen Verlauf hat, dann empfiehlt es sich, neben der Übertragungsfunktion $H(p)$ Gl. (545) die Funktion

$$B(p^2) = H(p)H(-p) \equiv \frac{C_m p^{2m} + C_{m-1} p^{2m-2} + \ldots + C_0}{p^{2n} + D_{n-1} p^{2n-2} + \ldots + D_0} \qquad (546)$$

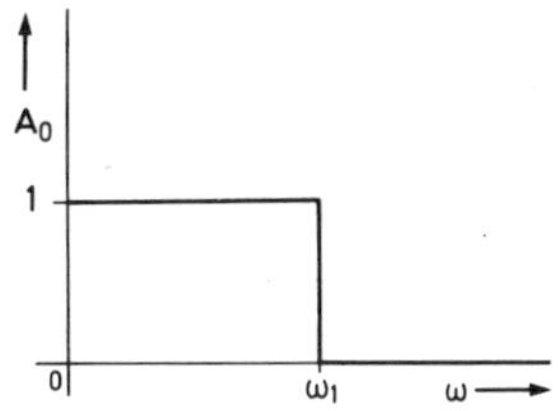

Bild 198: Amplitudenfunktion des idealen Tiefpasses

zu betrachten. Da für $p = \mathrm{j}\omega$ die Werte $H(p)$ und $H(-p)$ zueinander konjugiert komplex sind, ist die Funktion $B(p^2)$ Gl. (546) für $p = \mathrm{j}\omega$ gleich dem Betragsquadrat von $H(\mathrm{j}\omega)$. Ist die Funktion $A_0(\omega)$ eine Approximationsvorschrift für $|H(\mathrm{j}\omega)|$, so kann also das Quadrat $A_0^2(\omega)$ als Approximationsvorschrift für $B(-\omega^2)$ betrachtet werden. Die Verwendung der rationalen Funktion $B(p^2)$ bietet den Vorteil, daß bei der Durchführung der Approximation praktisch keine Nebenbedingungen berücksichtigt werden müssen. Dagegen müßte bei der direkten Verwendung der Übertragungsfunktion $H(p)$ darauf geachtet werden, daß aus Stabilitätsgründen die Pole von $H(p)$ nicht in die rechte Halbebene $\operatorname{Re} p \geqq 0$ gelangen.

Bei der Approximation von tiefpaßartigen Betragsvorschriften besteht die Möglichkeit, die Koeffizienten der Funktion $B(p^2)$ in bestimmten Fällen formelmäßig anzugeben. Wählt man die Amplitudenfunktion des idealen Tiefpasses (Bild 198, man vergleiche [28]) als Approximationsvorschrift $A_0(\omega)$, so kann man der Sperrbereichsvorschrift $(\omega > \omega_1)$ dadurch Rechnung tragen, daß man $m < n$ wählt. Die Vorschrift im Durchlaßbereich $(0 \leqq \omega \leqq \omega_1)$ läßt sich dadurch approximieren, daß man das Kriterium der maximalen Ebnung bezüglich des Nullpunkts anwendet. Dies bedeutet, daß mit $\omega^2 = x$ alle Werte

$$\frac{\mathrm{d}^\mu}{\mathrm{d}x^\mu}[B(-x)-1] = \frac{\mathrm{d}^\mu}{\mathrm{d}x^\mu}\left[\frac{(C_0-D_0)-(C_1-D_1)x+\ldots}{D_0-D_1x+\ldots}\right] \tag{547}$$

$$(\mu = 0, 1, \ldots, N)$$

für $x = 0$ bis zu einem möglichst großen N verschwinden müssen. Gibt man für die Koeffizienten D_ν $(\nu = 0, \ldots, n-1)$ feste Werte vor und verwendet man die Koeffizienten C_μ $(\mu = 0, 1, \ldots, m)$ als Veränderliche, so kann man $N = m$ wählen. Bei der Festlegung der Koeffizienten C_ν und D_ν muß darauf geachtet werden, daß $B(-x)$ für $x \geqq 0$ nicht negativ und nicht Unendlich wird. Aufgrund der Forderung gemäß Gl. (547) lassen sich nun die Koeffizienten C_μ bestimmen. Diese Forderung ist sicher dann für $N = m$ erfüllt, wenn die Potenzreihenentwicklung des Klammerausdrucks in Gl. (547) im Punkt $x = 0$ erst mit einem Glied $E_{m+1}x^{m+1}$ beginnt. Damit muß das Bestehen der Identität

$$(C_0-D_0)-(C_1-D_1)x+\ldots = [E_{m+1}x^{m+1}+\ldots][D_0-D_1x+\ldots]$$

verlangt werden. Wie man sieht, besteht sie nur, wenn

$$C_\mu = D_\mu \; (\mu = 0, 1, \ldots, m) \tag{548}$$

gilt. Die Lösung lautet also

$$B(p^2) = \frac{D_m p^{2m} + D_{m-1} p^{2m-2} + \ldots + D_0}{p^{2n} + D_{n-1} p^{2n-2} + \ldots + D_0} \; (m < n). \tag{549}$$

Durch Faktorisierung dieser Funktion gemäß Gl. (546) erhält man die Übertragungsfunktion

$$H(p) = \frac{P_1(p)}{P_2(p)} \quad .$$

Das Nennerpolynom $P_2(p)$ muß ein Hurwitz-Polynom sein und ist in eindeutiger Weise durch die Forderung bestimmt, daß seine Nullstellen mit den in der Halbebene $\operatorname{Re} p < 0$ liegenden Nullstellen des Nenners von $B(p^2)$ Gl. (549) identisch sind und der Koeffizient bei der höchsten p-Potenz gleich Eins ist. Die Nullstellen des Zählers von $B(p^2)$ Gl. (549) dürfen beliebig auf die Polynome $P_1(p)$ und $P_1(-p)$ verteilt werden. Es muß jedoch $P_1(p)$ reell werden, und das Produkt $P_1(p)P_1(-p)$ muß mit dem Zählerpolynom von $B(p^2)$ Gl. (549), das noch mit $(-1)^n$ zu multiplizieren ist, übereinstimmen.

Ein interessanter Sonderfall entsteht, wenn man $D_\nu = 0$ $(\nu = 1, 2, \ldots, n-1)$ wählt. Damit $B(-\omega^2)$ nicht negativ wird, muß dann der Koeffizient D_0 so gewählt werden, daß $(-1)^n D_0 > 0$ gilt. Setzt man $1/[(-1)^n D_0] = D_n$, so erhält man

$$B(p^2) = \frac{1}{(-1)^n D_n p^{2n} + 1}$$

mit $D_n > 0$. Hieraus folgt

$$P_1(p) = \frac{1}{\sqrt{D_n}}$$

und

$$P_2(p) = \prod_{\nu=1}^{n} (p - p_\nu).$$

Dabei sind die $p_\nu (\nu = 1, 2, \ldots, n)$ diejenigen Wurzeln $[-(-1)^n D_n]^{-1/2n}$, die negativen Realteil haben. Die gefundenen Nennerpolynome $P_2(p)$ heißen für $D_n = 1$ *Butterworth-Polynome*.

Wählt man bei der Approximation der idealen Tiefpaßcharakteristik von Bild 198 das Zählerpolynom der Übertragungsfunktion in der Form $P_1(p) \equiv 1$, so ist die Funktion $1/B(-\omega^2)$ ein gerades Polynom in der Variablen ω, und sie unterliegt der Approximationsvorschrift

$$\frac{1}{A_0^2(\omega)} = \begin{cases} 1 & \text{für } 0 \leqq \omega < \omega_1 \\ \infty & \text{für } \omega_1 < \omega. \end{cases}$$

Für die Funktion $[1/B(-\omega^2)] - 1$, die ebenfalls ein gerades Polynom in der Variablen ω ist, kann man damit fordern, daß sie den Wert Null im Intervall $0 \leqq \omega \leqq \omega_1$ bis auf eine Toleranz $\pm\, \varepsilon$ mit $\varepsilon \ll 1$ approximiert und für $\omega > \omega_1$ monoton möglichst schnell nach Unendlich strebt. Sorgt man durch Normierung dafür, daß $\omega_1 = 1$ gilt, dann läßt sich dieses Approximationsproblem unter Verwendung von *Tschebyscheff-Polynomen* $T_\mu(\omega)$ ($\mu = 0, 1, 2, \ldots$) [21] lösen. Die Polynome $T_\mu(\omega)$ sind rekursiv durch die Relation

$$T_{\mu+1}(\omega) = 2\omega T_\mu(\omega) - T_{\mu-1}(\omega) \tag{550a}$$

mit

$$T_0(\omega) = 1, \quad T_1(\omega) = \omega \tag{550b}$$

oder durch

$$T_\mu(\omega) = \cos \mu\eta \tag{551a}$$

mit

$$\omega = \cos \eta \tag{551b}$$

bestimmt. Man beachte dabei, daß für reelle η-Werte das ω-Intervall $-1 \leqq \omega \leqq 1$ und für imaginäre η-Werte der Bereich $|\omega| > 1$ erfaßt wird. Für $\mu = 0, 2, 4, \ldots$ erhält man gerade, für $\mu = 1, 3, 5, \ldots$ ungerade Polynome. Die Tschebyscheff-Polynome $T_\mu(\omega)$ schwanken im Intervall $-1 \leqq \omega \leqq 1$ zwischen den Werten -1 und 1 und besitzen sämtliche Nullstellen in diesem Intervall. Außerdem gilt $|T_\mu(\pm 1)| = 1$. Im Bild 199 sind die Polynome $T_\mu(\omega)$ für $\mu = 0, 1, 2, 3$ und 4 dargestellt. Da für die Lösung des vorliegenden Approximationsproblems nur Tschebyscheff-Polynome $T_\mu(\omega)$ mit geradem Grad μ verwendbar sind, ergibt sich

$$B(-\omega^2) = \frac{1}{1 + \varepsilon T_{2n}(\omega)} \quad . \tag{552}$$

Man beachte, daß diese Funktion im Intervall $-1 \leqq \omega \leqq 1$ zwischen $1/(1-\varepsilon) \approx 1 + \varepsilon$ und $1/(1+\varepsilon) \approx 1 - \varepsilon$ um den Wert 1 schwankt ($0 < \varepsilon < 1$). Man könnte auch die Eins im Nenner der rechten Seite von Gl. (552) durch $1 + \varepsilon$ ersetzen; dann würde $0 \leqq B(-\omega^2) \leqq 1$ gelten. Im Bild 200 ist der Verlauf der Funktion $B(-\omega^2)$ Gl. (552) für $n = 4$ und $n = 5$ dargestellt.

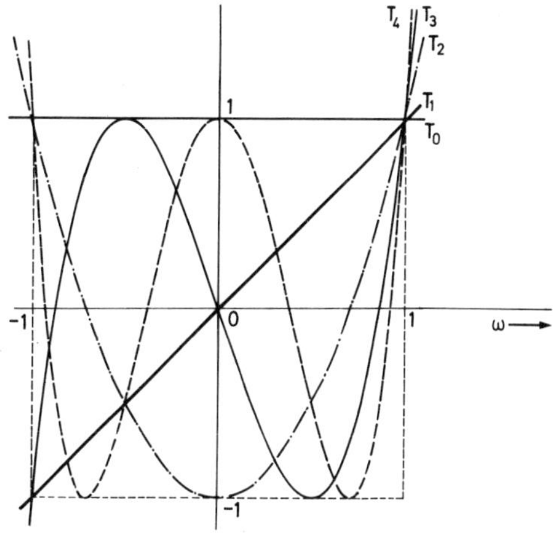

Bild 199: Darstellung der Tschebyscheffschen Polynome $T_\mu(\omega)$ für $\mu = 0, 1, 2, 3, 4$

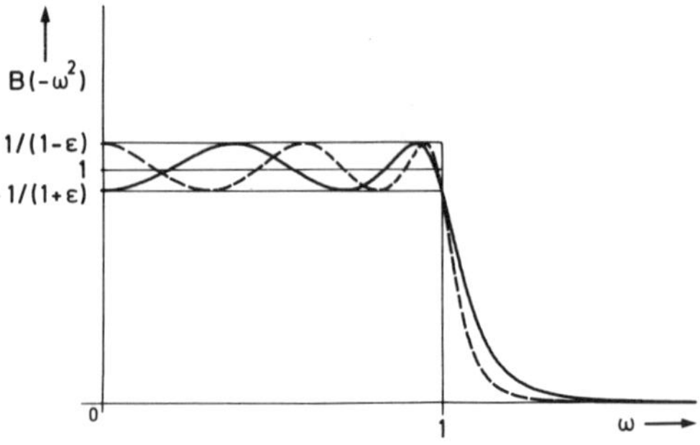

Bild 200: Darstellung der Funktion $B(-\omega^2)$ Gl. (552) für $n=4$ (durchgezogene Kurve) und für $n=5$ (gestrichelte Kurve)

Zur Berechnung der Übertragungsfunktion $H(p)$ aus der Funktion $B(-\omega^2)$ Gl. (552) gemäß Gl. (546) benötigt man die Nullstellen des Nennerpolynoms, d.h. die Lösungen der Gleichung

$$T_{2n}(\omega) = -\frac{1}{\varepsilon} \tag{553}$$

mit $1/\varepsilon > 1$. Alle Nullstellen dieser Gleichung sind komplex, da $T_{2n}(\omega) \geqq -1$ gilt. Unter Verwendung der Gln. (551a, b) und mit $\omega = p/\mathrm{j}$ läßt sich die Gl. (553) durch die Relationen

$$\mathrm{e}^{\mathrm{j}2n\eta} + \frac{1}{\mathrm{e}^{\mathrm{j}2n\eta}} + \frac{2}{\varepsilon} = 0 \tag{554a}$$

und

$$p = \frac{\mathrm{j}}{2}\left[\mathrm{e}^{\mathrm{j}\eta} + \frac{1}{\mathrm{e}^{\mathrm{j}\eta}}\right] \tag{554b}$$

ersetzen. Mit Hilfe der Gl. (554a) erhält man für die Größe $\mathrm{e}^{\mathrm{j}2n\eta} = \zeta$ zwei negativ reelle Werte ζ_1 und ζ_2 als Lösungen einer quadratischen Gleichung. Bildet man alle $2n$-ten Wurzeln von ζ_1 und ζ_2, so entstehen $4n$ Lösungen für $\mathrm{e}^{\mathrm{j}\eta}$. Diese Lösungen werden nacheinander in die Gl. (554b) eingesetzt. Auf diese Weise ergeben sich $4n$ Werte für p, von denen jeweils zwei zusammenfallen. Somit erhält man die Werte p_ν ($\nu = 1, 2, \ldots, 2n$), welche die Pole der Funktion $H(p)H(-p)$ liefern und, wie sich zeigt, auf einer Ellipse in der p-Ebene liegen. Die Werte p_ν ($\nu = 1, 2, \ldots, 2n$) seien so geordnet, daß $\operatorname{Re} p_\nu < 0$ für $\nu = 1, 2, \ldots, n$ und $\operatorname{Re} p_\nu > 0$ für $\nu = n+1, \ldots, 2n$ gilt. Wie aus den Gln. (550a, b) abgelesen werden kann, ist der Koeffizient von $T_{2n}(\omega)$ bei der höchsten ω-Potenz gleich 2^{2n-1}. Damit erhält man als Ergebnis die Übertragungsfunktion

$$H(p) = \frac{1}{\sqrt{\varepsilon}\, 2^{n-1/2} \prod_{\nu=1}^{n} (p - p_\nu)} \ .$$

Alle Übertragungsnullstellen der so erhaltenen Übertragungsfunktion liegen in $p = \infty$. Läßt man endliche Übertragungsnullstellen zu, so kann man diese in den Sperrbereich

$\omega > 1$ legen, und zwar derart, daß die Funktion $B(-\omega^2)$ nicht nur im Durchlaßbereich (Bild 200), sondern auch im Sperrbereich einen Toleranzschlauch gleichmäßig ausfüllt. Auch diese Approximation läßt sich unter Verwendung elliptischer Funktionen formelmäßig durchführen [6]. Hierauf wird hier nicht eingegangen. Man kann derartige Approximationen jedoch ebenso mit Hilfe des im Abschnitt 3.5 dargestellten numerischen Verfahrens erhalten.

Die aufgrund der vorausgegangenen Überlegungen gewonnenen Tiefpaß-Übertragungsfunktionen können mit Hilfe geeigneter Frequenztransformationen in *Hochpaß-* oder *Bandpaß-Übertragungsfunktionen* übergeführt werden. Hierauf soll im folgenden kurz eingegangen werden.

Es sei eine Tiefpaß-Übertragungsfunktion $H(\zeta)$ bestimmt worden. Die Frequenzvariable wird hier mit $\zeta = \xi + \mathrm{j}\,\eta$ bezeichnet. Sie sei so normiert, daß der Durchlaßbereich mit dem Intervall $0 \leqq \eta \leqq 1$ bzw. (da die Amplitudencharakteristik eine gerade Funktion ist) mit dem Intervall $-1 \leqq \eta \leqq 0$ übereinstimmt. Wendet man nun die Transformation

$$\zeta = \frac{\omega_1}{p} \tag{555}$$

an, so erhält man in der neuen Frequenzvariablen $p = \sigma + \mathrm{j}\omega$ eine Hochpaß-Übertragungsfunktion $H(\omega_1/p)$ mit dem Durchlaßbereich $\omega_1 \leqq \omega < \infty$ und $-\infty < \omega \leqq -\omega_1$. Man kann bei der Vorgabe von Amplitudenvorschriften für einen Hochpaß im Intervall $\omega_1 \leqq \omega < \infty$ (und im symmetrisch zum Nullpunkt gelegenen Intervall $-\infty < \omega \leqq -\omega_1$) diese aufgrund der Transformation Gl. (555) in das Intervall $0 \leqq \eta \leqq 1$ der ζ-Ebene transformieren und dann eine entsprechende Tiefpaß-Übertragungsfunktion $H(\zeta)$ bestimmen. Durch Anwendung der Transformation Gl. (555) auf $H(\zeta)$ erhält man schließlich die gewünschte Hochpaß-Übertragungsfunktion. Ist für die gewonnene Tiefpaß-Übertragungsfunktion $H(\zeta)$ eine Realisierung bekannt, so läßt sich hieraus direkt ein Netzwerk angeben, welches die Hochpaß-Übertragungsfunktion $H(\omega_1/p)$ verwirklicht. Gemäß Gl. (555) braucht man nur jede Induktivität L mit der Impedanz $L\zeta$ durch eine Kapazität $\overline{C} = 1/(L\omega_1)$ mit der Impedanz $1/(\overline{C}p) = L\omega_1/p$ und jede Kapazität C mit der Impedanz $1/(C\zeta)$ durch eine Induktivität $\overline{L} = 1/(C\omega_1)$ mit der Impedanz $\overline{L}p = p/(C\omega_1)$ zu ersetzen.

Wendet man statt der Transformation Gl. (555) die Abbildung

$$\zeta = \frac{\omega_1}{\Delta\omega}\left(\frac{p}{\omega_1} + \frac{\omega_1}{p}\right) \tag{556}$$

mit fest wählbaren Konstanten ω_1 und $\Delta\omega$ an, so wird die Tiefpaß-Übertragungsfunktion $H(\zeta)$ in eine Bandpaß-Übertragungsfunktion $\overline{H}(p)$ übergeführt. Der Durchlaßbereich ist durch das Intervall

$$\omega_{g1} \leqq \omega \leqq \omega_{g2}$$

(und durch das symmetrisch zum Nullpunkt gelegene Intervall $-\omega_{g2} \leqq \omega \leqq -\omega_{g1}$) gegeben, wobei

$$\omega_1^2 = \omega_{g1}\omega_{g2}$$

und

$$\Delta\omega = \omega_{g2} - \omega_{g1}$$

gilt. Die Größe $\Delta\omega$ bedeutet also die Breite des Durchlaßbereichs und ω_1 die Bandmittenfrequenz. Die Abbildung der reellen Frequenzachse der ζ-Ebene ($\zeta = \mathrm{j}\eta$) in die entsprechenden ω-Werte ist im Bild 201 dargestellt. Man beachte, daß die Gl. (556) die Abbildung der p-Ebene in eine zweiblättrige Riemannsche ζ-Fläche vermittelt. Man kann bei der Vorgabe einer Bandpaß-Amplitudenvorschrift im Intervall $\omega_{g1} \leqq \omega \leqq \omega_{g2}$ (und in $-\omega_{g2} \leqq \omega \leqq -\omega_{g1}$) diese aufgrund der Transformation Gl. (556) als Vorschrift für $H(\zeta)$ in das Intervall $0 \leqq \eta \leqq 1$ der ζ-Ebene transformieren und dann eine entsprechende Tiefpaß-Übertragungsfunktion $H(\zeta)$ bestimmen. Durch Anwendung der Transformation Gl. (556) erhält man schließlich die gewünschte Bandpaß-Übertragungsfunktion. Ist für die gewonnene Tiefpaß-Übertragungsfunktion $H(\zeta)$ eine Realisierung bekannt, so läßt sich hieraus direkt ein Netzwerk angeben, welches die Bandpaß-Übertragungsfunktion $\overline{H}(p)$ verwirklicht. Gemäß Gl. (556) braucht man nur jede Induktivität L mit der Impedanz $L\zeta$ durch die Reihenanordnung einer Induktivität $\overline{L} = L/\Delta\omega$ und einer Kapazität $\overline{C} = \Delta\omega/(L\omega_1^2)$ zu ersetzen. Weiterhin muß jede Kapazität C mit der Admittanz $C\zeta$ durch die Parallelanordnung einer Kapazität $\overline{C} = C/\Delta\omega$ und einer Induktivität $\overline{L} = \Delta\omega/(C\omega_1^2)$ ersetzt werden. Wie man sieht, wird durch den Übergang zum Bandpaß der Aufwand an Netzwerkelementen verdoppelt. — Die behandelten Transformationen lassen sich auch bei anderen Approximationsproblemen anwenden.

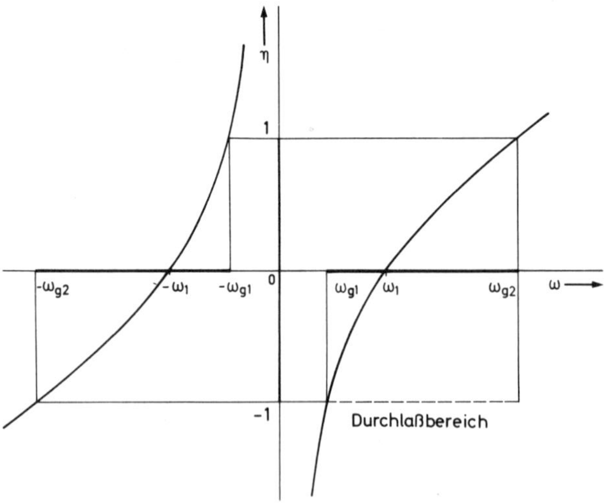

Bild 201: Abbildung der reellen Frequenzachse der ζ-Ebene in die reelle Frequenzachse der p-Ebene gemäß Gl. (556) (Tiefpaß-Bandpaß-Transformation)

3.2. FORMELMÄSSIGE APPROXIMATION VON PHASENVORSCHRIFTEN

Zur Festlegung der Koeffizienten einer Übertragungsfunktion $H(p)$ Gl. (545) aufgrund einer Vorschrift für die Phase

$$\arg H(\mathrm{j}\omega) = \Phi(\omega)$$

empfiehlt es sich, neben $H(p)$ die rationale Funktion

$$C(p^2) = \frac{H(p) - H(-p)}{p[H(p) + H(-p)]} \tag{557}$$

zu betrachten. Wie man sieht, kürzt sich bei der Bildung von $C(p^2)$ jeder gerade und ungerade Polynomfaktor des Zählers von $H(p)$. Derartige Faktoren werden daher in $H(p)$ ausgeschlossen; sie liefern offensichtlich nur (stückweise) konstante Phasenbeiträge. Falls erforderlich, lassen sich solche Polynomfaktoren nachträglich (etwa zur Amplituden-Korrektur) einführen. Aus Gl. (557) folgt für $p = \mathrm{j}\omega$

$$C(-\omega^2) = \frac{\tan\Phi(\omega)}{\omega} \quad . \tag{558}$$

Hieraus ist zu erkennen, wie aus einer Forderung für $\Phi(\omega)$ eine Approximationsvorschrift für die gerade rationale Funktion $C(-\omega^2)$ entsteht. Nach Bestimmung von $C(-\omega^2)$ aufgrund einer solchen Vorschrift erhält man die Funktion $C(p^2)$ und hieraus schließlich, wie die Gl. (557) zeigt, den Quotienten

$$\frac{H(p)}{H(-p)} = \frac{1 + pC(p^2)}{1 - pC(p^2)} \quad . \tag{559}$$

Wie man dieser Gleichung entnimmt, sind die Nullstellen von $1 + pC(p^2)$ mit den Nullstellen bzw. den mit (-1) multiplizierten Polstellen von $H(p)$ identisch. Diese Tatsache erlaubt die direkte Konstruktion einer Übertragungsfunktion $H(p)$ mit der gewünschten Phaseneigenschaft aus der Funktion $C(p^2)$. Man beachte, daß der Zählerausdruck $1 + pC(p^2)$ in Gl. (559) für $p = \mathrm{j}\omega$ nicht verschwinden kann, da $\mathrm{j}\omega C(-\omega^2)$ beständig imaginär ist.

Es soll nun eine Übertragungsfunktion $H(p)$ betrachtet werden, deren Nullstellen durchweg in $p = \infty$ liegen. Das Zählerpolynom $P_1(p)$ von $H(p)$ ist also eine Konstante; es darf $P_1(p) = 1$ gesetzt werden. Da nur die Phase von $H(p)$ interessiert, kann weiterhin der Wert des Nennerpolynoms $P_2(p)$ für $p = 0$ zu Eins normiert werden. Dabei wird davon ausgegangen, daß die Phase für $p = 0$ verschwindet. Damit gilt

$$H(p) = \frac{1}{P_2(p)} \quad \text{mit} \quad P_2(p) = 1 + b_1 p + b_2 p^2 + \ldots + b_n p^n. \tag{560a, b}$$

Bezeichnet man den geraden Teil des Polynoms $P_2(p)$ mit $P_{2g}(p)$ und den ungeraden Teil mit $P_{2u}(p)$, so erhält man im vorliegenden Fall

$$-\mathrm{j}\tan\Phi(\omega) = \frac{P_{2u}(\mathrm{j}\omega)}{P_{2g}(\mathrm{j}\omega)} \quad . \tag{561}$$

Ein für bestimmte Problemstellungen idealer Phasenverlauf ist $\Phi_0(\omega) = -\omega/\omega_0$ [28]. Sorgt man durch Normierung dafür, daß $\omega_0 = 1$ wird, so erhält man damit für die rechte Seite der Gl. (561) die Approximationsvorschrift

$$\mathrm{j}\tan\omega = \tanh(\mathrm{j}\omega).$$

Ersetzt man die Variable $j\omega$ durch p, so besteht die Approximationsaufgabe darin, die transzendente Funktion $\tanh p$ durch eine rationale Funktion $P_{2u}(p)/P_{2g}(p)$ zu approximieren, d.h. durch eine Reaktanzzweipolfunktion. Nach Teil I, Abschnitt 3.1.4 ist nämlich der Quotient aus dem geraden und ungeraden Teil eines Hurwitz-Polynoms eine Reaktanzzweipolfunktion. Man kann die gestellte Aufgabe dadurch lösen, daß man die Funktion $\tanh p$ durch wiederholten vollständigen Polabbau in $p = 0$ gemäß Teil I, Abschnitt 3.1.2 in einen Kettenbruch entwickelt. Auf diese Weise erhält man die Darstellung

$$\tanh p = \cfrac{1}{\cfrac{1}{p} + \cfrac{1}{\cfrac{3}{p} + \cfrac{1}{\cfrac{5}{p} + \cfrac{1}{\cfrac{7}{p} + \cdots}}}} \tag{562}$$

Bricht man den Kettenbruch Gl. (562) nach dem Term $(2n - 1)/p$ ab, so entsteht eine Reaktanzzweipolfunktion mit einer Nullstelle in $p = 0$. Dieser endliche Kettenbruch wird gleich dem gesuchten Quotienten $P_{2u}(p)/P_{2g}(p)$ gesetzt. Er approximiert die Funktion $\tanh p$, insbesondere für $p = j\omega$. Da die Kettenbruchdarstellung Gl. (562) durch Entwicklung der Funktion $\tanh p$ im Punkt $p = 0$ entsteht, approximiert die gewonnene Funktion $P_{2u}(j\omega)/P_{2g}(j\omega)$ die Funktion $\tanh (j\omega) = j \tan \omega$ besonders gut in der Umgebung des Nullpunkts. Man kann nun zeigen, daß der Differentialquotient der negativen Phase $-\Phi(\omega)$, d.h. die Gruppenlaufzeit $-d\Phi(\omega)/d\omega = d[\arg \{P_{2g}(j\omega) + P_{2u}(j\omega)\}]/d\omega$ den Wert Eins nach dem Kriterium der maximalen Ebnung bezüglich $\omega = 0$ approximiert [98]. Die Summe der ermittelten Polynome $P_{2g}(p)$ und $P_{2u}(p)$ liefert das Nennerpolynom $P_2(p)$ Gl. (560b), das notwendigerweise ein Hurwitz-Polynom sein muß, da es als Summe von Zähler und Nenner einer Reaktanzzweipolfunktion entsteht. Bei der Berechnung des Polynoms $P_2(p)$ aus der Kettenbruch-Darstellung von $P_{2u}(p)/P_{2g}(p)$ gemäß Gl. (562) erhält man die Koeffizienten in der allgemeinen Form

$$b_\mu = \frac{\binom{n}{\mu}}{\binom{2n}{\mu}} \cdot \frac{2^\mu}{\mu!} \; (\mu = 0, 1, \ldots, n).$$

Einen konstanten Wert als Vorschrift für die Gruppenlaufzeit kann man statt nach dem Kriterium der maximalen Ebnung auch nach dem Tschebyscheffschen Kriterium approximieren [103].

Soll eine Übertragungsfunktion $H(p)$ bestimmt werden, deren Phase $\Phi(\omega)$ im normierten Intervall $0 \leqq \omega \leqq 1$ zwischen $\pm \delta$ (δ ist eine positive Konstante mit $\delta \ll 1$) gleichmäßig schwankt und für $\omega > 1$ möglichst schnell monoton gegen $\pi/2$ strebt, dann kann man mit $\tan \delta = \varepsilon$ gemäß Gl. (558)

$$\tan \Phi(\omega) \equiv \omega C(-\omega^2) = \varepsilon T_{2m+1}(\omega) \tag{563}$$

wählen. Dabei bedeutet $T_{2m+1}(\omega)$ ein Tschebyscheff-Polynom ungeraden Grades. Die folgende Polynomgleichung in der Variablen p entsteht dadurch, daß man den Zähler der

Gl. (559) gleich Null setzt, in diese Beziehung die Gl. (563) einsetzt und das auftretende Tschebyscheff-Polynom gemäß den Gln. (551a, b) darstellt:

$$1 + \mathrm{j}\varepsilon \cos(2m+1)\eta = 0$$

mit

$$p = \mathrm{j} \cos \eta .$$

Die Lösungen dieser Polynomgleichung liefern gemäß Gl. (559) die Nullstellen und Pole von $H(p)$ und somit die Übertragungsfunktion selbst[13]). Die Auflösung der Polynomgleichung läßt sich nach dem Vorbild von Abschnitt 3.1 durchführen. Da der Betrag der Phase von $H(\mathrm{j}\omega)$ den Wert $\pi/2$ nicht übersteigt, besitzt $H(p)$ die Eigenschaften einer Zweipolfunktion.

Unter Verwendung elliptischer Funktionen kann man eine Zweipolfunktion $Z(p)$ angeben [40], welche die folgenden Eigenschaften besitzt: Der Tangens des Phasenwinkels von $Z(\mathrm{j}\omega)$ steigt in einem Frequenzintervall $0 < \omega < \omega_1$ von Null monoton auf den Wert $\tan \Phi_1$, im Intervall $\omega_1 < \omega < \omega_2$ schwankt er zwischen den Werten $\tan \Phi_1$ und $\tan \Phi_2 > \tan \Phi_1$ gleichmäßig und im Intervall $\omega_2 < \omega < \infty$ wächst er monoton gegen Unendlich. Die resultierenden Zweipolfunktionen lassen sich durch *RC*- oder *RL*-Zweipole verwirklichen.

3.3. TIEFPASSÜBERTRAGUNGSFUNKTIONEN MIT VORGESCHRIEBENEM PHASENVERHALTEN

Im letzten Abschnitt wurden Übertragungsfunktionen der Form $H(p) = 1/P_2(p)$ mit

$$P_2(p) = 1 + b_1 p + \ldots + b_n p^n$$

ermittelt, deren Phase $\arg H(\mathrm{j}\omega) = \Phi(\omega)$ einen näherungsweise linearen Verlauf aufweist. Alle Nullstellen dieser Übertragungsfunktionen befinden sich im Unendlichen. Die Amplitudenfunktionen weisen Tiefpaßeigenschaften auf, da $|H(\mathrm{j}\omega)|$ für niedere Frequenzen ungefähr gleich Eins ist und für hohe Frequenzen gegen Null strebt. Allerdings sind Durchlaß- und Sperrverhalten nicht besonders ausgeprägt. Man kann nun versuchen, die Sperreigenschaften der Übertragungsfunktionen dadurch zu verbessern, daß man wenigstens einen Teil der im Unendlichen liegenden Übertragungsnullstellen in endliche Punkte der imaginären Achse verschiebt. Die Wahl derartiger Übertragungsnullstellen beeinflußt den ursprünglichen Phasengang $\Phi(\omega)$ im Durchlaßbereich nicht. Dabei ist es unwesentlich, aufgrund welcher Approximationsvorschrift für $\Phi(\omega)$ das Polynom $P_2(p)$ bestimmt wurde. Das Polynom $P_2(p)$ muß jedoch ein Hurwitz-Polynom sein und soll stets so normiert sein, daß $P_2(0) = 1$ gilt. Damit gelangt man zu Übertragungsfunktionen der Form

---

[13]) Die in der linken p-Halbebene liegenden Lösungen der Polynomgleichung ergeben die Nullstellen von $H(p)$, die in der rechten p-Halbebene liegenden Lösungen müssen jeweils mit (-1) multipliziert werden und ergeben dann die Pole von $H(p)$. Die Funktion $H(p)$ kann mit einem beliebigen positiven Faktor multipliziert werden.

$$H(p)=\frac{\prod_{\mu=1}^{m}(1+p^2/\omega_\mu^2)}{P_2(p)} \tag{564}$$

mit reellen Werten ω_μ ($\mu=1, 2,\ldots, m$). Wie man sieht, unterscheidet sich die Phase der Übertragungsfunktion Gl. (564) für $p=\mathrm{j}\omega$ von jener der ursprünglichen Übertragungsfunktion nicht, abgesehen von den Sprüngen in den Übertragungsnullstellen $p=\mathrm{j}\omega_\mu$. Aus Stabilitätsgründen darf der Grad $2m$ des Zählerpolynoms den Grad n des Nennerpolynoms nicht übersteigen. Damit läßt sich $H(p)$ Gl. (564) durch ein zwischen Ohmwiderständen eingebettetes Reaktanzzweitor realisieren.[14]) Soll dieses Reaktanzzweitor kopplungsfrei ausgeführt werden, so muß man, wie den Ausführungen von Teil I, Abschnitt 5.6 zu entnehmen ist, dafür sorgen, daß $H(p)$ eine Übertragungsnullstelle in $p=\infty$ besitzt. Auf der anderen Seite braucht man jedoch zur optimalen Gestaltung des Sperrverhaltens möglichst viele endliche Übertragungsnullstellen. Damit ergibt sich zwangsläufig die Vorschrift

$$m=\begin{cases}\dfrac{n-2}{2} & \text{für gerades } n\\[2ex] \dfrac{n-1}{2} & \text{für ungerades } n.\end{cases} \tag{565}$$

Im folgenden soll gezeigt werden, wie die Freiheit in der Wahl der Parameter ω_μ ($\mu=1, 2,\ldots, m$) ausgenützt werden kann, um im Sperrbereich eine gleichmäßige Abweichung der Betragsfunktion $|H(\mathrm{j}\omega)|$ von Null zu erzielen. Dabei genügt es, die Funktion

$$B(p^2)\equiv H(p)H(-p)=\frac{\prod_{\mu=1}^{m}(1+p^2/\omega_\mu^2)^2}{P_2(p)P_2(-p)} \tag{566a}$$

mit dem unbekannten Zählerpolynom $S_1^2(p^2)$ und dem bekannten Nennerpolynom $S_2(p^2)$ zu bestimmen, da die Übertragungsfunktion $H(p)$ Gl. (564) eindeutig durch $B(p^2)$ Gl. (566a) gegeben ist. Für $p=\mathrm{j}\omega$ gilt

$$B(-\omega^2)\equiv|H(\mathrm{j}\omega)|^2. \tag{566b}$$

Damit darf das Problem als gelöst betrachtet werden, sobald die Funktion $B(p^2)$ Gl. (566a) für $p=\mathrm{j}\omega$ die dem gewünschten Betragsverhalten $|H(\mathrm{j}\omega)|$ entsprechenden Eigenschaften besitzt. — Falls die zu bestimmende Übertragungsfunktion nicht durch ein (kopplungsfreies) Reaktanzzweitor, sondern etwa durch ein aktives *RC*-Zweitor realisiert werden soll, kann man bei geradem n statt Gl. (565) auch $n=2m$ wählen. Betrachtet man die gesuchte Funktion

---

[14]) Soll die Realisierung gemäß Satz 19 (Teil I, Abschnitt 5.2) erfolgen, so muß die Übertragungsfunktion noch mit einem geeigneten konstanten Faktor multipliziert werden. Nach Durchführung der Realisierung kann der konstante Faktor durch Einführung eines idealen Übertragers berücksichtigt werden (vgl. Teil I, Abschnitt 7.1).

$$B(p^2) = \frac{S_1^2(p^2)}{S_2(p^2)}$$

in einer komplexen p^2-Ebene, dann lassen sich die Eigenschaften dieser Funktion folgendermaßen kennzeichnen: Die Polynome $S_1(p^2)$ und $S_2(p^2)$ sind reell; alle Nullstellen des unbekannten Polynoms $S_1(p^2)$ liegen auf der negativ reellen Achse der p^2-Ebene, und $S_2(p^2)$ muß in allen Punkten dieser Achse einschließlich $p^2 = 0$ positiv sein. Weiterhin gilt $B(0) = 1$, und $B(p^2)$ hat gemäß Gl. (565) im Unendlichen eine einfache oder doppelte Nullstelle, je nachdem ob n ungerade oder gerade ist.

3.3.1. Transformation der gesuchten Funktion

Es wird nun die p^2-Ebene in eine ζ^2-Ebene aufgrund der Transformation

$$p^2 = \sigma_0^2 \frac{\zeta^2 - \omega_0^2}{\zeta^2 + \sigma_0^2} \tag{567}$$

abgebildet. Die Größen σ_0 und ω_0 bedeuten positive Konstanten, deren Werte noch festgelegt werden. Durch die Gl. (567) wird die negativ reelle Achse der p^2-Ebene in das reelle Intervall $-\sigma_0^2 \leqq \zeta^2 < \omega_0^2$ transformiert. Weiterhin gehen die reellen Intervalle $0 \leqq p^2 \leqq \sigma_0^2$ und $\sigma_0^2 \leqq p^2 \leqq \infty$ in die Intervalle $\omega_0^2 \leqq \zeta^2 \leqq \infty$ bzw. $-\infty \leqq \zeta^2 \leqq -\sigma_0^2$ über (Bild 202).

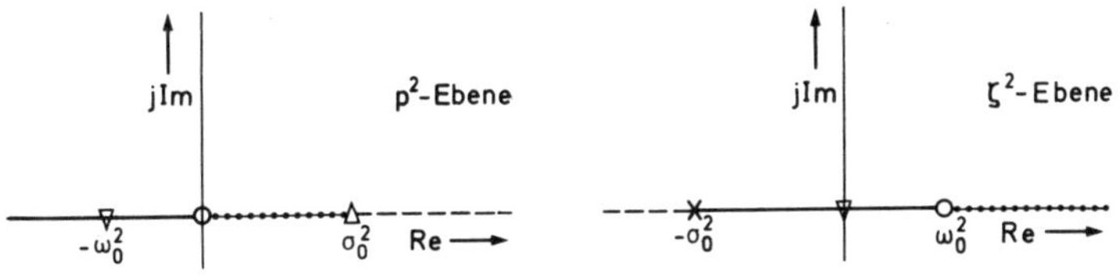

Bild 202: Abbildung der p^2-Ebene in die ζ^2-Ebene

Durch die Abbildung in die ζ^2-Ebene erhält man nun aus $B(p^2)$ eine transformierte Funktion

$$C(\zeta^2) = \frac{T_1^2(\zeta^2)}{T_2(\zeta^2)} \quad , \tag{568}$$

sofern man bei ungeradem n in Gl. (567) den Grenzübergang $\sigma_0^2 \to \infty$ durchführt. Bei geradem n besitzt $C(\zeta^2)$ angesichts der genannten Eigenschaften von $B(p^2)$ die folgenden Eigenschaften: Es ist $C(\zeta^2)$ Gl. (568) eine rationale reelle Funktion, wobei alle Nullstellen des Polynoms $T_1(\zeta^2)$ im reellen Intervall $-\sigma_0^2 \leqq \zeta^2 < \omega_0^2$ liegen und das Nennerpolynom $T_2(\zeta^2)$ in jedem Punkt dieses Intervalls positiv ist. Einer Nullstelle von $B(p^2)$ im Unendlichen entspricht eine Nullstelle von $T_1(\zeta^2)$ in $\zeta^2 = -\sigma_0^2$ der halben Vielfachheit. Deshalb besitzt $C(\zeta^2)$ in $\zeta^2 = -\sigma_0^2$ eine doppelte Nullstelle, wobei man zu beachten hat, daß n gerade ist; weiterhin gilt $C(\omega_0^2) = 1$. Wählt man σ_0 so groß, daß das bekannte Polynom $S_2(p^2)$ für reelle Werte $p^2 > \sigma_0^2$ nicht Null wird, dann hat das Polynom $T_2(\zeta^2)$ im gesamten reellen Intervall $-\infty \leqq \zeta^2 \leqq \omega_0^2$, insbesondere für $\zeta^2 \leqq 0$ keine Nullstellen. Bei ungeradem n wird wegen des Grenzübergangs $\sigma_0^2 \to \infty$ die negativ reelle Achse der p^2-Ebene in das reelle Intervall $-\infty \leqq \zeta^2 < \omega_0^2$ abgebildet. Deshalb hat das Polynom $T_2(\zeta^2)$ auch bei ungeradem n für reelle Werte $\zeta^2 \leqq 0$ keine Nullstellen. Damit ist für beliebige n die Darstellung

$$T_2(\zeta^2) = h(\zeta)h(-\zeta)$$

möglich, wobei $h(\zeta)$ ein Hurwitz-Polynom bedeutet, dessen gerader Teil mit $h_g(\zeta)$ und dessen ungerader Teil mit $h_u(\zeta)$ bezeichnet wird.

Die nunmehr bekannten Eigenschaften der gesuchten Funktion $C(\zeta^2)$ führen zu dem Ansatz

$$\overline{C}(\zeta^2) = \frac{\varepsilon^2 h_g^2(\zeta)}{h(\zeta)h(-\zeta)} \equiv \frac{\overline{T}_1^2(\zeta^2)}{T_2(\zeta^2)}\ , \tag{569}$$

wobei $h(\zeta)h(-\zeta)$ das aus der bekannten Funktion $S_2(p^2)$ durch die Transformation (567) entstandene Polynom sein soll und ε eine zunächst frei wählbare positive Konstante

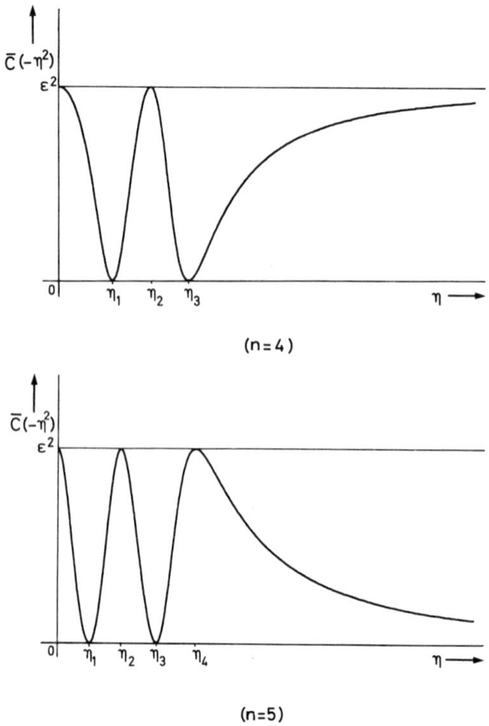

Bild 203: Darstellung der Funktion $\overline{C}(-\eta^2)$ für gerades und ungerades n

bedeutet. Durch geeignete Wahl der Parameter ω_0 und σ_0 soll aus $\overline{C}(\zeta^2)$ die gesuchte Funktion $C(\zeta^2)$ gewonnen werden. Mit

$$h(\zeta) = h_g(\zeta) + h_u(\zeta)$$

erhält man die Darstellung

$$\overline{C}(\zeta^2) = \frac{\varepsilon^2 h_g^2(\zeta)}{h_g^2(\zeta) - h_u^2(\zeta)} \quad .$$

Hieraus ist zu erkennen, daß $\overline{C}(\zeta^2)$ auf der nicht-positiv reellen Achse der ζ^2-Ebene zwischen Null und ε^2 schwankt:

$$0 \leqq \overline{C}(\zeta^2) \leqq \varepsilon^2 \quad (-\infty \leqq \zeta^2 \leqq 0). \tag{570}$$

Dies liegt daran, daß die negativ reelle ζ^2-Achse imaginären Werten $\zeta = \mathrm{j}\,\eta$ entspricht und $h_g(\mathrm{j}\,\eta)$ reell und $h_u(\mathrm{j}\,\eta)$ imaginär ist. Da $h_g(\zeta)$ der gerade Teil und $h_u(\zeta)$ der ungerade Teil eines Hurwitz-Polynoms ist, treten alle Nullstellen von $h_g(\zeta)$ und $h_u(\zeta)$ auf der Achse $\zeta = \mathrm{j}\,\eta$ auf. In jeder Nullstelle von $h_g(\zeta)$ verschwindet $\overline{C}(\zeta^2)$, und in jeder Nullstelle von $h_u(\zeta)$ erreicht $\overline{C}(\zeta^2)$ den Wert ε^2, d.h. gemäß Ungleichung (570) das Maximum im reellen Intervall $-\infty \leqq \zeta^2 \leqq 0$. Je nachdem, ob n gerade oder ungerade ist, strebt $\overline{C}(\zeta^2)$ für $\zeta^2 \to -\infty$ nach ε^2 oder nach Null. Der wesentliche Verlauf von $\overline{C}(-\eta^2)$ ist im Bild 203 dargestellt.

Damit die Funktion $\overline{C}(\zeta^2)$ die oben genannten kennzeichnenden Eigenschaften von $C(\zeta^2)$ erhält, muß erreicht werden, daß $\overline{C}(\omega_0^2) = 1$ gilt. Darüber hinaus muß bei geradem n noch sichergestellt werden, daß $\overline{C}(\zeta^2)$ in $\zeta^2 = -\sigma_0^2$ verschwindet und für reelle Werte $\zeta^2 < -\sigma_0^2$ von Null verschieden ist. Zur Erzielung dieser Forderungen werden jetzt die Parameter ω_0 und σ_0 festgelegt. Dabei wird zwischen geradem n und ungeradem n unterschieden.

3.3.2. Auswertung bei geradem Grad n

Bei geradem n verschwindet die Funktion $\overline{C}(\zeta^2)$ für $\zeta^2 = \infty$ nicht. Aufgrund der Überlegungen des letzten Abschnitts ist σ_0^2 damit endlich, und es muß jetzt diese Größe so festgelegt werden, daß der Punkt $\zeta^2 = -\sigma_0^2$ mit der vom Nullpunkt am weitesten entfernten Nullstelle der Funktion $\overline{C}(\zeta^2)$ zusammenfällt. Damit erhält man die Forderung

$$\overline{C}(-\sigma_0^2) = 0 \tag{571a}$$

unter der Nebenbedingung

$$\overline{C}(\zeta^2) \neq 0 \text{ für reelle } \zeta^2 < -\sigma_0^2 \quad . \tag{571b}$$

Außerdem muß, wie bereits im Abschnitt 3.3.1 ausgeführt wurde, die Forderung

$$\overline{C}(\omega_0^2) = 1 \tag{572}$$

gestellt werden. Aufgrund der Gln. (571a, b) und (572) sind nun die Parameterwerte σ_0^2 und ω_0^2 zu bestimmen. Hierauf soll im folgenden näher eingegangen werden.

Als Folge der Abbildung gemäß Gl. (567) müssen die Nullstellen p_ν ($\nu = 1, 2, \ldots, n$) des gegebenen Hurwitz-Polynoms $P_2(p)$ den Nullstellen

$$\zeta_\nu = \sigma_0 \sqrt{\frac{\omega_0^2 + p_\nu^2}{\sigma_0^2 - p_\nu^2}} \quad (\mathrm{Re}\, \zeta_\nu < 0) \tag{573}$$

des Hurwitz-Polynoms $h(\zeta)$ entsprechen. Damit ergeben sich die Darstellungen

$$h(\zeta) = \prod_{\nu=1}^{n} \left(\zeta - \sigma_0 \sqrt{\frac{\omega_0^2 + p_\nu^2}{\sigma_0^2 - p_\nu^2}} \right) \tag{574}$$

und

$$h_g(\zeta) = \frac{1}{2} \left[\prod_{\nu=1}^{n} \left(\zeta - \sigma_0 \sqrt{\frac{\omega_0^2 + p_\nu^2}{\sigma_0^2 - p_\nu^2}} \right) + \prod_{\nu=1}^{n} \left(\zeta + \sigma_0 \sqrt{\frac{\omega_0^2 + p_\nu^2}{\sigma_0^2 - p_\nu^2}} \right) \right] . \tag{575}$$

Unter Verwendung der Gln. (569) und (575) läßt sich die Gl. (571a) ausdrücken in der Form

$$\prod_{\nu=1}^{n} \left(\mathrm{j} - \sqrt{\frac{\omega_0^2 + p_\nu^2}{\sigma_0^2 - p_\nu^2}} \right) + \prod_{\nu=1}^{n} \left(\mathrm{j} + \sqrt{\frac{\omega_0^2 + p_\nu^2}{\sigma_0^2 - p_\nu^2}} \right) = 0. \tag{576}$$

Entsprechend der Bedingung Gl. (571b) ergibt sich unter Verwendung der Hilfsvariablen y

$$\prod_{\nu=1}^{n} \left(\mathrm{j}y - \sqrt{\frac{\omega_0^2 + p_\nu^2}{\sigma_0^2 - p_\nu^2}} \right) + \prod_{\nu=1}^{n} \left(\mathrm{j}y + \sqrt{\frac{\omega_0^2 + p_\nu^2}{\sigma_0^2 - p_\nu^2}} \right) \neq 0 \; (y > 1). \tag{577}$$

Aus der Gl. (572) erhält man zunächst mit Gl. (569)

$$4 h_g^2(\omega_0) = \frac{4}{\varepsilon^2} h(\omega_0) h(-\omega_0).$$

Führt man in diese Beziehung die Darstellung

$$h(\omega_0) h(-\omega_0) = \prod_{\nu=1}^{n} \left(\omega_0 - \sigma_0 \sqrt{\frac{\omega_0^2 + p_\nu^2}{\sigma_0^2 - p_\nu^2}} \right) \left(\omega_0 + \sigma_0 \sqrt{\frac{\omega_0^2 + p_\nu^2}{\sigma_0^2 - p_\nu^2}} \right)$$
$$= \frac{(\omega_0^2 + \sigma_0^2)^n}{\prod_{\nu=1}^{n} \left(\frac{\sigma_0}{p_\nu} - 1 \right) \left(\frac{\sigma_0}{p_\nu} + 1 \right)} = \frac{(\omega_0^2 + \sigma_0^2)^n}{P_2(\sigma_0) P_2(-\sigma_0)}$$

ein und beachtet man die Gl. (575), so erhält man die Relation

$$\left[\prod_{\nu=1}^{n} \left(\omega_0 - \sigma_0 \sqrt{\frac{\omega_0^2 + p_\nu^2}{\sigma_0^2 - p_\nu^2}} \right) + \prod_{\nu=1}^{n} \left(\omega_0 + \sigma_0 \sqrt{\frac{\omega_0^2 + p_\nu^2}{\sigma_0^2 - p_\nu^2}} \right) \right]^2 = \frac{4 (\omega_0^2 + \sigma_0^2)^n}{\varepsilon^2 P_2(\sigma_0) P_2(-\sigma_0)} . \tag{578}$$

Die Gln. (576) und (578) bilden zusammen mit der Bedingung (577) ein gekoppeltes System von Bestimmungsgleichungen für die Größen ω_0 und σ_0. Dabei sind die Werte p_ν als Nullstellen des Polynoms $P_2(p)$ gegeben. Die Größe $\varepsilon > 0$ bedeutet aufgrund von Gl. (569) und der Eigenschaften der Abbildung der ζ^2- in die p^2-Ebene die maximale Abweichung von $|H(\mathrm{j}\omega)|$ vom Wert Null im Sperrbereich und wird daher sinnvollerweise kleiner als Eins gewählt. Dementsprechend ist die minimale Dämpfung im Sperrbereich $a_{\min} = -\ln \varepsilon$, wobei hier für die Dämpfung $a(\omega) = -\ln|H(\mathrm{j}\omega)|$ gilt.

Man kann nun aus Gl. (576) unter der Berücksichtigung der Bedingung (577) die Funktion

$$\sigma_0 = f(\omega_0) \tag{579}$$

in Tabellenform berechnen, etwa mit Hilfe eines numerischen Einschließungsverfahrens. Aufgrund weitergehender Überlegungen läßt sich zeigen, daß es stets Wertepaare (ω_0, σ_0) gibt, welche die Gl. (576) unter der Bedingung (577) erfüllen. Damit existiert stets eine Funktion gemäß Gl. (579). Die Abhängigkeit zwischen den Größen σ_0 und ω_0 gemäß Gl. (576) läßt sich auf jede gewünschte Genauigkeit angeben. Führt man die Gl. (579) in die Gl. (578) ein, so kann man die Mindestsperrdämpfung $a_{\min} = -\ln \varepsilon$ als Funktion

$$a_{\min} = g(\omega_0) \tag{580}$$

in Tabellenform gewinnen. Dabei gibt es stets, wie man sich überlegen kann, positive Werte $a_{\min}$. Es empfiehlt sich, für ein bestimmtes Polynom $P_2(p)$ (mit geradem n) die Funktionen $f(\omega_0)$ Gl. (579) und $g(\omega_0)$ Gl. (580) als Kurven in einem rechtwinkligen Koordinatensystem aufzufassen.

Schreibt man nun eine Mindestsperrdämpfung $a_{\min}$ vor, so läßt sich zunächst der Kurve $g(\omega_0)$ Gl. (580) der zugehörige Wert ω_0 und dann der Kurve $f(\omega_0)$ Gl. (579) der zugehörige Wert σ_0 entnehmen. Die Genauigkeit des Wertepaares (ω_0, σ_0) kann durch Anwendung des Newtonschen Iterationsverfahrens auf das System nichtlinearer Gleichungen (576) und (578) erhöht werden. In diesem Fall dienen die graphisch bestimmten Werte als Anfangswerte für den Iterationsprozeß.

Nach der Bestimmung der Parameterwerte ω_0 und σ_0 erhält man gemäß Gl. (574) das Hurwitz-Polynom $h(\zeta)$. Damit ergibt sich sofort auch der gerade Teil $h_g(\zeta)$, dessen Nullstellen notwendigerweise rein imaginär und einfach sein müssen. Sie seien mit $\pm \mathrm{j}\,\eta_{2\nu-1}$ $(\eta_{2\nu-1} > 0)$ für $\nu = 1, 2, \ldots, n/2$ bezeichnet und so geordnet, daß

$$0 < \eta_1 < \eta_3 < \ldots < \eta_{n-1} = \sigma_0$$

gilt.

Bei der Abbildung gemäß Gl. (567), durch welche die Funktion $\overline{C}(\zeta^2)$ in die Funktion $B(p^2)$ übergeführt wird, werden die Punkte $\pm \mathrm{j}\,\eta_{2\nu-1}$ $(\nu = 1, 2, \ldots, n/2-1)$ in die Nullstellen $\pm \mathrm{j}\omega_\nu$ von $B(p^2)$ und damit in die Übertragungsnullstellen transformiert. Es gilt

$$\omega_\nu = \sigma_0 \sqrt{\frac{\omega_0^2 + \eta_{2\nu-1}^2}{\sigma_0^2 - \eta_{2\nu-1}^2}} \quad (\nu = 1, 2, \ldots, n/2-1).$$

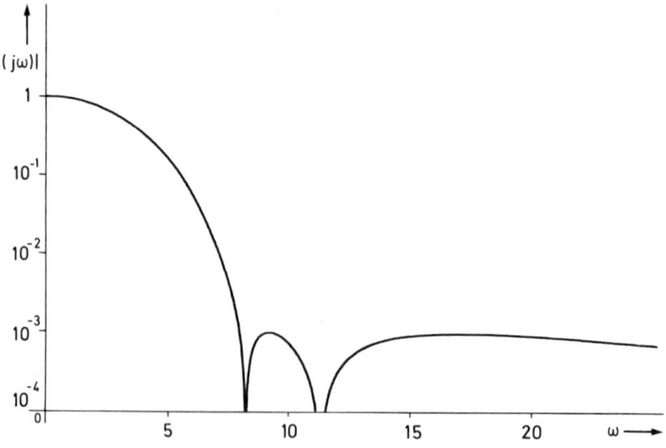

Bild 204: Darstellung der Funktion $|H(j\omega)|$ für ein Beispiel

Die Nullstelle $\zeta = j\eta_{n-1} = j\sigma_0$ von $h_g(\zeta)$ wird nach $p = \infty$ abgebildet. Dadurch erhält man die gewünschte Übertragungsnullstelle im Unendlichen. Auf diese Weise entsteht die gesuchte Übertragungsfunktion $H(p)$ Gl. (564). Im Bild 204 ist der Verlauf von $|H(j\omega)|$ für ein Beispiel dargestellt. Man beachte, daß für die Dämpfung stets

$$a(\omega) \geqq a_{\min} \text{ für } \omega \geqq \omega_0$$

gilt.

3.3.3. Auswertung bei ungeradem Grad n

Da bei ungeradem Grad n des Polynoms $h(\zeta)$ nach Abschnitt 3.3.1 der Grenzübergang $\sigma_0^2 \to \infty$ durchgeführt wird, reduziert sich die durch Gl. (567) gegebene Abbildung zu

$$\zeta^2 = \omega_0^2 + p^2 \text{ oder } p^2 = \zeta^2 - \omega_0^2. \tag{581}$$

In der graphischen Veranschaulichung nach Bild 202 ist ebenfalls der Grenzübergang $\sigma_0^2 \to \infty$ durchzuführen. Zur Bestimmung der Größe ω_0 erhält man aus Gl. (578) für $\sigma_0 \to \infty$ die Beziehung

$$\left[\prod_{\nu=1}^{n}\left(\omega_0 - \sqrt{\omega_0^2 + p_\nu^2}\right) - \prod_{\nu=1}^{n}\left(\omega_0 + \sqrt{\omega_0^2 + p_\nu^2}\right)\right]^2 = \frac{4}{\varepsilon^2 b_n^2} \quad . \tag{582}$$

In dieser Gleichung sind die p_ν ($\nu = 1, 2, \ldots, n$) als Nullstellen des Polynoms $P_2(p)$ gegeben. Die Größe $\varepsilon > 0$ darf beliebig vorgeschrieben werden. In der Regel wird $\varepsilon < 1$ gewählt. Unter dieser Annahme hat die Gl. (582) mindestens eine Lösung für ω_0, da die linke Seite dieser Gleichung für $\omega_0 = 0$ gleich $4/b_n^2$, d.h. kleiner als die rechte Seite ist, während für $\omega_0 \to \infty$ die linke Seite von Gl. (582) gegen Unendlich strebt.

Zur Lösung von Gl. (582) empfiehlt es sich, ε oder die Mindestsperrdämpfung $a_{\min} = -\ln \varepsilon$ als Funktion von ω_0 (mit Hilfe dieser Gleichung) zu tabellieren. Anhand dieser Tabelle kann dann bei Vorgabe eines Wertes $a_{\min}$ bzw. ε ein entsprechender Wert ω_0 angegeben werden, dessen Genauigkeit mit Hilfe eines Einschließungsverfahrens oder mit Hilfe des Newtonschen Iterationsverfahrens beliebig gesteigert werden kann.

Für die Abhängigkeit der Mindestsperrdämpfung von ω_0 lassen sich asymptotische Ausdrücke angeben [118]. Sie lauten

$$a_{\min} = \frac{b_1^2}{2}\omega_0^2 + \dots \tag{583a}$$

für hinreichend kleine positive Werte ω_0 und

$$a_{\min} = (n-1)\ln 2 + \ln b_n + n \ln \omega_0 + \frac{b_{n-1}^2 - 2b_n b_{n-2}}{4b_n^2} \cdot \frac{1}{\omega_0^2} + \dots \tag{583b}$$

für hinreichend große Werte ω_0. Die Gln. (583a, b) reichen in vielen Fällen aus, um bei gegebenem $a_{\min}$ näherungsweise die Größe ω_0 zu bestimmen, beispielsweise anhand der entsprechenden graphischen Darstellungen.

Die weitere Bestimmung von $H(p)$ erfolgt entsprechend wie im Abschnitt 3.3.2 bei geradem n.

Braucht die Übertragungsfunktion $H(p)$ Gl. (564) nicht unbedingt eine Nullstelle in $p = \infty$ zu besitzen (beispielsweise bei Realisierung der Übertragungsfunktion durch ein aktives *RC*-Zweitor), so kann man auch bei geradem Grad n des Polynoms $P_2(p)$ die vereinfachte Abbildung Gl. (581) anwenden und wie bei ungeradem Grad n verfahren.

3.4. DIE APPROXIMATION ALLGEMEINER AMPLITUDENVORSCHRIFTEN

Wird für den Betrag $|H(\mathrm{j}\omega)|$ einer Übertragungsfunktion $H(p)$ Gl. (545) irgendeine nicht-negative stetige Funktion $A_0(\omega)$ $(0 \leqq \omega \leqq \infty)$ vorgeschrieben, so gelingt es im allgemeinen nicht, die Koeffizienten a_μ $(\mu = 0, 1, \dots, m)$ und b_ν $(\nu = 0, 1, \dots, n-1)$ formelmäßig zu bestimmen. Es muß daher ein numerisches Approximationsverfahren angewendet werden, bei dem man jedoch die Übertragungsfunktion $H(p)$ nicht direkt bestimmt. Es empfiehlt sich nämlich, zunächst die rationale Funktion $B(p^2)$ Gl. (546) zu bestimmen, und zwar aufgrund der Approximationsvorschrift $A_0^2(\omega)$ für $p = \mathrm{j}\omega$ $(0 \leqq \omega \leqq \infty)$. Führt man die Variable $x = -p^2$ ein, dann läßt sich die Approximationsaufgabe in folgender Weise formulieren: Man bestimme eine rationale reelle Funktion $B(-x)$, die für reelle x-Werte im Intervall $0 \leqq x \leqq \infty$ weder negativ noch Unendlich wird; die Funktion $B(-x)$ soll die Vorschrift $A_0^2(\sqrt{x})$ im Intervall $0 \leqq x \leqq \infty$ nach einem bestimmten Approximationskriterium annähern.

Eine gewisse Schwierigkeit bei der Lösung dieses Approximationsproblems bildet die Tatsache, daß das Approximationsintervall unendlich lang ist. Man kann diese Schwierigkeit durch die Abbildung der p-Ebene in eine w-Ebene aufgrund der Transformation

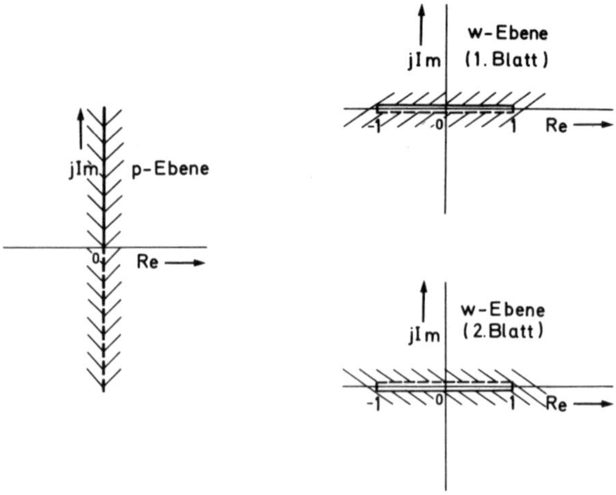

Bild 205:
Abbildung der p-Ebene in die zweiblättrige Riemannsche w-Fläche gemäß den Gln. (584a, b)

$$w = \frac{\sigma_0^2 + p^2}{\sigma_0^2 - p^2} \tag{584a}$$

oder

$$p = \sigma_0 \sqrt{\frac{w-1}{w+1}} \tag{584b}$$

mit beliebig reellem $\sigma_0 > 0$ überwinden. Durch die Abbildung gemäß den Gln. (584a, b) geht die p-Ebene in eine zweiblättrige Riemannsche w-Fläche über, die man sich längs des reellen Intervalls $-1 \leqq w \leqq 1$ kreuzweise verheftet denken kann (Bild 205). Die rechte p-Halbebene wird in das erste Blatt der Riemannschen w-Fläche abgebildet, die linke p-Halbebene in das zweite Blatt. Die imaginäre Achse der p-Ebene ist dem (doppelt durchlaufenen) reellen Intervall $-1 \leqq w \leqq 1$ zugeordnet.

Unterwirft man die Funktion $B(p^2)$ Gl. (546) der Abbildung gemäß Gl. (584b), so entsteht die Funktion

$$b(w) = B\left(\sigma_0^2 \frac{w-1}{w+1}\right) \tag{585}$$

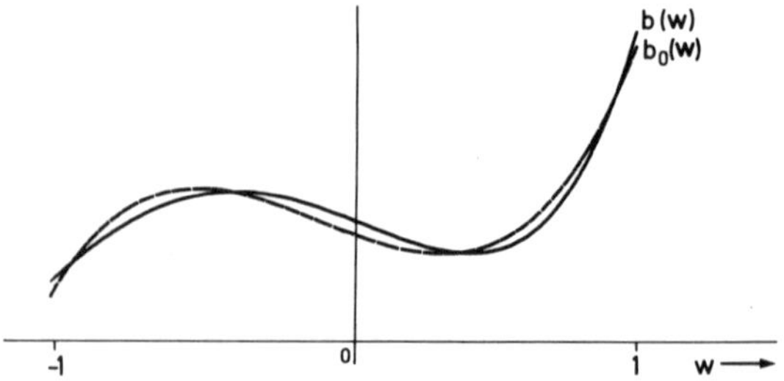

Bild 206:
Approximation der Funktion $b_0(w)$ Gl. (586) durch die rationale Funktion $b(w)$ Gl. (587)

Diese Funktion $b(w)$ ist eine rationale Funktion in der Veränderlichen w mit reellen Koeffizienten. Sie hat denselben Grad wie die entsprechende Übertragungsfunktion $H(p)$ und unterliegt keinen Einschränkungen, abgesehen von der natürlichen Beschränkung, daß im reellen Intervall $-1 \leqq w \leqq 1$, das dem reellen Frequenzbereich $0 \leqq \omega \leqq \infty$ entspricht, keine Pole auftreten dürfen und daß die Funktion in diesem Intervall nicht negativ werden darf. Diese Forderung wird stets dadurch erfüllt, daß man die im Intervall $-1 \leqq w \leqq 1$ erforderliche nicht-negative und endliche Approximationsvorschrift $b_0(w)$ hinreichend genau approximiert. Man erhält die Funktion $b_0(w)$, indem man das Quadrat der Amplitudenvorschrift $A_0^2(\omega)$ aufgrund von Gl. (584b) für $p = \mathrm{j}\omega$ in das Intervall $-1 \leqq w \leqq 1$ überträgt:

$$b_0(w) = A_0^2\left(\sigma_0 \sqrt{\frac{1-w}{1+w}}\right) . \tag{586}$$

Die Aufgabe besteht nun darin, die Funktion $b_0(w)$ Gl. (586) im Intervall $[-1, 1]$ durch eine rationale, reelle und in $[-1, 1]$ polfreie Funktion

$$b(w) = \frac{c_n w^n + c_{n-1} w^{n-1} + \ldots + c_1 w + c_0}{d_n w^n + d_{n-1} w^{n-1} + \ldots + d_1 w + 1} \tag{587}$$

n-ten Grades zu approximieren (Bild 206). Diese Aufgabe kann als ein mathematisches Standardproblem betrachtet werden. Auf die Schwierigkeiten bei der numerischen Bestimmung der Koeffizienten c_ν $(\nu = 0, 1, \ldots, n)$ und d_ν $(\nu = 1, 2, \ldots, n)$ von $b(w)$ Gl. (587) wurde bereits im Abschnitt 1 hingewiesen. Es sei noch bemerkt, daß durch die Wahl der Konstante σ_0 der Verlauf der Funktion $b_0(w)$ Gl. (586) beeinflußt werden kann. Dadurch kann in manchen Fällen die Durchführung der Approximation erleichtert werden.

Der Übergang von der p-Ebene in die w-Ebene bietet den Vorteil, daß als approximierende Funktion $b(w)$ auch ein Polynom gewählt werden darf. Dies bedeutet, daß in Gl. (587) die Koeffizienten d_ν $(\nu = 1, 2, \ldots, n)$ gleich Null zu wählen sind. Als Approximationsparameter werden nur die Zählerkoeffizienten verwendet. Zwar leistet in diesem Sonderfall die Funktion $b(w)$ bei festem Grad n sicher nicht so viel wie die allgemeine rationale Funktion $b(w)$ Gl. (587), jedoch wird die praktische Durchführung der Approximation dadurch entscheidend erleichtert. Nach dem Weierstraßschen Approximationssatz [1] kann jede stetige Funktion $b_0(w)$ im Intervall $[-1, 1]$ beliebig genau durch ein Polynom $b(w)$ approximiert werden. Dabei ist es allerdings möglich, daß der Grad n, der den späteren Aufwand an Netzwerkelementen bestimmt, verhältnismäßig groß gewählt werden muß. Sind die Anforderungen an die Approximationsgenauigkeit nicht besonders hoch oder hat $b_0(w)$ im Approximationsintervall einen besonders »ruhigen« Verlauf, so wird auch bei der Approximation mit einem Polynom $b(w)$ ein kleiner Grad n ausreichen.

Eine *Polynomapproximation* läßt sich mit Hilfe von Tschebyscheff-Polynomen $T_\nu(w)$ $(\nu = 0, 1, 2, \ldots, n)$ einfach durchführen. Es wird der Ansatz

$$b(w) = \frac{a_0}{2} + \sum_{\nu=1}^{n} a_\nu T_\nu(w) \tag{588}$$

mit zunächst unbekannten Koeffizienten a_ν ($\nu = 0, 1, \ldots, n$) gemacht. Im weiteren spielt die Orthogonalitätseigenschaft [21] der Tschebyscheff-Polynome

$$\int_{-1}^{1} T_\nu(w) T_\mu(w) \frac{\mathrm{d}w}{\sqrt{1-w^2}} = \begin{cases} 0 & \text{für } \nu \neq \mu \\ \pi/2 & \text{für } \nu = \mu \neq 0 \\ \pi & \text{für } \nu = \mu = 0 \end{cases} \tag{589}$$

eine entscheidende Rolle. Als Approximationsfehler wird das mit dem Gewichtsfaktor $(1-w^2)^{-1/2}$ behaftete mittlere Fehlerquadrat

$$\Phi(a_0, a_1, \ldots, a_n) = \int_{-1}^{1} [b(w) - b_0(w)]^2 \frac{\mathrm{d}w}{\sqrt{1-w^2}} \tag{590}$$

eingeführt. Setzt man $b(w)$ Gl. (588) in die Gl. (590) ein und beachtet man die Eigenschaft Gl. (589) der Tschebyscheff-Polynome, so erhält man

$$\Phi(a_0, a_1, \ldots, a_n) = \int_{-1}^{1} b_0^2(w) \frac{\mathrm{d}w}{\sqrt{1-w^2}} + \frac{\pi}{4} a_0^2 + \frac{\pi}{2} \sum_{\nu=1}^{n} a_\nu^2 - a_0 \int_{-1}^{1} b_0(w) \frac{\mathrm{d}w}{\sqrt{1-w^2}} -$$
$$- 2 \sum_{\nu=1}^{n} a_\nu \int_{-1}^{1} T_\nu(w) b_0(w) \frac{\mathrm{d}w}{\sqrt{1-w^2}} .$$

Die Forderung $\partial\Phi/\partial a_\nu = 0$ ($\nu = 0, 1, \ldots, n$) für das Minimum von $\Phi(a_0, a_1, \ldots, a_n)$ liefert sofort die Werte

$$a_\nu = \frac{2}{\pi} \int_{-1}^{1} T_\nu(w) b_0(w) \frac{\mathrm{d}w}{\sqrt{1-w^2}} \quad (\nu = 0, 1, \ldots, n). \tag{591}$$

Die Koeffizienten c_ν ($\nu = 0, 1, \ldots, n$) erhält man aus Gl. (588) unter Verwendung der rekursiven Darstellung der Tschebyscheff-Polynome gemäß den Gln. (550a, b). Damit ist das Polynom $b(w)$ bestimmt. Die bei der Auswertung der Gl. (591) zu lösenden Integrale müssen numerisch berechnet werden, falls eine formelmäßige Berechnung nicht möglich ist.

Eine Approximation der stetigen Vorschrift $b_0(w)$ durch eine *allgemeine rationale Funktion* $b(w)$, bei der bei gegebenem Grad n sämtliche Koeffizienten c_ν und d_ν ($\nu = 0, 1, \ldots, n$) als Approximationsparameter verwendet werden, ist wesentlich schwieriger als eine Polynom-Approximation. Der Vorteil der Approximation durch eine solche Funktion liegt darin, daß $2n+1$ Freiheitsgrade gegenüber nur $n+1$ Freiheitsgraden bei der Polynom-Approximation zur Verfügung stehen. Im folgenden soll auf Möglichkeiten zur praktischen Durchführung dieser Approximation kurz hingewiesen werden.

Fordert man, daß die rationale Funktion $b(w)$ Gl. (587) für $w = w_0$ ($-1 \leqq w_0 \leqq 1$) mit dem Wert $b_0(w_0)$ übereinstimmt, so erhält man für die unbekannten Koeffizienten von $b(w)$ die lineare Gleichung

$$\sum_{\nu=0}^{n} c_\nu w_0^\nu - b_0(w_0) \sum_{\nu=1}^{n} d_\nu w_0^\nu = b_0(w_0).$$

Verlangt man *zusätzlich* die Übereinstimmung des Differentialquotienten $\mathrm{d}b(w)/\mathrm{d}w$ für $w = w_0$ mit dem Wert $b_0'(w_0)$, so erhält man eine weitere lineare Gleichung für die Koeffizienten von $b(w)$:

$$\sum_{\nu=1}^{n} \nu c_\nu w_0^{\nu-1} - \sum_{\nu=1}^{n} [\nu b_0(w_0) w_0^{\nu-1} + b_0'(w_0) w_0^\nu] d_\nu = b_0'(w_0).$$

Durch zusätzliche Vorschrift des Differentialquotienten zweiter Ordnung für $w = w_0$ läßt sich eine weitere lineare Gleichung aufstellen. In dieser Weise kann fortgefahren werden.

Die vorstehenden Überlegungen lassen sich zur Approximation der Vorschrift $b_0(w)$ durch eine rationale Funktion $b(w)$ verwenden. Dazu wählt man im Intervall $[-1, 1]$ diskrete Abszissenwerte w_ν ($\nu = 1, 2, \ldots, q$) und stellt die Forderungen

$$\left.\frac{\mathrm{d}^\mu b(w)}{\mathrm{d}w^\mu}\right|_{w=w_\nu} = b_0^{(\mu)}(w_\nu) \text{ für} \begin{cases} \nu = 1, 2, \ldots, q \\ \mu = 0, 1, \ldots, r_\nu \end{cases}. \tag{592}$$

Sorgt man dafür, daß die Bilanz $r_1 + r_2 + \ldots + r_q + q = 2n + 1$ besteht, so erhält man ein System von $2n + 1$ linearen Gleichungen für die $2n + 1$ Unbekannten c_ν und d_ν. Durch Lösung dieses Gleichungssystems (dabei wird die Lösbarkeit vorausgesetzt) ergibt sich eine rationale Funktion $b(w)$ mit der Eigenschaft Gl. (592). Die Größen $b_0^{(\mu)}(w_\nu)$ brauchen nicht genau mit den Funktionswerten bzw. Differentialquotienten von $b_0(w)$ übereinzustimmen. In jedem Fall wird man die Wahl der Größen $b_0^{(\mu)}(w_\nu)$ am Funktionsverlauf von $b_0(w)$ orientieren. In der Regel empfiehlt sich die Wahl von $r_\nu = 0$ oder $r_\nu = 1$. Häufig sind mehrere Approximationsversuche mit verschiedenen w_ν und $b_0^{(\mu)}(w_\nu)$ erforderlich, um eine ausreichende Approximationsgüte und vor allem Polfreiheit der Lösungsfunktion $b(w)$ im Intervall $[-1, 1]$ zu erzielen.

Neben der im vorstehenden beschriebenen Interpolationsmethode kann man versuchen, zur Approximation der Vorschrift $b_0(w)$ durch die Funktion $b(w)$ Gl. (587) das Tschebyscheffsche Kriterium anzuwenden. Eine Möglichkeit hierfür soll kurz skizziert werden. Man wählt im Intervall $[-1, 1]$ zunächst ohne besondere Vorschrift $2n + 2$ verschiedene Punkte w_μ ($\mu = 0, 1, \ldots, 2n + 1$) und fordert, daß die Fehlerfunktion

$$\Delta b(w) = b(w) - b_0(w)$$

für $w = w_\mu$ die gleichmäßige Abweichung $(-1)^\mu E$ ($\mu = 0, 1, \ldots, 2n + 1$) besitzt. Mit Gl. (587) erhält man durch diese Forderung das nichtlineare Gleichungssystem

$$F_\mu \equiv \sum_{\nu=0}^{n} c_\nu w_\mu^\nu - b_0(w_\mu) \sum_{\nu=1}^{n} d_\nu w_\mu^\nu - b_0(w_\mu) \; - (-1)^\mu E \sum_{\nu=1}^{n} d_\nu w_\mu^\nu - (-1)^\mu E = 0$$

$$(\mu = 0, 1, \ldots, 2n + 1) \tag{593}$$

zur Berechnung der $2n + 2$ Unbekannten c_ν ($\nu = 0, 1, \ldots, n$), d_ν ($\nu = 1, \ldots, n$) und E. Für einen festen positiven Wert E kann man mittels der ersten $2n + 1$ Gln. (593) sämtliche Werte c_ν und d_ν berechnen. Man beachte, daß es sich hierbei um die Lösung eines linearen Gleichungssystems handelt. Für diese von E abhängigen Lösungen c_ν und d_ν sowie für den gewählten Wert E läßt sich der »Defekt« F_{2n+1} aus der letzten der Gln. (593) berechnen. Der Defekt F_{2n+1} ist auf diese Weise als Funktion von E definiert. Man kann $F_{2n+1}(E)$ tabellieren. Durch ein Einschließungsverfahren, ein Sehnenverbesserungsverfahren oder durch Newtonsche Iteration läßt sich eine Nullstelle der

Funktion $F_{2n+1}(E)$ bestimmen. Der resultierende Wert E und die zugehörigen Werte c_ν und d_ν sind dann Lösungen des vollständigen Gleichungssystems (593). Aufgrund des vorausgegangenen Verfahrens darf jetzt E als Funktion der Abszissen w_μ ($\mu = 0, 1, \ldots, 2n+1$) betrachtet werden. Zur expliziten Bestimmung des zu einem speziellen Wertetupel ($w_0, w_1, \ldots, w_{2n+1}$) gehörenden Funktionswertes E hat man stets den vorstehend beschriebenen Iterationsprozeß durchzuführen. Die gesuchte rationale Funktion $b(w)$, welche die Vorschrift $b_0(w)$ im Intervall $[-1, 1]$ im Tschebyscheffschen Sinne approximiert, ist durch jenes Wertetupel ($w_0, w_1, \ldots, w_{2n+1}$) gekennzeichnet, für welches $|E|$ sein absolutes Maximum erreicht [1]. Man muß also jetzt das absolute Maximum der Größe $|E|$ als Funktion der w_μ ($\mu = 0, 1, \ldots, 2n+1$) bestimmen. Hierzu stehen Optimierungsverfahren zur Verfügung, z.B. das Verfahren von R. Fletcher und M.J.D. Powell [54]. Im Bild 207 ist die Lösung skizziert. Die Schwierigkeit bei der Anwendung des Approximationsverfahrens liegt darin, daß bei der Berechnung von Näherungswerten für die Koeffizienten c_ν und d_ν stets auf die Polfreiheit der entsprechenden rationalen Funktion im Intervall $[-1, 1]$ zu achten ist. Dies ist bei der Wahl der Anfangswerte w_μ zu berücksichtigen. Die Approximation läßt sich noch vereinfachen, indem man die Koeffizienten d_ν fest vorgibt und nur die Koeffizienten c_ν ($\nu = 0, 1, \ldots, n$) und E als Approximationsparameter verwendet. Man braucht dann nur $n+2$ Punkte w_μ.

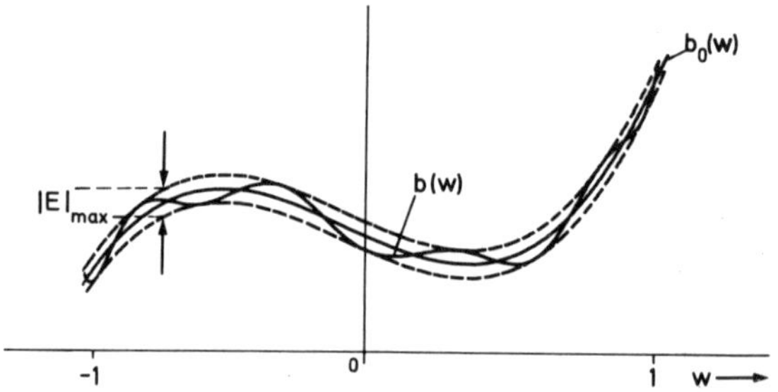

Bild 207: Tschebyscheff-Approximation der Funktion $b_0(w)$ Gl. (586) durch die rationale Funktion $b(w)$ Gl. (587)

Nach Abschluß der Approximation verbleibt die Bestimmung der zugehörigen Übertragungsfunktion $H(p)$ aus der gewonnenen Funktion $b(w)$. Dazu muß zunächst die ursprünglich durchgeführte Transformation in die w-Ebene rückgängig gemacht werden. Gemäß Gl. (584a) erhält man die rationale Funktion

$$B(p^2) = b\left(\frac{\sigma_0^2 + p^2}{\sigma_0^2 - p^2}\right) \quad . \tag{594}$$

Man beachte, daß die so entstehende Funktion $B(p^2)$ für $p = j\omega$ die ursprünglich vorgegebene Funktion $A_0^2(\omega)$ annähert. Die Fehlerfunktion $\Delta B(\omega) = B(-\omega^2) - A_0^2(\omega)$ ($0 \leqq \omega \leqq \infty$) in der p-Ebene unterscheidet sich von der entsprechenden Fehlerfunktion $\Delta b(w) = b(w) - b_0(w)$ ($-1 \leqq w \leqq 1$) in der w-Ebene nur durch eine Verzerrung der unabhängigen Variablen. Es gilt nämlich

$$\Delta B(\omega) = \Delta b \left(\frac{\sigma_0^2 - \omega^2}{\sigma_0^2 + \omega^2} \right)$$

Eine gleichmäßige (Tschebyscheffsche) Approximation in der w-Ebene hat daher eine Approximation gleicher Art in der p-Ebene zur Folge. Unter Beachtung des Zusammenhangs zwischen den Funktionen $B(p^2)$ und $H(p)$ nach Gl. (546) läßt sich schließlich aus $B(p^2)$ Gl. (594) in bekannter Weise eine Übertragungsfunktion $H(p)$ mit den gewünschten Eigenschaften bestimmen.

Abschließend sei noch auf folgendes hingewiesen. Ist die Amplitudenvorschrift $A_0(\omega)$ nur in einem Teil des Frequenzintervalls $0 \leqq \omega \leqq \infty$ gegeben, so erhält man für die Funktion $b(w)$ eine Approximationsvorschrift $b_0(w)$ nur in einem Teilintervall von $[-1, 1]$. Man kann dann $b_0(w)$ außerhalb des Teilintervalls durch einen beliebigen, nicht-negativen Funktionsverlauf ergänzen, so daß eine Vorschrift $b_0(w)$ im gesamten Intervall $[-1, 1]$ vorliegt. Es besteht aber auch die Möglichkeit, die Approximation nur im genannten Teilintervall durchzuführen. Dabei muß allerdings darauf geachtet werden, daß die approximierende Funktion $b(w)$ im gesamten Intervall $[-1, 1]$ nicht negativ wird.

3.5. DIE APPROXIMATION VON FILTER-FORDERUNGEN

Im Teil I, Abschnitt 5.2 wurde bei der Synthese von Reaktanzzweitoren, die zwischen zwei Ohmwiderständen eingebettet sind, die charakteristische Funktion $K(p)$ eingeführt. Wie aus diesen Untersuchungen folgt, stimmen die imaginären Pole von $K(p)$ mit den Übertragungsnullstellen und die möglichen Nullstellen von $K(p)$ auf der imaginären Achse mit den Frequenzen maximaler Leistungsübertragung überein. Angesichts dieser Tatsache wird man bei der Synthese von Reaktanzfiltern mit frequenzselektiven Vorschriften alle Nullstellen und Pole der charakteristischen Funktion auf die imaginäre Achse legen, um mit Hilfe der Pole von $K(p)$ Sperreigenschaften und mit Hilfe der Nullstellen von $K(p)$ Durchlaßeigenschaften zu erzeugen. Es ergibt sich damit für die charakteristische Funktion die Form

$$K(p) = K_0 p^{\kappa} \frac{(p^2 + \omega_{01}^2)(p^2 + \omega_{02}^2) \ldots (p^2 + \omega_{0m}^2)}{(p^2 + \omega_{\infty 1}^2)(p^2 + \omega_{\infty 2}^2) \ldots (p^2 + \omega_{\infty n}^2)} \tag{595}$$

mit der reellen Konstante K_0, der ganzen Zahl $\kappa \gtreqqless 0$, den imaginären Nullstellen $\pm j\omega_{0\mu}(\mu = 1, 2, \ldots, m)$ und den imaginären Polen $\pm j\omega_{\infty\mu}(\mu = 1, 2, \ldots, n)$. Zweckmäßigerweise sollen alle diese Nullstellen und Pole einfach sein, abgesehen von der durch den Faktor p^{κ} berücksichtigten Nullstelle bzw. Polstelle. Die Selektionsvorschriften für das zu bestimmende Reaktanzfilter werden in Form von Toleranzforderungen an die Dämpfung $a(\omega)$ ausgedrückt. Unter Verwendung der im Teil I, Abschnitt 5.2 eingeführten Übertragungsfunktion $H(p)$ pflegt man als Dämpfung $a(\omega)$ die Funktion

$$a(\omega) = -\ln |2H(j\omega)| \tag{596a}$$

einzuführen. Mit den Gln. (189) und (191) erhält man

$$a(\omega) = \frac{1}{2}\ln[1 + \frac{1}{4}|K(j\omega)|^2]. \tag{596b}$$

Wie man sieht, schwankt die Dämpfung $a(\omega)$ zwischen den Werten Null und Unendlich. Als Maßeinheit der durch Gl. (596a) bzw. Gl. (596b) gegebenen Dämpfung verwendet man das »Neper« (*Np*). In dieser Einheit wird nun im Frequenzbereich $0 \leqq \omega \leqq \infty$ ein Polygonzug vorgeschrieben, der in den Sperrbereichen durch die Dämpfung $a(\omega)$ nicht unterschritten und in den Durchlaßbereichen nicht überschritten werden darf. Zwischen den Durchlaß- und Sperrbereichen müssen gewisse Übergangsgebiete zugelassen werden, in denen die Dämpfung monoton von einem Bereich in den anderen übergeht. Im Bild 208 ist als Beispiel die Toleranzvorschrift für die Dämpfung eines Bandpasses (mit *einem* Durchlaßbereich und *zwei* Sperrbereichen) einschließlich des mit nachfolgendem Verfahren erzielten Ergebnisses dargestellt.

Die gegebene Toleranzvorschrift für $a(\omega)$ läßt sich nun aufgrund von Gl. (596b) in eine Toleranzvorschrift für den Betrag der charakteristischen Funktion $|K(j\omega)|$ überführen. Damit ist für die Funktion

$$\begin{aligned}&\psi(\omega;\, K_0, \omega_{01}, \omega_{02}, \ldots, \omega_{0m}, \omega_{\infty 1}, \omega_{\infty 2}, \ldots, \omega_{\infty n})\\ &= K_0\omega^{\kappa}\left|\frac{(\omega^2-\omega_{01}^2)(\omega^2-\omega_{02}^2)\ldots(\omega^2-\omega_{0m}^2)}{(\omega^2-\omega_{\infty 1}^2)(\omega^2-\omega_{\infty 2}^2)\ldots(\omega^2-\omega_{\infty n}^2)}\right|,\end{aligned} \tag{597}$$

deren Betrag mit $|K(j\omega)|$ übereinstimmt, in den Durchlaßbereichen eine obere Betragsschranke gegeben. Innerhalb dieser, im allgemeinen von ω abhängigen Schranke muß der Betrag der Funktion ψ Gl. (597) in den Durchlaßbereichen verlaufen. Weiterhin ist damit für die Funktion ψ Gl. (597) in den Sperrbereichen eine untere, im allgemeinen von ω abhängige Betragsschranke gegeben, die von $|\psi|$ gemäß der Gl. (597) nicht unterschritten werden darf.

Im folgenden wird ein einfaches Verfahren beschrieben, das in der Regel eine charakteristische Funktion derart zu bestimmen erlaubt, daß die Funktion ψ Gl. (597) die vorgegebenen Schranken gleichmäßig (im Tschebyscheffschen Sinne) annähert (Bild 208). Zunächst werden die Zahl der Pole, die Zahl der Nullstellen, deren Verteilung in $0 < \omega < \infty$ sowie die ganze Zahl κ in $K(p)$ festgelegt. Für die Nullstellen $\omega_{0\mu}$, die ausschließlich in den Durchlaßbereichen liegen müssen, für die Pole $\omega_{\infty\mu}$, die ausschließlich in den Sperrbereichen liegen müssen und für die Konstante K_0 müssen jetzt Näherungswerte angegeben werden, was in der Regel aufgrund gewisser Erfahrungen leicht möglich ist, zumal diese recht ungenau sein dürfen. Im weiteren werden die Näherungswerte iterativ verbessert. Mit Hilfe der Gl. (597) erhält man die linearisierte Änderung $\Delta\psi$ von ψ bei Variation der Approximationsparameter K_0, $\omega_{0\mu}$ und $\omega_{\infty\mu}$ in der Form

$$\Delta\psi = \left[\frac{\partial\psi}{\partial K_0}\right]_0 \Delta K_0 + \left[\frac{\partial\psi}{\partial\omega_{01}}\right]_0 \Delta\omega_{01} + \ldots + \left[\frac{\partial\psi}{\partial\omega_{\infty n}}\right]_0 \Delta\omega_{\infty n}\,. \tag{598}$$

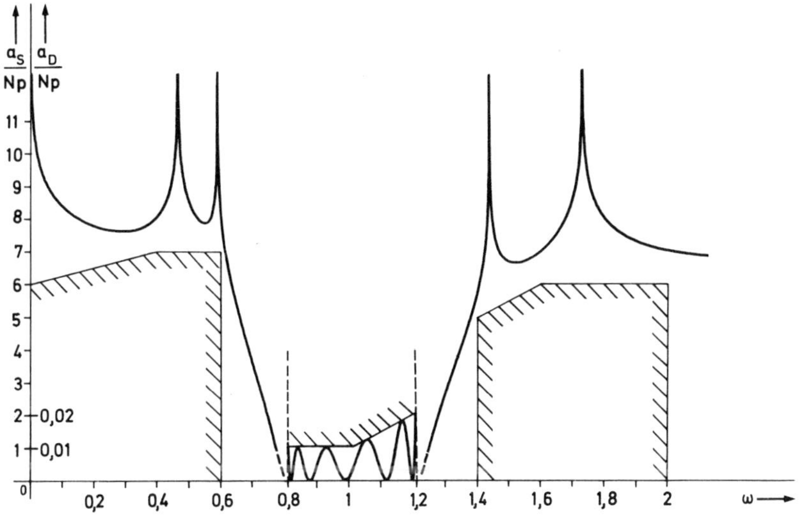

Bild 208: Toleranzvorschrift und Dämpfung eines Bandpasses mit einem Durchlaßbereich und zwei Sperrbereichen

Dabei bedeutet der bei den eckigen Klammern angebrachte Index Null, daß alle betreffenden Funktionen für die augenblicklichen Näherungswerte der Approximationsparameter zu nehmen sind. Die Änderungen ΔK_0, $\Delta\omega_{0\mu}$, $\Delta\omega_{\infty\mu}$ werden dadurch bestimmt, daß man das Folgende fordert, wobei alle Stellen extremaler Abweichung der Näherungsfunktion $[\psi]_0$ von der Toleranzschranke als Extremstellen bezeichnet werden: In den Durchlaßbereichen wird jeweils an *einer* Extremstelle zwischen zwei benachbarten Nullstellen $\omega_{0\mu}$ von $[\psi]_0$ der Wert $\Delta\psi$ Gl. (598) so vorgeschrieben, daß $[\psi]_0 + \Delta\psi$ an allen diesen Stellen mit der Toleranzschranke übereinstimmt. Dieselbe Übereinstimmung wird in den Rändern der Durchlaßbereiche gefordert. Falls sich in einem Randpunkt $p = 0$ bzw. $p = \infty$ eine Nullstelle befindet, fordert man die Übereinstimmung statt am Rand in einer Extremstelle, die zwischen dem betreffenden Randpunkt und der benachbarten Nullstelle $\omega_{0\mu}$ liegt. Auf diese Weise entstehen beim Auftreten *eines* Durchlaßbereichs nach Gl. (598) $m + 1$ lineare Gleichungen. In den Sperrbereichen fordert man in entsprechender Weise, daß jeweils an *einer* Extremstelle zwischen zwei benachbarten Polen $\omega_{\infty\mu}$ sowie an den Rändern dieser Bereiche der Wert $[\psi]_0 + \Delta\psi$ bis auf einen positiven Faktor mit der Toleranzschranke übereinstimmt. Hierbei muß für jeden Sperrbereich ein separater Faktor vorgesehen werden. Falls sich in einem Randpunkt $p = 0$ bzw. $p = \infty$ ein Pol befindet, ist die diesbezügliche Forderung entsprechend wie für Ränder eines Durchlaßbereichs zu modifizieren. Auf diese Weise erhält man bei zwei Sperrbereichen aus Gl. (598) weitere $n + 2$ lineare Gleichungen. Insgesamt entstehen im Fall von zwei Sperrbereichen und einem Durchlaßbereich $m + n + 3$ lineare Gleichungen für die $m + n + 1$ Unbekannten ΔK_0, $\Delta\omega_{0\mu}$, $\Delta\omega_{\infty\mu}$ sowie für die beiden unbekannten Faktoren der Toleranzschranke in den beiden Sperrbereichen.

Durch Lösung des linearen Gleichungssystems (die Lösbarkeit wird vorausgesetzt) erhält man Verbesserungen für die Approximationsparameter und damit eine verbesserte charakteristische Funktion, auf die von neuem das geschilderte Verfahren angewendet werden kann. Dies kann so oft wiederholt werden, bis die charakteristische Funktion die Toleranzforderung hinreichend gut erfüllt (Bild 208). Man erhält eine gleichmäßige Approximation. Dieser einfache Approximationsprozeß konvergiert aufgrund zahlreicher Erfahrungen gut, und zwar bereits bei recht rohen Ausgangsnäherungen. Bei der Durchführung des Iterationsprozesses muß, wie die praktische Erprobung gezeigt hat, auf die Beibehaltung der Reihenfolge der Polstellen und der Nullstellen im Durchlaß- und Sperrbereich sowie auf den Verbleib dieser Stellen in den entsprechenden Bereichen geachtet werden. Schwierigkeiten können auftreten, wenn zwischen zwei Nullstellen oder zwei Polstellen mehrere Stellen extremaler Abweichung der Funktion ψ Gl. (597) von der Toleranzschranke auftreten. Es empfiehlt sich daher, die Toleranzschranke sinnvoll zu wählen. Es kann notwendig sein, das Verfahren mehrmals für verschiedene Parameter m, n und κ anzuwenden, da es oft nicht möglich ist, im voraus den kleinstmöglichen Grad anzugeben.

Aus der gewonnenen charakteristischen Funktion $K(p)$ erhält man nach Teil I, Abschnitt 5.4.2 die Eingangsimpedanz des zwischen Ohmwiderständen eingebetteten entsprechenden Reaktanzzweitors. Mit Hilfe dieser Impedanz gewinnt man schließlich in bekannter Weise das gesuchte Reaktanzzweitor.

Im Gegensatz hierzu kann man aus $K(p)$ mit Hilfe der Gl. (193) eine Funktion $H(p) = 1/W(p)$ bestimmen, die sich auch nach Abschnitt 5.3 als Übertragungsfunktion eines Reaktanzzweitors realisieren läßt, das nur auf einer Seite einen Ohmwiderstand aufweist.

3.6. DIE VERLUSTKOMPENSATION

Im vorausgegangenen Abschnitt wurde gezeigt, wie eine Toleranzschranke für das Dämpfungsverhalten eines Reaktanzfilters mit Hilfe einer charakteristischen Funktion approximiert werden kann. Das durch die anschließende Realisierung entstehende Zweitor besteht aus Reaktanzelementen, die bei der praktischen Verwendung ohmsche Verluste aufweisen. Diese mehr oder weniger großen Verluste können in erster Näherung dadurch berücksichtigt werden, daß man in Reihe zu den Induktivitäten und parallel zu den Kapazitäten Ohmwiderstände anordnet. Dadurch wird einer Induktivität L die modifizierte Impedanz

$$Z_L(p) = pL + R = L(p + \varepsilon_L) \tag{599a}$$

und einer Kapazität C die modifizierte Admittanz

$$Y_C(p) = pC + G = C(p + \varepsilon_C) \tag{599b}$$

zugeordnet. Die Größen $\varepsilon_L = R/L$ und $\varepsilon_C = G/C$ sind die reziproken Zeitkonstanten der verlustbehafteten Reaktanzen.

Unter der Annahme, daß sämtliche Reaktanzelemente die gleichen Verlustwerte $\varepsilon_L = \varepsilon_C = \varepsilon$ haben und das betreffende Netzwerk keine Übertrager enthält, soll im folgenden der Einfluß der Verluste und ihre Berücksichtigung bei der Synthese von Filtern untersucht werden. Führt man die Variable

$$\zeta = p + \varepsilon \tag{600}$$

ein, so ist aufgrund der Gln. (599a, b) zu erkennen, daß die Abhängigkeit der Netzwerkgrößen von der Variablen ζ dem verlustfreien Fall entspricht. Durch die Substitution der Variablen ζ gemäß Gl. (600) werden die Verluste berücksichtigt. Wie man sieht, hat die Einführung gleicher Verlustwerte für die Elemente eines Reaktanzzweitors zur Folge, daß alle Nullstellen und Pole der Übertragungsfunktion um ε nach links verschoben werden. Auch die Nullstellen und Pole der charakteristischen Funktion rücken von der imaginären Achse in die linke Halbebene, so daß z.B. bei Filtern die Dämpfung $a(\omega)$ Gl. (596b) nicht mehr auf den Wert Null absinkt (es ist also stets eine Grunddämpfung vorhanden) und ebenso für endliche Frequenzen nicht nach Unendlich geht. Zudem werden die Übergänge der Dämpfung zwischen Durchlaß- und Sperrbereich verrundet.

Die vorstehenden Betrachtungen legen es nun nahe, zur Kompensation der Verluste bei der Filtersynthese aus der charakteristischen Funktion die Übertragungsfunktion $H(p)$ zu berechnen und vor Durchführung der Realisierung die Nullstellen und Pole von $H(p)$ um ε nach rechts zu verschieben, d.h. die Übertragungsfunktion $H(\zeta - \varepsilon) = \overline{H}(\zeta)$ zu bilden, die dann durch ein kopplungsfreies Reaktanzzweitor zu verwirklichen ist. Anschließend wird die Variablensubstitution Gl. (600) rückgängig gemacht, indem die Induktivitäten und Kapazitäten des Reaktanzzweitors durch entsprechende verlustbehaftete Elemente ersetzt werden. Dadurch entsteht eine Realisierung der Ausgangsfunktion $H(p)$ in Form eines Zweitors, in dem die Verluste der Reaktanzelemente berücksichtigt sind. Bei dieser Art der Verlustkompensation treten leider Schwierigkeiten auf, auf die nun eingegangen werden muß.

Da die Übertragungsfunktion $\overline{H}(\zeta)$ durch ein zwischen Ohmwiderständen eingebettetes Reaktanzzweitor realisiert werden soll, müssen die im Satz 19 (Teil I, Abschnitt 5.2) formulierten notwendigen und hinreichenden Bedingungen für $\overline{H}(\zeta)$ erfüllt sein. Die Übertragungsfunktion $H(p)$ ist jedenfalls in der Form nach Satz 19 vorgegeben. Die Forderung für $\overline{H}(\zeta)$ hat zunächst zur Folge, daß der Verlustwert ε kleiner als der Betrag des Realteils jenes Poles von $H(p)$ gewählt werden muß, der am nächsten zur imaginären Achse liegt. Dadurch wird sichergestellt, daß sich alle Pole der Übertragungsfunktion $\overline{H}(\zeta)$ in der Halbebene Re $\zeta < 0$ befinden. Weiterhin müssen die Nullstellen von $\overline{H}(\zeta)$ die aus der Bedingung *a* von Satz 19 folgenden Symmetrieeigenschaften besitzen. Zur Erzielung dieser Forderung wird das Zählerpolynom von $H(p)$ einfach als Zählerpolynom von $\overline{H}(\zeta)$ übernommen, so daß die Übertragungsnullstellen beim Übergang von der p-Ebene in die ζ-Ebene gemäß Gl. (600) ihre Position beibehalten. Dadurch entsteht ein Fehler, dessen Auswirkung noch zu untersuchen ist. Schließlich muß die Übertragungsfunktion $\overline{H}(\zeta)$ noch mit einer Konstante K multipliziert werden, so daß auch die Bedingung *b* von Satz 19 erfüllt wird. Die Konstante K wählt man zweckmäßigerweise möglichst groß, d.h. zu $K = 1/[2\,\mathrm{Max}\,|\overline{H}(\mathrm{j}\eta)|]$. Dabei bedeutet Max $|\overline{H}(\mathrm{j}\eta)|$ das absolute Betragsmaximum der Übertragungsfunktion $\overline{H}(\zeta)$ längs der imaginären Achse. Aus der Übertragungsfunktion $K\overline{H}(\zeta)$ erhält man gemäß Gl. (193) eine charakteristische Funktion $K(\zeta)$, und dann erfolgt die Realisierung in gewohnter Weise (Teil I, Abschnitt 5.2).

Zur Festlegung des Verlustwertes ε wird man die entsprechenden Größen der zu verwendenden Reaktanzen (die Güten) meßtechnisch ermitteln, und zwar im Fall eines

Tiefpasses für die Durchlaßgrenzfrequenz, im Fall eines Bandpasses für die Mittenfrequenz. Man pflegt den arithmetischen Mittelwert der Meßgrößen zur Bestimmung von ε zu verwenden, wobei natürlich die früher genannte obere Schranke von ε zu beachten ist.

Abschließend soll noch untersucht werden, in welcher Weise sich die Beibehaltung der Übertragungsnullstellen beim Übergang von der Funktion $H(p)$ zur Funktion $\overline{H}(\zeta)$ auswirkt. Durch diese Maßnahme wird statt der Übertragungsfunktion $H(p) = P_1(p)/P_2(p)$ die Funktion $H_0(p) = KP_1(p+\varepsilon)/P_2(p)$ realisiert. Es entsteht dadurch der Fehler

$$\Delta H(\mathrm{j}\omega) = H(\mathrm{j}\omega) - H_0(\mathrm{j}\omega) = H(\mathrm{j}\omega)\left[1 - K\frac{P_1(\mathrm{j}\omega+\varepsilon)}{P_1(\mathrm{j}\omega)}\right].$$

Dieser Fehler kann aufgrund der Entwicklung

$$\frac{P_1(\mathrm{j}\omega+\varepsilon)}{P_1(\mathrm{j}\omega)} = \exp\left[\ln P_1(\mathrm{j}\omega+\varepsilon) - \ln P_1(\mathrm{j}\omega)\right] = \exp\left[\varepsilon\frac{\partial}{\partial \mathrm{j}\omega}\ln P_1(\mathrm{j}\omega) + \dots\right]$$

in erster Näherung in der Form

$$\Delta H(\mathrm{j}\omega) = H(\mathrm{j}\omega)\left[1 - K\exp\left[\varepsilon\left\{\frac{\partial}{\partial\omega}\arg P_1(\mathrm{j}\omega) - \mathrm{j}\frac{\partial}{\partial\omega}\ln|P_1(\mathrm{j}\omega)|\right\}\right]\right]$$

dargestellt werden. Da $\arg P_1(\mathrm{j}\omega)$ für alle ω-Werte mit Ausnahme der Nullstellen von $P_1(\mathrm{j}\omega)$ konstant ist, erhält man insbesondere in den Durchlaßbereichen, in denen ja keine Nullstellen von $P_1(\mathrm{j}\omega)$ auftreten, in erster Näherung den Fehler

$$\Delta H(\mathrm{j}\omega) = H(\mathrm{j}\omega)\left[1 - K\exp\left[-\mathrm{j}\varepsilon\frac{\partial}{\partial\omega}\ln|P_1(\mathrm{j}\omega)|\right]\right].$$

Der auf die Übertragungsfunktion bezogene Fehler besitzt also eine um so geringere Frequenzabhängigkeit, je weniger $|P_1(\mathrm{j}\omega)|$ schwankt.

Bezüglich der Berücksichtigung gleicher Verlustwerte ε_C für alle Kapazitäten und gleicher Verlustwerte ε_L für alle Induktivitäten sei auf die Arbeiten [38], [41], [74], [75] verwiesen. Dabei gilt im allgemeinen $\varepsilon_C \neq \varepsilon_L$.

3.7. DIE APPROXIMATION VON ORTSKURVENVORSCHRIFTEN

In den Abschnitten 3.4 und 3.5 wurde gezeigt, wie Übertragungsfunktionen aufgrund von Betragsvorschriften durch Approximation gewonnen werden können. Im folgenden soll nun neben dem Betrag auch noch die Phase vorgeschrieben werden. Dies bedeutet die Vorschrift einer komplexwertigen Funktion

$$H_0(\mathrm{j}\omega) = R_0(\omega) + \mathrm{j}X_0(\omega) \tag{601}$$

im gesamten Frequenzbereich $0 \leqq \omega \leqq \infty$. Geometrisch kann man sich diese Funktion als eine nach der Frequenz bezifferte Ortskurve vorstellen. Die Aufgabe besteht jetzt darin, eine Übertragungsfunktion, d.h. eine rationale, reelle und in $\operatorname{Re} p \geqq 0$ einschließlich $p = \infty$ polfreie Funktion

$$H(p) = \frac{a_m p^m + a_{m-1} p^{m-1} + \ldots + a_0}{p^n + b_{n-1} p^{n-1} + \ldots + b_0} \tag{602}$$

zu bestimmen, welche für $p = \mathrm{j}\omega$ die Vorschrift $H_0(\mathrm{j}\omega)$ Gl. (601) hinreichend gut approximiert. Wegen der Polfreiheit der Übertragungsfunktion $H(p)$ Gl. (602) in der Halbebene Re $p \geqq 0$ besteht eine Kopplung zwischen der Realteilfunktion Re $H(\mathrm{j}\omega)$, welche mit dem geraden Teil

$$G(p) = \frac{1}{2}[H(p) + H(-p)] \equiv \frac{C_n p^{2n} + C_{n-1} p^{2n-2} + \ldots + C_0}{p^{2n} + D_{n-1} p^{2n-2} + \ldots + D_0} \tag{603}$$

von $H(p)$ für $p = \mathrm{j}\omega$ identisch ist, und der Imaginärteilfunktion Im $H(\mathrm{j}\omega)$, welche bis auf den Faktor j mit dem ungeraden Teil von $H(p)$ für $p = \mathrm{j}\omega$ übereinstimmt [28]. Man kann bei Kenntnis der Realteilfunktion Re $H(\mathrm{j}\omega)$ in eindeutiger Weise die Imaginärteilfunktion Im $H(\mathrm{j}\omega)$, somit auch $H(\mathrm{j}\omega)$ und schließlich die Übertragungsfunktion $H(p)$ angeben. Soll die Vorschrift $H_0(\mathrm{j}\omega)$ Gl. (601) beliebig genau approximiert werden, so muß auch zwischen den Funktionen $R_0(\omega)$ und $X_0(\omega)$ obige Kopplung bestehen. Sie läßt sich durch die Hilbert-Transformation ausdrücken [28]. Diese Bindung zwischen $R_0(\omega)$ und $X_0(\omega)$ muß bei der Vorgabe einer Approximationsvorschrift Gl. (601) beachtet werden. Ist $H_0(\mathrm{j}\omega)$ durch Messung oder Berechnung des Frequenzganges eines linearen, physikalisch ausführbaren, zeitinvarianten und stabilen Systems entstanden oder mit Hilfe der Sprung- oder Impulsantwort eines derartigen Systems berechnet worden, so sind $R_0(\omega)$ und $X_0(\omega)$ zumindest näherungsweise durch die Hilbert-Transformation gekoppelt. Ist die Funktion $H_0(\mathrm{j}\omega)$ Gl. (601) nur in einem Teil des Frequenzbereichs $\omega_1 \leqq \omega \leqq \omega_2$ mit $[\omega_1, \omega_2] \neq [0, \infty]$ gegeben und stetig, so läßt sich $H_0(\mathrm{j}\omega)$ außerhalb dieses Intervalls derart ergänzen, daß die Funktionen $R_0(\omega)$ und $X_0(\omega)$ im gesamten Frequenzbereich $0 \leqq \omega \leqq \infty$ durch die Hilbert-Transformation miteinander verknüpft sind [107]. Im folgenden wird angenommen, daß die erforderliche Bindung zwischen $R_0(\omega)$ und $X_0(\omega)$ besteht. Angesichts dieser Tatsache genügt es, die Realteilfunktion $R_0(\omega) = \mathrm{Re}\ H_0(\mathrm{j}\omega)$ durch die Realteilfunktion $R(\omega) = \mathrm{Re}\, H(\mathrm{j}\omega)$ zu approximieren. Dann findet nämlich gleichermaßen eine Approximation der Imaginärteilfunktion $X_0(\omega) = \mathrm{Im}\, H_0(\mathrm{j}\omega)$ durch die Imaginärteilfunktion $X(\omega) = \mathrm{Im}\, H(\mathrm{j}\omega)$ statt. Die aus $R(\omega)$ eindeutig resultierende Übertragungsfunktion $H(p)$ gibt damit für $p = \mathrm{j}\omega$ die Approximationsvorschrift $H_0(\mathrm{j}\omega)$ Gl. (601) näherungsweise wieder.

Es wird nun gezeigt, wie aufgrund der vorausgegangenen Überlegungen die gestellte Approximationsaufgabe gelöst werden kann. Die Hauptaufgabe besteht in der Approximation der Funktion $R_0(\omega) = \mathrm{Re}\, H_0(\mathrm{j}\omega)$ durch eine zulässige Realteilfunktion $R(\omega) = G(\mathrm{j}\omega)$, d.h. durch eine rationale, gerade und für $0 \leqq \omega \leqq \infty$ endliche Funktion mit reellwertigen Koeffizienten. Führt man die Variable $x = -p^2$ ein, dann läßt sich die Approximationsaufgabe in folgender Weise formulieren: Man bestimme eine in der Veränderlichen x rationale reelle Funktion $\overline{G}(x) = G(\mathrm{j}\sqrt{x})$, die für reelle x-Werte im Intervall $0 \leqq x \leqq \infty$ endlich bleibt und die Funktion $R_0(\sqrt{x})$ nach einem bestimmten Approximationskriterium annähert. Diese Aufgabe ist identisch mit dem entsprechenden Problem bei der im Abschnitt 3.4 behandelten Approximation allgemeiner Amplitudenvorschriften.

Durch Anwendung der Abbildung der p-Ebene in die w-Ebene gemäß den Gln. (584a, b) kann auch hier das unendlich lange Approximationsintervall in das endliche Intervall $-1 \leqq w \leqq 1$ transformiert werden. Unterwirft man die Funktion $G(p)$ Gl. (603) der Abbildung nach Gl. (584b) mit einem beliebigen, reellen $\sigma_0 > 0$, so entsteht die Funktion

$$g(w) = G\left(\sigma_0 \sqrt{\frac{w-1}{w+1}}\right) \quad . \tag{604}$$

Diese Funktion $g(w)$ ist eine rationale Funktion in der Veränderlichen w mit reellen Koeffizienten. Sie hat denselben Grad wie die entsprechende Übertragungsfunktion $H(p)$ und unterliegt keinen Einschränkungen, abgesehen von der natürlichen Beschränkung, daß im reellen Intervall $-1 \leqq w \leqq 1$, das dem reellen Frequenzbereich $0 \leqq \omega \leqq \infty$ entspricht, keine Pole auftreten dürfen. Diese Forderung wird zwangsläufig dadurch erfüllt, daß die Funktion $g(w)$ durch Approximation einer endlichen Funktion $g_0(w)$ im Intervall $-1 \leqq w \leqq 1$ entsteht. Man erhält die Approximationsvorschrift $g_0(w)$, indem man die Realteilfunktion $R_0(\omega)$ der gegebenen Funktion $H_0(\mathrm{j}\omega)$ Gl. (601) aufgrund von Gl. (584b) für $p = \mathrm{j}\omega$ in das Intervall $-1 \leqq w \leqq 1$ überträgt:

$$g_0(w) = R_0\left(\sigma_0 \sqrt{\frac{1-w}{1+w}}\right) \quad . \tag{605}$$

Die Aufgabe besteht jetzt darin, die Funktion $g_0(w)$ Gl. (605) im Intervall $[-1, 1]$ durch eine rationale, reelle und in $[-1, 1]$ polfreie Funktion

$$g(w) = \frac{c_n w^n + c_{n-1} w^{n-1} + \ldots + c_1 w + c_0}{d_n w^n + d_{n-1} w^{n-1} + \ldots + d_1 w + 1} \tag{606}$$

n-ten Grades zu approximieren. Dieses Problem braucht jetzt nicht weiter diskutiert zu werden, da hierauf im Abschnitt 3.4 ausführlich eingegangen wurde. Es sei noch bemerkt, daß auch im vorliegenden Fall die approximierende Funktion $g(w)$ als Polynom angesetzt werden darf; dies bedeutet in Gl. (606) die Wahl $d_\nu = 0$ $(\nu = 1, 2, \ldots, n)$. Dieser Sonderfall wurde ebenfalls im Abschnitt 3.4 behandelt.

Nach Bestimmung der Funktion $g(w)$ muß die zugehörige Übertragungsfunktion $H(p)$ ermittelt werden. Dazu wird zunächst $g(w)$ gemäß Gl. (584a) in die p-Ebene transformiert. Auf diese Weise erhält man die Funktion

$$G(p) = g\left(\frac{\sigma_0^2 + p^2}{\sigma_0^2 - p^2}\right) \quad . \tag{607}$$

Man beachte, daß diese Funktion für $p = \mathrm{j}\omega$ den vorgeschriebenen Realteil $R_0(\omega)$ annähert. Entsprechend wie im Abschnitt 3.4 entsteht die Fehlerfunktion $\Delta G(\omega) = G(\mathrm{j}\omega) - R_0(\omega)$ $(0 \leqq \omega \leqq \infty)$ in der p-Ebene aus der Fehlerfunktion $\Delta g(w) = g(w) - g_0(w)$ $(-1 \leqq w \leqq 1)$ in der w-Ebene aufgrund der Beziehung

$$\Delta G(\omega) = \Delta g\left(\frac{\sigma_0^2 - \omega^2}{\sigma_0^2 + \omega^2}\right) \quad .$$

Unter Berücksichtigung des Zusammenhangs zwischen Übertragungsfunktion $H(p)$ und geradem Teil $G(p)$ gemäß Gl. (603) läßt sich aus $G(p)$ Gl. (607) die gesuchte Funktion $H(p)$ bestimmen. Im Teil I, Abschnitt 5.5 wurde ein Verfahren zur Bestimmung einer Zweipolfunktion aus ihrem geraden Teil beschrieben. Dieses Verfahren läßt sich im vorliegenden Fall auch zur Ermittlung der Übertragungsfunktion $H(p)$ aus $G(p)$ verwenden. Auf eine weitere Möglichkeit zur Berechnung von $H(p)$ aus $G(p)$ wird im folgenden eingegangen.

Im Hinblick auf die praktisch vorkommenden Fälle wird vorausgesetzt, daß die Funktion $G(p)$ in $p = \infty$ verschwindet. Ist dies nicht der Fall, so kann man diese Voraussetzung durch Subtraktion des Funktionswertes $G(\infty)$ erreichen. Dieser Funktionswert muß dann nach Durchführung des Verfahrens zur Übertragungsfunktion addiert werden.

Zunächst wird die Funktion $G(p)$ Gl. (607) in der Form

$$G(p) = \frac{A(p^2)}{P_2(p)P_2(-p)} \tag{608a}$$

dargestellt. Dabei ist

$$A(p^2) = (-1)^n(C_n p^{2n} + C_{n-1} p^{2n-2} + \dots + C_0) \tag{608b}$$

das mit $(-1)^n$ multiplizierte Zählerpolynom von $G(p)$ Gl. (603), das mit dem Nennerpolynom keine gemeinsame Nullstelle hat. Mit $P_2(p)$ wird ein Hurwitz-Polynom n-ten Grades bezeichnet, dessen Koeffizient bei p^n gleich Eins sein soll und dessen Nullstellen alle Pole von $G(p)$ in der Halbebene Re $p < 0$ umfassen. Nach Gl. (603) muß daher $P_2(p)$ mit dem Nennerpolynom der zu bestimmenden Übertragungsfunktion $H(p)$ Gl. (602) identisch sein. Es braucht also nur noch das Zählerpolynom $P_1(p)$ von $H(p)$ bestimmt zu werden. Gerader und ungerader Teil von $P_1(p)$ und $P_2(p)$ werden durch die Indizes g und u gekennzeichnet. Damit kann

$$P_1(p) = P_{1g}(p) + P_{1u}(p) \tag{609a}$$

und

$$P_2(p) = P_{2g}(p) + P_{2u}(p) \tag{609b}$$

gesetzt werden. Stellt man $H(p)$ als Quotient der rechten Seiten der Gln. (609a, b) dar, dann erhält man aus den Gln. (603) und (608a) die wichtige Relation

$$A(p^2) = P_{1g}(p)P_{2g}(p) - P_{1u}(p)P_{2u}(p), \tag{610}$$

die zur Bestimmung des Polynoms $P_1(p)$ verwendet wird. Der Einfachheit halber nimmt man zunächst an, daß der Grad n von $P_2(p)$ gerade ($n \geqq 2$) ist. Es werden jetzt die folgenden Funktionen gebildet:

$$\begin{aligned} U(p^2) \equiv P_{2g}(p) &= p^n + b_{n-2}p^{n-2} + \dots + b_0 \\ &= b_n(p^2 + \omega_2^2)(p^2 + \omega_4^2)\dots(p^2 + \omega_n^2) \end{aligned} \tag{611a}$$

und

$$\begin{aligned} V(p^2) \equiv pP_{2u}(p) &= b_{n-1}p^n + b_{n-3}p^{n-2} + \dots + b_1 p^2 \\ &= b_{n-1}p^2(p^2 + \omega_3^2)\dots(p^2 + \omega_{n-1}^2). \end{aligned} \tag{611b}$$

Hierbei wurde die Größe b_n im Hinblick auf die Beschreibung des Verfahrens für ungeraden Grad n eingeführt; im vorliegenden Fall ist $b_n = 1$. Da alle Nullstellen des geraden und des ungeraden Teils eines Hurwitz-Polynoms imaginär und einfach sind, müssen die ω_ν ($\nu = 2, 3, \ldots, n$) reell und untereinander verschieden sein. Aufgrund der Gln. (611a, b) lassen sich die Hilfspolynome

$$h_\mu(p^2) = \begin{cases} \dfrac{U(p^2)}{p^2 + \omega_\mu^2} & \text{für } \mu = 2, 4, \ldots, n \qquad (612\text{a}) \\[2ex] \dfrac{V(p^2)}{p^2(p^2 + \omega_\mu^2)} & \text{für } \mu = 3, 5, \ldots, n-1 \qquad (612\text{b}) \end{cases}$$

einführen. Sie erlauben die Ansätze

$$P_{1u}(p) = p[a_2 h_2(p^2) + a_4 h_4(p^2) + \ldots + a_n h_n(p^2)] \tag{613}$$

und

$$P_{1g}(p) = a_0 + p^2[a_3 h_3(p^2) + a_5 h_5(p^2) + \ldots + a_{n-1} h_{n-1}(p^2)]. \tag{614}$$

Man beachte, daß $P_{1g}(p) = a_0$ für $n = 2$ gilt; in diesem Fall liefert Gl. (612b) keine Aussage. Die noch unbekannten Koeffizienten a_μ lassen sich folgendermaßen bestimmen.

Aus Gl. (610) wird mit Gl. (613) für geradzahliges μ

$$A(-\omega_\mu^2) = -a_\mu h_\mu(-\omega_\mu^2) V(-\omega_\mu^2),$$

also

$$a_\mu = -\frac{A(-\omega_\mu^2)}{h_\mu(-\omega_\mu^2) V(-\omega_\mu^2)} \quad (\mu = 2, 4, \ldots, n). \tag{615}$$

Für $h_\mu(-\omega_\mu^2)$ kann dabei gemäß den Gln. (611a) und (612a) $\mathrm{d}U(p^2)/\mathrm{d}(p^2)$ für $p^2 = -\omega_\mu^2$ gesetzt werden. Aus Gl. (610) erhält man mit Gl. (614) für ungeradzahliges μ

$$A(-\omega_\mu^2) = [a_0 - \omega_\mu^2 a_\mu h_\mu(-\omega_\mu^2)] U(-\omega_\mu^2).$$

Setzt man Gl. (608b) in die linke Seite der Gl. (610) ein und führt man Gl. (614) und den bekannten Nenner $P_2(p)$ Gl. (602) in die rechte Seite der Gl. (610) ein, so erhält man aus dieser Beziehung für $p = 0$ direkt

$$a_0 = (-1)^n \frac{C_0}{b_0} \tag{616}$$

und damit

$$a_\mu = \frac{C_0 U(-\omega_\mu^2) - b_0 A(-\omega_\mu^2)}{b_0 U(-\omega_\mu^2) \omega_\mu^2 h_\mu(-\omega_\mu^2)} \quad (\mu = 3, 5, \ldots, n-1). \tag{617}$$

Für $\omega_\mu^2 h_\mu(-\omega_\mu^2)$ kann hierbei gemäß den Gln. (611b) und (612b) $-\mathrm{d}V(p^2)/\mathrm{d}(p^2)$ für $p^2 = -\omega_\mu^2$ gesetzt werden.

Die nach den Gln. (615), (616) und (617) bestimmten Koeffizienten a_μ liefern über die Gln. (613) und (614) nach Gl. (609a) das Polynom $P_1(p)$ und damit zusammen mit dem bekannten Nennerpolynom $P_2(p)$ die Übertragungsfunktion $H(p)$.

Bei ungeradzahligen n ($n \geqq 3$) wird ganz entsprechend verfahren [im Fall $n = 1$ ist $P_1(p) = a_0 = -C_0/b_0$]. So enthält der letzte Klammerausdruck in Gl. (611a) den Index $n-1$, jener in Gl. (611b) dagegen den Index n. Außerdem vertauschen in diesen Gleichungen die Koeffizienten b_{n-1} und b_n ihre Rollen. Entsprechend gilt Gl. (612a) bis $\mu = n-1$, Gl. (612b) bis $\mu = n$, während der letzte Summand in Gl. (613) den Index $n-1$, jener in Gl. (614) den Index n trägt. Weiterhin gelten die Gl. (615) für $\mu = 2, 4, \ldots, n-1$ und die Gln. (616) und (617) für $\mu = 3, 5, \ldots, n$.

Das beschriebene Verfahren zur Bestimmung der Übertragungsfunktion $H(p)$ aus dem geraden Teil $G(p)$ erfordert neben der numerischen Ermittlung des Polynoms $P_2(p)$ durch Hurwitz-Faktorisierung des Nenners von $G(p)$ die Berechnung des Zählerpolynoms $P_1(p)$. Diese Berechnung erfolgt ganz im Reellen und besteht in erster Linie darin, die ausschließlich auf der negativ reellen Achse liegenden, stets einfachen Nullstellen der Polynome $U(z)$ und $V(z)/z$ zu bestimmen, was selbst bei großem n bei Verwendung des Newtonschen Verfahrens in der Regel keine numerischen Schwierigkeiten mit sich bringt.

3.8. DIE APPROXIMATION ALLGEMEINER PHASENVORSCHRIFTEN

a) *Direkte Vorschrift für die Phase*

Im Abschnitt 3.2 wurde bereits kurz auf die Möglichkeit hingewiesen, eine Übertragungsfunktion $H(p)$ aufgrund einer beliebigen Approximationsvorschrift $\Phi_0(\omega)$ für die Phase $\Phi(\omega) = \arg H(\mathrm{j}\omega)$ zu bestimmen. Eine Schwierigkeit ergibt sich dabei insofern, als die Zahl der Nullstellen der rationalen Funktion $1 + pC(p^2)$ in der Halbebene $\operatorname{Re} p > 0$ kleiner sein kann als die Zahl der Nullstellen dieser Funktion in der Halbebene $\operatorname{Re} p < 0$. In einem solchen Fall würde sich eine Übertragungsfunktion ergeben, deren Zählergrad größer ist als der Nennergrad. Zur Vermeidung dieser Schwierigkeit muß die Phasenvorschrift $\Phi_0(\omega)$ eingeschränkt werden. Hierauf soll im folgenden eingegangen werden.

Es sei $\Phi_0(\omega)$ eine im Frequenzbereich $-\infty < \omega < \infty$ gegebene, ungerade und stetige Funktion, deren Werte im Intervall

$$-\frac{\pi}{2} < \Phi_0(\omega) < \frac{\pi}{2}$$

liegen. Für $\omega \to \infty$ soll die Funktion $\Phi_0(\omega)$ gegen $-\pi/2$ streben, so daß $[\tan \Phi_0(\omega)]/\omega$ gegen einen endlichen negativen Wert strebt. Führt man die Variable $x = -p^2$ ein, dann läßt sich die Approximationsaufgabe folgendermaßen formulieren: Man bestimme eine rationale und reelle Funktion $C(-x)$, die im Intervall $0 \leqq x \leqq \infty$ nicht Unendlich wird; die Funktion $C(-x)$ soll die Vorschrift $[\tan \Phi_0(\sqrt{x})]/\sqrt{x}$ im Intervall $0 \leqq x < \infty$ nach einem bestimmten Kriterium approximieren, und zwar so gut, daß $C(-x)$ für $x \to \infty$ negativ wird. Durch Anwendung der Abbildung gemäß den Gln. (584a, b) läßt sich erreichen, daß man ein endliches Approximationsintervall erhält und als approximierende Funktion speziell ein Polynom wählen kann. Die eigentliche Approximation

Bild 209: Geschlossener Weg in der p-Ebene zur Anwendung des Satzes vom logarithmischen Residuum

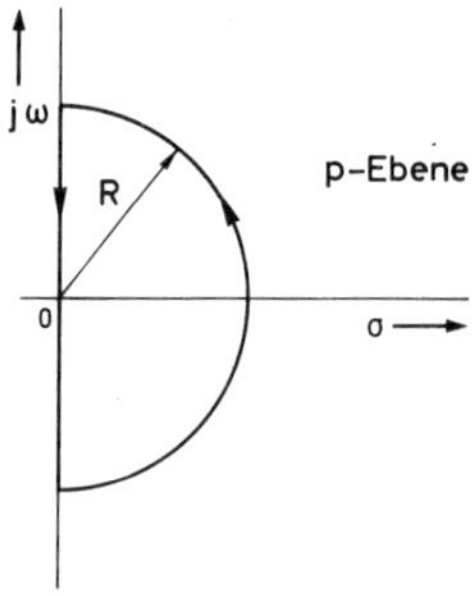

unterscheidet sich also nicht von derjenigen, die bei der Bestimmung von Übertragungsfunktionen mit allgemeinen Amplitudenvorschriften erforderlich ist (Abschnitt 3.4).

Aus der durch Approximation gewonnenen Funktion $C(p^2)$ läßt sich jetzt die Übertragungsfunktion $H(p)$ bestimmen. Nach Gl. (559) liefern nämlich die Nullstellen der Funktion

$$F(p) = 1 + pC(p^2) \tag{618}$$

die Nullstellen bzw. die mit (-1) multiplizierten Polstellen von $H(p)$. Da $C(p^2)$ für $p = j\omega$ reell ist, hat die Funktion $F(p)$ keine Nullstellen auf der imaginären Achse. Über die Zahl der Nullstellen von $F(p)$ in der linken und in der rechten Halbebene läßt sich folgendes aussagen: Die Funktion $F(p)$ Gl. (618) ändert ihre Phase beim Durchlaufen des im Bild 209 dargestellten Weges für $R \to \infty$ um 2π, da $C(-\infty) < 0$ gilt. Daraus folgt die Umlaufszahl $Z = 1$ um den Nullpunkt. Nach dem Satz vom logarithmischen Residuum (Teil I, Abschnitt 2.5) ist daher die Zahl der Nullstellen von $F(p)$ in der Halbebene Re $p > 0$ um Eins größer als die Zahl der Pole. Ist $2q$ der Grad von $C(p^2)$, dann hat die Funktion $F(p)$ Gl. (618) wegen ihres geraden Nennerpolynoms genau q Pole in Re $p > 0$ und q Pole in Re $p < 0$. Daraus ergeben sich für $F(p)$ genau $q + 1$ Nullstellen in Re $p > 0$ und damit q Nullstellen in Re $p < 0$. Die mit (-1) multiplizierten, in Re $p > 0$ liegenden $(q + 1)$ Nullstellen von $F(p)$ Gl. (618) werden nun gemäß Gl. (559) als Pole der Übertragungsfunktion $H(p)$ und die in Re $p < 0$ liegenden q Nullstellen von $F(p)$ als Nullstellen von $H(p)$ gewählt. Damit ist die gesuchte Übertragungsfunktion bis auf einen beliebig wählbaren konstanten Faktor bestimmt.

Die vorausgegangenen Überlegungen lassen sich jetzt verallgemeinern, indem man die Phasenvorschrift nicht länger der bisherigen Einschränkung $|\Phi_0(\omega)| < \pi/2$ unterwirft. Es soll $\Phi_0(\omega)$ jedoch nach wie vor eine ungerade stetige Funktion sein. Zunächst wird vorausgesetzt, daß die Funktion $\Phi_0(\omega)$ Werte $(2\mu - 1)\pi/2$ $(\mu = 0, \pm 1, \pm 2, \ldots)$ nur in solchen Punkten $\omega = \pm \omega_\nu$ $(\omega_\nu > 0;\ \nu = 1, 2, \ldots, k_0/2)$ annimmt, in denen ihr Differentialquotient existiert und nicht gleich Null ist. Damit hat die Funktion $C_0(-\omega^2) = [\tan \Phi_0(\omega)]/\omega$ in allen Punkten $\omega = \pm \omega_\nu$ einfache Pole. Die Funktion $\Phi_0(\omega)$ sei weiterhin so beschaffen, daß $C_0(-\omega^2)$ für $\omega \to \infty$ nicht Unendlich wird. Die Funktion $C_0(-x)$ ist nun im Intervall $0 \leqq x < \infty$ durch eine rationale Funktion $C(-x)$ mit einfachen Polen in $x = x_\nu = \omega_\nu^2$ $(\nu = 1, 2, \ldots, k_0/2)$ zu approximieren. Neben diesen Polen besitze $C(-x)$ im genannten Intervall keine weiteren Unendlichkeitsstellen. Die Approximation sei jedenfalls so gut, daß die Funktion $C(-x)$ in der Umgebung jedes Poles x_ν das Vorzeichen in gleicher Weise ändert wie $C_0(-x)$ und in $x = \infty$ das gleiche Vorzeichen wie $C_0(-x)$ hat bzw. verschwindet, falls $C_0(-\infty) = 0$ gilt. Die Zahl derjenigen Pole x_ν, in deren unmittelbarer Umgebung $C_0(-x)$ monoton fällt, sei $k_0'/2$. Die Zahl der übrigen Pole x_ν, in deren unmittelbarer Umgebung $C_0(-x)$ monoton steigt, sei $k_0''/2$. Es wird weiterhin eine Größe ε eingeführt, die entweder Eins oder Null ist, je nachdem ob $C_0(-\infty) < 0$ oder $C_0(-\infty) \geqq 0$ gilt. Gemäß Gl. (618) ergibt sich jetzt eine Funktion

$F(p)$. Nun wird der im Bild 209 dargestellte Weg für $R \to \infty$ gewählt, der noch die k_0 Pole $\pm j\omega_\nu$ von $F(p)$ auf Halbkreisen in der Halbebene $\operatorname{Re} p > 0$ mit gegen Null strebenden Radien umgeht. Dann läßt sich folgendes aussagen: Die Umlaufszahl von $F(p)$ um den Nullpunkt beträgt $Z = k_0' + \varepsilon$, wenn die Variable p den obigen Weg durchläuft. Dies ist zu erkennen, wenn man sich das Verhalten von $F(p)$ längs der genannten kleinen Halbkreise um die Punkte $\pm j\omega_\nu$ und des großen Halbkreises (Bild 209) aufgrund von Reihenentwicklungen von $F(p)$ um diese Punkte bzw. um den Punkt Unendlich vergegenwärtigt. Bezeichnet man die Zahl der endlichen Pole von $F(p)$ mit k, so beträgt die Zahl der vom betrachteten Weg eingeschlossenen Pole $P = (k - k_0)/2$. Die Zahl der Nullstellen von $F(p)$ in der Halbebene Re $p > 0$ wird mit l_1 und die Zahl der übrigen Nullstellen von $F(p)$, von denen keine, wie schon früher festgestellt wurde, auf der imaginären Achse liegen, mit l_2 bezeichnet. Damit ist $l = l_1 + l_2$ die Gesamtzahl der Nullstellen von $F(p)$, und es sei $l_0 = l_1 - l_2$. Die Zahl der vom betrachteten Weg eingeschlossenen Nullstellen von $F(p)$ kann somit als $N = l_0 + l_2$ ausgedrückt werden. Nach dem Satz vom logarithmischen Residuum ($Z = N - P$) erhält man nunmehr die Beziehung $k_0' + \varepsilon = l_0 + l_2 - (k - k_0)/2$. Mit $k_0 = k_0' + k_0''$ und $l = 2l_2 + l_0$ lassen sich k_0 und l_2 eliminieren. Auf diese Weise erhält man das wichtige Ergebnis

$$l_0 = (k_0' - k_0'') + (2\varepsilon + k - l).$$

Mit Hilfe dieser Beziehung kann nach Wahl des Grades von $C(p^2)$, der mit k und mit l bzw. l-1 übereinstimmt, und aufgrund der Approximationsvorschrift $C_0(-\omega^2) = [\tan \Phi_0(\omega)]/\omega$ im voraus die Differenz der Nullstellenzahlen $l_0 = l_1 - l_2$ berechnet werden. Da eine realisierbare Übertragungsfunktion $H(p)$ nur für $l_0 \geqq 0$ entsteht, kann man vor der Durchführung der Approximation stets feststellen, ob die gestellte Aufgabe grundsätzlich lösbar ist. Der in der Darstellung von l_0 auftretende Ausdruck $(2\varepsilon + k - l)$ ist -1, 0 oder 1, je nachdem ob $C_0(-\infty) > 0$, $= 0$ oder < 0 gilt. Im Fall $C_0(-\infty) > 0$ muß also k_0' wenigstens um Eins größer sein als k_0'', im Fall $C_0(-\infty) = 0$ darf k_0' nicht kleiner als k_0'' sein und im Fall $C_0(-\infty) < 0$ muß k_0' mindestens gleich $k_0'' - 1$ sein. Besitzt die Funktion $C_0(-\omega^2)$ entgegen der getroffenen Vereinbarung mehrfache endliche Pole oder (und) wird $C_0(-\omega^2)$ für $\omega \to \infty$ Unendlich, so sind die durchgeführten Überlegungen entsprechend zu modifizieren. Hierauf soll jedoch nicht näher eingegangen werden. – Ist $\Phi_0(\omega)$ nur in einem Teil von $0 \leqq \omega \leqq \infty$ vorgeschrieben, so läßt sich die Forderung $l_0 \geqq 0$ durch geeignete Wahl von $\Phi_0(\omega)$ außerhalb dieses Teilintervalls stets erfüllen. Es kann dann sogar erreicht werden, daß l_0 beliebig groß wird. Wählt man alle Nullstellen von $F(p)$ in Re $p > 0$ nach Multiplikation mit (-1) als Pole von $H(p)$, so wird der Zählergrad von $H(p)$ genau um l_0 kleiner als der Nennergrad. Im Fall $l_0 > 0$ darf man dann $H(p)$ mit einem geraden oder ungeraden Polynom $Q(p)$ vom Grad $r \leqq l_0$ multiplizieren, dessen Koeffizienten so gewählt werden können, daß $|H(j\omega)Q(j\omega)|$ einen bestimmten Verlauf erhält. Für $p = j\omega$ unterscheidet sich die Phase von $H(p)Q(p)$ von der von $H(p)$ nur durch einen (stückweise) frequenzunabhängigen Anteil.

b) *Vorschrift für die Gruppenlaufzeit*

In gewissen Anwendungsfällen ist zur Bestimmung einer Übertragungsfunktion $H(p)$ für die *Gruppenlaufzeit*

$$T_G(\omega) = -\frac{\mathrm{d}\arg H(\mathrm{j}\omega)}{\mathrm{d}\omega}$$

eine Vorschrift gegeben. Wenn dabei die Amplitude $|H(\mathrm{j}\omega)|$ frequenzunabhängig sein soll, liegt es nahe, Allpaß-Übertragungsfunktionen

$$H(p) = \frac{h(-p)}{h(p)} \tag{619a}$$

zu verwenden, wobei $h(p)$ ein reelles Hurwitz-Polynom bedeutet. Durch Differentiation der Funktion

$$-\arg H(\mathrm{j}\omega) = \mathrm{j}\ln H(\mathrm{j}\omega) = 2\arg h(\mathrm{j}\omega) \tag{619b}$$

erhält man nach kurzer Zwischenrechnung für die Gruppenlaufzeit die Darstellung

$$T_G(\omega) = \sum_{\mu=1}^{q_1} \frac{-2\xi_\mu}{\omega^2 + \xi_\mu^2} + \sum_{\mu=q_1+1}^{q_1+q_2} \left[\frac{-2\xi_\mu}{(\omega-\eta_\mu)^2 + \xi_\mu^2} + \frac{-2\xi_\mu}{(\omega+\eta_\mu)^2 + \xi_\mu^2}\right] . \tag{620}$$

Dabei bedeuten die ξ_μ ($\mu = 1, 2, \ldots, q_1$) die q_1 reellen Nullstellen und die $\xi_\mu \pm \mathrm{j}\,\eta_\mu$ ($\mu = q_1 + 1,\ q_1 + 2, \ldots, q_1 + q_2$) die q_2 Paare konjugiert komplexer Nullstellen des Hurwitz-Polynoms $h(p)$. Da alle ξ_μ negativ sein müssen, ist $T_G(\omega)$ Gl. (620) eine beständig positive, gerade und für $\omega \to \infty$ verschwindende Funktion. Die in Gl. (620) auftretenden Summanden sind die Gruppenlaufzeiten der Elementarallpässe (Teil I, Abschnitt 7.2.2).

Für die Gruppenlaufzeit $T_G(\omega)$ wird eine stetige Funktion

$$T_{G0}(\omega) = T_1 + t_{G0}(\omega) \tag{621}$$

in einem Intervall $0 \leqq \omega_0 \leqq \omega \leqq \omega_N < \infty$ vorgeschrieben, wobei der von ω abhängige Teil $t_{G0}(\omega)$ fest gegeben ist, und der konstante Teil T_1 entweder vorgeschrieben oder willkürlich wählbar ist (wie bei Problemen der Laufzeitentzerrung). Als Fehlerfunktion erhält man mit den Gln. (620) und (621) die Funktion

$$\Delta(\omega, \boldsymbol{x}) = T_G(\omega) - T_{G0}(\omega). \tag{622}$$

Hierbei ist

$$\boldsymbol{x} = (x_1, x_2, \ldots, x_l)$$

die vektorielle Zusammenfassung der Approximationsparameter, d.h.

$$x_\mu = \xi_\mu \qquad \text{für } \mu = 1, 2, \ldots, q_1, q_1 + 1, \ldots, q_1 + q_2 \quad ;$$

$$x_\mu = \eta_{\mu - q_2} \qquad \text{für } \mu = q_1 + q_2 + 1, \ldots, l = q_1 + 2q_2 \quad .$$

Die Aufgabe besteht nun darin, die Approximationsparameter $\boldsymbol{x}$ so zu wählen, daß die Fehlerfunktion $\Delta(\omega, \boldsymbol{x})$ Gl. (622) im Intervall $[\omega_0, \omega_N]$ ein bestimmtes Kriterium erfüllt.

Soll gleichmäßig approximiert werden, dann kann die optimale Parameterwahl dadurch gekennzeichnet werden, daß man folgendes fordert: Es muß $N-1$ Punkte ω_ν ($\nu = 1, 2, \ldots, N-1$) mit der Eigenschaft

$$\omega_0 < \omega_1 < \omega_2 < \ldots < \omega_{N-1} < \omega_N$$

geben, so daß die Bedingungen

$$\Delta(\omega_\nu, \boldsymbol{x}) = (-1)^\nu E \quad (\nu = 0, 1, \ldots, N) \tag{623}$$

und

$$\left[\frac{\partial \Delta(\omega, \boldsymbol{x})}{\partial \omega}\right]_{\omega = \omega_\nu} = 0 \quad (\nu = 1, 2, \ldots, N-1) \tag{624}$$

für $\boldsymbol{x} = \hat{\boldsymbol{x}}$ erfüllt werden. Dabei ist die Größe E zunächst unbekannt.

Betrachtet man die Approximationsparameter (gegebenenfalls einschließlich T_1) als variabel, so sind die ω_ν ($\nu = 1, 2, \ldots, N-1$) aufgrund von Gl. (624) als Funktionen dieser Parameter definiert. Die Gl. (623) liefert dann die eigentlichen Bedingungen zur Festlegung der Parameter. Dabei erscheint die Größe E als weitere Unbekannte. Es liegen somit $N+1$ Gleichungen zur Bestimmung der unbekannten Approximationsparameter und der unbekannten Größe E vor. Ist die Gesamtzahl dieser Unbekannten gleich $N+1$, so darf das Problem als lösbar betrachtet werden.

Da die Gl. (623) in Verbindung mit Gl. (624) ein System nichtlinearer Gleichungen zur Bestimmung der Approximationsparameter ist, empfiehlt sich die Lösung mit Hilfe eines Iterationsverfahrens. Es wird davon ausgegangen, daß eine Näherung $\boldsymbol{x}^{(i)}$ der Lösung $\hat{\boldsymbol{x}}$ bekannt sei (auf die Ermittlung von Näherungen wird noch eingegangen) und daß T_1 vorgeschrieben ist. Dann kann man mit Hilfe von Gl. (624) unter Verwendung der Näherung $\boldsymbol{x}^{(i)}$ die Abszissen $\omega_\nu^{(i)}$ ($\nu = 1, 2, \ldots, N-1$) der Extremstellen von $\Delta(\omega, \boldsymbol{x}^{(i)})$ bestimmen. Die Abszissen ω_0 und ω_N der Randextrema liegen fest. Durch Linearisierung der linken Seite von Gl. (623) an der Stelle $\boldsymbol{x} = \boldsymbol{x}^{(i)}$ und $\omega_\nu = \omega_\nu^{(i)}$ erhält man

$$\Delta(\omega_\nu^{(i)}, \boldsymbol{x}^{(i)}) + \sum_{\kappa=1}^{q_1+2q_2} \left[\frac{\partial \Delta(\omega_\nu^{(i)}, \boldsymbol{x})}{\partial x_\kappa}\right]_{\boldsymbol{x} = \boldsymbol{x}^{(i)}} \cdot \Delta x_\kappa^{(i)} + \left[\frac{\partial \Delta(\omega, \boldsymbol{x}^{(i)})}{\partial \omega}\right]_{\omega = \omega_\nu^{(i)}} \cdot \Delta\omega_\nu^{(i)} = (-1)^\nu E^{(i)}$$

$(\nu = 0, 1, 2, \ldots, N)$.

Beachtet man, daß der letzte Term auf der linken Seite dieser Gleichung Null ist, dann ergibt sich das Gleichungssystem

$$\Delta(\omega_\nu^{(i)}, \boldsymbol{x}^{(i)}) + \sum_{\kappa=1}^{q_1+2q_2} \left[\frac{\partial \Delta(\omega_\nu^{(i)}, \boldsymbol{x})}{\partial x_\kappa}\right]_{\boldsymbol{x} = \boldsymbol{x}^{(i)}} \cdot \Delta x_\kappa^{(i)} = (-1)^\nu E^{(i)} \tag{625}$$

$(\nu = 0, 1, \ldots, N)$

zur Bestimmung der Korrekturen $\Delta x_\kappa^{(i)}$ ($\kappa = 1, 2, \ldots, q_1 + 2q_2$) und der Größe $E^{(i)}$. Dabei muß die Zahl $N+1$ der Gln. (625) mit der Zahl $q_1 + 2q_2 + 1$ der unbekannten Größen übereinstimmen. Hierauf ist bei der Wahl der Näherungswerte $\boldsymbol{x}^{(i)}$ zu achten. Die Abszissen $\omega_\nu^{(i)}$ ($\nu = 1, 2, \ldots, N-1$) der Fehlerextrema müssen bei der praktischen Durchführung des Prozesses numerisch bestimmt werden. Weiterhin gilt $\omega_0^{(i)} = \omega_0$ und $\omega_N^{(i)} = \omega_N$. Man erhält durch die Komponenten des Vektors

$$\boldsymbol{x}^{(i+1)} = \boldsymbol{x}^{(i)} + (\Delta x_1^{(i)}, \Delta x_2^{(i)}, \ldots, \Delta x_l^{(i)})$$

verbesserte Parameterwerte, von denen erwartet werden darf, daß sie näher bei den gesuchten Werten liegen als die Komponenten des Vektors $\boldsymbol{x}^{(i)}$. Der Vektor $\boldsymbol{x}^{(i+1)}$ wird nun als Näherung für die erneute Durchführung des Verfahrens verwendet. In dieser Weise wird das Verfahren so lange wiederholt, bis sich die Komponenten des Vektors nur noch hinreichend wenig ändern. Bei der Durchführung des Iterationsverfahrens darf erwartet werden, daß die Bedingung $\xi_\mu < 0$ nicht verletzt wird.

Die Mindestzahl der Extremstellen der Fehlerfunktion innerhalb des Approximationsintervalls muß vom ersten Iterationsschritt an gleich $q_1 + 2q_2 - 1$ sein. Ist diese Mindestzahl innerer Extrema genau vorhanden und ist T_1 vorgeschrieben, so liefert Gl. (623) $q_1 + 2q_2 + 1$ Gleichungen für die $q_1 + 2q_2 + 1$ Unbekannten E und x_μ ($\mu = 1, 2, \ldots, q_1 + 2q_2$). Ist dagegen T_1 frei wählbar, so wird, ausgehend von einem festen T_1, diese Größe um ein ΔT_1 ständig variiert und jeweils der Iterationsprozeß durchgeführt, bis ein Minimum Min $\{|E(T_1)|\}$ erreicht ist. Besitzt die Fehlerfunktion vom ersten Iterationsschritt an mindestens $q_1 + 2q_2$ innere Extremstellen und ist T_1 frei wählbar, dann wird T_1 den Variablen x_μ ($\mu = 1, 2, \ldots, q_1 + 2q_2$) gleichgestellt, und man kann aus der Gl. (623) so viele Beziehungen entnehmen, bis die Zahl der Bestimmungsgleichungen mit jener der Unbekannten übereinstimmt.

Wesentlich für die Anwendung des beschriebenen Iterationsverfahrens ist die Kenntnis eines Anfangsvektors $\boldsymbol{x}^{(i)}$, dem eine Fehlerfunktion mit wenigstens $q_1 + 2q_2 - 1$ Extremstellen innerhalb des Approximationsintervalls entspricht. Im folgenden soll auf eine Möglichkeit zur Bestimmung eines solchen Vektors hingewiesen werden. Dabei wird auf reelle Nullstellen von $h(p)$ verzichtet, da sie für die Approximation meistens uninteressant sind. Man wählt die äquidistanten Punkte im Intervall (ω_0, ω_N) als Näherungswerte für die Imaginärteile der Nullstellen von $h(p)$:

$$\eta_\mu = \omega_0 + (2\mu - 1)\frac{\omega_N - \omega_0}{2q_2} \quad (\mu = 1, 2, \ldots, q_2).$$

Die Näherungswerte für die Realteile werden nun durch die Forderung

$$\Delta(\eta_\mu, \boldsymbol{x}) = 0 \quad (\mu = 1, 2, \ldots, q_2)$$

unter Verwendung der gewählten Werte η_μ gewonnen. Dies sind nichtlineare Gleichungen, die durch Linearisierung iterativ lösbar sind. Es zeigt sich, daß die Werte $\xi_\mu = -2/T_{G0}(\eta_\mu)$ für diese Iteration sinnvolle Ausgangsnäherungen sind und der Iterationsprozeß bei hinreichend großen T_1 konvergiert. Weitere Einzelheiten sind der Arbeit [70] zu entnehmen, insbesondere wie die zur Durchführung der Tschebyscheff-Approximation benötigte Mindestzahl von Extremstellen entsteht.

Abschließend sei noch auf folgendes hingewiesen. Ersetzt man die Allpaß-Übertragungsfunktion $H(p)$ Gl. (619a) durch die Übertragungsfunktion $H(p) = 1/h(p)$ unter Beibehaltung des Hurwitz-Polynoms $h(p)$, dann ändert sich die Phasenfunktion gemäß Gl. (619b) um den Faktor 1/2. Wenn man nun die vorgegebene Phase bzw. Gruppenlaufzeit vor Durchführung der Approximation mit dem Faktor Zwei multipliziert, kann man nach dem vorstehenden Verfahren die Gruppenlaufzeitvorschrift durch eine Übertragungsfunktion $H(p) = 1/h(p)$ approximieren, deren Nullstellen also durchweg in $p=\infty$ liegen. Nach Abschnitt 3.3 läßt sich anschließend noch das Amplitudenverhalten beeinflussen.

3.9. DIE APPROXIMATION VON ZWEIPOLFORDERUNGEN

Die Anwendung der bisherigen Approximationsprozesse ist gewöhnlich auf die Bestimmung von Übertragungsfunktionen von Zweitoren beschränkt. Die Verfahren erlauben im allgemeinen die Approximation von Forderungen für *RLCÜ*-Zweipole nicht. Diese Beschränkung hat ihren Grund in der Tatsache, daß eine Zweipolfunktion stärkeren Einschränkungen unterliegt als eine Zweitor-Übertragungsfunktion. Setzt man voraus, daß eine durch Approximation zu bestimmende Zweipolfunktion $Z(p)$ auf der imaginären Achse keine Pole besitzt, so muß man zusätzlich zu den an Übertragungsfunktionen zu stellenden Forderungen verlangen, daß

$$\operatorname{Re} Z(\mathrm{j}\omega) \geqq 0 \quad (0 \leqq \omega \leqq \infty) \tag{626}$$

gilt. Diese Bedingung erschwert die Approximation von Ortskurvenstücken und von Betragsvorschriften durch Zweipolfunktionen. Es ist jedoch möglich, diese Aufgaben mit Hilfe von Approximationsverfahren zu lösen, die durch Modifikationen der entsprechenden Zweitor-Verfahren entstehen. Hierauf soll hier nicht eingegangen werden. Eine ausführliche Beschreibung dieser modifizierten Verfahren findet man in den Arbeiten [106], [107], [108], [111]. Bei der Approximation von Realteil- oder Phasenvorschriften wird die Bedingung (626) in der Regel dadurch erfüllt, daß die Vorschriften in entsprechender Weise gegeben sind und die Approximation hinreichend gut durchgeführt wird. Dadurch lassen sich bei diesen Aufgaben die entsprechenden Verfahren anwenden, die bisher zur Bestimmung von Übertragungsfunktionen Verwendung fanden.

3.10. DIE APPROXIMATION VON ZEITFORDERUNGEN

Den bisher behandelten Approximationsprozessen liegen Forderungen im Frequenzbereich zugrunde. Bei zahlreichen Anwendungen sind jedoch die Approximationsvorschriften im Zeitbereich gegeben. Soweit man sich auf die Synthese von Zweitoren beschränkt, handelt es sich allgemein bei derartigen Aufgaben um das folgende Problem: Gesucht wird die Übertragungsfunktion $H(p)$ eines Zweitors, d.h. eine rationale, reelle und in $\operatorname{Re} p \geqq 0$ einschließlich $p=\infty$ polfreie Funktion, so daß das Zweitor auf die Erregung durch ein gegebenes Eingangssignal $x_0(t)$ wenigstens näherungsweise mit dem vorgeschriebenen Ausgangssignal $y_0(t)$ antwortet. Dabei kann $x_0(t)$ den zeitlichen Verlauf einer Spannung oder eines Stromes bedeuten. Ebenso kann $y_0(t)$ eine Spannung oder ein Strom sein. Zwischen Eingangsgröße und Ausgangsgröße eines linearen, zeitinvarianten und stabilen Zweitors besteht eine allgemeine Verknüpfung in Form eines Faltungsintegrals, in dem die Impulsantwort $h(t)$ des Zweitors auftritt [28]. Durch die Umkehrung dieser Faltungsverknüpfung, die z.B. numerisch mit Hilfe der Fourier-Transformation durchführbar ist [28], läßt sich aus dem vorgeschriebenen Funktionspaar $x_0(t)$, $y_0(t)$ eine Vorschrift $h_0(t)$ für die Impulsantwort $h(t)$ berechnen. Damit kann das Approximationsproblem auf die Annäherung der bekannten Funktion $h_0(t)$ durch die Impulsantwort $h(t)$ reduziert werden. Um eine beliebig genaue Approximation zu erzielen, muß die Funktion $h_0(t)$ aus Kausalitätsgründen für $t<0$ verschwinden und aus Stabilitätsgründen für $t \to \infty$ so stark gegen Null streben, daß sie absolut integrierbar ist. Ein möglicher Diracscher δ-Anteil von $h_0(t)$ im Nullpunkt sei ausgeschlossen. Im übrigen wird angenommen, daß $h_0(t)$ einen stückweise glatten Verlauf hat. — Gelegentlich ist direkt als Approximationsvorschrift $x_0(t) = \delta(t)$, $y_0(t) = h_0(t)$ gegeben.

Das zu lösende Approximationsproblem lautet nun: Es ist eine Übertragungsfunktion $H(p)$ derart zu bestimmen, daß die entsprechende Impulsantwort $h(t)$, deren Laplace-Transformierte mit $H(p)$ identisch ist [28], die vorgeschriebene Funktion $h_0(t)$ im Zeitbereich $0 \leqq t < \infty$ hinreichend gut approximiert. Eine bloße Anwendung der Laplace-Transformation auf $h_0(t)$ vermag das Problem im allgemeinen nicht zu lösen, da die Laplace-Transformierte von $h_0(t)$ in der Regel eine nichtrationale Funktion ist.

Im Abschnitt 2 wurde die gestellte Approximationsaufgabe unter Verwendung spezieller Übertragungsfunktionen bereits beliebig genau gelöst. Eine weitere Möglichkeit zur Lösung des Problems besteht in der Verwendung von Laguerre-Polynomen (man vergleiche z.B. [28], S. 186; von der dort angegebenen unendlichen Reihe muß eine Teilsumme verwendet werden). Weitere Lösungsvorschläge, bei denen orthogonale Funktionen zur Approximation verwendet werden, stammen von W.H. KAUTZ [67]. Die Anwendung aller dieser Verfahren ist insofern eingeschränkt, als für einen festen Grad der Übertragungsfunktion nur ein Teil der verfügbaren Freiheitsgrade als Approximationsparameter verwendet wird. Damit liefert die Synthese bei Anwendung dieser Approximationsverfahren bezüglich der Zahl der Netzwerkelemente im allgemeinen keine optimalen Lösungen. Im folgenden wird daher ein allgemeines Approximationsverfahren beschrieben, bei dem sämtliche Freiheitsgrade für die Approximation ausgenützt werden.

Der Grundgedanke des Verfahrens liegt darin, daß die Approximation im Frequenzbereich durchgeführt wird. Man bestimmt zunächst, in der Regel auf numerischem Wege, die Fourier-Transformierte

$$H_0(\mathrm{j}\omega) = R_0(\omega) + \mathrm{j}X_0(\omega)$$

der vorgeschriebenen Funktion $h_0(t)$. Da $h_0(t)$ für $t<0$ beständig Null ist, kann diese Funktion allein durch die Realteilfunktion $R_0(\omega)$ dargestellt werden [110]:

$$h_0(t) = \frac{2}{\pi}\int_0^\infty R_0(\omega)\cos\omega t \,\mathrm{d}\omega \qquad (t>0). \tag{627}$$

In gleicher Weise läßt sich die Impulsantwort $h(t)$ des gesuchten Zweitors mit Hilfe der Realteilfunktion $R(\omega)$ der Übertragungsfunktion $H(\mathrm{j}\omega)$ ausdrücken. Da $h_0(t)$ keinen Impulsanteil für $t=0$ hat und daher $h(t)$ einen solchen nicht aufweisen darf, streben die Realteilfunktionen $R_0(\omega)$ und $R(\omega)$ für $\omega \to \infty$ gegen Null; denn die Laplace-Transformierten $H_0(p)$ und $H(p)$ von $h_0(t)$ bzw. $h(t)$ verschwinden nach dem Anfangswert-

Theorem [28] für $p \to \infty$ (Re $p \geqq 0$). Wird nun eine rationale, in ω gerade und reelle, für reelle ω (einschließlich $\omega = \infty$) endliche Realteilfunktion $R(\omega)$ so ermittelt, daß sie mit $R_0(\omega)$ im Frequenzbereich $0 \leqq \omega < \infty$ hinreichend gut übereinstimmt, so ist nach Gl. (627) und der entsprechenden Darstellung für $h(t)$ eine ebenfalls gute Übereinstimmung zwischen $h(t)$ und $h_0(t)$ zu erwarten. Es gilt nämlich für $t > 0$

$$\Delta h(t) = \frac{2}{\pi} \int_0^\infty \Delta R(\omega) \cos \omega t \, \mathrm{d}\omega, \tag{628}$$

wobei $\Delta h(t) = h(t) - h_0(t)$ und $\Delta R(\omega) = R(\omega) - R_0(\omega)$ die Fehlerfunktionen im Zeit- bzw. Frequenzbereich sind. Diese Beziehung zwischen den Fehlerfunktionen ist recht aufschlußreich. Sie läßt zunächst erkennen, daß selbst bei kleinem Betrag der Fehlerfunktion $\Delta R(\omega)$ der Betrag der Fehlerfunktion $\Delta h(t)$ insbesondere für kleine positive t-Werte verhältnismäßig groß werden kann. Wenn aber die Fehlerfunktion $\Delta R(\omega)$ im Frequenzbereich so eingerichtet wird, daß trotz der unvermeidlichen von Null verschiedenen Werte das Integral über $\Delta R(\omega)$ von 0 bis ∞ dem Betrage nach möglichst klein wird, so darf mit einem kleinen Fehler $\Delta h(t)$ für kleine positive Werte von t gerechnet werden. Im übrigen besteht für $t > 0$ allgemein die Fehlerabschätzung

$$|\Delta h(t)| \leqq \frac{2}{\pi} \int_0^\infty |\Delta R(\omega)| \, \mathrm{d}\omega \qquad (t > 0),$$

wie der Gl. (628) direkt entnommen werden kann.

Die Approximation von $R_0(\omega)$ durch $R(\omega)$ einschließlich der Bestimmung der aus $R(\omega)$ resultierenden Übertragungsfunktion $H(p)$ kann nun mit Hilfe des im Abschnitt 3.7 dargestellten Verfahrens durchgeführt werden. Man kann insbesondere die Approximation in der w-Ebene durchführen. Man hat dabei allerdings zur Vermeidung eines Impulsanteils in der Impulsantwort $h(t)$ dafür zu sorgen, daß die approximierende Funktion $g(w)$ Gl. (606) im Punkt $w = -1$ verschwindet. Man beachte, daß die Punkte $w = -1$ und $p = \infty$ einander entsprechen und $R(\infty) = 0$ notwendig und hinreichend für eine impulsfreie Impulsantwort ist. Es empfiehlt sich somit, der Funktion $g(w)$ Gl. (606) die Form

$$g(w) = \frac{(w+1)(\bar{c}_{n-1} w^{n-1} + \bar{c}_{n-2} w^{n-2} + \ldots + \bar{c}_0)}{d_n w^n + d_{n-1} w^{n-1} + \ldots + 1} \tag{629}$$

zu geben. Die Koeffizienten $\bar{c}_\nu$ und d_ν sind die Approximationsparameter.

Es sei noch auf eine interessante Tatsache hingewiesen. Da die Fehlerfunktion $\Delta h(t)$ für $t < 0$ beständig Null ist, gilt für den geraden Anteil

$$\Delta_g h(t) = \frac{1}{2} [\Delta h(t) + \Delta h(-t)]$$

die Beziehung

$$\Delta_g h(t) = \frac{1}{2} \Delta h(t) \qquad (t > 0). \tag{630}$$

Beachtet man, daß die Fourier-Transformierte von $\Delta_g h(t)$ mit $\Delta R(\omega)$ identisch ist, so erhält man aufgrund des Parsevalschen Theorems für Fourier-Integrale [28] bei Beachtung der Gl. (630) die Relation

$$\int_0^\infty [\Delta h(t)]^2 \mathrm{d}t = \frac{2}{\pi}\int_0^\infty [\Delta R(\omega)]^2 \mathrm{d}\omega. \tag{631}$$

Aus dieser Gleichung ist zu erkennen, daß bei Annäherung von $R_0(\omega)$ durch $R(\omega)$ im Sinne des kleinsten mittleren Fehlerquadrats, bei welcher das auf der rechten Seite von Gl. (631) stehende Integral zum Minimum gemacht wird, auch die Funktion $h_0(t)$ durch die Impulsantwort im Zeitbereich in diesem Sinne approximiert wird. Bei einer guten Approximation im Frequenzbereich ist dann auch eine gute Annäherung im Zeitbereich zu erwarten. Überträgt man nun das Integral auf der rechten Seite von Gl. (631) entsprechend der Transformation Gln. (584a, b) in die w-Ebene, so besteht bei der Approximation im Sinne des kleinsten mittleren Fehlerquadrats die Aufgabe darin, den Integralwert

$$\Phi(\bar{c}_0,\ldots,\bar{c}_{n-1}, d_1,\ldots,d_n) = \int_{-1}^{1} [\Delta g(w)]^2 \frac{\mathrm{d}w}{(1+w)\sqrt{1-w^2}} \tag{632}$$

als Funktion der Approximationsparameter möglichst klein zu machen. Dabei gilt $\Delta g(w) = g(w) - g_0(w)$ mit $g(w)$ gemäß Gl. (629) und $g_0(w)$ gemäß Gl. (605). Wie die Gl. (632) erkennen läßt, wird der Realteilfehler an den Rändern $w = \pm 1$ des Approximationsintervalls betont. Die Minimierung des durch Gl. (632) gegebenen Fehlerintegrals bezüglich der Approximationsparameter läßt sich mit Hilfe bekannter numerischer Verfahren durchführen (z.B. [54]).

Es besteht noch die Möglichkeit, die gewonnenen Approximationen durch Iterationsverfahren im Zeitbereich zu verbessern. Diesbezüglich wird auf die Arbeit [110] verwiesen.

Das vorstehend beschriebene Verfahren zur Approximation von Zeitforderungen liefert Übertragungsfunktionen, zu deren Realisierung im allgemeinen *RLCÜ*-Zweitore oder aktive *RC*-Zweitore herangezogen werden müssen. Hierzu können Verfahren aus Teil I oder Teil II angewendet werden. Man kann sich nun bei der Lösung des Approximationsproblems von vornherein auf Übertragungsfunktionen beschränken, die sich durch ein zwischen Ohmwiderständen eingebettetes Reaktanzzweitor verwirklichen lassen, was häufig zu recht günstigen Realisierungen führt. Die kennzeichnenden Eigenschaften derartiger Übertragungsfunktionen sind im Satz 19 (Teil I, Abschnitt 5.2) ausgesprochen. Das Approximationsproblem läßt sich bei Verwendung solcher Übertragungsfunktionen in der gleichen Weise wie bei Verwendung allgemeiner Übertragungsfunktionen lösen. Dabei hat man allerdings die durch die speziellen Eigenschaften der Übertragungsfunktionen gegebene besondere Form der Funktion $g(w)$ Gl. (629) zu beachten. Einzelheiten dieser Approximationsmöglichkeiten können der Arbeit [114] entnommen werden.

LITERATURVERZEICHNIS

A. Bücher

[1] ACHIESER, N. I.: *Vorlesungen über Approximationstheorie*. Akademie-Verlag, 2. Auflage, Berlin 1967.

[2] ACTON, F. S.: *Numerical Methods That Work*. Harper and Row, New York 1970.

[3] BALABANIAN, N.: *Network Synthesis*. Prentice-Hall, Englewood Cliffs 1958.

[4] BELEVITCH, V.: *Classical Network Synthesis*. Holden-Day, San Francisco 1968.

[5] BOSSE, G.: *Einführung in die Synthese elektrischer Siebschaltungen mit vorgeschriebenen Eigenschaften*. S. Hirzel Verlag, Stuttgart 1963.

[6] CAUER, W.: *Theorie der linearen Wechselstromschaltungen*. Akademie-Verlag, Berlin 1954.

[7] CHEN, W. H.: *Linear Network Design and Synthesis*. McGraw-Hill Book Co., New York 1964.

[8] FRITZSCHE, G.: *Entwurf linearer Schaltungen*. VEB Verlag Technik, Berlin 1962.

[9] GHAUSI, M. S.: *Principles and Design of Linear Active Circuits*. McGraw-Hill Book Co., New York 1965.

[10] GUILLEMIN, E. A.: *Synthesis of Passive Networks*. John Wiley, New York 1957.

[11] HAYKIN, S. S.: *Synthesis of RC Active Filter Networks*. McGraw-Hill Book Co., London 1969.

[12] HAZONY, D.: *Elements of Network Synthesis*. Reinhold Publishing Corporation, New York 1963.

[13] HERRERO, J. L. und WILLONER, G.: *Synthesis of Filters*. Prentice-Hall, Englewood Cliffs 1966.

[14] HUELSMAN, L. P.: *Theory and Design of Active RC Circuits*. McGraw-Hill Book Co., New York 1968.

[15] HUELSMAN, L. P.: *Active Filters: Lumped, Distributed, Integrated, Digital, and Parametric*. McGraw-Hill Book Co., New York 1970.

[16] KOWALIK, J. und OSBORNE, M. R.: *Methods for Unconstrained Optimization Problems*. American Elsevier Publishing Co., New York 1968.

[17] KUH, E. S. und PEDERSON, D. O.: *Principles of Circuit Synthesis*. McGraw-Hill Book Co., New York 1959.

[18] KUO, F. F.: *Network Analysis and Synthesis*. John Wiley, New York 1962.

[19] MEINARDUS, G.: *Approximation von Funktionen und ihre numerische Behandlung*. Springer-Verlag, Berlin 1964.

[20] MITRA, S. K.: *Analysis and Synthesis of Linear Active Networks*. John Wiley, New York 1969.

[21] NATANSON, I. P.: *Konstruktive Funktionentheorie*. Akademie-Verlag, Berlin 1955.

[22] NEWCOMB, R. W.: *Linear Multiport Synthesis*. McGraw-Hill Book Co., New York 1966.

[24] RICE, J. R.: *The Approximation of Functions, Vol. 1, Linear Theory.* Addison-Wesley Publishing Co., Reading 1964.

[25] ROSENBROCK, H. H. und STOREY, C.: *Mathematik Dynamischer Systeme.* R. Oldenbourg-Verlag, München 1971.

[26] STORER, J. E.: *Passive Network Synthesis.* McGraw-Hill Book Co., New York 1957.

[27] SU, K. L.: *Active Network Synthesis.* McGraw-Hill Book Co., New York 1965.

[28] UNBEHAUEN, R.: *Systemtheorie, Eine Einführung für Ingenieure.* R. Oldenbourg Verlag, München 1969.

[29] UNBEHAUEN, R.: *Elektrische Netzwerke.* Springer-Verlag, Berlin 1972.

[30] VAN VALKENBURG, M. E.: *Introduction to Modern Network Synthesis.* John Wiley, New York 1960.

[31] WALL, H. S.: *Analytic Theory of Continued Fractions.* Van Nostrand, Princeton 1948.

[32] WEINBERG, L.: *Network Analysis and Synthesis.* McGraw-Hill Book Co., New York 1962.

[33] WUNSCH, G.: *Theorie und Anwendung linearer Netzwerke*, Teil I und II. Akademische Verlagsgesellschaft Geest und Portig, Leipzig 1961 und 1964.

[34] YENGST, W. C.: *Procedure of Modern Network Synthesis.* The Macmillan Company, New York 1964.

B. Originalaufsätze

[35] ÅKERBERG, D. und MOSSBERG, K.: Low-sensitivity Easily Trimmed Standard Building Block for Active *RC* Filters. *Electron. Letters 5* [1969], S. 528-529.

[36] BADER, W.: Beitrag zur Verwirklichung von Wechselstromwiderständen vorgegebener Frequenzabhängigkeit. *Arch. Elektrotechn.* 34 [1940], S. 293-300.

[37] BADER, W.: Polynomvierpole vorgeschriebener Frequenzabhängigkeit. *Arch. Elektrotechn.* 34 [1940], S. 181-209.

[38] BADER, W.: Polynomvierpole mit gegebenen Verlusten und vorgeschriebener Frequenzabhängigkeit. *Arch. Elektrotechn.* 36 [1942], S. 97-114.

[39] BADER, W.: Kopplungsfreie Kettenschaltungen. *Telegr.-, Fernspr.-, Funk- und Fernsehtechn.* 31 [1942], S. 177-189.
Kettenschaltungen mit vorgeschriebener Kettenmatrix. *Telegr.-, Fernspr.-, Funk- und Fernsehtechn.* 32 [1943], S. 119-125, 144-147.

[40] BAUMANN, E.: Über Scheinwiderstände mit vorgeschriebenem Verhalten des Phasenwinkels. *Z. Angew. Math. Phys.* 1 [1950], S. 43-52.

[41] BELEVITCH, V., GOETHALS, J.-M. und NEIRYNCK, J.: Darlington Filters with Unequal Uniform Dissipation in Inductors and Capacitors. *Philips Res. Rept.* 19 [1964], S. 441-468.

[42] BOTT, R. und DUFFIN, R. J.: Impedance Synthesis Without Use of Transformers. *J. Appl. Phys.* 20 [1949], S. 816.

[43] BOYCE, A. H.: A Theoretical and Practical Study of Active Filters. *The Marconi Review* 30 [1967], S. 68-97.

[44] BRUNE, O.: Synthesis of a Finite Two-Terminal Network Whose Driving-Point Impedance is a Prescribed Function of Frequency. *J. Math. Phys.* 10 [1931], S. 191-236.

[45] CALAHAN, D. A.: Notes on the Horowitz Optimization Procedure. *IRE Trans. C. T.* 7 [1960], S. 352-354.

[46] CALAHAN, D. A.: Sensitivity Minimization in Active *RC* Synthesis. *IRE Trans. C. T.* 9 [1962], S. 38-42.

[47] DARLINGTON, S.: Synthesis of Reactance 4-poles which Produce Prescribed Insertion Loss Characteristics. *J. Math. Phys.* 18 [1939], S. 257-353.

[48] DASHER, B. J.: Synthesis of *RC* Transfer Functions as Unbalanced Two Terminal Pair Networks. *IRE Trans. C. T.* 1 [1952], S. 20-34.

[49] FEISTEL, K. H. und UNBEHAUEN, R.: Tiefpässe mit Tschebyscheff-Charakter der Betriebsdämpfung im Sperrbereich und maximal geebneter Laufzeit. *Frequenz* 19 [1965], S. 265-282.

[50] FIALKOW, A.: Two-terminal-pair Networks Containing Two Kinds of Elements Only. *Proc. Symposium Mod. Network Synthesis*, Brooklyn 1952, S. 50-65.

[51] FIALKOW, A. und GERST, I.: The Transfer Function of an *RC* Ladder Network. *J. Math. Phys.* 30 [1951], S. 49-72.

[52] FIALKOW, A. und GERST, I.: The Transfer Function of General Two-terminal-pair *RC* Networks. *Quart. Appl. Math.* 10 [1952], S. 113-127.

[53] FIALKOW, A. und GERST, I.: The Transfer Function of Networks without Mutual Reactance. *Quart. Appl. Math.* 12 [1954], S. 117-131.

[54] FLETCHER, R. und POWELL, M. J. D.: A Rapidly Convergent Descent Method for Minimization. *Comp. J.* 6 [1963], S. 163-168.

[55] FORSTER, U.: Über die Reaktanz-Signatur von kanonischen Zweipolen. *Arch. Elektr. Übertr.* 23 [1969], S. 157-163.

[56] GEWERTZ, C.: Synthesis of a Finite, Four-terminal Network from Its Prescribed Driving Point Functions and Transfer Function. *J. Math. Phys.* 12 [1932/1933], S. 1-257.

[57] GUILLEMIN, E. A.: Synthesis of *RC* Networks. *J. Math. Phys.* 28 [1949], S. 22-42.

[58] GUILLEMIN, E.A.: A note on the Ladder Development of *RC* Networks. *Proc. IRE* 40 [1952], S. 482.

[59] GUILLEMIN, E. A.: A New Approach to the Problem of Cascade Synthesis. *IRE Trans. C. T.* 2 [1955], S. 347-355.

[60] HAKIM, S. S.: *RC* Active Filters Using an Amplifier as the Active Element. *Proc. IEE* 112 [1965], S. 901-912.

[61] HAKIM, S. S.: Synthesis of *RC* Active Filters with Prescribed Pole Sensitivity. *Proc. IEE* 112 [1965], S. 2235-2242.

[62] HO, E. C.: A General Matrix Factorization Method for Network Synthesis. *IRE Trans. C. T.* 2 [1955], S. 146-153.

[63] HO, E. C.: *RLC* Transfer Function Synthesis. *IRE Trans. C. T.* 3 [1956], S. 188-190.

[64] HOLMES, W. H.: A New Method of Gyrator-*RC* Filter Synthesis. *Proc. IEEE* 54 [1966], S. 1459-1460.

[65] HOLMES, W. H., GRÜTZMANN, S. und HEINLEIN, W. E.: Direct-coupled Gyrator with Floating Ports. *Electron. Letters* 3 [1967], S. 46-47.

[66] HOROWITZ, I.: Optimization of Negative-impedance Conversion Methods of Active *RC* Synthesis. *IRE Trans. C. T.* 6 [1959], S. 296-303.

[67] KAUTZ, W. H.: Network Synthesis for Specified Transient Response. *Techn. Rep. No. 209, Res. Lab. for Elec.*, Massachusetts Institute of Technology 1952.

[68] KUH, E. S.: Special Synthesis Techniques for Driving Point Impedance Functions. *IRE Trans. C. T.* 2 [1955], S. 302-308.

[69] KUH, E. S.: Transfer Function Synthesis of Active *RC* Networks. *IRE Trans. C. T.* 7 (Special Supplement) [1960], S. 3-7.

[70] KUNTERMANN, J., PFLEIDERER, H.-J. und UNBEHAUEN, R.: Über die Tschebyscheff-Approximation vorgegebener Laufzeitfunktionen. *Frequenz* 23 [1969], S. 120-126.

[71] LINVILL, J.G.: *RC* Active Filters. *Proc. IRE* 42 [1954], S. 555-564.

[72] LOVERING, W. F.: Analog Computer Simulation of Transfer Function. *Proc. IEEE* 53 [1965], S. 306-307.

[73] MAEHLI, H. J.: Methods for Fitting Rational Approximations. *J. ACM* 10 [1963], S. 257-277.

[74] MECKLENBRÄUKER, W.: Ein Beitrag zur Theorie verlustbehafteter Vierpole. *Arch. Elektr. Übertr.* 24 [1970], S. 283-290.

[75] MING, NAI-TA: Zur Theorie der Realisierung linearer Vierpolschaltungen mit vorgeschriebener Betriebsübertragungsfunktion bei Vorhandensein von Verlustelementen. *Hochfrequenztechn. und Elektroakustik* 68 [1960], S. 190-193.

[76] MITRA, S. K.: Transfer Function Realization Using *RC* One-Ports and two Grounded Voltage Amplifiers. *Proc. First Annual Princeton Conference on Information Sciences and Systems*, Princeton Univ. 1967, S. 18-23.

[77] MIYATA, F.: A New System of Two-terminal Synthesis. *IRE Trans. C. T.* 2 [1955], S. 297-302.

[78] MOSCHYTZ, G. S.: Miniaturized Filter Building Blocks Using Frequency Emphasizing Networks. *Proc. Natl. Electron. Conf.* 23 [1967], S. 364-369.

[79] MOSCHYTZ, G. S.: FEN Filter Design Using Tantalum and Silicon Integrated Circuits. *Proc. IEEE* 58 [1970], S. 550-566.

[80] OONO, Y.: Synthesis of a Finite $2n$-terminal Network by a Group of Networks Each of Which Contains Only One Ohmic Resistance. *J. Math. Phys.* 29 [1950], S. 13-26.

[81] ORCHARD, H. J.: Inductorless Filters. *Electron. Letters* 2 [1966], S. 224-225.

[82] PANTELL, R. H.: Minimum Phase Transfer Function Synthesis. *IRE Trans. C. T.* 2 [1955], S. 133-137.

[83] PANTELL, R. H.: New Methods of Driving Point and Transfer Function Synthesis. *Stanford Univ. Electronics Research Lab. Techn. Rept.* 76 [1954].

[84] PIERCEY, R. N. G.: Synthesis of Active *RC* Filter Networks. *A. T. E. J.* 21 [1965], S. 61-75.

[85] PILOTY, H.: Kanonische Kettenschaltungen für Reaktanzvierpole mit vorgeschriebenen Betriebseigenschaften. *Telegr.-, Fernspr.-, Funk- und Fernsehtechn.* 29 [1940], S. 249-258, 279-290, 320-325.

[86] PILOTY, H.: Über die Realisierbarkeit der Kettenmatrix von Reaktanzvierpolen. *Telegr.-, Fernspr.-, Funk- und Fernsehtechn.* 30 [1941], S. 217-223.

[87] PILOTY, H.: Reaktanzvierpole mit gegebenen Sperrstellen und gegebenem ein-

seitigen Leerlauf- oder Kurzschlußwiderstand. *Arch. Elektr. Übertr.* 1 [1947], S. 59-70.

[88] POWELL, M. J. D.: A Method for Minimizing a Sum of Squares of Nonlinear Functions without Calculating Derivatives, *Computer J.* 7 [1965], S. 303-307.

[89] REMEZ, E.: Sur le calcul effectif des polynomes d'approximation de Tchebichef. *Compt. Rend. Acad. Sci.* 199 [1934], S. 337-340.

[90] RICHARDS, P. I.: A Special Class of Functions with Positive Real Part in a Half Plane. *Duke Math. J.* 14 [1947], S. 777.

[91] SAAL, R. und ULBRICH, E.: On the Design of Filters by Synthesis. *IRE Trans. C. T.* 5 [1958], S. 284-327.

[92] SAAL, R. und ANTREICH, K.: Zur Realisierung von Reaktanz-Allpaß-Schaltungen. *Frequenz* 16 [1962], S. 469-477, 17 [1963], S. 14-22.

[93] SALLEN, R. P. und KEY, E. L.: A Practical Method of Designing *RC* Active Filters. *IRE Trans. C. T.* 2 [1955], S. 74-85.

[94] SANDBERG, I. W.: Active *RC* Networks. MRI Res. Rept. R-662-58, PIB-590, Polytechnic Institute of Brooklyn 1958.

[95] SCHWANT, J.: Beiträge zur Synthese aktiver *RC*-Netzwerke. Dissertation, Universität Stuttgart 1968.

[96] SHENOI, B. A.: Practical Realization of a Gyrator Circuit and *RC* Gyrator Filters. *IEEE Trans. C. T.* 12 [1965], S. 374-380.

[97] SIPRESS, J. M.: Synthesis of Active *RC* Networks. *IRE Trans. C. T.* 8 [1961], S. 260-269.

[98] STORCH, L.: Synthesis of Constant Time Delay Ladder Networks Using Bessel Polynomials. *Proc. IRE* 42 [1954], S. 1666-1676.

[99] TALBOT, A.: A New Method of Synthesis of Reactance Networks. *Proc. IEE (IV)* 101 [1954], S. 73-90.

[100] TELLEGEN, B. D. H.: The Gyrator, a New Electric Network Element. *Philips Res. Rept.* 3 [1948], S. 81-101.

[101] TELLEGEN, B. D. H.: Synthesis of $2n$-Poles Containing the Minimum Number of Elements. *J. Math. Phys.* 32 [1953], S. 1-18.

[102] THOMAS, R. E.: Tech. Note No. 8, Circuit Theory Group, Univ. of Illinois, Urbana 1959.

[103] ULBRICH, E. und PILOTY, H.: Über den Entwurf von Allpässen und Bandpässen mit einer im Tschebyscheffschen Sinne approximierten konstanten Gruppenlaufzeit. *Arch. Elektr. Übertr.* 14 [1960], S. 451-457.

[104] UNBEHAUEN, R.: Neuartige Verwirklichung von Zweipolfunktionen durch kanonische oder durch kopplungsfreie Schaltungen. Dissertation, Technische Hochschule Stuttgart 1957.

[105] UNBEHAUEN, R.: Zur Ermittlung kanonischer Reaktanzvierpole mit vorgeschriebener Kettenmatrix. *Arch. Elektr. Übertr.* 12 [1958], S. 545-556.

[106] UNBEHAUEN, R.: Über die Lösung der Approximationsprobleme bei der Synthese elektrischer Zweipole. Habilitationsschrift, Technische Hochschule Stuttgart 1962.

[107] UNBEHAUEN, R.: Die Ermittlung nichtrationaler Frequenzcharakteristiken, deren komplexe Werte in einem Teilbereich reeller Frequenzen vorgeschrieben sind. *Arch. Elektr. Übertr.* 18 [1964], S. 497-507.

[108] UNBEHAUEN, R.: Die rationale Approximation von Frequenzcharakteristiken. *Arch. Elektr. Übertr.* 18 [1964], S. 607-616.

[109] UNBEHAUEN, R.: Über den Entwurf von Vierpolen mit vorgeschriebenem Einschwingverhalten. *Arch. Elektrotechn.* 49 [1964], S. 18-31.

[110] UNBEHAUEN, R., HOHNEKER, W. und LAMPERT, E.: Über die Synthese elektrischer Vierpole mit vorgeschriebener Impulsantwort. *Arch. Elektr. Übertr.* 19 [1965], S. 339-349.

[111] UNBEHAUEN, R.: Der Entwurf elektrischer Zweipole mit vorgeschriebenem Betragsverhalten des komplexen Widerstands. *Arch. Elektr. Übertr.* 20 [1966], S. 5-11.

[112] UNBEHAUEN, R.: Über die Synthese von Dämpfungsentzerrern in Form eines überbrückten *T*-Gliedes. *Nachrichtentechn.* Z. 19 [1966], S. 729-737.

[113] UNBEHAUEN, R.: Ermittlung rationaler Frequenzgänge aus Meßwerten. *Regelungstechn.* 14 [1966], S. 268-273.

[114] UNBEHAUEN, R. und GRIESINGER, H.: Zur Synthese von Reaktanzvierpolen mit vorgeschriebenem Zeitverhalten. *Arch. Elektr. Übertr.* 21 [1967], S. 161-169.

[115] UNBEHAUEN, R. und MAYER, A.: Über die Synthese von Übertragungsfunktionen in Form von *RC*-Gyrator-Kettenschaltungen. *Arch. Elektr. Übertr.* 22 [1968], S. 61-65.

[116] UNBEHAUEN, R. und MAYER, A.: Zur Synthese von *RC*-Gyrator-Vierpolen. *Frequenz* 22 [1968], S. 211-214.

[117] UNBEHAUEN, R.: Die Approximationsaufgabe in der Netzwerksynthese und ihre Lösung. *Nachrichtentechn. Z.* 21 [1968], S. 593-602.

[118] UNBEHAUEN, R.: Low-Pass Filters with Predetermined Phase or Delay and Chebyshev Stopband Attenuation. *IEEE Trans. C. T.* 15 [1968], S. 337-341.

[119] YANAGISAWA, T.: *RC* Active Networks Using Current Inversion Type Negative-impedance Converters. *IRE Trans. C. T.* 4 [1957], S. 140-144.

[120] ZETTL, G.: Ein Verfahren zum Minimieren einer Funktion bei eingeschränktem Variationsbereich der Parameter. *Num. Math.* 15 [1970], S. 415-432.

SACHREGISTER

Dieter Schulte

Kombinatorische und sequentielle Netzwerke

Grundlagen und Anwendungen der Automatentheorie

1967. 229 Seiten, 103 Abbildungen, 23 Tabellen,
Gr.-8°, flexibler Kunststoff DM 44.
ISBN 3-486-36701-3
Für Bezieher der Zeitschrift »Elektronische Rechenanlagen« DM 39.60

Wolfgang Kretz

Formelsammlung zur Vierpoltheorie

(mit einer kurzen Einführung)

1967. 104 Seiten, 16 Abbildungen, 36 Tabellen,
Gr.-8°, flexibler Kunststoff DM 17.50
ISBN 3-486-32641-4

Ulrich Weyh

Aufgaben zur Schaltungsalgebra

30 Aufgaben mit ausführlichen Lösungen

1970. 101 Seiten, 77 Abbildungen, 20 Tabellen,
Gr.-8°, flexibler Kunststoff DM 14.80
ISBN 3-486-38401-5

Ulrich Weyh

Elemente der Schaltungsalgebra

Eine anschauliche Einführung in den Entwurf kombinatorischer und sequentieller Schaltungen

7. völlig neugefaßte Auflage 1972. Ca. 224 Seiten, 182 Abbildungen, 39 Tabellen, zahlreiche Beispiele, 79 Übungsaufgaben mit ausführlichen Lösungen, flexibler Kunststoff DM 23.80
ISBN 3-486-37147-9

Rolf Unbehauen

Systemtheorie

Eine Einführung für Ingenieure

2. verbesserte und ergänzte Auflage 1971. 224 Seiten, 96 Abbildungen, Gr.-8°, steifer Kunststoff DM 39.
ISBN 3-486-38452-X

R. Oldenbourg Verlag München Wien